MICHAEL A. ARBIB

*Algebraische Theorie abstrakter Automaten,*
*formaler Sprachen und Halbgruppen*

# Algebraische Theorie abstrakter Automaten, formaler Sprachen und Halbgruppen

Herausgegeben von

MICHAEL A. ARBIB

Mit 60 Abbildungen und 4 Tabellen

AKADEMIE-VERLAG · BERLIN
1973

*Algebraic Theory of Machines, Languages, and Semigroups*

Herausgegeben von Michael A. Arbib

Unter Mitarbeit von E. F. Assmus, Jr., Jane M. Day, J. J. Florentin, Seymour Ginsburg, Kenneth Krohn, Robert McNaughton, Seymour Papert, John L. Rhodes, Eliahu Shamir, Bret R. Tilson und H. Paul Zeiger



Deutsche Übersetzung: Dr. J. Kunze, Dr. K. Latt, Dr. H.-D. Modrow, Dr. H.-J. Pohl, K. A. Zech

Herausgeber der deutschen Ausgabe: Prof. Dr. Lothar Budach, Prof. Dr. Helmut Thiele

Erschienen im Akademie-Verlag, 108 Berlin, Leipziger Str. 3–4

Lizenznummer: 202 · 100/421/73
Einband und Schutzumschlag: Nina Striewski
Gesamtherstellung: VEB Druckerei „Thomas Müntzer", 582 Bad Langensalza
Bestellnummer: 761.572 3 (5819) · ES 19 B 1
Printed in German Democratic Republic

# Vorwort

Das vorliegende Buch enthält eine einheitliche Darstellung des algebraischen, speziell halbgruppentheoretischen Zugangs zur Automatentheorie und zur Theorie der formalen Sprachen.

Es beginnt sehr elementar und führt den Leser zu bisher unveröffentlichten Resultaten. Demgemäß kann es als Lehrbuch, als Handbuch für die auf dem betreffenden Gebiet Arbeitenden und auch von Lesern, die nur an einem Teilgebiet (Automaten, Sprachen, Halbgruppen) interessiert sind, jedoch ihre Kenntnisse erweitern wollen, mit Erfolg benutzt werden.

Zwei Quellen liegen dem Buch zugrunde: erstens eine Vorlesungsreihe, die von acht der Autoren auf einer Konferenz über algebraische Automatentheorie, Sprachen und Halbgruppen (in Asilomar, California, vom 30. August bis 7. September 1966[1]) gehalten wurde, und zweitens ein Seminar, das JOHN RHODES seit 1964 in dem Mathematics Department of the University of California at Berkeley geleitet hat. Das Material wurde redigiert, umgestellt und neu geschrieben mit dem Ziel, ein Buch zu schaffen, das einführenden Charakter hat, zugleich anspruchsvoll und trotz seiner vielen Autoren in gewisser Weise in sich abgeschlossen ist.

Die Kapitel wurden so angeordnet, wie es nach meiner Auffassung für Anfänger am günstigsten ist, wobei bemerkt werden muß, daß die Kapitel von McNAUGHTON, GINSBURG und SHAMIR eine Einheit bilden und jederzeit sofort nach Kapitel 1 gelesen werden können. Die ersten sechs und die letzten drei Kapitel können als gute Grundlage für eine Einführung in die Automatentheorie dienen, das übrige Material eignet sich besser für Fortgeschrittene.

Die Kapitel 1, 5 und 7 bis 9 hat BRET TILSON unter Verwendung der Vorlesungen von JOHN RHODES niedergeschrieben. Sie bilden zusammen mit Kapitel 6 ebenfalls eine in sich geschlossene Einheit und können unabhängig von den anderen Kapiteln gelesen werden. Jedoch wird der Leser bemerken, daß

---

[1]) Über das verwendete Material hinaus wurden auf der Konferenz in Asilomar noch 52 Vorträge gehalten. Diese sind an anderer Stelle veröffentlicht; genaue Angaben darüber werden im Anhang gebracht.

die übrigen Kapitel nicht nur zusätzlichen Stoff bieten, sondern ihm auch einen besseren Einblick in die algebraisch-automatentheoretische Problematik geben. In den Kapiteln 5, 6, 8 und 9 werden die Untersuchungen von KENNETH KROHN und JOHN RHODES zur algebraischen Dekompositionstheorie von Automaten und Halbgruppen dargestellt.

Die folgenden Informationen sollen dem Leser helfen zu entscheiden, in welcher Reihenfolge er die Kapitel durcharbeitet.

Kapitel 1 enthält die grundlegenden Definitionen und einige Beispiele aus der Theorie der Halbgruppen; es wird die algebraische Terminologie eingeführt, die für die Erörterungen in den folgenden Kapiteln erforderlich ist und mit der jeder Leser vertraut sein sollte.

Kapitel 2 ist nicht unbedingt für das Folgende notwendig. Es soll dem Leser, der bereits gewisse Vorkenntnisse auf dem Gebiete der technischen Konstruktion oder des logischen Entwurfs von Rechenautomaten hat, helfen, ein Gefühl dafür zu bekommen, welche Probleme des logischen Entwurfs am besten einer algebraischen Behandlung zugänglich sind.

In Kapitel 3 werden die grundlegenden Beziehungen zwischen automatentheoretischer und halbgruppentheoretischer Betrachtungsweise verdeutlicht. Ferner wird eine Darstellung der Kaskadenschaltung von Automaten unter Verwendung von Diagrammen entwickelt. Auf dieser Grundlage können bekannte Resultate in eleganter Form neu bewiesen und auch Anregungen für die Entdeckung neuer gefunden werden.

Kapitel 4 enthält den ZEIGERschen Beweis des Satzes von KROHN-RHODES über die Dekomposition von Automaten. Er benutzt dabei Überdeckungen, eine Beweistechnik, die demjenigen Leser gut bekannt ist, der mit dem von HARTMANIS und STEARNS entwickelten verbandstheoretischen Zugang zur Automatendekomposition vertraut ist.

In Kapitel 5 werden die Halbgruppen von Automaten ausführlich studiert. Außerdem werden zwei Beweise des Satzes von KROHN-RHODES gegeben, der, grob gesprochen, besagt, daß jeder Automat durch (evtl. mehrfache) Kaskadenschaltung aus „flip-flops" und Automaten, deren Halbgruppen einfache Gruppen sind, die die Halbgruppe des Originalautomaten „enthält", aufgebaut werden kann. Es wird diskutiert, welche „Bausteine" für einen vorgegebenen Automaten notwendig sind und wann ein Automat „kombinatorisch" ist in dem Sinne, daß er aus „flip-flops" allein zusammensetzbar ist.

In Kapitel 6 wird die Frage nach der minimalen Anzahl von Gruppenautomaten (d. h. von Automaten, deren Halbgruppe eine Gruppe ist), die ausreichen, einen gegebenen Automaten (unter zusätzlicher Verwendung von kombinatorischen Automaten) aufzubauen, beantwortet. Diese Zahl — auch (Gruppen-)Komplexität des gegebenen Automaten genannt — kann auf Grund der Ergebnisse in Kapitel 5 bestimmt werden.

In Kapitel 7 werden die in Kapitel 1 begonnenen Untersuchungen aus der klassischen Theorie der Halbgruppen fortgesetzt. Das Ziel ist, die für die Kapitel 8—10 erforderlichen Hilfsmittel bereitzustellen. Als Hauptresultate sind die Sätze von GREEN über die Ideale einer Halbgruppe sowie die Darstellungssätze von REES und SCHÜTZENBERGER zu nennen.

In Kapitel 8 wird die semilokale Theorie und die Struktur der Homomorphismen endlicher Halbgruppen untersucht.

Kapitel 9 enthält eine axiomatische Charakterisierung der Komplexität endlicher Halbgruppen. Dabei werden die Resultate der Kapitel 5–8 herangezogen. Die Diskussion mehrerer äquivalenter Definitionen des eingeführten Komplexitätsbegriffs führt zu gewissen rechnerischen Vorteilen bei der Bestimmung der Komplexität im konkreten Fall. Diese Untersuchungen werden nur für Halbgruppen, die Vereinigung von Gruppen sind, durchgeführt; Erweiterungen auf allgemeinere Fälle sind angedeutet.

In Kapitel 10 wird der gegenwärtige Stand der Forschung in der Theorie der topologischen Halbgruppen dargestellt. Es wird damit die Hoffnung verbunden, daß möglichst bald viele der in den vorangegangenen Kapiteln für endliche Halbgruppen und Automaten entwickelten Resultate auf topologische Halbgruppen übertragen werden.

Kapitel 11 ist dem Studium formaler Sprachen gewidmet. Es wird gezeigt, welche Beziehungen zwischen formalen Sprachen und endlichen Automaten bzw. deren Halbgruppen bestehen.

In Kapitel 12 werden am Beispiel der kontextfreien Sprachen drei Wege der Charakterisierung formaler Sprachen diskutiert und als äquivalent nachgewiesen: die Erzeugung durch eine generative Grammatik, die Festlegung durch einen endlichen Akzeptor mit Kellerspeicher, die Erzeugung aus einer gewissen Grundmenge durch bestimmte algebraische Operationen.

Mit Kapitel 13 schließt unser Buch. In diesem Kapitel wird gezeigt, wie die von SCHÜTZENBERGER entwickelten algebraischen Methoden der Verwendung formaler Potenzreihen in nichtkommutativen Variablen zum Studium kontextfreier Sprachen benutzt werden können.

Der Leser sei noch auf folgendes aufmerksam gemacht. Jeder Autor verwendet seine eigene Symbolik. Ich habe nur kleine Abänderungen zur Vereinheitlichung vorgenommen, weil ich nicht zu stark in die persönliche Note der Darstellung der einzelnen Autoren eingreifen wollte. Dies ist jedoch nicht schwerwiegend; denn jeder Autor definiert sorgfältig die von ihm verwendeten Bezeichnungen.

Schließlich spreche ich den Autoren meinen Dank aus für die gute Zusammenarbeit bei der Fertigstellung und Koordinierung ihrer Beiträge sowie für die Einhaltung aller Termine.

MICHAEL A. ARBIB

# Inhaltsverzeichnis

# Halbgruppen: Elementare Definitionen und Beispiele[1]) 1

JOHN L. RHODES[2])

*University of California, Berkeley, California*
*Krohn-Rhodes Research Institute, Berkeley, California*

BRET R. TILSON

*University of California, Berkeley, California*

In diesem Kapitel werden die grundlegenden Begriffe aus der Theorie der Halbgruppen eingeführt, die in den folgenden Kapiteln benötigt werden. In dem ganzen Buch setzen wir beim Leser keine Kenntnisse der Halbgruppentheorie voraus, die wir nicht explizit angeben. Jedoch nehmen wir an, daß der Leser mit den Elementen der Gruppentheorie vertraut ist oder wenigstens Zugang zu einem der Standardwerke hat, die alles für das Verständnis des JORDAN-HÖLDERschen Satzes nötige Material enthalten.

Der größte Teil des Stoffes aus der Halbgruppentheorie, den die Kapitel 1 und 7 enthalten, ist wohlbekannt, jedoch glauben wir, verschiedene neue Formen der Darstellung gefunden zu haben. Die beiden Bände von CLIFFORD und PRESTON „The Algebraic Theory of Semigroups"[3]) enthalten eine Fülle von Material für den Leser, der tiefer in die Halbgruppentheorie eindringen will. Indem wir uns hauptsächlich auf endliche Halbgruppen beschränken, sind wir in der Lage, die Ergebnisse vollständig und leicht verständlich darzulegen. Wir wenden uns dabei vor allem an den Leserkreis, dessen Interesse an Halbgruppen von Forschungsproblemen aus der Automatentheorie bestimmt ist.

## 1. Elementare Definitionen und Beispiele

**1.1. Definition.** Eine Halbgruppe ist ein geordnetes Paar $[S, .]$, wobei $S$ eine nichtleere Menge und der Punkt eine zweistellige assoziative Operation ist, d. h., eine Funktion $(s_1, s_2) \to s_1 \cdot s_2$ von $S \times S$ in $S$, so daß für alle $s_1, s_2, s_3 \in S$ stets $(s_1 \cdot s_2) \cdot s_3 = s_1 \cdot (s_2 \cdot s_3)$ gilt. $[S, \cdot\,]$ wird gewöhnlich als $S$ geschrieben und $s_1 \cdot s_2$ als $s_1 s_2$.

Die *Ordnung* der Halbgruppe $S$, bezeichnet mit $|S|$, ist die Mächtigkeit der

---

[1]) Die Autoren danken RICHARD MATEOSIAN für seine Mitarbeit an einer früheren Fassung dieses Kapitels.

[2]) Alfred P. Sloan Research Fellow, 1967–1968.

[3]) Amer. Math. Soc., Providence, Rhode Island, 1961. Russ. Übersetzung: А. Клиффорд, Г. Престон, Алгебраическая теория полугрупп, Изд. „Мир", Москва 1972.

Menge $S$. *Alle betrachteten Halbgruppen besitzen endliche Ordnung*, außer wenn ausdrücklich das Gegenteil gesagt wird.

Das Element $e \in S$ ist genau dann *idempotent*, wenn $e^2 = e$ ist; es ist genau dann ein *linkes* (*rechtes*) *Einselement*, wenn für alle $s \in S$ gilt $e\,s = s$ ($s\,e = s$); $e\,s$ ist genau dann ein *linkes* (*rechtes*) *Nullelement*, wenn für alle $s \in S$ $e\,s = e$ ($s\,e = e$) ist. Wenn $e$ ein linkes und $f$ ein rechtes Einselement ist, so ist $e = e\,f = f$. Jedes linke (rechte) Eins- oder Nullelement ist idempotent.

Das Element $e \in S$ ist genau dann ein *Einselement*, wenn für alle $s \in S$ $s\,e = s = e\,s$ ist; es ist genau dann ein *Nullelement*, wenn für alle $s \in S$ gilt $s\,e = e = e\,s$. $S$ hat höchstens ein Eins- oder Nullelement; denn, wenn $e_1$ und $e_2$ zwei solche sind, so ist $e_1 = e_1\,e_2 = e_2$. Wir werden das Eins- bzw. Nullelement oft mit 1 bzw. 0 bezeichnen.

Ein *Monoid* ist eine Halbgruppe mit Einselement, und eine *Gruppe* ist ein Monoid $S$, in welchem für jedes $s \in S$ ein Element $s^{-1} \in S$, das *Inverses von* $s$ genannt wird, existiert, so daß $s^{-1}\,s = e = s\,s^{-1}$, wobei $e$ das Einselement von $S$ ist. Ein Element eines Monoids hat höchstens ein Inverses; denn, wenn $s_1$ und $s_2$ Inverse von $s$ sind, so gilt $s_1 = s_1\,s\,s_2 = s_2$.

Eine Halbgruppe ist genau dann *kommutativ* oder *abelsch*, wenn $s_1\,s_2 = s_2\,s_1$ für alle $s_1, s_2 \in S$ gilt.

Wenn $s_1, \ldots, s_n$ Elemente der Halbgruppe $S$ sind, dann definieren wir $s_1\,s_2 \cdots s_n = s_1(s_2 \cdots (s_{n-1}\,s_n) \cdots)$, und alle anderen möglichen Produkte, die aus der Folge $s_1, \ldots, s_n$ durch Einfügen von Klammern entstehen, sind wegen der Assoziativität der Multiplikation gleich $s_1 \cdots s_n$. Wenn $S$ überdies kommutativ ist, gilt für jede Permutation $\pi$ von $\{1, \ldots, n\}$ stets $s_1 \cdots s_n = s_{\pi(1)} \cdots s_{\pi(n)}$. Diese Behauptungen, bekannt als verallgemeinertes Assoziativ- bzw. Kommutativgesetz, können durch Induktion über $n$ bewiesen werden.

Wenn $s$ ein Element der Halbgruppe $S$ ist, definieren wir Potenzen von $s$ induktiv wie folgt. Es sei $s^1 = s$; es sei $s^n = s^1\,s^{n-1}$. Ist $S$ eine Gruppe mit dem Einselement $e$, so sei $s^0 = e$ und $s^{-n} = (s^{-1})^n$, wobei $s^{-1}$ das Inverse von $s$ ist.

**1.2. Definition.** Es sei $S$ eine Halbgruppe. $T \subseteq S$ ist genau dann eine *Unterhalbgruppe* von $S$, wenn $T \neq \emptyset$ und für alle $t_1, t_2 \in T$ stets $t_1\,t_2 \in T$ ist. $T$ ist genau dann eine *Untergruppe* von $S$, wenn $T$ eine Unterhalbgruppe von $S$ und Gruppe ist. $T$ ist genau dann eine *maximale Unterhalbgruppe* von $S$, wenn $T \neq S$ und für alle Unterhalbgruppen $V \subseteq S$ aus $T \subseteq V$ immer $T = V$ oder $V = S$ folgt. $T$ ist genau dann eine *maximale Untergruppe* von $S$, wenn $T$ eine Untergruppe von $S$ ist und aus $T \subseteq V \subseteq S$, wobei $V$ Untergruppe von $S$ ist, $T = V$ folgt.

Wenn $X$ eine nichtleere Teilmenge von $S$ ist, dann ist $\langle X \rangle$, die von $X$ erzeugte Unterhalbgruppe, die kleinste Unterhalbgruppe, die $X$ enthält, d. h., $\langle X \rangle$ ist der Durchschnitt aller Unterhalbgruppen von $S$, die $X$ enthalten. Es ist klar, daß der Durchschnitt von Unterhalbgruppen einer Halbgruppe leer oder wieder eine Unterhalbgruppe ist. Es ist leicht einzusehen, daß $\langle X \rangle$ die Menge aller endlichen Produkte $x_1\,x_2 \cdots x_n$ von Elementen aus $X$ ist.

Wir sagen: $X$ *erzeugt* $S$ genau dann, wenn $\langle X\rangle = S$ ist. Es ist klar, daß $\langle S\rangle = S$ ist. Es sei $a \in S$. Dann ist $\langle a\rangle$ die von $a$ erzeugte *zyklische Unterhalbgruppe* von $S$, wobei $\langle a\rangle$ eine Abkürzung für $\langle\{a\}\rangle$ ist. $S$ ist genau dann eine *zyklische Halbgruppe*, wenn $S = \langle a\rangle$ für ein gewisses $a \in S$ ist.

Wir nennen $S$ *Torsionshalbgruppe*, wenn $\langle a\rangle$ für jedes $a \in S$ endlich ist.

**1.3. Definition.** Es seien $S_1$ und $S_2$ Halbgruppen. Dann ist eine Abbildung $\varphi : S_1 \to S_2$ genau dann ein *Homomorphismus*, wenn $\varphi(s_1 s_2) = \varphi(s_1) \cdot \varphi(s_2)$ für alle $s_1, s_2 \in S_1$ gilt. Wenn $X \subseteq S$ ist, bezeichnen wir mit $\varphi(X)$ die Menge $\{y \in S_2 : y = \varphi(s)$ für ein $s \in X\}$. Wenn $\varphi(S_1) = S_2$ ist, ist $\varphi$ ein *auf*-Homomorphismus oder *Epimorphismus*, wir schreiben $\varphi : S_1 \twoheadrightarrow S_2$ und nennen $S_2$ ein *homomorphes Bild* von $S_1$. Wenn für alle $s, t \in S_1$ aus $s \neq t$ $\varphi(s) \neq \varphi(t)$ folgt, ist $\varphi$ ein *eineindeutiger* Homomorphismus oder *Monomorphismus*.[1]) Ein *Isomorphismus* ist ein Homomorphismus, der sowohl Epi- als auch Monomorphismus ist. Wir nennen $S_1$ und $S_2$ *isomorph*, geschrieben $S_1 \cong S_2$, wenn ein Isomorphismus $\varphi : S_1 \twoheadrightarrow S_2$ existiert. Wenn $\varphi : S_1 \twoheadrightarrow S_2$ ein Isomorphismus ist, können wir $\varphi^{-1} : S_2 \twoheadrightarrow S_1$, das *Inverse* von $\varphi$, wie folgt definieren: Für jedes $s \in S_2$ ist $\varphi^{-1}(s)$ das einzige Element von $S_1$, so daß $\varphi(\varphi^{-1}(s)) = s$. Es ist klar, daß $\varphi^{-1}$ ein Isomorphismus ist. Es ist ebenfalls leicht zu zeigen, daß $\cong$ eine Äquivalenzrelation über der Klasse der Halbgruppen ist.

**1.4. Beispiele (Definitionen, Bezeichnungen und Ergänzungen).** Wir geben nun eine große Zahl von Beispielen für Halbgruppen. Es wird für den Leser nützlich sein, daß er einige davon im Gedächtnis behält, wenn er die folgenden Abschnitte studiert. Für das folgende sind sie alle wichtig, aber der Leser muß sie nicht dauerend bei der Hand haben.

**1.4a.** Es sei $A$ eine nichtleere Menge. Dann bezeichnet $A^r$ (bzw. $A^l$) die Halbgruppe $[A, \cdot\,]$ mit $a_1 \cdot a_2 = a_2$ (bzw. $a_1 \cdot a_2 = a_1$) für alle $a_1, a_2 \in A$. Für $|A| > 1$ sind $A^r$ und $A^l$ Beispiele für Halbgruppen, die keine Gruppen sind.

$A^r$ (bzw. $A^l$) ist die Menge $A$, die dadurch zu einer Halbgruppe wird, daß jedes Element als rechtes (bzw. linkes) Nullelement auf $A$ operiert.

**1.4b.** Es sei $X$ eine Menge und $2^X$ die Menge aller Teilmengen von $X$. Dann ist $[2^X, \cap]$ eine abelsche Halbgruppe. $[2^X, \cup]$ ist isomorph zu $[2^X, \cap]$, da $\varphi$ mit $\varphi(A) = X - A = \{x \in X : x \notin A\}$ ein Isomorphismus ist.

**1.4c.** Es sei $S$ eine Halbgruppe, und $A$ und $B$ seien Teilmengen von $S$. Weiter sei $A \cdot B = \{a\,b : a \in A, b \in B\}$ (gewöhnlich abgekürzt als $AB$). Dann ist $s \to \{s\}$ ein Monomorphismus von $S$ in $[2^S, \cdot\,]$. Wir treffen die Verabredung, daß $A \cdot \emptyset = \emptyset \cdot A = \emptyset$ ist, wobei $\emptyset$ die leere Menge bezeichnet.

---

[1]) Leser, die mit der Kategorientheorie vertraut sind, werden bemerken, daß wir epi- und mono- nicht im kategorientheoretischen Sinne benutzen.
(Diese Bemerkung gilt nur eingeschränkt; sie trifft zwar für Epimorphismen zu (jeder Homomorphismus „auf" ist ein Epimorphismus im kategorialen Sinne, aber die Umkehrung gilt i. a. nicht), aber nicht auf Monomorphismen: ein Halbgruppenhomomorphismus von endlichen Halbgruppen ist genau dann eineindeutig, wenn er in der Kategorie der Halbgruppen ein Monomorphismus ist. — *Anm. d. deutschen Red.*).

**1.4d.** Es sei $X$ eine Menge. Eine *Relation* $R$ über $X$ ist eine Teilmenge $R \subseteq X \times X$. Wir schreiben $x_1 R x_2$ oder $x_1 \equiv x_2 \pmod{R}$, wenn $[x_1, x_2] \in R$ ist. Dann ist $[2^{X \times X}, \cdot\,]$ die Halbgruppe aller Relationen über $X$, deren Verknüpfung durch

$$R_1 \cdot R_2 = \{[x, y]\colon \text{Es gibt ein } z \in X, \text{ so daß } [x, z] \in R_1 \text{ und } [z, y] \in R_2 \text{ ist}\}$$

definiert ist.

Wenn $R$ eine Relation ist, so sei $R^{-1} = \{[x, y] : [x, y] \in R\}$. Es ist dann $(R \cdot S)^{-1} = S^{-1} \cdot R^{-1}$ für alle Relationen $S$, $R$ über $X$. $\Delta(X) = \{[x, x] : x \in X\}$ nennen wir die *identische* Relation über $X$. Eine Relation $R$ ist genau dann *Äquivalenzrelation*, wenn gilt:

(1) $\Delta(X) \subseteq R$ (Reflexivität);

(2) $R = R^{-1}$ (Symmetrie);

(3) $R \cdot R \subseteq R$ (Transitivität).

Die Inklusionsbeziehung ist eine Halbordnung auf der Menge aller Relationen über $X$. Diese Halbordnung definiert einen Verband über der Menge der Äquivalenzrelationen. (Ein Verband ist eine Halbordnung, bei der für jedes Paar von Elementen eine kleinste obere Schranke (sup) und eine größte untere Schranke (inf) existiert.) Sind $R_1$ und $R_2$ Äquivalenzrelationen, so gilt

$$\inf(R_1, R_2) = R_1 \cap R_2 \quad \text{und} \quad \sup(R_1, R_2) = \bigcup_{1 \leq n < \infty} \{(R_1 \cup R_2)^n\}\,.$$

$\sup(R_1, R_2)$ ist die *transitive Hülle* von $R_1 \cup R_2$. Folglich sind $x$ und $y$ in bezug auf $\sup(R_1, R_2)$ genau dann äquivalent, wenn $x = x_0, x_1, x_2, \ldots, x_n = y$ existieren, so daß für $i = 0, \ldots, n-1$ stets $x_i R_1 x_{i+1}$ oder $x_i R_2 x_{i+1}$ gilt. Sind $R_1$ und $R_2$ Äquivalenzrelationen mit $R_1 \cdot R_2 = R_2 \cdot R_1$, so ist leicht zu sehen, daß $R_1 \cdot R_2$ eine Äquivalenzrelation ist, ud daß $R_1 \cdot R_2 = \sup(R_1, R_2)$ gilt.

**1.4e.** Es sei $S$ eine Halbgruppe. Eine *Kongruenz* über $S$ ist eine Äquivalenzrelation $\equiv$, so daß aus $s_1 \equiv s_2$ für alle $s \in S$ stets $s s_1 \equiv s s_2$ und $s_1 s \equiv s_2 s$ folgt. Die Relation $\equiv$ ist eine *links-* bzw. *rechtsinvariante Äquivalenzrelation*, wenn die erste bzw. zweite Voraussetzung über Kongruenzen erfüllt ist. Wenn $\equiv$ eine Kongruenz über $S$ ist, so bezeichne $[s]$ die Äquivalenzklasse von $s \in S$ und $S/\!\equiv$ die Menge dieser Äquivalenzklassen. Ferner sei $\eta_{\equiv} : S \twoheadrightarrow S/\!\equiv$ definiert durch $\eta_{\equiv}(s) = [s]$. Dann ist $[s] \cdot [t] = [s\,t]$ eine repräsentantenunabhängig definierte Halbgruppenmultiplikation, und $\eta_{\equiv}$ ist ein Epimorphismus.

Ist umgekehrt $\varphi : S \twoheadrightarrow S_1$ ein Epimorphismus, so sei $(\operatorname{mod} \varphi)$ die Kongruenz über $S$, die durch

$$s_1 \,(\operatorname{mod} \varphi)\, s_2 \text{ genau dann, wenn } \varphi(s_1) = \varphi(s_2)$$

definiert wird. Dann ist $\varphi^* : S/(\operatorname{mod} \varphi) \to S_1$ mit $\varphi^*([s]) = \varphi(s)$ ein Isomorphismus und $\varphi = \varphi^* \eta\,(\operatorname{mod} \varphi)$.

**1.4f.** Es sei $A$ eine nichtleere Menge. $\Sigma A$, die *freie nichtkommutative Halbgruppe ohne Einselement über dem Erzeugendensystem* $A$, ist die Menge aller endlichen, geordneten, nichtleeren Folgen von $A$, wobei die Halbgruppenoperation durch Hintereinanderschreibung definiert wird, d. h.

$$(a_1, \ldots, a_n) \cdot (b_1, \ldots, b_m) = (a_1, \ldots, a_n, b_1, \ldots, b_m) .$$

$\Sigma A$ ist eine unendliche Halbgruppe.

$\Sigma A$ wird freie Halbgruppe über $A$ genannt, da jede Abbildung $\varphi$ der Menge $A$ in eine Halbgruppe $S$ eine einzige Erweiterung $\varphi^\Gamma$ zu einem Homomorphismus von $\Sigma A$ in $S$ hat, nämlich $\varphi^\Gamma(a_1, \ldots, a_n) = \varphi(a_1) \cdots \varphi(a_n)$. Wenn $A$ eine Menge von Erzeugenden von $S$ und $\varphi$ die identische Abbildung ist, ist insbesondere die Abbildung $\varphi^\Gamma : \Sigma A \to S$ ein Epimorphismus, so daß also jede Halbgruppe homomorphes Bild einer freien Halbgruppe ist.

**1.4g.** $\mathbf{Z}$ bezeichne die Menge der ganzen Zahlen $\{0, \pm 1, \pm 2, \ldots\}$.$[\mathbf{Z}, +]$ ist die Menge der ganzen Zahlen in bezug auf die übliche Addition. $\mathbf{Z}^+$ bezeichne die Menge der nichtnegativen ganzen Zahlen. $[\mathbf{Z}^+, +]$ ist eine Unterhalbgruppe von $[\mathbf{Z}, +]$. Es sei $(n)$ die Kongruenz über $[\mathbf{Z}, +]$, die folgendermaßen definiert ist: $z_1 (n)\, z_2$ dann und nur dann, wenn $z_1 - z_2 = k\, n$ für ein $k \in \mathbf{Z}$ gilt. (Gewöhnlich schreibt man für $z_1(n)\, z_2$ auch $z_1 \equiv z_2 \pmod{n}$.) $\mathbf{Z}_n = \mathbf{Z}/(n)$ wird *zyklische Gruppe der Ordnung n* oder additive Gruppe der *ganzen Zahlen modulo n* genannt.

**1.4h.** Es sei $S$ eine Halbgruppe.

(1) Wir definieren die Halbgruppe $S^1$ wie folgt: Wenn $S$ ein Monoid ist, so ist $S^1 = S$; sonst ist $S^1 = S \cup \{1\}$, wobei $1 \notin S$ ist, die Multiplikation in $S$ unverändert bleibt und $1\, s = s = s\, 1$ für alle $s \in S \cup \{1\}$ gesetzt ist.

(2) Die Halbgruppe $S^0$ definieren wir folgendermaßen: Es ist $S^0 = S$, falls $S$ ein Nullelement hat und $|S| > 1$ ist. Sonst ist $S^0 = S \cup \{0\}$, $0 \notin S$, wobei die Multiplikation in $S$ unverändert bleibt und 0 die Rolle eines Nullelements für $S \cup \{0\}$ spielt.

(3) Wir definieren die Halbgruppe $S^I$ als $S \cup \{I\}$, wobei $I \notin S$ ist. Die Multiplikation in $S$ bleibt unverändert, und $I$ wird als Einselement für $S \cup \{I\}$ definiert. Wir notieren, daß $S \neq S^I$ selbst dann gilt, wenn $S$ ein Monoid ist. Weiter ist $S$ eine Unterhalbgruppe von $S^1$, $S^0$ und $S^I$.

Wir werden die 1 von $(\Sigma A)^1$ mit der leeren Folge identifizieren. Die meisten anderen Autoren dieses Buches bezeichnen $(\Sigma A)^1$ durch $A^*$.

**1.4i.** Es seien $A$ und $B$ nichtleere Mengen. Mit $F(A, B)$ bezeichnen wir die Menge aller Funktionen von $A$ in $B$. Für $F(A, A)$ schreiben wir $F(A)$. $F_L(A)$ ist die Halbgruppe $[F(A), \cdot]$, wobei für alle $a \in A, f, g \in F(A)$ gilt: $(fg)(a) = f(g(a))$. $F_R(A)$ ist die Halbgruppe $[F(A), \bigcirc]$ mit $(f \circ g)(a) = g(f(a))$. Wenn wir $F_R(A)$ betrachten, werden wir manchmal $(a)f$ für $f(a)$ schreiben. Dann gilt: $(a)(f \circ g) = ((a)f)g$. $\mathrm{SYM}_L(A) \subseteq F_L(A)$ und $\mathrm{SYM}_R(A) \subseteq F_R(A)$ sind die Untergruppen, die aus den eineindeutigen Abbildungen von $A$ auf $A$, d. h. den Permutationen von $A$, bestehen.

Es sei $S$ eine Halbgruppe, und die Abbildung $L : S \to F_L(S^1)$ sei durch $L(s)(r) = s\, r$ für $s \in S, r \in S^1$ definiert. $L$ ist ein Monomorphismus, da $L(s_1 s_2)(r) = s_1 s_2 r = L(s_1)(L(s_2)(r)) = L(s_1) L(s_2)(r)$ und $L(s)(1) = s$ für alle $s, s_1, s_2 \in S$

und $r \in S^1$ ist. Der Monomorphismus $L$ heißt *links-reguläre Darstellung* von $S$. Daraus folgt, daß jede Halbgruppe isomorph einer Unterhalbgruppe von $F_L(A)$ für eine gewisse Menge $A$ ist.

Entsprechend ist $R : S \to F_R(S^1)$, definiert durch $(r)\,R(s) = r\,s$ für $r \in S^1$, $s \in S$ ein Monomorphismus, der *rechts-reguläre Darstellung* von $S$ genannt wird. Wir merken an, daß $F_R(X)$ isomorph mit derjenigen Unterhalbgruppe von $[2^{X \times X}, \cdot\,]$ ist, die aus allen Relationen $R$ mit folgender Eigenschaft besteht: Zu jedem $x$ gibt es genau ein $y$ mit $[x, y] \in R$. Entsprechend ist $F_L(X)$ isomorph zu der aus allen Relationen $R$ mit: Für alle $y$ gilt $[x, y] \in R$ für genau ein $x$ bestehenden Unterhalbgruppe von $[2^{X \times X}, \cdot\,]$.

**1.4j.** Es sei $X$ eine endliche Menge. Die *symmetrische inverse Halbgruppe* über $X$ (abgekürzt: $\mathrm{SIH}_L(X)$) ist die Menge aller eineindeutigen Funktionen, deren Vor- und Nachbereich Teilmengen von $X$ sind. Die Multiplikation ist folgendermaßen erklärt: Wenn $f : A \to B$ und $g : C \to D$ ist, dann hat $g\,f$ den Vorbereich $f^{-1}(B \cap C)$ und den Nachbereich $g\,(B \cap C)$ und genügt der Bedingung $g\,f(a) = g(f(a))$. Die Halbgruppe $\mathrm{SIH}_R(X)$ ist zu $\mathrm{SIH}_L(X)$ dual definiert.

**1.4k.** Es sei $S$ eine Halbgruppe. Dann sei $r(S)$ die Halbgruppe $[S, \cdot]$ mit $s_1 \cdot s_2 = s_2\,s_1$ für $s_1, s_2 \in S$. Es ist klar, daß $r(r(S)) = S$ gilt und $r(S) = S$ genau dann, wenn $S$ abelsch ist. Wenn $S$ eine Gruppe ist, ist $x \to x^{-1}$ ein Isomorphismus zwischen $S$ und $r(S)$, da $(x\,y)^{-1} = y^{-1} \cdot x^{-1}$. Für $|A| \geqq 2$ ist $A^l$ nicht isomorph zu $r(A^l) + A^r$.

Ist eine Definition, Aussage, Konstruktion usw. betreffend eine Halbgruppe $S$ gegeben, so bezeichnet man als *dual* dazu das Analogon für $r(S)$, d. h., die auf $r(S)$ angewandte Definition, Aussage, Konstruktion usw. Wir werden den Dualitäts-Begriff nicht exakt definieren, aber seine Bedeutung wird immer klar sein, wenn er benutzt wird. Zum Beispiel sind links- und rechts-reguläre Darstellung duale Konstruktionen.

**1.4l.** Es sei $A$ eine nichtleere Menge, und für jedes $a \in A$ sei $X_a$ eine Menge Das *cartesische Produkt* der Menge $X_a$, bezeichnet mit $\times_{a \in A} X_a$, ist die Menge aller Funktionen $f : A \to \bigcup_{a \in A} X_a$ mit: Für alle $a \in A$ gilt $f(a) \in X_a$. Diese Definition des cartesischen Produkts ist übersichtlicher als „Menge aller „$|A|$-tupel", bei denen an der „$a$-ten Stelle" ein Element aus $X_a$ steht". Ist $X_a = B$ für alle $a \in A$, dann ist $\times_{a \in A} X_a = F(A, B)$ (siehe 1.4i). Ist $S_a$ für jedes $a \in A$ eine Halbgruppe, so definieren wir eine Halbgruppenstruktur über $\times_{a \in A} S_a$ durch $(f \cdot g)\,(a) = f(a) \cdot g(a)$ und nennen diese Halbgruppe das *direkte Produkt* der Halbgruppen $S_a$. Ist zum Beispiel $S$ eine Halbgruppe, dann ist $F(A, S)$ unter der eben angegebenen Verknüpfungsregel eine Halbgruppe, wobei $S_a = S$ für alle $a \in A$ gesetzt wird. Diese Verknüpfungsregel wird oft *punktweise* oder *koordinatenweise Multiplikation* genannt.

Die Projektion auf die $a'$-te Koordinate $p_{a'}: \times_{a \in A} S_a \to S_{a'}$, die durch $p_{a'}(f) = f(a')$ definiert ist, ist ein Epimorphismus. Wir werden gewöhnlich $\times_{a \in \{1,\ldots,k\}} S_a$ als $S_1 \times \cdots \times S_k$ schreiben, wobei ein Element $f \in S_1 \times \cdots \times S_k$ als $[f(1), \ldots, f(k)]$ geschrieben wird. In diesem Fall ist $p_j(s_1, \ldots, s_k) = s_j$.

**1.4m.** Es seien $A$ und $B$ nichtleere Mengen. Ferner sei $G$ eine Gruppe und $C: B \times A \to G^0$ eine Funktion. Dann ist $\mathcal{M}^0(G; A, B; C)$, die REESsche $|A| \times |B|$-*Matrix-Halbgruppe* mit der Strukturgruppe $G$ und der Strukturmatrix $C$, die Halbgruppe $[(G \times A \times B) \cup \{0\}, \cdot\,]$, wobei 0 das Nullelement der Halbgruppe und

$$[g_1, a_1, b_1] \cdot [g_2, a_2, b_2] = \begin{cases} [g_1\, C(b_1, a_2)\, g_2, a_1, b_2]\,, & \text{falls} \quad C(b_1, a_2) \neq 0\,, \\ 0\,, \quad \text{falls} \quad C(b_1, a_2) = 0 \end{cases}$$

ist. Also ist $[g_1, a_1, b_1]\,[g_2, a_2, b_2] = 0$ genau dann, wenn $C(b_1, a_2) = 0$ ist. Daraus folgt, daß für $m_1, \ldots, m_k \in \mathcal{M}^0(G; A, B; C)$ $m_1 \cdots m_k = 0$ genau dann ist, wenn $m_i\, m_{i+1} = 0$ für ein $i \in \{1, \ldots, k-1\}$ ist.

Manchmal ist es günstig, $[g, a, b]$ als $|A| \times |B|$-Matrix über $G^0$ zu betrachten, wobei $g$ an der Stelle $[a, b]$ und an allen anderen Stellen eine 0 steht. Entsprechend betrachtet man 0 als $|A| \times |B|$-Nullmatrix. Wenn man sich dann $C$ als $|B| \times |A|$-Matrix über $G^0$ vorstellt, ist das Matrixprodukt $[g_1, a_1, b_1]$ $C[g_2, a_2, b_2]$ (wobei die für Elemente von $G^0$ eingeführte Addition durch $x + 0 = x = 0 + x$ für alle $x \in G^0$ bestimmt wird) gerade das oben angegebene Produkt $[g_1, a_1, b_1] \cdot [g_2, a_2, b_2]$. In diesem Zusammenhang wird $[g, a, b]$ oft durch $(g)_{ab}$ und $\mathcal{M}^0(G; A, B; C)$ durch $S_{mn}(G, C)$ $(m = |A|,\ n = |B|)$ bezeichnet.

$S_{mn}(G, C)$ ist also die Halbgruppe, die aus allen $m \times n$-Matrizen mit Koeffizienten aus $G^0$ besteht, die an höchstens einer Stelle ein von 0 verschiedenes Element haben, und deren Multiplikation durch

$$(g)_{ab} \cdot (g')_{a'b'} = (g)_{ab}\, C(g')_{a'b'}$$

gegeben ist. Ist $m = |A|$ und $n = |B|$, so sind offensichtlich $S_{mn}(G, C)$ und $\mathcal{M}^0(G; A, B; C)$ isomorph.

Die Menge $\mathcal{M}^0(G; A, B; C) - \{0\}$ ist genau dann eine Unterhalbgruppe von $\mathcal{M}^0(G; A, B; C)$, wenn $0 \notin C(B \times A)$ ist, d. h. genau dann, wenn $C$ den Wert Null nicht annimmt. In diesem Falle bezeichnen wir $\mathcal{M}^0(G; A, B; C) - \{0\}$ durch $\mathcal{M}(G; A, B; C)$. Es gilt dann: $[\mathcal{M}(G; A, B; C)]^0 = \mathcal{M}^0(G; A, B; C)$.

Eine REESsche Matrix-Halbgruppe ist genau dann *regulär*, wenn in ihrer Strukturmatrix in jeder Zeile und Spalte an wenigstens einer Stelle ein von Null verschiedenes Element steht. Reguläre REESsche Matrix-Halbgruppen spielen in der Strukturtheorie endlicher Halbgruppen eine wichtige Rolle (vgl. Kapitel 7).

**1.4n.** $E(S)$ sei die Menge der idempotenten Elemente von $S$ und $IG(S) = \langle E(S) \rangle$. Es ist $I\,G(S) = E(S)$, falls $S$ kommutativ ist.

Für $e_1, e_2 \in E(S)$ sagen wir $e_1 \leqq e_2$ genau dann, wenn $e_1\, e_2 = e_1 = e_2\, e_1$. $S$ heißt *Band*, wenn $S = E(S)$ ist. Die Halbgruppen $A^l$ und $A^r$ sind Bänder.

$[2^X, \cap]$ ist ein kommutatives Band. Ein Beispiel für eine Halbgruppe mit $I\,G(S) \neq E(S)$ ist (siehe 1.4m) $S_{22}(\{1\}, C)$ mit $C(2, 2) = 0$ und $C(a, b) = 1$ für $[a, b] \neq [2, 2]$.

**1.4o.** Es sei $G$ eine Gruppe. $\mathcal{C}\mathcal{M}(n, G)$ bezeichne die Menge aller $n \times n$-Matrizen über $G^0$, welche an höchstens einer Stelle jeder Spalte ein von Null verschiedenes Element haben. $\mathcal{C}\mathcal{M}(n, G)$ bildet eine Halbgruppe unter der gewöhnlichen Matrizenmultiplikation und der Vereinbarung $x + 0 = x = 0 + x$ für alle $x \in G^0$. Entsprechend besteht $\mathcal{R}\mathcal{M}(n, G)$ aus den $n \times n$-Matrizen über $G^0$, in denen an höchstens einer Stelle jeder Zeile ein von Null verschiedenes Element steht. Wir bemerken, daß für alle $m, n, G, C$ $\mathcal{R}\mathcal{M}(n, G)$ von rechts (bei formaler Matrizenmultiplikation von rechts mit Elementen von $\mathcal{R}\mathcal{M}(n, G)$) über $S_{mn}(G, C)$ operiert, und entsprechend operiert $\mathcal{C}\mathcal{M}(m, G)$ von links über $S_{mn}(G, C)$ (bei Matrizenmultiplikation von links mit Elementen von $\mathcal{C}\mathcal{M}(m, G)$).

Wir führen nun den wichtigen Begriff des Ideals ein und geben einige Eigenschaften an. Weitere Einzelheiten findet man in Kapitel 7.

**1.5. Definition.** Es sei $S$ eine Halbgruppe. Eine nichtleere Teilmenge $I \subseteq S$ ist genau dann ein *Ideal*, wenn für alle $i \in I$ und alle $s \in S$ stets $i\,s \in I$ und $s\,i \in I$ gilt, d. h., $I$ ist genau dann ein Ideal, wenn $I\,S \subseteq I$ und $S\,I \subseteq I$. $I$ ist ein *rechts-* bzw. *linksseitiges* Ideal, falls die erste bzw. zweite dieser Bedingungen erfüllt ist. Wir merken an, daß Ideale, links- bzw. rechtsseitige Ideale, Unterhalbgruppen sind.

Ein Ideal von $S$ ist *minimal*, wenn es kein Ideal von $S$ echt enthält. Ein Ideal $I$ von $S$ ist *0-minimal*, wenn $I \neq \{0\}$ und $I$ kein Ideal von $S$, das von $\{0\}$ verschieden ist, echt enthält. Wir bemerken, daß jedes minimale Ideal $I$ mit $I \neq \{0\}$ 0-minimal ist. Hieraus ergibt sich, daß im allgemeinen aus „minimal" nicht „0-minimal" folgt. Minimale und 0-minimale rechts- bzw. linksseitige Ideale werden analog definiert.

Eine Halbgruppe $S$ ist *Nullhalbgruppe*, wenn $S^2 = \{0\}$ ist.

Eine Halbgruppe $S$ ist genau dann *einfach*, wenn sie keine anderen Ideale außer $S$ selber besitzt. $S$ ist *0-einfach*, wenn $S$ keine Nullhalbgruppe ist und außer $S$ und $\{0\}$ keine Ideale hat. Wir bemerken, daß eine einfache Halbgruppe 0-einfach ist, außer wenn $S = \{0\}$ ist. Also folgt im allgemeinen aus „einfach" nicht „0-einfach". Links-einfache, links-0-einfache, rechts-einfache und rechts-0-einfache Halbgruppen werden analog definiert.

**1.6. Bemerkung.** Die Menge der Ideale, der links- und der rechtsseitigen Ideale einer Halbgruppe $S$ sind gegenüber den Operationen der Vereinigung und des nichtleeren Durchschnitts abgeschlossen. Sind $I_1$ und $I_2$ Ideale von $S$, so ist $I_1 I_2$ ein Ideal von $S$, und es gilt $I_1 I_2 \subseteq I_1 \cap I_2$. Sind weiter $I_1, \ldots, I_n$ alle Ideale von $S$, so ist $I_1 \cdots I_n = I_1 \cap \cdots \cap I_n$, und dieses Ideal wird *Kern* von $S$, bezeichnet mit $K(S)$, genannt. Da $K(S)$ in jedem Ideal enthalten ist,

ist $K(S)$ das einzige minimale Ideal von $S$. $K(S) = \{0\}$ gilt genau dann, wenn $S$ ein Nullelement hat. Die Beweise für diese Behauptungen seien dem Leser überlassen.

**1.7. Satz.** Es sei $S$ eine Halbgruppe.

(a) $S$ ist genau dann einfach, wenn $S\,a\,S = S$ für alle $a \in S$ ist.

(b) $S$ ist genau dann 0-einfach, wenn $S \neq \{0\}$ und $S\,a\,S = S$ für alle $a \in S$ mit $a \neq 0$ gilt.

(c) Es sei $I$ ein minimales Ideal von $S$. Dann ist $I$ eine einfache Halbgruppe. Daraus folgt insbesondere, daß $K(S)$ einfach ist.

(d) Wenn $I$ ein 0-minimales Ideal von $S$ ist, ist $I$ entweder Nullhalbgruppe oder 0-einfache Halbgruppe.

Beweis. (b) Es sei $S$ 0-einfach. Dann ist $S^2$ ein von $\{0\}$ verschiedenes Ideal von $S$, woraus $S^2 = S$ und $S^n = S$ für alle $n > 0$ folgt. Für jedes $a \in S$ ist $S\,a\,S$ ein Ideal mit $S\,a\,S = S$ oder $S\,a\,S = \{0\}$. Es sei $I = \{a \in S : S\,a\,S = \{0\}\}$. $I$ ist ein Ideal von $S$ mit $I = \{0\}$, da aus $S^3 = S$ ja $I \neq S$ folgt. Also folgt für $0 \neq a \in S$ stets $S\,a\,S = S$.

Ist umgekehrt $S\,a\,S = S$ für $0 = a \in S$, $I$ ein von $\{0\}$ verschiedenes Ideal von $S$ und $0 = a \in I$, so ist $S = S\,a\,S \subseteq S\,I\,S \subseteq I$, woraus $S = I$ folgt. Mithin ist $S$ 0-einfach.

(a) Der Beweis verläuft ähnlich dem von (b).

(d) Es sei $I$ ein 0-minimales Ideal von $S$. Wenn $I^2 = \{0\}$ ist, so ist $I$ Nullhalbgruppe. Anderenfalls ist $I^2 = I$, da $I^2$ ein von $\{0\}$ verschiedenes Ideal von $S$ ist, das in $I$ enthalten ist. Daraus folgt, daß $I^n = I$ für alle $n > 0$ ist. Es sei $0 \neq a \in I$. Dann ist $S^1\,a\,S^1$ ein von $\{0\}$ verschiedenes Ideal von $S$, das in $I$ enthalten ist, folglich also gleich $I$ ist. Also gilt $I\,a\,I = (I\,S^1)\,a\,(S^1\,I) = I^3 = I$, und auf Grund von (b) ist $I$ also 0-einfach.

(c) Der Beweis verläuft analog zu (d). ∎

**1.8. Bemerkung.** Ein 0-minimales links- oder rechtsseitiges Ideal einer 0-einfachen Halbgruppe muß nicht notwendig 0-einfach sein. Zum Beispiel sei $S = S_{22}(\{1\}, I)$, wobei $I$ die $2 \times 2$-Einsmatrix ist (siehe Beispiel 1.4m). Dann ist $L = \{(1)_{11}, (1)_{21}, 0\}$ ein 0-minimales linksseitiges Ideal von $S$ und $\{(1)_{21}, 0\}$ ein Ideal von $L$. Wir merken an, daß $L^2 \neq \{0\}$ ist.

Es sei $S$ eine Halbgruppe und $T$ eine Unterhalbgruppe. $T$ ist *zerfällende Unterhalbgruppe* von $S$ genau dann, wenn $S - T$ eine Unterhalbgruppe von $S$ ist. Das vorhergehende Beispiel zeigt, daß $\{0\}$ nicht notwendig zerfällende Unterhalbgruppe einer 0-einfachen Halbgruppe ist. Ist jedoch $S$ links-0-einfach oder rechts-0-einfach, so ist es leicht einzusehen, daß $\{0\}$ zerfällende Unterhalbgruppe von $S$ und $S = T^0$ ist, wobei $T$ links- bzw. rechts-einfache Halbgruppe ist.

**1.9. Satz.** Es seien $S_1$ und $S_2$ Halbgruppen und $\varphi : S_1 \to S_2$ ein Epimorphismus.

(a) Es sei $S_1'$ Unterhalbgruppe, Untergruppe, Ideal, links- bzw. rechtsseitiges Ideal, einfache Unterhalbgruppe, links- bzw. rechts-einfache Unterhalbgruppe, minimales Ideal, minimales links- bzw. rechtsseitiges Ideal, Kern oder Nullunterhalbgruppe von $S_1$. Dann hat $\varphi(S_1')$ die gleiche Eigenschaft in $S_2$. Ist $S_1'$ 0-minimales Ideal (also auch 0-einfach), dann ist $\varphi(S_1') = \{0\}$, oder $\varphi(S_1')$ ist 0-minimales Ideal (also ebenfalls 0-einfach). Wenn $e$ das Einselement (bzw. Nullelement) von $S_1$ ist, so ist $\varphi(e)$ das Einselement (bzw. Nullelement) von $S_2$.

(b) Es sei $S_2'$ Unterhalbgruppe, Ideal, links- bzw. rechtsseitiges Ideal von $S_2$. Dann hat $\varphi^{-1}(S_2')$ die gleiche Eigenschaft in $S_1$. $T \to \varphi^{-1}(T)$ ist eine eineindeutige inklusionserhaltende Abbildung der Mengen der links-, rechts- bzw. zweiseitigen Ideale von $S_2$ in die entsprechenden Mengen für $S_1$.

(c) Es sei $S_2'$ eine einfache, rechts-einfache, links-einfache oder rechts- und links-einfache (d. h. eine Gruppe) Unterhalbgruppe von $S_2$. Dann existiert eine Unterhalbgruppe $S_1'$ von $S_1$ mit der gleichen Eigenschaft wie $S_2'$, so daß $\varphi(S_1') = S_2'$. Jede Unterhalbgruppe $T$ von $S_1$, die minimal (unter der Inklusionsbeziehung) in bezug auf die Eigenschaft $\varphi(T) = S_2'$ ist, kann für $S_1'$ gewählt werden.

Beweis. Die Beweise dieser Behauptungen sind einfach und seien dem Leser überlassen. ∎

Im letzten Teil dieses Abschnitts beweisen wir eine Reihe von grundlegenden Sätzen.

**1.10. Satz.** (Klassifikation von zyklischen Halbgruppen). Es sei $S = \langle s \rangle$ die durch $s \in S$ erzeugte zyklische Halbgruppe. Dann gilt entweder

(1) $S \cong [\mathbf{Z}^+, +]$ unter dem Isomorphismus $s^n \to n$, oder

(2) $S$ ist endlich, und es existieren eindeutig bestimmte natürliche Zahlen $r$ und $m \neq 0$, der *Index* und die *Periode* von $S$, so daß $S = \{s, s^2, \ldots, s^{m+r-1}\}$ gilt, wobei $K_S = \{s^r, \ldots, s^{m+r-1}\}$ eine zyklische Untergruppe der Ordnung $m$ ist.

Für natürliche Zahlen $r$ und $m \neq 0$ existiert bis auf Isomorphie genau eine Halbgruppe mit dem Index $r$ und der Periode $m$.

Beweis. Sind alle Potenzen von $S$ untereinander verschieden, dann tritt offensichtlich der Fall 1 ein. Andernfalls sei $r$ die kleinste positive ganze Zahl, so daß $s^r = s^{r+x}$ für ein gewisses positives $x$ ist. Es sei $m$ das kleinste derartige $x$. Dann sind $s, s^2, \ldots, s^r$ untereinander verschieden und verschieden von $s^{r+1}, \ldots, {}^{r+m-1}$. Ist $k \geqq m$, so ist $s^{r+k} = s^{r+jm+n} = s^{r+n}$, wobei $0 \leqq n < m$ ist. Also ist $S = \{s, s^2, \ldots, s^{r+m-1}\}$. Schließlich ist $s^{r+p} \to (r + p) \pmod m$ ein Isomorphismus von $\{s^r, \ldots, s^{r+m-1}\}$ auf $[\mathbf{Z}_m, +]$; es liegt also der Fall 2 vor.

Es seien $r$ und $m$ gegeben. Wir betrachten $f \in F_L(\{0, \ldots, r + m + 1\})$, gegeben durch $f(i) = i + 1$ für $i = 0, 1, \ldots, r + m - 2$ und $f(r + m - 1) = r$.

Dann hat $\langle f\rangle \subseteq F_L(\{0, \ldots, r+m-1\})$ den Index $r$ und die Periode $m$. Die Eindeutigkeit verifiziert der Leser leicht selbst. ∎

Eine Halbgruppe ist eine *Torsionshalbgruppe*, wenn $|\langle s\rangle| < \infty$ für jedes $s \in S$ gilt. Eine *Torsionsgruppe* ist eine Torsionshalbgruppe, die gleichzeitig Gruppe ist. Insbesondere ist jede endliche Halbgruppe eine Torsionshalbgruppe. Obwohl wir uns hier nur mit endlichen Halbgruppen beschäftigen, sind die Beweise von einigen wichtigen Sätzen auch schlüssig für die größere Klasse der Torsionshalbgruppen.

Wir formulieren nun einige Folgerungen aus Satz 1.10.

**1.11. Satz.** (a) Es sei $S$ eine Torsionshalbgruppe und $s \in S$. Dann gibt es unter den Potenzen von $s$ genau ein idempotentes Element.

(b) $G$ ist genau dann Torsionsgruppe, wenn jede Unterhalbgruppe von $G$ eine Untergruppe ist. Insbesondere sind Unterhalbgruppen von endlichen Gruppen stets Untergruppen.

Beweis. (a) Das Einselement der zyklischen Untergruppe $\langle s\rangle$ ist das einzige idempotente Element.

(b) Wenn $G$ keine Torsionsgruppe ist, gibt es in $G$ eine zyklische Unterhalbgruppe, die isomorph zu $[\mathbf{Z}^+, +]$ ist; und offensichtlich ist $[\mathbf{Z}^+, +]$ keine Gruppe. Es sei umgekehrt $S$ eine Unterhalbgruppe der Torsionsgruppe $G$ und $s$ ein Element von $S$ mit dem Index $r$ und der Periode $m$. Dann ist $s^r s^m = s^r$ und also $1 = s^m \in S$. Ist $m = 1$, dann ist $s^{-1} = s \in S$, und ist $m > 1$, so ist $s^{-1} = s^{m-1} \in S$. Also ist $S$ eine Gruppe. ∎

**1.12. Satz.** Es sei $S_1$ eine Torsionshalbgruppe und $\varphi : S_1 \twoheadrightarrow S_2$ ein Epimorphismus. Dann ist $S_2$ eine Torsionshalbgruppe und $\varphi$ eine ordnungserhaltende Abbildung von $E(S_1)$ auf $E(S_2)$ (siehe Beispiel 1.4n).

Beweis. Für $s \in S_1$ ist $\varphi(\langle s\rangle) = \langle\varphi(s)\rangle$, also $S_2$ Torsionshalbgruppe. Es ist klar, daß $\varphi(E(S_1)) \subseteq E(S_2)$ ist. Ist umgekehrt $e \in E(S_2)$, so wählen wir ein $x \in S_1$ mit $\varphi(x) = e$; weiter sei $f$ das einzige idempotente Element mit $x^n = f$ für ein gewisses $n$. Dann ist $\varphi(f) = e^n = e$, woraus folgt: $\varphi(E(S_1)) = E(S_2)$. Ist schließlich $e_1 e_2 = e_1 = e_2 e_1$, so ist $\varphi(e_1)\varphi(e_2) = \varphi(e_1) = \varphi(e_2)\varphi(e_1)$, also ist $\varphi$ ordnungserhaltend. ∎

## Übungen und Ergänzungen

X 1.1. Wenn $S$ ein Monoid und $xy = 1$ für $x, y \in S$ ist, so ist $x$ ein Links-Inverses von $y$ und $y$ ein Rechts-Inverses von $x$.

(a) Man konstruiere eine Halbgruppe mit $n$ linken Einselementen und keinem rechten Einselement. Hat ein Element eines Monoids ein Links- und ein Rechts-Inverses, so sind diese gleich.

(b) Es sei $S$ eine Halbgruppe mit der Eigenschaft, daß es ein Element $x \in S$ gibt, das jedes Element von $S$ „dividiert", d. h., für jedes $s \in S$ existieren Elemente $l, r \in S$ mit $lx = s = xr$. Dann ist $S$ ein Monoid.

X1.2. (a) Es sei $\psi$: $A \to S$ eine Funktion der Menge $A$ in die Halbgruppe $S$. Dann hat $\psi$ genau eine Erweiterung zu einem Homomorphismus $\psi^\Gamma: \Sigma A \to S$ mit $\psi^\Gamma(\Sigma A) = \langle\psi(A)\rangle$.

(b) Es sei $T$ eine Halbgruppe mit $T = \langle A\rangle$, und für jede Halbgruppe $S$ und jede Funktion $\vartheta: A \to S$ existiere genau eine Erweiterung von $\vartheta$ zu einem Homomorphismus $\vartheta^\Sigma$: $T \to S$. Dann ist $T$ isomorph zu $\Sigma A$ bei einem Isomorphismus, der jedes Element von $A$ auf sich abbildet.

X1.3. Es sei $S$ eine Halbgruppe und $e \in E(S)$. Wir definieren $H_e = \{s \in S: e s = s = s e$ und $s r = e = r s$ für ein $r \in S\}$. Dann ist $H_e$ die maximale Untergruppe von $S$, die $e$ enthält. In der Tat, ist $G$ eine Untergruppe von $S$ und $G \cap H_e \neq \emptyset$, dann ist $G \subseteq He$, Folglich ist für $f \neq e$ stets $H_f \cap H_e = 0$ und $\{H_e: e \in E(S)\}$ ist die Menge der maximalen Untergruppen von $S$.

X1.4. Es sei $S$ eine endliche zyklische Halbgruppe. Man bestimme alle homomorphen Bilder und alle Unterhalbgruppen von $S$ und entscheide, ob sie alle zyklische Halbgruppen sind.

X1.5. (a) Es sei $T$ eine Torsionshalbgruppe und $s_1, \ldots, s_m \in T$. Dann existiert für jedes $N \geqq 1$ ein $n \geqq N$ mit $s_j^n \in E(S)$ für $j = 1, \ldots, m$.

(b) Es sei $S$ eine endliche Halbgruppe und $t_1, t_2 \in S$. Es seien weiter $r_1, r_2, m_1, m_2$ die Indizes bzw. Perioden von $\langle t_1 t_2\rangle$ und $\langle t_2 t_1\rangle$ (so daß $r_1, r_2, m_1, m_2$ die kleinsten Zahlen mit $(t_1 t_2)^{r_1 + m_1} = (t_1 t_2)^{r_1}$ und $(t_2 t_1)^{r_2 + m_2} = (t_2 t_1)^{r_2}$ sind). Dann ist $m_1 = m_2$ und $|r_2 - r_1| \leqq 1$. Ist eine schärfere Aussage über $r_2$ und $r_1$ möglich?

X1.6. Für die Halbgruppen 1.4a, b, i und j bestimme man:

(a) Die maximalen Untergruppen (bis auf Isomorphie);

(b) $I\,G(S)$;

(c) die maximalen Unterhalbgruppen (das ist schwieriger und wird im Kapitel 7 vollständig gelöst).

X1.7. Unter der Voraussetzung, daß die REESsche Matrix-Halbgruppe $S = M^0(G;A,B;C)$ regulär ist, beweise man:

(a) Sind $s,t \in S$ und $x \in S^1$, so daß $s x = t$ gilt, so ist $t = 0$ oder es existiert ein $y \in S^1$ mit $t y = s$.

(b) Sind $s, t \in S$ und $x \in S^1$, so daß $x s = t$ gilt, so ist $t = 0$, oder es existiert ein $y \in S^1$ mit $y t = s$.

(c) Sind $s, t \in S - \{0\}$, so existieren $x, y \in S^1$ mit $x s y = t$.

# Algebraische Automatentheorie und Systementwurf

2

E. F. Assmus, Jr.

*Mathematics Department, Lehigh University, Bethlehem, Pennsylvania*

J. J. Florentin

*Centre for Computing and Automation, Imperial College, London, England*

## 1. Einleitung

Die algebraische Automatentheorie ist ein Zweig der Theorie diskreter Rechnerstrukturen. Sie wird dazu angewandt, die allgemeine Arbeitsweise spezieller Teile der Hardware zu modellieren und scheint dazu besser geeignet als Programme oder Computer-Systeme. Sie modelliert die Arbeitsweise elektronischer Rechenanlagen allerdings nicht direkt, sondern nur durch die Änderung von abstrakten „Zuständen".

Einige Fragen des Systementwurfs werden durch die algebraische Automatentheorie beantwortet, andere dagegen nicht. Die algebraische Automatentheorie beschäftigt sich nicht mit der aus der jeweils verwendeten Elektronik bestimmten speziellen Verhaltensweise eines Automaten.

Ihr Hauptanliegen ist die vollständige Bestimmung der Beziehungen zwischen dem Eingabe-Ausgabe-Verhalten eines endlichen Automaten und den Änderungen seiner inneren Zustände. Alle unterschiedlichen Darstellungen eines Automaten mit vorgegebenem Verhalten können systematisch hergeleitet und in Beziehung gesetzt werden. Insbesondere wird auch gezeigt, wie sich Automaten in ihre wesentlichen Komponenten zerlegen lassen, und es wird die Bedeutung einer Codierung der Eingabe- und Ausgabesignale einer logischen Schaltung dargelegt.

Dieses Kapitel gibt einen Einblick in die algebraische Beschreibung der Verhaltensweise eines endlichen Automaten. Im besonderen soll dabei nachgewiesen werden, daß man sich beim Systementwurf mit Vorteil dieser Theorie bedienen kann.

Die algebraische Automatentheorie ist auch von Nutzen bei der Untersuchung der Struktur spezieller Klassen von Automaten, so z. B. der linearen Automaten.

## 2. Das abstrakte Modell eines Automaten

Das hier betrachtete Automatenmodell stellt eine Idealisierung von konkreten Automaten dar, bei der nur das Übergangsverhalten von inneren Zuständen als Reaktion auf mögliche Eingabesignale erfaßt wird. Im Modell wird daher beispielsweise davon abgesehen, daß schlecht synchronisierte Signale falsche Zustandsüberführung bewirken können. Auch innere Rückkopplungseffekte in elektronischen Schaltungen werden nicht betrachtet.

Es wird jedoch zwischen zwei Arten von Schaltungen unterschieden, erstens den kombinatorisch-logischen Schaltungen ohne Gedächtnis (diese codieren die Eingabe- und Ausgabesignale) und zweitens Schaltungen mit Gedächtnis; letztere hängen direkt mit Halbgruppen zusammen.

Ein (abstrakter) Automat besitzt ein endliches Eingabealphabet $X = \{x_1, \ldots, x_m\}$ (dessen Elemente als Eingabesignale bezeichnet werden), ein endliches Ausgabealphabet $Y = \{y_1, \ldots, y_n\}$ (dessen Elemente als Ausgabesignale bezeichnet werden) und eine endliche Menge $Z = \{z_1, \ldots, z_k\}$ von Zuständen. Seine Wirkungsweise wird durch die Überführungsfunktion $\delta : Z \times X \to Z$ und die Ergebnisfunktion $\lambda : Z \times X \to Y$ gegeben.

**2.1. Verschiedene Möglichkeiten zur Beschreibung der Wirkungsweise eines Automaten.** Die Überführungs- und die Ergebnisfunktion können auf verschiedene Weise festgelegt werden:

(1) Durch den Zustandsgraphen. In diesem gerichteten Graphen repräsentiert jeder Eckpunkt einen Zustand. Wird ein Zustand $z$ durch ein Eingabesignal $x$ in den Zustand $z'$ überführt (d. h. ist $\delta(z, x) = z'$) und dabei das Ausgabesignal $y$ ausgegeben (d. h. ist $\lambda(z, x) = y$), so wird dies im Zustandsgraphen durch einen vom Eckpunkt $z$ zum Eckpunkt $z'$ gerichteten Pfeil dargestellt, der die Markierung $(x, y)$ trägt. Es ist also möglich, daß von einem Eckpunkt $z$ mehr als ein Pfeil zu einem Eckpunkt $z'$ führt; in diesem Fall entspricht jeder dieser Pfeile einem anderen Eingabesignal. Die Zahl der Pfeile, die von einem Eckpunkt ausgehen, entspricht also eineindeutig den Eingabesignalen.

(2) Durch eine Wertetabelle für Überführungs- und Ergebnisfunktion.

(3) Durch BOOLEsche Matrizen. Jedem Eingabesignal wird eine quadratische Matrix zugeordnet, die für jeden Zustand des Automaten eine Zeile und eine Spalte enthält. Bewirkt das entsprechende Eingabesignal eine Überführung des Zustandes $z_i$ in den Zustand $z_j$, so enthält die Matrix an der Stelle $(i, j)$ eine Eins, an allen übrigen Stellen eine Null. Jedem Zustand ist ein Vektor zugeordnet: Dem Zustand $z_i$ wird derjenige Vektor zugeordnet, dessen $i$-te Komponente gleich Eins und dessen übrige Komponenten Null sind. Bei gegebenem Zustand und gegebenem Eingabewort $p = x_1 \cdots x_n$ $(x_1, \ldots, x_n \in X)$ kann man den Zustand nach Eingabe von $p$ berechnen, indem man den Vektor dieses Zustandes der Reihe nach mit den Matrizen multipliziert, die zu den Signalen des Eingabewortes $p$ gehören.

Analog läßt sich die Ergebnisfunktion dadurch beschreiben, daß jedem Eingabesignal eine Matrix aus $k$ Zeilen und $n$ Spalten ($k = \operatorname{card} Z$, $n = \operatorname{card} Y$) zugeordnet wird.

(4) Durch Maschinen. Um das Eingabe-Ausgabe-Verhalten eines Automaten mit dem Anfangszustand $z_i$ festzulegen, benötigt man nicht die volle Relation

zwischen Eingabewörtern und entsprechenden Ausgabewörtern; die Relation zwischen den Eingabewörtern und dem jeweils letzten Ausgabesignal reicht aus.

Jeder Zustand $z_i$ definiert damit eine Funktion $f_i : \Sigma X \to Y$, wobei $\Sigma X$ die Menge aller nichtleeren Wörter über $X$ (d. h. aller nicht-leeren Eingabewörter) ist. Derartige Funktionen bezeichnet man nach Krohn und Rhodes [1] als Maschinen. Die Überführungsfunktion ist nicht vorgegeben; wir werden aber später sehen, daß es eine Überführungsfunktion gibt, die durch die Maschinen $f_i$ in kanonischer Weise definiert ist. Für die Praxis ist dies der geeignete Weg, einen Automaten vorzugeben.

In Abb. 1 werden die ersten drei der angegebenen Beschreibungsweisen eines Automaten an einem Beispiel erläutert.

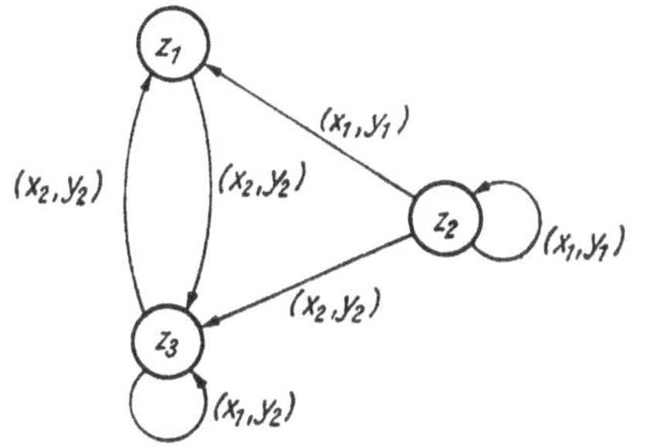


| | $z_1$ | $z_2$ | $z_3$ |
|---|---|---|---|
| $z_1$ | 0 | 1 | 0 |
| $z_2$ | 0 | 1 | 0 |
| $z_3$ | 0 | 0 | 1 |

$x_1$-Matrix

| | $z_1$ | $z_2$ | $z_3$ |
|---|---|---|---|
| $z_1$ | 0 | 0 | 1 |
| $z_2$ | 0 | 0 | 1 |
| $z_3$ | 1 | 0 | 0 |

$x_2$-Matrix

| | | Zustand | | |
|---|---|---|---|---|
| | | $z_1$ | $z_2$ | $z_3$ |
| Eingabesignal | $x_1$ | $z_2 y_1$ | $z_2 y_1$ | $z_3 y_1$ |
| | $x_2$ | $z_3 y_2$ | $z_3 y_2$ | $z_1 y_2$ |

Abb. 1. Zustandsgraph, Booleesche Matrizen und kombinierte Überführungs-Ergebnis-Tabelle für ein Beispiel eines Automaten

## 2.2. Mealy-Automaten und Moore-Automaten.

Die bisher betrachteten Automaten werden in der Literatur auch als Mealy-Automaten bezeichnet.[1])

Das Ausgabesignal hängt bei diesen Automaten sowohl vom Zustand als auch vom Eingabesignal ab. In speziellen Fällen kann nun das Ausgabesignal nur vom Zustand abhängen. Dann gibt es also eine Funktion $\mu : Z \to Y$ (die als Markierungsfunktion bezeichnet wird) derart, daß $\lambda(z, x) = \mu(\delta(z, x))$ für

---

[1]) Im Original auch „general output machines". – *Anm. d. Übers.*

alle Zustände $z$ und alle Eingabesignale $x$ ist. Automaten dieses Typs heißen MOORE-Automaten[1]).

Zu jedem MEALY-Automaten kann ein MOORE-Automat so konstruiert werden, daß dieser das Verhalten des MEALY-Automaten imitiert. Es sei etwa $[X, Y, Z, \delta, \lambda]$ ein beliebiger MEALY-Automat. Dann sei $Z' = Z \times Y$ die Zustandsmenge des zu konstruierenden MOORE-Automaten; seine Überführungsfunktion $\delta'$ sei durch $\delta'([z, y], x) = [\delta(z, x), \lambda(z, x)]$ definiert und die Markierungsfunktion $\mu'$ durch $\mu'([z, y]) = y$.

Bei MOORE-Automaten ergibt sich eine klare Trennung zwischen der Überführung in den nächsten Zustand und der Ausgabe.

Eine Bemerkung zur Taktung in MOORE-Automaten: Wird ein Eingabesignal $x$ im Takt $t$ eingegeben und befindet sich der Automat zu diesem Zeitpunkt im Zustand $z$, so ist nicht die im Takt $t$ erfolgende Ausgabe $\mu(z)$ als Reaktion auf $x$ zu verstehen, sondern erst die im Takt $t + 1$ erfolgende Ausgabe $\mu(\delta(z, x))$.

**2.3. Folgerungen aus der Definition des endlichen Automaten.** Aus der Festlegung des Begriffs des endlichen Automaten ergeben sich einige Folgerungen:

(1) Die Menge der durch einen Automaten definierten Maschinen $f_i$ ist abgeschlossen bzgl. Links-Translationen mit Eingabewörtern. Sei $f_i$ die durch einen festgehaltenen Anfangszustand $z_i$ eines beliebigen Automaten definierte Maschine. Es sei $p$ ein aus zwei Teilwörtern $p_1, p_2$ bestehendes Eingabewort, also $p = p_1 p_2$. Der Automat werde im Zustand $z_i$ gestartet, und es werde zunächst nur das Wort $p_1$ eingegeben. Dadurch wird der Automat in einen gewissen Zustand $z_j$ überführt. Sodann starten wir den Automaten von neuem und geben jetzt das Wort $p_2$ ein. Das letzte Ausgabesignal kann durch dies Unterbrechen der Eingabe nicht beeinflußt werden, es ist also $f_j(p_2) = f_i(p_1 p_2)$. Da dies für alle Wörter $p_2$ gilt, können wir die Maschine $f_j$, die zu $z_j$ gehört, aus der Gleichung $f_j(p) = f_i(p_1 p)$ berechnen. Wir schreiben $f_j$ als $f_i L_{p_1}$, wobei $L_p$ der durch $L_p(p') = pp'$ festgelegte Links-Translationsoperator ist. Durch Wahl aller möglichen Eingabewörter für $p$ ergibt sich eine endliche Menge von Funktionen $f_i L_p$. Wird also die Maschine $f_i$ durch einen Zustand $z_i$ definiert, so wird auch die Maschine $f_i L_p$ durch einen Zustand $z_j = \delta(z, p)$ definiert. Jeder Automat definiert daher eine bzgl. Links-Translationen mit Eingabewörtern abgeschlossene Menge von Maschinen. Ist umgekehrt eine Menge von Maschinen $f: \Sigma X \to Y$ abgeschlossen bzw. Links-Translationen, so ist automatisch ein Automat mit einer minimalen Anzahl von Zuständen gefunden; seine Zustandsmenge besteht gerade aus allen Maschinen der betreffenden Menge, seine Überführungsfunktion kann durch Rechts-Translation mit einzelnen Eingabesignalen ermittelt werden. Das Problem, zu einer vorgegebenen Maschine $f$ (d. h. zu vorgegebenem Verhalten) einen Automaten mit minimaler Zustandszahl zu finden, ist prinzipiell mit dieser Konstruktion gelöst, man hat nur die Menge $\{f L_p; p \in \Sigma X\}$ zu bilden und damit in der soeben beschrie-

---

[1]) Im Original auch „state output machines." — *Anm. d. Übers.*

benen Art und Weise den Automaten zu bilden. In der Praxis ist jedoch oft nur eine partielle Funktion als Verhaltensfunktion vorgegeben. Die Funktion so zu vervollständigen, daß eine minimale Anzahl von Zuständen benötigt wird, ist ein noch nicht befriedigend gelöstes Problem.

(2) Jeder endliche Automat definiert eine rechts-invariante endliche Äquivalenzrelation über der Menge $X^*$ der Eingabewörter einschließlich des leeren Wortes. Es sei ein Automat und ein Anfangszustand $z_i$ gegeben. (Ein Paar $\mathsf{A}, z_i$, bestehend aus einem Automaten $\mathsf{A}$ und einem Anfangszustand $z_i$, bezeichnet man auch als initialen Automaten.) Wir notieren für jedes Eingabewort (bei Start jeweils in $z_i$) den erreichten Endzustand. Wörter, die den Automaten in den gleichen Endzustand überführen, nennen wir äquivalent. Sind dann zwei Wörter $p', p''$ äquivalent $p' \sim p''$, dann gilt für jedes Eingabewort $p : \delta(z_i, p'\,p) = \delta(z_i, p''\,p)$. Also gilt $p'\,p \sim p''\,p$; damit ist die Rechts-Invarianz nachgewiesen. Ist umgekehrt eine rechts-invariante endliche Äquivalenzrelation über der Menge $X^*$ der Eingabewörter gegeben, so kann man einen initialen Automaten mit minimaler Zustandszahl konstruieren, der die vorgegebene Klasseneinteilung der Eingabewörter realisiert. Für jedes Eingabewort $p$ bezeichne $[p]$ diejenige Äquivalenzklasse, die das Wort $p$ enthält. Dann kann man zunächst als Zustandsmenge $Z$ die nach Voraussetzung endliche Menge $\{[p] : p \in X^*\}$ wählen. Als Anfangszustand wählt man die durch das leere Wort $\Lambda$ definierte Äquivalenzklasse $[\Lambda]$. Die Überführungsfunktion $\delta$ des zu konstruierenden Automaten kann dann durch $\delta([p], x_i) = [p\,x_i]$ festgelegt werden. Diese rechts-invarianten Äquivalenzklassen sind eng mit der Funktionenklasse verbunden, die man durch Links-Translation erhält; auch sie können zur Konstruktion eines Automaten mit minimaler Zustandszahl und mit vorgegebener Eingabe-Ausgabe-Relation genutzt werden. Als Beispiel für den Einfluß nicht vollständig vorgegebener Verhaltensfunktionen betrachten wir die Identifizierung des Wortes 111 über dem Eingabealphabet $X = \{0, 1\}$. Die Äquivalenzklassen $\{1\}$, $\{11\}$, $\{111\}$ erzeugen zusammen mit der alle restlichen Wörter enthaltenden vierten Äquivalenzklasse den verlangten Automaten. Wird andererseits aber der aktuelle Zustand jeweils nach der Eingabe von genau drei Signalen geprüft, so reichen die Klassen $\{0, 00, \ldots, 111, \ldots\}$, $\{1, 01, \ldots\}$, $\{11, 101, \ldots\}$ aus. Hierbei sind alle Wörter, deren Länge von 3 verschieden ist, frei verfügbar.

(3) Ein endlicher Automat definiert eine endliche Kongruenzrelation über der Menge $X^*$ der Eingabewörter. Diese Zerlegung in Äquivalenzklassen ist eine Verfeinerung der oben betrachteten. Zwei Eingabewörter $p$ und $p'$ heißen äquivalent, falls sie das gleiche Überführungsverhalten haben, d. h. falls $\delta(z_i\,p) = \delta(z_i, p')$ für alle $z_i \in Z$ ist. Sind nun zwei Wörter $p, p'$ in diesem Sinne äquivalent, so gilt für alle Eingabewörter $u$, $v$ und alle Zustände $z_i \in Z : \delta(z_i, u\,p\,v) = \delta(z_i, u\,p'\,v)$. Damit ist $u\,p\,v \sim u\,p'\,v$; die Äquivalenzrelation ist also sowohl rechts- als auch links-invariant, d. h. eine Kongruenzrelation. Wegen der Rechts- und Links-Invarianz lassen sich die Äquivalenzklassen miteinander

multiplizieren, es ist $[p]\,[p'] = [p\,p']$. Die Menge der Äquivalenzklassen mit dieser Multiplikation bildet eine endliche Halbgruppe. Gehen wir von einer bezüglich Links-Translationen abgeschlossenen Menge von Maschinen aus, so nennen wir zwei Eingabewörter $p$ und $p'$ äquivalent, wenn $f_i(u\,p\,v) = f_i(u\,p'\,v)$ für alle $f_i$ aus der gegebenen Menge gilt. Wiederum kann ein Automat aus einer vorgegebenen Kongruenzrelation über $X^*$ erhalten werden. Die Zustände entsprechen dabei den Klassen, die Überführungsfunktion wird wie oben festgelegt. Diese Klassifizierung der Eingabewörter repräsentiert Wesentliches im Verhalten eines endlichen Automaten. Viele bei endlichen Automaten auftretenden Probleme können als Probleme der Konstruktion gewisser derartiger Klassen aufgefaßt werden.

## 3. Zustandsfunktionen

Die Zustandsüberführung können wir bei MOORE-Automaten ohne die davon bewirkte Ausgabe studieren. Wir untersuchen die Art der Zustandsüberführung, indem wir alle Überführungen betrachten, die durch die einzelnen Eingabesymbole induziert werden, d. h. die von den einzelnen Eingabesignalen bewirkten Abbildungen der Menge der Zustände in sich. Diese Abbildungen sind von grundlegender Bedeutung in der algebraischen Automatentheorie. (Wir wollen sie im folgenden im Unterschied zu den zweistelligen Überführungsfunktionen $\delta$ als „Zustandsfunktionen" bezeichnen.)

**3.1. Die Halbgruppe der Zustandsfunktionen.** Die den einzelnen Eingabesignalen entsprechenden Zustandsfunktionen kann man miteinander multiplizieren, um die durch Eingabewörter erzeugten Zustandsfunktionen zu ermitteln. Da die Automaten nur endlich viele Zustände besitzen, ist die bzgl. der Multiplikation abgeschlossene Menge der Zustandsfunktionen endlich und bildet daher bzgl. der Multiplikation eine endliche Halbgruppe. Diese Halbgruppe stellt den Zusammenhang zwischen Algebra und Automatentheorie her, und alle grundlegenden Eigenschaften der Automaten spiegeln sich in ihr wider. Die Halbgruppe der Zustandsfunktionen ist dieselbe, die wir bei der Bildung von Kongruenzklassen über der Menge der Eingabewörter fanden. Die Wörter in jeder Klasse erzeugen die zu dieser Klasse gehörige Zustandsfunktion.

In der algebraischen Automatentheorie wird diese Halbgruppe zu verschiedenen Zwecken gebraucht:

(1) Zur Bildung einer Normalform von Automaten.

(2) Mit ihrer Hilfe lassen sich zu einem gewünschten Automatenverhalten verschiedene Automaten mit verschiedenen Zustandsmengen gewinnen.

(3) Gewisse Methoden der Halbgruppen-Dekomposition führen zur Dekomposition von Automaten in Komponenten, die durch Serien-Parallel-Schaltungen verknüpft sind.

(4) Die Methoden der Halbgruppen-Dekomposition ermöglichen die Definition irreduzibler Automaten (Komponenten), aus denen sich alle Automaten zusammensetzen lassen.

**3.2. Standard-Halbgruppen-Automaten.** Es sei ein beliebiger Automat A gegeben; dann konstruieren wir eine Normalform („Standard-Automat") dieses Automaten, die dasselbe Eingabe-Ausgabe-Verhalten wie der ursprüngliche Automat hat. Zunächst bildet man die Menge der Kongruenzklassen über $X^*$, die, wie wir gesehen haben, zur Halbgruppe der Zustandsfunktionen des gegebenen Automaten isomorph ist. Diese Halbgruppe $H_A$ enthält ein Einselement. Nun konstruieren wir den MOORE-Automaten A' mit der Zustandsmenge $H_A$, dem Eingabealphabet $H_A$ und dem Ausgabealphabet $Y$, wobei $Y$ das Ausgabealphabet des ursprünglichen Automaten A ist. Die Überführungsfunktion $\delta$ von A' sei definiert durch $\delta(h_1, h_2) = h_1 \cdot h_2$. Auf beide Automaten seien dieselben Eingabesignale anwendbar, wobei die Eingabesignale für den Halbgruppen-Automaten A' zunächst einer Codierung $h_{A'} : X \to H_A$ unterworfen werden, die jedem Eingabesignal $x_i$ dasjenige Halbgruppenelement zuordnet, das zur Kongruenzklasse von $x_i$ gehört. Die Automaten A und A' werden nur dann äquivalent, wenn sie in bestimmten Anfangszuständen starten; der Halbgruppen-Automat A' muß im Einselement und der ursprüngliche Automat A in einem bestimmten vorher festgelegten Anfangszustand starten. Die Markierungsfunktion $\mu_A : H_A \to Y$ von A' wird gewonnen, indem man aus jeder Kongruenzklasse ein Eingabewort in den ursprünglichen Automaten A eingibt und die Ausgabe notiert.[1])
Zu mehreren Automaten kann dieselbe Halbgruppe gehören; diese Verwandtschaft ist wichtig für die Beantwortung der Frage, wie verschiedene Automaten dieselbe Aufgabe lösen können. Wir werden darauf noch einmal zurückkommen, nachdem wir verschiedene Typen von Automaten eingeführt haben.

**3.3. Typen von Zustandsfunktionen.** Es gibt zwei Arten von Zustandsfunktionen, die sich als Extreme gegenüberstehen:

(1) Permutationen; dabei handelt es sich um eineindeutige Abbildungen der Zustandsmenge auf sich; besitzt ein Automat nur derartige Zustandsfunktionen, so ist seine Halbgruppe eine Gruppe;

(2) Kontraktionen; bei diesen gibt es Eingaben, die zwei verschiedene Zustände in einen Zustand überführen.

Ein Hauptverdienst der Dekompositionstheorie von KROHN und RHODES besteht in dem Nachweis, daß man bei geeigneter Zerlegung eines beliebigen Automaten zu Komponenten gelangt, die entweder Gruppen-Automaten sind oder zu vier elementaren Typen von Kontraktions-Automaten gehören.

---

[1]) Allerdings muß dabei vorausgesetzt werden, daß $[\Lambda]$ nicht nur $\Lambda$ enthält. Ist diese Voraussetzung nicht erfüllt, kann man $(\mu_{A'}[\Lambda])$ beliebig definieren. — *Anm. d. deutschen Red.*

## 4. Gruppen-Automaten

Die Zustandsänderungen eines Gruppen-Automaten sind Permutationen der Zustandsmenge, die die Gruppe darstellen. Es gibt viele Mengen von Permutationen, die eine spezielle Gruppe darstellen können; aber offenbar sind nur die transitiven für unsere Zwecke brauchbar, d. h. jene, in denen jeder Zustand von jedem anderen Zustand aus erreichbar ist. Zu vorgegebener endlicher Gruppe $G$ kann man wie folgt Gruppenautomaten $\mathsf{A}$ konstruieren. Man sucht zuerst eine Untergruppe auf und bildet dann die rechten Nebenklassen. Jeder Nebenklasse entspricht dann ein Zustand des zu konstruierenden Automaten $\mathsf{A}$. Die Überführungsfunktion ist durch die Operation der Gruppenelemente auf den Nebenklassen definiert. Notwendig und hinreichend für $G \cong H_{\mathsf{A}}$ ist, daß die Darstellung von $G$ durch die Permutationen der Nebenklassen treu ist, d. h. daß die ausgewählte Untergruppe keine nicht-trivialen Normalteiler der ursprünglichen Gruppe enthält.

Da jede Untergruppe einer abelschen Gruppe Normalteiler der Gruppe ist, besitzt jeder abelsche Gruppen-Automat nur eine transitive Zustandsmenge, in der jeder Zustand genau einem Gruppenelement entspricht.

**4.1. Gruppen-Automaten mit Ausgabe.** Da eine Gruppe im allgemeinen durch mehrere verschiedene Mengen von transitiven Permutationen dargestellt werden kann, sind auch mehrere Zustandsmengen für Automaten mit gegebener Gruppe möglich. Allerdings ist die Zustandsmenge gewöhnlich nicht frei wählbar, da das geforderte Ausgabeverhalten die Auswahl beschränkt. Dies wird bei Moore-Automaten deutlich, wenn man zunächst einen Standard-Automaten betrachtet, bei dem jeder Zustand einem Gruppenelement entspricht. Jedem Zustand ist ein bestimmtes Ausgabesignal zugeordnet, das durch die Definition des Automaten (vorgegebene Markierungsfunktion) festgelegt ist. Nun können die Zustände so in rechte Nebenklassen zusammengefaßt werden, daß zu allen Zuständen einer Nebenklasse dasselbe Ausgabesignal gehört.

Als einfaches Beispiel betrachten wir die nicht-zyklische Gruppe der Ordnung 6. Sie besitzt zwei Erzeugende $A$, $C$, die als binäre Eingabesignale für den Standard-Automaten fungieren; die Überführungs- und Ergebnistabellen sind

| Zustand | | $I$ | $A$ | $A^2$ | $C$ | $CA$ | $CA^2$ |
|---|---|---|---|---|---|---|---|
| Eingabe | $A$ | $A$ | $A^2$ | $I$ | $CA$ | $CA^2$ | $C$ |
| | $C$ | $C$ | $CA^2$ | $CA$ | $I$ | $A^2$ | $A$ |

| Zustand | $I$ | $A$ | $A^2$ | $C$ | $CA$ | $CA^2$ |
|---|---|---|---|---|---|---|
| **Ausgabe** | $a$ | $b$ | $c$ | $a$ | $b$ | $c$ |

wobei $\{a, b, c\}$ das Ausgabealphabet ist. Offenbar sind die Nebenklassen $\{I, C\}$, $\{A, CA\}$, $\{A^2, CA^2\}$ verträglich mit den Forderungen bzgl. der Ausgabe; damit kann man einen Automaten mit drei Zuständen konstruieren, der dasselbe leistet.

## 5. Serien-Parallel-Zerlegung von Gruppen-Automaten

Enthält die Gruppe eines Gruppen-Automaten eine (nicht-triviale) Untergruppe, so kann dieser Gruppen-Automat in zwei Automaten zerlegt werden, die durch eine Serien-Parallel-Schaltung verknüpft sind. Was tatsächlich zerlegt wird, ist die Bewegung der Zustände; das ursprüngliche Ausgabeverhalten kann dabei nur erhalten werden, wenn man die Zustandsänderungen des Standard-Automaten reproduziert und die Ergebnisfunktion von der vollständigen Gruppe auf das Ausgabealphabet benutzt. Die Grundidee ist folgende: Man parametrisiert die Gruppenelemente und so auch die Zustände des Standard-Automaten. Die Zustandsüberführungen findet man dann separat für jeden Parameter in den einzelnen Automaten.

Wir betrachten nun einen Standard-Gruppen-Automaten, der für jedes Gruppenelement eine nZustand enthält. Die Gruppe $G$ besitze eine nicht-triviale Untergruppe $H$. Dann können wir die Gruppe in der Form $G = H + H c_1 + H c_2 + \cdots + H c_n$ schreiben, wobei die $c_i$ im folgenden festgehaltene Repräsentanten der Nebenklassen sind. Jedes Gruppenelement $g$ ist dann parametrisiert in der Form $g = h c$. Befindet sich der Gruppen-Automat im Zustand $g$ und wird das Eingabesignal $g_1$ eingegeben, so geht der Automat in den neuen Zustand $g' = g g_1$ über. Wenn die Zustände des Standard-Automaten parametrisiert sind, gilt $h' c' = h c g_1$. Setzen wir $c' = \overline{c g_1}$ (dabei sei $\bar{x}$ der Repräsentant derjenigen Nebenklasse, die $x$ enthält), so gilt $h' = h c g_1 (\overline{c g_1})^{-1}$. Da $c g_1 = h'' (\overline{c g_1})$ ist, folgt $c g_1 (\overline{c g_1})^{-1} = h''$, und das heißt $h' = h h''$. So kann die Multiplikation für $h'$ vollständig in der Untergruppe $H$ ausgeführt werden. Man findet den Repräsentanten der neuen Nebenklasse, indem man lediglich den Repräsentanten der alten Nebenklasse und das Eingabesignal benutzt; auf diese Weise kann man immer verfahren, wenn der Automat für jeden Repräsentanten einer Nebenklasse einen Zustand enthält. Die Überführungstabelle für diesen (ersten) Automaten ergibt sich aus den Änderungen der Nebenklassen für jedes Eingabesignal, d. h. jedes Gruppenelement. Für die zweite Multiplikation von $h'$ benötigt man sowohl die Ausgabe $c$ des ersten Automaten als auch $h$. Dieser Automat enthält für jedes Element von $H$ einen Zustand, ist also der Standard-Automat für $H$.

In dem angeführten Schema aus den zwei Automaten tritt noch ein Problem auf: Die Ausgabe $c g_1$ des ersten Automaten ist nicht als Eingabe für den zweiten Automaten zu verwenden; deshalb muß das Produkt $c g_1 (\overline{c g_1})^{-1}$ durch eine Codierung erzeugt werden. Für diese Codierung werden nur die Größen $c$ und $g_1$ benötigt, sie arbeitet ohne Gedächtnis. Man braucht also keinen Automaten, sondern nur eine kombinatorische Schaltung.

Die Ausgabe des durch eine Serien-Parallel-Schaltung verknüpften Paares durchläuft einen Ausgabe-Coder. Dieser nimmt von jedem Automaten ein Ausgabesignal auf und bildet das Produkt, so daß Gruppenelemente entstehen; dann werden diese in Ausgabesignale codiert. Die Eingabesignale für das ver-

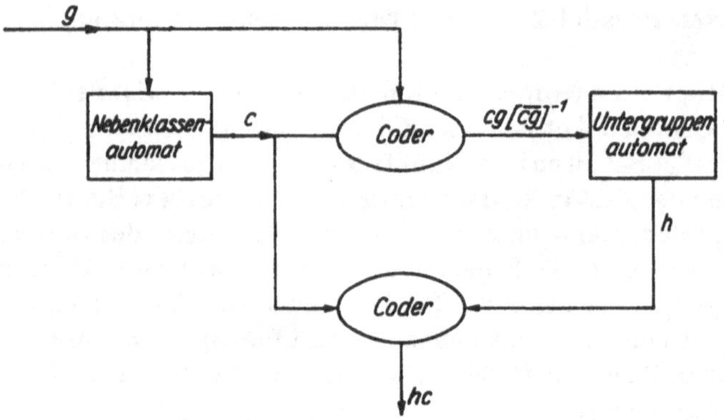


Abb. 2. Serien-Parallel-Zerlegung eines Gruppen-Automaten

schaltete Paar sind Gruppenelemente. Abb. 2 zeigt die Serien-Parallel-Dekomposition eines Gruppen-Automaten.

Die Art der Äquivalenz zwischen dem komponierten Automaten und dem ursprünglichen Standard-Gruppen-Automaten muß erläutert werden. Die Zustände der komponierten Automaten können als Paare $[c, h]$ betrachtet werden; damit werden sie mit den Zuständen des Gruppen-Automaten in eineindeutige Beziehung gesetzt. Die Äquivalenz ist so unabhängig vom Anfangszustand im Gegensatz zur Äquivalenz zwischen beliebigen gegebenen Automaten und den zugehörigen Standard-Gruppen-Automaten. Weiterhin ist bemerkenswert, daß die Einheit der Zeitverzögerung (Taktung) jedes einzelnen Automaten erhalten bleibt und trotzdem eine einheitliche Eingabe-Ausgabe-Taktung des Gesamtsystems aus beiden Automaten besteht.

Die Dekomposition läßt sich weiter fortsetzen. Der zweite Automat ist ein Standard-Gruppen-Automat und kann wie oben zerlegt werden. Der erste Automat ist dagegen im Regelfall kein Gruppen-Automat; und bevor er zerlegt werden kann, muß er durch einen Standard-Gruppen-Automaten ersetzt werden. Aus den Überlegungen in Abschnitt 4 ist ersichtlich, daß die zum ersten Automaten gehörige Gruppe ein homomorphes Bild der Gruppe $G$ ist. Ist $K$ die maximale Untergruppe von $H$, die Normalteiler von $G$ ist, so ist die zum ersten Automaten gehörige Gruppe $G/K$, die Faktorgruppe von $G$ nach $K$. Besitzt $G$ nun keine nicht-trivialen Normalteiler, d. h., ist $G$ *einfach*, so gehört zum ersten Automaten die Gruppe $G$. Ist $G$ eine einfache Gruppe, so ergeben sich bei weiterer Zerlegung keine Schwierigkeiten, $G$ bleibt erhalten. — Ist $G$ nicht einfach, so sind die bei weiteren Zerlegungen auftretenden einfachen Gruppen homomorphe Bilder von Untergruppen der ursprünglichen Gruppe $G$. Hat man durch weitere Zerlegungen schließlich den Zustand erreicht, in dem alle einfachen Gruppen, die homomorphe Bilder von Untergruppen von $G$ sind, abgespalten sind, so treten keine neuen Gruppen mehr auf. Diese einfachen Gruppen sind die Grundkomponenten, aus denen sich der ursprüngliche Automat aufbaut.

Die oben beschriebene Zerlegung in einfache Gruppen rechtfertigt es, Automaten mit einfachen Gruppen als Grundkomponenten anzusehen, aus denen alle Gruppen-Automaten zusammengesetzt werden können.

Wenn die zerlegende Untergruppe $H$ Normalteiler von $G$ ist, so ist der erste Automat ein Standard-Gruppen-Automat mit der Gruppe $G/H$. Die Eingabesignale für das Gesamtsystem aus beiden Automaten müssen, um als Eingabesignale für den ersten Automaten benutzt werden zu können, codiert werden. Die erforderliche Codierungsfunktion ist der Homomorphismus von $G$ auf $G/H$.

**5.1. Beispiele für die Dekomposition von Gruppen-Automaten.** 1. Wir betrachten die zyklische Gruppe $G = \{I, A, A^2, A^3, A^4, A^5\}$ der Ordnung 6 und der Untergruppe $H = \{I, A^2, A^4\}$. Die zugehörigen Nebenklassen sind $\{I, A^2, A^4\}$, $\{A, A^3, A^5\}$.

Der erste Automat in der Schaltung ist dann der Gruppen-Automat der Ordnung 2 und der zweite ist der zyklische Gruppen-Automat der Ordnung 3.

Wenn wir $I$ und $A$ als fixierte Repräsentanten der Nebenklassen ansetzen, so finden wir die folgende Codierungsfunktion zwischen den Automaten (links die Paare $(c, g)$):

$$(I, I), (I, A), (A, I), (A, A^5) \to I\,,$$

$$(I, A^2), (I, A^3), (A, A^2), (A, A) \to A^2\,,$$

$$(I, A^4), (I, A^5), (A, A^3), (A, A^4) \to A^4\,.$$

2. Wir betrachten die nicht-zyklische Gruppe $G = \{I, A, A^2, C, CA, CA^2\}$ der Ordnung 6 und die Untergruppe $H = \{I, A, A^2\}$. Dann sind $\{I, A, A^2\}$, $\{C, CA, CA^2\}$ die zugehörigen Nebenklassen. Als erster Automat ergibt sich wiederum der Gruppen-Automat der Ordnung 2 und als zweiter der zyklische Gruppen-Automat der Ordnung 3.

Setzen wir $I$ und $C$ als fixierte Repräsentanten der Nebenklassen an, so muß der Coder zwischen den Automaten folgendes leisten:

$$(I, I), (I, C), (C, I), (C, C) \to I\,,$$

$$(I, A), (I, CA^2), (C, CA), (C, CA^2) \to A\,,$$

$$(I, A^2), (I, CA), (C, A), (C, CA^2) \to A^2\,.$$

Diese beiden Beispiele zeigen, welche wesentliche Rolle der Coder zwischen den Automaten spielt, wenn man die Gruppe des ursprünglichen Automaten rekonstruieren will.

## 6. Dekomposition von Halbgruppen-Automaten

**6.1. Fixierungen.** Ist die Halbgruppe eines Automaten keine Gruppe, dann muß mindestens eine seiner Zustandsfunktionen (s. Abschnitt 3) eine Kontraktion sein. Zuerst diskutieren wir eine spezielle Art von Kontraktionen.

Eine Zustandsfunktion, die alle Zustände in ein und denselben Zustand überführt, wollen wir eine „Fixierung" nennen.[1]) Ist $f$ eine Fixierung in einer Halbgruppe $H$ von Zustandsfunktionen, so gilt $h f = f$ für alle $h \in H$, also ist $f$ eine Rechts-Null in der abstrakten Halbgruppe. Weiter gilt $f h = f'$, wobei $f'$ ebenfalls eine Fixierung in $H$ ist. Automaten, deren Zustandsfunktionen entweder Permutationen oder Fixierungen sind, werden von ZEIGER [2] Permutations-Fixierungs-Automaten genannt; wir wollen sie kurz P-F-Automaten nennen.

**6.2. Dekomposition von *P-F*-Automaten.** Die Halbgruppen $H$ von $P$-$F$-Automaten sind Vereinigungen einer Gruppe $G$ mit einer Menge $F$ von Fixierungen. Der Standard-Halbgruppen-Automat mit der Halbgruppe $H$ kann dekomponiert werden in einen Standard-Gruppen-Automaten für $G$ und einen Standard-Halbgruppen-Automaten für $F^1$, wobei $F^1$ aus der Menge $F$ durch Hinzufügen einer zweiseitigen Identität entsteht; beide Automaten sind durch eine Serien-Parallel-Schaltung verknüpft.

Jeder Zustand des Standard-Halbgruppen-Automaten für $H$ ist in der Form $h = f g$ parametrisiert,[2]) wobei $f \in F^1$, $g \in G$ ist. Wenn sich der Automat mit der Halbgruppe $H$ (kurz: $H$-Automat) im Zustand $f g$ befindet und ein Eingabesignal $h$ eingegeben wird, so ergibt sich der neue Zustand $f' g'$ aus $f' g' = f g h$. Wir betrachten zwei Fälle:

1. $h \in F$, $f' g' = f g h = h$. Wir setzen willkürlich $g' = g$, dann ist $f' = f g h g^{-1} = h g^{-1}$. Nur der $F^1$-Automat muß abgeändert werden, und so realisiert der Eingabecoder die Identität für den Gruppen-Automaten und das Produkt $h g^{-1}$ für den $F^1$-Automaten. Da der $F^1$-Automat die Zustände des $G$-Automaten benötigt, kann er als zweiter Automat des durch eine Serien-Parallel-Schaltung verknüpften Gesamtsystems angesetzt werden.

2. $h \in G$. Wir setzen willkürlich $g' = g h$, also bleibt $f' = f$, so daß $f' g' = f(g h)$ ist. Der Eingabecoder realisiert hier für den $F^1$-Automaten die Identität und $h$ für den $G$-Automaten.

In den Ausgabecoder werden die Ausgabesignale des $G$-Automaten und des $F^1$-Automaten eingegeben, er realisiert ihr Produkt. Abb. 3 illustriert unser Vorgehen.

**6.3. *F-I*-Automaten.** Der einfachste $F$-$I$-Automat (d. h. Automat, dessen Halbgruppe aus Fixierungen und Identitäten besteht) besitzt zwei Zustände, seine Halbgruppe $H$ besteht aus drei Elementen, $H = \{f_0, f_1, I\}$, wobei $I$ die Identität und $f_0$ (bzw. $f_1$) diejenige Funktion (Fixierung) ist, die jedem Zustand den Zustand 0 (bzw. 1) zuordnet.

---

[1]) Im Original: ZEIGER [2] nannte derartige Zustandsfunktionen „resets". — *Anm. d. Übers.*

[2]) Man beachte, daß diese Parametrisierung im Gegensatz zu der in 5 betrachteten nicht eindeutig ist. So ist z. B. $f g = (f g)\,1$. Da aber zwischen äquivalenten Automaten nicht unterschieden wird, kann man $f g$ durch das Paar $[f, g]$ ersetzen. — *Anm. d. deutschen Red.*

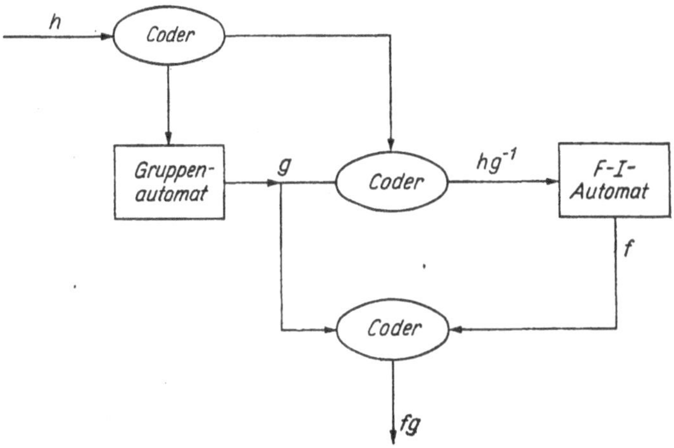


Abb. 3. Serien-Parallel-Zerlegung eines *P-F*-Automaten

Das Verhalten jedes *F-I*-Automaten A kann durch parallel geschaltete *F-I*-Automaten A′ mit je zwei Zuständen wiedergegeben werden. Jedes Eingabesignal für A wird dazu als eine binäre Folge geeigneter Länge codiert; und jede Dualziffer *d* wird in einen der Automaten A′ eingegeben, der dadurch in den Zustand 0 oder 1 überführt wird (d. h. die zu *d* gehörige Zustandsfunktion ist $f_0$ oder $f_1$). Das Eingabesignal für A, dessen zugeordnete Zustandsfunktion die Identität ist, wird gesondert behandelt; es wird codiert in dasjenige Eingabesignal, das jeden Zustand jedes Automaten A′ in sich überführt (also die Zustandsfunktion *I* induziert).

Auf diese Weise kann jeder *P-F*-Automat weiter zerlegt werden in einen Gruppen-Automaten und eine Menge von parallel geschalteten *F-I*-Automaten mit zwei Zuständen.

**6.4. Beliebige Halbgruppen-Automaten.** ZEIGER führte aus[1]), wie ein beliebiger Halbgruppen-Automat in *P-F*-Automaten zerlegt werden kann. Ebenso wie bei der Dekomposition von Gruppen-Automaten werden die Zustände in Blöcken angeordnet; dabei werden die Blöcke so gewählt, daß sie durch die Eingabesignale ineinander überführt werden. Diese Bewegung der Blöcke wird in den Zustandsänderungen des ersten der durch eine Serien-Parallel-Schaltung verknüpften Automaten realisiert. Im Spezialfall einer Gruppe überlappen sich die Blöcke nicht, im allgemeinen Fall der Halbgruppe ist eine Überlappung allerdings möglich.

Bei der Zerlegung eines Automaten in *P-F*-Komponenten benötigt man in den meisten Fällen mehr als zwei Automaten in Serien-Parallel-Schaltung; Anzahl und Verschaltung variieren von Fall zu Fall. Zuerst wird ein Satz von Blöcken

---

1) Siehe das Kapitel über „Kaskadendekomposition von Automaten mit Hilfe von Überdeckungen“ von ZEIGER in diesem Band.

erzeugt, diese werden dann sukzessiv verfeinert, so daß man die Zustandsmenge der folgenden Automaten erhält.

Bei der Dekomposition gehen wir vom Standard-Halbgruppen-Automaten mit der Zustandsmenge $H$ aus. Wir betrachten alle diejenigen Halbgruppenelemente $c_i$, die als kontrahierende Eingabesignale wirken (d. h. deren zugeordnete Zustandsfunktion eine Kontraktion ist). Wir betrachten die Gesamtheit der Teilmengen $H\,c_i$ und eliminieren daraus diejenigen Teilmengen, die vollständig in einer anderen enthalten sind. Gibt es Elemente von $H$, die nicht in den Mengen $H\,c_i$ enthalten sind, so fügen wir diese als Einermengen zu der Gesamtheit hinzu. Diese Gesamtheit von Teilmengen bildet den ersten Satz von Blöcken. Durch ein kontrahierendes Eingabesignal $c_j$ wird die Teilmenge $H\,c_i$ in die Teilmenge $H\,c_i\,c_j$ abgebildet, $H\,c_i\,c_j$ ist aber in der Menge $H\,c_j$ enthalten. Es wird also jeder Block $H\,c_i$ vollständig in den gleichen Block $H\,c_j$ abgebildet. Auf diese Weise werden die kontrahierenden Eingabesignale des ursprünglichen Automaten zu fixierenden Eingabesignalen des ersten Automaten. Eine Permutation $p \in H$ bildet $H\,c_i$ in $H\,c_i\,p$ ab; die Teilmenge $H\,c_i\,p$ kann von allen Teilmengen $H\,c_i$, die wir bei der bisherigen Konstruktion erhalten hatten, verschieden sein. So ist ein permutierendes Eingabesignal des ursprünglichen Automaten ein permutierendes Eingabesignal des ersten Automaten. Wenn für die permutierenden Eingabesignale $p_1$, $p_2$, $p_3$ die Gleichung $p_1 \cdot p_2 = p_3$ besteht, dann gilt $H\,c_i\,p_1\,p_2 = H\,c_i\,p_3$; die Permutationen im ersten Automaten sind also ein homomorphes Bild einer Menge von Permutationen in der Halbgruppe $H$, d. h. einer Untergruppe von $H$.

Wenn der erste Satz von Blöcken verfeinert ist, wird jeder Block unterteilt in eine neue Menge von sich überlappenden Blöcken; dann kann ein zweiter Automat in Serien-Parallel-Schaltung mit dem ersten gesetzt werden. Der zweite Automat hat genügend viele Zustände, die Unterteilung der Blöcke des ersten Automaten zu erfassen. Die Eingabesignale des zweiten Automaten sind Paare, bestehend aus Eingabesignalen des ursprünglichen Automaten und Zuständen des ersten Automaten. Einzelheiten der Konstruktion findet der Leser in dem Kapitel von ZEIGER, in dem dargelegt wird, wie eine Folge von $P$-$F$-Automaten abgeleitet werden kann; alle auftretenden Permutationsgruppen sind homomorphe Bilder von Untergruppen der ursprünglichen Halbgruppe.

**6.5. Das Resultat von KROHN und RHODES.** Die oben beschriebenen Dekompositionen sind spezielle Beispiele des allgemeinen Resultats von KROHN und RHODES. Dieses besagt im wesentlichen: Basis-Automaten sind die $F$-$I$-Automaten mit zwei Zuständen sowie alle Automaten, deren Halbgruppen einfache Gruppen sind. Ein beliebiger Automat $\mathsf{A}$ kann als Serien-Parallel-Schaltung von $F$-$I$-Automaten mit zwei Zuständen und einfachen Gruppen-Automaten aufgebaut werden; die dabei in Frage kommenden einfachen Gruppen-Automaten haben die Eigenschaft, daß ihre Halbgruppen, also die einfachen Gruppen, homomorphe Bilder von Untergruppen der Halbgruppe von $\mathsf{A}$ sind. Es kann sehr viele verschiedene Arten von Serien-Parallel-Schaltungen geben, durch die die in Frage kommenden einfachen Gruppen-Automaten und die $F$-$I$-Automaten mit zwei Zuständen verknüpft sind. Dabei können mehrere Exemplare der einfachen Gruppen-Automaten und eine beliebige Anzahl von $F$-$I$-Automaten mit zwei Zuständen benutzt werden.

**6.6. Einige Zerlegungsmethoden von Krohn und Rhodes**[1]). Um einige andere als die oben erläuterten Dekompositionsmethoden anzugeben, beschreiben wir kurz einige Methoden von Krohn und Rhodes, die einen wesentlichen Schritt im Beweis des allgemeinen Resultats bilden. Krohn und Rhodes unterteilen die Menge aller endlichen Halbgruppen in drei Klassen: zyklische Halbgruppen, links-einfache Halbgruppen und solche Halbgruppen, die ein echtes Links-Ideal und eine echte Unterhalbgruppe besitzen, wobei deren Vereinigung die ganze Halbgruppe ergibt. Sie dekomponieren die entsprechenden Automaten auf verschiedene Weise:

(1) Zyklische Halbgruppen-Automaten. Eine zyklische Halbgruppe besitzt Elemente $a, a^2, \ldots, a^n, a^{n+1}, a^{n+2}, \ldots, a^{n+m} = a^n, a^{n+m+1} = a^{n+1}$, usw. Sie kann als Zustandstransformation mittels der in Abb. 4 dargestellten Überführungen realisiert werden.

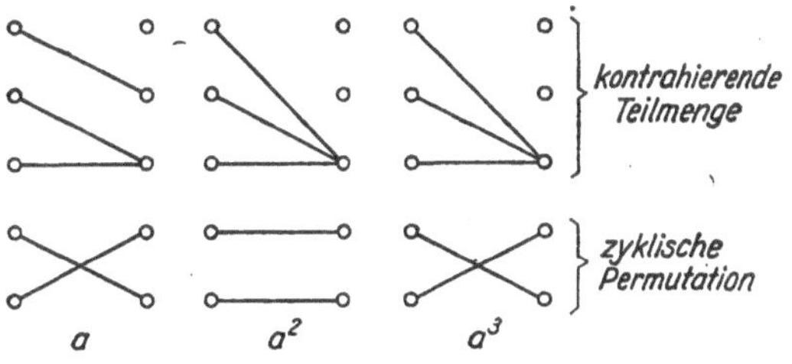


Abb. 4. Zustandsüberführung für eine zyklische Halbgruppe

Die Zustandsmenge wird in zwei Teilklassen unterteilt, eine sog. progressive Kontraktion und eine zyklische Permutation. Die zwei-elementigen Teilklassen können in gesonderten parallelen Automaten behandelt werden. Damit sind zyklische Gruppe und Fixierungen separiert.

(2) Links-einfache Halbgruppen-Automaten. In einer links-einfachen Halbgruppe $H$ gilt $H\,I = H$ für jede Teilmenge $I \subseteq H$. Beispiele für links-einfache Halbgruppen sind Gruppen bzw. Mengen von Links-Nullen. Eine Menge von Zustandsfunktionen, die eine Menge von Links-Nullen darstellt, hat die folgende Struktur: Die Zustandsmenge besteht aus zwei Teilklassen. In der einen Teilklasse induziert jede Zustandsfunktion eine identische Transformation; die zweite Teilklasse kontrahiert in die erste Teilklasse (siehe Abb. 5). Die allgemeinste links-einfache Halbgruppe hat die Form: (Gruppe) $\times$ (Halbgruppe von Links-Nullen). Der zugeordnete Automat läßt sich als Parallel-Schaltung von

[1]) Eine vollständige algebraische Behandlung dieser Thematik findet sich im Abschnitt 3 des Kapitels 5 im vorliegenden Band.

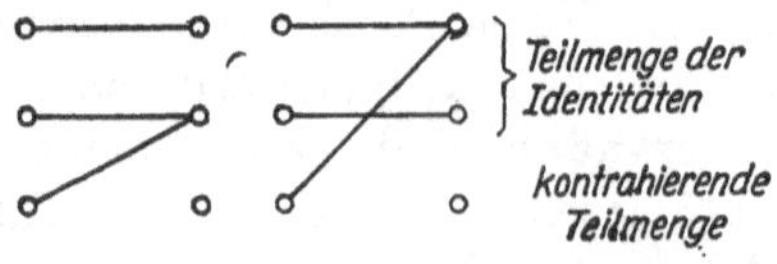


Abb. 5. Zustandsüberführung für Links-Nullen

Links-Null- und Gruppen-Automaten aufbauen. Wiederum sind Gruppe und Fixierungen separiert.

(3) Links-Ideal-Unterhalbgruppen-Automaten. Die noch verbleibende Klasse von Halbgruppen besteht aus denjenigen Halbgruppen $H$, die ein echtes Links-Ideal $T$ und eine echte Unterhalbgruppe $U$ derart besitzen, daß $H = T \cup U$ gilt.

Die Elemente $h$ von $H$ werden in der Form $h = t\,u$ parametrisiert,[2]) wobei $t \in T'$, $u \in U'$ und $T'$, $U'$ durch gewisse Modifikationen aus $T$ und $U$ entstehen. In dem Paar der durch eine Serien-Parallel-Schaltung verknüpften Automaten ist der $U'$-Automat der erste und der $T'$-Automat der zweite. Der Eingabecoder behandelt die Eingabesignale folgendermaßen: Es sei $h$ ein Eingabesignal mit

a) $h \in H - T$. Das Eingabesignal wird dann in den $U'$-Automaten eingegeben; in den $T'$-Automaten gelangt ein Eingabesignal, dessen Zustandsfunktion die Identität ist. Der neue Zustand ergibt sich aus dem alten durch $t'\,u' = t\,u\,h$, die Multiplikation $u\,h$ wird im $U'$-Automaten ausgeführt.

b) $h \in T$. Ein Coder zwischen den Automaten gibt $u\,h$ in den $T'$-Automaten ein. Der $U'$-Automat wird in einen besonders vorgesehenen „freien" Zustand überführt.

Jetzt ist ersichtlich, durch welche Modifikationen der $T'$-(bzw. $U'$-)Automat aus den $T$-(bzw. $U$-)Automaten entsteht. Bei der Bildung des $T'$-Automaten wird eine Identität hinzugefügt. Zum $U'$-Automaten gehören die Elemente von $U$ als Zustände sowie außerdem ein besonderer Zustand $c$. Das „freie" Eingabesignal überführt alle Zustände in den Zustand $c$. Aus dem Zustand $c$ wird der Automat jeweils durch ein Eingabesignal $u_i \in U$ in den Zustand $u_i$ überführt.

Nach dieser Zerlegung werden die $T'$- und $U'$-Automaten weiter zerlegt. Unter Umständen beenden die Zerlegungen vom Typ a) oder b) diesen Prozeß, so daß schließlich die Gruppen- und Identifizierungs-Komponenten separiert sind. In jedem Schritt sind bei der Wahl von $T$ gewisse Auswahlmöglichkeiten gegeben, so daß verschiedene Folgen von Automaten erzeugt werden können.

**6.7. Eigenschaften von Serien-Parallel-Schaltungen.** Die Verknüpfung von Automaten durch eine Serien-Parallel-Schaltung ist eine der allgemeinsten, die keine Rückkopplung von der Ausgabe auf die Eingabe zuläßt. Um die Art der bei Rückkopplung entstehenden Effekte zu erläutern, betrachten wir einen

---

[1]) Die Fußnote auf Seite 36 gilt sinngemäß auch hier. — *Anm. d. deutschen Red.*

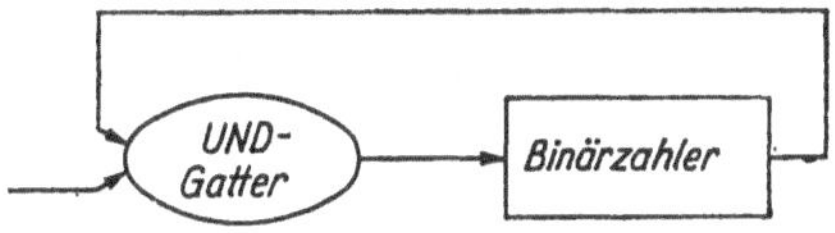


Abb. 6. Ein kontrahierender Automat

binären Zähler, vor dessen Eingang gemäß Abb. 6 ein UND-Gatter geschaltet ist. Wird der Zähler in den Zustand 0 versetzt, so ist damit die weitere Eingabe blockiert und der Zustand 0 für das Weitere fixiert. Damit hat ein Gruppen-Automat ein kontrahierendes Verhalten erzeugt. Als weiteres Beispiel betrachten wir ein Verzögerungsglied mit zwei parallelen Bits als Eingang, dessen Ausgang über ein kombinatorisches logisches Netz auf den Eingang rückgekoppelt ist. Das logische Netz realisiere die Multiplikation für eine Gruppe der Ordnung 4. Nun ist aber ein Verzögerungsglied ein kontrahierender Automat; damit hat ein kontrahierender Automat in diesem Fall das Verhalten eines Gruppen-Automaten erzeugt.

Bei Verknüpfungen mittels Serien-Parallel-Schaltung erzeugen die Komponenten, die Gruppen-Automaten sind, stets Gruppen-Automaten; will man ein kontrahierendes Verhalten erzeugen, so muß man eine kontrahierende Komponente in die Schaltung einfügen. Bei vorhandenen Rückkopplungen bleiben die Eigenschaften der Zustandsfunktionen nicht erhalten. Tatsächlich kann eine beliebige Zustandsfunktion erzeugt werden. Während bei der Serien-Parallel-Zerlegung die Zustände eines Automaten so weit wie möglich entkoppelt werden, werden bei Rückkopplung Zustände verschiedener Automaten gekoppelt.

## 7. Die algebraische Automatentheorie und die Erfordernisse des Systementwurfs

Von den Ingenieuren werden ständig endliche Automaten als Teile von Großrechnern für den Bereich der Kommunikation und andere automatisierte Anlagen entworfen. Die gegenwärtigen Entwurfsmethoden sind weitgehend empirisch; Methoden, die mit hoher Wahrscheinlichkeit zu besseren Endprodukten führen, sind sehr gesucht. Doch scheint von der algebraischen Automatentheorie zur Zeit kein praktischer Gebrauch gemacht zu werden. Hierfür gibt es verschiedene Gründe, die hier kurz dargelegt werden sollen. Dabei wird sich zeigen, daß die algebraische Automatentheorie in dem Maße anwendbar wird, wie es gelingt, die Gesamtheit der von einem Automaten zu fordernden Verhaltensweisen schon beim Entwurf desselben algebraisch zu formulieren. Gegenwärtig gibt es bereits einen Anwendungsbereich mit algebraischer Betrachtungsweise, nämlich die Konstruktion von fehlerkorrigierenden Codes. Wenn ein Code algebraisch beschrieben ist, werden auch die zugehörigen Codierungs- und Decodierungsmechanismen algebraisch beschrieben. Diese Codierungs- und Decodierungsmechanismen werden allerdings nicht ganz in der Art der algebraischen

Automatentheorie behandelt; darum wollen wir die Analyse von linearen Automaten, die für die Decodierung typisch ist, kurz umreißen.

Die algebraische Automatentheorie modelliert nur gewisse Aspekte der Wirkungsweise endlicher Automaten. In ihr werden nur die abstrakten Zustände des Automaten und die Zustandsänderungen unter der Einwirkung der sukzessiv einlaufenden Eingabesignale betrachtet. Die Möglichkeiten der Erzeugung der abstrakten Zustände durch die Zustände der elektronischen Hardware, etwa Flip-Flops oder Verzögerungsstrecken, werden nicht betrachtet. Es wird schon gar nicht versucht zu modellieren, wie die im Einzelfall verwendeten Hardware-Elemente ihre Zustände auf Grund der einzelnen Eingabesignale ändern.

Beim Systementwurf kann man drei Etappen unterscheiden. Gewöhnlich beginnt man mit der Vorgabe einer Eingabe-Ausgabe-Relation und erzeugt zuerst eine rein abstrakte Konstruktion (logical design). Wesentlich sind hier die Herstellung einer Menge von (abstrakten) Zuständen, einer Überführungstabelle und einer Markierungsfunktion (d. h., jedem abstrakten Zustand wird ein Ausgabesignal zugeordnet). Sodann geht man zu Fragen der Hardware über. Jeder (abstrakte) Zustand ist durch gewisse Zustände von Speicherelementen, etwa Flip-Flops, zu repräsentieren. Die wichtigsten Ziele dieser zweiten Etappe sind Operationsgeschwindigkeit, Ökonomie und die Anwendung des Baukastenprinzips. Nachdem der Hardware-Aufbau des Automaten festgelegt ist, muß geprüft werden, ob die vorgesehenen Zustandsänderungen nicht durch fehlerhafte Synchronisation der festen elektrischen Impulse oder durch leichte Verzögerungen in den Schaltzeiten der Gatter gestört werden. Die algebraische Automatentheorie kann direkt nur in der ersten Etappe eingesetzt werden, eine indirekte Bedeutung hat sie aber auch in der zweiten und dritten Etappe, da es mit ihrer Hilfe möglich ist, andere Automaten mit demselben Eingabe-Ausgabe-Verhalten zu finden. In der Praxis ist die Geschwindigkeit oft die Hauptforderung, und das Vermeiden von fehlerhaften Zustandsüberführungen kann die Hauptarbeit beim Systementwurf sein.

**7.1. Die Konstruktion eines abstrakten Automaten aus einer vorgegebenen Eingabe-Ausgabe-Relation.** Die algebraische Automatentheorie kann die Verbindung zwischen dem geforderten Eingabe-Ausgabe-Verhalten und dem ersten Entwurf eines abstrakten Automaten schaffen. Es lohnt sich, dies im Prinzip hier auszuführen; gleichzeitig sollen die verschiedenen Schwierigkeiten erläutert werden.

Es sei an den Abschnitt 2.3 erinnert; dort sahen wir, daß im Falle einer vollständigen Vorgabe der Eingabe-Ausgabe-Relation diese in Form der Maschine $f : X^* \to Y$ angegeben werden kann, wobei $X$ das Eingabealphabet, $X^*$ die Menge aller endlichen Wörter über $X$ einschließlich des leeren Wortes und $Y$ das Ausgabealphabet ist. $f(p)$ bezeichnet das letzte Ausgabesignal, das vom Automaten bei Eingabe des Wortes $p \in X^*$ ausgegeben wird, wobei der Anfangszustand des Automaten fest vorgegeben ist.

Die Halbgruppe des Automaten erhält man dann, wenn man die Äquivalenzklassen von $X^*$ nach der Relation $\sim$ bildet, wobei $p \sim p'$ genau dann gilt, wenn $f(u\,p\,v) = f(u\,p'\,v)$ für alle $u$, $v$ aus $X^*$ ist. Wählen wir nun ein vollständiges Repräsentantensystem für die Äquivalenzklassen, so entspricht dieses mit der Verkettung als Multiplikation der Halbgruppe des Automaten. Jede Darstellung dieser Halbgruppe durch eine Menge von Abbildungen auf eine endliche Menge von Zuständen entspricht einer möglichen Realisierung von Zustandsmenge und Überführungstabelle eines Automaten. Wird nun eine geeignete Markierungsfunktion (eine eindeutige Abbildung von der Zustandsmenge in das Ausgabealphabet) hinzugefügt, so haben wir die Funktion $f$ schon reproduziert.

Schon zu Beginn des beschriebenen Prozesses können praktische Schwierigkeiten auftreten, da dem Ingenieur oftmals nur ein partielles Eingabe-Ausgabe-Verhalten vorgegeben ist. Es brauchen nur sehr wenige von den Eingabe-Ausgabe-Paaren von $f$ vorgegeben zu sein, die restlichen Positionen können beliebig ergänzt werden. Das Problem der sinnvollen Vervollständigung der Funktion ist bisher ungelöst.

Wir nehmen jetzt an, die Halbgruppe sei gefunden. Dann kann sie, falls sie keine einfache Gruppe und keine Halbgruppe aus Fixierungen und Identitäten ist, zerlegt werden. Bei der Zerlegung ergeben sich die Halbgruppen der einzelnen serien-parallel geschalteten Komponenten. Hier treten weitere charakteristische Schwierigkeiten auf. Die Halbgruppe muß möglicherweise durch ihre Multiplikationstabelle angegeben werden. Diese Tabelle wird wesentlich umfangreicher als die Überführungstabelle sein. Zum Beispiel besitzt ein Automat mit 10 Zuständen und 2 Eingabesignalen eine Überführungstabelle mit 20 Positionen, andererseits besteht die zugehörige Halbgruppe aus bis zu $10^{10}$ Elementen, und in ihrer Multiplikationstabelle sind daher bis zu $10^{20}$ Positionen auszufüllen. Diese großen Zahlen verbieten den direkten Gebrauch der Halbgruppe, nur ihre allgemeinen Eigenschaften können benutzt werden.

**7.2. Systematische Zugänge zur Problematik des Systementwurfs.** Ein systematischer Zugang zur Problematik des Entwurfs von Automaten ist dann möglich, wenn die Eingabe-Ausgabe-Relation in einer gewissen allgemeinen Form vorgegeben wird. Eine Möglichkeit wäre, die Aufgabenstellung in Form eines Rechenschemas, etwa über einem endlichen Körper, vorzugeben. Ein Beispiel ist die simultane Prüfung bei der Decodierung. Der einfachste Zugang ist hier die Formulierung des Rechenschemas als Algorithmus, nach dem dann ein Programm geschrieben werden kann. Der resultierende Automat ist ein Spezialrechner, der das Programm ausführt. Diese Methode ist von praktischer Bedeutung für die Reparatur und Wartung, da das Verhalten des Automaten in eine Reihe von leicht überschaubaren Schritten zerlegt wird. Dabei geht allerdings der Aspekt des endlichen Speichers aus der Problematik verloren.

Gelegentlich können die Zustandsüberführungen des Automaten direkt durch Gleichungen definiert werden. Dies ist die günstigste Situation, sie tritt bei der Konstruktion von Codern und Decodern auf. Derartige Automaten sind oftmals linear.

**7.3. Lineare Automaten.** In der Codierungstheorie werden die Code-Elemente durch Polynome über einem endlichen Körper dargestellt, und der Decodierungsprozeß beinhaltet Additionen und Multiplikationen dieser Polynome. Eine solche Arithmetik führt auf lineare Automaten.

Ein linearer Automat [3] besitzt Speichereinheiten, in denen die Elementwerte aus einem endlichen Körper gespeichert werden, sowie logische Schaltungen, in denen Additionen und Multiplikationen mit Konstanten ausgeführt werden. Die Zustände eines linearen Automaten mit $n$ Speichereinheiten entsprechen den $n$-dimensionalen Vektoren über einem endlichen Körper $K$. Mit $X_t$ bezeichnen wir das Eingabesignal im Takt $t$, $X_t$ ist ebenfalls ein $n$-dimensionaler Vektor über $K$. Ist $Z_t$ der Zustandsvektor im Takt $t$, so ist der nächste Zustand durch

$$Z_{t+1} = A\,Z_t + B\,X_t$$

gegeben, wobei $A$ und $B$ gegebene $(n, n)$-Matrizen über $K$ sind. Für den Zustand im folgenden Takt gilt dann

$$\begin{aligned} Z_{t+2} &= A\,Z_{t+1} + B\,X_{t+1} \\ &= A^2\,Z_t + A\,B\,X_t + B\,X_{t+1}\,. \end{aligned}$$

Aus den Gleichungen der Zustandsüberführung ersieht man, daß die Elemente der Automatenhalbgruppe Paare $[A^r, X]$ sind, wobei $X$ ein $n$-dimensionaler Vektor über $K$ ist. Die Multiplikation in der Halbgruppe wird folgendermaßen ausgeführt:

$$(A^r, X)\times(A^p, X') = (A^{r+p}, X') = (A^{r+p}, A^p\,X + X')\,.$$

Die Multiplikation zeigt, daß die Automatenhalbgruppe $H_{\mathfrak{A}}$ das halbdirekte Produkt der endlichen zyklischen Halbgruppe $H_A = \{A^r\}$ und der additiven Gruppe $G_V$ des Vektorraumes ist. Der Automat kann durch eine Serien-Parallel-Schaltung von Automaten, die $H_A$ und $G_V$ entsprechen, aufgebaut werden. Das Verhalten des Serien-Parallel-Automaten ist leicht zu übersehen, falls $A$ nichtsingulär, also $H_A$ eine Gruppe ist. Der $H_A$-Automat speichere $A^r$, der $G_V$-Automat speichere $X$. Ein neues Eingabesignal $X'$ wird als $(A, X')$ codiert, und $A$ wird in den $H_A$-Automaten eingegeben, der damit in $A^{r+1}$ übergeht. Der $G_V$-Automat erhält das Eingabesignal $A^{-(r+1)}\,B\,X'$ und geht in $A^{-(r+1)}\,(A\;X + B\,X')$ über. Dabei benötigt er den Zustand des $H_A$-Automaten.

Man kann die Zerlegung weiterführen und auch die $H_A$- und $G_V$-Automaten zerlegen. Da $H_A$ eine zyklische Halbgruppe ist, kann sie durch parallel geschaltete Automaten imitiert werden. Hat $H_A$ den Index $m$ und die Periode $n$, so hat die Halbgruppe des einen parallel geschalteten Automaten die Periode 1 und den Index $m$, die Halbgruppe des anderen Automaten ist eine zyklische Gruppe der Ordnung $n$. Dieser zyklische Gruppen-Automat kann wiederum in serien-parallel verschaltete Zähler zerlegt werden, $G_V$ ist eine additive Gruppe und kann somit in ein direktes Produkt zyklischer Gruppen von Primzahlordnung zerlegt werden. Folglich kann der $G_V$-Automat durch parallel geschaltete Primzahl-Zähler imitiert werden.

Diese Zerlegung von linearen Automaten führt zu Realisierungen, die von den üblichen recht verschieden sind.

**7.4. Weitere Anwendungsmöglichkeiten der algebraischen Automatentheorie.** Bei Standard-Realisierung eines Automaten gemäß Abb. 7 enthält die Schaltlogik eine Codierung der Multiplikationstabelle der Automatenhalbgruppe. Der Entwurf des Schaltkreises sollte sich auf sie gründen, obwohl zur Zeit keine Methode zum Gebrauch dieser Information bekannt ist.

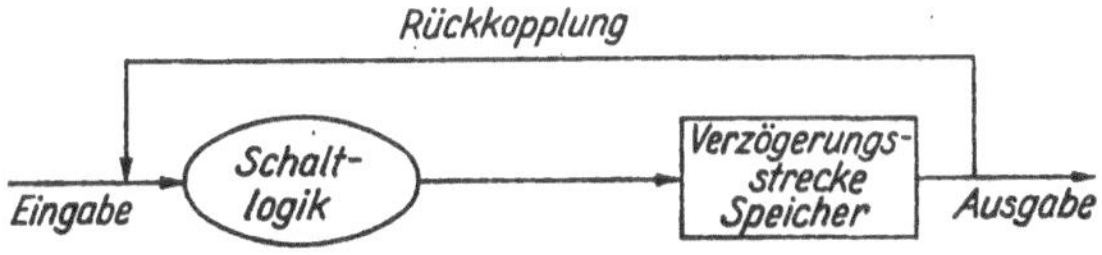


Abb. 7. Standard-Realisierung eines Automaten

Fehler im Automaten sind Fehler in der Zustandsüberführung. Diese können durch Übertragungsfehler in den Schaltkreisen oder durch Hasards und Wettlauferscheinungen (races) bei den endlichen Schaltzeiten der einzelnen Kreise verursacht werden. Hasards und Wettlauferscheinungen kann man möglicherweise eliminieren, indem man die Zustandsüberführungen im einzelnen untersucht und dann eine solche Zuordnung von den abstrakten zu den (genügend vielen) konkreten Hardware-Zuständen wählt, daß die gefährdeten Überführungen nicht mehr vorkommen. Derartige detaillierte Untersuchungen sind recht schwierig, dazu sind allgemeinere Schemata notwendig.

Gegenwärtig existierende allgemeine Schemata zur Elimination von Fehlern korrigieren diese unmittelbar nach ihrem Auftreten in den verschiedenen Untereinheiten des Speichers und der Schaltkreise, vgl. [4]. Die Schemata basieren auf den Prinzipien der fehlerkorrigierenden Codes; sie korrigieren Fehler unabhängig davon, wodurch sie verursacht wurden.

Die Beziehungen zwischen Fehlerkorrektur und Automatenhalbgruppe sind zwar noch nicht klar, einige Bemerkungen können trotzdem gemacht werden:

(1) Gibt es in der Halbgruppe eine Rechts-Null und kommt diese oft genug in dem Eingabewort vor, dann ist der Automat ein $F$-Automat, und die Fehler pflanzen sich nicht fort. Bei unvollständiger Vorgabe der Eingabe-Ausgabe-Relation kann man zu diesem Zweck bewußt eine Rechts-Null einführen.

(2) Einfache Gruppen-Automaten könnten Automaten sein, die „natürliche“ Einheiten zur Fehlerkorrektur enthalten. Zusätzlich können natürlich auch in einfachen Gruppen-Automaten weitere Fehlerkorrekturen stattfinden.

## Literatur

[1] KROHN, K. B., RHODES, J. L., Algebraic theory of machines. I. Trans. Amer. Math. Soc. 116 (1965), 450–464.
[2] ZEIGER, H. P., Cascade synthesis of finite-state machines. Proc. 1965 IEEE Sixth Ann. Symp. Switching Circuit Theory Logical Design. IEEE, New York 1965.
[3] KAUTZ, W. H., Linear Sequential Switching Circuits. Holden-Day, San Francisco 1965.
[4] WINOGRAD, S., COWAN, J. D., Reliable Computation in the Presence of Noise. M.I.T. Press, Cambridge, Mass. 1963.

# Automatendekompositionen und Halbgruppenerweiterungen

# 3

MICHAEL A. ARBIB

*Electrical Engineering Department, Stanford University, Stanford, California*

Unser Hauptziel ist es, jene Beziehungen zwischen dem Automatenbegriff und dem Halbgruppenbegriff klar darzulegen, die mehr oder weniger exakt seit Jahren den Automatentheoretikern bekannt sind, die aber kaum eine gründliche Beachtung in der Literatur gefunden haben; gleichzeitig sollen intuitiv anregende Zugänge zu dem Grundwissen gegeben werden. Die Verwendung von Diagrammen bei der Kaskadenzerlegung von Automaten soll dem Leser helfen, elegante Beweise für die bekannten Resultate zu führen und ihm das Auffinden neuer Resultate zu erleichtern.

## 1. Grundlagen[1])

Ein für uns wichtiger Begriff der algebraischen Automatentheorie ist der Begriff des MOORE-Automaten[2]) (im folgenden kurz Automat genannt). Ein Automat wird abstrakt beschrieben durch ein Quintupel $M = (X, Y, Z, \delta, \mu)$, wobei $X$ eine endliche Menge von Eingabesignalen, $Y$ eine endliche Menge von Ausgabesignalen, $Z$ eine (nicht notwendig endliche) Menge von Zuständen, $\delta : Z \times X \to Z$ die Überführungsfunktion und $\mu : Z \to Y$ die Markierungsfunktion ist. Interpretiert wird ein derartiger Automat als ein System, das folgendermaßen (taktweise) arbeitet: Ist das System im Takt $t$ im Zustand $z$, so gibt es das Ausgabesignal $\mu(z)$ aus; wird im Takt $t$ das Eingabesignal $x$ eingegeben, so ist das System im Takt $t + 1$ im Zustand $\delta(z, x)$.

Mit $X^*$ bezeichnen wir die Menge aller endlichen Folgen von Eingabesignalen einschließlich der „leeren Folge", die wir mit $\Lambda$ bezeichnen. $X^*$ ist bzgl. der Verkettung (Hintereinanderschreibung) eine Halbgruppe, d. h., die Verkettung ist assoziativ $((p_1 p_2) p_3 = p_1(p_2 p_3))$; die Halbgruppe besitzt das Einselement $\Lambda$. Wir setzen die Funktion $\delta$ nun zu einer eindeutigen Abbildung von $Z \times X^*$

[1]) Einige Teile des hier behandelten Stoffes finden sich detaillierter im Kapitel 2.

[2]) Im Original: „state-output automaton (or machine)" – *Anm. d. Übers.*

in $Z$ fort, indem wir induktiv festsetzen

$$\delta(z, \Lambda) = z\,,$$

$$\delta(z, p'\,p'') = \delta(\delta(z, p'), p'')\,,$$

$$z \bullet \xrightarrow{p'} \overset{\delta(z,p)}{\bullet} \xrightarrow{p''} \delta(\delta z, p'), p'')$$

$$z \bullet \xrightarrow[p'p'']{} \delta(z, p'\,p'')\,.$$

Wir können jedem Zustand $z$ des Automaten $M$ eine Funktion $M_z : X^* \to Y$ zuordnen,[1]) die jeder Eingabefolge $p \in X^*$ das Ausgabesignal $M_z(p) = \lambda(z, p)$ zuordnet, wobei wir – auch im weiteren – $\lambda(z, p)$ für $\mu(\delta(z, p))$ schreiben. Offenbar verhält sich der Automat $M$ gleichartig, wenn wir ihn in den Zuständen $z$, $z'$ starten, falls diese Zustände die gleiche Eingabe-Ausgabe-Funktion besitzen, d. h., falls $M_z(p) = M_{z'}(p)$ für jede Eingabefolge $p$ gilt. Interessiert nur das äußere Verhalten des Automaten $M$, so können wir ihn durch einen reduzierten Automaten ersetzen, bei dem $M_z = M_{z'}$ nur für $z = z'$ gilt. $M$ besitze für den Zustand $z$ die Eingabe-Ausgabe-Funktion $f = M_z$, und $z'$ sei ein von $z$ aus *erreichbarer* Zustand, d. h., es gebe ein $p \in X^*$ mit $\delta(z, p) = z'$. Dann gehört zu $z'$ die Funktion $M_{z'}$ mit

$$M_{z'}(p') = M_{\delta(z,p)}(p') = \lambda(\delta(z, p), p') = \lambda(z, p\,p') = f(p\,p') = f\,L_p(p')\,,$$

wobei $L_p : X^* \to X^*$ die Funktion der „Links-Multiplikation mit $p$“ ist: $L_p(p') = p\,p'$. $L_p$ ist *kein* Homomorphismus. Nun ersetzen wir in dem reduzierten Automaten von $M$ jeden von $z$ aus erreichbaren Zustand $z' = \delta(z, p)$ durch seine Eingabe-Ausgabe-Funktion $f\,L_p$; dann hat die reduzierte Maschine (eingeschränkt auf die von $z$ aus erreichbaren Zustände) endlich viele Zustände genau dann, wenn es nur endlich viele verschiedene Funktionen $f\,L_p$ gibt (so daß unendlich viele Folgen $p \in X^*$ dasselbe $f\,L_p$ liefern müssen). Damit konzentriert sich unser Interesse auf Automaten der Form

$$M(f) = (X, Y, Z_f, \delta_f, \mu_f)\,,$$

wobei $f$ eine gegebene eindeutige Abbildung von $X^*$ in $Y$ und

$$Z_f = \{g : X^* \to Y / g = f\,L_p \text{ für ein gewisses } p \in X^*\}\,,$$

$$\delta_f(g, p) = g\,L_p\,,$$

$$\mu_f(g) = g(\Lambda)$$

ist. Speziell interessieren uns diejenigen $f$, für die $Z_f$ eine endliche Menge ist. Wir werden gelegentlich von der Funktion $f : X^* \to Y$ als einer Maschine

---

[1]) Die Einschränkung von $M_z$ auf $\Sigma X$ ist eine Maschine im Sinne von KROHN-RHODES (s. Kapitel 5 dieses Buches). Die Maschinen (bzw. Funktionen $X^* \to Y$) entsprechen eineindeutig den reduzierten, zyklischen MEALY- (bzw. MOORE-) Automaten. – *Anm. d. deutschen Red.*

sprechen,[1]) wenn wir $M(f)$ meinen und es nicht notwendig ist, an das Quintupel zu denken.

Für jede derartige Maschine $M(f)$ betrachten wir die Halbgruppe $f^H$ aller Transformationen der Zustandsmenge $Z = Z_f$, die durch die Eingabefolgen für $M(f)$ induziert werden, d. h.

$$f^H = \{h : Z \to Z / \exists p \, (p \in X^* \wedge \forall z \, (z \in Z \to h(z) = \delta(z, p)))\} .$$

Die durch $p$ induzierte Zustandstransformation bezeichnen wir mit $[p]_f$. Unsere Halbgruppe ist endlich genau dann, wenn $Z_f$ endlich ist. Ist die Maschine $M$ nicht reduziert (d. h., gibt es Zustände $z, z'$ mit $z \neq z'$ und $M_z = M_{z'}$), so ordnen wir ihr (für jeden Anfangszustand $z$) die Halbgruppe der reduzierten Maschine $M(f)$ zu, wobei $f$ gerade $M_z$ ist.

Wir können eine Funktion $i_f : f^H \to Y$ definieren, indem wir $i_f(h) = f(p)$ setzen, falls $h(z) \equiv \delta(z, p)$ gilt; man überlegt sich, daß diese Definition eindeutig ist, d. h. unabhängig von der Wahl von $p$. Wir können dann einen neuen Automaten („Halbgruppenautomaten") mit der Markierungsfunktion $i_f$ durch

$$M(f^H, i_f) = (f^H, f^H, Y, \delta, i_f)$$

definieren, wobei $\delta(h, h') = h \cdot h'$ (Halbgruppen-Multiplikation) ist.

Für den Automaten der Halbgruppe $H$ schreiben wir $H^M$, $H^M = (H, H, H, \delta, 1)$ wobei $\delta(h, h') = h \cdot h'$ und $1(h) = h$ ist.

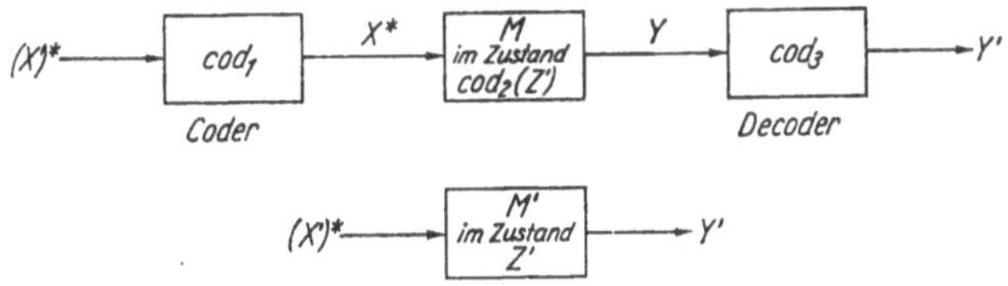


Abb. 1

Wir sagen, der Automat $M$ *simuliert* den Automaten $M'$, falls — bei geeigneter Codierung und Decodierung der Ein- und Ausgabesignale — $M$ die Folgen ebenso verarbeiten kann wie $M'$. Dabei fordern wir, daß Coder und Decoder ohne Gedächtnis arbeiten (d. h. jedes Symbol einzeln und unabhängig vom vorhergehenden verarbeiten); die gesamte Berechnung, die einen Speicher erfordert, soll also in $M$ ausgeführt werden (siehe Abb. 1). Simuliert $M$ den Automaten $M'$, so schreiben wir $M' \mid M$ und sagen, $M'$ *teilt* $M$. Gilt sowohl $M \mid M'$ als auch $M' \mid M$, so sagen wir, daß $M$ und $M'$ *schwach äquivalent* sind. Die Nützlichkeit der Halbgruppen in der Theorie der endlichen Automaten wird dadurch betont, daß $M(f^H, i_f)$ schwach äquivalent zu $M(f)$ ist. Wenn wir

[1]) Allerdings ist nur die Einschränkung von $f$ auf $\Sigma X$ eine Maschine im Sinne von KROHN-RHODES (s. Kapitel 5). Da aber $f$ durch seine Einschränkung auf $\Sigma X$ und durch $f(\Lambda)$ eindeutig bestimmt ist, ist dieser Unterschied geringfügig. Die KROHN-RHODESschen Maschinen erhält man durch die analoge Konstruktion für MEALY-Automaten. — *Anm. d. deutschen Red.*

nämlich $j_f : X \to f^H$ durch $j_f(x) = [x]_f$ definieren, so sind die beiden Automaten in ihrem Eingabe-Ausgabe-Verhalten tatsächlich identisch, falls ihre Anfangszustände sich entsprechen (siehe Abb. 2).

Dies führt zu der Vermutung, daß man ebenso wie bei Automaten auch bei Halbgruppen auf natürliche Weise einen Teilbarkeitsbegriff einführen kann.

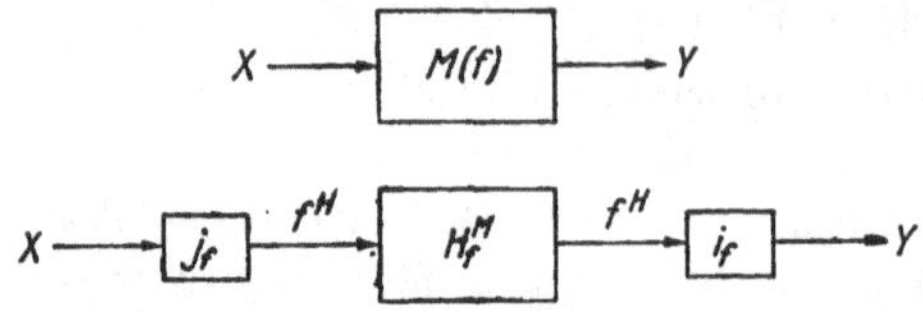


Abb. 2

Wir sagen, eine Halbgruppe $H$ *teilt* eine Halbgruppe $H'$ (kurz: $H \mid H'$), wenn es eine Unterhalbgruppe $H''$ von $H'$ gibt, die sich durch einen Homomorphismus $\varphi$ auf $H$ abbilden läßt,

$$H' \supseteq H'' \xrightarrow{\varphi} H ,$$

d. h., falls die Multiplikation von $H$ durch die Multiplikation in $H'$ „simuliert" werden kann. Sind den Halbgruppen $H$ bzw. $H'$ Abbildungen $i : H \to Y$ bzw. $i' : H' \to Y'$ zugeordnet, so sagen wir, $(H, i)$ *teilt* $(H', i')$, falls $H \mid H'$ gilt und es außerdem eine Abbildung $\psi : Y \to Y'$ gibt, so daß

$$i(\varphi(h)) = \psi(i'(h)) \quad \text{für alle} \quad h \in H$$

gilt. Ein wichtiger Zusammenhang zwischen den Begriffen der Automaten- und der Halbgruppenteilbarkeit ist folgender: Eine Maschine $M(g)$ mit dem Anfangszustand $g$ kann durch eine Maschine $M(f)$ mit dem Anfangszustand $f$ simuliert werden genau dann, wenn das Paar $(g^H, i_g)$ das Paar $(f^H, i_f)$ teilt[1]. Im weiteren werden wir nur noch Maschinen bzw. MOORE-Automaten mit endlich vielen Zuständen betrachten.

## 2. Kaskadenschaltungen, Kranzprodukte und Irreduzibilität

Die Komposition von Automaten mittels Serien- und Parallelschaltungen kann vollständig ausgedrückt werden durch die im folgenden beschriebene Art der Kombination von Automaten.

**2.1. Definition.** Es seien die Automaten $M'$ und $M$ und eine Abbildung $\varphi : \tilde{X} \times Y \to X'$ sowie eine Abbildung $\eta : \tilde{X} \to X$ gegeben; wir definieren die *Kaskadenschaltung von $M'$ und $M$ mit der Verbindungsabbildung $\varphi$ als*

$$M' \times_\varphi^\eta M = (\tilde{X}, Y' \times Y, Z' \times Z, \delta_\varphi, \mu_\varphi) ,$$

wobei die Abbildungen $\delta_\varphi$ und $\mu_\varphi$ festgelegt sind durch (siehe Abb. 3)

$$\delta_\varphi((z', z), \tilde{x}) = (\delta'(z', \varphi(\tilde{x}, \mu(z))), \delta(z, \eta(\tilde{x}))) ,$$

[1]) Weitere Einzelheiten werden im Kapitel 5 angegeben.

$$\mu_\varphi(z', z) = \big(\mu'(z'), \mu(z)\big) .$$

Die Abbildung $\eta$ werden wir gewöhnlich nicht explizit angeben.

**2.2. Definition.** Ein Automat $M$ heißt *irreduzibel*, falls für jede durch $M$ teilbare Kaskadenschaltung $M' \times_\varphi M''$

$$M \mid M' \quad \text{oder} \quad M \mid M''$$

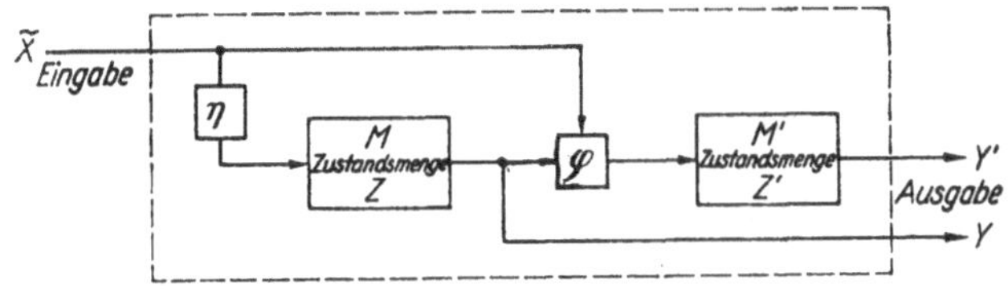


Abb. 3. $M' \times_\varphi^\eta M$ mit der Zustandsmenge $Z' \times Z$

gilt; d. h., $M$ kann nicht in eine Kaskadenschaltung von „kleineren" Teilen zerlegt werden.

Aus Kaskadenschaltungen kann man sukzessiv neue Kaskadenschaltungen aufbauen. Als Endresultat ergibt sich stets eine linear geordnete Menge von $n$ Automaten, wobei die Eingabe in die $j$-te Maschine im Takt $t$ lediglich von der Eingabe in das Gesamtsystem im Takt $t$ und von den Ausgaben der ersten $(j - 1)$ Maschinen im Takt $t$ abhängt. Um sich diesen Sachverhalt vor Augen zu führen, möge der Leser geeignete Abbildungen $\varphi', \varphi''$ und $\eta', \eta''$ suchen, mit denen gesichert werden kann, daß die Kaskadenschaltung $M_3 \times_{\varphi''}^{\eta''} (M_2 \times_{\varphi'}^{\eta'} M_1)$ zu der gegebenen $(M_3 \times_{\varphi''}^{\alpha''} M_2) \times_{\varphi'}^{\alpha'} M_1$ äquivalent ist.

Wir nehmen jetzt an, daß in Definition 2.1 $\tilde{X} = H_2 \times H_1$ und $\eta(h_2, h_1) = h_1$ gilt, und daß $\varphi$ unabhängig ist von der zweiten Komponente $h_1'$ von $\tilde{x}$, so daß wir $\varphi_{h_1}(h_2')$ für $\varphi\big((h_2', h_1'), h_1\big)$ schreiben können (siehe Abb. 4).

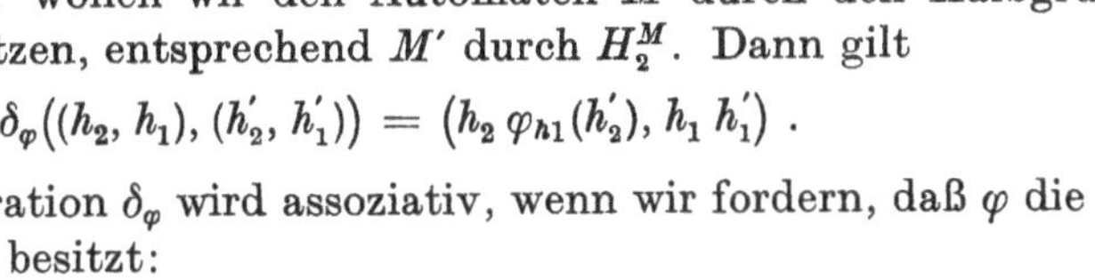


Abb. 4

Weiter wollen wir den Automaten $M$ durch den Halbgruppen-Automaten $H_1^M$ ersetzen, entsprechend $M'$ durch $H_2^M$. Dann gilt

$$\delta_\varphi\big((h_2, h_1), (h_2', h_1')\big) = \big(h_2\, \varphi_{h1}(h_2'), h_1\, h_1'\big) .$$

Die Operation $\delta_\varphi$ wird assoziativ, wenn wir fordern, daß $\varphi$ die folgenden Eigenschaften besitzt:

$$\varphi_{h_1 h_1'}(h_2) = \varphi_{h_1}\big(\varphi_{h_1'}(h_2)\big) ,$$

$$\varphi_{h1}(h_2\, h_2') = \varphi_{h1}(h_2)\, \varphi(h_2') , \qquad h_1, h_1' \in H_1 , \qquad h_2, h_2' \in H_2 .$$

Dies führt uns auf natürliche Weise dazu, das halbdirekte Produkt von $H_1$ und $H_2$ zu betrachten.

**2.3. Definition.** Es seien $H_1$ und $H_2$ Halbgruppen und $\varphi$ ein Homomorphismus von $H_1$ in Endo $(H_2)$ (d. h., das Monoid der Endomorphismen von $H_2$): $h_1 \to \varphi_{h_1}$. Dann ist *das halbdirekte Produkt von $H_1$ und $H_2$ mit dem Verbindungshomomorphismus $\varphi$* die Halbgruppe $H_2 \times_\varphi H_1$, wobei die Elemente aus der Kreuzmenge $H_2 \times H_1$ sind und die Multiplikation gegeben ist durch

$$(h_2, h_1)(h_2', h_1') = (h_2\, \varphi_{h_1}(h'_2), h_1 h'_1)\,.$$

Entsprechend legen wir fest:

**2.4. Definition.** Eine Halbgruppe $H$ heißt *irreduzibel*, wenn für alle halbdirekten Produkte $H_2 \times_\varphi H_1$ mit $H \mid H_2 \times_\varphi H_1$ gilt

$$H \mid H_2 \quad \text{oder} \quad H \mid H_1\,.$$

Unsere Definitionen sind so formuliert, daß man annehmen könnte, daß ein Automat genau dann irreduzibel ist, wenn seine Halbgruppe irreduzibel ist. Wir werden jedoch sehen, daß dies nicht richtig ist! Seien $M'$, $M$ Automaten mit den Halbgruppen $H'$ und $H$, und sei $M' \times_\varphi M$ eine Kaskadenschaltung derselben mit der Halbgruppe $\tilde{H}$. Man ist nun geneigt zu vermuten, daß sich immer ein geeigneter Homomorphismus $\bar{\varphi}$ so finden läßt, daß

$$H \mid H' \times_{\bar{\varphi}} H$$

gilt.

Dies ist allerdings im allgemeinen nicht möglich, denn die ursprüngliche Abbildung $\varphi$ kann mit der multiplikativen Struktur der Halbgruppen unverträglich sein, so daß sich kein $\bar{\varphi}$ mit der gewünschten Homomorphieeigenschaft finden läßt.

Wenn wir $M$ durch $H^M$ und $M'$ durch $H^{M'}$ simulieren, können wir $M' \times_\varphi M$ wie in Abb. 5 angeben.[1])

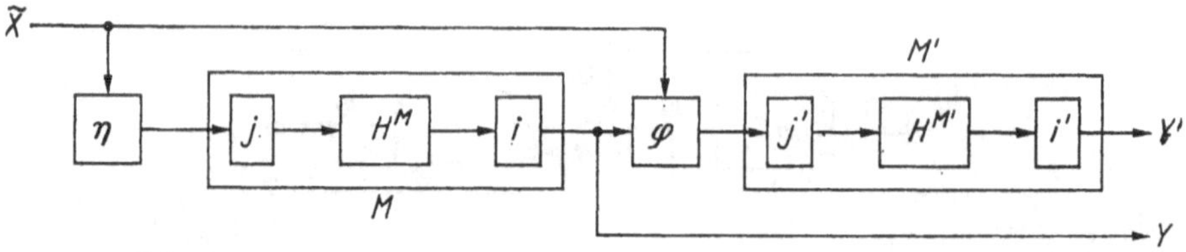


Abb. 5

Der (nicht notwendig reduzierte) Zustandsraum dieser Kaskadenschaltung ist $H' \times H$. Wir betrachten $\hat{H}$, die Halbgruppe der durch Eingabefolgen induzierten Transformationen von $H' \times H$.

Es sei $q$ eine Eingabefolge, d. h. ein Element von $\tilde{X}^*$. Die Eingabefolge $q$ bewirkt in dem Automaten $H^M$ eine Multiplikation mit einem Element $I_H(q)$ von $H$. Die „Wirkung" von $q$ auf den zweiten Automaten $H^{M'}$ hängt ab vom Zu-

¹) Übung: Es gelte $\tilde{M} | M' \times_\varphi^\eta M$. Gesucht ist $\eta'$ und $\varphi'$ so, daß $\tilde{M} | H^{M'} \times_{\varphi'}^{\eta'} H^M$ gilt.

stand von $H^M$ zu Beginn der Operation: Ist dieser gleich $h$, so bezeichnen wir den Zustand von $H^{M'}$ mit $I_{H'}(q)\,(h)$. Damit ist $I_{H'}(q)$ ein Element von $F(H, H')$, der Halbgruppe der *Abbildungen* (nicht nur der Homomorphismen) von $H$ in $H'$, deren Verkettungsoperation durch $(f_1 \cdot f_2)\,(h) = f_1(h) \cdot f_2(h)$ definiert ist.

Man erhält so $\hat{H}$ durch Ersetzen eines jeden Elementes $q$ der freien Eingabehalbgruppe durch das Element $(I_{H'}(q), I_H(q))$ der *Menge* $F(H, H') \times H$. Wie sieht nun die Halbgruppenmultiplikation aus, die auf dieser Menge durch die Eingabefolgen induziert wird? Die Eingabefolge $q_1$, gefolgt von $q_2$, hat die ,,Wirkung"

$$\begin{aligned}(I_{H'}(q_1), I_H(q_1)) \cdot (I_{H'}(q_2), I_{H'}(q_2)) \\ = (I_{H'}(q_1\, q_2), I_H(q_1\, q_2)) \,. \qquad (1)\end{aligned}$$

Die ,,Wirkung" von $q_1\, q_2$ auf $H^M$ ergibt sich dagegen einfach aus der ,,Wirkung" von $q_1$ multipliziert mit der von $q_2$:

$$I_H(q_1\, q_2) = I_H(q_1)\, I_H(q_2)\,, \qquad (2)$$

wobei die ,,Wirkung" von $q_1\, q_2$ auf $H^{M'}$ — bei Start von $H^M$ im Zustand $h$ — sich zusammensetzt aus der ,,Wirkung" von $q_1$ auf $H^{M'}$ — bei Start von $H^M$ im Zustand $h$ — multipliziert mit der ,,Wirkung" von $q_2$ auf $H^{M'}$ — bei Start von $H^M$ im Zustand $h \cdot I_H(q_1)$ —:

$$I_{H'}(q_1\, q_2)\,(h) = (I_{H'}(q_1)\,(h)) \cdot (I_{H'}(q_2)\,(h \cdot I_H(q_1)))\,. \qquad (3)$$

2.5. Erinnert man sich an die Definition des halbdirekten Produktes und betrachtet man die Abbildung

$$W : H \to \text{Endo}\,(F(H, H'))\,,$$

die definiert ist durch

$$W_h(l')\,(h_1) = l'(h_1\, h)\,,$$

so sieht man, daß die auf $F(H, H') \times H$ definierte Multiplikation gerade die Multiplikation des halbdirekten Produktes $F(H, H') \times_W H$ ist. Für die zuletzt genannte Halbgruppe interessieren wir uns besonders; wir nennen sie das *Kranzprodukt* von $H$ und $H'$ und bezeichnen sie durch $H'$ w $H$.

Wir merken an, daß $W$ vollständig definiert ist, falls $H$ und $H'$ vorgegeben sind.

$\hat{H}$ ist eine Unterhalbgruppe des Kranzproduktes von $H$ und $H'$. Die Halbgruppe von $M' \times_\varphi M$ ist aber ein homomorphes Bild von $\hat{H}$, die einfach die ,,Wirkung" von $\tilde{X}^*$ auf den reduzierten Zustandsraum wiedergibt. Also muß die Halbgruppe von $M' \times_\varphi M$ das Kranzprodukt der Halbgruppen von $M'$ und $M$ teilen.

Obwohl es im allgemeinen kein halbdirektes Produkt von $H'$ und $\tilde{H}$ gibt, das durch $\tilde{H}$ teilbar ist, gilt doch immer, daß $\tilde{H}$ das halbdirekte Produkt von $F(H, H')$ und $H$ (das Kranzprodukt) teilt.

Aus $H^M$ und $H^{M'}$ können wir $(H' \text{ w } H)^M$ konstruieren, jedoch nicht notwendig aus $M$ und $M'$, und es ist dann leicht, mit dieser Kaskadenschaltung einen reduzierten Automaten zu simulieren, dessen Halbgruppe $H' \text{ w } H$ teilt. Dazu betrachten wir die Kaskadenschaltung $H^{M'} \times_\varphi H^M$ mit $\tilde{X} = H \times F(H, H')$ und $\varphi_h(h', l') = l'(h)$ (siehe Abb. 6). Die „Wirkung“ von $(l, h)$, gefolgt von $(l', h')$,

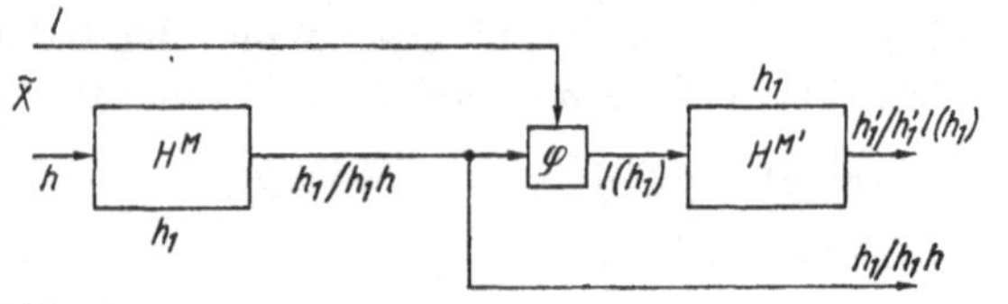


Abb. 6

auf $(h_1, h_1')$ liefert $(h_1' \, l(h_2) \, l'(h_1 \, h), h_1 \, h \, h')$; und so ist die Verkettung der Eingabesignale tatsächlich gerade die Multiplikation des Kranzprodukts.

Wir haben damit das folgende wichtige Resultat.

**2.6. Satz.** Wir betrachten die endlichen Halbgruppen $H$ und $H'$. Dann ist eine Halbgruppe $\tilde{H}$ die Halbgruppe von $H^{M'} \times_\varphi H^M$ für eine gewisse Verbindungsabbildung $\varphi$ genau dann, wenn $\tilde{H}$ das Kranzprodukt $H' \text{ w } H$ teilt.

Die eine Richtung des Satzes 2.6 kann in einer Form angegeben werden, die gleichzeitig stärker (es werden nur halbdirekte Produkte gebraucht) und schwächer (es werden mehr Automaten benötigt) ist.

**2.7. Satz.** Für beliebige Halbgruppen $H_1$ und $H_2$ kann man den Automaten $(H_2 \text{ w } H_1)^M$ aus Kopien von $H_1^M$ und $H_2^M$ erhalten, wobei man nur halbdirekte Produkte benutzt.

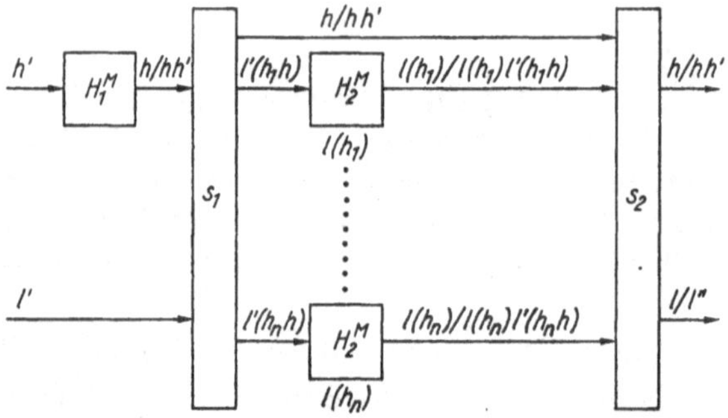


Abb. 7

Beweis. Wir benutzen die Gültigkeit der beiden folgenden Gleichungen:

$$H_2 \text{ w } H_1 = F(H_1, H_2) \times_w H_1 \, ,$$

$$F(H_1, H_2) = H_2 \times H_2 \times \cdots \times H_2 \text{ (Card } (H_1)\text{-mal)} \, .$$

In Abb. 7 notieren wir an jedem Automaten seinen Zustand im Takt $t$. Das

Symbol $h$ an einem Pfeil bedeutet, daß der entsprechende Kanal im Takt $t$ das Signal $h$ trägt; $h \mid h\,h'$ an einem Pfeil bedeutet, daß der entsprechende Kanal im Takt $t$ das Signal $h$ und im Takt $t+1$ das Signal $h\,h'$ trägt. Die Größen $s_1$ und $s_2$ sind durch das Diagramm definiert, z. B. ist $s_1(h, l') = (h, l'(h_1\,h), \ldots, \ldots, l'(h_n\,h))$, falls $H_1 = \{h_1, h_2, \ldots, h_n\}$ ist. Die Maschine $(H_2 \mathrm{w} H_1)^M$ kann gemäß Abb. 7 konstruiert werden, wobei $h_1 \in H_1$, $l' \in F(H_1, H_2)$, $(l', h') \in H_2 \mathrm{w} H_1$ und $l''(h_\nu) = l(h_\nu)\,l'(h_\nu\,h)$ die Kranzmultiplikation ist. Die Ausgabe $l''$ ist ein Vektor, der ein Element von $F(H_1, H_2)$ festlegt. Die Eingabe von $(l', h')$ im Takt $t$ bewirkt die verlangte Ausgabe von $(l'', h\,h')$ im Takt $t+1$. ∎

Wir beweisen nun den folgenden Satz.

**2.8. Satz.** Ist ein Automat $M$ als Automat irreduzibel, so ist seine Halbgruppe irreduzibel.

Beweis. Es sei $M$ irreduzibel. Daß $H$ das halbdirekte Produkt $H_2 \times_\varphi H_1$ teilt, ist nur eine andere Formulierung des Sachverhalts, daß sich $H^M$ durch die Kaskadenschaltung $H_2^M \times_\varphi H_1^M$ simulieren läßt. Wegen $M \mid H^M$ haben wir $M \mid H_2^M \times_\varphi H_1^M$, und wegen der Irreduzibilität gilt $M \mid H_2^M$ oder $M \mid H_1^M$. Da aber die Teilbarkeit von Automaten die Teilbarkeit ihrer Halbgruppen impliziert, gilt $H \mid H_1$ oder $H \mid H_2$. Damit ist $H$ irreduzibel. ∎

**2.9. Satz.** Ist $M$ ein Automat, dessen Halbgruppe $H$ als Halbgruppe irreduzibel ist, dann ist $M$ $H$-irreduzibel in dem Sinne, daß aus

$$M \mid M_2 \times_\varphi M_1$$

entweder $M \mid H_1^M$ oder $M \mid H_2^M$ folgt, wobei $H_1$ die Halbgruppe von $M_1$ und $H_2$ die von $M_2$ ist.

Beweis. Es sei $H$ irreduzibel. Gilt nun $M \mid M_2 \times_\varphi M_1$, so muß $H$ das Kranzprodukt $H_2 \mathrm{w} H_1$ dividieren, also $H_1$ oder $F(H_2, H_1)$. Im Falle $H \mid H_1$ muß $H^M$ den Automaten $H_1^M$ teilen. Es gilt nun aber $F(H_2, H_1) \cong H_2 \times \cdots \times H_2$ (Cand $(H_1)$-mal.) Teilt $H$ nun $F(H_2, H_1)$, so muß $H$ wegen der Irreduzibilität $H_2$ teilen; in diesem Falle teilt $H^M$ den Automaten $H_2^M$. Damit gilt $M \mid H_1^M$ oder $M \mid H_2^M$. ∎

**2.10.** *Ein Automat ist also $H$-irreduzibel genau dann, wenn seine Halbgruppe irreduzibel ist.* Krohn und Rhodes [1] geben die Theorie der irreduziblen Halbgruppen (bzw. der $H$-irreduziblen Automaten) an und zeigen, wie sich andere Halbgruppen (bzw. Automaten) aus ihnen durch halbdirekte Produkte und Division (bzw. Kaskadenschaltungen und Simulation) zusammensetzen lassen. Diese Theorie ist in Kapitel 5 ausführlich wiedergegeben.

Der Leser möge die früher gemachte Bemerkung nicht überbewerten, nämlich, daß die Irreduzibilität von Maschinen nicht mit der Irreduzibilität von Halbgruppen äquivalent ist[1]). Der Grund für diese Inäquivalenz ist einfach der,

[1]) Ich bin Don Stanat dankbar, daß er mir zu dieser Erkenntnis verholfen hat.

daß die Ergebnisfunktionen von $M_1$ und $M_2$ die Ausgabemengen so eng machen können, daß weder $M_1$ noch $M_2$ allein den Automaten $M$ simulieren können, obwohl einer der Automaten $H^{M_1}$, $H^{M_2}$ groß genug ist, $M$ zu simulieren.

**2.11. Beispiel.** Wir betrachten den Automaten $M$, der die Addition modulo 3 realisiert. Seine Ausgabemenge sei identisch mit seiner Zustandsmenge und die Markierungsfunktion sei die Identität; seine Überführungstabelle sei die folgende:

| | 1 | 2 | 3 |
|---|---|---|---|
| 1 | 2 | 3 | 1 |
| 2 | 3 | 1 | 2 |
| 3 | 1 | 2 | 3 |

Die Maschine $M_1$ entstehe nun aus $M$, indem ein Ausgabecoder hinzugefügt wird, dessen Funktion $\mu$ (Markierungsfunktion von $M_1$) gegeben ist durch

$$\mu(1) = 1\,, \quad \mu(2) = h\,, \quad \mu(3) = h\,.$$

Wir wollen nun $M$ für den Anfangszustand 1 simulieren durch eine Kaskadenschaltung aus $M_1$ mit dem Anfangszustand 1 und $M_2$, wobei $M_2$ gerade der

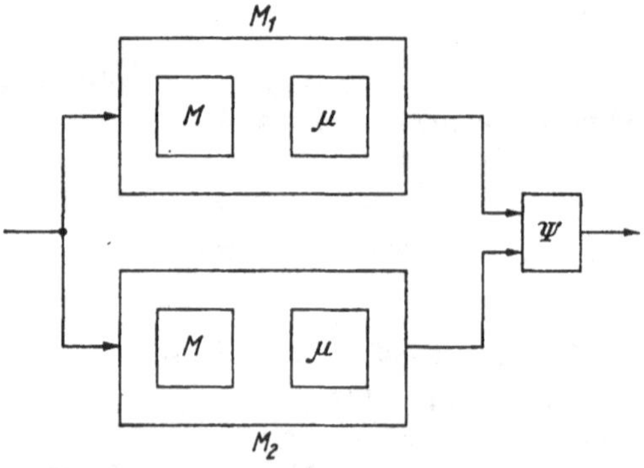


Abb. 8

Automat $M_1$ mit dem Anfangszustand 2 sei (siehe Abb. 8). Der Leser prüft leicht nach, daß diese Kaskadenschaltung genau das Verhalten von $M$ hat, falls wir $\psi$ definieren durch

$$\psi\begin{pmatrix}1\\h\end{pmatrix} = 1, \qquad \psi\begin{pmatrix}h\\h\end{pmatrix} = 2, \qquad \psi\begin{pmatrix}h\\1\end{pmatrix} = 3.$$

Es gilt also $M \mid M_2 \times M_1$ und $h = h_1 = h_2$, aber es ist nicht möglich, daß $M \mid M_2$ oder $M \mid M_1$ gilt, denn die Ausgabemenge von $M_1$ allein ist zu eng, alle Eingabesignale von $M$ zu codieren.

Vor allem bemerken wir, daß man einen Automaten $M$ durch den Automaten $H^M$ seiner Halbgruppe mit Sicherheit nur dann simulieren kann, wenn $M$ *zyklisch* ist, d. h. alle Zustände von einem gewissen Anfangszustand $z$ aus erreichbar sind. (Wir verwenden den Terminus „zyklisch“ hier im *algebraischen* Sinn, nämlich, daß ein einzelner Generator existiert, $Z = \delta(z, X^*)$; später wird dieser Terminus bedeuten, daß der Zustandsgraph nur aus Zyklen besteht.) Ist $z' = \delta(z, p)$, so können wir in diesem Fall den Zustand $z'$ als $[p]$ codieren; dabei sind mehrere Auswahlmöglichkeiten zugelassen. Hat $H$ aber verschiedene Orbits auf dem Zustandsraum von $M$, so können wir auf diese Weise nur die Zustände eines Orbit codieren. Allgemein benötigt man für jeden Orbit eine Kopie von $H^M$, dabei muß ein Selektor die Wahl eines Automaten mit einem geeigneten Anfangszustand sichern.

Wir haben die Kaskadenschaltung als eine Regel zur rückkopplungsfreien Komposition von Maschinen benutzt. Krohn und Rhodes [1] verwenden Serien- und Parallelschaltungen zur Komposition. Wir sahen, daß Serien- und Parallelverknüpfungen Spezialfälle von Kaskadenverknüpfungen sind. Das Umgekehrte ist nicht ohne weiteres richtig (siehe Abb. 9).

Die Schwierigkeit bei der Kaskadenschaltung aus $M_2$ und $M_1$ ist, daß $M_2$ gleichzeitig ein Ausgabesignal von $M_1$ und ein Eingabesignal vom Eingang $X$ aufnimmt; dagegen kann es bei einer seriellen Schaltung, in der $M_2$ hinter $M_1$ geschaltet ist, keinen durchgehenden Kanal von $X$ zu $M_2$ geben. Eine Lösung für dieses Problem ist in Abb. 9 angegeben; dabei zeigt die Serien-Parallel-Schaltung von (b) das gleiche Eingabe-Ausgabe-Verhalten wie die Schaltung in (a), allerdings mit einer Verzögerung um eine Zeiteinheit. Die mit $D_x$ und $D_{z_2}$ markierten Rechtecke stellen Verzögerungsglieder mit den Zustandsmengen $X$ bzw. $Z_2$ (der Zustandsmenge von $M_2$) dar. Sie geben die

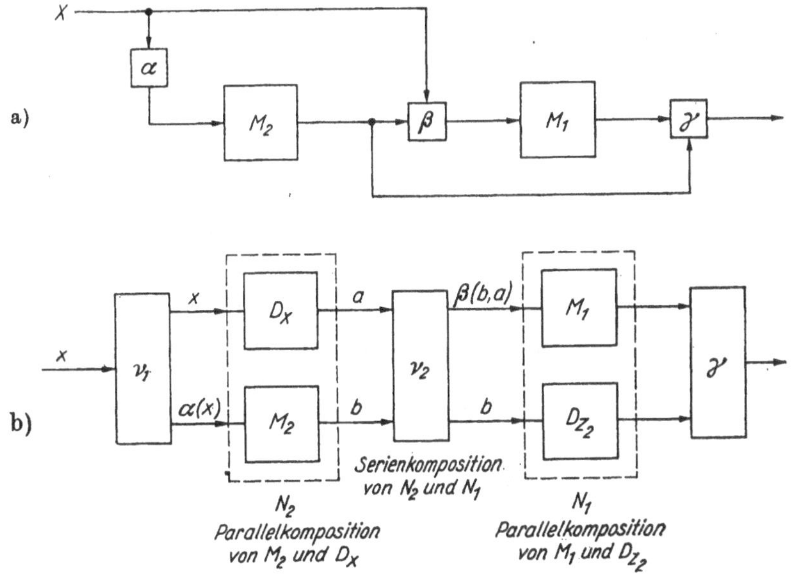


Abb. 9

Eingabesignlae nach ihrem Empfang wieder aus; es sind gerade „Fixierungen“, um die Terminologie anderer Kapitel zu benutzen.

Man kann beweisen, daß verzögernde Maschinen unbedingt notwendig sind, wenn man von der Kaskaden-Komposition zu serienparalleler Komposition übergeht. (Der Leser kann dies beim Durcharbeiten des Abschnitts 2 von Kapitel 5 sehen.)

Nach meiner Erfahrung [2, 3] ist es leichter, eine Maschine durch eine Kaskadenschaltung aus gegebenen Maschinen zu realisieren als durch eine Serien-Parallel-Schaltung. Wird jedoch eine Komposition durch Serien-Parallel-Schaltungen gewünscht (dies dürfte jedoch nicht oft vorkommen), so kann man die Technik von Abb. 9 anwenden, um die gewünschte Darstellung zu erhalten. Der Leser ist aufgefordert, diese vereinfachende Technik auf den Stoff von Kapitel 5 anzuwenden.

## 3. Halbgruppenerweiterungen und Automatenkaskaden

Eine Äquivalenzrelation $\varrho$ auf einer Halbgruppe $H$ mit der Eigenschaft, daß aus $(p \varrho p' \wedge q \varrho q')$ stets $p q \varrho p' q'$ folgt, heißt eine Kongruenz. Die Menge der Äquivalenzklassen wird dann eine Halbgruppe $H/\varrho$, deren Multiplikation durch $[p] [q] = [p q]$ eindeutig bestimmt ist. Ist $H$ ein Monoid mit dem Einselement 1, dann ist $[1]_\varrho$ ein Untermonoid von $H$, und $H/\varrho$ ist ein Monoid.

Wir sagen, die Halbgruppe $H$ ist eine *Erweiterung der Halbgruppe $H'$ durch die Kongruenz $\varrho$*, falls $\varrho$ eine Kongruenz auf $H$ ist und es ein $h'$ aus $H$ so gibt, daß $[h']_\varrho \cong H'$ ist. Ist $\Sigma = H/\varrho$, so können wir weiter sagen, daß $H$ eine Erweiterung der Halbgruppe $H'$ durch die Halbgruppe $\Sigma$ ist.

Es sei $G$ eine Gruppe und $\varrho$ eine beliebige Kongruenz auf $G$. Dann kann man sich leicht überzeugen, daß $H = [1]_\varrho$ ein Normalteiler von $G$ ist, wobei $H$ die einzige Unterhalbgruppe von $G$ der Form $[g]_\varrho$ und daß $K = G/\varrho$ gerade die Faktorgruppe $G/H$ ist. Schränken wir also unsere Begriffsbildungen auf Gruppen ein, so ergibt sich die bekannte Definition: Eine Gruppe $G$ ist eine Erweiterung von $H$ durch $K$, wenn $H$ Normalteiler von $G$ ist und $G/H \cong K$ ist.

Wir wollen kurz die SCHREIERsche Charakterisierung aller Erweiterungen einer Gruppe $H$ durch eine *Gruppe* $K$ wiedergeben.

Es sei $K = G/H$. Dann hat jedes Element von $K$ gerade $|H|$ Darstellungen der Form $[g]$ für $g \in G$. Wir wählen jetzt aus jedem $[g]$ ein Element $\bar{g}$ als Repräsentanten aus und halten das so entstandene vollständige Repräsentantensystem für das Weitere fest.

Da $H$ Normalteiler ist, gilt $\bar{g}\, h \in H \bar{g}$ für jedes $g \in G$ und $h \in H$. Damit ist die Abbildung

$$h \to \bar{g}\, h\, \bar{g}^{-1} = h^{[g]} \tag{4}$$

ein Automorphismus von $H$.

Da $\bar{g}_1 \bar{g}_2$ zu $[g_1][g_2] = [g_1 g_2]$ gehört, können wir $([g_1], [g_2])$ definieren durch

$$\bar{g}_1 \cdot \bar{g}_2 = ([g_1], [g_2]) \overline{g_1 g_2} \,. \tag{5}$$

Wir können nun die Multiplikation in $G$ wiedergeben durch

$$\begin{aligned}(h_1 \bar{g}_1)(h_2 \bar{g}_2) &= h_1 h_2^{[g_1]} \bar{g}_1 \bar{g}_2 \\ &= h_1 h_2 ([g_1], [g_2]) \overline{g_1 g_2} \,.\end{aligned} \tag{6}$$

Wenn wir

$$\beta(h_2 \bar{g}_2, [g_1]) = h_2^{[g_1]} ([g_1], [g_2])$$

definieren, so liefert diese Regel die Konstruktion[1]) von $G^M$ als eine Kaskadenschaltung von $H^M$ und $K^M$ (siehe Abb. 10) mit

$$\alpha\colon G \to K\colon g \to [g] \,,$$

$$\beta\colon G \times K \to H\colon (g_2, [g_1]) \to \overline{(g_2 g_1)}\, \overline{[g_1 g_2]}^{-1} \,,$$

$$\gamma\colon H \times K \to G\colon (h, [g]) \to h \bar{g} \,.$$

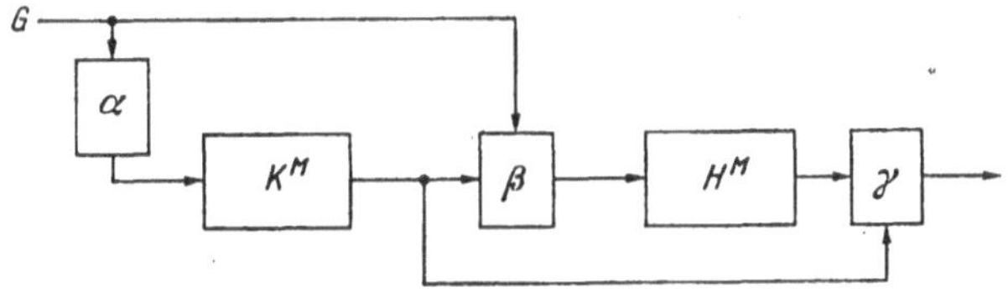


Abb. 10

Die Diskussion von (4)—(6) liefert nach einiger Rechnung die folgende Charakterisierung, wobei die Forderung (7) die Assoziativität der Erweiterung sichert.

**3.1. Satz von Schreier.** Besitzt eine Gruppe $G$ einen Normalteiler $H$ und eine Faktorgruppe $K = G/H$ und legen wir ein vollständiges Repräsentantensystem für die Nebenklassen fest, $u \in K \to \bar{u} \in G$, dann sind Automorphismen von $H$, $h \to h^u$, für jedes $u \in K$ und ein Faktorensystem $(u, v)$ für $u, v \in K$ bestimmt, so daß die folgenden Bedingungen erfüllt sind:

$$\begin{aligned}(h)^v &= (v, u)\, h^{vu} (v, u)^{-1} \,, \\ (v, w)^u (u, v w) &= (u, v)(u v, w) \,.\end{aligned} \tag{7}$$

Wenn umgekehrt für jedes $u \in K$ ein Automorphismus $h \to h^u$ von $H$ gegeben ist und für diese Automorphismen und für ein Faktorensystem $\{(u, v) \in H / u, v \in K\}$ die Bedingung (7) gilt, dann definieren die Elemente $h \bar{u}$, $u \in K$, $h \in H$, mit der Produktregel

$$h_1 \bar{u}_1 \cdot h_2 \bar{u} = h_1 h_2^{u_1} (u_1, u_2) \overline{u_1 u_2}$$

eine Gruppe $G$ mit einem (zu $H$ isomorphen) Normalteiler, und es gilt $G/H \cong K$.

---

[1]) Diese Konstruktion kann natürlich auch direkt erhalten werden; eine derartige Darstellung wird von Assmus und Florentin in Kapitel 1 angegeben, ebenso von Rudolf Bayer von der Boeing Company, Seattle, Washington.

Weitere Einzelheiten findet der Leser im Kapitel 15 der Monographie [4] von HALL. Der in den Formeln auftretende Unterschied wird dadurch verursacht, daß die Gruppentheoriker $\bar{u}\,h$ als Elemente von $G$ benutzen (also linke Nebenklassen), während die Automatentheoretiker die Form $h\,\bar{u}$ vorziehen.

Wir wollen jetzt zur Diskussion der Halbgruppenerweiterungen übergehen. Nun haben aber die Gruppenerweiterungen eine wesentliche Eigenschaft, die für die meisten Halbgruppenerweiterungen nicht gilt, nämlich die, daß die Elemente von $G$ eindeutig durch ein Element von $H$ und ein Element von $K$ parametrisiert werden können und daß für jedes derartige Paar ein Element von $G$ existiert.

**3.2. Beispiel.** Es sei $H = \{1, r_1, \ldots, r_n\}$ die $(n + 1)$-elementige *Halbgruppe* mit $n$ Rechts-Nullen und dem Einselement 1. Weiter sei $\varrho$ die Kongruenz mit den Äquivalenzklassen $[1] = \{1\}$, $[r_1] = \{r_1, \ldots, r_n\}$. Dann ist $H/\varrho \cong \{1, r_1\}$, und das Paar $[H', \Sigma]$ mit $H' = [1]$, $\Sigma = \{1, r_1\}$ gibt uns keinen Anhaltspunkt über den Umfang der Erweiterung $H$ von $H'$ durch $\Sigma$. $H'$ und $\Sigma$ enthalten zu wenig Parameter für $H$. Oder sollten wir dies als eine Erweiterung von $[r_1]$ durch $\Sigma$ mit zu vielen Parametern ansehen?

**3.3. Beispiel.** Es sei $H$ eine Halbgruppe und $I$ ein echtes Ideal von $H$ (d. h. $I \subset H$, $H\,I\,H \subseteq I$). Wir definieren die Kongruenz $\varrho$ auf $H$ durch

$$[h] = \begin{cases} \{h\}\,, & \text{falls} \quad h \in H - I\,, \\ I\,, & \text{falls} \quad h \in I\,. \end{cases}$$

$H$ ist eine Erweiterung von $H' = I$ durch $\Sigma = H/I$, hier haben wir zu viele Marken. Die Theorie dieses Typs von Erweiterungen, „ideale Erweiterungen", ist durch CLIFFORD und MUNN entwickelt worden (siehe [5], Abschnitt 4.4 und 4.5).

Die SCHREIERsche Theorie läßt sich also nur für eine beschränkte Klasse von Halbgruppenerweiterungen verallgemeinern. REDEI [6] charakterisierte eine solche Klasse und gab die entsprechende Verallgemeinerung an. Wir stellen hier eine modifizierte Version dar, die auf unsere Anforderungen zugeschnitten ist.

**3.4. Definition.** Das Monoid $H$ heißt eine SCHREIER*sche Erweiterung* des Monoids $H'$ durch das Monoid $\Sigma$, falls die folgenden drei Bedingungen erfüllt sind:

1. $H'$ ist ein Untermonoid von $H$.

2. Es gibt eine Abbildung (nicht notwendig einen Homomorphismus) $\sigma \to \bar{\sigma}$ von $\Sigma$ in $H$, so daß die durch $(h', \sigma) \to h\bar{\sigma}'$ definierte Abbildung eine eineindeutige Abbildung von $H' \times \Sigma$ auf $H$ ist (wenn $h = h'\,\bar{\sigma}$ ist, können wir für $\sigma$ auch $\bar{h}$ schreiben, da $\sigma$ durch $h$ eindeutig bestimmt ist).

3. Die Relation $\varrho$ mit

$$h_1 \, \varrho \, h_2 \leftrightarrow \overline{h_1} = \overline{h_2}$$

ist eine Kongruenz auf $H$ mit $H/\varrho \cong \Sigma$, der Isomorphismus ist gegeben durch

$$\eta(h) = \sigma \leftrightarrow \sigma = \overline{h}\,, \qquad [1]_\varrho = H'\,.$$

Die Gültigkeit des folgenden Lemmas prüft der Leser leicht nach.

**3.5. Lemma.** Jedes halbdirekte Produkt $H_2 \times_\varrho H_1$ von zwei Monoiden $H_2$ und $H_1$ ist eine SCHREIERsche Erweiterung von $H_1$ durch $H_2$.

Es sei $H$ eine SCHREIERsche Erweiterung von $H'$ durch $\Sigma$. Dann gehört für jedes $\sigma_1$ aus $\Sigma$ und jedes $h = h' \,\overline{\overline{h}}$ aus $H$ das Element $\overline{\sigma}_1 \, h' \, \overline{h}$ zu $H' \, \overline{\sigma_1 \, \overline{h}}$; damit gibt es ein eindeutig bestimmtes $\beta(\sigma_1, h)$, so daß gilt

$$\overline{\sigma}_1 \, h = \beta(\sigma_1, h) \, \overline{\sigma_1 \, h}\,.$$

Also folgt aus $h_1 = h'_1 \, \overline{\overline{h_1}}$ und $h_2 = h'_2 \, \overline{\overline{h_2}}$ die Gleichung

$$h_1 \, h_2 = h'_1 \, \beta(h_1, h_2) \cdot \overline{\overline{h_1 \, h_2}}\,.$$

Dies liefert einen Automaten, der $H^{\mathrm{M}}$ als eine Kaskadenschaltung von $\Sigma^{\mathrm{M}}$ und $H'^{\mathrm{M}}$ realisiert, wie der Leser aus Abb. 10 ersieht, wenn er dort $K$ durch $\Sigma$ und $H$ durch $H'$ ersetzt, dabei ist

$$\alpha : H \to \Sigma : h \to [h]\,,$$
$$\beta : \Sigma \times H \to H' : (\sigma, h) \to \beta(\sigma, h)\,,$$
$$\gamma : \Sigma \times H' \to H : (\sigma, h') \to h' \, \sigma\,.$$

O. B. d. A. können wir für das Weitere stets $\overline{1} = 1$ voraussetzen.

Nach der Bedingung 3 muß es für jedes $\sigma, \tau$ aus $\Sigma$ und jedes $\overline{\sigma}\,\overline{\tau} \in H' \, \overline{\sigma \tau}$ ein eindeutig bestimmtes $(\sigma, \tau) \in H'$ so geben, daß

$$\overline{\sigma}\,\overline{\tau} = (\sigma, \tau) \, \overline{\sigma \tau}$$

gilt. Wegen $\overline{1} = 1$ muß offenbar $(\sigma, 1) = (1, \sigma) = 1$ sein.

Weiter gehört für jedes $h' \in H'$, $\sigma \in \Sigma$ das Element $\overline{\sigma}$ zu $H' \, \overline{\sigma}$, $h'$ zu $H' \overline{1}$ und $\overline{\sigma} \cdot h'$ zu $H' \, \overline{\sigma}$.

Also gibt es ein eindeutig bestimmtes Element $h'^{\sigma}$ von $H'$ mit

$$h'^{\sigma} \, \overline{\sigma} = \overline{\sigma} \, h'\,.$$

Es sei angemerkt, daß $1^{\delta} = 1$ für alle $\sigma \in \Sigma$ und $h'^{1} = h'$ gilt, da $\overline{1} = 1$. Wir können nun die Multiplikation wiedergeben:

$$(h'_1 \, \overline{\sigma_1}) \, (h'_2 \, \overline{\sigma_2}) = h'_1 \, h'^{\sigma_1}_2 \, \overline{\sigma_1} \, \overline{\sigma_2}$$
$$= h'_1 \, h'^{\sigma 1}_2 \, (\sigma_1, \sigma_2) \, \overline{\sigma_1 \; \sigma_2}\,.$$

Die Assoziativität impliziert

$$h'_1 \, h'^{\delta_1}_2 (\sigma_1, \sigma_2) \, h'^{\sigma_1 \sigma_2}_3 (\sigma_1 \, \sigma_2, \sigma_3) = h'_1 (h'_2 \, h'^{\delta_1}_3 (\sigma_2, \sigma_3))^{\delta_1} \, (\sigma_1, \sigma_2 \, \sigma_3)\,. \tag{8}$$

Setzen wir $h'_1 = h'_2 = h'_3 = 1$, so gilt

$$(\sigma_1, \sigma_2) \, (\sigma_1 \, \sigma_2, \sigma_3) = (\sigma_2, \sigma_3)^{\sigma_1} \, (\sigma_1, \sigma_2 \, \sigma_3)\,. \tag{9}$$

Setzen wir $h_1' = h_2' = 1$, $\sigma_3 = 1$, so gilt (wegen $(\sigma, 1) = (1, \sigma) = 1$)

$$(\sigma_1, \sigma_2)\, h_3'^{\sigma_1\sigma_2} = (h_3'^{\sigma_2})^{\sigma_1} (\sigma_1, \sigma_2) \,. \tag{10}$$

Setzen wir schließlich $\sigma_2 = \sigma_3 = 1$, $h_1' = 1$, so erhalten wir

$$h_2'^{\sigma_1}\, h_3'^{\sigma_1} = (h_2'\, h_3')^{\sigma_1} \,, \tag{11}$$

d. h., $h'^{\sigma}$ ist für jedes $\sigma$ ein Endomorphismus von $H'$. In der Tat genügen die Gleichungen (9)—(11), um (8) zu erhalten. Mit diesen Vorbereitungen kann man nun recht einfach den folgenden Satz beweisen.

**3.6. Der Satz von REDEI und SCHREIER.** Es sei eine SCHREIERsche Erweiterung $H$ des Monoids $H'$ durch das Monoid $\Sigma$ gegeben, und $\sigma \to \bar{\sigma}$ (sowie $\bar{1} = 1$) bestimme ein vollständiges Repräsentantensystem für die $\Sigma$-Klassen in $H$; dann sind für jedes $\sigma \in \Sigma$ die Endomorphismen von $H'$, $h' \to h'^{\sigma}$, und für jedes Paar $\sigma, \sigma' \in \Sigma$ ein Faktorensystem $(\sigma, \sigma')$ bestimmt, so daß die folgenden Eigenschaften erfüllt sind:

$$\begin{aligned} &(\sigma_2, \sigma_3)^{\sigma_1} (\sigma_1, \sigma_2\sigma_3) = (\sigma_1, \sigma_2)(\sigma_1\sigma_2, \sigma_3) \,, \\ &(h_3'^{\sigma_2})^{\sigma_1} (\sigma_1, \sigma_2) = (\sigma_1, \sigma_2)\, h_3'^{\sigma_1\sigma_2} \,, \\ &(\sigma_1, 1) = (1, \sigma_2) = 1 \,. \end{aligned} \tag{12}$$

Wenn umgekehrt für jedes $\sigma \in \Sigma$ ein Endomorphismus $h' \to h'^{\sigma}$ von $H'$ gegeben ist und wenn für diese Endomorphismen und ein Faktorensystem $\{(\sigma, \sigma') \in H' / \sigma, \sigma' \in \Sigma\}$ die Bedingung (12) gilt, so definieren die Elemente $h'\,\bar{\sigma}$, $\sigma \in \Sigma$, $h' \in H'$, mit der Produktregel

$$h_1'\, \bar{\sigma}_1 \cdot h_2'^{\sigma_1}\, \bar{\sigma}_2 = h_1'\, h_2'\, (\sigma_1, \sigma_2)\, \overline{\sigma_1\, \sigma_2}$$

ein Monoid $H$, das eine SCHREIERsche Erweiterung von $H'$ durch $\Sigma$ ist.

## Literatur


[1] KROHN, K., RHODES, J., Algebraic theory of machines, I. Trans. Amer. Math. Soc. **116** (1965), 450—464.

[2] ARBIB, M. A., Kapitel über Automatentheorie in: KALMAN, R. E., FALB, P. L., ARBIB, M. A., Topics in Modern System Theory. McGraw-Hill, New York 1968.

[3] ARBIB, M. A., Theories of abstract automata. Prentice-Hall, Englewood Cliffs, New Jersey 1968.

[4] HALL, M., The theory of groups. MacMillan, New York 1961.

[5] CLIFFORD, A. H., PRESTON, G. B., The algebraic theory of semigroups, Vol. I. Amer. Math. Soc., Providence, Rhode Island 1961.

[6] REDEI, L., Die Verallgemeinerung der Schreierschen Erweiterungstheorie. Acta Sci. Math. (Szeged) **14** (1952), 252—273.

# Kaskadendekomposition von Automaten mit Hilfe von Überdeckungen

4

H. PAUL ZEIGER

*Department of Aerospace Engineering, University of Colorado, Boulder, Colorado*

## 1. Automaten

Wir werden uns in dem folgenden Kapitel mit der Verallgemeinerung bestimmter Probleme beschäftigen, die bei der Konstruktion von Vorrichtungen wie Verkaufsautomaten, Zählmaschinen, Computern und Telefonschaltzentralen auftreten. Als Beispiel automatisieren wir einen Zollübergang. Der Zollbeamte hat die Aufgabe, ein „Stop"-Zeichen zu geben, bis drei Münzen eingezahlt worden sind. Dann läßt er das Signal „Fahre" erscheinen, bis das Fahrzeug passiert ist. Überfährt ein Auto trotz des Stopzeichens die Sperre, so läßt der Wärter ein Alarmzeichen ertönen. Genauere Instruktionen für den Wärter kann man der Abbildung 1 entnehmen. Um seine Aufgabe auszuführen, braucht er nicht viel zu überlegen, sondern muß nur die Umgebung beobachten,

| | Es geschieht nichts | Es wird eine Münze bezahlt | Ein Fahrzeug passiert den Übergang |
|---|---|---|---|
| 0 | „STOP"<br>gehe nach Zeile 0 | „STOP"<br>gehe nach Zeile 1 | „ALARM"<br>gehe nach Zeile 0 |
| 1 | „STOP"<br>gehe nach Zeile 1 | „STOP"<br>gehe nach Zeile 2 | „ALARM"<br>gehe nach Zeile 0 |
| 2 | „STOP"<br>gehe nach Zeile 2 | „FAHRE"<br>gehe nach Zeile 3 | „ALARM"<br>gehe nach Zeile 0 |
| 3 | „FAHRE"<br>gehe nach Zeile 3 | „FAHRE"<br>gehe nach Zeile 3 | „STOP"<br>gehe nach Zeile 0 |

Abb. 1. Zur Überwachung des Zollüberganges suche man in der Zeile 0 das Feld, dessen Spaltenüberschrift die vorliegende Situation beschreibt, und gebe das entsprechende Signal. Anschließend bestimme man in der durch dieses Feld zugewiesenen Zeile die Spalte, deren Überschrift die nun vorliegende Situation anzeigt usw. In jeder halben Sekunde führe man eine solche Anweisung aus. (Die Zeilennummer ist gerade die Anzahl der bezahlte Münzen, wenn wir vereinbaren, daß Nummer 3 drei oder mehr Münzen entspricht)

nachlesen, nach angegebener Vorschrift handeln und beachten, nach welcher Zeile er zu gehen hat. Die Umstände im Gehirn des Beamten, von denen es abhängt, in welcher Zeile er nachsehen muß, heißen *Zustände* des Wärters. Um Konfusionen mit dem zeitlichen Ablauf zu vermeiden, legen wir eine Zeiteinheit ($^1/_2$ s) fest und fordern, daß der Wärter in jeder Zeiteinheit genau eine Instruktion ausführt.

a)

| Eingabepotentiale des elektrischen Automaten auf einem Kabelpaar (in Volt) | Eingabesignal des ursprünglichen Automaten |
|---|---|
| 0 0 | Es geschieht nichts |
| 0 1 | Es wird eine Münze bezahlt |
| 1 0 | Ein Fahrzeug passiert |

b)

| Zustandspotentiale des elektrischen Automaten auf einem Kabelpaar (in Volt) | Zustand des ursprünglichen Automaten (Zeilennummern von Abb. 1) |
|---|---|
| 0 0 | 0 |
| 0 1 | 1 |
| 1 0 | 2 |
| 1 1 | 3 |

c)

| Antwortpotentiale des elektrischen Automaten auf einem Kabelpaar (in Volt) | Antwortsignal des ursprünglichen Automaten |
|---|---|
| 0 0 | „STOP“ |
| 0 1 | „FAHRE“ |
| 1 0 | „ALARM“ |

Abb. 2. Jedes elektrische Eingabesignal in (a) entspricht dem ursprünglichen Eingabesignal in der gleichen Zeile. Das gleiche gilt für die Zustände in (b) und für die Antwortsignale in (c)

Der Leser wird richtig vermuten, daß wir soeben den Wärter in einen Automaten verwandelt haben. Tatsächlich definiert man einen Automaten als ein System, das bestimmte Eingabe- und Antwortimpulse, bestimmte Zustände und eine Operation (wie die in Abb. 1 festgelegte) besitzt, durch die jedem Paar aus einem Zustand und einem Eingabeimpuls ein Ausgabeimpuls und ein nächster Zustand zugeordnet wird. Überführt diese Abbildung das Paar $(z_1, x)$ eines Zustandes und Eingabesignals in das Paar $(y, z_2)$ des nächsten Ausgabesignals und nächsten Zustandes, so nennen wir $y$ das *Antwort-* oder *Ausgabesignal auf $x$ bei $z_1$* und $z_2$ den *Folgezustand von $z_1$ bei Eingabe von $x$.* Die Beschreibung eines Automaten macht es gelegentlich erforderlich, zusätzlich noch einen Anfangszustand festzulegen (wie z. B. Zeile 0 in Abb. 1).

Als nächstes ersetzen wir den Wärter, dessen Verhalten gerade beschrieben wurde, durch ein elektrisches Gerät. Es ist vorteilhaft, jedes Eingabe- oder Ausgabesignal und jeden Zustand in einer solchen Vorrichtung durch ein Tupel von Spannungen in einem Kabelbündel darzustellen, wobei auf jedem Kabel eines von zwei möglichen Potentialen liegt. Die Abbildungen 2 und 3 zeigen die Übersetzung der ursprünglichen Bezeichnungsweise in die Notation eines elektrischen Automaten. Um die in Abb. 1 beschriebene Operation des Wärters zu simulieren, benötigen wir ein elektrisches Gerät, das (1) die Potentiale jedes Zustandes und Eingabesignals überführt in die Potentiale des nächsten Ausgabesignals und des nächsten Zustandes und (2) die Potentiale des letzteren aufbewahrt für seine Verwendung in der nachfolgenden Zeiteinheit. Abb. 4 zeigt die schematische Darstellung eines solchen Gerätes. In jeder Abhandlung über logische Netze kann man Betrachtungen zu den möglichen inneren Strukturen der Kästen in dieser Abbildung finden.

Obwohl wir nur ungern weitere Abstraktionen einführen, müssen wir für die Relation, die zwischen dem elektrischen und dem „menschlichen" Automaten durch die Festlegung von Abb. 2 und 3 besteht, eine Bezeichnung und eine Definition finden. Ein *Homomorphismus* von einem Automaten $A$ auf einen Automaten $A'$ ist eine Abbildung $h$, die jedes Eingabe- bzw. Ausgabesignal, jeden Zustand bzw. jede Operation von $A$ in ein Eingabe- bzw. Ausgabesignal, einen Zustand bzw. eine Operation von $A'$ überführt; dabei sind der Zustand und das Ausgabesignal von $A'$, die wir durch Anwendung der Abbildung $h$ auf einen beliebigen Zustand $z_1$ und ein beliebiges Eingabesignal $x$ von $A$ und nachfolgender Anwendung der Operation von $A'$ erhalten, die gleichen wie diejenigen, die wir erhalten, wenn wir $h$ auf den Folgezustand und das Ausgabesignal von $A$ anwenden, die durch die Operation von $A$ für $z_1$ und $x$ festgelegt sind. Diese Definition wird graphisch durch die Abbildungen 5 und 6 verdeutlicht. (Der Leser wird aufgefordert, eine einfachere Definition zu finden, die dem intuitiven Begriff ebenfalls gerecht wird.) Für den durch die Abbildungen 2

| | | Eingabesignal | | |
|---|---|---|---|---|
| | | 0 0 | 0 1 | 1 0 |
| Zustand | 0 0 | 0 0; gehe nach 0 0 | 0 0; gehe nach 0 0 | 1 0; gehe nach 0 0 |
| | 0 1 | 0 0; gehe nach 0 1 | 0 0; gehe nach 1 0 | 1 0; gehe nach 0 0 |
| | 1 0 | 0 0; gehe nach 1 0 | 0 1; gehe nach 1 1 | 1 0; gehe nach 0 0 |
| | 1 1 | 0 1; gehe nach 1 1 | 0 1; gehe nach 1 1 | 0 0; gehe nach 0 0 |
| | | nächstes Ausgabesignal; nächster Zustand | | |

Abb. 3. Unter Berücksichtigung der in Abb. 2 festgelegten Bezeichnung entspricht diese Operation der durch Abb. 1 gegebenen Vorschrift

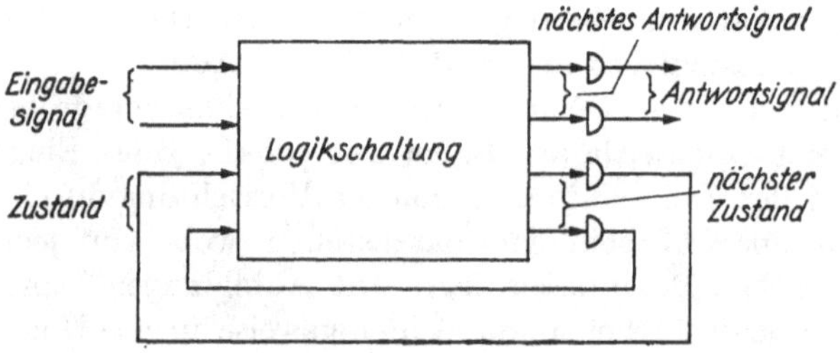


Abb. 4. Der mit „Logikschaltung" bezeichnete Kasten berechnet die Potentiale des nächsten Antwortsignals und des nächsten Zustandes verzögerungsfrei in Abhängigkeit von den Potentialen des gegenwärtigen Zustandes und Eingabesignals nach der Vorschrift von Abb. 3. Die halbkreisförmigen Kästchen sind Verzögerungselemente, die gewährleisten, daß in der *darauffolgenden Zeiteinheit* das Spannungspaar des Zustandes bzw. des Antwortsignals dasjenige des eben benannten (und für die gegenwärtige Zeiteinheit) *nächsten* Zustandes bzw. *nächsten* Antwortsignals ist

und 3 beschriebenen Homomorphismus von dem elektrischen Automaten auf den „automatisierten Wärter" existiert die inverse Abbildung, die letzteren homomorph auf das elektrische System abbildet. Jeder Homomorphismus mit dieser Eigenschaft heißt Isomorphismus.

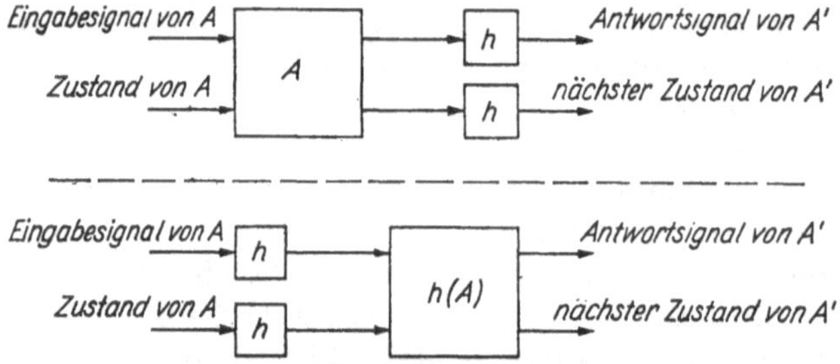


Abb. 5. Der Kasten $A$ bezeichnet die Operation (das Verhalten) eines Automaten $A$, der Kasten $h(A)$ die eines Automaten $A'$. Die mit $h$ markierten Kästen bezeichnen eine Abbildung, die jedes Eingabe- bzw. Antwortsignal, jeden Zustand bzw. jede Operation von $A$ in ein Eingabe- bzw. Antwortsignal, einen Zustand bzw. eine Operation von $A'$ überführt. $h$ ist genau dann ein Homomorphismus, wenn die durch die gestrichelte Linie getrennten Abbildungen gleich sind

In folgendem werden Abbildungen wesentlich häufiger verknüpft (d. h., zuerst wird die Abbildung $f$, danach $g$ angewendet) als ihr Wert (d. h. das Bild von $f$ an der Stelle $x$) bestimmt. Es werden kaum zwei Abbildungen vorkommen, die auf der gleichen Menge definiert und deren Wertebereiche gleich sind. Wir können also das Gedächtnis des Lesers entlasten, indem wir eine auf $A$ definierte Abbildung mit Werten in $B$ notieren durch $A \to B$.

| Symbol | Bedeutung |
|---|---|
| $A \to B$ | eine Abbildung, die jedes Element der Menge $A$ in ein Element der Menge $B$ überführt; |
| $A \to B \to C$ | die Operation, die man erhält, wenn man zuerst $A \to B$ und dann $B \to C$ anwendet; |
| $A \times B$ | die Menge aller Paare $(a, b)$, deren erste Komponente $a$ aus der Menge $A$ und deren zweite Komponente $b$ aus der Menge $B$ ist; |
| $\begin{array}{ccc} A & \times & B \\ \downarrow & & \downarrow \\ C & \times & D \end{array}$ | die Abbildung, die jedes Element von $A \times B$ in das Element von $C \times D$ überführt, das man erhält, wenn man auf die erste Komponente $A \to C$ und auf die zweite $B \to D$ anwendet |

a)

$$\begin{array}{ccccccc} Z & \times & X & \to & Y & \times & Z \\ \downarrow & & \downarrow & & \downarrow & & \downarrow \\ Z' & \times & X' & \to & Y' & \times & Z' \end{array}$$

| Symbol | Bedeutng |
|---|---|
| $Z$ | die Menge der Zustände des Automaten $A$; |
| $X$ | die Menge der Eingabesignale von $A$; |
| $Y$ | die Menge der Antwortsignale von $A$; |
| $Z \times X \to Y \times X$ | die Operation von $A$; |

b)

Abb. 6. Ab jetzt werden wir die Bezeichnungsweise (a) verwenden. Die (vertikalen) Abbildungen von den ungestrichenen in die gestrichenen Mengen im Diagramm (b) bilden genau dann einen Homomorphismus von $A$ auf $A'$, wenn das Diagramm (b) kommutativ ist, d. h., wenn gilt

$$\begin{array}{ccccc} Z \times X & \to & Y \times Z \\ \downarrow \quad \downarrow & & \\ Z' \times X' & & \end{array} = \begin{array}{ccc} Z \times X & & \\ \downarrow \quad \downarrow & & \\ Z' \times X' & \to & Y' \times Z' \end{array}$$

Wir werden später nichtumkehrbare Homomorphismen betrachten müssen, bei denen mehrere Zustände von $A$ einem Zustand von $A'$ zugeordnet werden. Das liegt daran, daß jedes der betrachteten Probleme von einem Automaten $A'$ ausgeht, für den ein Automat $A$ mit bestimmten Eigenschaften (z. B. binäre elektrische Zustandsvariable) und ein Homomorphismus $h$ von $A$ auf $A'$ gesucht wird. („$h$ ist ein Homomorphismus von $A$ auf $A'$" bedeutet, daß jedes Eingabe- bzw. Ausgabesignal, jeder Zustand bzw. jede Operation von $A'$ Bild eines Eingabe- bzw. Ausgabesignals, eines Zustandes bzw. einer Operation von $A$ bei der Abbildung $h$ ist.) In vielen Fällen existiert kein Automat mit den geforderten Merkmalen, der zu $A'$ isomorph ist, während es einen Automaten mit einer *größeren* Zustandsmenge gibt, der diese Eigenschaften besitzt und der sich (nicht umkehrbar) homomorph auf $A'$ abbilden läßt.

## 2. Die Unabhängigkeit von Zustandskoordinaten

In diesem Abschnitt wollen wir die Suche nach einem Automaten fortsetzen, der zu einem gegebenen Automaten $A'$ isomorph ist und bestimmte Merkmale aufweist. Eine Eigenschaft, für die wir uns hier interessieren, ist die Unabhängigkeit einer Zustandskomponente von anderen Koordinaten. Die Abbildungen 7—9 illustrieren das, was wir unter der Unabhängigkeit von Zustandskoordinaten verstehen wollen. Eine genauere Definition dafür liefern die Abbildungen 10 und 11.

| | | Eingabesignal | | |
|---|---|---|---|---|
| | | 0 0 | 0 1 | 1 0 |
| Zustand | 0 0 0 | 0 0; 0 0 0 | 0 0; 1 0 0 | 1 0; 0 0 0 |
| | 1 0 0 | 0 0; 1 0 0 | 0 0; 1 1 0 | 1 0; 0 0 0 |
| | 1 1 0 | 0 0; 1 1 0 | 0 1; 1 1 1 | 1 0; 0 0 0 |
| | 1 1 1 | 0 1; 1 1 1 | 0 1; 1 1 1 | 0 0; 0 0 0 |
| | | nächstes Antwortsignal; nächster Zustand | | |

Abb. 7. Ein weiterer Automat, der zu dem in Abschnitt 1 angegebenen Automaten isomorph ist. Man beachte, daß die erste Komponente des nächsten Zustandes durch das Eingabesignal und die erste Komponente des gegenwärtigen Zustandes bestimmt ist; die zweite Komponente des nächsten Zustandes wird bestimmt durch das Eingabesignal und die ersten beiden Komponenten des gegenwärtigen Zustandes, und natürlich wird die dritte Komponente des Folgezustandes festgelegt durch das Eingabesignal und die ersten drei Komponenten des gegenwärtigen Zustandes

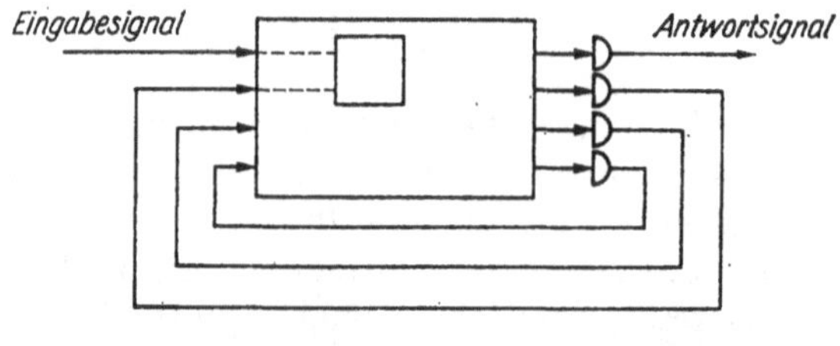


a)

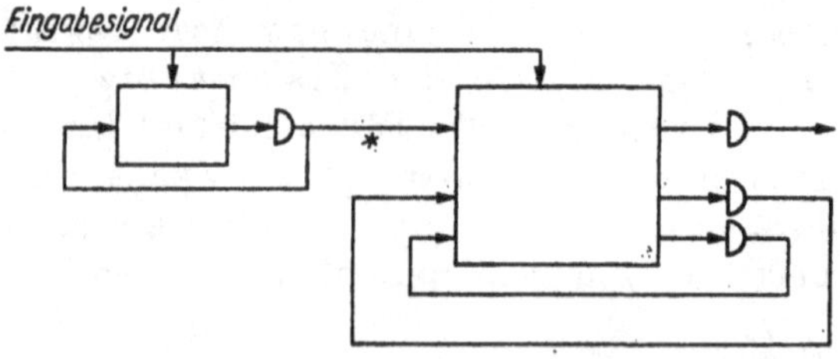


b)

Abb. 8. Da die erste Komponente des nächsten Zustandes bestimmt ist durch das Eingabesignal und die erste Komponente des gegenwärtigen Zustandes, kann die erste Komponente durch den kleinen inneren Kasten berechnet werden (a). Dieser Kasten kann abgetrennt werden (b). Die Verbindung * wird benötigt, da andere Komponenten des Folgezustandes von der ersten Komponente abhängen können

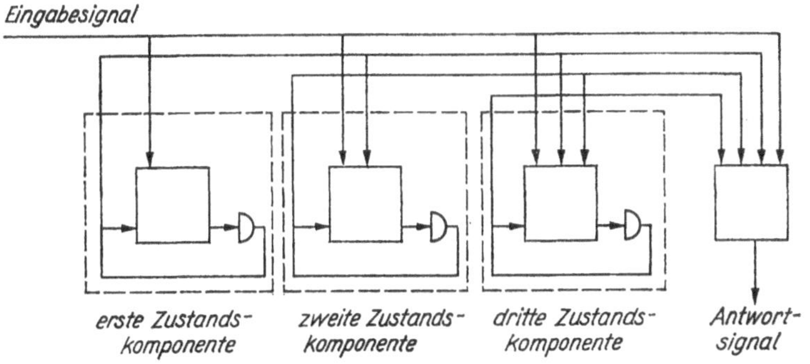


Abb. 9. Diese Form des Automaten von Abb. 7 erhält man, wenn der in Abb. 8 beschriebene Vorgang fortgesetzt wird. Jeder gestrichelte Kasten ist selbst ein Automat, der *Komponente* genannt wird. Jedes Eingabesignal einer Komponente setzt sich zusammen aus einem externen Eingabesignal und Zuständen der weiter vorn liegenden Komponenten. Jedes nächste Antwortsignal einer Komponente ist identisch mit ihrem nächsten Zustand. Jede derartige Verknüpfung nennen wir *Kaskadenschaltung*

Abb. 12 weist darauf hin, daß Abhängigkeitsbeziehungen zwischen den Koordinaten in einer Relation zwischen Zerlegungen der Zustandsmenge von $A'$ widergespiegelt werden. Die am besten handhabbaren Dekompositionsmethoden basieren auf der Umkehrung dieser Beziehung. Zunächst sucht man geeignete Zerlegungen der Zustandsmenge von $A'$, um dann zu versuchen, daraus die Koordinaten der Zustände von $A$ zu konstruieren. Diese Methode wird in Hartmanis/Stearns [1] diskutiert. Mit ihrer Hilfe werden wir einen Automaten $A$ mit Kaskadenstruktur aufsuchen (dessen Zustandskoordinaten also in bestimmter Weise voneinander unabhängig sind – vgl. Abb. 7–9). Wie Abb. 13 demonstriert, ist hierfür eine *geordnete Folge von Automatenzerlegungen* erforderlich. (Die Begriffe sind in Abb. 13 definiert.) Um zum Beispiel den Kaskadenautomaten von Abb. 7 für den Automaten von Abb. 1 zu finden, gehen wir von den beiden Automatenzerlegungen $\{\{0\}, \{1, 2, 3\}\}$ und $\{\{0\}, \{1\}, \{2, 3\}\}$ aus.

| $n$ | $f(n)$ |
|---|---|
| 1 | 5 |
| 2 | 2 |
| 3 | 4 |
| 4 | 2 |
| 5 | 5 |
| 6 | 2 |

Abb. 10. In folgendem bezeichnet $\{a, b, c\}$ die Menge, die $a$, $b$ und $c$ als Elemente enthält. Die durch die in der Abbildung dargestellte Funktion $f$ definierte *Zerlegung* $\{\{1, 5\}, \{2, 4, 6\}, \{3\}\}$ ist die Menge der $f$-Urbilder aller Einermengen. Das $f$-Urbild einer Menge $B$ ist die Menge aller $x$, für die $f(x)$ ein Element von $B$ ist

Wir haben also folgende Probleme zu lösen:

(1) Es muß eine geordnete Folge von Automatenzerlegungen gefunden und
(2) ein Automat $A$ mit Kaskadenstruktur konstruiert werden, dessen Koordinatenprojektionen diesen Zerlegungen entsprechen (vgl. Abb. 13).

Wir werden die Betrachtung des ersten Problems zurückstellen und uns im Abschnitt 3 zunächst dem zweiten Problem zuwenden.

## 3. Die Zuordnung der Koordinaten

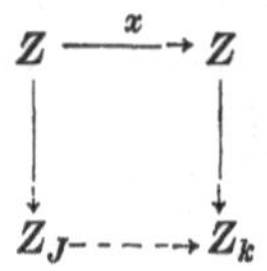


| Symbol | Bedeutung |
|---|---|
| $x$ | ein Eingabesignal eines Automaten $A$; |
| $Z$ | die Menge aller Zustände von $A$; |
| $Z \xrightarrow{x} Z$ | die Abbildung, die jeden Zustand in den Zustand überführt, in den der Automat $A$ bei Eingabe von $x$ übergeht; |
| $Z \to Z_k$ | die Projektionsabbildung, die jedem Zustand seine $k$-te Komponente zuordnet; |
| $Z \to Z_J$ | die Projektionsabbildung, die jedem Zustand das Tupel aus denjenigen seiner Komponenten zuordnet, die durch das Tupel $J$ von Indizes festgelegt sind |

Abb. 11. Die $k$-te Komponente des nächsten Zustandes von $A$ ist durch die durch $J$ indizierten Komponenten des gegenwärtigen Zustandes bestimmt, d. h., für jedes Eingabesignal $x$ gibt es eine Abbildung $Z_J \to Z_k$, für die das Diagramm kommutativ ist (für die also die Abbildungen $Z \to Z_J \to Z_k$ und $Z \xrightarrow{x} Z \to Z_k$ gleich sind). Daher ist für jedes $x$ das Bild jeder Klasse der durch $Z \to Z_J$ definierten Zerlegung (vgl. Abb. 10) bei der Abbildung $Z \xrightarrow{x} Z$ enthalten in einer Klasse der durch $Z \to Z_k$ bestimmten Zerlegung

Wir nehmen an, daß uns ein Automat $A'$ und eine geordnete Folge von Automatenzerlegungen vorliegen. Wir wollen einen Automaten $A$ und einen Homomorphismus von $A$ auf $A'$ derart konstruieren, daß die Projektionen $Z \to Z_1^k$ den gegebenen Zerlegungen entsprechen. Wir beschränken uns vorerst auf den Fall, daß nur eine Zerlegung gegeben ist. Dann besitzt $A$ zwei Komponenten. Es sei noch bemerkt, daß die Eingabe- und Ausgabesignale von $A$ kein Problem darstellen; wir definieren sie als die Eingabe- und Ausgabesignale von $A$ und wählen als Homomorphismus die identische Abbildung. Bei den Zuständen jedoch entstehen folgende Schwierigkeiten:

(1) Es ist einfach, eine Abbildung $Z \to Z_1$ zu finden, die der ersten Zerlegung genügt. Wie ist aber $Z \to Z_2$ zu wählen, damit $Z \to Z_1^2$ die gewünschte Zerlegung erzeugt? (Im allgemeinen gibt es mehrere Möglichkeiten.)

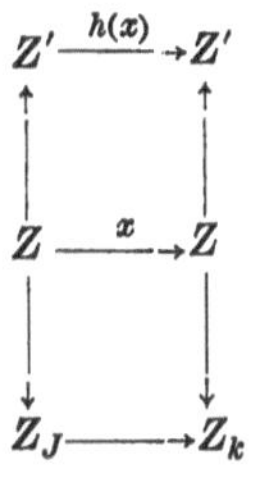

| Symbol | Bedeutung |
|---|---|
| $Z' \xrightarrow{h(x)} Z'$ | die Abbildung, die jeden Zustand von $A'$ in den entsprechenden Folgezustand bei Eingabe von $h(x)$ überführt. ($h$ ist ein Homomorphismus von $A$ auf $A'$.) |
| $Z \to Z'$ | die Abbildung, die jedem Zustand $z$ von $A$ den Zustand $h(z)$ von $A'$ zuordnet; |
| übrige Symbole | vgl. Abb. 11 |

Abb. 12. Ist $h$ ein Isomorphismus, so existiert eine inverse Abbildung. Dann ist – wie in Abb. 11 – das Bild jeder Klasse der durch $Z' \to Z \to Z_J$ definierten Zerlegung bei der Abbildung $h(x)$ Teilmenge einer Klasse der $Z' \to Z \to Z_k$ entsprechenden Zerlegung. *Wir können daher einen zu $A'$ isomorphen Automaten $A$, bei dem einige Zustandskomponenten von anderen unabhängig sind, dadurch finden, daß wir Paare von Zerlegungen von $Z'$ aufsuchen, bei denen das Bild jeder Klasse der ersten Zerlegung bei jeder Zustandstransformation $Z' \xrightarrow{h(x)} Z'$ in einer Klasse der zweiten Zerlegung enthalten ist*

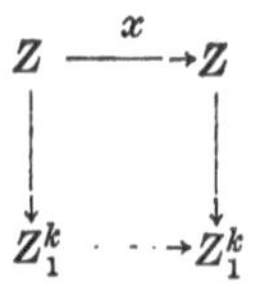

| Symbol | Bedeutung |
|---|---|
| $Z \to Z_1^k$ | die Projektionsabbildung, die jedem Zustand von $A$ seine ersten $k$ Komponenten zuordnet; |
| die übrigen Symbole | vgl. Abb. 11 |

Abb. 13. Das Verhalten der ersten $k$ Zustandskomponenten ist genau dann von den übrigen Koordinaten unabhängig, wenn das Bild jeder Klasse der der Projektion $Z \to Z_1^k$ entsprechenden Zerlegung bei der Abbildung $Z \xrightarrow{x} Z$ Teilmenge einer Klasse derselben Zerlegung ist. In diesem Falle sagen wir, daß diese Zerlegung *invariant* gegenüber der Zustandstransformation $Z \to Z$ ist und bezeichnen sie mit *Automatenzerlegung*, falls das für alle $x$ gilt. Ein Automat besitzt eine *Kaskadenstruktur*, wenn für jedes $k$ die Zerlegung von $Z \to Z_1^k$ eine Automatenzerlegung ist. Für jedes $k$ ist die Zerlegung von $Z \to Z_1^{k+1}$ feiner als die, die durch $Z \to Z_1^k$ induziert wird. Wie in Abb. 12 *können wir einen zu $A'$ isomorphen Automaten $A$ mit Kaskadenstruktur dadurch finden, daß wir eine geordnete Folge von Automatenzerlegungen für $A'$ aufsuchen*

(2) Wenn die Klassen der Zerlegung eine unterschiedliche Anzahl von Elementen besitzen, wird die Operation von $A$ nicht vollständig festgelegt sein. Wie ist diese zu vervollständigen?

Abb. 14 veranschaulicht diese beiden Probleme.

Wir benötigen noch einige Definitionen. Ist $X$ die Menge der Eingabesignale eines Automaten, so bezeichnet $X^*$ die Menge aller Wörter über dem Alphabet $X$. In $X^*$ kann eine assoziative Operation $X^* \times X^* \to X^*$ definiert werden, indem aus zwei Wörtern durch Verknüpfung ein neues erzeugt wird.

Es sei $A$ ein Automat, $Z$ seine Zustandsmenge, $X$ die Menge seiner Eingabesignale und $v$ ein Element aus $X^*$. Eine Zustandstransformation von $A$ ist eine Abbildung $Z \xrightarrow{v} Z$, die jeden Zustand $s$ in den Zustand überführt, in den $A$ übergeht, wenn er sich zu Beginn im Zustand $s$ befindet und das Wort $v$ eingegeben wird. Ist $B$ eine Teilmenge von $Z$, die durch $Z \xrightarrow{v} Z$ in sich abgebildet wird, so notieren wir diese Transformation durch $B \xrightarrow{v} B$.

Kehren wir zu den beiden eben genannten Problemen zurück. Es sei $B$ eine Teilmenge der Zustandsmenge von $A$. Besteht dann $B$ aus allen Zuständen, deren erste Komponenten einen festen, vorgegebenen Wert annehmen, so ist das homomorphe Bild $B'$ von $B$ eine Klasse der Automatenzerlegung. Liegt das Bild von $B'$ bei der Abbildung $Z' \xrightarrow{v} Z'$ wieder in $B'$, so bleibt bei $Z \xrightarrow{v} Z$ der $B'$ zugeordnete Wert der ersten Komponente unverändert. Es muß also $Z \xrightarrow{v} Z$ in bezug auf die zweite Komponente mindestens so kompliziert sein wie $B' \xrightarrow{v} B'$. Es scheint daher erfolgversprechend zu sein, eine Klasse $B'$ der Automatenzerlegung zu betrachten und zu fragen, ob jede Transformation der zweiten Komponente isomorph ist zu einer Transformation $B' \xrightarrow{v} B'$ dieser Klasse im Originalautomaten. Wir werden uns im letzten Teil dieses Abschnittes mit der Frage beschäftigen, wann und wie das zu erreichen ist.

Für die in Abb. 14 dargestellte Situation ist es klar, daß die zweite Komponente Zustandstransformationen benötigt, die denjenigen Zustandstransformationen von $A'$ entsprechen, die die Menge $\{1, 3, 4, 6\}$ in sich selbst überführen. In Abb. 15 ist ein Weg angegeben, bei dem für die zweite Komponente *keine weiteren* Transformationen benötigt werden. Der folgende Satz liefert eine hinreichende Bedingung dafür, wie und unter welchen Voraussetzungen das möglich ist.

Wir legen die folgende Bezeichnung fest:

| | |
|---|---|
| $A'$ | – ein Automat |
| $Z'$ | – die Menge seiner Zustände |
| $X$ | – die Menge seiner Eingabesignale |
| $X^*$ | – die Menge aller Wörter über dem Alphabet $X$ |
| $P$ | – eine Automatenzerlegung (vgl. Abschnitt 2) |
| $D$ | – eine Teilmenge von $Z'$ |
| $B$ | – eine Klasse aus $P$ (eventuell mit Indizes) |
| $D \xrightarrow{v} B$ | – die Abbildung, die jeden Zustand $s$ aus $D$ in den Zustand überführt, in den $A'$ bei Eingabe des Wortes $v$ übergeht, wenn sich $A'$ zu Beginn im Zustand $s$ befand. |
| Retraktormenge | – $B_w$ ist für $D$ eine Retraktormenge, wenn es zwei Wörter $w_i$ und $v_i$ aus $X^*$ derart gibt, daß $B_i \xrightarrow{v_i} D \xrightarrow{v_i} B_i$ die identische Abbildung von $B_i$ auf sich ist. |

**Der Zerlegungssatz.** Es sei $P$ eine Automatenzerlegung und $D$ eine Menge, für die jede Klasse aus $P$ eine Retraktormenge ist. Dann existieren ein zweia)

| Zustand | Eingabesignal 1 | Eingabesignal 2 |
|---|---|---|
| 1 | 2 | 3 |
| 2 | 4 | 4 |
| 3 | 5 | 1 |
| 4 | 5 | 6 |
| 5 | 6 | 1 |
| 6 | 2 | 4 |

Folgezustand

b)

| Zustand von $A'$ | erste Komponente von $A$ | zweite Komponente von $A$ |
|---|---|---|
| 1 | 0 | 1 |
| 3 | 0 | 3 |
| 4 | 0 | 4 |
| 6 | 0 | 6 |
| 2 | 1 | $x$ |
| 5 | 1 | $y$ |

c)

| | | 1 | 2 |
|---|---|---|---|
| Zustand | 01 | 1$x$ | 03 |
| | 03 | 1$y$ | 01 |
| | 04 | 1$y$ | 06 |
| | 06 | 1$x$ | 04 |
| | 11 | 0 | 0 |
| | 13 | 0 | 0 |
| | 14 | 0 | 0 |
| | 16 | 0 | 0 |

d)

| Zustand der zweiten Komponente | Zustand der ersten Komponente; Eingabesignal: 0; 1 | 0; 2 | 1; | 1; 2 |
|---|---|---|---|---|
| 1 | $x$ | 3 | | |
| 3 | $y$ | 1 | | |
| 4 | $y$ | 6 | | |
| 6 | $x$ | 4 | | |

Folgezustand der zweiten Komponente

**Abb. 14.** (a) zeigt das Verhalten von $A'$. Dabei sind die in diesem Zusammenhang nicht interessierenden Ausgabesignale weggelassen worden. Wir suchen einen Automaten $A$ mit Kaskadenstruktur, der aus zwei Komponenten besteht, einen Homomorphismus von $A$ auf $A'$ und eine Projektion auf die erste Zustandskomponente, die der Zerlegung $\{\{1, 3, 4, 6\}, \{2, 5\}\}$ entspricht.
(b) zeigt den einfacheren Teil der Festlegung dieser Koordinatenprojektionen. Es ist offenbar gleichgültig, welche beiden Werte wir für die Projektion auf die erste Komponente und welche (vier) Werte wir für die Zuordnung der Elemente aus *einer* Klasse in bezug auf die zweite Komponente wählen. Das gilt auch für $x$ und $y$, die aus der Menge $\{1, 3, 4, 6\}$ sein müssen. Aufgrund von (b) können wir das Verhalten von $A$ teilweise beschreiben (c). Wie (c) zu vervollständigen ist, hängt davon ab, wie sich die zweite Komponente verhält. Das ist zum Teil aus (d) ersichtlich

stufiger Kaskadenautomat $A$ und ein Homomorphismus von $A$ auf $A'$. Das Verhalten der Zustände der ersten Komponente entspricht dabei dem der Klassen von $P$ im Automaten $A'$, und das Verhalten der Zustände der zweiten Komponente entspricht dem Verhalten der Zustände aus $D$ bei den Zustandstransformationen von $A'$, die $D$ in sich überführen.

Beweis. Es seien $X$ die Menge der Eingabesignale und $P \times D$ die Menge der Zustände von $A$. Es sei ferner $h$ diejenige Abbildung, die $X$ identisch auf sich abbildet und durch $P \times D \rightarrow Z'$ jedes Paar $(B_k, s)$ in das Bild von $s$ bei der Abbildung $D \xrightarrow{v_k} B_k$ überführt. Wir haben nun zu zeigen, daß das Diagramm

$$\begin{array}{ccc} P \times D & \dashrightarrow & P \times D \\ \downarrow & & \downarrow \\ Z' & \xrightarrow{x} & Z' \end{array}$$

so vervollständigt werden kann, daß es für alle $x$ kommutativ ist.

Das ist für die erste Komponente kein Problem. Wir legen fest, daß die erste Komponente der Transformation $P \times D \rightarrow P \times D$ diejenige ist, die durch $Z' \xrightarrow{x} Z'$ über $P$ induziert wird.

$$\begin{array}{ccccccccccccc} 1 & & 3 & & y & & 6 & & 4 & & y & & 1 \\ 3 & \xrightarrow{2} & 1 & \xrightarrow{1} & x & \xrightarrow{1} & 4 & \xrightarrow{2} & 6 & \xrightarrow{1} & x & \xrightarrow{2} & 4 \\ 4 & & 6 & & x & & 4 & & 6 & & x & & 4 \\ 6 & & 4 & & y & & 6 & & 4 & & y & & 1 \end{array}$$

a)

| | | Zustand der ersten Komponente; Eingabesignal | | | |
|---|---|---|---|---|---|
| | | 0; 1 | 0; 2 | 1; 1 | 1; 2 |
| Zustand der zweiten Komponente | 1 | 4 | 3 | (6) | (1) |
| | 3 | 6 | 1 | (4) | (4) |
| | 4 | 6 | 6 | 4 | 4 |
| | 6 | 4 | 4 | 6 | 1 |
| | | Folgezustand der zweiten Komponente | | | |

b)

Abb. 15. In (a) sind einige Zustandstransformationen der zweiten Komponente dargestellt, die durch eine Folge von Eingabesignalen erzeugt werden. Diese Transformationen werden unabhängig davon erzeugt, welche Werte wir für $x$ und $y$ wählen. Es entstehen keine *neuen* Transformationen, wenn wir $x = 4$ und $y = 6$ setzen. Das Verhalten der zweiten Komponente bei dieser Festlegung kann man der Tabelle (b) entnehmen

Wir betrachten dann das Verhalten der zweiten Komponente mit Hilfe des eingeschränkten Diagramms

$$\begin{array}{ccc} \{B_j\} \times D & \dashrightarrow & \{B_k\} \times D \\ \downarrow & & \downarrow \\ B_j & \xrightarrow{x} & B_k \end{array}$$

(Dabei wird eine Klasse $B_j$ für die erste Komponente fixiert.) $B_j$ wird durch $Z' \xrightarrow{x} Z'$ in die Klasse $B_k$ übergeführt. Aufgrund der Definition von $P \times D \to Z'$ können wir das Diagramm weiter auf die zweite Komponente einschränken und erhalten

$$\begin{array}{ccc} D & \dashrightarrow & D \\ \downarrow{\scriptstyle v_j} & & \downarrow{\scriptstyle v_k} \\ B_j & \xrightarrow{x} & B_k \end{array}$$

Dieses Diagramm muß derart vervollständigt werden, daß es kommutativ wird. Es dürfen dabei nur solche Zustandstransformationen von $A'$ Verwendung finden, die $D$ in sich überführen. Man erkennt sofort, daß $D \xrightarrow{v_j} B_j \xrightarrow{x} B_k \xrightarrow{w_k} D$ das Verlangte leistet.

Sind die Klassen von $P$ endlich, so können wir die Voraussetzungen des Satzes abschwächen, indem wir nur fordern, daß $B \xrightarrow{w} D \xrightarrow{v} B$ eine Permutation und nicht notwendig die identische Abbildung ist. Dann gibt es nämlich eine natürliche Zahl $n$ derart, daß $(B \xrightarrow{w} D \xrightarrow{v} B)^n$ die Menge $B$ identisch auf sich abbildet. Der Beweis des Satzes kann dann mit Hilfe der Abbildung $B \xrightarrow{w'} D = (B \xrightarrow{w} D \xrightarrow{v} B)^{n-1} (B \xrightarrow{w} D)$ geführt werden.

Der Leser wird festgestellt haben, daß in diesem Abschnitt das Ausgabeverhalten des Automaten für die Zuordnung der Koordinaten irrelevant war. Auch der Unterschied zwischen einem einzelnen Eingabesignal und einem ganzen Eingabewort war belanglos. Es ist daher in diesem Zusammenhang bequem, den Automaten $A$ durch einen *Transformationsautomaten* $\mathbf{A}$ zu ersetzen. Dieser unterscheidet sich von $A$ nur durch folgendes:

(1) Erhält $\mathbf{A}$ im Zustand $s$ das Eingabesignal $x$, so gibt er den Folgezustand von $s$ bei diesem Signal aus (d. h., das nächste Ausgabesignal ist gleich dem nächsten Zustand), und

(2) die Eingabesignale von $\mathbf{A}$ sind alle Eingabe*wörter* von $A$. (Es fällt nicht schwer, die Operation von $A$ auf die neuen Eingabesignale in geeigneter Weise auszudehnen.)

Der Transformationsautomat hat den Vorteil, daß die Abbildung, die jedes Element aus $X^*$ in sich, jeden Zustand von $\mathbf{A}$ in die ihn enthaltende Klasse von $P$ und die Operation von **A** in eine Operation $P \times X^* \to P$ derart überführt, daß das Diagramm

$$\begin{array}{ccc} Z \times X^* & \longrightarrow & Z \\ \downarrow \quad \downarrow & & \downarrow \\ P \times X^* & \longrightarrow & P \end{array}$$

kommutativ ist, einen Homomorphismus darstellt. Wir nennen das Bild von **A** bei diesem Homomorphismus den *Faktorautomaten* **A**$/P$ (gesprochen: „**A** modulo $P$“).

Wir betrachten nun einen Automaten $A'$ und eine geordnete Folge von Automatenzerlegungen, $P_1, P_2, \ldots, P_k$. Um einen Kaskadenautomaten $A$ und einen Homomorphismus von $A$ auf $A'$ zu konstruieren, haben wir — falls wir überhaupt dazu in der Lage sind — folgendes zu tun:

(1) Übergang zu dem Transformationsautomaten $\mathbf{A}'$;

(2) Wenn möglich, Konstruktion der *letzten* Komponente $\mathbf{A}_k$ durch Anwendung des Zerlegungssatzes auf $\mathbf{A}'$ und $P_k$;

(3) Die erste Komponente des nach (2) konstruierten Kaskadenautomaten wird durch $\mathbf{A}'/P_k$ und die zweite durch $\mathbf{A}_k$ gebildet. Wenn möglich, wird wieder der Zerlegungssatz auf $\mathbf{A}'/P_k$ und $P_{k-1}$ angewendet, um die *vorletzte* Komponente $\mathbf{A}_{k-1}$ zu erhalten;

(4) Das wird bis zur ersten Komponente $\mathbf{A}_0 = \mathbf{A}'/P_1$ so fortgesetzt;

(5) Übergang von dem nun vorliegenden Transformationsautomaten mit Kaskadenstruktur zur Originalform, indem die Menge der Eingabesignale wieder eingeschränkt und eine Logikschaltung für die Ausgabe hinzugefügt wird.

Im Interesse einer bequemen Beschreibung der in dieser Konstruktion auftretenden Komponenten ordnen wir jedem Transformations-Automaten **A** und jeder Teilmenge $D$ der Zustandsmenge von **A** den *Teilautomaten* $\mathbf{A}_D$ zu, dessen Zustandsmenge $D$ ist und dessen Eingabesignale diejenigen von **A** sind, die $D$ in sich überführen, und dessen Operation die kanonische Einschränkung derjenigen von **A** ist. Es sei $P_i/P_{i+1}$ die Zerlegung von $\mathbf{A}'/P_{i+1}$, die durch $P_i$ induziert wird. Ist dann $D_i$ eine Teilmenge von $\mathbf{A}'/P_{i+1}$, für die jede Klasse aus $P_i/P_{i+1}$ eine Retraktormenge ist, dann ist $\mathbf{A}_i = (\mathbf{A}'/P_{i+1})_{D_i}$. Man beachte, daß wir jetzt jedes $\mathbf{A}_i$ unabhängig von allen anderen Komponenten finden können.

Sind ein Automat $A'$ und eine geordnete Folge $P_1, \ldots, P_k$ von Automatenzerlegungen vorgegeben, so können wir auf diese Weise immer die Komponenten eines Kaskadenautomaten konstruieren, der auf $A'$ homomorph abgebildet werden kann, vorausgesetzt, daß der Zerlegungssatz auf jeden Quotientenautomaten $\mathbf{A}'/P_{i+1}$ in bezug auf die Zerlegung $P_i/P_{i+1}$ angewendet werden kann. Allerdings befinden wir uns in der unangenehmen Situation, daß es im allgemeinen sehr schwierig oder unmöglich ist, zu einem gegebenen

Automaten **A**′ irgendeine Automatenzerlegung zu finden, geschweige denn eine geordnete Folge, die noch bestimmte Voraussetzungen erfüllt. Dieser Schwierigkeit werden wir im nächsten Abschnitt begegnen. indem wir nicht mehr

| Zustand | Folgezustand bei Eingabesignal 1 | Folgezustand bei Eingabesignal 2 |
|---|---|---|
| 1 | 3 | 2 |
| 2 | 2 | 1 |
| 3 | 1 | 4 |
| 4 | 2 | 5 |
| 5 | 3 | 4 |

a)

| Urbilder: Eingabesignal 1 | Urbilder: Eingabesignal 2 | Zustandsmengen |
|---|---|---|
| 3 | 2 | 1 |
| 24 | 1 | 2 |
| 15 | – | 3 |
| – | 35 | 4 |
| – | 4 | 5 |
| 15 | – | 3 |
| 24 | 135 | 24 |
| 3 | 24 | 15 |
| 3 | 2 | 1 |
| 24 | 1 | 2 |
| 15 | 4 | 35 |
| – | 35 | 4 |
| 135 | 24 | 135 |
| 24 | 135 | 24 |

b)

**Abb. 16. Die Zerlegungen für die Zustandstransformationen des durch (a) gegebenen Automaten sind durch die Tabelle (b) ermittelt worden. Bildet man den Durchschnitt der beiden Zerlegungen, die durch $\{\{1, 3, 5\}, \{2, 4\}\}$ induziert werden, so erhält man die Automatenzerlegung $\{\{1, 3, 5\}, \{2, 4\}\}$. Ebenso erhält man die Automatenzerlegung $\{\{1, 5\}, \{2, 4\}, \{3\}\}$ aus den durch $\{\{1, 5\}, \{2, 4\}, \{3\}\}$ induzierten Zerlegungen**

fordern, daß $A$ isomorph zu $A'$ sein muß. Wir beenden diesen Paragraphen mit der Angabe eines Verfahrens, das gelegentlich das Aufsuchen von Automatenzerlegungen erleichtert. Weitergehende Methoden befinden sich in der Arbeit [1] von Hartmanis und Stearns.

Betrachten wir einen Transformationsautomaten **A** mit der Zustandsmenge $Z$ und der Menge $X^*$ der Eingabesignale. Wir beginnen mit der Zerlegung, die von einer beliebigen Transformation $Z \xrightarrow{v} Z$ induziert wird (vgl. Abb. 11). Anschließend erzeugen wir die Menge aller Zerlegungen, die den Transformationen $Z \xrightarrow{w} Z \xrightarrow{v} Z$ bei festem $Z \xrightarrow{v} Z$ entsprechen, wobei $w$ alle Elemente aus $X^*$ durchläuft, und bilden den Durchschnitt aller dieser Zerlegungen. Wir erhalten eine Automatenzerlegung. Geht nämlich eine Klasse $B$ von Zuständen durch $Z \xrightarrow{w} Z \xrightarrow{v} Z$ für jedes $w$ in eine Einermenge über, so auch das Bild von $B$ bei $Z \xrightarrow{x} Z$ für jedes $x$ aus $X^*$. (Andernfalls würde sich mit

$Z \xrightarrow{x} Z \xrightarrow{w} Z \xrightarrow{v} Z$ ein Widerspruch ergeben.) Ein Beispiel dafür gibt Abb. 16. LIU weist in [2] nach, daß ein Automat schon mit Hilfe von Zerlegungen dieses Typs durch eine Kaskade aus Verzögerungselementen aufgebaut werden kann, wenn dieser überhaupt eine solche Darstellung zuläßt. In anderen Fällen liefert dieses Verfahren gewöhnlich die Zerlegung von $Z$ in Einermengen, die hier keine Verwendung finden kann.

## 4. Überdeckungen

Wir werden in den nächsten Abschnitten (ohne Beschränkung der Allgemeinheit) nur Transformationsautomaten untersuchen, werden aber als Gedächtnisstütze den Stern am $X$ (das die Menge der Eingabesignale bezeichnet) belassen und in den Tabellen für die Operation nur die erzeugenden Elemente von $X^*$ aufführen.

Wir wollen unsere Möglichkeiten, zu einem gegebenen Automaten einen Kaskadenautomaten und einen Homomorphismus von diesem auf den ursprünglichen zu finden, so erweitern, daß die in Abb. 17 dargestellte Situation mit erfaßt wird. Das Beispiel und die dort angegebenen Definitionen weisen darauf hin, daß wir unsere bisherige Methode von Automatenzerlegungen auf Automatenüberdeckungen auszudehnen beabsichtigen. Wir stellen fest, daß der Zerlegungssatz ohne Abänderung auf den allgemeineren Fall übertragen werden kann. Jede Zustandstransformation induziert eindeutig eine Transformation der Klassen einer Automatenzerlegung. Es muß aber darauf hingewiesen werden, daß das für Automatenüberdeckungen im allgemeinen falsch ist (vgl. Abb. 18). Eine Bedingung dafür, daß diese Eigenschaft auf Überdeckungen übertragen werden kann, liefert der folgende

**Eindeutigkeitssatz.** Es sei $G$ eine Permutationsgruppe einer Menge $Z$ und $C$ eine Überdeckung von $Z$, die in bezug auf alle Transformationen von $G$ invariant ist (vgl. Abb. 17) und die keine Klasse enthält, die echt in einer anderen enthalten ist. Dann gibt es für jedes $g$ aus $G$ genau eine Transformation $g'$ von $C$, die $g$ entspricht und die ebenfalls eine Permutation ist.

Beweis. Es genügt zu zeigen, daß $g(B)$ für jedes $B$ aus $C$ ein Element von $C$ ist (also nicht schlechthin in einem solchen enthalten ist). Wir nehmen an, daß das nicht gilt, d. h., $g(B)$ ist eine echte Teilmenge von einem $B'$. Dann ist $B = g^{-1} g(B)$ echt in $g^{-1}(B')$ enthalten. Da aber $C$ in bezug auf Transformationen aus $G$ invariant ist, gibt es eine Klasse $B''$, die $g^{-1}(B')$ enthält und folglich $B$ echt umfaßt, was im Widerspruch zur Voraussetzung steht. Auf ähnliche Weise zeigt der Leser ohne Schwierigkeiten, daß $g'$ eine Permutation ist.

Während die Automatenzerlegungen nur in enttäuschend geringer Anzahl vorhanden sind, verwirren die Automatenüberdeckungen geradezu durch ihren Überfluß. Tatsächlich kann aus jeder Menge $C$ von Klassen eine Automatenüberdeckung dadurch hergestellt werden, daß die Bilder dieser Klassen bei allen Zustandstransformationen durch Hinzunahme von Einermengen, die in

| | 1 | 1 |
|---|---|---|
| 0 $X$ | 0 $Y$ | 1 $X$ |
| 0 $Y$ | 0 $Z$ | 1 $Z$ |
| 0 $Z$ | 0 $Y$ | 1 $Z$ |
| 1 $X$ | 0 $Z$ | 1 $Z$ |
| 1 $Y$ | 0 $Z$ | 1 $X$ |
| 1 $Z$ | 0 $X$ | 1 $Y$ |

$A$

| | |
|---|---|
| 0 $X$ | $A$ |
| 0 $Y$ | $B$ |
| 0 $Z$ | $D$ |
| 1 $X$ | $B$ |
| 1 $Y$ | $C$ |
| 1 $Z$ | $E$ |

$Z \to Z'$

| | 0 | 1 |
|---|---|---|
| $A$ | $B$ | $B$ |
| $B$ | $D$ | $E$ |
| $C$ | $D$ | $B$ |
| $D$ | $B$ | $E$ |
| $E$ | $A$ | $C$ |

$A'$

Abb. 17. Der Homomorphismus, der durch $Z \to Z'$ Zustände aus $Z$ in Zustände aus $Z'$ überführt, bildet den Kaskadenautomaten $A$ auf den Automaten $A'$ ab. Wenn man – wie in Abschnitt 3 – das Bild der durch die Projektion $Z \to Z_1$ induzierten Zerlegung bei der Abbildung $Z \to Z'$ betrachtet, stellt man fest, daß wir keine Zerlegung, sondern eine Menge $C = \{\{A, B, D\}, \{B, C, E\}\}$ von Klassen erhalten, die nicht disjunkt sind. Man erkennt ferner, daß

(1) jeder Zustand von $Z'$ in einer Klasse von $C$ enthalten ist, da $Z \to Z'$ eine Abbildung von $Z$ *auf* $Z'$ ist, und daß

(2) das Bild jeder Klasse aus $C$ bei einer beliebigen Zustandstransformation wieder eine Teilmenge einer Klasse von $C$ ist, da das Diagramm

$$\begin{array}{ccc} Z' & \xrightarrow{x} & Z' \\ \uparrow & & \uparrow \\ Z & \xrightarrow{x} & Z \\ \downarrow & & \downarrow \\ Z_1 & \xrightarrow{x} & Z_1 \end{array}$$

kommutativ ist. Jedes Mengensystem mit der Eigenschaft (1) heißt *Überdeckung*. Erfüllt eine Überdeckung überdies die Eigenschaft (2), so wird sie *Automatenüberdeckung* genannt

| | |
|---|---|
| 1 | 5 |
| 2 | 4 |
| 3 | 3 |
| 4 | 3 |
| 5 | 2 |

a)

| | |
|---|---|
| $\{1, 2, 3\}$ | $\{3, 4, 5\}$ |
| $\{2, 3, 4\}$ | $\{3, 4, 5\}$ |
| $\{3, 4, 5\}$ | $\{1, 2, 3\}$ |

b)

| | |
|---|---|
| $\{1, 2, 3\}$ | $\{3, 4, 5\}$ |
| $\{2, 3, 4\}$ | $\{2, 3, 4\}$ |
| $\{3, 4, 5\}$ | $\{2, 3, 4\}$ |

c)

Abb. 18. Es sei $C$ eine Automatenüberdeckung der Zustandsmenge $Z$. Wir sagen, daß die Transformation $C \to C$ der Zustandstransformation $Z \to Z$ *entspricht*, wenn $C \to C$ jede Klasse $B$ aus $C$ in eine Klasse überführt, die das Bild von $B$ bei $Z \to Z$ enthält. Die Transformationen (b) und (c) entsprechen *beide* der Zustandstransformation (a). Entspricht $C \to C$ der Transformation $Z \to Z$, so werden wir das in Diagrammen durch $C \to C \sim Z \to Z$ ausdrücken keiner Klasse enthalten sind, zu einer Überdeckung ergänzt werden, wobei anschließend die Klassen entfernt werden, die in anderen (echt) enthalten sind. Unser Ziel ist es, für Automatenüberdeckungen ein Analogon zu den geordneten Folgen von Automatenzerlegungen zu finden, um dann einen Kaskadenautomaten zu konstruieren, dessen Komponenten so einfach wie möglich sind. In Abb. 17 ist ein Komponententyp angedeutet, den wir anstreben. Dort überführt jede Zustandstransformation der ersten Komponente alle Zustände, 0 und 1, in einen einzigen Zustand, 0 oder 1. Eine solche Transformation heißt *Fixierung*. Komponenten, die nur derartige Zustandstransformationen besitzen, reichen nicht einmal dafür aus, einen Zähler als Kaskadenautomaten zu realisieren. Allerdings kann man aus Komponenten (in folgendem *P-F*-Komponenten genannt), deren Zustandstransformationen nur Permutationen und Fixierungen sind, *jeden* Automaten mit endlicher Zustandsmenge aufbauen. Wir werden im restlichen Teil dieses Abschnittes diese Behauptung beweisen.

Wie bei Zerlegungen werden wir die Überdeckung $C_1$ *gröber* als die Überdeckung $C_2$ (und $C_2$ feiner als $C_1$) nennen, wenn jede Klasse von $C_2$ Teilmenge einer Klasse aus $C_1$ ist. Wenn außerdem $C_2$ nicht gröber als $C_1$ ist, nennen wir $C_1$ *echt gröber* als $C_2$. Wir definieren nun eine analoge Fassung des Begriffs Faktorautomat. Es seien $A$ ein Transformationsautomat und $C$ eine Automatenüberdeckung für $A$. Wir sagen, daß der Transformationsautomat $A^0$, der die gleichen Eingabesignale wie $A$ besitzt, *notiert, wo sich $A$ in $C$ befindet*, wenn es eine Abbildung $Z^0 \to C$ derart gibt, daß für jedes Eingabesignal $x$ eine der Zustandstransformation $Z \xrightarrow{x} Z$ von $A$ entsprechende Abbildung $C \dashrightarrow C$ so gefunden werden kann, daß das Diagramm

$$\begin{array}{ccc} Z^0 & \xrightarrow{x} & Z^0 \\ \downarrow & & \downarrow \\ C & \dashrightarrow & C \end{array}$$

kommutativ ist, oder zusammengefaßt

$$\begin{array}{ccc} Z^0 & \xrightarrow{x} & Z^0 \\ \downarrow & & \downarrow \\ C & \dashrightarrow & C \\ & \wr & \\ Z & \xrightarrow{x} & Z\,. \end{array}$$

Der Leser wird wieder aufgefordert, eine einfachere Definition zu finden, die das Verlangte leistet.

Nach diesen Vorbereitungen gehen wir über zum

**Hauptsatz.** Zu jedem Automaten $A'$ mit endlicher Zustandsmenge gibt es einen Kaskadenautomaten $A$, der nur aus *P-F*-Komponenten besteht, und einen Homomorphismus von $A$ auf $A'$; ferner ist für jede Komponente die Permutationsgruppe, die man durch Weglassen der Fixierungstransformationen erhält, homomorphes Bild einer Untergruppe der Halbgruppe aller Zustandstransformationen von $A'$.

Beweis. (Die Aussage vor dem Semikolon ist einfacher zu beweisen. Der Leser sollte in der Lage sein, unter Benutzung der Folge aus den Überdeckungen $C_k$ einen Beweis dafür zu finden, wenn $C_k$ die Menge aller der Teilmengen von $Z$ ist, die $|Z| - k$ Zustände enthalten. Vgl. auch HARTMANIS und STEARNS [1], S. 199, Lemma 7.5. Zum Beweis des schwierigeren Teiles müssen wir Bedingungen für die Anwendung des Zerlegungssatzes schaffen, die gestatten, eine Übersicht über die Permutationsgruppen zu gewinnen. Es scheint notwendig zu sein, daß wir die Überdeckungen auf die etwas komplizierte Art und Weise, wie sie weiter unten beschrieben wird, auswählen müssen.)

Der Beweis wird durch Induktion geführt. Die Induktionsschritte sind jedoch technisch schwierig auszuführen, so daß wir gezwungen sind, dies über große Umwege zu tun. Wir zeigen, daß es für jeden Automaten $A'$ mit einer Automatenüberdeckung $C_1$ und jeden Automaten $A_1$, der notiert, wo sich $A'$ in $C_1$ befindet, einen $P$-$F$-Automaten gibt, der mit $A_1$ gekoppelt werden kann und dessen Permutationsgruppe homomorphes Bild einer Untergruppe der Transformationshalbgruppe von $A'$ ist; dabei notiert der durch die Kopplung entstandene zweistufige Kaskadenautomat $A$, wo sich $A'$ in einer gewissen Automatenüberdeckung $C_2$ befindet, die echt feiner als $C_1$ ist (vorausgesetzt, $C_1$ besteht nicht schon aus lauter Einermengen).

Unser Programm besteht aus folgenden drei Etappen:

(1) Es wird eine Überdeckung $C_2$ konstruiert, die nur wenig feiner als $C_1$ ist, dann werden

(2) die Zustandsmenge von $A_2$ und eine Abbildung $Z \to C_2$ spezifiziert, durch die dann $A$ notiert, wo sich $A'$ in $C_2$ befindet, und

(3) wird die Operation von $A_2$, die nur aus Permutationen und Fixierungen besteht, derart festgelegt, daß $A$ notiert, wo sich $A'$ in $C_2$ befindet.

Wir konstruieren $C_2$, indem wir einige Klassen aus $C_1$ durch neue ersetzen. Um festzustellen, welche Klassen zu eliminieren sind, ordnen wir die Teilmengen von $Z'$ nach folgender Vorschrift: $B_1$ ist eine *Präklasse* von $B_2$, wenn es eine Zustandstransformation gibt, die $B_1$ in $B_2$ überführt. Zwei Klassen $B_1$ und $B_2$ heißen *ähnlich*, wenn sowohl $B_1$ Präklasse von $B_2$ als auch $B_2$ Präklasse von $B_1$ ist; wir nennen schließlich $B_1$ *Initialklasse aus* $C_1$, wenn jede Klasse $B$ von $C_1$, die Präklasse von $B_1$ ist, schon zu $B_1$ ähnlich ist und wenn keine Klasse aus $C_1$ mehr Elemente als $B_1$ enthält. $C_2$ ergibt sich nun aus $C_1$, indem wir jede Klasse $B$ aus einer initialen Ähnlichkeitsklasse durch eine Überdeckung von $B$ ersetzen, die wir dadurch erhalten, daß wir aus der Gesamtheit aller echten Teilmengen von $B$, die Einermengen oder Bilder von Klassen aus $C_1$ sind, diejenigen Klassen streichen, die in einer anderen enthalten sind.

Wir bemerken, daß alle eliminierten Klassen von $C_1$ Retraktormengen voneinander sind und daß jede Klasse aus $C_2$, die nicht schon Element von $C_1$ ist, in einer solchen Klasse echt enthalten ist. Es sei $P$ eine Klasse aus $C_2$, die in einer ersetzten Klasse $Q$ von $C_1$ enthalten ist, und $R$ eine beliebige andere eliminierte Klasse. Dann gibt es eine in $R$ enthaltene Klasse $B$ aus $C_2$ derart, daß für alle Transformationen, für die $Q$ und $R$ Retraktormengen voneinander sind, auch $P$ und $B$ Retraktormengen voneinander sind.

Aus den aus $C_1$ entfernten Klassen sondern wir als Nächstes eine Klasse $B_1$ aus. Die Zustandsmenge des Automaten $A_2$ wird dann aus der Menge $C$ gebildet, die aus allen Klassen von $C_2$ besteht, durch die $B_1$ ersetzt wurde. Dann ist $Z = C_1 \times C$. Wie im Zerlegungssatz wählen wir für jede ersetzte Klasse $B_i$ Zustandstransformationen $B_1 \xrightarrow{v_i} B_i$ und $B_i \xrightarrow{w_i} B_1$ so aus, daß $B_i \xrightarrow{w_i} B_1 \xrightarrow{v_i} B_i$ die identische Abbildung ist. Die Abbildung $C_1 \times C \to C_2$, durch die $A$ notieren soll, wo sich $A'$ in $C_2$ befindet, sei folgendermaßen festgesetzt: Ist $B_i$ eine Klasse aus $C_2$, so wird das Paar $(B_i, E)$ aus $C_1 \times C$ durch $C_1 \times C \to C_2$ in $B_i$ übergeführt, und in das Bild von $E$ bei der Abbildung $Z \xrightarrow{v_i} Z$ sonst. Aus den Bemerkungen im letzten Absatz ergibt sich, daß $C_1 \times C \to C_2$ eine Abbildung *auf* $C_2$ ist.

$C_1 \times X^*$ ist die Menge der Eingabesignale von $A_2$ (wobei $X^*$ diejenige von $A'$ ist). Jedem Eingabesignal $(B_j, x)$ von $A_2$ müssen wir nun eine Permutations- oder Fixierungstransformation zuordnen. Das Eingabesignal $x$ überführe den Zustand $B_j$ von $A_1$ in den Zustand $B_k$, und der Folgezustand von $E$ bei Eingabe von $(B_j, x)$ in $A_2$ sei $F$.

Fall 1. Sowohl $B_j$ als auch $B_k$ sind Klassen, die beim Übergang von $C_1$ zu $C_2$ ersetzt wurden. Aufgrund des Zerlegungssatzes gibt es eine eindeutig bestimmte Abbildung $B_1 \dashrightarrow B_1$ derart, daß das Diagramm

$$\begin{array}{ccc} B_1 & \dashrightarrow & B_1 \\ \downarrow{\scriptstyle v_j} & & \downarrow{\scriptstyle v_k} \\ B_j & \xrightarrow{j} & B_k \end{array}$$

kommutativ ist. Aus dem Eindeutigkeitssatz folgt, daß dieser Abbildung eindeutig eine Permutation von $C$ oder eine Fixierung entspricht. Mit Hilfe dieser Zustandstransformation von $A_2$ notiert $A$, wo sich $A'$ in $C_2$ befindet.

Fall 2. $B_j$ liegt in $C_2$, aber $B_k$ gehört zu den eliminierten Klassen. $F$ sei dann eine Klasse, die das Bild von $B_j$ bei $Z' \xrightarrow{x} Z' \xrightarrow{w_k} Z'$ umfaßt. Mit dieser Fixierungstransformation von $A_2$ kann $A$ notieren, wo sich $A'$ in $C_2$ befindet.

Fall 3. $B_k$ liegt in $C_2$. Dann sei $F = E$. Wir können $F$ so festsetzen, da $B_k$ schon ausreicht, um anzugeben, wo sich $A'$ in $C_2$ befindet.

Damit ist der Induktionsschritt vollständig bewiesen. Wir beginnen die Induktion mit der trivialen Überdeckung $\{Z'\}$ und erhalten eine Folge von

Überdeckungen und $P$-$F$-Automaten, die abbricht, wenn die Überdeckung, die nur noch aus Einermengen besteht, erreicht ist. Damit haben wir $A'$ als Kaskade von $P$-$F$-Automaten dargestellt. Aus dem Zerlegungssatz, dem Eindeutigkeitssatz und der Konstruktion von Fall 1 folgt, daß jede vorkommende Permutationsgruppe homomorphes Bild der Gruppe aller Permutationen einer Teilmenge $D$ von $Z'$ ist, die durch $X^*$ erzeugt werden, was zu zeigen war. ∎

Da die Kaskade aus sehr vielen Komponenten besteht, ist die hier angegebene Konstruktion praktisch nicht verwendbar. Der Leser, der Wert auf eine Vergrößerung der Effizienz legt, sollte den Induktionsschritt noch einmal durchgehen und dabei die Forderung ersetzen, daß alle Zustandstransformationen von $A_2$, die keine Fixierungen sind, eindeutig bestimmt sein sollen. (Hinweis: Anstatt alle Klassen, die zu einer Initialklasse $D$ ähnlich sind, beim Übergang von $C_1$ zu $C_2$ herauszunehmen, kann man versuchen, alle Retraktormengen von $D$ zu ersetzen.) Mit dieser neuen Konstruktion kann eine Kaskade, deren erste Komponenten vorgegeben sind, schneller vervollständigt werden. Die entstehenden Komponenten sind zwar keine $P$-$F$-Automaten mehr, aber sie sind noch frei von unnötigen Untergruppen.

## 5. Permutationsautomaten

Nachdem wir gesehen haben, daß jeder beliebige Automat durch eine Kaskade aus $P$-$F$-Automaten realisiert werden kann, wollen wir die Frage untersuchen, ob es möglich ist, jeden $P$-$F$-Automaten durch eine Kaskade noch einfacherer Automaten zu realisieren. Wir werden als erstes die Kaskadendekomposition von Permutationsautomaten erörtern und zeigen dann, daß die erhaltenen Resultate leicht auf $P$-$F$-Automaten übertragbar sind. Dabei werden wir ohne weitere Bemerkungen die Begriffe Gruppe, Normalteiler, Nebenklasse, Faktorgruppe und Gruppenhomomorphismus (vgl. zum Beispiel Hall [3]) benutzen.

*Es seien $A'$ ein Permutationsautomat, dessen Zustandstransformationen die Gruppe $G$ erzeugen, und $H$ ein Normalteiler von $G$ mit der Faktorgruppe $G/H$. Dann gibt es einen zweistufigen Kaskadenautomaten $A$ und einen Homomorphismus von $A$ auf $A'$, wobei die Zustandstransformationen von $A_1$, der ersten Komponente, die Faktorgruppe $G/H$ und die der zweiten, $A_2$, die Gruppe $H$ erzeugen.*

Beweis. Wir geben $A_2$ die gleiche Zustandsmenge wie $A'$, lassen aber nur Zustandstransformationen aus $H$ zu. Wenn $A_2$ aufgrund einer außerhalb von $H$ liegenden Zustandstransformation nicht in der Lage ist, das Verhalten von $A'$ zu imitieren, so wird das mit Hilfe von $A_1$ erreicht, indem dieser durch seinen Zustand eine Permutation von $G$ liefert, die den „fehlerhaften" Zustand von $A_2$ in den wirklichen Zustand von $A'$ überführt. Die Zustandsmenge von $A_1$ wird eine Menge von Repräsentanten der Nebenklassen aus $G/H$ sein, und die Zustandstransformationen von $A_1$ werden $G/H$ erzeugen.

Die Menge der Eingabesignale von $A_1$, der ersten Komponente von $A$, sei gleich der Menge $X^*$ der Eingabesignale von $A'$, die Zustandsmenge eine Menge von Repräsentanten der Nebenklassen von $G/H$, und die Abbildung $Z_1 \times X^* \to Z_1$ überführe das Element $(Z' \xrightarrow{g} Z', x)$ in den Repräsentanten der Nebenklasse, die $Z' \xrightarrow{g} Z' \xrightarrow{x} Z'$ enthält. Die Zustandsmenge von $A_2$, der zweiten Komponente von $A$, sei gleich der Zustandsmenge $Z'$ von $A'$. Der Homomorphismus von $A$ auf $A'$ bestehe aus der identischen Abbildung von $X^*$ auf sich und der Abbildung $Z_1 \times Z' \to Z'$, die jedem Zustand $(Z' \xrightarrow{v} Z', s)$ von $A$ den Zustand $g(s)$ zuordnet. Wir müssen nun eine Operation $Z_1 \times Z' \dashrightarrow Z_1 \times Z'$ derart finden, daß das Diagramm

$$\begin{array}{ccc} Z_1 \times Z' & \dashrightarrow & Z_1 \times Z' \\ \downarrow & & \downarrow \\ Z' & \xrightarrow{x} & Z' \end{array}$$

für jedes $x$ kommutativ wird. Wie beim Beweis des Zerlegungssatzes betrachten wir das Verhalten der zweiten Komponente (bei festgehaltenem $g_1$ als Zustand der ersten Komponente) mit Hilfe des eingeschränkten Diagramms

$$\begin{array}{ccc} \{g_1\} \times Z' & \dashrightarrow & \{g_2\} \times Z' \\ \downarrow & & \downarrow \\ Z' & \xrightarrow{x} & Z' \end{array}$$

Das Diagramm kann unter Benutzung der Definition von $Z_1 \times Z' \to Z'$ weiter eingeschränkt werden. Wir erhalten

$$\begin{array}{ccc} Z' & \dashrightarrow & Z' \\ \downarrow{\scriptstyle v_1} & & \downarrow{\scriptstyle v_2} \\ Z' & \xrightarrow{x} & Z' \end{array}$$

Die Abbildung $Z' \xrightarrow{g_1} Z' \xrightarrow{x} Z' \xrightarrow{g_2^{-1}} Z'$ leistet das Verlangte. Da aufgrund der Definition der Operation von $A_1$ $g_2$ die Nebenklasse repräsentiert, die $Z' \xrightarrow{g_1} Z' \xrightarrow{x} Z'$ enthält, liegt diese Abbildung in $H$. Damit ist der Satz bewiesen. ▮

Diese vor 1900 von FROBENIUS gefundene Konstruktion zur Darstellung von Gruppen wurde 1962 von KROHN für Automaten wiederentdeckt.

Der Kaskadenautomat $A$ kann nun in einen Zustand überführt werden, der einem beliebigen Zustand $s$ von $A'$ entspricht, indem (1) der Zustand der ersten Komponente nicht verändert wird und (2) $A_2$ in das Urbild von $s$ bei der durch den Zustand von $A_1$ gegebenen Transformation übergeht. Ist insbesondere $H$ die Gruppe, die nur aus der identischen Transformation besteht, so kann offenbar jeder $P$-$F$-Automat realisiert werden als Kaskade aus einem Gruppen- und einem $I$-$F$-Automaten (dessen Zustandstransformationen nur die identische Abbildung und Fixierungen sind). Der Gruppenautomat kann mit Hilfe der sukzessiven Anwendung der FROBENIUSschen Konstruktion aus Gruppenautomaten aufgebaut werden, die keine nicht-trivialen Normalteiler besitzen. Der $I$-$F$-Automat kann mittels einer beliebigen Binärkodierung seiner Zustände als Parallelschaltung solcher $I$-$F$-Automaten dargestellt werden, die nur zwei Zustände besitzen. Wir erhalten damit den Satz von KROHN und RHODES:

*Jeder Automat mit endlicher Zustandsmenge kann durch eine Kaskade aus Automaten realisiert werden, die nur zwei Zustände besitzen oder deren Transformationen einfache Gruppen erzeugen.*

Als Nächstes zeigen wir, daß keine kleinere Anzahl von Komponenten das zu leisten imstande ist. Aufgrund der Tatsache, daß jede Kaskadenverknüpfung von Permutationsautomaten wieder ein Permutationsautomat ist, muß für die Konstruktion einer Kaskadenschaltung für einen Automaten, der kein Permutationsautomat ist, mindestens eine Komponente verwendet werden, deren Transformationshalbgruppe keine Permutationsgruppe ist. Es sind nun noch die Permutationsautomaten zu bestimmen, die zur Konstruktion eines gegebenen Automaten benötigt werden. Dafür ist zunächst eine Definition notwendig. Es sei $G = A_0 \supset A_1 \supset A_2 \supset \cdots \supset A_n$ eine Kette von Gruppen, bei der jedes $A_i$ maximaler Normalteiler von $A_{i-1}$ ist. Eine solche Kette heißt Kompositionsreihe von $G$, die Faktorgruppen $A_{i-1}/A_i$ heißen Kompositionsfaktoren von $G$. (Der Satz von JORDAN-HÖLDER besagt, daß je zwei Kompositionsreihen von $G$ die gleichen Kompositionsfaktoren besitzen.)

*Es sei $A$ eine beliebige Kaskadenzerlegung von $A'$ und $K$ ein Kompositionsfaktor der Gruppe eines Permutationsteilautomaten von $A'$. Dann gibt es eine Komponente von $A$, für die $K$ ein Kompositionsfaktor der Gruppe eines Permutationsteilautomaten derselben ist.*

Wir skizzieren einen Beweis für dieses bedeutende Ergebnis, indem wir die schwierigen Punkte durchnumerieren und nacheinander diskutieren. Es sei der Automat $A'$ homomorphes Bild des Kaskadenautomaten $A$. Dann greifen wir einen beliebigen Permutationsteilautomaten $B'$ von $A'$ heraus und suchen (1) einen Permutationsteilautomaten $B$ von $A$, dessen homomorphes Bild gerade $B'$ ist, und stellen fest, daß $B$ eine Kaskade ist, von der jede Komponente ein Teilautomat einer entsprechenden Komponente von $A$ ist. Es sei dann $B-$ die Kaskade $B$ ohne ihre letzte Komponente. Wir betrachten dann den Homomorphismus der Grppe von $B$ auf diejenige von $B-$ und zeigen (2), daß die Halbgruppe der letzten Komponente von $B$ den Kern dieses Homomorphismus als Untergruppe enthalten muß. Das setzen wir induktiv fort und erhalten eine Folge von Gruppen $B = A_0 \supset A_1 \supset \cdots \supset A_n$, für die die Halbgruppe der $i$-ten Komponente die Faktorgruppe $A_{i-1}/A_i$ als Untergruppe enthält. Verfeinern wir diese Folge zu einer Kompositionsreihe, so zeigt sich, daß jeder Kompositionsfaktor der Gruppe $B$ Kompositionsfaktor eines Permutationsteilautomaten einer Komponente von $B$ ist. Jede Komponente von $B$ ist aber Teilautomat einer Komponente von $A$, und jeder Kompositionsfaktor der Gruppe von $B'$ ist (3) auch ein Kompositionsfaktor der Gruppe von $B$. Daher ist jeder Kompositionsfaktor von $B'$ Kompositionsfaktor der Gruppe eines Permutationsteilautomaten einer Komponente von $A$, was zu zeigen war.

Zu (1). Es sei $C$ das Urbild von $B'$ bei $A \to A'$. Wir suchen einen Permutationsteilautomaten $B$ von $C$, dessen Bild bei $A \to A'$ ebenfalls $B'$ ist. Für jede Zustandstransformation $Z \xrightarrow{x} Z$ von $A$ definieren wir den *Wertebereich* von $Z \xrightarrow{x} Z$ als das Bild von $Z$ bei dieser Abbildung, die Zerlegung von $Z \xrightarrow{x} Z$ als die Menge aller Urbilder der Einermengen von $Z$ bei $Z \xrightarrow{x} Z$ und den *Rang* von $Z \xrightarrow{x} Z$ als die Anzahl der Zustände im Wertebereich, d. h. als die Anzahl der Klassen in der Zerlegung. Es sei $C'$ der Teilautomat von $C$, der die gleiche Zustandsmenge wie $C$ hat, aber dessen Eingabesignale alle die Elemente aus $X^*$ sind, für die der Rang von $Z \xrightarrow{x} Z$ minimal ist. Unter den Zustandstransformationen von $C$ existiert ein $e$, dessen Verknüpfung mit sich selbst von $C$ und wieder $e$ ist. Ist nämlich $t$ eine beliebige Zustandstransformation, gilt für die Potenzen von $t$ etwa $t_p u = t^{p+k}$, so daß für alle positiven ganzen Zahlen $m$ und für alle $r > p$ die Gleichung $t^r = t_{r+m\cdot k}$ erfüllt ist, dann wählen wir $r = m \cdot k$ als das kleinste Vielfache von $k$, das größer als $p$ ist. Es gilt folglich $t^r = t^r \cdot t^r \cdot A \to A'$ überführt $e$ in das Einselement der Gruppe von $B'$, da keine andere Permutation existiert, die mit ihrem Quadrat übereinstimmt. Daher werden auch für jede Zustandstransformation $t$ von $C$ $t$ und $e \cdot t \cdot e$ beide in die gleiche Zustandstransformation von $B'$ überführt. Ist $C''$ der Teilautomat von $C$, dessen Eingabesignalmenge aus den Elementen $x$ von $X^*$ besteht, für die $Z \xrightarrow{x} Z$ die Form $e \cdot t \cdot e$ besitzt, dann wird auch $C''$ durch $A \to A'$ auf $B'$ abgebildet. Alle Zustandstransformationen von $C''$ induzieren die gleiche Zerlegung (nämlich die von $e$) und besitzen den gleichen Wertebereich (den von $e$). Wir können deshalb die Zustandsmenge von $C''$ auf diesen Wertebereich einschränken und erhalten den Permutationsteilautomaten $B$, der durch $A \to A'$ auf $B'$ abgebildet wird.

Zu (2). Wir geben in $B$ alle die Eingabesignale $x$ ein, für die $Z \xrightarrow{x} Z$ in dem Kern von (Gruppe von $B$)$\to$ (Gruppe von $B-$) liegt. Obwohl die Zustandstransformationen von $B$ über $H$ hinausführen, bleiben die Zustände aller Komponenten außer der letzten unverändert. Daher muß die letzte Komponente allein genügend Zustandstransformationen besitzen, um aus $H$ herauszukommen.

Zu (3). Wir bilden eine Kompositionsreihe für $G$ einfach mit Hilfe des Kernes von $G \to G'$.

### 6. Schlußbemerkungen

Einige der hier behandelten Probleme haben eine lange mathematische Geschichte: Die Zerlegungen, die in bezug auf Permutationen invariant sind, wurden als *Imprimitivitätssysteme* von EVARISTE GALOIS um 1830 studiert. Die

Hauptkonstruktion von Abschnitt 5 ist seit etwa 1900 in Matrizenform als die FROBENIUS*sche Monomial*darstellung bekannt. Die Koordinaten eines linearen dynamischen Systems, die eine kanonische Parallelkomposition erlauben, heißen *Normalformen* und wurden um 1880 von CAMILLE JORDAN untersucht. Diese Normalkoordinaten stellen gegenwärtig eine Quelle von Schwierigkeiten dar, da sie als Spezialfall einer zur Kaskadendarstellung adäquaten Theorie gelten. Es ist noch nicht geklärt, wie man sie aus der hier beschriebenen Theorie erhalten kann. Die Schwierigkeit scheint darin zu liegen, daß wir leistungsfähigere Methoden für die spezielle Anwendung auf die *Parallel*zerlegung benötigen.

Eine ähnliche Frage ist die nach einer *effizienten* Kaskadenzerlegung. Ist eine Kaskade aus $P$-$F$-Automaten vorgegeben, so definieren wir die Komplexität dieser Verknüpfung als die Länge der längsten Folge solcher Komponenten, die eine nichttriviale Permutationsgruppe besitzen und deren Verhalten von der vorhergehenden Komponente abhängt. Die Komplexität eines Automaten $A$ sei dann das Minimum der Komplexitäten aller Kaskadenzerlegungen von $A$. Man zeigt leicht, daß die Komplexität eines Automaten nur von seiner Halbgruppe abhängt. In Kapitel 9 wird die Komplexität auf mehrere, scheinbar unterschiedliche Weisen charakterisiert und gezeigt, daß diese Definitionen äquivalent sind. Es fehlt nun noch eine ästhetische, bequem auszuführende und kanonische Konstruktion, die für jeden Automaten eine Kaskadenzerlegung mit minimaler Komplexität liefert.

Es ist mir ein Bedürfnis, Herrn ABRAHAM GINSBURG, Carnegie Institute of Technologie, sowie den Herren ELIHU SHAMIR und Y. PERRY, Hebrew University of Jerusalem, zu danken für Hinweise auf Fehler im Beweis der Hauptkonstruktion und für verschiedene sinnreiche Verbesserungsvorschläge, von denen einige in dieser Arbeit mit aufgenommen worden sind.

## Literatur

[1] HARTMANIS, J., und STEARNS, R. E., Algebraic Structure theory of sequential machines. Prentice-Hall, Englewood Cliffs, New Jersey 1966.
[2] LIU, C. L., Techn. Rept. 411, Research Lab. of Electronics, MIT, 1963.
[3] HALL, M., The theory of groups. Macmillan, New York 1959.

# Der Hauptsatz über die Primzerlegung von Automaten

5


Kenneth Krohn

*Krohn-Rhodes Research Institute, Washington, D. C.*

John L. Rhodes[1])

*University of California, Berkeley, California*
*Krohn-Rhodes Research Institute, Berkeley, California*

Bret R. Tilson

*University of California, Berkeley, California*


In diesem Kapitel stellen wir die Automatentheorie von einem rein algebraischen Standpunkt dar. Vorausgesetzt werden lediglich die in Kapitel 1 angegebenen Grundlagen der Halbgruppentheorie, die mehr an Automaten orientierten Kapitel 2–4 werden den Lesern allerdings das Verständnis für die hier getroffenen Definitionen erleichtern.

## 1. Grundlegende Definitionen

**1.1. Definition.** Es seien $A$ und $B$ Mengen. Unter einer Maschine mit $A$ als Eingabe- und $B$ als Ausgabealphabet verstehen wir eine Funktion $f : \Sigma A \to B$. Als *Halbgruppe der Maschine* $f$ bezeichnen wir die Menge $f^S = \Sigma A / \sim_f$ [2]) [3]), wobei für $t_1, t_2 \in \sum A$ die Beziehung $t_1 \sim_f t_2$ genau dann gilt, wenn für alle $\alpha, \beta \in (\Sigma A)^1$ die Gleichung $f(\alpha\, t_1\, \beta) = f(\alpha\, t_2\, \beta)$ gilt. Offenbar ist die Relation $\sim_f$ eine Kongruenz.

Ist $S$ eine Halbgruppe, so nennen wir die durch $S^f(s_1, \ldots, s_n) = s_1 \cdots s_n$ gegebene Abbildung $S^f : \Sigma S \to S$ die *Maschine der Halbgruppe* $S$.

Die Halbgruppe der Maschine der Halbgruppe $S$ bezeichnen wir durch $S^{fS}$, offenbar ist $S^{fS} \cong S$. Die Maschine der Halbgruppe der Maschine $f$ bezeichnen wir durch $f^{Sf}$. Es gibt Funktionen $h_1 : A \to f^S$ und $h_2 : f^S \to B$, so daß $f = h_2 f^{Sf} h_1^\Gamma$ gilt, wobei $h_1^\Gamma : \Sigma A \to \Sigma f^S$ durch $h_1^\Gamma(a_1, \ldots, a_n) = [h_1(a_1), \ldots, h_1(a_n)]$ definiert ist. Dies ist leicht zu zeigen, wenn man $h_1(a) = [a]\sim_f$ und $h_2([a_1, \ldots, a_n]\sim_f) = f(a_1, \ldots, a_n)$ setzt.

Ist $\mathcal{F}$ eine Menge von Maschinen, so sei $\mathcal{F}^S = \{f^S : f \in \mathcal{F}\}$. Ist entsprechend $\mathcal{S}$ eine Menge von Halbgruppen, so setzen wir $\mathcal{S}^f = \{S^f : S \in \mathcal{S}\}$ fest.

---

[1]) Alfred P. Sloan Research Fellow, 1967–1968.

[2]) Der Buchstabe $S$ deutet auf das englische Wort „semigroup" (Halbgruppe) hin. – *Anm. d. Übers.*

[3]) Es sei an 1.1.4e erinnert, d. h. an Abschnitt 1.4e von Kapitel 1.

**1.2. Definition.** Es sei $S$ eine Halbgruppe. Jeden Homomorphismus $\varphi : S \to S$ nennen wir dann einen *Endomorphismus* von $S$. Mit $\mathrm{Endo}_L(S)$ bezeichnen wir die Menge aller Endomorphismen von $S$, aufgefaßt als eine Unterhalbgruppe von $F_L(S)$ (siehe 1.1.4i).

Es sei $\varphi : S_1 \to \mathrm{Endo}_L(S_2)$ ein Homomorphismus. Dann bezeichnen wir die Halbgruppe $(S_2 \times S_1, \cdot)$ mit

$$(s_2, s_1) \cdot (s_2', s_1') = [s_2\, \varphi(s_1)\,(s_2'), s_1 s_1']$$

durch $S_2 \times^{\varphi} S_1$ und nennen sie das *halbdirekte Produkt von* $S_2$ *mit* $S_1$ mit dem Verknüpfungshomomorphismus $\varphi$. Der Leser kann die Assoziativität leicht selbst nachweisen. Wenn wir ${}^{s_1}(s_2')$ für $\varphi(s_1)\,(s_2')$ schreiben, so gilt (da $\varphi$ ein Homomorphismus ist)

$${}^{(s_1 s_1)}(s_2') = {}^{s_1}[{}^{s_1'}(s_2')]\,.$$

Da $\varphi(s)$ für jedes $s \in S_1$ ein Endomorphismus ist, gilt auch

$${}^{s_1}(s_2\, s_2') = {}^{s_1}(s_2)\, {}^{s_1}(s_2')\,.$$

In dieser Bezeichnungsweise ist die Multiplikation gegeben durch

$$(s_2, s_1) \cdot (s_2', s_1') = [s_2\, {}^{s_1}(s_2'), s_1 s_1']\,.$$

Die Multiplikation in $S_1$ wird also wie üblich ausgeführt, die Multiplikation in $S_2$ wird dagegen mit einer von der $S_1$-Koordinate abhängigen „Drehung" ausgeführt.

Direkte Produkte sind ein Spezialfall der halbdirekten Produkte, denn es ist $S_2 \times S_1 = S_2 \times^{\varphi} S_1$, wobei $\varphi(s)$ für alle $s \in S_1$ der identische Endomorphismus ist, d. h., es gilt ${}^{s_1}(s_2) = s_2$ für jedes $s_1 \in S_1$, $s_2 \in S_2$.

**1.3. Definition.** Eine *rechte Transformationshalbgruppe*[1]) ist ein Paar $(X, S)$, wobei $X$ eine nicht-leere Menge und $S$ eine Unterhalbgruppe von $F_R(X)$ ist. Für jedes $x \in X$, $s \in S$ sei $x\, s = (x)\, s$. Dann sind die folgenden zwei Bedingungen erfüllt:

(1) $x(s_1 s_2) = (x\, s_1)\, s_2$.
(2) $s_1, s_2 \in S$ und $s_1 \neq s_2$ impliziert $x\, s_1 \neq x\, s_2$ für ein $x \in X$.

Für jede Halbgruppe $T$ können wir die rechte Transformationshalbgruppe $[T^1, R(T)]$ (siehe 1.1.4i) mit $R(T) \cong T$ konstruieren. Hierbei ist $t\, R(t') = t\, t'$ für alle $t \in T^1$, $t' \in T$.

Ist nun $X$ eine Menge, $S$ eine Halbgruppe und $\Theta$ eine Abbildung mit $\Theta : X \times S \to X$, wobei $\Theta(x, s)$ als $xs$ geschrieben wird, so heißt $(X, S, \Theta)$ eine *Rechts-Wirkung* von $S$ auf $X$ genau dann, wenn die obige Bedingung (1) erfüllt ist. Die Wirkung heißt *treu* genau dann, wenn auch die Bedingung (2) gilt. Ist nun $(X, S, \Theta)$ eine Wirkung, so sei $\hat{\Theta}(s) : X \to X$ durch $(x)\, \hat{\Theta}(s) = xs$ ge-

[1]) Im Original: right mapping semigroup or right transformation semigroup. — *Anm. d. Übers.*

geben. Dann nennen wir $[X, \widehat{\Theta}(S)]$ die *zu* $(X, S, \Theta)$ *gehörige rechte Transformationshalbgruppe*. Die Funktion $s \to \widehat{\Theta}(s)$ ist wegen der Bedingung (1) ein Homomorphismus von $S$ auf $\widehat{\Theta}(S) \subseteq F_R(X)$. Sie ist eineindeutig genau dann, wenn die Wirkung treu ist. Wir wollen keinen Unterschied zwischen einer treuen Wirkung und der zu ihr gehörigen Transformationshalbgruppe machen.

Zwei Transformationshalbgruppen $(X_1, S_1)$ und $(X_2, S_2)$ heißen *isomorph*, in Zeichen $(X_1, S_1) \cong (X_2, S_2)$, genau dann, wenn es eine eineindeutige Funktion $j : X_1 \twoheadrightarrow X_2$ gibt (also insbesondere gilt $|X_1| = |X_2|$) und einen Isomorphismus $\varphi : S_1 \twoheadrightarrow S_2$, so daß

$$j(xs) = j(x)\,\varphi(s) \qquad \text{für alle} \qquad x \in X_1\,, \qquad s \in S_1$$

gilt. Offenbar ist $\cong$ eine Äquivalenzrelation auf der Menge aller rechten Transformationshalbgruppen. Die Beziehung $S_1 \cong S_2$ impliziert im allgemeinen nicht die Beziehung $(X_1, S_1) \cong (X_2, S_2)$.

Die *durch* $(X, S)$ *bestimmte abstrakte Halbgruppe* ist eine gewisse zu $S$ isomorphe Halbgruppe $T$.

**1.4. Definition.** Für jedes $j = 1, \ldots, n$ sei $(X_j, S_j)$ eine rechte Transformationshalbgruppe; weiter sei $X = X_n \times \cdots \times X_1$. Nun sei $S$ die Unterhalbgruppe von $F_R(X)$, die aus allen Funktionen $\psi : X \to X$ besteht, die den folgenden zwei Bedingungen genügen:

(1) Bezeichne $p_k : X \to X_k$ die Projektion auf die $k$-te Koordinate; dann gibt es für jedes $k = 1, \ldots, n$ eine Abbildung $f_k : X_k \times \cdots \times X_1 \to X_k$ derart, daß

$$p_k\, \psi(t_n, \ldots, t_{k+1}, t_k, \ldots, t_1) = f_k(t_k, \ldots, t_1)$$
$$\text{für alle} \quad t_i \in X_i\,, \qquad i = 1, \ldots, n\,,$$

gilt. D. h., die neue $k$-te Koordinate, die sich aus der Wirkung von $\psi$ ergibt, hängt nur von den Werten der ersten $k$ alten Koordinaten und von $\psi$ ab. Wir schreiben $\psi = w(f_n, \ldots, f_1)$.

(2) Wir fordern, daß $f_1 \in S_1$ ist und daß für jedes $k = 2, \ldots, n$ und jedes $\alpha = (t_{k-1}, \ldots, t_1) \in X_{k-1} \times \cdots \times X_1$ die durch $g_\alpha(y_k) = f_k(y_k, t_{k-1}, \ldots, t_1)$ festgelegte Funktion $g_\alpha \in F_R(X_k)$ ein Element von $S_k$ ist.

Dann heißt $(X_n, S_n) \wr \cdots \wr (X_1, S_1) = (X, S)$ das *Kranzprodukt* von $(X_n, S_n)$, $\ldots, (X_1, S_1)$, und $(X_n, S_n) \mathrm{w} \cdots \mathrm{w} (X_1, S_1)$ ist die durch $(X, S)$ bestimmte abstrakte Halbgruppe.

Es ist leicht einzusehen, daß

$$(X_3, S_3) \wr [(X_2, S_2) \wr (X_1, S_1)] \cong (X_3, S_3) \wr (X_2, S_2) \wr (X_1, S_1)$$

und

$$[(X_3, S_3) \wr (X_2, S_2)] \wr (X_1, S_1) \cong (X_3, S_3) \wr (X_2, S_2) \wr (X_1, S_1)$$

gilt. D. h., das Kranzprodukt ist eine assoziative Operation auf der Menge der rechten Transformationshalbgruppen.

Kranzprodukte und halbdirekte Produkte stehen in einer engen Beziehung.

Es gilt

$$(X_2, S_2) \wr (X_1, S_1) \cong [X_2 \times X_1, F(X_1, S_2) \times_Y S_1],$$

wobei $Y(s_1)(f)(x_1) = f(x_1 s_1)$ für $s_1 \in S_1$, $f: X_1 \to S_2$ und $x_1 \in X_1$ ist und die Wirkung auf $X_2 \times X_1$ durch $(x_2, x_1)(f, s) = [x_2 f(x_1), x_1 s]$ gegeben ist. Diese Äquivalenz ist durch die Funktion, die $\psi = \mathrm{w}(f_2, f_1)$ auf $(f, s)$ abbildet, gegeben, wobei $f_1(x) = x\,s$ und $f_2(x_2, x_1) = x_2 f(x_1)$ ist. Damit ist $(X_2, S_2)\,\mathrm{w}(X_1, S_1)$ isomorph zu einem halbdirekten Produkt von $F(X_1, S_2)$ mit $S_1$. Wir merken an, daß $F(X_1, S_2) \cong S_2 \times \cdots \times S_2$ ($|X_1|$-mal) ist.

## Übungen und Ergänzungen

X1.1. Es sei $S$ eine Halbgruppe. Zeige, daß $S^{fS} \subsetneqq S$ ist. Es sei: $f\ \Sigma A \to B$ ein Automat; beweise, daß für geeignete Funktionen $h_1$: $A \to f^S$ und $h_2$: $f^S \to B$ die Identität $f = h_2 f^{S_f} h_1^{\Gamma}$ besteht, wobei $h_1^{\Gamma}: \Sigma A \to \Sigma f^S$ durch $h_1^{\Gamma}(a_1, \ldots, a_n) = h(a_1), \ldots, h(a_n)$ definiert ist. (Hinweis: siehe Definition 1.1.)

X1.2. Bestimme $I_3 \times^{\varphi} \mathbf{Z}_2$, wobei $\mathbf{Z}_2 = \{0, 1\}$, $U_3 = \{a, b\}^{r1}$,[1]) $\varphi(0)$ die identische Abbildung und

$$\varphi(1)(x) = \begin{cases} a, & \text{falls } x = b, \\ b, & \text{falls } x = a, \\ 1, & \text{falls } x = 1 \end{cases}$$

ist.

X1.3. Es sei $X$ eine endliche Menge und $(X, S)$ eine rechte Transformationshalbgruppe. Die Menge $X$ enthalte einen *zyklischen Punkt* $x_0$, d. h., es gilt $x_0 S^I = X$, wobei $I$ auf $X$ durch $x\,I = x$ (für alle $x \in X$) wirkt:

a) Für alle $s_1, s_2 \in S^I$ gelte $s_1 \sim s_2$ genau dann, wenn $x_0 s_1 = x_0 s_2$ ist. Zeige, daß die Relation $\sim$ eine Rechts-Kongruenz auf $S^I$ ist. Wenn $S^I/\!\sim$ die Menge aller Äquivalenzklassen nach der Relation $\sim$ bezeichnet ($S^I/\!\sim$ besitzt nicht notwendig eine $S^I$ entsprechende natürliche Halbgruppenstruktur), so ist die durch $[s] \to x_0 s$ vermittelte Abbildung eine eineindeutige Abbildung von $S^I/\!\sim$ auf $X$.

b) Es sei $\sim$ eine Rechts-Kongruenz auf $S^I$. Zeige, daß $[s]\,t = [s\,t]$ eine Rechts-Wirkung von $S^I$ auf $S^I/\!\sim$ ist. Beweise, daß diese Wirkung treu ist genau dann, wenn die Gültigkeit von $s\,s_1 \sim s\,s_2$ für alle $s \in S^I$ die Identität $s_1 = s_2$ impliziert. Ist $S$ abelsch, dann reduziert sich diese Bedingung auf die Forderung, daß $\sim$ die identische Relation ist.

c) Die Relation $\sim$ sei wie in a) definiert, und $S$ wirke auf $S^I/\!\sim$ durch $[s]\,t = [s\,t]$. Beweise, daß $(X, S) \cong (S^I/\!\sim, S)$ gilt.

d) Es sei $S$ eine kommutative Halbgruppe. Dann gibt es höchstens zwei nicht isomorphe Transformationshalbgruppen $(X, S)$ mit zyklischen Punkten. Bestimme diese für jede abelsche Halbgruppe.

X1.4. Zeige, daß $S_2 \times_{\varphi} S_1$ für beliebiges $\varphi$ isomorph ist zu einer Unterhalbgruppe von $[S_2^I, R(S_2^I)]\,\mathrm{k}[S_1^I, R(S_1^I)]$. (Hinweis: Bilde $(s_2, s_1)$ auf $[s_2' \to \varphi(s_1)(s_2'),\ s_1' \to s_1' s_1]$ ab, wobei $\varphi(I)(s_2') = s_2'$ für $s_2' \in S_2^I$ ist.)

X1.5. Es sei $Y_n = \{0, \ldots, n\}$ und $S = \{f \in F_R(Y_n): f(0) = 0\}$. Zeige, daß $\mathcal{R}\mathcal{M}(n, G)$ isomorph ist zu einer Unterhalbgruppe von $\big(G^0, R(G^0)\big)\,\mathrm{k}\,(Y_n, S)$. (Hinweis: Bilde die

[1]) Der Leser wird der Menge $U_3$ im folgenden öfter begegnen. Es ist $U_3 = \{1, a, b\}$, wobei 1 die Identität und $a$ und $b$ Rechts-Nullen sind.

Matrix $M$ in die Funktion $\pi(M) \in F_R(G^0 \times Y_n)$ ab, die gegeben ist durch $(g, i)\pi(M) = (g\, M(i, i^*), i^*)$, wobei

$$i^* = \begin{cases} 0, & \text{falls } i = 0, \\ j, & \text{falls } M(i,j) \neq 0, \\ 0, & \text{falls } M(i,j) = 0 \end{cases}$$

für alle $j$ ist; dabei sei vereinbart, daß $M(i, 0) = 0$ und für $j \neq 0$ mit $M(i, j)$ das Element $(i, j)$ von $M$ bezeichnet wird.) Siehe 7.2.16.

X 1.6. Es sei $n \geqq 2$ und $I_n$ die Halbgruppe $\mathcal{M}^0(\{1\}; X_n, X_n; I)$, wobei $X_n = \{1, \ldots, n\}$, und $I$ die $(n \times n)$-Einheitsmatrix ist. Zeige, daß $F_R(X_n)$ eine Unterhalbgruppe von $2^{X_n \times X_n}$, der Halbgruppe aller Relationen auf $X_n$, ist, die selbst wieder eine Unterhalbgruppe von $(2^{I_n}, \cdot)$, der Halbgruppe aller Teilmengen von $I_n$ bzgl. der Multiplikation von 1.1.4c, ist. Damit ist jede endliche Halbgruppe isomorph zu einer Unterhalbgruppe von $(2^{I_n}, \cdot)$ für ein gewisses $n$.

X 1.7. Es sei $e$ ein Idempotent von $S$. Zeige: Die Menge $s\, S\, e$ ist diejenige Unterhalbgruppe von $S$, die aus allen Elementen besteht, für die $e$ wie ein Einselement wirkt.

## 2. Elementare Eigenschaften von Maschinen; Beziehungen zwischen Maschinen und Halbgruppen

**2.1. Definition.** Es sei $f : \Sigma A \to B$ eine Maschine. Dann definieren wir die *natürliche Erweiterung* $f^\sigma : \Sigma A \to \Sigma B$ von $f$ durch $f^\sigma(a_1, a_2, \ldots, a_n) = [f(a_1), f(a_1, a_2), \ldots, f(a_1, \ldots, a_n)]$.

Es sei $h : A \to B$ eine Funktion. Dann definieren wir die *eindeutige Erweiterung* $h^\Gamma : \Sigma A \to \Sigma B$ von $h$ durch $h^\Gamma(a_1, \ldots, a_n) = [h(a_1), \ldots, h(a_n)]$. $h^\Gamma$ ist ein Homomorphismus von $\Sigma A$ in $\Sigma B$.

Ein Homomorphismus $H : \Sigma A \to \Sigma B$ heißt *längeninvariant* genau dann, wenn für alle $n = 1, 2, \ldots$ und alle $(a_1, \ldots, a_n) \in \Sigma A$ die Folge $H(a_1, \ldots, a_n)$ in $\Sigma B$ die Länge $n$ hat. Wir merken an, daß $h^\Gamma$ ein längeninvarianter Homomorphismus ist. Weiterhin kann jeder längeninvariante Homomorphismus $H$ eindeutig in der Form $h^\Gamma$ geschrieben werden, wobei $h : A \to B$ durch $h(a) = H(a)$ für jedes $a \in A$ bestimmt ist.

**2.2. Bezeichnung.** Wir erweitern die Bezeichnungen von Definition 1.1 in der üblichen Weise. Dann ist $f^{SfSf}$ die Maschine der Halbgruppe $f^{SfS}$; der am weitesten rechts stehende Buchstabe gibt an, ob das bezeichnete Objekt eine Halbgruppe oder eine Maschine ist. Wegen $S \cong S^{fS}$ wird die Länge des oberen Index nicht allzu groß, so wird $f^{SfS} = f^S$ und $f^{SfSf} = f^{Sf}$ (wenn wir $f^{SfS}$ mit $f^S$ identifizieren).

Ebenso schreiben wir $f^{S1}$ für die Halbgruppe $(f^S)^1$ und $f^{SI}$ für $(f^S)^I$ (siehe 1.1.4h). Entsprechend schreiben wir $f^{S1f}$ für $(f^{S1})^f$, usw. Die allgemeine Regel, um die Art des bezeichneten Objekts zu bestimmen, ist, von links nach rechts zu lesen.

**2.3. Bemerkung.** Es sei $f : \Sigma A \to B$ eine Maschine. Mit $f^S$ haben wir früher die durch die Kongruenz $\sim_f$ auf $\Sigma A$ bestimmte Halbgruppe bezeichnet, dabei galt für jedes $\gamma, \delta \in \Sigma A$ die Beziehung $\gamma \sim_f \delta$ genau dann, wenn $f(\alpha\, \gamma\, \beta) = f(\alpha\, \delta\, \beta)$ für alle $\alpha, \beta \in (\Sigma A)^1$ galt.

Wir bezeichnen diejenige Äquivalenzklasse (nach der Kongruenz $\sim_f$), die $\alpha \in \Sigma A$ enthält, durch $[\alpha]_f$. Es sei $h_f : A \to f^S$ durch $h_f(a) = [a]_f$ definiert. Dann ist $f^{Sf} h_f^\Gamma : \Sigma A \to f^S$ der zu $\sim_f$ gehörige kanonische Homomorphismus. Es sei $j_f : f^S \to B$ durch $j_f[\alpha]_f = f(\alpha)$ definiert. Dann läßt sich $f$ in der Form $f = j_f \cdot f^{Sf} h_f^\Gamma$ schreiben, diese Form nennen wir die *Fundamentalerweiterung* von $f$.

Für das Folgende setzen wir voraus, daß alle betrachteten Maschinen die Eigenschaft haben, daß ihre Halbgruppen von endlicher Ordnung sind.

**2.4. Definition.** a) Es seien $f : \Sigma A \to B$ und $g : \Sigma C \to D$ Maschinen. Wir sagen, *f teilt g* (in Zeichen: $f \mid g$) genau dann, wenn es einen Homomorphismus $H : \Sigma A \to \Sigma C$ und eine Funktion $h : D \to B$ so gibt, daß $f = h\, g\, H$ gilt; wir sagen, *f teilt g längeninvariant* (in Zeichen: $f \mid g(l\, i)$) genau dann, wenn $H$ ein längeninvarianter Homomorphismus ist. Es sei angemerkt, daß die Relationen „teilt" und „teilt längeninvariant" reflexiv und transitiv sind.

b) Es seien $S$ und $T$ Halbgruppen. Wir sagen, *S teilt T* (in Zeichen: $S \mid T$) genau dann, wenn $S$ ein homomorphes Bild einer Unterhalbgruppe von $T$ ist (d. h., es gibt eine Unterhalbgruppe $T' \subseteq T$ und einen Halbgruppenepimorphismus $\varphi : T' \to S$). Es sei angemerkt, daß die Relation $\mid$ ebenfalls eine reflexive, transitive und antisymmetrische Relation ist (antisymmetrisch in dem Sinn, daß aus $S \mid T$ und $T \mid S$ die Beziehung $S \cong T$ folgt).

**2.5. Bemerkung.** a) Es gibt Maschinen $f, g$, so daß $f \mid g$, aber nicht $f \mid g(l\, i)$. Zum Beispiel sei $g = \mathbf{Z}_4^f$, eingeschränkt auf $\Sigma\{1\}$. Dann gilt $\mathbf{Z}_2^f \mid g$, aber die Gleichung $h_2\, g\, h_1^\Gamma = \mathbf{Z}_2^f$ hat für kein $h_1, h_2$ eine Lösung.

b) Es sei $P$ eine Zerlegung der Halbgruppe $S$ und $Q$ die durch $P$ erzeugte Kongruenz, d. h., es gilt $s_1 \sim s_2 \pmod Q$ genau dann, wenn $\alpha\, s_1\, \beta \sim \alpha\, s_2\, \beta \pmod P$ für alle $\alpha, \beta \in S^1$ gilt. Dann können wir relationentheoretisch $(\bmod\, Q) \subseteq (\bmod\, P)$ schreiben. Ist $(\sim)$ eine beliebige andere Kongruenz auf $S$ mit $(\sim) \subseteq (\bmod\, P)$, dann gilt $(\sim) \subseteq (\bmod\, Q)$, was sich leicht nachweisen läßt. In der Terminologie der Homomorphismen ausgedrückt, haben wir damit folgendes: Wir sagen, ein Epimorphismus $\varphi : S \twoheadrightarrow T$ ist ein *P-Homomorphismus* und schreiben $\varphi : S \underset{P}{\twoheadrightarrow} T$, falls aus $\varphi(s_1) = \varphi(s_2)$ stets die Beziehung $s_1 \sim s_2 \pmod P$ folgt. Dann gibt es ein *eindeutig bestimmtes minimales P-homomorphes Bild* von $S$, nämlich $\eta : S \twoheadrightarrow S/Q$. Dies bedeutet folgendes: Ist $\varphi : S \underset{P}{\twoheadrightarrow} T$ ein $P$-Homormorphismus, dann gibt es einen Epimorphismus $\psi : T \twoheadrightarrow S/Q$ so, daß $\psi\, \varphi = \eta : S \twoheadrightarrow S/Q$ ist (siehe Kapitel 8, Abschnitt 1).

Ist nun $f : \Sigma A \to B$ eine Maschine, dann ist offenbar $f^{Sf} h_f^\Gamma : \Sigma A \twoheadrightarrow f^S$ das eindeutig bestimmte minimale $(\bmod\, f)$-homomorphe Bild von $\Sigma A$, wobei $\alpha \,(\bmod\, f)\, \beta$ genau dann gilt, wenn $f(\alpha) = f(\beta)$ ist.

Es sei $\Theta : \Sigma A \to S$ ein beliebiger $(\bmod\, f)$-Homomorphismus auf $\Sigma A$. Dann gibt es einen Epimorphismus $\varphi$ mit $\varphi : \Theta(\Sigma A) \twoheadrightarrow f^S$. Damit ist $f^S \overset{\varphi}{\twoheadleftarrow} \Theta(\Sigma A) \subseteq S$, also $f^S \mid S$. Diese Bemerkungen werden uns bei den folgenden Beweisen nützlich sein.

**2.6. Satz.** a) Ist $f$ eine Maschine, so gilt $f \mid f^{Sf}(l\, i)$.

b) Sind $S$ und $T$ Halbgruppen mit $S \mid T$, so gilt $S^f \mid T^f(l\, i)$.

c) Sind $f$ und $g$ Maschinen mit $f \mid g$, so gilt $f^S \mid g^S$.

Beweis. a) folgt aus der Fundamentalerweiterung von $f$.

b) Es gelte $S \mid T$. Dann seien $T' \subseteq T$ eine Unterhalbgruppe von $T$ und $\varphi$ ein Homomorphismus, so daß $\varphi(T') = S$ gilt. Für jedes $s \in S$ werde ein Repräsentant $\bar{s}$ aus $\varphi^{-1}(s) \subseteq T'$ ausgewählt. Wir definieren $h_1 : S \to T$ durch $h_1(s) = \bar{s}$. Weiter definieren wir $h_2 : T \to S$ durch $h_2(t') = \varphi(t')$ für $t' \in T'$, für $t \in T - T'$ sei $h_2(t)$ beliebig gewählt. Dann gilt $S^f = h_2\, T^f\, h_1^\Gamma$ und damit $S^f \mid T^f(l\, i)$.

c) Es gelte $f \mid g$. Dann gilt wegen a) $f \mid g^{Sf}$, also auch $f = h\, g^{Sf}\, H$, wobei $H$ ein Homomorphismus ist. Damit ist $g^{Sf}\, H : \Sigma A \to g^S$ ein $(\mathrm{mod}\, f)$-Homomorphismus; nach der Bemerkung 2.5b erhalten wir dann $f^S \mid g^S$. ∎

**2.7. Bemerkung.** Es sei $f$ eine Maschine, weiter sei $S$ eine Halbgruppe, die der Bedingung $f = h\, S^f\, H$ für eine geeignete Abbildung $h$ und einen geeigneten Homomorphismus $H$ genügt. Wir wissen, daß es mindestens die eine Lösung $S = f^S$ für diese Gleichung gibt. Allgemein gilt $f \mid S^f$, also auch $f^S \mid S^{fS} = S$. Damit ergibt sich, daß $S = f^S$ die (bis auf Isomorphie) eindeutig bestimmte minimale Lösung der Gleichung ist; setzen wir $S = f^S$ ein, so wird der Ausdruck zur Fundamentalerweiterung von $f$.

## Übungen und Ergänzungen

X 2.1. Es seien $f$ und $g$ Maschinen. Zeige, daß aus $f \mid g$ stets $f^{Sf} \mid g^{Sf}(l\, i)$ folgt.

X 2.2. Es sei $f$ eine Maschine. Zeige, daß $j_f\, f^{Sf} \mid f$ gilt.

X 2.3. Es sei $f$ eine Maschine. Die *Normalform* $NF(f)$ von $f$ sei definiert als das Paar $(f^S, P_f)$, wobei $P_f$ die auf $f^S$ durch die Abbildung $j_f : f^S \to B$, die jedem $[t]_f$ das Bild $f(t)$. zuordnet, induzierte Zerlegung ist (dabei gehören alle die Elemente, denen dasselbe Bild zugeordnet ist, zu derselben Klasse der Zerlegung). Es sei $(S, P)$ eine Halbgruppe mit einer Zerlegung. Man definiert: $(S_1, P_1) \sim (S_2, P_2)$ genau dann, wenn es einen Isomorphismus $\varphi: S_1 \twoheadrightarrow S_2$ so gibt, daß $s_1 \sim t_1\, (\mathrm{mod}\, P_1)$ genau dann gilt, wenn $\varphi(s_1) \sim \varphi(t_1)\, (\mathrm{mod}\, P_2)$. Beweise: Wenn $f$ und $g$ Maschinen mit $f \mid g$ und $g \mid f$ sind, so gilt $NF(f) \sim NF(g)$.

X 2.4. Es seien $(S_1, P_1)$ und $(S_2, P_2)$ zwei Halbgruppen mit Zerlegungen. Dann sagen wir, $(S_1, P_1)$ *teilt* $(S_2, P_2)$ (in Zeichen: $(S_1, P_1) \mid (S_2, P_2)$) genau dann, wenn $S_1 \mid S_2$ ist und der betreffende Homomorphismus die Zerlegung invariant läßt, d. h., wenn $S \subseteq S_2$ die Unterhalbgruppe von $S_2$ und $\varphi: S \twoheadrightarrow S_1$ der Epimorphismus ist, dann impliziert $s \sim t$ $(\mathrm{mod}\, P_2)$ die Beziehung $\varphi(s) \sim \varphi(t)\, (\mathrm{mod}\, P_1)$, wobei $s, t \in S$ ist.

Beweise: Sind $f$ und $g$ Maschinen, so gilt $f \mid g$ genau dann, wenn $NF(f) \mid NF(g)$ gilt. (Hinweise: Um zu zeigen, daß aus $NF(f) \mid NF(g)$ die Beziehung $f \mid g$ folgt, genügt es, $j_f\, f^{Sf} \mid j_g\, f^{Sf}$ zu zeigen (vgl. X 2.2).)

Wir haben gesehen, daß es zu jeder gegebenen Maschine $f : \Sigma A \to B$ eine kanonische zu $f$ gehörige Halbgruppe $f^S$ gibt, $f^S$ ist das eindeutig bestimmte minimale homomorphe Bild von $\Sigma A$ bzgl. $(\mathrm{mod}\, f)$-Homomorphismen. Auf natürliche Weise ergibt sich nun die folgende Fragestellung. Wenn wir zwei Maschinen $f$ und $g$ zu einer neuen Maschine zusammensetzen wollen, in welcher Beziehung steht dann die Halbgruppe der neuen Maschine zu den Halbgruppen $f^S$ und $g^S$ ?[1])

Die zwei wichtigsten Möglichkeiten, Automaten miteinander zu verknüpfen, sind die Serien- und die Parallelkomposition (vgl. Definition 2.1 für $f^\sigma$). In Analogie zur Serien- und Parallelschaltung von Automaten definiert man die Serien- und Parallelschaltung von Maschinen.

**2.8. Definition.** Es seien $f : \Sigma A \to B$ und $g : \Sigma C \to D$ Maschinen.

a) Unter der *Serienkomposition von f mit g bzgl. des Verbindungshomomorphismus* $H : \Sigma B \to \Sigma C$ verstehen wir die Maschine $g\, H f^\sigma : \Sigma A \to D$.

b) Die Maschine $f \times g : \Sigma(A \times C) \to B \times D$, die durch

$$(f \times g)\,[(a_1, c_1), \ldots, (a_n, c_n)] = [f(a_1, \ldots, a_n), g(c_1, \ldots, c_n)]$$

gegeben ist, wird als *Parallelkomposition von f und g* bezeichnet.

Die Serien- und die Parallelkomposition einer endlichen Anzahl von Maschinen werden entsprechend definiert.

**2.9. Hilfssatz.** Es seien $f_1, \ldots, f_n$ Maschinen mit $f_i : \Sigma A_i \to B_i$ $(i = 1, \ldots, n)$. Dann gilt $(f_n \times \cdots \times f_1)^S \mid f_n^S \times \cdots \times f_1^S$. Im allgemeinen sind $(f_n \times \cdots \times f_1)^S$ und $f_n^S \times \cdots \times f_1^S$ nicht isomorph.

Beweis. Benutzen wir die Fundamentalerweiterung für jede Maschine, so können wir

$$f_n \times \cdots \times f_1 = (j_{f_n} \times \cdots \times j_{f_1}) \cdot (f_n{}^{Sf_n}\, h_{f_n}^\Gamma \times \cdots \times f_1{}^{Sf_1}\, h_{f_1}^\Gamma)$$

schreiben, wobei das Produkt wie üblich definiert ist.

$$\Theta = f_n^{Sf}\, h_{f_n}^\Gamma \times \cdots \times f_1^{Sf}\, h_{f_1}^\Gamma \;:\; \Sigma(A_n \times \cdots \times A_1) \to f_n^S \times \cdots \times f_1^{S}\,{}^{2)}$$

ist ein (mod $f_n \times \cdots \times f_1$)-Homomorphismus. Mit Hilfe von Bemerkung 2.5b ergibt sich die Behauptung.

Als Gegenbeispiel für die Annahme $(f_n \times \cdots \times f_1)^S \cong f_n^S \times \cdots \times f_1^S$ betrachten wir die Maschine $\mathbf{Z}_2^f \times \mathbf{Z}_2^f$, eingeschränkt auf $\Sigma(\{1\} \times \{1\})$. Die Halbgruppe von $\mathbf{Z}_2^f$, eingeschränkt auf $\Sigma\{1\}$, ist $\mathbf{Z}_2$, und die Halbgruppe von $\mathbf{Z}_2^f \times \mathbf{Z}_2^f$, eingeschränkt auf $\Sigma(\{1\} \times \{1\})$, ist ebenfalls $\mathbf{Z}_2$ — nicht aber $\mathbf{Z}_2 \times \mathbf{Z}_2$. ∎

Der Fall der Serienkomposition ist nicht so übersichtlich. Wir erinnern an die Definition des *Kranzprodukts* von rechten Transformationshalbgruppen

---

[1]) Ein anderer Zugang zu diesem Problem findet sich im Abschnitt 2 des Kapitels 3. Es sei aber betont, daß Kaskaden nicht völlig äquivalent sind zur Komposition mittels Serien-Parallel-Schaltungen.

[2]) $\Theta$ ist eigentlich auf $\Sigma A_n \times \cdots \times \Sigma A_1$ erklärt. Da sich $\Sigma(A_n \times \cdots \times A_1)$ aber kanonisch darin einbetten läßt, hat diese Schreibweise einen Sinn.- *Anm. d. deutschen Red.*

und die Beziehung zwischen Kranzprodukten und halbdirekten Produkten,

$$(X_2, S_2) \text{ w } (X_1, S_1) \cong F(X_1, S_2) \times_Y S_1 ,$$

wobei der Verknüpfungshomomorphismus $Y$ gemäß Definition 1.4 gegeben ist.

Im folgenden spielt eine Transformationshalbgruppe eine besonders wichtige Rolle. Es sei $S$ eine Halbgruppe und $R(S)$ die rechts-reguläre Darstellung von $S$ (siehe 1.1.4i). Dann ist $[S^1, R(S)]$ eine rechte Transformationshalbgruppe; wir schreiben wegen $S \cong R(S)$ kurz $(S^1, S)$ für $[S^1, R(S)]$.

**2.10. Definition.** Es seien $(X, S)$ und $(Y, T)$ rechte Transformationshalbgruppen. Wir sagen, $(X, S)$ *teilt* $(Y, T)$ (in Zeichen: $(X, S) \mid (Y, T)$) genau dann, wenn die beiden folgenden Bedingungen erfüllt sind.

1. Es gibt eine Teilmenge $Y'$ von $Y$ und eine Unterhalbgruppe $T'$ von $T$, so daß $Y'$ invariant ist bzgl. der Wirkung von $T'$, d. h. $Y' T' \subseteq Y'$.
2. Es gibt eine Abbildung $\Theta : Y' \twoheadrightarrow X$ und einen Epimorphismus $\varphi : T' \twoheadrightarrow S$, so daß $\Theta(y\, t) = \Theta(y)\, \varphi(t)$ für alle $y \in Y'$, $t \in T'$ gilt.

Es wird dabei vorausgesetzt, daß $T'$ treu auf $Y'$ wirkt. Wir schreiben $(Y', T') \subseteq (Y, T)$ und $(Y', T') \xrightarrow{(\Theta, \varphi)} (X, S)$.

Wir definieren nun das direkte Produkt von Transformationshalbgruppen und beweisen einige nützliche Hilfssätze über die Beziehungen zwischen Kranzprodukten, direkten Produkten und der Division von Transformationshalbgruppen.

**2.11. Definition.** Wir definieren das *direkte Produkt* $(X, S) \times (Y, T)$ als die Transformationshalbgruppe $(X \times Y, S \times T)$ mit $(x, y)\,(s, t) = (x\,s, y\,t)$. Das direkte Produkt einer endlichen Anzahl von Transformationshalbgruppen wird entsprechend definiert.

**2.12. Bemerkung.** Die folgenden Behauptungen sind leicht zu verifizieren:

a) Die Teilbarkeit von Transformationshalbgruppen ist reflexiv, antisymmetrisch und transitiv.

b) Wenn $(X, S) \mid (Y, T)$, so $S \mid T$.

c) $S \mid T$ genau dann, wenn $(S^1, S) \mid (T^1, T)$.

d) Für $i = 1, 2$ gilt $(X_i, S_i) \mid (X_2, S_2) \times (X_1, S_1)$.

e) Für $i = 1, 2$ gelte $(X_i, S_i) \mid (Y_i, T_i)$. Dann gilt

$$(X_2, S_2) \times (X_1, S_1) \mid (Y_2, T_2) \times (Y_1, T_1) .$$

**2.13. Bemerkung.** Es gelte $(X, S) \mid (Y, T)$, und $(Y', T')$ sei wie in Definition 2.10 definiert. Wir definieren eine Äquivalenzrelation $\sim$ auf $T'$, indem wir $t_1 \sim t_2$ genau dann schreiben, wenn $y\, t_1 = y\, t_2$ für alle $y \in Y'$ gilt. Man zeigt leicht, daß die Relation $\sim$ eine Kongruenz ist und daß $T'/\sim$ das eindeutig bestimmte maximale homomorphe Bild $\overline{T}$ von $T'$ ist, so daß $(Y', \overline{T})$ eine Transformationshalbgruppe ist, d. h., so daß $\overline{T}$ treu auf $X'$ wirkt. Dann ist leicht einzusehen, daß $(Y', T'/\sim) \twoheadrightarrow (X, S)$ gilt.

**2.14. Hilfssatz.** a) Es gilt $(X_2, S_2)\times(X_1, S_1) \mid (X_2, S_2) \wr (X_1, S_1)$.

b) Für $i = 1, 2$ gilt $(X_i, S_i) \mid (X_2, S_2) \wr (X_1, S_1)$.

c) Es sei $X$ eine beliebige Menge und $(X, S)$ eine Transformationshalbgruppe. Dann gilt $(S^1, S) \mid (X, S)\times\cdots\times(X, S)$ ($|X|$-mal).

d) Für $i = 1, 2$ gelte $(X_i, S_i) \mid (Y_i, T_i)$. Dann gilt

$$(X_2, S_2) \wr (X_1, S_1) \mid (Y_2, T_2) \wr (Y_1, T_1).$$

Beweis. a) Es ist lediglich

$$S_2\times S_1 \subseteq F(X_1, S_2)\times_Y S_1$$

zu zeigen, dies wird evident, wenn man den Monomorphismus $\varphi(s_2, s_1) = (f_{s_2}, s_1)$ mit $f_{s_2}(x) = s_2$ für alle $x \in X_1$ betrachtet.

b) Dies folgt aus a) und Bemerkung 2.12d wegen der Transitivität der Division von Transformationshalbgruppen.

c) Da $(X, S)$ eine Transformationshalbgruppe ist, ist $S$ eine Unterhalbgruppe von $F_R(X)$. Weiter ist $S^1$ eine Unterhalbgruppe von $F_R(X)$, da wir im Falle $1 \notin S$ zu $S$ die identische Funktion von $F_R(X)$ hinzufügen können. Da $X$ endlich ist, können wir die Elemente von $X$ durchnumerieren, etwa von 1 bis $n$. Dann kann man jedes $f$ aus $F_R(X)$ in der Form $(i_1, \ldots, i_n)$ schreiben, wobei $(k)f = i_k$ ist. Wenn $g = (j_1, \ldots, j_n)$ ist, so definieren wir $(i_1, \ldots, i_n) * (j_1, \ldots, j_n)$ als $(j_{i_1}, \ldots, j_{i_n})$. Damit kann $F_R(X)$ mit der Halbgruppe $(X\times\cdots\times X, *)$ identifiziert werden.

Es sei $\hat{S}$ das Bild von $S^1$ in $X\times\cdots\times X$. Dann ist

$$[\hat{S}, \{(s, \ldots, s) : s \in S\}] \subseteq (X\times\cdots\times X, S\times\cdots\times S)\,.$$

Weiter läßt sich leicht verifizieren, daß

$$[\hat{S}, \{(s, \ldots, s) : s \in S\}] \cong (S^1, S)$$

gilt. Folglich ist $(S^1, S) \mid (X\times\cdots\times X, S\times\cdots\times S) = (X, S)\times\cdots\times(X, S)$.

d) Wir führen den Beweis in vier Schritten.

(1) Es gelte $(Z_1, W_1) \subseteq (Y_1, T_1)$, und $(X, S)$ sei eine Transformationshalbgruppe. Dann gilt $(X, S) \wr (Z_1, W_1/\sim) \mid (X, S) \wr (Y_1, T_1)$.

Beweis. $V = F(Y_1, S)\times_Y W_1$ ist eine Unterhalbgruppe von $F(V_1, S)\times_Y T_1$, und damit gilt $(X\times Z_1, V) \subseteq (X\times Y_1, F(Y_1, S)\times_Y T_1)$. Wir definieren den Epimorphismus $\Theta : V \twoheadrightarrow F(Z_1, S)\times_Y W_1/\sim$ durch $\Theta(f, w) = (\hat{f}, [w])$, wobei $\hat{f}$ die auf $Z_1$ eingeschränkte Funktion $f$ ist und $[w]$ das Bild von $w$ bzgl. des zur Relation $\sim$ gehörigen Epimorphismus (siehe Bemerkung 2.13). Folglich gilt

$$(X\times Z_1, F(Z_1, S)\times_Y W_1/\sim) \twoheadleftarrow (X\times Z_1, V)\,.$$

Damit ist Teil 1 bewiesen.

(2) Es gelte $(Z_2, W_2) \subseteq (Y_2, T_2)$. Dann gilt

$$(Z_2, W_2/\sim) \wr (X, S) \mid (Y_2, T_2) \wr (X, S)\,.$$

Beweis. Es gilt $[Z_2 \times X, F(X, W_2) \times_Y S] \subseteq [Y_2 + X, F(X, T_2) \times_Y S]$. Wir definieren $\Theta : F(X, W_2) \times_Y S \twoheadrightarrow F(X, W_2)/\!\sim \times_Y S$ durch $\Theta(f, s) = ([f(\cdot)], s)$. $\Theta$ ist ein Epimorphismus. Damit ist Teil 2 bewiesen.

(3) Es sei $(Y_1, T_1)$ eine Transformationshalbgruppe, und es gelte $(X_1, S_1) \twoheadleftarrow (Y_1, T_1)$. Dann gilt

$$(X, S) \wr (X_1, S_1) \mid (X, S) \wr (Y_1, T_1)\,.$$

Beweis. Es seien $\Theta$: $Y_1 \twoheadrightarrow X_1$ und $\varphi$: $T_1 \twoheadrightarrow S_1$ die betreffenden Abbildungen. Wir definieren die Unterhalbgruppe $V = \{(f, t) \in F(Y_1, S) \times_Y T_1 : f(y_1) = f(y_2), \text{ falls } \Theta(y_1) = \Theta(y_2)\}$. Dann gilt

$$(X \times Y_1, V) \subseteq (X \times Y_1, F(Y_1, S) \times_Y T_1)\,.$$

Wir definieren $\psi : V \twoheadrightarrow F(X_1, S) \times_Y S_1$ durch $\psi(f, t) = (\hat{f}, \varphi(t))$, wobei $\hat{f}(x) = f(\bar{x})$, $\bar{x} \in \Theta^{-1}(x)$ ist. Durch die Definition von $V$ ist $\hat{f}$ eindeutig festgelegt. $\psi$ ist ein Epimorphismus, und es ist leicht zu verifizieren, daß

$$(X \times X_1, F(X_1, S) \times_Y S_1) \twoheadleftarrow (X \times Y_1, V)$$

gilt, wenn $\hat{\Theta} : X \times Y_1 \twoheadrightarrow X \times X_1$ durch $\hat{\Theta}(x, y_1) = (x, \Theta(y_1))$ gegeben ist. Damit ist Teil 3 bewiesen.

(4) Es sei $(Y_2, T_2)$ eine Transformationshalbgruppe, und es gelte $(X_2, S_2) \twoheadleftarrow (Y_2, T_2)$. Dann gilt

$$(X_2, S_2) \wr (X, S) \mid (Y_2, T_2) \wr (X, S)\,.$$

Beweis. Es seien $\Theta$ und $\varphi$ wie in Teil 3 bestimmt. Wir definieren $\hat{\Theta} : Y_2 \times Y \twoheadrightarrow X_2 \times X$ durch $\hat{\Theta}(y_2, x) = (\Theta(y_2), x)$ und $\psi : F(X, T_2) \times_Y S \twoheadrightarrow F(X, S_2) \times_Y S$ durch $\psi(f, s) = (\varphi \cdot f, s)$. Die Abbildung $\psi$ ist ein Epimorphismus, man prüft leicht nach, daß

$$(X_2 \times X, F(X, S_2) \times_Y S) \twoheadleftarrow (Y_2 \times X, F(X, T_2) \times_Y S)$$

gilt. Damit ist Teil 4 bewiesen.

Nach den Zwischenbehauptungen 1—4, der Bemerkung 2.13 und der Transitivität der Division erhalten wir nun $(X_2, S_2) \wr (X_1, S_1) \mid (Y_2, T_2) \wr (Y_1, T_1)$, falls für $i = 1, 2$ die Beziehung $(X_i, S_i) \mid (Y_i, T_i)$ galt. Damit ist der Hilfssatz 2.14 bewiesen. ∎

Wir betrachten weiterhin den Fall der Serienkomposition. Es sei $f : \Sigma A \to B$ ein Automat. Dann definieren wir für alle $\alpha, \beta \in (\Sigma A)^1$ die Rechts-Kongruenz $\sim_{Q_f}$, indem wir $\alpha \sim_{Q_f} \beta$ genau dann schreiben, wenn $f(\alpha\gamma) = f(\beta\gamma)$ für alle $\gamma \in (\Sigma A)^1$ gilt; dabei sei vereinbart, daß $f(1) \notin B$ ist. Es sei $Q_f$ die Menge aller Äquivalenzklassen nach der Relation $\sim_{Q_f}$, und $[\alpha]_{Q_f}$ bezeichne diejenige Äquivalenzklasse, die das Element $\alpha \in (\Sigma A)^1$ enthält.

Wie oben bezeichnen wir mit $[\alpha]_f$ dasjenige Element von $f^S$, in das $\alpha \in \Sigma A$ durch $f^{Sf} h_f^{\Gamma}$ abgebildet wird (siehe Bemerkung 2.3).

Dann ist $(Q_f, f^S)$ eine rechte Transformationshalbgruppe bzgl. der Wirkung $[\alpha]_{Q_f} \cdot [\beta]_f = [\alpha\,\beta]_{Q_f} \in Q_f$. Man erkennt leicht, daß die Wirkung wohldefiniert und treu ist.

Das folgende Resultat war der Ausgangspunkt für die gesamte hier dargestellte Theorie.

**2.15. Satz.** Es sei $F = f_n\, H_{n-1} f_{n-1}^\sigma \cdots f_2^\sigma\, H_1 f_1^\sigma$, $n \geqq 2$, wobei die $f_i$ Maschinen und die $H_i$ Verbindungshomomorphismen sind. Dann gilt

a) $(Q_F, F^S) \mid (Q_{f_n}, f_n^S) \wr \cdots \wr (Q_{f_1}, f_1^S)$,

b) $F^S \mid (f_n^{S1}, f_n^S)\ \mathrm{w} \cdots \mathrm{w}\ (f_1^{S1}, f_1^S)$.

Beweis. a) Es genügt, a) für $n = 2$ zu beweisen, die anderen Fälle ergeben sich hieraus durch Induktion, wobei man die Transitivität der Teilbarkeit von Transformationshalbgruppen und Hilfssatz 2.14d ausnutzt. Es sei $F = g\, H f^\sigma$: $\Sigma A \to D$, wobei $f\colon \Sigma A \to B$, $g: \Sigma C \to D$ und $H\colon \Sigma B \to \Sigma C$ ist. Wir haben $(Q_F, F^S) \mid (Q_g, g^S) \wr (Q_f, f^S)$ zu zeigen.

Für jedes $a \in A$ definieren wir $\hat{a} \in (Q_g, g^S)\ \mathrm{w}\ (Q_f, f^S)$ durch $([\beta]_{Q_g}, [\alpha]_{Q_f})\, \hat{a} = ([\beta)_{Q_g} \cdot [H f(\alpha \cdot a)]_g, [\alpha]_{Q_f} \cdot [a]_f)$, wobei $\alpha \in (\Sigma A)^1$, $\beta \in (\Sigma C)^1$ ist. Dann ist $\alpha \cdot a \in \Sigma A$ und $H f(\alpha \cdot a) \in \Sigma C$. Es sei $\hat{A}$ die Unterhalbgruppe von $(Q_g, g^S)$ $\mathrm{w}\ (Q_f, f^S)$, die durch die Menge $\{\hat{a} : a \in A\}$ erzeugt wird, $\varphi$ sei die eindeutig bestimmte Erweiterung der Abbildung $a \to \hat{a}$ zu einem Epimorphismus von $\Sigma A$ auf $\widehat{A}$ (vgl. 1.1.4f). Wir werden zeigen, daß $\varphi$ ein (mod $F$)-Homomorphismus ist, dann erhalten wir nach Bemerkung 2.5b eine Abbildung $\psi$ mit $F^S \overset{\psi}{\twoheadleftarrow} A \subseteq (Q_g, g^S)\ \mathrm{w}\ (Q_f, f^S)$; $\psi$ ist ein Epimorphismus mit $\psi(a_1 \cdots a_n) = [a_1, \ldots, a_n]_F$.

Es sei $\alpha = (a_1, \ldots, a_n) \in \Sigma A$. Dann ist $\varphi(\alpha) = \hat{a}_1 \cdots \hat{a}_n$. $\varphi(\alpha)$ wirke auf $([1]_{Q_g}, [1]_{Q_f})$.

$$([1]_{Q_g}, [1]_{Q_f})\, \varphi(\alpha) = ([1]_{Q_g}, [1]_{Q_f})\, \hat{a}_1 \cdots \hat{a}_n$$

$$= ([1]_{Q_g} \cdot [H f(a_1)]_g \cdot [H f(a_1, a_2)]_g \cdots [H f(a_1, \ldots, a_n)]_g, [1]_{Q_f} \cdot [(a_1, \ldots, a_n)]_f)$$

$$= \big([H f(a_1) \cdot H f(a_1, a_2) \cdots H f(a_1, \ldots, a_n)], [(a_1, \ldots, a_n)]_{Q_f}\big)$$

$$= \big([H f^\sigma(\alpha)]_{Q_g}, [\alpha]_{Q_f}\big)\,.$$

Wir setzen nun $\varphi(\alpha) = \varphi(\beta)$ $(\alpha, \beta \in \Sigma A)$. Dann gilt wegen (2.1)

$$[H f^\sigma(\alpha)]_{Q_g} = [H f^\sigma(\beta)]_{Q_g}\,,$$

woraus $g\big(H f^\sigma(\alpha)\big) = g\big(H f^\sigma(\beta)\big)$ folgt. Wegen $F = g\, H f^\sigma$ gilt $F(\alpha) = F(\beta)$, damit ist $\varphi$ ein (mod $F$)-Homomorphismus.

Um nun die Teilbarkeit der Transformationshalbgruppen nachzuweisen, definieren wir eine Teilmenge $X$ von $Q_g \times Q_f$ durch $X = 1 \cdot \widehat{A} \cup \{1\}$, wobei $1 = ([1]_{Q_g}, [1]_{Q_f}) \in Q_g \times Q_f$ ist. Dann läßt $\widehat{A}$ die Menge $X$ invariant. Wir setzen

$1 \cdot (\hat{a}_1 \cdots \hat{a}_n) = 1 \cdot (\hat{b}_1 \cdots \hat{b}_m)$. Mit der Gleichung (2.1) erhalten wir

$$[(a_1, \ldots, a_n)]_{Q_f} = [(b_1, \ldots, b_m)]_{Q_f},$$

woraus

$$[(a_1, \ldots, a_n)]_{Q_F} = [(b_1, \ldots, b_m)]_{Q_F}$$

folgt. Damit können wir eine Abbildung $\Theta\colon X \twoheadrightarrow Q_F$ durch

$$\Theta(x) = \begin{cases} [(a_1, \ldots, \hat{a}_n)]_{Q_F}, & \text{falls} \quad x = 1 \cdot (\hat{a}_1 \cdots \hat{a}_n), \\ [1], & \text{falls} \quad x = 1 \end{cases}$$

definieren. Es gilt nun

$$(Q_F, F^S) \overset{(\Theta,\psi)}{\longleftarrow\!\!\!\!<} (X, \hat{A}) \subseteq (Q_g, g^S) \wr (Q_f, f^S),$$

wobei $\Theta$ und $\psi$ den Bedingungen aus der Definition der Teilbarkeit von Transformationshalbgruppen genügen. Damit ist a) bewiesen.[1])

b) folgt aus a) und dem Umstand, daß $(Q_f, f^S) \mid (f^{S1}, f^S)$ für jeden Automaten $f$ gilt. Es gilt nämlich $(Q_f, S^S) \overset{(\Theta,\varphi)}{\longleftarrow\!\!\!\!<} (f^{S1}, f^S)$, wobei $\varphi$ der identische Isomorphismus und $\Theta : f^{S1} \to Q_f$ gegeben ist durch $\Theta([\alpha]_f) = [\alpha]_{Q_f}$ für $\alpha \in \Sigma A$ und $\Theta(1) = [1]_{Q_f}$. Man sieht leicht ein, daß $\Theta$ wohldefiniert ist, wenn man die Beziehung (in relationentheoretischer Schreibweise; vgl. 1.1.4d) $(\sim_f) \subseteq (\sim_{Q_f})$ berücksichtigt. Damit gilt $(Q_f, f^S) \mid (f^{S1}, f^S)$.

Aus der Transitivität der Teilbarkeit von Transformationshalbgruppen und Hilfssatz 2.14d folgt dann die Behauptung. ∎

Wir wollen nun Maschinen „schleifenfrei" durch Serien- und Parallelkompositionen zusammensetzen. Es sei $\mathcal{F}$ eine Menge von Maschinen. Dann definieren wir eine — die Menge $\mathcal{F}$ umfassende — Familie von Maschinen, die abgeschlossen ist bzgl. der Operationen der Serien- und der Parallelkomposition sowie der Teilbarkeit mit der Einschränkung, daß alle vorkommenden Homomorphismen längeninvariant sind. (Diese Einschränkung ist vom Standpunkt des Ingenieurs wünschenswert, da längeninvariante Verknüpfungshomomorphismen einfachen Leitungen zwischen den Maschinen entsprechen.) Die erwähnte Familie von Maschinen soll so definiert werden, daß sich bequem induktive Beweise führen lassen.

**2.16. Definition.** Es sei $\mathcal{F}$ eine Menge von Maschinen. Wir definieren $S\,P(\mathcal{F})$, die *serienparallele Hülle* von $\mathcal{F}$, durch $S\,P(\mathcal{F}) = = \{S\,P_i(\mathcal{F})\colon i = 1, 2, \ldots\}$, wobei $S\,P_1(\mathcal{F}) = \mathcal{F}$ und $S\,P_i(\mathcal{F}) = \{f_2 \times f_1, f_2\, h^\Gamma f_1^\sigma, h_2 f\, h_1^\Gamma : f, f_1, f_2 \in S\,P_{i-1}(\mathcal{F})$, $h, h_1, h_2$ sind Funktionen$\}$.

Was können wir nun über die Menge $S\,P(\mathcal{F})^S$ der Halbgruppen der Automaten aus $S\,P(\mathcal{F})$ aussagen? Aus früheren Überlegungen ergibt sich, daß die Menge $S\,P(\mathcal{F})^S$ bzgl. des direkten Produkts, des Kranzprodukts und einer gewissen Division abgeschlossen sein muß. Dies gibt zu den folgenden Definitionen Anlaß.

---

[1]) Vgl. Übung X 2.10, dort findet sich eine brauchbare Variante der hier benutzten Beweismethode.

**2.17. Definition.** Es sei $\mathscr{S}$ eine Menge von Halbgruppen. Wir definieren eine Familie $\overline{W}(\mathscr{S})$ von Transformationshalbgruppen, indem wir fordern: Es ist $\overline{W}(\mathscr{S}) = \cup \{\overline{W}_i(\mathscr{S}) : i = 1, 2, \ldots\}$, wobei gilt $\overline{W}_1(\mathscr{S}) = \{(S^1, S) : S \in \mathscr{S}\}$, $\overline{W}_i(\mathscr{S}) = \{(X, S) : (X, S) \mid (X', S')$ für ein gewisses $(X', S') \in \{\overline{W}_{i-1}(\mathscr{S}) \cup \{[(X_2, S_2) \wr (X_1, S_1)] : (X_j, S_j) \in \overline{W}_{i-1}(\mathscr{S})\}\}\}$.

Es sei $W(\mathscr{S})$ die Menge der abstrakten Halbgruppen der Elemente von $\overline{W}(\mathscr{S})$.

**2.18. Hilfssatz.** Es sei $\mathscr{S}$ eine Familie von Halbgruppen. Ist dann $(X, S) \in \overline{W}(\mathscr{S})$, so gibt es gewisse $S_i \in \mathscr{S}$ $(i = 1, \ldots, n; n \leq 1)$, so daß $(X, S) \mid (S_n^1, S_n) \wr \cdots \wr (S_1^1, S_1)$. Speziell gilt für jedes $S \in W(\mathscr{S})$ die Beziehung $S \mid (S_n^1, S_n)$ $\mathrm{w} \cdots \mathrm{w}\, (S_1^1, S_1)$, $(S_1, \ldots, S_n \in \mathscr{S})$ oder $S \mid T \in \mathscr{S}$.

Beweis. Die zweite Behauptung folgt aus der ersten. Wir beweisen die erste Behauptung für jedes $\overline{W}_i(\mathscr{S})$ durch Induktion über $i$. Für $i = 1$ gilt die Behauptung trivial. Sie sei nun für $i = n$ schon bewiesen, und es sei $(X, S) \in \overline{W}_{n+1}(\mathscr{S})$. Dann gilt eine der beiden folgenden Bedingungen:

1. $(X, S) \mid (Y, T) \in \overline{W}_n(\mathscr{S})$,
2. $(X, S) \mid (Y_2, T_2) \wr (Y_1, T_1), (Y_i, T_i) \in \overline{W}_n(\mathscr{S})$ für $i = 1, 2$.

Im ersten Fall ergibt sich die Behauptung nach Induktionsvoraussetzung und der Transitivität der Division, im zweiten Fall aus der Induktionsvoraussetzung, der Transitivität und Hilfssatz 2.14d. ▮

**2.19. Bemerkung.** Aus Gründen der bequemeren Schreibweise führen wir jetzt die Kurzbezeichnung $S_2 \mathrm{w} S_1$ für die Halbgruppe $(S_2^1, S_2) \mathrm{w} (S_1^1, S_1)$ ein. Diese Bezeichnungsweise ist allerdings mit Vorsicht zu gebrauchen, da die Operation „w“ auf *Halbgruppen nicht assoziativ* ist, obwohl die Operationen „$\wr$“ und „w“ auf Transformationshalbgruppen assoziativ sind.

Die Schwierigkeit rührt daher, daß die Operation „w“ erfordert, daß $S_2$ und $S_1$ auf den Mengen $S_2^1$ bzw. $S_1^1$ wirken müssen. Damit gilt

$$(S_3 \mathrm{w} S_2) \mathrm{w} S_1 = F(S_1^1, F(S_2^1, S_3) \times_Y S_2) \times_Y S_1 ,$$

und

$$S_3 \mathrm{w} (S_2 \mathrm{w} S_1) = F([F(S_1^1, S_2) \times_Y S_1]^1, S_3) \times_Y \big(F(S_1^1, S_2) \times_Y S_1\big) .$$

Da die Mächtigkeiten der zwei Mengen im allgemeinen nicht gleich sind, ergibt sich, daß die Operation „w“ nicht assoziativ ist.

Die Halbgruppe $(X_2, S_2) \mathrm{w} (X_1, S_1)$ hängt nun ab von $S_1$, $S_2$ und $X_1$, nicht aber von $X_2$. Deshalb ist es leicht,

$$(S_3 \mathrm{w} S_2) \mathrm{w} S_1 = (S_3^1, S_3) \mathrm{w} (S_2^1, S_2) \mathrm{w} (S_1^1, S_1)$$

zu zeigen, was wir angestrebt haben. Dies führt uns nun zu der folgenden Festsetzung.

**2.20. Definition.** Es seien $S_1, \ldots, S_n$ Halbgruppen. Wir definieren $S_1 \mathrm{w} \cdots \mathrm{w}\, S_n = R_n$ induktiv durch $R_1 = S_1$ und $R_n = R_{n-1} \mathrm{w}\, S_n$. (Die Reihenfolge der Indizes ist also aus Gründen der Einfachheit der Definition umgekehrt.) Dann ist $S_n \mathrm{w} \cdots \mathrm{w}\, S_1 = (S_n^1, S_n) \mathrm{w} \cdots \mathrm{w}\, (S_1^1, S_1)$.

**2.21. Hilfssatz.** a) Für $T \in W(\mathcal{S})$ ist $(T^1, T) \in \overline{W}(\mathcal{S})$.

b) Wenn $S \mid T$ und $T \in W(\mathcal{S})$, so $S \in W(\mathcal{S})$.

c) Wenn $S_1, S_2 \in W(\mathcal{S})$, so $S_2 \mathrm{w}\, S_1 \in W(\mathcal{S})$.

Beweis. a) Die Beziehung $T \in W(\mathcal{S})$ bedeutet, daß es eine Menge $X$ derart gibt, daß $(X, T) \in \overline{W}(\mathcal{S})$ ist. Nach Hilfssatz 2.14c gilt $(T^1, T) \mid (X, T) \times \cdots \times (X, T)$ ($|X|$-mal). Nun ist aber $\overline{W}(\mathcal{S})$ nach Hilfssatz 2.14a abgeschlossen bzgl. direkter Produkte, damit gilt $(T^1, T) \in \overline{W}(\mathcal{S})$.

b) Die Beziehung $S \mid T$ impliziert $(S^1, S) \mid (T^1, T)$, damit gilt nach a) $(S^1, S) \in \overline{W}(\mathcal{S})$ und $S \in W(\mathcal{S})$.

c) folgt unmittelbar aus a). ▮

Wir geben nun eine andere Definition von $W(\mathcal{S})$, die für das Folgende brauchbarer ist.

**2.22. Definition.** Es sei $\mathcal{S}$ eine Familie von Halbgruppen. Wir definieren dann die Familie $\widehat{W}(\mathcal{S})$ von Halbgruppen durch $\widehat{W}(\mathcal{S}) = \cup \{\widehat{W}_i(\mathcal{S}) : i = 1, 2, \ldots\}$, wobei $\widehat{W}_1(\mathcal{S}) = \mathcal{S}$ und $\widehat{W}_i(\mathcal{S}) = \{S : S \mid T$ für ein gewisses $T \in \widehat{W}_{i-1}(\mathcal{S})\} \cup \{S_2 \mathrm{w}\, S_1 : S_1, S_2 \in \widehat{W}_{i-1}(\mathcal{S})\}\}$.

**2.23. Hilfssatz.** Es gilt $\widehat{W}(\mathcal{S}) = W(\mathcal{S})$.

Beweis. Wegen Hilfssatz 2.18 gilt offenbar $W(\mathcal{S}) \subseteq \widehat{W}(\mathcal{S})$. Es sei nun umgekehrt $\widehat{W}_n(\mathcal{S}) \subseteq W(\mathcal{S})$ und $S \in \widehat{W}_{n+1}(\mathcal{S})$. Dann gilt entweder (1) $S \mid T \in \widehat{W}_n(\mathcal{S})$ oder (2) $S \mid T_2 \mathrm{w}\, T_1$, wobei $T_1, T_2 \in \widehat{W}_n(\mathcal{S})$ ist. Im Fall 1 ergibt sich $T \in W(\mathcal{S})$ aus der Induktionsvoraussetzung und mit Hilfssatz 2.21b $S \in W(\mathcal{S})$. Im Fall 2 ist $T_1, T_2 \in W(\mathcal{S})$, woraus mit Hilfssatz 2.21c die Beziehung $T_2 \mathrm{w}\, T_1 \in W(\mathcal{S})$ folgt. Also gilt $S \in W(\mathcal{S})$ und $\widehat{W}_{n+1}(\mathcal{S}) \subseteq W(\mathcal{S})$. Damit haben wir $\widehat{W}(\mathcal{S}) \subseteq W(\mathcal{S})$. ▮

Wir wollen noch auf folgendes aufmerksam machen: Es gilt zwar $\widehat{W}(\mathcal{S}) = W(\mathcal{S})$, aber im allgemeinen nicht $\widehat{W}_i(\mathcal{S}) = W_i(\mathcal{S})$ für jedes $i$. Deshalb muß man bei Induktionsbeweisen genau darauf achten, auf welche Definition von $W(\mathcal{S})$ man sich bezieht.

Meist werden wir die Familie $W(\mathcal{S})$ gemäß Definition 2.22 verwenden. (Die Bezeichnungsweise $\widehat{W}(\mathcal{S})$ benötigen wir nicht weiter.) Wir wollen nun der Bequemlichkeit halber die Resultate von Hilfssatz 2.14 u. a. noch einmal unter Benutzung der Operation „w" zusammenstellen.

**2.24. Hilfssatz.** a) $S_2 \times S_1 \mid S_2 \mathrm{w}\, S_1$.

b) Für $i = 1, 2$ gilt $S_i \mid S_2 \mathrm{w}\, S_1$.

c) Aus $S_i \mid T_i$ für $i = 1, 2$ folgt $S_2 \text{ w } S_1 \mid T_2 \text{ w } T_1$.

d) Aus $S \in W(\mathcal{S})$ folgt die Beziehung $S \mid S_n \text{ w} \cdots \text{w } S_1$, wobei $n \geqq 1$ und $S_1, \ldots, S_n \in \mathcal{S}$ ist.

**2.25. Hilfssatz.** Es sei $\mathcal{F}$ eine Menge von Maschinen. Dann gilt

$$S\,P(\mathcal{F})^S \subseteq W(\mathcal{F}^S)\,.$$

Beweis. Wir führen den Beweis für jedes $S\,P_i$ durch Induktion über $i$. Für $i = 1$ gilt $S\,P_i(\mathcal{F})^S \subseteq W(\mathcal{F}^S)$ wegen $S\,P_1(\mathcal{F}) = \mathcal{F}$. Es sei nun $S\,P_n(\mathcal{F})^S \subseteq W(\mathcal{F}^S)$ schon bewiesen, und es gelte $f \in S\,P_{n+1}(\mathcal{F})$. Dann gilt entweder (1) $f = h_2\, g\, h_1^\Gamma$ mit $g \in S\,P_n(\mathcal{F})$, (2) $f = f_2 \times f_1$ mit $f_2, f_1 \in S\,P_n(\mathcal{F})$ oder (3) $f = f_2\, h^\Gamma f_1^\sigma$ mit $f_2, f_1 \in S\,P_n(\mathcal{F})$.

Im Fall 1 gilt $f^S \mid g^S$ und nach Induktionsvoraussetzung $g^S \in W(\mathcal{F}^S)$, so daß $f^S \in W(\mathcal{F}^S)$ ist. Im Fall 2 gilt $f^S \mid f_2^S \times f_1^S$, nach Hilfssatz 2.24a und Induktionsvoraussetzung ergibt sich $f_2^S \times f_1^S \mid f_2^S \text{ w } f_1^S \in W(\mathcal{F}^S)$ und damit $f^S \in W(\mathcal{F}^S)$. Im Fall 3 erhalten wir $f^S \mid f_2^S \text{ w } f_1^S$ nach Satz 2.15 und damit $f^S \in W(\mathcal{F}^S)$. Insgesamt haben wir also $S\,P_{n+1}(\mathcal{F})^S \subseteq W(\mathcal{F}^S)$. ∎

Wie sieht nun die Umkehrung aus? D. h., wenn eine Familie $\mathcal{S}$ von Halbgruppen gegeben ist, gilt dann $W(\mathcal{S})^f \subseteq S\,P(\mathcal{S}^f)$? Im allgemeinen muß die Frage negativ beantwortet werden, enthält $S\,P$ aber gewisse Basis-Automaten und $W$ eine gewisse Basis-Halbgruppe, so gilt die obige Inklusionsbeziehung tatsächlich.

Um diese Aussage zu präzisieren, führen wir zunächst gewisse Halbgruppen und Maschinen ein, die von großer Bedeutung für die weitere Entwicklung der Theorie sind.

**2.26. Definition.** a) Es sei $A$ eine nicht-leere Menge. Wir erinnern an die Definitionen von $A^l$ und $A^r$ (vgl. 1.1.4a).

b) Wir definieren die Halbgruppen $U_3 = \{r_0, r_1\}^{r1}$, $U_2 = \{r_0\}^1$, $U_1 = \{r_0, r_1\}^r$ und $U_0 = \{1\}$. Die Halbgruppen $U_0$, $U_1$ und $U_2$ sind (bis auf Isomorphie) sämtliche echten Unterhalbgruppen von $U_3$. Gilt $S \mid U_3$, so gilt $S \cong U_i$ für ein gewisses $i \in \{0, 1, 2, 3\}$.

c) Die *Verzögerungsmaschine* $D_A : \Sigma A \to A \cup \{*\}$ sei definiert durch $D_A(a_1) = *$ (wobei $*$ ein beliebiges Symbol ist) und $D_A(a_1, \ldots, a_n) = a_{n-1}$.

d) Die *Verzögerungsmaschine* $D_1$ ergibt sich aus $D_A$ für $A = \{r_0, r_1\}$ und $* = 1$.

e) Die *Maschine* $2_A : \Sigma A \to (A \cup \{*\}) \times A$ sei definiert durch $2_A(a_1) = (*, a_1)$ und $2_A(a_1, \ldots, a_n) = (a_{n-1}, a_n)$.

**2.27. Bemerkung.** Es sei $A$ eine nicht-leere Menge. Die natürliche Erweiterung der Maschine $A^{rf}$ ist die identische Abbildung auf $\Sigma A$. Die Halbgruppe $A^r$ kann als eine Unterhalbgruppe eines direkten Produktes einer geeigneten Anzahl von Halbgruppen $U_1$ geschrieben werden. Folglich gilt

$$A^{rf} \mid U_1^f \times \cdots \times U_1^f(l\ i) \quad \text{und damit} \quad A^{rf} \in S\,P(U_1^f)\,.$$

**2.28. Hilfssatz.** Es sei $U_1^f \in \mathcal{F}$. Dann ist $S\,P(\mathcal{F})$ die Menge aller Maschinen $f$ der Form

$$f = h_{n+1} f_n h_n^\Gamma f_{n-1}^\sigma \cdots h_2^\Gamma f_1^\sigma h_1^\Gamma ,$$

wobei jedes $f_i$ eine endliche Parallelkomposition von Elementen aus $\mathcal{F}$ ist und die $h_i$ Funktionen sind.

Beweis. Wiederum führen wir den Beweis für jedes $S\,P_i$ durch Induktion über $i$. Der kritische Schritt ist der folgende. Die Behauptung sei schon für $S\,P_n(\mathcal{F})$ bewiesen, und $f \in S\,P_{n+1}(\mathcal{F})$ lasse sich in der Form $f = f_2 \times f_1$ mit $f_1, f_2 \in S\,P_n(\mathcal{F})$ schreiben. Es sei $f_1 : \Sigma A \to B$ und $f_2 : \Sigma C \to D$. Dann gilt $f = (f_2 \times B^{rf})\, i^\Gamma (C^{rf} \times f_1)^\sigma$, wobei $i$ die identische Funktion auf $C \times B$ ist. Wegen $f_1 \in S\,P_n(\mathcal{F})$ können wir

$$f_1 = h_{n+1}\, g_n\, h_n^\Gamma \cdots h_2^\Gamma\, g_1\, h_1^\Gamma$$

schreiben. Nun ist aber nicht schwierig einzusehen, daß sich $C^{rf} \times f_1$ in der Form $h_{n+1}(C^{rf} \times g_n)\, h_n^\Gamma \cdots h_2^\Gamma (C_{rf} \times g_1)^\sigma\, h_1^\Gamma$ schreiben läßt. $C^{rf} \times g_i$ ist eine endliche Parallelkomposition von Elementen aus $\mathcal{F}$, da $U_1^f \in \mathcal{F}$ ist. Führt man dieselben Überlegungen für $f_2 \times B^{rf}$ aus, so folgt, daß $f$ der Bedingung des Hilfssatzes genügt. Die anderen Teile des Beweises sind trivial. ∎

**2.29. Hilfssatz.** Es sei $A$ eine nicht-leere Menge. Dann gilt

a) $A^{rf} \in S\,P(U_1^f)$,
b) $D_A \in S\,P(D_1)$,
c) $2_A \in S\,P(D_1, U_1^f)$.

Beweis. a) ist schon in Bemerkung 2.27 gezeigt worden.

b) Wie in der letzten Bemerkung schreiben wir $A$ als Teilmenge eines direkten Produkts einer geeigneten Anzahl – etwa $n$ – von Mengen $\{r_0, r_1\}$. Dann sieht man leicht ein, daß $D_A$ die Parallelkomposition von $n$ $D_1$-Maschinen ist. Folglich gilt $D_A \in S\,P(D_1)$.

c) Man verifiziert, daß $2_A = (D_A \times A^{rf})\, h^\Gamma$ gilt, wobei $h : A \to A \times A$ mit $h(a) = (a, a)$ ist. Nach a) und b) ergibt sich dann $2_A \in S\,P(D_1, U_1^f)$. ∎

Wir sind nun in der Lage, eine Umkehrung von Satz 2.15 sowie ein wichtiges Korollar zu beweisen.

**2.30. Satz.**[1]) Es seien $S_1$ und $S_2$ Halbgruppen, und $S_2 \times_Y S_1$ sei ein beliebiges halbdirektes Produkt von $S_1$ mit $S_2$. Dann gilt

$$(S_2 \times_Y S_1)^f \in S\,P\,(S_1^f, S_2^f, D_1, U_1^f)\,.$$

Beweis. Man zeigt, daß

$$(S_2 \times_Y S_1)^f = (S_2^f \times S_1^{rf})\, h^\Gamma\, 2^\sigma_{S_2 \times S_1} (S_2^{rf} \times S_1^f)^\sigma$$

gilt, wobei für die Abbildung $h : ((S_2 \times S_1) \cup \{*\}) \times (S_2 \times S_1) \to S_2 \times S_1$ die Be-

---

[1]) Vgl. Abschnitt 2 des Kapitels 3. 3.30–3.33 weisen hier auf den Unterschied zwischen Kaskaden und Serien-Parallel-Schaltungen hin.

ziehungen

$$h(*, (s_2, s_1)) = (s_2, s_1)$$

und

$$h((s_2, s_1), (t_2, t_1)) = (Y(s_1)\, t_2, t_1)$$

gelten. Nach den vorigen Hilfssätzen und Bemerkungen ist der Satz 2.30 damit bewiesen. ▮

**2.31. Korollar.** Es seien $(X_1, S_1)$ und $(X_2, S_2)$ rechte Transformationshalbgruppen. Dann gilt

$$[(X_2, S_2) \text{ w } (X_1, S_1)]^f \in S\, P(S_1^f, S_2^f, D_1, U_1^f)\,.$$

Beweis. Die Behauptung folgt aus $(X_2, S_2) \text{ w } (X_1, S_1) \cong F(X_1, S_2) \times_Y S_1$ und $F(X_1, S_2) \cong S_2 \times \cdots \times S_2$ ($|X_1|$-mal). ▮

**2.32. Hilfssatz.** Es gilt $D_1^S, U_1 \in W(U_3)$.

Beweis. Wegen $U_1 \mid U_3$ gilt offenbar $U_1 \in W(U_3)$. Man zeigt, daß $D_1 = U_3^f\, h^\Gamma(U_3^f \times U_1^f)^\sigma\, H$ gilt, wobei

1. $H : \Sigma\, U_1 \to \Sigma\, (U_3 \times U_1)$ ein Homomorphismus ist, der durch $H(x) = ((1, r_0), (x, r_1))$ für alle $x \in U_1$ gegeben ist, und
2. $h : U_3 \times U_1 \to U_3$ ist, wobei $h(x, r_0) = x$ und $h(x, r_1) = 1$ für alle $x \in U_3$ gilt.

Mit Satz 2.15 ergibt sich

$$D_1^S \mid U_3 \text{ w } (U_3^f \times U_1^f)^S \mid U_3 \text{ w } (U_3 \times U_1)\,.$$

Damit gilt auch $D_1^S \in W(U_3)$. ▮

**2.33. Bemerkung.** Es sei bemerkt, daß die Maschinengleichung

$$D_1 = U_3^f\, h^\Gamma(U_3^f \times U_1^f)^\sigma\, H$$

*nicht* $D_1 \in S\, P(U_3^f)$ impliziert, da der Homomorphismus $H$ nicht längeninvariant ist. Tatsächlich gilt $D_1 \notin S\, P(U_3^f)$. In den Aufgaben X2.6–X2.9 am Ende dieses Abschnitts findet der Leser Hinweise zum Beweis dieses Sachverhalts. Es ist also tatsächlich notwendig, den Automaten $D_1$ in die Gleichung (2.2) von Satz 2.34 aufzunehmen.

**2.34. Satz.** Es sei $\mathscr{S}$ eine Menge von Halbgruppen. Dann gilt

$$W(\mathscr{S} \cup \{U_3\}) = S\, P\,(\mathscr{S}^f \cup \{D_1, U_3^f\})^S\,. \tag{2.2}$$

Beweis. Durch Induktion zeigt man unter Benutzung von Korollar 2.31, daß $W(\mathscr{S})^f \subseteq S\, P(\mathscr{S}^f \cup \{D_1, U_1^f\})$ gilt. Mit Hilfe von Hilfssatz 2.25 und der Identität $W(\mathscr{S})^{fS} = W(\mathscr{S})$ finden wir

$$W(\mathscr{S}) \subseteq S\, P\,(\mathscr{S}^f \cup \{D_1, U_1^f\})^S \subseteq W(\mathscr{S} \cup \{D_1^S, U_1\})\,.$$

Wegen Hilfssatz 2.32 ergibt sich aber $W\,(\mathscr{S} \cup \{D_1^S, U_1\}) \subseteq W\,(\mathscr{S} \cup \{U_3\})$. Indem man auf der linken Seite $U_3$ zu $\mathscr{S}$ hinzufügt und in $S\, P\, U_1^f$ in $U_3^f$ ändert, erhält man

$$W(\mathcal{S} \cup \{U_3\}) = S\,P(\mathcal{S}^f \cup \{D_1, U_3^f\}) . \blacksquare$$

## Übungen und Ergänzungen

X 2.5. Es sei $\mathcal{S}$ eine Menge von Halbgruppen. Wir definieren $K(\mathcal{S})$, durch $K(\mathcal{S}) = \cup\{K_i(\mathcal{S}): i = 1, 2, \ldots\}$, wobei gilt: $K_1(\mathcal{S}) = \mathcal{S}$, $K_i(\mathcal{S}) = \{S' : S' \mid S$ für ein gewisses $S \in K_{i-1}(\mathcal{S})\} \cap \{S_2 \times_Y S_1 : S_1, S_2 \in K_{i-1}(\mathcal{S})\}$, $Y$ ist ein beliebiger Verbindungshomomorphismus$\}\}$.

a) Man beweise die Beziehung $W(\mathcal{S}) \subseteq K(\mathcal{S})$.
b) Man beweise die Beziehung $K(\mathcal{S})^f \subseteq S\,P(\mathcal{S}^f \cup \{D_1, U_1^f\})$.
c) Man beweise die Beziehung $K(\mathcal{S} \cup \{U_3\}) = W(\mathcal{S} \cup \{U_3\})$.

X 2.6. (Die nächsten vier Übungen führen zum Beweis der Beziehung $D_1 \notin S\,P(U_3^f)$.) Es sei $\alpha \in (\Sigma A)^1$. Wir definieren die *Links-Translation* $L_\alpha$: $\Sigma A\ \ \Sigma A \to$ durch $L_\alpha(\beta) = \alpha\beta$ für alle $\beta \in \Sigma A$. Es sei $\mathcal{F}$ eine Menge von Maschinen mit $U_1^f \in \mathcal{F}$, und $f: \Sigma A \to B$ gehöre zu $S\,P(\mathcal{F})$. Dann kann $f$ nach Hilfssatz 2.28 in der Form $f = h_{n+1} f_n h_n^\Gamma \cdots f_1^\sigma h_1^\Gamma$ geschrieben werden, wobei die $f_i$: $\Sigma A_{i1} \to A_{i2}$ endliche Parallelkompositionen von Maschinen aus $\mathcal{F}$ und die $h_i$: $A_{i-1,2} \to A_{i1}$ Funktionen sind, $A_{02} = A$, $A_{n+1,1} = B$. Es sei $a \in A$; dann definieren wir $a_1 = h_1(a)$ und $a_k = h_k f_{k-1}(a_{k-1})$. Man beweise, daß

$$f L_a = h_{n+1}(f_n L_n)\, h_n^\Gamma \cdots h_2^\Gamma (f_1 L_1)^\sigma\, h_1^\Gamma$$

gilt, wobei $L_i = L_{a_i}$: $\Sigma A_{i1} \to \Sigma A_{i1}$ ist.

X 2.7. Es sei $S$ eine Halbgruppe; dann definieren wir für jedes $s \in S$ die Abbildung $l_s : S \to S$ durch $l_s(t) = s\,t$ für alle $t \in S$. a) Man beweise die Identität $(S^f L_s)^\sigma = (l_s S^f)^\sigma$. b) Es sei $\mathcal{S}$ eine Menge von Halbgruppen. Man beweise mit Hilfe von a), daß aus $f \in S\,P(\mathcal{S}^f \cup \{U_1^f\})$ stets $f L_a \in S\,P(\mathcal{S}^f \cup \{U_1^f\})$ folgt.

X 2.8. Es sei $f = U_3^f \times \cdots \times U_3^f$, $h$: $\{r_0, r_1\} \to U_3 \times \cdots \times U_3$ eine Funktion und $\alpha = [h(r_0), h(r_1)] \in \Sigma(U_3 \times \cdots \times U_3)$. Man beweise, daß aus der Identität $g = (f L_\alpha) h^\Gamma$ die Existenz einer Funktion $K$: $\{r_0, r_1\} \to U_3 \times \cdots \times U_3$ mit $K^\Gamma = g^\sigma$ folgt.

X 2.9. Man zeige durch einen indirekten Beweis, daß $D_1 \notin S\,P(U_3^f)$ gilt. (Hinweis: Wäre $D_1 \in S\,P(U_3^f)$, so würde $D_1 L_{(r_0, r_1)} \in S\,P(U_3^f)$ gelten. Man erweitere (minimal $D_1 L_{(r_0,r_1)}$ gemäß X 2.6 und benutze X 2.8, um einen Widerspruch zu konstruieren.)

X 2.10. a) Es seien $(X, S)$ und $(Y, T)$ Transformationshalbgruppen mit $(Y', T') \subseteq (Y, T)$. Weiter sei: $\Theta$: $Y' \to X$ eine Abbildung auf $X$, und für jedes $s \in S$ sei $\hat{s} \in T'$ so gewählt, daß $\Theta(y'\,\hat{s}) = \Theta(y')s$ für alle $y' \in Y'$ gilt. Man beweise nun, daß $(X, S) \mid (Y, T)$ gilt. (Hinweis: Man zeige, daß $\hat{s}_1 \cdots {}_n\hat{s} \to s_1 \cdots s_n$ ein wohldefinierter Homomorphismus der durch $\{\hat{s} : s \in S\}$ erzeugten Unterhalbgruppe von $T'$ ist. Dies ergibt sich, da $\hat{s}_1 \cdots \hat{s}_n = \hat{r}_1 \cdots \hat{r}_m$ die Identität $\Theta(y'\,\hat{s}_1 \cdots \hat{s}_n) = \Theta(y'\,\hat{r}_1 \cdots \hat{r}_m)$ für alle $y' \in Y'$ impliziert. Nun gilt aber $\Theta(y'\,\hat{s}_1 \cdots \hat{s}_n) = \Theta(y'\,\hat{s}_1 \cdots \hat{s}_{n-1})\,s_n = \cdots = \Theta(y')\,s_1 \cdots s_n$, usw.).
b) Man beweise Satz 2.15 mit Hilfe von a).

Die Resultate dieses Abschnitts stammen von Krohn und Rhodes [1]. Weiteres findet sich bei Krohn, Mateosian und Rhodes [2], Krohn und Rhodes [3] sowie in den Kapiteln 2, 3 und 4 dieses Bandes.

## 3. Beweis des KROHN-RHODESschen Hauptsatzes über die Primzerlegung endlicher Halbgruppen und Maschinen

Es sei $f$ ein Automat und $f^S = S$ seine Halbgruppe. Es ist natürlich, die folgende Frage zu stellen: „Welches sind die Basis-Halbgruppen, die zu einer Menge $\mathcal{S}$ gehören müssen, damit die Halbgruppe $S$ zur Menge $W(\mathcal{S})$ gehört, d. h., welches sind die kleinsten notwendigen Bestandteile (Halbgruppen), die zu $\mathcal{S}$ gehören müssen, damit $S \in W(\mathcal{S})$ ist?" Analog kann man fragen: Welches sind die „Basis"-Maschinen $\mathcal{F}$, so daß $f \in S\,P(\mathcal{F})$ ist?

Sicherlich ist $S \in W(S)$. Gibt es nun zwei Halbgruppen $S_1$ und $S_2$ mit $S \mid S_2$ w $S_1$, wobei $S$ aber weder $S_1$ noch $S_2$ teilt, so gilt $S \in W(S_1, S_2)$. Gilt nun weiter $S_i \mid T_i$ w $W_i$, wobei aber $S_i$ weder $T_i$ noch $W_i$ teilt ($i = 1, 2$), so gilt wegen $S \mid S_2$ w $S_1 \mid (T_2$ w $W_2)$ w $(T_1$ w $W_1)$ die Beziehung $S \in W(T_1, T_2, W_1, W_2)$.

**3.1. Definition.** Eine Halbgruppe $S$ heißt *irreduzibel*, wenn für alle Halbgruppen $S_1$, $S_2$ aus $S \mid S_2$ w $S_1$ stets entweder $S \mid S_1$ oder $S \mid S_2$ folgt. Mit IRR bezeichnen wir die Menge aller irreduziblen Halbgruppen.

Wir werden sehen, daß es zu jeder gegebenen Halbgruppe $S$ eine Menge $\mathcal{S}$ von irreduziblen Halbgruppen ($\mathcal{S} \subseteq$ IRR) so gibt, daß $S \in W(\mathcal{S})$ ist. Unsere Aufgaben lauten nun:

1. Welche Halbgruppen sind irreduzibel?
2. Ist eine Halbgruppe $S$ gegeben, so sind notwendige und hinreichende Bedingungen dafür anzugeben, daß für eine Menge $\mathcal{S}$ von irreduziblen Halbgruppen die Beziehung $S \in W(\mathcal{S})$ gilt.

**3.2. Definition.** a) Mit PRIM bezeichnen wir die Gesamtheit aller nichttrivialen endlichen einfachen Gruppen[1]), die Elemente von PRIM nennen wir Primgruppen.

b) Mit EINH bezeichnen wir die Menge aller Teiler von $U_3$, die Elemente von EINH nennen wir Einheiten; es ist also

$$\text{EINH} = \{U_0, U_1, U_2, U_3\}\,.$$

c) Es sei $S$ eine Halbgruppe. Dann sei PRIM $(S) =_{\text{Df}} \{P \in \text{PRIM} : P \mid S\}$.[2]) Ist $\mathcal{S}$ eine Menge von Halbgruppen, so sei

$$\text{PRIM}(\mathcal{S}) =_{\text{Df}} \cup \{\text{PRIM}(S) : S \in \mathcal{S}\}\,.$$

d) Es sei IRR $(S) =_{\text{Df}} \{S' \in \text{IRR} : S' \mid S\}$.

---

[1]) Wir setzen voraus, daß der Leser mit den Grundlagen der Gruppentheorie einschließlich der Grundlagen der Theorie der Normalteiler bis hin zum Satz von JORDAN-HÖLDER vertraut ist.

[2]) Anmerkung des (englischen) Herausgebers: Als Erläuterung für den Leser sei hinzugefügt, daß die Einfachheit einer Gruppe nicht ausschließt, daß sie durch andere einfache Gruppen teilbar ist. Ist $A_n$ die alternierende Gruppe von $n$ Buchstaben, so gilt $A_m \mid A_n$ für $m \leqq n$, aber $A_n$ ist für $n \neq 4$ einfach; siehe X 3.5.

Im weiteren Verlauf dieses Abschnitts wird der folgende **Hauptsatz** über die Primzerlegung bewiesen werden.

**3.3. Hauptsatz** (KROHN-RHODES). a) Es sei $f$ eine Maschine mit der Eigenschaft, daß $f^S$ von endlicher Ordnung ist. Dann gilt $f \in S\,P\,(\mathcal{S}_t \cup \{D_1, U_3^f\})$ genau dann, wenn

$$\mathrm{PRIM}(f^S) \subseteq \mathrm{PRIM}(\mathcal{S})$$

gilt. Insbesondere gilt

$$f \in S\,P(\mathrm{PRIM}(f) \cup \{D_1, U_3^f\})\,. \tag{3.1}$$

b) Es sei $S$ eine endliche Halbgruppe. Dann gilt $S \in W\,(\mathcal{S} \cup \{U_3\})$ genau dann, wenn $\mathrm{PRIM}(S) \subseteq \mathrm{PRIM}(\mathcal{S})$ ist. Insbesondere gilt

$$S \in W\,(\mathrm{PRIM}\,(S) \cup \{U_3\})\,. \tag{3.2}$$

c) Es gilt $\mathrm{IRR} = \mathrm{PRIM} \cup \mathrm{EINH}$.
d) Es gibt Halbgruppen $S$ mit $S \notin W(\mathrm{IRR}\,(S))$.

**3.4. Bemerkung.** Der Teil d) des Hauptsatzes rechtfertigt sowohl die Unterscheidung zwischen Primgruppen und Einheiten als auch die Aufnahme von $U_3$ in die obigen Beziehungen.

**3.5. Korollar.** Es sei $S$ eine endliche Halbgruppe. Dann gibt es ein $n \geqq 1$ und $S_1, \ldots, S_n \in \mathrm{PRIM}\,(S) \cup \mathrm{EINH}$, so daß die Beziehung $S \mid S_n \,\mathrm{k} \cdots \mathrm{k}\, S_1$ gilt.

Beweis. Die Behauptung folgt aus (3.2) und Hilfssatz 2.24. ▌

Wir führen den Beweis zum Hauptsatz über mehrere Lemmata. Das erste Lemma zeigt, daß Primgruppen und Einheiten irreduzibel sind.

**3.6. Lemma.** Es gilt $\mathrm{PRIM} \cup \mathrm{EINH} \subseteq \mathrm{IRR}$.

Beweis. Mit $\mathrm{IRR}_{SD}$ bezeichnen wir die Menge aller Halbgruppen $S$ mit der Eigenschaft, daß für alle Halbgruppen $S_1$, $S_2$ und alle $Y$ nur dann $S \mid S_2 \times_Y S_1$, wenn $S \mid S_1$ oder $S \mid S_2$. Man sieht leicht ein, daß $\mathrm{IRR}_{SD} \subseteq \mathrm{IRR}$ ist. Wir zeigen nun, daß $\mathrm{PRIM} \cup \mathrm{EINH} \subseteq \mathrm{IRR}_{SD}$ gilt.

Zuerst weisen wir $\mathrm{PRIM} \subseteq \mathrm{IRR}_{SD}$ nach. Es sei $G$ eine nichttriviale Gruppe. $S_1$, $S_2$ seien Halbgruppen, und es gelte $G \mid S_2 \times_Y S_1$. Dann sichert Hilfssatz 1.1.9c die Existenz einer nicht-trivialen Untergruppe $G'$ von $S_2 \times_Y S_1$ mit der Eigenschaft, daß $G$ ein homomorphes Bild von $G'$ ist. Mit $p_1$ werde die auf $G'$ eingeschränkte Projektionsabbildung auf die (von rechts) erste Koordinate bezeichnet, d. h. $(s_2, s_1) \to s_1$. Da $p_1$ ein Homomorphismus ist, ist $G_1 =_{\mathrm{Df}} p_1(G')$ eine Untergruppe von $S_1$. Es sei $(e_2, e_1)$ das Einselement von $G'$. Dann ist der Kern von $p_1$, Ker $(p_1)$, ein Normalteiler von $G'$ und besteht aus allen Elementen von $G'$, die $e_1$ als erste Koordinate haben. Die Abbildung $\varphi$ : Ker $(p_1) \to S_2$ sei durch $\varphi(s_2, e_1) = Y(e_1)\, s_2$ festgelegt. $\varphi$ ist ein Monomorphismus, da aus $\varphi(s_2, e_1) = \varphi(t_2, e_1)$

$$(s_2, e_1) = (e_2, e_1)\,(s_2, e_1) = \big(e_2\, Y(e_1)\, s_2, e_1\big)$$
$$= \big(e_2\, Y(e_1)\, t_2, e_1\big) = (e_2, e_1)\,(t_2, e_1) = (t_2, e_1)$$

folgt. Es sei $G_2 =_{\mathrm{Df}} \varphi\,(\mathrm{Ker}\,(p_1))$. Dann ist $G'$ eine Erweiterung der Untergruppe $G_2$ von $S_2$ durch die Untergruppe $G_1$ von $S_1$.

Es sei nun $G \in$ PRIM und $\Theta$ der Homomorphismus von $G'$ auf $G$. Dann ist $K =_{\mathrm{Df}} \mathrm{Ker}\,(\Theta)$ ein maximaler Normalteiler von $G'$, und $K \cdot \mathrm{Ker}\,(p_1)$ ist entweder mit $K$ oder mit $G'$ identisch. Ist $K \cdot \mathrm{Ker}\,(p_1) = K$, so gilt $G \mid G_1 \subseteq S_1$; ist $K \cdot \mathrm{Ker}\,(p_1) = G'$, so gilt $G \mid G_2 \subseteq S_2$. Damit ist PRIM $\subseteq$ IRR gezeigt.

Wir zeigen nun, daß $U_3 \in \mathrm{IRR}_{SD}$ ist. Die Beweise für die übrigen Einheiten verlaufen analog, sind aber einfacher. Zuerst zeigen wir, daß aus $U_3 \mid S$ folgt, daß $U_3$ eine Unterhalbgruppe von $S$ ist. Es sei $S' \subseteq S$ und $\varphi$ ein Homomorphismus von $S'$ auf $U_3$. Es sei $s$ aus $S'$ so gewählt, daß $\varphi(s) = 1$ ist. Dann ist eine gewisse Potenz $e$ von $s$ ein Idempotent, und es gilt $\varphi(e) = 1$. Damit gilt $\varphi(e\, S'\, e) = U_3$, und $e$ ist das Einselement von $e\, S'\, e$. Es sei $S_1$ eine Unterhalbgruppe von $e\, S'\, e$ von kleinster Ordnung, so daß $\varphi(S_1) = U_1$ gilt. Nach Satz 1.1.9c ist $S_1$ rechts-einfach, und nach[1]) Satz 7.1.25 ist $S_1$ isomorph zu $G \times B^r$, wobei $G$ eine Gruppe und $B$ eine nicht-leere Menge ist. Die Menge $B$ muß mindestens zwei verschiedene Elemente, etwa $b_1$ und $b_2$, enthalten, da $U_1$ keine Gruppe ist. Damit gilt $U_3 \cong \{e, (1, b_1), (1, b_2)\} \subseteq S$.

Es gelte nun $U_3 \,\big|\, (S_2 \times_Y S_1)$. Nach unseren obigen Überlegungen gilt

$$U_3 = \{(b_I, a_I), (b_0, a_0), (b_1, a_1)\} \subseteq S_2 \times_Y S_1\,.$$

Wie oben sei $p_1$ der Homomorphismus mit $p_1(b, a) = a$. Es ist also $p_1(U_3) = (\{a_I, a_0, a_1\} \subseteq S_1$. Im Falle $a_0 \neq a_1$ ist $p_1(U_3)$ isomorph zu $U_3$, und es gilt $U_3 \mid S_1$; denn für $i = 0$ und $i = 1$ folgt aus $a_I = a_i$ die Identität $z\, a_I = z\, a_i$, woraus $z = a_i$ für alle $z \in \{a_I, a_0, a_1\}$ folgt.

Es sei nun $a_0 = a_1$. Dann muß $b_0 \neq b_1$ gelten. Es sei $p_2 : U_3 \to S_2$ durch $p_2(b, a) = Y(a_0)\,(b) \equiv {}^{a_0}b$ definiert. An Hand von $Y(a_0)\, Y(a_I) = Y(a_0)$ sieht man, daß $p_2$ ein Homomorphismus ist. Außerdem ist $p_2$ eineindeutig; denn $(b_1, a_0) = (b_0, a_0)\,(b_1, a_0)$ impliziert $b_1 = b_0\, {}^{a_0}b_1$, und $(b_0, a_0) = (b_0, a_0)\,(b_0, a_0)$ impliziert $b_0 = b_0\, {}^{a_0}b_0$, also imlpiziert $b_0 \neq b_1$ die Beziehung ${}^{a_0}b_0 \neq {}^{a_0}b_1$. Weiter folgt aus $(b_0, a_0) = (b_0, a_0)\,(b_I, a_I)$ die Identität $b_0 = b_0\, {}^{a_0}b_I$, und damit gilt ${}^{a_0}b_1 \neq {}^{a_0}b_I$. Entsprechend ergibt sich ${}^{a_0}b_0 \neq {}^{a_0}b_I$. Folglich gilt $U_3 \cong p_2(U_3)$ und $U_3 \mid S_2$. Damit ist die Beziehung EINH $\subseteq$ IRR bewiesen. ∎

Als nächstes beweisen wir die Beziehung (3.1) durch Induktion über die Ordnung von $f^S$.[2]) Bei dem kritischen Induktionsschritt unterscheiden wir drei Fälle gemäß Lemma 3.7.

---

[1]) Im Interesse einer straffen Darstellung gehen wir auf den Hilfssatz 7.1.25 hier nicht näher ein, zumal er sich nicht auf den hier behandelten Stoff stützt.

[2]) Ein anderer Beweis findet sich im nächsten Abschnitt.

**3.7. Lemma.** Es sei $S$ eine endliche Halbgruppe. Dann tritt stets einer der drei folgenden Fälle ein:

a) $S$ ist links-einfach,
b) $S$ ist zyklisch oder
c) es gibt ein echtes Links-Ideal $V \subset S$ und eine echte Unterhalbgruppe $T \subset S$, so daß $S = V \cup T$ ist.

Beweis. Ist $S$ links-einfach, so liegt der Fall a) vor; wir können also voraussetzen, daß $S$ nicht links-einfach ist. Da die Halbgruppe $S$ endlich ist, enthält sie ein maximales Links-Ideal $L \neq S$. Es sei $a \in S - L$. Dann ist $S = L \cup S^1 a$.

Ist $S^1 a \neq S$, so liegt der Fall c) vor mit $T = S^1 a$ und $V = L$. Wir können also weiter voraussetzen, daß $S^1 a = S$ gilt. Ist $a \notin S a$, so gilt $S = S a \cup \{a, a^2, \ldots\}$. Gilt $S = \{a, a^2, \ldots\}$, so liegt der Fall b) vor; anderenfalls der Fall c) mit $V = S a$ und $T = \{a, a^2, \ldots\}$. Damit können wir $a \in S a$ voraussetzen. Es gilt also $a = u a$ für ein gewisses Element $u \in S$.

Es sei $K =_{\mathrm{Df}} \{k \in S : k a \in L\}$. Wegen $L \subseteq S a \,(= S)$ gilt $K \neq 0$. Offenbar ist $K$ ein Links-Ideal von $S$, und wegen $u \notin K$ gilt $K \neq S$. Da $L$ maximal ist, gilt entweder $K \cup L = L$ oder $K \cup L = S$. Gilt die letzte Beziehung, so liegt der Fall c) vor; wir können also $K \subseteq L$ voraussetzen. Dann impliziert $x a \in L$ aber $x \in L$. Da dies für jedes $a \in S - L$ gilt, folgt, daß $S - L$ eine Unterhalbgruppe von $S$ ist, es liegt also wiederum der Fall c) vor. Der hier angegebene Beweis stammt von A. H. Clifford. Zum ursprünglichen Beweis vgl. Lemma 4.1. ∎

**3.8. Lemma.** Ist $f^S$ links-einfach, so gilt für $f$ die Beziehung (3.1).

Beweis. Da $f^S$ links-einfach ist, gilt $f^S = G \times A^1$ für eine gewisse Gruppe $G$ und eine nicht-leere Menge $A$ (siehe Hilfssatz 7.1.25). Weiter gilt $\mathrm{PRIM}(f^S) = \mathrm{PRIM}(G)$; ist nämlich $P \in \mathrm{PRIM}(f^S)$, so gilt $P \mid f^S = G \times A^1$, damit gilt wegen der Irreduzibilität von $P$ entweder $P \mid G$ oder $P \mid A^1$. Nun enthält $A^1$ aber keine nicht-trivialen Gruppen, also gilt $P \mid G$ und $P \in \mathrm{PRIM}(G)$. Es sei umgekehrt $P \in \mathrm{PRIM}(G)$. Offenbar folgt aus $P \mid G$ die Beziehung $P \mid G \times A^1$, und damit auch $P \in \mathrm{PRIM}(f^S)$. Es gilt also $\mathrm{PRIM}(G) = \mathrm{PRIM}(f^S)$.

Es sei $L =_{\mathrm{Df}} \{r_0, r_1\}^l$. Man zeigt, daß die Identität $L^f = h_3\, U_3^f\, h_2^\Gamma\, (D_1 \times U_1^f)^\sigma\, h_1^\Gamma$ besteht, wobei gilt

(1) $h_1 : L \to U_1 \times U_1\,, \qquad h_1(r_i) = (r_i, r_i) \qquad (i = 1, 2)\,.$

(2) $h_2 : U_3 \times U_1 \to U_3\,, \quad h_2(1, x) = x\,, \quad h_2(r_i, x) = 1 \qquad (i = 1, 2).$

(3) $h_3 : U_3 \to L\,, \qquad h_3(r_i) = r_i \qquad (i = 1, 2)$; $h_3(1)$ tritt nicht auf.

Es ist also $L^f \in S\,P(D_1, U_3^f)$. Nun ist $A^l$ aber eine Unterhalbgruppe eines direkten Produkts einer geeigneten Anzahl von Halbgruppen $L$. Folglich gilt $A^{lf} \in S\,P(D_1, U_3^f)$.

Nun brauchen wir nur noch zu zeigen, daß die Beziehung (3.1) für $G^f$ gilt.

Haben wir dies nämlich nachgewiesen, so haben wir

$$f^{Sf} = G^f \times A^{1f} \in S\,P\,(\mathrm{PRIM}\,(G)^f \cup \}D_1, U_3^f\})\ ;$$

da $f \mid f^{Sf}(l\,i)$ und $\mathrm{PRIM}(G) = \mathrm{PRIM}(f^S)$ gilt, ist die Behauptung damit bewiesen.

Wir zeigen nun: $G \in W(\mathrm{PRIM}\,(G))$. Dies gilt sicherlich, wenn $G$ einfach ist. Wir setzen jetzt voraus, daß $G$ nicht einfach ist. Es sei $G_1$ ein Normalteiler von $G$, $H =_{\mathrm{Df}} G/G_1$ und $N : G \twoheadrightarrow H$ der kanonische Epimorphismus. Es sei $\{\overline{h} \in N^{-1}(h) : h \in H\}$ ein vollständiges Repräsentantensystem für die Nebenklassen von $G_1$ mit der Bedingung, daß $\overline{1} = 1$ ist. Weiter sei $(g_1, h) \in G_1 \times H$. Für jedes $g \in G$ definieren wir nun ein $\hat{g} \in F_R(G_1 \times H)$ durch

$$(g_1, h)\,\hat{g} = [g_1\,\overline{h}\,g(\overline{h\,N(g)})^{-1}, h\,N\,(g)]\,.$$

Man prüft leicht nach, daß $\hat{g} \in G_1 \mathrm{w}\, H$ gilt und daß die Abbildung $g \to \hat{g}$ ein Isomorphismus ist. Folglich gilt $G \mid G_1 \mathrm{w}\, H$.

Es sei $G = G_0 \triangleright G_1 \triangleright \cdots \triangleright G_n = \{1\}$ eine Kompositionsreihe für $G$ mit den Faktoren $H_i = G_{i-1}/G_i$, $i = 1, \ldots, n$. Dann gilt $G \mid G_1 \mathrm{w}\, H_1$, $G_1 \mid G_2 \mathrm{w}\, H_2$, usw. Damit gilt auch $G \mid H_n \mathrm{w} \cdots \mathrm{w}\, H_1$ und $G \in W(H_1, \ldots, H_n)$. Da die Faktoren $H_i$ nun aber Primgruppen sind, gilt

$$H_i \in \mathrm{W}\,(\mathrm{PRIM}(H_i)) \quad \text{für jedes} \quad i = 1, \ldots, n\,,$$

also auch

$$G \in W\,(\mathrm{PRIM}(\{H_1, \ldots, H_n\}))\,.$$

Nun gilt aber

$$\mathrm{PRIM}(G) = \mathrm{PRIM}(\{H_1, \ldots, H_n\})\ ;$$

ist nämlich $P \in \mathrm{PRIM}(G)$, so gilt $P \mid G \mid H_n \mathrm{w} \cdots \mathrm{w}\, H_1$, dies wiederum impliziert $P \mid H_i$ für ein gewisses $i$. Damit ist $P \in \mathrm{PRIM}(\{H_1, \ldots, H_n\})$.[1]) Es sei nun umgekehrt $P \in \mathrm{PRIM}(\{H_1, \ldots, H_n\})$, so daß $P \mid H_i$ für ein gewisses $i$ gilt. Da $H_i = G_{i-1}/G_i$ ein homomorphes Bild der Unterhalbgruppe $G_{i-1}$ von $G$ ist, gilt $P \mid H_i \mid G$. Folglich ist $P \in \mathrm{PRIM}(G)$. Damit ergibt sich $G \in W\,(\mathrm{PRIM}(G))$ und $G^f \in S\,P\,(\mathrm{PRIM}(G)^f \cup \{D_1, U_3^f\})$. ▮

**3.9. Lemma.** Ist $f^S$ eine zyklische Halbgruppe, so gilt für $f$ die Beziehung (3.1).

Beweis. Mit $C_{(n,m)}$ sei die zyklische Halbgruppe mit dem Index $x$ und der Periode $m$ bezeichnet. Alle endlichen zyklischen Halbgruppen sind von dieser Form (siehe Hilfssatz 1.1.10). Es sei $\mathbf{Z}_m$ die zyklische Gruppe der Ordnung $m$. Dann gilt $C_{(n,m)} \subseteq \mathbf{Z}_m \times C_{(n,1)}$, und $C_{(n,m)}$ wird durch $(a, b)$ erzeugt, wobei $a$ die Gruppe $\mathbf{Z}_m$ und $b$ die Halbgruppe $C_{(n,1)}$ erzeugt. Weiter gilt $C_{(n,1)} \subseteq T_n =_{\mathrm{Df}} U_2 \mathrm{w} \cdots \mathrm{w}\, U_2$ ($n$-mal). Dies beweist man durch Induktion über $n$, wobei die Tatsache ausgenutzt wird, daß das Kranzprodukt von Monoiden wieder ein Monoid ist. Das Element $q_k$ erzeuge die Halbgruppe $C_{(k,1)}$; es sei $1_k$ die Einheit

---

1) Es sei aber vermerkt, daß $P$ nicht notwendig *selbst* ein $H_i$ ist.

von $T_k$. Für $n = 1$ sei $C_{(1,1)} = \{r_0\} \subseteq U_2$. Wir setzen nun voraus, daß $C_{(n-1,1)} \subseteq T_{n-1}$ schon bewiesen sei. Dann sei $q_n = (f, r_0) \in T_{n-1} \text{ w } U_2 = T_n$ mit $f : U_2 \to T_{n-1}, f(r_0) = q_{n-1}$ und $f(1) = 1_{n-1}$. Es folgt, daß $q_n$ tatsächlich $C_{(n,1)} \subseteq T_n$ erzeugt.

Damit haben wir $C_{(n,m)} \mid \mathbf{Z}_m \times T_n \in W(\text{PRIM}(\mathbf{Z}_m), U_2)$, denn es gilt $T_n \in W(U_2)$, und $\mathbf{Z}_m$ ist eine Gruppe. Nun gilt aber $\text{PRIM}(\mathbf{Z}_m) = \text{PRIM}(C_{(n,m)})$. Also ist $f^{Sf} = C^f_{(n,m)} \in S\,P\,(\text{PRIM}(f^S)^f \cup \{D_1, U^f_3\})$, womit wegen $f \mid f^{Sf}(l\,i)$ die Behauptung bewiesen ist. ∎

Zur Betrachtung des Falles c) von Lemma 3.7 stellen wir die folgenden Definitionen auf.

**3.10. Definition.** Es sei $f : \Sigma A \to B$ eine Maschine und $c$ ein neues, weder zu $A$ noch zu $B$ gehöriges Symbol. Dann definieren wir als *Partialprodukt von f* diejenige Maschine $P\,P\,f : \Sigma(A \cup \{c\}) \to B \cup \{c\}$, die durch $P\,P\,f(\alpha) = f(\alpha_c)$ definiert ist, wobei $\alpha_c$ das Element von $(\Sigma A)^1$ ist, das man durch Streichen aller Symbole der Folge $\alpha$ erhält, die vor dem letzten Symbol $c$ auftreten, einschließlich dieses Symbols $c$ selbst. Wir setzen $f(1) = c$.

**3.11. Definition.** Es sei $f : \Sigma A \to B$ eine Maschine und $e$ ein neues, weder zu $A$ noch zu $B$ gehöriges Symbol. Dann definieren wir die Maschine $e\,f : \Sigma(A \cup \{e\}) \to B \cup \{e\}$ durch $e\,f(\alpha) = f(\alpha_e)$, wobei $\alpha_e$ das Element von $(\Sigma A)^1$ ist, das man durch Streichen aller in $\alpha$ auftretenden Symbole $e$ aus der Folge $\alpha$ erhält. Wir setzen $f(1) = e$.

**3.12. Lemma.** Es sei $S$ eine Halbgruppe mit einem echten Links-Ideal $V$ und einer echten Unterhalbgruppe $T$, so daß $S = V \cup T$ ist. Dann gilt

$$S^f \in S\,P(e\,V^f, P\,P\,T^f, D_1, U^f_1)\,.$$

Beweis. Man verifiziert die Beziehung

$$S^f = h_3\,(e\,V^f \times T'^{rf})\,h^\Gamma_2\,2^\sigma_{V' \times T'}(V'^{rf} \times P\,P\,T^f)^\sigma\,h^\Gamma_1\,,$$

wobei $T' = T \cup \{c\}$, $V' = V \cup \{e\}$ ist und außerdem

(1) $h_1 \colon S \to V' \times T'$ mit $h_1(s) = \begin{cases} (s, c)\,, & \text{falls} \quad s \in V\,, \\ (e, s)\,, & \text{falls} \quad s \in S - V \subseteq T\,. \end{cases}$

(2) $h_2 \colon ((V' \times T') \cup \{*\}) \times (V' \times T') \to V' \times T'$ mit $h_2(*, (v, t)) = (v, t)$ und

$$h_2((v_1, t_1), (v_2, t_2)) = \begin{cases} (t_1\,v_2, t_2)\,, & \text{falls} \quad t_2 = c \quad \text{und} \quad t_1 = c\,, \\ (v_2, t_2) & \text{sonst}\,. \end{cases}$$

(3) $h_3 \colon V' \times T' \to S$ mit $h_3(v, t) = v\,t$, wobei $e$ und $c$ als Einselemente wirken; das Element $(e, c)$ kommt nicht vor. ∎

**3.13. Lemma.** Gilt die Beziehung (3.1) für eine Maschine $f$, so gilt sie auch für $e\,f$.

Beweis. Wir zeigen zuerst durch Induktion, daß unter Voraussetzung von $U^f_1 \in \mathcal{F}$ aus $\{e\,f : f \in \mathcal{F}\} \subseteq S\,P(\mathcal{F})$ die Beziehung $\{e\,f : f \in S\,P(\mathcal{F})\}$

$\subseteq S\,P(\mathcal{F})$ folgt. Es sei $f \in S\,P_n(\mathcal{F})$. Dann gilt entweder (1) $f = f_2\,h^\Gamma f_1^\sigma$ oder (2) $f = f_2 \times f_1$ oder (3) $f = h_2 f_1\, h_1^\Gamma$, wobei $f_1, f_2 \in S\,P_{n-1}(\mathcal{F})$ ist. Nach Induktionsvoraussetzung gilt $e\,f_1$, $e\,f_2 \in S\,P(\mathcal{F})$.

Im Fall 1 sei $f_1 : \Sigma A \to B$ und $f_2 : \Sigma C \to D$. Dann verifiziert man, daß

$$e\,f = (e\,f_2)\, h_2^\Gamma (e\,f_1 \times A'^{rf})^\sigma\, h_1^\Gamma$$

gilt, wobei $A' = A \cup \{e\}$, $B' = B \cup \{e\}$, $C' = C \cup \{e\}$ ist und

$$h_1 \colon A' \to A' \times A' \text{ mit } h_1(a) = (a, a) \quad \text{für alle} \quad \alpha \in A' \quad \text{und}$$

$$h_2 \colon B' \times A' \to C' \quad \text{mit} \quad h_2(b, a) = \begin{cases} e\,, & \text{falls} \quad a = e\,, \\ h(b) & \text{sonst}\,. \end{cases}$$

Damit folgt für diesen Fall $e\,f \in S\,P(\mathcal{F})$.

Die Fälle 2 und 3 lassen sich ganz analog behandeln.

Ist (3.1) nun für $f$ gültig, so brauchen wir nach dem Obigen jetzt nur noch die folgende Beziehung nachzuweisen:

$$\{e\,D_1,\, e\,U_3^f,\, e\,G^f : G \in \mathrm{PRIM}\,(f^S)\} \subseteq S\,P\,(\mathrm{PRIM}(f^S)^f \cup \{D_1, U_3^f\})\,.$$

a) Zunächst sei $S$ ein Monoid. Dann gilt $e\,S^f \in S\,P(S^f, U_3^f)$. Man verifiziert die Beziehung

$$e\,S^f = h_2(S^f \times U_3^f)\, h_1^\Gamma\,,$$

wobei gilt: $h_1 \colon S \cup \{e\} \to S \times U_3$ mit $h_1(e) = (1, 1)$ und $h_1(s) = (s, r_0)$ sowie $h_2 \colon S \times U_3 \to S \cup \{e\}$ mit $h_2(s, 1) = e$ und $h_2(s, r_0) = s$.

b) Es gilt $e\,D_1 \in S\,P(D_1, U_3^f)$. Man verifiziert die Beziehung

$$e\,D_1 = h_4\,(U_3^f \times U_3^{rf} \times U_3^{rf})\, h_3^\Gamma\, 2_A^\sigma\, (U_3^f \times U_3^f \times U_3^{rf})^\sigma\, h_2^\Gamma\, 2_A^\sigma\, h_1^\Gamma\,,$$

wobei $A = U_3 \times U_3 \times U_3$ gilt sowie

(1) $h_1 \colon U_1 \cup \{e\} \to A$ mit
$h_1(e) = (1, 1, 1)$,
$h_1(r_i) = (1, 1, r_i) \quad (i = 0,1)$;

(2) $n_2 \colon A \cup \{*\} \times A \to A$ mit
$h_2(*, (1, 1, x)) = (1, 1, x)$,
$h_2((1, 1, x), (1, 1, y)) = (1, x, y) \quad (x, y \in U_3)$;

(3) $h_3 \colon A \cup \{*\} \times A \to A$ mit
$h_3(*, (1, x_1, y_1)) = (1, x_1, y_1)\ (x_1, y_1 \in U_3)$,

$$h_3((1, x_1, y_1), (1, x_2, y_2)) = \begin{cases} (1, x_2, y_2)\,, & \text{falls} \quad y_1 = 1\,, \\ (x_1, x_2, y_2)\,, & \text{falls} \quad y_1 \neq 1\ (x_i, \gamma_i \in U_3)\,; \end{cases}$$

(4) $h_4 \colon A \to U_3 \cup \{e\}$ mit
$h_4(1, 1, 1) = e$,
$h_4(1, 1, r_i) = h_4(1, r_i, 1) = 1 \quad (i = 0, 1)$,
$h_4(r_k, r_j, r_i) = h_4(1, r_j, r_i) = h_4(r_i, r_i, 1) = r_j \quad (i, j, k = 0, 1)$.

Da die Halbgruppe $U_3$ und auch sämtliche Gruppen Monoide sind, ist das Lemma mit a) und b) bewiesen. ▮

**3.14. Lemma.** Gilt die Beziehung (3.1) für $f$, so gilt sie auch für $P\,P\,f$.

Beweis. Zuerst zeigen wir durch Induktion, daß aus $\{P\,P\,f : f \in \mathcal{F}\} \subseteq S\,P(\mathcal{F})$ die Beziehung $\{P\,P\,f : f \in S\,P(\mathcal{F})\} \subseteq S\,P(\mathcal{F})$ folgt. Es sei $f \in S\,P_n(\mathcal{F})$. Dann gilt entweder (1) $f = f_2\,h^\Gamma f_1^\sigma$ oder (2) $f = f_2 \times f_1$ oder (3) $f = h_2 f_1 h_1^\Gamma$, wobei $f_1, f_2 \in S\,P_{n-1}(\mathcal{F})$ ist. Nach Induktionsvoraussetzung gilt $P\,P\,f_1$, $P\,P\,f_2 \in S\,P(\mathcal{F})$. Im Fall 1 ist $P\,P\,f = P\,P\,f_2\,h_c^\Gamma(P\,P\,f_1)^\sigma$, wobei $h$ durch $h_c(c) = c$ zu $h_c$ erweitert ist. Die Fälle 2 und 3 werden entsprechend behandelt.

Ist (3.1) nun für $f$ gültig, so brauchen wir nach dem Obigen jetzt nur noch die folgende Beziehung nachzuweisen:

$$\{P\,P\,D_1,\ P\,P\,U_3^f,\ P\,P\,G^f : G \in \mathrm{PRIM}(f^S)\} \subseteq S\,P(\mathrm{PRIM}\,(f^S)^f \cup \{D_1, U_3^f\})\,.$$

a) Es sei $G$ eine Gruppe. Dann gilt $P\,P\,G^f \in S\,P(G^f, U_3^f)$. Man verifiziert die Beziehung

$$P\,P\,G^f = h_3(G^{rf} \times G^{r1f} \times \{c, *\})\,h_2^\Gamma(G^f \times (G \cup \{c\})^{rf})^\sigma\,h_1^\Gamma\,,$$

wobei gilt

(1) $h_1 \colon G \cup \{c\} \to G \times (G \cup \{u\})$ mit

$h_1(g) = (g, g)\,,\quad h_1(c) = (1, c)\,;$

(2) $h_2 \colon G \times (G \cup \{c\}) \to G \times (G \cup \{1\}) \times \{c, *\}$, wobei 1 das Einselement von $G^{r1}$ ist und $h_2(g, c) = (g, g, c)$, $h_2(g, g') = (g, 1, *)$ ;

(3) $h_3 \colon G \times (G \cup \{1\}) \times \{c, *\} \to G \cup \{c\}$ mit

$h_3(x, y, c) = c$ für alle $x, y$,

$$h_3(x, y, *) = \begin{cases} x\,, & \text{falls } y = 1\,, \\ y^{-1}x\,, & \text{falls } y \neq 1\,. \end{cases}$$

Nun ist $G^{r1}$ eine Unterhalbgruppe eines endlichen direkten Produkts von genügend viel Exemplaren von $U_3^f$. Also gilt $G^{r1f} \in S\,P(U_3^f)$ und $P\,P\,G^f \in S\,P(G^f, U_3^f)$.

b) Es gilt $P\,P\,U_3^f \in S\,P(U_3^f)$. Man verifiziert die Beziehung $P\,P\,U_3^f = h_2(A^{r1f} \times U_1^f)\,h_1^\Gamma$, wobei $A = \{r_0, r_1, c\}$ gilt und außerdem

(1) $h_1 \colon U_3 \cup \{c\} \to A \cup \{1\} \times U_1$ mit

$h_1(c) = (c, r_1)\,,$

$h_1(u) = (u, r_0)$ für alle $u \in U_3$ ;

(2) $h_2 \colon A \cup \{1\} \times U_1 \to U_3 \times \{c\}$ mit

$h_2(c, r_1) = c\,,$

$h_2(c, r_0) = h_2(1, r_0) = 1\,,$

$h_2(r_i, r_0) = r_i \quad (i = 1, 2)\,.$

c) Es gilt $P\,P\,D_1 \in S\,P(D_1, U_1^f)$. Man verifiziert die Beziehung

$$P\,P\,D_1 = h_2(D_1 \times D_1 \times U_1^f)\,h_1^r\ ,$$

wobei gilt

(1) $h_1: (U_1 \cup \{c\}) \to U_1 \times U_1 \times U_1$ mit

$$h_1(c) = (r_0, r_1, r_1)\ ,$$

$$h_1(r_i) = (r_i, r_0, r_0)\ ;$$

(2) $h_2: U_3 \times U_3 \times U_1 \to U_3 \cup \{c\}$ mit

$$h_2(x, y, r_1) = c \quad \text{für alle} \quad x, y \in U_3\ ,$$

$$h_2(r_0, r_1, r_0) = h_2(1, 1, r_0) = 1\ ,$$

$$h_2(r_i, r_0, r_0) = r \qquad (i = 1, 2)$$

(andere Eingabesymbole für $h_2$ treten nicht auf).

Mit a)—c) ist auch das Lemma bewiesen. ▌

**3.15. Lemma.** Es gilt die Beziehung (3.1).

Beweis. Wegen $f \mid f^{Sf}(l\,i)$ genügt es, (3.1) für $f^{Sf}$ zu zeigen. Folglich genügt es, (3.1) für $S^f$ nachzuweisen, wobei $S$ eine endliche Halbgruppe ist.

Den Beweis führen wir durch Induktion über die Ordnung von $S$. Der Fall $|S| = 1$ ist trivial. Die Beziehung (3.1) sei nun schon für alle Halbgruppen mit einer Ordnung kleiner als $n$ bewiesen, und es sei $|S| = n$. Dann wenden wir Lemma 3.7 auf $S$ an. Im Fall a) bzw. b) folgt die Induktionsbehauptung aus Lemma 3.8 bzw. Lemma 3.9. Im Fall c) führt man den Induktionsbeweis über die Lemmata 3.12—3.14. Folglich gilt

$$f \in S\,P\,(\mathrm{PRIM}(f^S)^f \cup \{D_1, U_3^f\})\ . ▌$$

**3.16. Hilfssatz.** Ist $S \in \mathrm{IRR}$ und $S \in W(\mathcal{S})$, so gilt $S \mid S'$ für ein gewisses $S' \in \mathcal{S}$.

Beweis. Der Beweis ergibt sich unmittelbar durch Induktion aus der Definition von IRR. ▌

**3.17. Beweis des Hauptsatzes.** Wendet man die Beziehung (3.1) auf $S^f$ an, so ergibt sich die Beziehung (3.2), (3.1) und (3.2) zeigen, daß aus $\mathrm{PRIM}(f^S) \subseteq \mathrm{PRIM}(\mathcal{S})$ die Beziehung $f \in S\,P\,(\mathcal{S}^f \cup \{D_1, U_3^f\})$ folgt und entsprechend aus $\mathrm{PRIM}(S) \subseteq \mathrm{PRIM}(\mathcal{S})$ die Beziehung $S \in W\,(\mathcal{S} \cup \{U_3\})$.

Um a) und b) vollständig zu beweisen, setzen wir $f \in S\,P\,(\mathcal{S}^f \cup \{D_1, U_3^f\})$ voraus. Dann ist $f^S \in W\,(\mathcal{S} \cup \{U_3\})$. Es sei $P \in \mathrm{PRIM}\,(f^S)$. Dann gilt $P \mid f^S$, also ist $P \in W\,(\mathcal{S} \cup \{U_3\})$, dies wiederum impliziert wegen Hilfssatz 3.16 die Beziehung $P \mid S$ für ein gewisses $S \in \mathcal{S}$ ($P$ kann $U_3$ nicht teilen). Folglich gilt $P \in \mathrm{PRIM}(\mathcal{S})$. Damit sind die Teile a) und b) des Hauptsatzes bewiesen.

Um c) zu beweisen, müssen wir zeigen, daß $\mathrm{IRR} \subseteq \mathrm{PRIM} \cup \mathrm{EINH}$ gilt. Es sei $S \in \mathrm{IRR}$. Dann gilt nach b) $S \in W\,(\mathrm{PRIM}(S) \cup \{U_3\})$, so daß entweder

$S \mid G$ ($G$ eine gewisse Gruppe) oder $S \mid U_3$ gilt. Gilt $S \mid G$, so ist auch $S$ eine Gruppe. Aus dem Beweis zu Lemma 3.8 aber wissen wir, daß irreduzible Gruppen stets einfache Gruppen sind. Folglich ist $S \in$ PRIM oder aber $S = \{1\} \in$ EINH. Gilt $S \mid U_3$, so ist $S$ eine Einheit. Damit ist auch c) bewiesen.

Um d) zu zeigen, betrachten wir die Halbgruppe $L = \{r_0, r_1\}^l$. Dann gilt IRR $(L) = \{U_0\}$, da $U_0$ aber die triviale Halbgruppe aus einem Element ist, gilt offenbar $L \notin W(U_0)$. Der Beweis zum Lemma 3.8 zeigte aber, daß $L \in W(U_3)$ gilt. Damit ist der Hauptsatz über die Primzerlegung vollständig bewiesen. ∎

**Übungen und Ergänzungen**

X 3.1. Es sei $S$ eine Halbgruppe. Man zeige, daß die Elemente von PRIM($S$) gerade die Faktoren der Kompositionsreihen der maximalen Untergruppen von $S$ sind.

X 3.2. Man beweise, daß $S_2$ w $S_1$ ein Monoid ist, falls $S_1$ und $S_2$ Monoide sind.

X 3.3. (zu Lemma 3.9). Man beweise die Identität PRIM($\mathbf{Z}_m$) = PRIM($C_{(n,m)}$).

X 3.4. Es sei $S$ eine Halbgruppe. Man beweise: a) $S \in K(\mathscr{S} \cup \{U_3\})$ gilt genau dann, wenn PRIM($S$) $\subseteq$ PRIM($\mathscr{S}$) gilt; b) insbesondere gilt $S \in K$ (PRIM($S$) $\cup \{U_3\}$); c) $\mathrm{IRR}_{SD}$ = IRR = PRIM $\cup$ EINH. (Siehe X 2.5.)

X 3.5. Man zeige, daß jede endliche Gruppe isomorph ist zu einer Untergruppe einer endlichen einfachen Gruppe. (Hinweis: $G$ wirke auf $G \cup G'$ durch $g_1 \cdot g = g_1 g$ und $g_1' \cdot g = (g_1 g)'$. Dann ist $G$ eine Untergruppe von $A_{2n}$, $n = |G|$.)

**3.18. Bemerkung.** Das generelle Prinzip, ein algebraisches Objekt durch Übergang zu einem größeren, aber leichter zu behandelnden algebraischen Objekt zu untersuchen, wurde auch hier angewendet und drückt sich im Konzept der Halbgruppenteilung aus. Die Beziehung $S \mid T$ bedeutet, daß $S$ ein homomorphes Bild einer Unterhalbgruppe von $T$ ist. Man kann natürlich fragen, was sich bei entsprechendem Vorgehen ergibt, wenn man die Halbgruppenteilung so definiert, daß $S \mid T$ genau dann gilt, wenn $S$ eine Unterhalbgruppe von $T$ ist.

Die Antwort lautet: Man erhält nicht viel. Legen wir diese Definition für die Teilbarkeit zugrunde, so wird die Halbgruppe $F_R(X_n)$ aller Funktionen von $n$ Buchstaben irreduzibel bzgl. des halbdirekten Produkts und folglich auch des Kranzprodukts. Da jede Halbgruppe eine Unterhalbgruppe von $F_R(X_n)$ für ein gewisses $n$ ist, würde daher die nicht sehr interessante Situation eintreten, daß jede Halbgruppe eine irreduzible Halbgruppe teilt. Diese Definition der Teilbarkeit ist also nicht sinnvoll.

Die folgenden Hilfssätze zeigen, daß $F_R(X_n)$ irreduzibel ist, wenn wir die genannte Definition der Teilbarkeit zugrunde legen.

**3.19. Hilfssatz.** Es sei $K$ der Kern von $F_R(X_n)$; weiter sei $\varphi : F_R(X_n) \to S$ ein Homomorphismus. Dann gilt

a) Ist $\varphi$ eineindeutig auf $K$, dann ist $\varphi$ auch eineindeutig auf $F_R(X_n)$;

b) ist $\varphi$ nicht eineindeutig auf $F_R(X_n)$, so ist $\varphi(K)$ eine Einermenge.

Beweis. a) Der Kern von $F_R(X_n)$ besteht aus den konstanten Funktionen $f_i = (i, \ldots, i)$ (wobei die übliche Bezeichnungsweise benutzt ist), die jedes Argument auf $i$ abbilden ($i = 1, \ldots, n$). Jede Funktion $f_i$ ist eine Rechts-Null von $F_R(X_n)$. Es sei $f, g \in F_R(X_n) - K$, $f = (i_1, \ldots, i_n)$, $g = (j_1, \ldots, j_n)$ mit $\varphi(f) = \varphi(g)$. Dann ist $f_k f = f_{i_k}$ und $f_k g = f_{j_k}$ für jedes $k$. Also gilt $\varphi(f_{j_k}) = \varphi(f_k g) = \varphi(f_k f) = \varphi(f_{i_k})$ für alle $k$. Da $\varphi$ auf $K$ eineindeutig ist, folgt $i_k = j_k$ für alle $k$, also $f = g$.

b) Wenn $\varphi$ nicht eineindeutig ist auf $F_R(X_n)$, so ist $\varphi$ nach a) auch auf $K$ nicht eineindeutig. Es sei $\varphi(f_1) = \varphi(f_2)$ für $f_1 \neq f_2$. Weiter sei $f^k$ die Funktion aus $F_R(X_n)$ mit $f^k = (1, k, k, \ldots, k)$ ($k = 1, \ldots, n$). Dann gilt $f_1 f^k = f_1$ und $f_2 f^k = f_k$ für alle $k$. Folglich gilt $\varphi(f_1) = \varphi(f_1 f^k) = \varphi(f_2 f^k) = \varphi(f_k)$ für alle $k$. ▌

**3.20. Hilfssatz.** Es sei $F_R(X_n) \subseteq S_2 \times_Y S_1$. Dann gilt $F_R(X_n) \subseteq S_1$ oder $F_R(X_n) \subseteq S_2$.

Beweis. Wir betrachten den Homomorphismus $\pi_1 : S_2 \times_Y S_1 \to S_1$ mit $\pi_1(s_2, s_1) = s_1$. Ist $\pi_1$, eingeschränkt auf den Kern $K$ von $F_R(X_n)$, eineindeutig, so gilt $F_R(X_n) \subseteq S_1$. Damit ist $K$ die Menge aller Elemente $(s, 0)$ aus $S_2 \times_Y S_1$, wobei $s$ aus $S_2$ und 0 die Null von $\pi_1(F_R(X_n))$ ist. Es sei $\varphi : S_2 \times_Y S_1 \to S_2$ durch $\varphi(s_2, s_1) = {}^0 s_2$ definiert. $\varphi$ ist ein Homomorphismus. Weiter ist $\varphi$ auf $F_R(X_n)$ eineindeutig; ist nämlich $(s, 0), (t, 0) \in K$ und ${}^0 s = {}^0 t$, so gilt $(s, 0) = (s, 0)^2 = (s^0 s, 0) = (s^0 t, 0) = (s, 0)(t, 0) = (t, 0)$. Damit ist $s = t$, und $\varphi$ ist auf $K$ eineindeutig; damit ist $\varphi$ auch auf $F_R(X_n)$ eineindeutig. In diesem Falle gilt also $F_R(X_n) \subseteq S_2$. ▌

Der Zerlegungssatz wurde zuerst von KROHN und RHODES in [1] und [3] bewiesen. Automatentheoretische Folgerungen finden sich im Abschnitt 4 des genannten Artikels [1].

Der hier dargestellte Beweis folgt der Arbeit [1]. Weitere Beweise finden sich speziell bei ZEIGER [5], im Kapitel 4 des vorliegenden Bandes sowie im nächsten Abschnitt dieses Kapitels.

## 4. Ein algebraischer Beweis des Hauptsatzes über die Primzerlegung

In diesem Abschnitt geben wir einen weiteren Beweis für den Hauptsatz über die Primzerlegung von endlichen Halbgruppen an Dabei werden wir die im Abschnitt 3 verwendeten automatentheoretischen Methoden nicht benutzen, es kommen lediglich algebraische Methoden zum Tragen.

Obwohl die Methoden der Maschinentheorie mitunter nicht sehr bequem sind, liefern sie doch gut weitgehende Einsichten in bestehende Sachverhalte sowie strenge Beweise. Der Hauptsatz über die Primzerlegung wurde ursprünglich im Rahmen der Maschinentheorie bewiesen; erst nachdem die Gültigkeit dieses Satzes bekannt war, wurde ein algebraischer Beweis erbracht.

Zunächst geben wir, mehr als Information gedacht, einen anderen Beweis zu Lemma 3.6, wobei wir den im Kapitel 7 behandelten REESschen Satz ausnutzen. Wir wiederholen die Behauptung.

**4.1. Lemma (3.7).** Es sei $S$ eine endliche Halbgruppe. Dann tritt stets einer der drei folgenden Fälle ein:

a) $S$ ist links-einfach,
b) $S$ ist zyklisch oder
c) es gibt ein echtes Links-Ideal $V \subset S$ und eine echte Unterhalbgruppe $T \subset S$, so daß $S = V \cup T$ ist.

Beweis. Im Verlauf dieses Beweises benutzen wir das „Bild" einer $\mathcal{J}$-Klasse wie es durch die Sätze von Green und Rees (Kapitel 7) geliefert wird. Es sei $J$ eine maximale $\mathcal{J}$-Klasse von $S$. Dann ist $J$ entweder regulär oder eine Null-$\mathcal{J}$-Klasse aus einem Element. Zunächst betrachten wir den Fall, daß $J$ regulär ist und nur eine $\mathcal{L}$-Klasse besitzt. Dann ist $J$ eine Unterhalbgruppe von $S$. Mit $F(J)$ bezeichnen wir das Ideal $S - J$. Ist $F(J) = \emptyset$, so ist $J = S$ links-einfach; es liegt also der Fall a) vor. Ist $F(J) \neq \emptyset$, so sei $V = F(J)$ und $T = J$, es liegt also der Fall c) vor.

Wir betrachten jetzt den Fall, daß $J$ regulär ist und mehr als eine $\mathcal{L}$-Klasse besitzt. Es sei $L$ eine solche. Ist $F(J) = \emptyset$, so liegt der Fall c) vor, wir können nämlich $V = L$ und $T = J - L = S - L$ setzen. Ist $F(J) \neq \emptyset$, so liegt ebenfalls der Fall c) vor, wir können nämlich $V = L \cup F(J)$ und $T = (J - L) \cup F(J)$ setzen.

Schließlich betrachten wir den Fall, daß $J$ eine Null-$\mathcal{J}$-Klasse aus nur einem Element ist. Es sei $J = \{q\}$ und $Q$ die durch $q$ erzeugte Halbgruppe. Dann ist entweder $Q = S$ (Fall b)) oder man kann $V = F(J)$ und $T = Q$ setzen (Fall c)). Damit haben wir alle möglichen Fälle betrachtet. ∎

**4.2. Definition.** Es sei $S$ eine endliche Halbgruppe. Dann heißt eine geordnete endliche Folge $(S_1, \ldots, S_n)$ von Unterhalbgruppen von $S$ ein *System für* $S$, wenn gilt:

a) $S_n^I \cdot S_{n-1}^I \cdots S_1^I = S^I$ und
b) für jedes $(s_n, \ldots, s_1) \in S_1^I \times \cdots \times S_n^I$ und jedes $s_0 \in S$ gibt es eine ganze Zahl $k$ $(1 \leqq k \leqq n)$ mit $s_{k-1} \cdots s_1 s_0 \in S_k$.

**4.3. Lemma.** Es sei $S$ eine endliche Halbgruppe. Dann besitzt $S$ ein System $(S_1, \ldots, S_n)$ mit der Eigenschaft, daß jedes $S_i$ $(i = 1, \ldots, n)$ entweder links-einfach oder zyklisch ist.

Beweis. Den Beweis führen wir durch Induktion über $|S|$. Für $S = \{1\}$ gilt die Behauptung offenbar. Nun sei das Lemma schon für alle Halbgruppen, deren Ordnung kleiner als $n$ ist, bewiesen; $S$ habe die Ordnung $n$. Da jede Halbgruppe $S$ ein triviales System besitzt ($S = S_1$), gilt die Behauptung sicher für einfache und auch für zyklische endliche Halbgruppen $S$. Wir setzen also jetzt voraus, daß $S$ der Bedingung c) von Lemma 4.1 genügt.

Nach Induktionsvoraussetzung besitzen sowohl $V$ als auch $T$ Systeme mit den gewünschten Eigenschaften. $(V_1, \ldots, V_m)$ und $(T_1, \ldots, T_p)$ seien derartige

Systeme für $V$ bzw. $T$. Wir setzen nun $S_1 = T_1, \ldots, S_p = T_p, S_{p+1} = V_1, \ldots, S_{p+m} = V_m$ und behaupten, daß $(S_1, \ldots, S_{p+m})$ ein System für $S$ mit den gewünschten Eigenschaften ist.

Die Bedingung a) aus Definition 4.2 wird durch das System $(S_1, \ldots, S_{p+m})$ erfüllt, da $S^I = V^I T^I$ ist. Um die Bedingung b) nachzuweisen, sei $(v_m, \ldots, v_1, t_p, \ldots, t_1) \in V_m^I \times \cdots \times V_1^I \times T_p^I \times \cdots \times T_1^I$ und $s_0 \in S$. Ist $s_0 \in E$, so gibt es ein $k_1$ mit $1 \leqq k_1 \leqq p$, so daß $t_{k_1-1} \cdots t_1 s_0 \in T_{k_1}$ ist; denn $(T_1, \ldots, T_p)$ besitzt die gewünschten Eigenschaften. Ist $s_0 \notin T$, so gilt $t_p \cdots t_1 s_0 \in V$; denn es ist $s_0 \in V$ und $V$ ein Links-Ideal. Dann gibt es ein $k_2$ mit $1 \leqq k_2 \leqq m$, so daß $v_{k_2-1} \cdots v_1(t_p \cdots t_1 s_0) \in V_{k_2}$ ist. Damit folgt, daß $(S_1, \ldots, S_{p+m})$ auch der Bedingung b) aus Definition 4.2 genügt. ▮

**4.4. Lemma.** Es sei $(S_1, \ldots, S_n)$ ein nicht-triviales System für eine Halbgruppe $S$. Dann gilt

$$(S^1, S) \mid (S_n^I, \widetilde{S}_n^I) \text{ w } \cdots \text{ w } (S_1^I, \widetilde{S}_1^I),$$

wobei für jede Transformationshalbgruppe $(X, S)$ mit $\widetilde{S}$ in dem Ausdruck $(X, \widetilde{S})$ diejenige Unterhalbgruppe von $F_R(X)$ bezeichnet ist, die aus $S$ und den konstanten Abbildungen auf $X$ besteht[1]).

Beweis. Für jedes $s \in S$ sei $\hat{s} \in F_R(S_n^I \times \cdots \times S_1^I)$ definiert durch $(s_n, \ldots, s_1) \times \hat{s} = (s_n, \ldots, s_{k+1}, s_k, \ldots, s_1 s, I, \ldots, I)$, wobei $k$ die *kleinste* ganze Zahl, die der Bedingung b) aus Definition 4.2 genügt. Dann gilt

$$\hat{s} \in (S_n^I, \widetilde{S}_n^I) \text{ w } \cdots \text{ w } (S_1^I, \widetilde{S}_1^I).$$

Schreiben wir nämlich $(s_n, \ldots, s_1)\, \hat{s} = (f_n(s_n), \ldots, f_1(s_1))$, so gilt für $j = 1, \ldots, n$

$$f_j(s_j) = \begin{cases} s_j, & \text{falls } s \in S_1 \text{ oder } s_1 s \in S_2 \text{ oder } \ldots \text{ oder } s_{j-2} \cdots s_1 s \in S_{j-1}, \\ s_j \cdots s_1 s, & \text{falls } s_{j-1} \cdots s_1 s \in S_j, \text{ aber keine der oben genannten} \\ & \text{Bedingungen erfüllt ist,} \\ I & \text{sonst.} \end{cases}$$

Dann hängt $f_j$ von $s$ und $s_{j-1}, \ldots, s_1$ ab und gehört zu $\widetilde{S}_j^I$. Es sei angemerkt, daß $\hat{s}$ nicht in dem Kranzprodukt liegt, falls $k$ nicht die kleinste ganze Zahl ist, die der Bedingung b) aus Definition 4.2 genügt.

Es sei $S$ die Unterhalbgruppe von $(S_n^I, \widetilde{S}_n^I) \text{ w } \cdots \text{ w } (S_1^I \widetilde{S}_1^I)$, die durch $\{\hat{s} : s \in S\}$ erzeugt wird. Weiter sei $\Theta : S_n^I \times \cdots \times S_1^I \twoheadrightarrow S_1$ durch $\Theta(s_n, \ldots, s_1) = s_n \cdots s_1$ und $\Theta(I, \ldots, I) = 1$ definiert. Dann gilt $\Theta(x\, \hat{s}) = \Theta(x)\, s$ offenbar für alle $x \in S_n^I \times \cdots \times S_1^I$ und $s \in S$. Damit ergibt sich wegen X 2.10 die Beziehung

$$(S^1, S) \mid (S_n^I, \widetilde{S}_n^I) \wr \cdots \wr (S_1^I, \widetilde{S}_1^I). \;▮$$

**4.5. Lemma.** Es sei $\mathcal{S}$ eine Familie von Halbgruppen mit der Eigenschaft, daß für jedes $S \in \mathcal{S}$ die Beziehung $(S^1, \widetilde{S}) \in \overline{W}(\mathcal{S})$ besteht. Dann gilt für alle $(Y, T) \in \overline{W}(\mathcal{S})$ die Beziehung $(Y, \widetilde{T}) \in \overline{W}(\mathcal{S})$.

---

[1]) ZEIGER betont die Nützlichkeit der erweiterten Halbgruppe; vgl. Kapitel 4.

Beweis. Wir zeigen die Behauptung für alle $(Y, T) \in \overline{W}_n(\mathcal{S})$ durch Induktion über $n$. $\overline{W}_1(\mathcal{S})$ besteht aus Elementen der Form $(S^1, S)$, nach Voraussetzung ist also $(S^1, \tilde{S}) \in \overline{W}(\mathcal{S})$. Die Behauptung sei nun schon für $n - 1$ bewiesen, und es sei $(Y, T) \in \overline{W}_n(\mathcal{S})$. Dann gilt entweder

1. $(Y, T) \mid (X, S)$ für ein gewisses $(X, S) \in \overline{W}_{n-1}(\mathcal{S})$ oder
2. $(Y, T) \mid (Y_2, T_2) \wr (Y_1, T_1)\,, \quad (Y_i, T_i) \in \overline{W}_{n-1}(\mathcal{S})\,, \quad i = 1, 2\,.$

Im Fall 1 sei $(X', S')$ so gewählt, daß $(Y, T) \overset{(\Theta,\varphi)}{\ll\!\!-\!\!-} (X', S') \subseteq (X, S)$ gilt. Wir werden zeigen, daß die Beziehung $(Y, \tilde{T}) \mid (X, \tilde{S})$ besteht. Es sei $V = S' \cup C_{X'}$, wobei $C_{X'}$ die Menge aller konstanten Abbildungen auf $X'$ ist. $V$ ist eine Unterhalbgruppe von $\tilde{S}$ und läßt die Menge $X'$ invariant. Damit gilt $(X', V) \subseteq (X, \tilde{S})$. Es sei $c_x$ die Abbildung, die jedes Element auf $x$ abbildet. Die Multiplikation in $V$ ist gegeben durch $s_1 \cdot s_2 = s_1 s_2$, $c_x \cdot s = c_{xs}$, $c_{x_1} \cdot c_{x_2} = s_1 \cdot c_{x_2} = c_{x_2}$. Es sei $\Theta : X' \twoheadrightarrow Y$ die zur Division $(Y, T) \mid (X, S)$ gehörende Abbildung und $\varphi : S' \twoheadrightarrow T$ der zugehörige Epimorphismus. Wir definieren $\psi : V \twoheadrightarrow \tilde{T}$ durch $\psi(s) = \varphi(s)$, $\psi(c_x) = c_{\Theta(x)} \in C_Y$. Es sei $s \in S'$ eine konstante Abbildung auf $X'$, etwa $c_x$. Dann ist $\psi(s) = \varphi(s)$ und $\psi(c_x) = c_{\Theta(x)}$. Nun gilt aber $\Theta(x_1 s) = \Theta(x_1)\,\psi(s)$ und $x_1 s = x$, so daß $\Theta(x_1 s) = \Theta(x)$ für alle $x_1 \in X'$ ist. Folglich ist $\varphi(s) = c_{\Theta(x)}$, so daß $\psi$ wohldefiniert ist. Nutzt man wiederum die Beziehung $\Theta(x s) = \Theta(x)\,\varphi(s)$ aus, so kann man leicht zeigen, daß $\psi$ ein Epimorphismus ist und $(X', V) \twoheadrightarrow (Y, \tilde{T})$ gilt. Damit gilt $(Y, \tilde{T}) \mid (X, \tilde{S})$; es ist also $(Y, \tilde{T}) \in \overline{W}(\mathcal{S})$.

Im Fall 2 gilt nach dem obigen Resultat

$$(Y, \tilde{T}) \mid \left((Y_2 \times Y_1), (Y_2, T_2) \,\mathrm{w}\, (Y_1, T_1)^{\sim}\right)^{1)}\,.$$

Nun gehören die konstanten Abbildungen auf $Y_2 \times Y_1$ aber offenbar zur Menge $(Y_2, \tilde{T}_2) \,\mathrm{k}\, (Y_1, \tilde{T}_1)$, damit gilt

$$(Y_2 \times Y_1, (Y_2, T_2) \,\mathrm{w}\, (Y_1, T_1)^{\sim}) \mid (Y_2, \tilde{T}_2) \wr (Y_1, \tilde{T}_1) \in \overline{W}(\mathcal{S})\,.$$

Es ist also $(Y, \overline{W}) \in \tilde{T}(\mathcal{S})$. ∎

**4.6. Lemma.** a) Es gilt $(U_3, \tilde{U}_3) \in \overline{W}(U_3)$.

b) Es sei $G$ eine Gruppe. Dann ist $(G, \tilde{G}) \in \overline{W}\,(G \cup U_3)$.

Beweis. a) Da die Rechts-Multiplikation mit $r_0$ bzw. $r_1$ auf $U_3$ genau dasselbe bewirkt wie $c_{r_0}$ bzw. $c_{r_1}$ auf $U_3$, sieht man, daß $\tilde{U}_3 = \{c_{r_0}, c_{r_1}, c_1, I\,d\}$ ist, d. h., $\tilde{U}_3$ besteht aus den konstanten Abbildungen auf $U_3$ sowie der identischen Abbildung $I\,d$. Es sei $X$ eine Menge, und $S \subseteq F_R(X)$ bestehe aus den konstanten Abbildungen auf $X$ sowie der identischen Abbildung. Wir werden zeigen, daß dann $(X, S) \in \overline{W}(U_3)$ ist. Insbesondere gilt also $(U_3, \tilde{U}_3) \in \overline{W}(U_3)$.

---

1) Dabei schreiben wir bei komplizierteren Ausdrücken $E$ auch $E^{\sim}$ für $\tilde{E}$.

Wir codieren $X$ in eineindeutiger Weise in $U_1 \times \cdots \times U_1$ ($n$-mal, $n$ hinreichend groß). Mit $\overline{X}$ bezeichnen wir das Bild von $X$ in $U_1 \times \cdots \times U_1$. Es sei $x \in X$. Ist $x = (r_{i_1}, \ldots, r_{i_n})$, $i_j \in \{0, 1\}$, so definieren wir $\varphi : S \to U_3 \times \cdots \times U_3$ durch $\varphi(c_x) = (r_{i_1}, \ldots, r_{i_n})$ und $\varphi(I\,d) = (1, \ldots, 1)$. $\varphi$ ist ein Monomorphismus. Es sei $\overline{S} = \varphi(S)$. Man sieht leicht ein, daß $(\overline{X}, \overline{S})$ eine zu $(X, S)$ isomorphe Transformationshalbgruppe ist und daß $(\overline{X}, \overline{S}) \subseteq (U_3, U_3) \times \cdots \times (U_3, U_3) \in \overline{W}(U_3)$ gilt. Folglich ist $(X, S) \in \overline{W}(U_3)$.

b) Es sei $G$ eine Gruppe. Dann ist $\widetilde{G}$ die disjunkte Vereinigung von $G$ und $C_G$, wobei die Multiplikation wie im Beweis zu Lemma 4.5 definiert ist. Für $g \in G$ definieren wir $\hat{g} \in F_R(G \times G)$ durch $(g_2, g_1)\,\hat{g} = (g_2, g_1 g)$. Für $c_g \in C_G$ definieren wir $\hat{c}_g \in F_R(G \times G)$ durch $(g_2, g_1)\,\hat{c}_g = (g_1^{-1}, g_1 g)$. Es sei vermerkt, daß $\hat{g}$ und $\hat{c}_g$ zu $(G, S)$ w $(G, G)$ gehören, wobei $S$ die Vereinigung aller konstanten Abbildungen auf $G$ mit der identischen Abbildung ist. Es sei $\widehat{G}$ die Unterhalbgruppe von $(G, S)$ w $(G, G)$, die durch $\{\hat{g}, \hat{c}_g : g, c_g \in \widetilde{G}\}$ erzeugt wird. $\Theta : G \times G \twoheadrightarrow G$ sei durch $\Theta(g_2, g_1) = g_2 g_1$ definiert. Dann gilt offenbar $\Theta(x\,\hat{s}) = \emptyset/\Theta(x)\,s$ für alle $x \in G \times G$ und $s \in \widetilde{G}$. Nach X 2.10 gilt damit $(G, \widetilde{G}) \mid (G, S) \wr (G, G)$. Wegen a) ist aber $(G, S) \in \overline{W}(U_3)$. Also gilt $(G, S) / (G, G)$, und folglich gehört $(G, \widetilde{G})$ zu $\overline{W}\,(G \cup U_3)$. ▮

**4.7. Lemma.** Es sei $\mathscr{S}$ eine Familie von Monoiden. Für jedes $S \in W(\mathscr{S})$ gilt dann $S^I \in W\,(\mathscr{S} \cup \{U_3\})$.

Beweis. Wir zeigen durch Induktion über $n$, daß die Behauptung für jedes $S \in W_n(\mathscr{S})$ gilt. Es sei $S \in W_1(\mathscr{S}) = \mathscr{S}$. Dann ist $S$ ein Monoid. Wir definieren den Monomorphismus $\varphi : S^I \to S \times U_3$ durch $\varphi(s) = (s, r_0)$ und $\varphi(I) = (1, 1)$. Also gilt $S^I | S \times U_3 |\ S$ w $U_3 \in W\,(\mathscr{S} \cup \{U_3\})$.

Die Behauptung sei nun schon für jedes Element aus $W_{n-1}(\mathscr{S})$ bewiesen, und es sei $S \in W_n(\mathscr{S})$. Dann gilt entweder

(1) $S \mid T \in W_{n-1}\mathscr{S})$, woraus $S^I \mid T^I$ folgt, oder

(2) $S \mid T_2$ w $T_1$, $T_i \in W_{n-1}(\mathscr{S})$, $i = 1, 2$. Dann gilt

$S^I \mid (T_2 \text{ w } T_1)^I \mid T_2^I \text{ w } T_1^I \in W\,(\mathscr{S} \cup \{U_3\})$. ▮

**4.8. Lemma.** Wenn die Beziehung (3.2) für $S$ gilt, d. h., wenn

$$S \in W\,(\mathrm{PRIM}(S) \cup \{U_3\})$$

gilt, so gilt auch

$$(S^I, \widetilde{S}^I) \in \overline{W}\,(\mathrm{PRIM}(S) \cup \{U_3\})\ .$$

Beweis. Da PRIM($S$) und $U_3$ Monoide sind, ergibt sich aus Lemma 4.7 die Beziehung $S^I \in W\,(\mathrm{PRIM}(S) \cup \{U_3\})$. Damit folgt nach Hilfssatz 2.21

$$(S^I, S^I) \in \overline{W}\,(\mathrm{PRIM}\,(S) \cup \}U_3\})\ .$$

Nach Lemma 4.6 erfüllt $\overline{W}$ (PRIM($S$) ∪ {$U_3$}) aber die Voraussetzungen von Lemma 4.5, so daß

$$(S^I, \widetilde{S^I}) \in \overline{W}\left(\mathrm{PRIM}(S) \cup \{U_3\}\right)$$

gilt. ∎

Wir wiederholen nun noch einmal diejenigen Resultate aus Abschnitt 3, die mit rein algebraischen Methoden bewiesen wurden.

**4.9. Lemma.** a) Es gilt PRIM ∪ EINH ⊆ IRR (vgl. die Definitionen 3.1 und 3.2).

b) Ist $S$ eine zyklische Halbgruppe, so gilt für $S$ die Beziehung (3.2).

c) Ist $G$ eine Gruppe, so gilt für $G$ die Beziehung (3.2).

Beweis. a) Siehe Lemma 3.6.

b) Siehe Lemma 3.9.

c) Siehe den Beweis zu Lemma 3.8. ∎

**4.10. Lemma.** Ist $S$ links-einfach, so gilt für $S$ die Beziehung (3.2).

Beweis. Ist $S$ links-einfach, so gilt $S \cong G \times A^l$, wobei $G$ eine Gruppe und $A$ eine nicht-leere Menge ist. Es ist PRIM($S$) = PRIM($G$) (siehe den Beweis zu Lemma 3.8). Daraus folgt mit Lemma 4.9c $S \in W\left(\mathrm{PRIM}(S) \cup \{U_3, A^l\}\right)$. Wir haben noch zu zeigen, daß $A^l \in W(U_3)$ ist (dies wurde in Lemma 3.8 durch einen maschinentheoretischen Beweis erschlossen). Ist dies gezeigt, so ist die Behauptung bewiesen.

Es sei $L = \{a, b\}^l$. Dann gilt $L \subseteq U_3 \mathrm{w}\, U_1 \cong F(U_1, U_3) \times_X U_1$; denn die Unterhalbgruppe $\{((r_0, 1), r_1), ((r_1, 1), r_1)\}$ ist isomorph zu $L$. ($(r_0, 1)$ bezeichnet die durch $f(r_0) = r_0$ und $f(r_1) = 1$ definierte Funktion $f \in F(U_1, U_3)$.) Da nun $A^l$ eine Unterhalbgruppe eines direkten Produkts von $L$ mit geeigneter Dimension ist, ergibt sich $A^l \in W(U_3)$. ∎

**4.11. Satz (3.3).** Es sei $S$ eine endliche Halbgruppe.

a) Es gilt $S \in W(\mathscr{S} \cup \{U_3\})$ genau dann, wenn PRIM($S$) ⊆ PRIM($\mathscr{S}$) ist. Speziell gilt (wir wiederholen die Beziehung (3.2)):

$$S \in W\left(\mathrm{PRIM}(S) \cup \{U_3\}\right). \tag{4.1}$$

b) Es gilt PRIM ∪ EINH = IRR.

c) Es gibt endliche Halbgruppen $S$ mit $S \notin W\left(\mathrm{IRR}(S)\right)$.

Beweis. Zuerst zeigen wir die Gültigkeit von (4.1). Ist $S$ links-einfach oder zyklisch, so sind wir fertig. Ist die Halbgruppe $S$ weder links-einfach noch zyklisch, so besitzt sie ein nicht-triviales System $(S_1, \ldots, S_n)$, wobei jedes $S_i$ entweder links-einfach oder zyklisch ist. Durch Anwendung der

Lemmata 4.4 und 4.8 ergibt sich

$$S \in W(\mathrm{PRIM}(\{S_1, \ldots, S_n\}) \cup \{U_3\}) .$$

Da aber offenbar $\mathrm{PRIM}(\{S_1, \ldots, S_n\}) \subseteq \mathrm{PRIM}(S)$ ist, ist die Beziehung (4.1) damit bewiesen.

Wegen der Gültigkeit von (4.1) folgt nun aus $\mathrm{PRIM}(S) \subseteq \mathrm{PRIM}(\mathcal{S})$ die Beziehung $S \in W(\mathcal{S} \cup \{U_3\})$. Zum Beweis der Umkehrung sei $S \in W(\mathcal{S} \cup \{U_3\})$ und $P \in \mathrm{PRIM}(S)$. Dann ist $P \in W(\mathcal{S} \cup \{U_3\})$, und wegen Hilfssatz 3.16 gilt $P \mid S'$ für ein gewisses $S' \in \mathcal{S}$, da $P$ als Gruppe nicht $U_3$ teilen kann. Folglich ist $P \in \mathrm{PRIM}(\mathcal{S})$; damit ist a) bewiesen. — Für Beweise zu b) und c) sei auf Satz 3.3 verwiesen. ▮

**4.12. Bemerkung.** Der Teil c) des Satzes rechtfertigt sowohl die Unterscheidung zwischen Primgruppen und Einheiten als auch die Aufnahme von $U_3$ in die obigen Beziehungen.

**4.13. Korollar (3.5).** Es sei $S$ eine endliche Halbgruppe. Dann gilt $S \mid S_n \mathrm{w} \cdots \mathrm{w} S_1$ für gewisse $S_1, \ldots, S_n$, wobei

$$S_i \in \mathrm{PRIM}(S) \cup \mathrm{EINH} , \qquad i = 1, \ldots, n ,$$

ist.

B e w e i s. Es sei auf Korollar 3.5 verwiesen. ▮

**4.14. Bemerkung** (für Leser, die mit Kapitel 7 vertraut sind). Ist eine Halbgruppe $S$ eine Vereinigung von Gruppen, so ist jede $\mathcal{J}$-Klasse eine einfache Halbgruppe. Die Folge $(J_1, \ldots, J_n)$ aller $\mathcal{J}$-Klassen von $S$, wobei $J_i > J_j$ für $i < j$ ist, ist ein System für $S$ und spielt eine wichtige Rolle bei der Untersuchung der Komplexität (dieser Begriff wird in Kapitel 6 definiert) von Halbgruppen, die Vereinigungen von Gruppen sind. Siehe Kapitel 9.

Wegen der genannten Ordnungsbedingungen muß $J_1$ eine maximale $\mathcal{J}$-Klasse von $S$ sein, und $J_n$ ist der Kern von $S$. Der Beweis dafür, daß $(J_1, \ldots, J_n)$ ein System ist, kann durch Induktion über die Anzahl der $\mathcal{J}$-Klassen in $S$ geführt werden. Ist die Behauptung schon für Halbgruppen mit $n - 1$ $\mathcal{J}$-Klassen bewiesen und besitzt $S$ $n$ $\mathcal{J}$-Klassen, so wählt man eine maximale $\mathcal{J}$-Klasse und nennt sie $J_1$. Dann ist $S - J_1$ ein Ideal von $S$ und eine Vereinigung von Gruppen mit $n - 1$ $\mathcal{J}$-Klassen (diese sind im allgemeinen die restlichen $\mathcal{J}$-Klassen von $S$). Ebenso wie im Beweis zu Lemma 4.3 zeigt man, daß $(J_1, \ldots, J_n)$ ein System für $S$ ist.

Der hier angegebene Beweis des Satzes stammt von KROHN und RHODES (bisher nicht veröffentlicht). Siehe auch ZEIGER [5] sowie HARTMANIS und STEARNS [6]. Für eine Verallgemeinerung siehe KROHN, MATEOSIAN und RHODES [2].

## 5. Einige Ergebnisse über kombinatorische Halbgruppen; eine Anwendung des Hauptsatzes über die Primzerlegung

Zunächst geben wir die Definition sowie einige Sätze über kombinatorische Halbgruppen an.

**5.1. Definition.** Eine Halbgruppe $S$ heißt *kombinatorisch*, wenn jede echte Untergruppe von $S$ von der Ordnung 1 ist.

**5.2. Hilfssatz.** Homomorphe Bilder, Unterhalbgruppen und endliche direkte Produkte von kombinatorischen Halbgruppen sind kombinatorisch.

Der Beweis erfolgt unter Benutzung von Hilfssatz 1.1.7. ▮

**5.3. Hilfssatz.** a) Eine Halbgruppe $S$ ist genau dann kombinatorisch, wenn es eine positive ganze Zahl $p = p(S)$ so gibt, daß $s^p = s^{p+1}$ für alle $s \in S$ gilt.

b) Eine Halbgruppe $S$ ist kombinatorisch genau dann, wenn $\mathrm{PRIM}(S) = \emptyset$ ist.

c) Kombinatorische Halbgruppen sind bzgl. Kranzprodukten und halbdirekten Produkten abgeschlossen. D. h., sind $S_1$ und $S_2$ kombinatorisch, so sind auch $S_2 \mathrm{w} S_1$ und $S_2 \times_Y S_1$ kombinatorisch. Weiter gilt: Ist $S_2 \mathrm{w} S_1$ kombinatorisch, so sind sowohl $S_1$ als auch $S_2$ kombinatorisch.

Beweis. a) und b) beweise man als Übungen. Um c) zu beweisen, merken wir an, daß aus $P \in \mathrm{PRIM}(S_2 \mathrm{w} S_1) \cup \mathrm{PRIM}(S_2 \times_Y S_1)$ stets $P \in \mathrm{PRIM}(S_1) \cup \mathrm{PRIM}(S_2)$ folgt. Damit ist die erste Behauptung von c) bewiesen. Wegen $S_i \mid S_2 \mathrm{w} S_1$ $(i = 1, 2)$ ergibt sich $\mathrm{PRIM}(S_i) \subseteq \mathrm{PRIM}(S_2 \mathrm{w} S_1)$; ist also $S_2 \mathrm{w} S_1$ kombinatorisch, so sind auch $S_1$ und $S_2$ kombinatorisch. ▮

**5.4. Induktionsprinzip für kombinatorische Halbgruppen.** Es sei $\mathcal{P}$ eine Eigenschaft endlicher Halbgruppen derart, daß

1. $\mathcal{P}$ abgeschlossen ist bzgl. der Teilung und
2. $U_3^{(n)} =_{\mathrm{Df}} U_3 \mathrm{w} \cdots \mathrm{w} U_3$ ($n$-mal) die Eigenschaft $\mathcal{P}$ besitzt. Dann besitzt jede kombinatorische Halbgruppe die Eigenschaft $\mathcal{P}$.

Beweis. Es sei $\mathcal{P}$ eine solche Eigenschaft endlicher Halbgruppen, die den obigen beiden Bedingungen genügt, weiter sei $S$ eine kombinatorische Halbgruppe. Dann ist $\mathrm{PRIM}(S) = \emptyset$, und nach dem Satz über die Primzerlegung gilt dann $S \in W(U_3)$ und $S \mid U_3^{(n)}$ für ein gewisses $n$. Folglich besitzt $S$ die Eigenschaft $\mathcal{P}$. ▮

**5.5. Bezeichnung.** a) Es sei $A$ eine nichtleere Menge. Dann bezeichne $\Pi(A)$ die Menge aller unendlichen Folgen von Elementen aus $A$.

b) Es sei $S$ eine Halbgruppe. Dann definieren wir die $n$-te *Iteration* $(S^{f\sigma})^n$: $\Sigma S \to \Sigma S$ *der Maschine* $S^f$ durch $(S^{f\sigma})^2 = S^{f\sigma} S^{f\sigma}$ und $(S^{f\sigma})^n = S^{f\sigma}(S^{f\sigma})^{n-1}$.

c) Es sei $S$ eine Halbgruppe, $X \in \Pi(S^1)$ und $X = (x_1, x_2, \ldots)$. Dann sei $P_X : \Sigma S \to \Sigma S$ definiert durch $P_X(s_1, \ldots, s_n) = (x_1 s_1, \ldots, x_n s_n)$.

Wir geben nun das Hauptresultat dieses Abschnitts an: Wird die Maschine $S^f$ einer kombinatorischen Halbgruppe $S$ lange genug iteriert, so ist die $(n+1)$-te Iteration gleich der $n$-ten. Dasselbe gilt für die Maschinen $P_X S^f$ und $S^f P_X$.

**5.6. Satz.** Die folgenden Aussagen sind äquivalent:

a) $S$ ist eine kombinatorische Halbgruppe.

b) Es gibt eine positive ganze Zahl $m = m(S)$, so daß gilt

$$(S^{f\sigma})^m = (S^{f\sigma})^{m+1} . \tag{5.1}$$

c) Es gibt eine positive ganze Zahl $q = q(S)$ derart, daß für alle $X \in \Pi(S^1)$ gilt

$$(P_X S^{f\sigma})^q = (P_X S^{f\sigma})^{q+1} , \tag{5.2}$$

$$(S^{f\sigma} P_X)^q = (S^{f\sigma} P_X)^{q+1} . \tag{5.3}$$

Beweis. c) → b) zeigt man, indem man $X = (1, 1, \ldots)$ setzt.

b) → a): Wir nehmen an, $S$ sei eine Halbgruppe mit einer nicht-trivialen Untergruppe $G$ (d. h., $S$ ist nicht kombinatorisch). Es sei $g \in G$ und $g \neq 1$, wobei 1 das Einselement von $G$ ist. Dann gilt für jedes $n = 1, 2, \ldots$ die Beziehung $(S^{f\sigma})^n (g, 1) = (g, g^n)$. Wegen $g \neq 1$ gibt es keine positive ganze Zahl $m$ mit $(S^{f\sigma})^m = (S^{f\sigma})^{m+1}$.

a) → c): Zunächst sei bemerkt, daß (5.2) und (5.3) äquivalent sind. Gilt nämlich (5.2), so gilt auch

$$(S^{f\sigma} P_X)^{q+1} = S^{f\sigma}(P_X S^{f\sigma})^q P_X = S^{f\sigma}(P_X S^{f\sigma})^{q+1} P_X = (S^{f\sigma} P_X)^{q+2} .$$

Entsprechend folgt (5.2) aus (5.3).

Es sei $\mathcal{P}$ die Gesamtheit aller Halbgruppen, die der Gleichung (5.2) genügen. Wir werden zeigen, daß $\mathcal{P}$ abgeschlossen ist bzgl. der Teilung und daß $U_3^{(n)} \in \mathcal{P}$ für alle $n$ gilt; nach dem Induktionsschema (5.4) besitzt also jede kombinatorische Halbgruppe die Eigenschaft $\mathcal{P}$, d. h., es gilt (5.2). Damit ist der Satz dann vollständig bewiesen.

1. *$\mathcal{P}$ ist abgeschlossen bzgl. der Teilung.* Es gelte $S \mid T$ und $T \in \mathcal{P}$. Wir schreiben $S \overset{\varphi}{\twoheadleftarrow} T' \subseteq T$. Dann gilt $S^f \mid T^f$ und $S^{f\sigma} = h_1^\Gamma T^{f\sigma} h_3^\Gamma$, dabei ist $h_1 : S \to T'$, $h_1(s) = \hat{s}$ und $\hat{s}$ ein fixierter Repräsentant von $\varphi^{-1}(s)$, weiter $h_2 : T' \twoheadrightarrow S$ und $h_2(t) = \varphi(t)$. (Zu dieser Bezeichnungsweise vgl. den Beweis zu Satz 2.6b.) Es sei $X \in \Pi(S^1)$, etwa $X = (x_1, x_2, \ldots)$ und $q = q(T)$. Dann gilt

$$(P_X S^{f\sigma})^{q+1} = (P_X h_2^\Gamma T^{f\sigma} h_1^\Gamma)^{q+1} = P_X h_2^\Gamma (T^{f\sigma} h_1^\Gamma P_X h_2^\Gamma)^q T^{f\sigma} h_1^\Gamma . \tag{5.4}$$

Wir behaupten nun, daß

$$h_2^\Gamma (T^{f\sigma} h_1^\Gamma P_X h_2^\Gamma)^p = h_2^\Gamma (T^{f\sigma} P_Y)^p \qquad \text{für jedes } p = 1, 2, \ldots \tag{5.5}$$

gilt, wobei $Y \in \Pi(T^1)$, etwa $Y = (\bar{x}_1, \bar{x}_2, \ldots)$. Für $p = 1$ ist (5.5) leicht zu verifizieren. Es sei nun (5.5) schon für $p-1$ bewiesen, und es sei

$$(t_1, \ldots, t_n) = h_2^\Gamma (T^{f\sigma} h_1^\Gamma P_X h_2^\Gamma)^{p-1} (t_1', \ldots, t_n') = h_2^\Gamma (T^{f\sigma} P_Y)^{p-1} (t_1', \ldots, t_n') .$$

Dann ist es zum Beweis von (5.5) hinreichend zu zeigen, daß

$$h_2^\Gamma\, T^{f\sigma}\, h_1^\Gamma\, P_X(t_1, \ldots, t_n) = h_2^\Gamma\, T^{f\sigma}\, P_Y(u_1, \ldots, u_n)$$

gilt, wobei $u_i$ ein beliebiges Element von $\varphi^{-1}(t_i)$ ist ($i = 1, \ldots, n$). Dies läßt sich leicht nachweisen.

Aus $(T^{f\sigma} P_Y)^q = (T^{f\sigma} P_Y)^{q+1}$ folgt nun wegen (5.4) und (5.5) leicht die Beziehung $(P_X\, S^{f\sigma})^{q+1} = (P_X\, S^{f\sigma})^{q+2}$. Damit ist gezeigt, daß $\mathcal{P}$ bzgl. der Teilung abgeschlossen ist.

2. *Für* $n = 1, 2, \ldots$ *gilt* $U_3^{(n)} \in \mathcal{P}$. Man verifiziert, daß $(P_X\, U_3^{f\sigma})^2 = (P_X\, U_3^{f\sigma})^3$ für alle $X \in \Pi(U_3)$ gilt. Außerdem beweist man, daß $\mathcal{P}$ abgeschlossen ist bzgl. endlicher direkter Produkte. Beides ist einfach. Schließlich gilt für kombinatorische Halbgruppen $S_1$, $S_2$ die Beziehung $q(S_1 \times S_2) = \max\{q(S_1), q(S_2)\}$.

(Wir zeigen jetzt durch Induktion über $n$, daß es zu jedem $n = 1, 2, \ldots$ ein $q_n$ so gibt, daß (5.2) für $(q =)\, q_n$ und $(S = )\, U_3^{(n)}$ gilt. Für $q_1 = 2$ haben wir dies schon angedeutet.)

Wir nehmen jetzt an, wir hätten schon ein $q_n$ gefunden, so daß (5.2) für $U_3^{(n)}$ gilt; dann werden wir aus $q_n$ ein $q_{n+1}$ so konstruieren, daß (5.2) für $U_3^{(n+1)} = F(U_3, U_3^{(n)}) \times_Y U_3$ gilt. Wir merken an, daß $q_n$ die Eigenschaft hat, daß (5.2) für $F(U_3, U_3^{(n)})$ gilt. Es sei $X \in \Pi(U_3^{(n+1)})$ mit $X = \big((g_1, b_1), (g_2, b_2), \ldots\big)$, $b_i \in U_3$, $g_i \in F(U_3, U_3^{(n)})$. Weiter sei $M = P_X\, U_3^{(n+1)f\sigma}$ und $Y \in \Sigma\, U_3^{(n+1)}$ mit $Y = \big((f_1, a_1), \ldots, (f_k, a_k)\big)$.

Wir wollen uns nun die Möglichkeit verschaffen, die Induktionsvoraussetzung anwenden zu können. Dazu müßten wir die halbdirekten Produkte wie direkte Produkte behandeln können. Das wäre möglich, wenn sämtliche $a_i$ und $b_i$ gleich 1 wären. Sei nun $r$ die größte ganze Zahl derart, daß $a_1, \ldots, a_{r-1}$, $b_1, \ldots, b_{r-1}$ sämtlich gleich 1 sind. Dann wirkt $M^p$ auf den ersten $r - 1$ Komponenten von $Y$ genauso wie $(P_{X'}\, F(U_3, U_3^{(n)})^f \times U_3^f)^{\sigma p}$, wobei $X' \in \Pi\, F(U_3, U_3^{(n)})$ ist mit $X' = (g_1, g_2, \ldots)$. Damit ändern sich nach $q_n$ Iterationen von $M$ die ersten $r - 1$ Komponenten von $Y$ nicht mehr. Wir schreiben $M^{q_n}(Y) = \big((h_1, 1), \ldots, (h_{r-1}, 1), (h_r', c_r), \ldots, (h_k', c_k)\big)$. Wir merken an, daß nach der zweiten Iteration jedes $c_i$ in der Menge $(r_0, r_1)$ liegt und $q_n$ sicher größer als 1 ist. Damit gilt $x\, c_i = c_i$ für alle $x \in U_3$.

Nach weiteren $q_n + 1$ Iterationen wird die $r$-te Komponente stabil. Um dies einzusehen, beginnen wir mit $M^{q_n}(Y)$ und iterieren $p$-mal. Die neue $r$-te Komponente wird $\big(g_r({}^{b_r}(h_1 \cdots h_{r-1}\, g_r))^{p-1} \cdot {}^{b_r}(h_1 \cdots h_r'), c_r\big)$. Für alle $f \in F(U_3, U_3^{(n)})$ gilt nun $f^{q_n} = f^{q_n+1}$. (Wir betrachten $\big(F(U_3, U_3^{(n)})^{f\sigma}\big)^{q_n}(f, f)$.) Damit hat sich die $r$-te Komponente stabilisiert, wenn $p = q_n + 1$ ist. Wir schreiben $M^{2q_n+1}(Y) = \big((h_1, 1), \ldots, (h_r, c_r), \ldots, (h_k, c_k)\big)$.

Wir werden jetzt zeigen, daß nach weiteren $q_n + 1$ Iterationen sämtliche Komponenten stabil werden, so daß $q_{n+1} \leqq 3\, q_n + 2$ ist, womit die Behauptung bewiesen ist. Es bezeichne $c_1$ die Identität von $F(U_3, U_3^{(n)})$. Wir definieren die Maschine $f : \Sigma\, U_1^{(n+1)} \to U_3^{(n+1)}$ durch

$$f((k_1, d_1), \ldots, (k_n, d_n)) = \begin{cases} (d^{n-1}k_n, d_n)\,, & \text{falls} \quad n > 2\,,\ d_{n-1} \neq 1\,, \\ (c_1, d_n) & \text{sonst.} \end{cases}$$

Ebenso definieren wir $X_1 \in \Pi\, F(U_3, U_3^{(n)})$ durch

$$X_1 = \big(j_1, \ldots, j_r, {}^{c_r}g_{r+1}{}^{c_r b_r+1}(h_1 \cdots h_r), \ldots, \\ {}^{c_{k-1}}g_k{}^{c_{k-1} b_k}(h_1 \cdots h_r), j_{k+1}, \ldots\big)$$

wobei jedes $j_i$ gleich $c_1$ ist. Wir definieren $X_2 \in \Pi(U_3^{(n+1)})$ durch

$$X_2 = \big((h_1, 1), \ldots, (h_r, 1)\,,\ (g_{r+1}^{b_r+1}(h_1 \cdots h_r), 1), \ldots, (g_k^{b_k}(h_1 \cdots h_r), 1) \\ (j_{k+1}, 1), \ldots\big)\,,$$

wobei wiederum jedes $j_i$ gleich $c_1$ ist. Wir merken an, daß $X_1$ und $X_2$ Funktionen von $X$ und $Y$ sind. Es sei $F = \big(F(U_3, U_3^{(n)})\big)^f$. Nun verifiziert man durch direktes Nachrechnen, daß

$$M^{2q_n+2+p}(Y) = P_{X_2}\, U_3^{(n+1)f\sigma}(P_{X_1}\, F \times U_3^f)^{\sigma p} f^\sigma\, M^{2q_n+1}(Y)$$

für $p = 1, 2, \ldots$ gilt. Nach Induktionsvoraussetzung ist $(P_{X_1}\, F \times U_3^f)^{\sigma q_n} = (P_{X_1}\, F \times U_3^f)^{\sigma(q_n+1)}$ für alle $X_1 \in \Pi\ F(U_3, U_3^{(n)})$. Damit gilt $M^{3q_n+2}(Y) = M^{3q_n+3}(Y)$ für alle $Y \in \Sigma\ U_3^{(n+1)}$. ∎

**5.7. Bemerkung.** Eine Möglichkeit, $(S^{1f\sigma})^p$ zu veranschaulichen, bietet das „PASCALsche Feld" der Multiplikationstabelle von $S^1$. Es sei $X = (x_1, x_2, \ldots)$ und $Y = (s_1, s_2, \ldots) \in \Pi(S^1)$. Wir betrachten Abb. 1. Es sei $a_{0i} = s_i$ und

| | $s_1 = a_{01}$ | $s_2 = a_{02}$ | $s_3 = a_{03}$ | $\cdots$ |
|---|---|---|---|---|
| $x_1 = a_{10}$ | $x_1\, s_1 = a_{11}$ | $x_1\, s_1\, s_2 = a_{12}$ | $x_1\, s_1\, s_2\, s_3 = a_{13}$ | $\cdots$ |
| $x_2 = a_{20}$ | $x_2\, x_1\, s_1 = a_{21}$ | $x_2\, x_1\, s_1\, x_1\, s_1\, s_2 = a_{22}$ | $a_{22} \cdot a_{13} = a_{23}$ | $\cdots$ |
| $s_3 = a_{30}$ | $x_3\, x_2\, x_1\, s_1 = a_{31}$ | $a_{31} \cdot a_{22} = a_{32}$ | $a_{32} \cdot a_{23} = a_{33}$ | $\cdots$ |
| $\vdots$ | $\vdots$ | $\vdots$ | $\vdots$ | |

Abb. 1. „PASCALsches Feld" von $S^1$

$a_{j0} = x_j$ $(i, j = 1, 2, \ldots)$; dann berechnen sich die Größen $a_{mn}$ durch die Formel $a_{mn} = a_{m,n-1} \cdot a_{m-1,n}$. Ist $x_1 = x_2 = \cdots = 1$, so wird $(a_{p1}, a_{p2}, \ldots)$ die Ausgabe zu $(S^{1f\sigma})^p\, (s_1, s_2, \ldots)$. Satz 5.6b besagt also, daß $S$ genau dann kombinatorisch ist, wenn es ein $m = m(S^1)$ so gibt, daß für alle $Y \in \Pi(S^1)$ die Zeilen $m, m+1, \ldots$ des Feldes identisch sind.

Es sei $f_i = S^{1f} L_{x_i}$, wobei $L_{x_i}(s_1, \ldots, s_n) = (x_i, s_1, \ldots, s_n)$ ist (siehe die Übung X2.6). Dann gilt $a_{jk} = f_j f_{j-1}^\sigma \cdots d_1^\sigma(s_1, \ldots, s_k)$.

Es besteht die folgende „Dualität". Vertauschen von $X$ und $Y$ und Ersetzen von $S^1$ durch die zu $S^1$ antiisomorphe Halbgruppe $r(S^1)$ ist gleichbedeutend mit der Spiegelung von Tabelle 1 an ihrer Hauptdiagonalen, d. h. der Ersetzung von $a_{jk}$ durch $a_{jk}$. Als duales Ergebnis zu Satz 5.6b ergibt sich der folgende Satz.

**5.8. Satz.** Eine Halbgruppe $S$ ist kombinatorisch genau dann, wenn es eine ganze Zahl $n = n(S)$ so gibt, daß aus

$$b_{jk} = f_j f_{j-1}^{\sigma} \cdots f_1(1, \ldots, 1) \text{ ($k$-mal)}$$

stets $b_{jn} = b_{j,n+1} = \cdots$ für alle $j = 1, 2, \ldots$ und für alle $(x_1, x_2, \ldots) \in \Pi(S^1)$ folgt.

Beweis. Mit $\bar{a}_{kj} = f'_k f'^{\sigma}_{k-1} \cdots f'^{\sigma}_1(x_1, \ldots, x_j)$, wobei $f'_i = r(S^1)^f L_{s_i}$ ist, sei die an der Stelle $(k, j)$ stehende Größe im „PASCALschen Feld" von $r(S^1)$ bezeichnet. Dann folgt — da $r(S^1)$ kombinatorisch ist — aus $s_1 = s_2 = \cdots = 1$ die Existenz einer ganzen Zahl $n$ so, daß $\bar{a}_{nj} = \bar{a}_{n+1,j} = \cdots$ für alle $j = 1, 2, \ldots$ und alle $(x_1, x_2, \ldots)$ ist. Nun gilt aber nach der vorigen Bemerkung $\bar{a}_{kj} = a_{jk}$. Schreiben wir $b_{jk} = a_{jk}$, wenn $s_1 = s_2 = \cdots = 1$ ist, so ergibt sich die Behauptung. ▮

Dieser Abschnitt stammt aus dem Abschnitt 1 der Arbeit [7] von RHODES. Für weitere Anwendungen des Hauptsatzes über die Primzerlegung vgl. Abschnitt 4 der Arbeit [1] von KROHN und RHODES.

## Literatur

[1] KROHN, K., RHODES, J., Algebraic theory of machines. I. Prime decomposition theorem for finite semigroups and machines. Trans. Amer. Math. Soc. **116** (1965), 450–464.

[2] KROHN, K., MATEOSIAN, R., RHODES, J., Methods of the algebraic theory of machines. I. J. Computer System Sci. **1** (1967), 55–85.

[3] KROHN, K., RHODES, R., Algebraic theory of machines. In: Proceedings of the Symposium on the Mathematical Theory of Automata (ed.: J. Fox); pp. 341–384. Polytechnic Institute of Brooklyn, New York 1962.

[4] KROHN, K., RHODES, J., Results on finite semigroups derived from the algebraic theory of machines. Proc. Nat. Acad. Sci. U.S.A. **3** (1965), 499–501.

[5] ZEIGER, H. P., Cascade synthesis of finite-state machines. Information and Control **10** (1967), 419–433.

[6] HARTMANIS, J., STEARNS, R. E., Algebraic structure theory of sequential machines. Prentice-Hall, Englewood Cliffs, New Jersey 1966.

[7] RHODES, J., Some results of finite semigroups. J. Algebra **3** (1966), 471–504.

# Komplexität und Gruppenkomplexität von Automaten mit endlicher Zustandsmenge und von endlichen Halbgruppen

6

MICHAEL A. ARBIB

*Stanford University, Stanford, California*

JOHN L. RHODES[1])

*University of California, Berkeley, California*
*Krohn-Rhodes Research Institute, Berkeley, California*

BRET R. TILSON

*University of California, Berkeley, California*

## 1. Definitionen für die Gruppenkomplexität

Es ist üblich, sequentielle Systeme mit endlicher Zustandsmenge in drei Abstraktionsstufen zu betrachten:

(1) als Automaten $(X, Y, Z, \delta, \lambda)$ mit Eingabe- und Ausgabesignalen und inneren Zuständen;

(2) als abstrakte, endliche Halbgruppen $S$;

(3) als Transformationshalbgruppen $(Z, S)$ (wobei die Menge $S$ der Transformationen von $Z$ das Verhalten von $Z$ beschreibt, das durch Eingabewörter induziert wird).

Für jede Darstellungsweise gibt es einen entsprechenden Zerlegungssatz:

(1) Ein Automat heißt *Gruppen-* oder *Permutationsautomat*, wenn jedes Eingabesignal von $M$ seine Zustände permutiert. In diesem Fall ist $M^S$ eine Gruppe.

$M$ heißt *elementar-kombinatorischer* oder *IF-Automat*, wenn jedes Eingabesignal von $M$ die identische oder eine konstante Abbildung (d. h. eine *Fixierung*) erzeugt. Ein Automat heißt *kombinatorisch* oder *gruppenfrei*, wenn er durch eine Kaskade von *IF*-Automaten simuliert werden kann. Das ist gleichbedeutend damit, daß $M^S$ kombinatorisch ist, d. h. keine Untergruppen von größerer Ordnung als 1 besitzt. Dann besagt der Zerlegungssatz, daß jeder reduzierte Automat mit endlich vielen Zuständen durch eine Kaskade $X$ von Automaten $M_1, \ldots, M_n$ simuliert werden kann, wobei jedes $M_j$ reduziert ist, endlich viele Zustände besitzt und entweder ein kombinatorischer oder ein Gruppenautomat ist. Dabei setzt sich wie üblich das Eingabesignal von $M_j$ im Takt $t$ zusammen aus dem Eingabesignal des Systems im Takt $t$ und den Ausgabesignalen der Automaten $M_1, \ldots, M_{j-1}$ im gleichen Takt, und es treten keine Rückkopplungen auf.

---

[1]) Alfred P. Sloan Research Fellow, 1967–1968.

(2) Ist eine Halbgruppe $S$ vorgegeben, so existieren Halbgruppen

$$S_1, \ldots, S_N \in \mathrm{PRIM}(S) \cup \{U_3\}$$

derart, daß

$$(S^1, S) \mid (S_n, S_n) \wr \cdots \wr (S_1, S_1) . \tag{1.1}$$

Sind $(X_1, S_1)$ und $(X_2, S_2)$ Transformationsgruppen (d. h., $S_i$ ist eine Gruppe und das Einselement von $S_i$ ist in bezug auf $X_i$ die identische Abbildung), so ist auch $(X_2, S_2) \wr (X_1, S_1)$ eine Transformationsgruppe. Sind ferner $(X_1, S_1)$ und $(X_2, S_2)$ kombinatorische Transformationshalbgruppen (d. h., $S_1$ und $S_2$ sind kombinatorische Halbgruppen), so ist $(X_2, S_2) \wr (X_1, S_1)$ eine kombinatorische Transformationshalbgruppe. Ist $G$ eine Gruppe, so ist $(G, G)$ eine Transformationsgruppe. Da PRIM eine Menge von Gruppen ist und $U_3$ eine kombinatorische Halbgruppe bezeichnet, können wir in (1.1) benachbarte Ausdrücke so zusammenfassen, daß $(S^1, S)$ das Kranzprodukt von Transformationshalbgruppen teilt, die abwechselnd Transformationsgruppen und kombinatorische Transformationshalbgruppen sind.

(3) Es sei $(X, S)$ eine Transformationshalbgruppe. Da $S$ eine Unterhalbgruppe der Halbgruppe $F_R(X)$ aller Funktionen von $X$ in sich ist, kann man leicht zeigen, daß $(X, S) \mid \big(X, F_R(X)\big) \mid \big(F_R(X), F_R(X)\big)$ .
Daher gibt es wegen (ii) Halbgruppen $S_1, \ldots, S_m \in \mathrm{PRIM} \cup \{U_3\}$ mit

$$(X, S) \mid (S_m, S_m) \wr \cdots \wr (S_1, S_1) . \tag{1.2}$$

(Wir haben jedoch hier nicht nachgewiesen, daß die einfachen Gruppen zu $\mathrm{PRIM}(S)$ gehören müssen. Trotzdem werden wir später zeigen, daß wir Zerlegungen von $(X, S)$ finden können, für die $S_i \in \mathrm{PRIM}(S) \cup \{U_3\}$ ist.)

Wie in (2) können wir benachbarte Ausdrücke so zusammenfassen, daß $(X, S)$ ein Kranzprodukt teilt, dessen Faktoren abwechselnd Transformationsgruppen und kombinatorische Transformationshalbgruppen sind.

Es drängt sich nun die Frage auf, welches die kleinste Anzahl von Gruppen ist, die für die Zerlegung eines in einer der obigen drei Formen gegebenen Objektes in Gruppen- und kombinatorische Objekte notwendig ist. Es stellt sich heraus, daß diese Zahl unabhängig davon ist, welche der drei Darstellungen gewählt wurde und daß sie nur von der Halbgruppe $S$ abhängt. Diese Zahl nennen wir Gruppenkomplexität von $S$, notiert durch $\mathrm{Card}_G(S)$, und wir werden in diesem Kapitel einige ihrer Grundeigenschaften untersuchen. In Kapitel 9 wird diese Problematik weiter behandelt, nachdem in den Kapiteln 7 und 8 die notwendigen algebraischen Vorbereitungen getroffen worden sind.

**1.1. Definition.** (a) Es sei $X$ eine Zerlegung eines reduzierten Automaten $M$ mit endlicher Zustandsmenge in einer Kaskade von kombinatorischen und Gruppenautomaten $M_1, \ldots, M_n$, die in dieser Reihenfolge in der Kaskade eingeordnet seien. Eine derartige Zerlegung wollen wir eine GK-Zerlegung nennen.

Sei $\mathrm{Card}_G(X)$ die Zahl der Gruppenautomaten, die in $X$ vorkommen. Dann ist die *Gruppenkomplexität* von $M$ (Definition (a)) definiert durch

$$\mathrm{Card}_G^a(M) = \min \{\mathrm{Card}_G(X) : X \text{ ist GK-Zerlegung von } M\}.$$

Für eine Halbgruppe $S$, deren zugehöriger Automat $S^M$ sei, setzen wir

$$\mathrm{Card}_G^a(S) = \mathrm{Card}_G^a(S^M).$$

**1.2. Definition.** (b) $S$ sei eine endliche Halbgruppe. Dann ist die *Gruppenkomplexität* $\mathrm{Card}_G^b(S)$ von $S$ die kleinste nicht-negative ganze Zahl $n$ derart, daß

$$(S^1, S) \mid (Y_n, C_n)(X_n, G_n) \wr (Y_{n-1}, C_{n-1}) \wr \cdots \wr (Y_1, C_1) \wr (X_1, G_1) \wr (Y_0, C_0),$$

wobei für $i = 1, \ldots, n$ die $(X_i, G_i)$ nicht-triviale Transformationsgruppen und $C_1, \ldots, C_{n-1}$ nicht-triviale kombinatorische Halbgruppen sind. ($C_0$ und $C_n$ können triviale Halbgruppen sein.)

**1.3. Satz.** Es ist $\mathrm{Card}_G^a(M) = \mathrm{Card}_G^b(M^S)$. Insbesondere sind die Definitionen (a) und (b) von $\mathrm{Card}_G(S)$ äquivalent, und zwei Automaten mit der gleichen Halbgruppe besitzen die gleiche Gruppenkomplexität.

Beweis. Die Aussage des Satzes folgt aus Satz 2.6 (Kapitel 3), der besagt, daß $S^M$ durch eine Kaskade aus $M_1^{SM}$ und $M_2^{SM}$ simuliert werden kann, wenn $S$ das Kranzprodukt von $M_1^S$ und $M_1^S$ teilt. ∎

**1.4. Definition.** (c) Es sei $(X, S)$ eine Transformationshalbgruppe. Dann ist die *Gruppenkomplexität* $\mathrm{Card}_c^b(X, S)$ von $(X, S)$ definiert als die kleinste nicht-negative ganze Zahl $n$ derart, daß

$$(X, S) \mid (Y_n, C_n) \wr (X_n, G_n) \wr (Y_{n-1}, C_{n-1}) \wr \cdots$$
$$\cdots \wr (Y_1, C_1) \wr (X_1, G_1) \wr (Y_0, C_0), \qquad (1.3)\,[1]$$

wobei für $i = 1, \ldots, n$ die $(X_i, G_i)$ nicht-triviale Transformationsgruppen und $C_1, \ldots, C_{n-1}$ nicht-triviale kombinatorische Halbgruppen sind. ($C_0$ und $C_n$ können trivial sein.)

Wir bemerken, daß $\mathrm{Card}_G^c(X, S) \leqq \mathrm{Card}_G^c(Y, T)$ ist, falls $(X, S) \mid (Y, T)$.

**1.5. Hauptsatz.** (a) Ist $(X, S)$ eine Transformationshalbgruppe, so ist

$$(X, S) \in \overline{W}\,[\mathrm{PRIM}(S) \cup \{U_3\}].$$

(b) Für alle $X$, für die $(X, S)$ eine Transformationshalbgruppe ist (d. h., $S$ operiert treu auf $X$), gilt

$$\mathrm{Card}_G^c(X, S) = \mathrm{Card}_G^b(S).$$

[1]) Der Leser überzeuge sich in der Arbeit Krohn, Langer und Rhodes [1] davon, daß Relationen dieser Art eng mit der endlichen Physik zusammenhängen. Die Verhaltensweisen der Komponenten können als Analogon zu den „Eigenvektoren" verstanden werden, so daß — heuristisch gesehen — $\mathrm{Card}_G(S)$ die kleinste Anzahl der „Gruppen- oder Permutationseigenvektoren" in einer Triangularisation von $S$ (in permutierende oder konstante Überführungsoperationen der Komponenten) darstellt.

Beweis. Wir betrachten zunächst $(X, \{0\})$, wobei sich $\{0\}$ auf $X$ wie die identische Abbildung verhält. $S$ sei eine nicht-triviale Halbgruppe mit dem Einselement 1. Wir kodieren $X$ durch das $k$-fache direkte Produkt von $S$ mit sich selbst, wobei $k$ genügend groß gewählt wird. Dann ist leicht einzusehen, daß gilt

$$(X, \{0\}) \mid [(S\times \cdots \times S), \{1\}] \mid (S, S)\times \cdots \times(S, S) .$$

Da Mengen, die in bezug auf das Kranzprodukt abgeschlossen sind, auch in bezug auf die Teilung und die Bildung des direkten Produktes abgeschlossen sind, ergibt sich, wenn wir $S = U_3$ setzen:

$$(X, \{0\}) \in \overline{W}\,[\mathrm{PRIM}\,(\{0\}) \cup \{U_3\}] = \overline{W}(U_3) .$$

Daher ist $\mathrm{Card}_G^c\,(X, \{0\}) = 0$.

Es sei nun $(X, S)$ eine beliebige Transformationshalbgruppe. Da die Beziehung

$$(S^1, S) \mid \underbrace{(X, S)\times \cdots \times(X, S)}_{|X|\text{-mal}}$$

für jede Halbgruppe von Abbildungen $(X, S)$ erfüllt ist, ergibt sich

$$\mathrm{Card}_G^c\,(S^1, S) \leqq \mathrm{Card}_G^c\,(X, S) \quad \text{(vgl. 5.2.14 (c) und Hilfssatz 2.2. (c))}.$$

Für $x \in X$ definieren wir die durch $x$ erzeugte zyklische Teilmenge von $X$ durch $x\,S \cup \{x\}$. (Es muß in $S$ kein Element vorkommen, das $x$ in sich überführt.) $X$ kann als (nicht notwendig disjunkte) Vereinigung zyklischer Teilmengen von $X$ dargestellt werden, die etwa durch $x_1, \ldots, x_n$ erzeugt werden. Es sei $I_n = \{1, \ldots, n\}$. Man erkennt unschwer, daß dann gilt

$$(X, S) \mid (S^I\times I_n), S^I\times \{0\}) = (S^I, S^I)\times(I_n, \{0\}) ,$$

wobei $\{0\}$ für $I_n$ die identische Abbildung und

$$(S^I\times I_n, S^I\times \{0\}) \supseteq (S^I\times I_n, S\times \{0\}) \xrightarrow{(\Theta,\, \varphi)} (X, S)$$

durch $\Theta(s, i) = x_i\, s$, $\Theta(I, i) = x_i$ und $\varphi(s, 0) = s$ definiert ist.

Wegen $(S^I, S^I) \mid (S^1, S)\times(\{0\}^I, \{0\}^I)$ ist daher

$$(X, S) \in \overline{W}\,[\mathrm{PRIM}\,(S) \cup \{U_3\}] ,$$

und aufgrund von Hilfssatz 2.2 (c)

$$\mathrm{Card}_G^c\,(S^I, S^I) = \mathrm{Card}_G^c\,(S^1, S) .$$

Wir erhalten also

$$\mathrm{Card}_G^c\,(X, S) = \mathrm{Card}_G^c\,(S^1, S) = \mathrm{Card}_G^b\,(S) . \;\blacksquare$$

Der Leser überlegt sich leicht, daß wir damit die Äquivalenz der Definitionen (a), (b) und (c) nachgewiesen haben. Für $\mathrm{Card}_G^a\,(S) = \mathrm{Card}_G^b\,(S) = \mathrm{Card}_G^c\,(X, S)$ werden wir daher $\mathrm{Card}_G\,(S)$ schreiben.

Es ist zu hoffen, daß der Leser an dieser Stelle von der Natürlichkeit der Definition von $\mathrm{Card}_G\,(S)$ überzeugt ist und ihre Bedeutung sowohl für die

Theorie der Kaskadendekomposition von Automaten mit endlicher Zustandsmenge als auch für die Strukturtheorie endlicher Halbgruppen erkannt hat. Dieser Begriff stellt einen Schritt von der bloßen Beschreibung der notwendigen Komponenten in Richtung auf eine Diskussion der Ordnung dar, mit der diese in der Komposition eines Automaten oder einer Halbgruppe auftreten können.

Wir geben noch einige einfache Sätze und Beispiele an.

**1.6. Hilfssatz.** (a) Wenn $T \mid S$, so $\mathrm{Card}_G(T) \leqq \mathrm{Card}_G(S)$.

(b) Wenn $T \mid (X_2, S_2) \mathrm{w} (X_1, S_1)$ (oder anders ausgedrückt, es läßt sich $T^M$ durch eine Kaskade aus $M_1$ und $M_2$ mit $M_1^S = S_1$ und $M_2^S = S_2$ simulieren), so $\mathrm{Card}_G(T) \leqq \mathrm{Card}_G(S_2) + \mathrm{Card}_G(S_1)$.

(c) Verknüpft man einen Automaten mit einem kombinatorischen Automaten zu einer Kaskade, so vergrößert sich die Gruppenkomplexität nicht.

**1.7. Beispiele.** (Zum Teil ohne Beweis!)

(a) Ist $S$ einfach oder 0-einfach, so ist $\mathrm{Card}_G(S) \leqq 1$. In diesem Falle ist wegen 7.1.21 $S^0$ zu einer regulären REESschen Matrix-Halbgruppe $\mathcal{M}^0(G; A, B; C)$ isomorph, für die $(g, a, b)(g', a', b') = (g'', a, b')$ mit $g'' = g\, C(b, a')\, g$ ist. Die Aussage ergibt sich unmittelbar aus Abbildung 1, wenn man beachtet, daß die dort dargestellte Kaskade zur Simulation von $\mathcal{M}^0(G; A, B; C)$ höchstens einen Gruppenautomaten enthält.

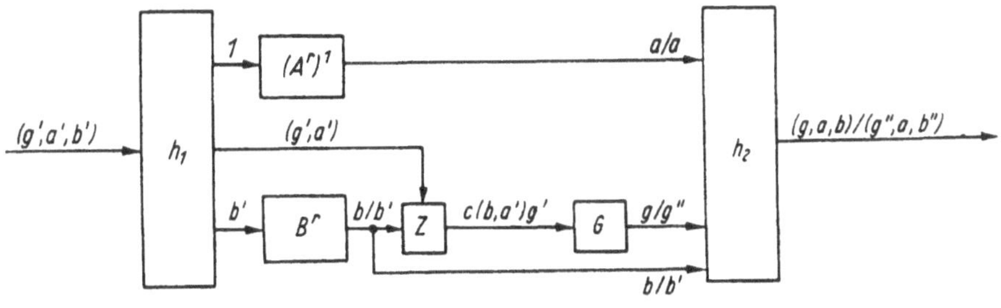


Abb. 1

(b) Es ist $\mathrm{Card}_G[F_R(X_n)] = n - 1$. Ein Beweis für diese Beziehung befindet sich in RHODES [3], Abschnitt 5.

Ebenso gilt $\mathrm{Card}_G[F_L(X_n)] = n - 1$ (DENNIS P. ALLEN, Jr., unveröffentlicht). Dabei ist $F_L(X_n) = r[F_R(X_n)]$ die zu $F_R(X_n)$ antiisomorphe Halbgruppe. Wir weisen darauf hin, daß im allgemeinen $\mathrm{Card}_G(S) \neq \mathrm{Card}_G[r(S)]$ ist. ZALCSTEIN hat Halbgruppen $S$ angegeben, deren Komplexität und reverse Komplexität (= Komplexität von $r(S)$) sich durch einen beliebigen Wert unterscheiden (unveröffentlicht).

(c) Es sei $G \neq \{1\}$ eine Gruppe und $n$ eine positive ganze Zahl. Dann existiert eine Halbgruppe $S$ derart, daß

(1) $S$ eine Vereinigung von Gruppen ist, von denen jede zu $G$ isomorph ist, und

(2) $\text{Card}_G (S) = n$ ist.

Das kann mit Hilfe der in Kapitel 9 entwickelten Methoden bewiesen werden. Vgl. KROHN u. RHODES [2], Bemerkung 7.1.

(d) Ist $S$ eine abelsche Halbgruppe, so ist $\text{Card}_G (S) \leqq 1$.

(e) Wenn $S$ eine inverse Halbgruppe ist (siehe 7.2.27), so gilt $\text{Card}_G (S) \leqq 1$ (TILSON, unveröffentlicht).

## 2. Die Definition der Komplexität. Die Existenz von Halbgruppen mit beliebiger Komplexität

Aus der im Beispiel 1.7 angegebenen Behauptung $\text{Card}_G [F_R(X_n)] = n - 1$ folgt, daß es Halbgruppen von beliebiger Gruppenkomplexität gibt. Diese Folgerung wollen wir in diesem Abschnitt neu beweisen und, indem wir eine umfassendere Definition des Begriffs der Komplexität einführen, einige tieferliegende Eigenschaften dieser Größe untersuchen.

Diese neue Definition der Komplexität unterscheidet sich von der Gruppenkomplexität dadurch, daß auch die kombinatorischen Halbgruppen mit berücksichtigt werden und daß es wesentlich wird, ob die erste Koordinate aus einer Gruppe oder einer kombinatorischen Halbgruppe besteht.

**2.1. Definition.** Es sei $(X, S)$ eine Transformationshalbgruppe. Dann ist der *Komplexitätsgrad*[1]) $\text{Card}\,(X, S)$ von $(X, S)$ die kleinste positive ganze Zahl $n$ derart, daß

$$(X, S) \mid (X_n, S_n) \wr \cdots \wr (X_1, S_1) ,$$

wobei entweder

(a) $(X_1, S_1), (X_3, S_3), (X_5, S_5), \ldots$ Transformationsgruppen und $S_2, S_4, S_6, \ldots$ kombinatorische Halbgruppen oder

(b) $S_1, S_3, S_5, \ldots$ kombinatorische Halbgruppen und $(X_2, S_2), (X_4, S_4), (X_6, S_6), \ldots$ Transformationsgruppen sind.

Die *Komplexität* $C(X, S)$ von $(X, S)$ ist gleich

$(n, \mathrm{G})$, falls (a) für $n = \text{Card}\,(X, S)$ gilt, aber nie (b) für $n = \text{Card}\,(X, S)$;

$(n, \mathrm{C})$, falls (b) für $n = \text{Card}\,(X, S)$ gilt, aber nie (a) für $n = \text{Card}\,(X, S)$;

$(n, \mathrm{C} \vee \mathrm{G})$, falls für $n = \text{Card}\,(X, S)$ sowohl (a) als auch (b) gelten kann.

---

[1]) Sie ist von der *Gruppen*komplexität $\text{Card}_G (S)$ zu unterscheiden.

**2.2. Hilfssatz.** (a) Mit der nachfolgend definierten Relation $\leq$ bildet die Menge aller Komplexitäten einen Verband:

Es ist $(n, \alpha) \leq (m, \beta)$ genau dann, wenn entweder $(n, \alpha) = (m, \beta)$ oder $n < m$ oder $n = m$ und $\alpha = \mathbf{C} \vee \mathbf{G}$ ist. Das kleinste Element dieses Verbandes ist $(1, \mathbf{C} \vee \mathbf{G})$.

(b) Wenn $(X, S) \mid (Y, T)$, so $C(X, S) \leq C(Y, T)$.

(c) $C[(X_1, S_1) \times \cdots \times (X_n, S_n)] = \sup \{C(X_i, S_i) : i = 1, \ldots, n\}$.

Beweis. Der Beweis der Teile (a) und (b) wird dem Leser überlassen.

Wegen $(X_i, S_i) \mid (X_1, S_1) \times \cdots \times (X_n, S_n)$ gilt die Ungleichung $C(X_i, S_i) \leq C[(X_1, S_1) \times \cdots \times (X_n, S_n)]$, womit ein Teil der Beziehung (c) nachgewiesen ist. Der Beweis der anderen Richtung gründet sich auf die Tatsache, daß

$$[(X_2, S_2) \wr (X_1, S_1)] \times [(Y_2, T_2) \wr (Y_1, T_1)] \mid [(X_2, S_2) \times (Y_2, T_2)] \wr [(X_1, S_1) \times (Y_1, T_1)] .$$

Ordnen wir nämlich die Gruppenkomponenten eines jeden $(X_i, S_i)$ nacheinander an und wenden dann den vorhergehenden Hilfssatz an, so erhalten wir die andere Ungleichung.

Wir beweisen nun die obige Beziehung. Zunächst gilt

$$[(X_2, S_2) \times (Y_2, T_2)] \wr [(X_1, S_1) \times (Y_1, T_1)] \cong [(X_2 \times Y_2 \times X_1 \times Y_1) , F(X_1 \times Y_1, S_2 \times T_2) \times_Y (S_1 \times T_1)] .$$

Es seien $p_1$ und $p_2$ die Projektionsabbildungen von $S_2 \times T_2$, und es sei $F$ die Menge derjenigen Abbildungen $f$ aus $F(X_1 \times Y_1, S_2 \times T_2)$, für die für alle $x_0 \in X_1$ $\{p_1 f(x_0, y) : y \in Y_1\}$ eine Einermenge und für jedes $y_0 \in Y_1$ die Menge $\{p_2 f(x, y_0) : x \in X_1\}$ ebenfalls eine Einermenge darstellt.

$F$ ist Unterhalbgruppe von $F(X_1 \times Y_1, S_2 \times T_2)$, und es ist $Y(S_1 \times T_1)\, F \subseteq F$, so daß $F \times_Y (S_1 \times T_1)$ eine Unterhalbgruppe von

$$F(X_1 \times Y_1, S_2 \times T_2) \times_Y (S_1 \times T_1)$$

ist. Für $f \in F$ existieren ein $f_1 \in F(X_1, S_2)$ und ein $f_2 \in F(Y_1, T_2)$ derart, daß für alle $x \in X_1 f_2(y_1) = p_2 f(x, y_1)$ und für alle $y \in Y_1 f_1(x_1) = p_1 f(x_1, y)$ ist. Dann gilt

$$[(X_2 \times Y_2 \times X_1 \times Y_1), F \times_Y (S_1 \times T_1)] \xrightarrow{(\Theta, \varphi)} [(X_2 \times X_1 \times Y_2 \times Y_1) , (F(X_1, S_2) \times_Y S_1) \times_Y (F(Y_1, T_2) \times_Y T_1)] \cong [(X_2, S_2) \wr (X_1, S_1)] \times [(Y_2, T_2) \wr (Y_1, T_1)] ,$$

wobei $\Theta(x_2, y_2, x_1, y_1) = (x_2, x_1, y_2, y_1)$ und $\varphi[f, (s, t)] = [(f_1, s), (f_2, t)]$ ist. Zeigt man, noch, daß $\varphi$ ein Epimorphismus ist und daß gilt $\Theta((x_2, y_2, x_1, y_1) \cdot [f, (s, t)]) = \Theta(x_2, y_2, x_1, y_1) \cdot \varphi[f, (s, t)]$, dann ist die Behauptung bewiesen. ∎

**2.3. Satz.** Es sei $(X, S)$ eine Transformationshalbgruppe. Dann ist $C(X, S) = C(S^1, S)$, es sei denn, $S$ ist eine Gruppe und das Einselement von $S$ bildet die Menge $X$ nicht identisch auf sich ab. In diesem Falle gilt

$$C(X, G) = \begin{cases} (1, \mathbf{C}), & \text{falls } G = \{1\}, \\ (2, \mathbf{C} \vee \mathbf{G}), & \text{falls } G \text{ eine nicht-triviale Gruppe ist.} \end{cases}$$

Beweis. Diesen Satz beweist man wie Hauptsatz 1.5. Man zeigt zunächst, daß die Gleichung $C(X, \{0\}) = (1, \mathbf{C} \vee \mathbf{G})$ erfüllt ist, wenn $\{0\}$ sich auf $X$ wie die identische Abbildung verhält. Ist $S$ keine Gruppe, so erhalten wir wegen $C(S^I, S^I) = C(S^1, S)$ sofort die allgemeine Aussage, und die Spezialfälle sind leicht nachzuweisen. ▮

**2.4. Bezeichnung.** Anstatt $C(S^1, S)$ schreiben wir $C(S)$, wobei natürlich $C(S^1, S) = C(X, S)$ ist, wenn nicht einer der eben betrachteten Spezialfälle vorliegt. Diese treten aber aufgrund der Definition nie in GK-Dekompositionen auf, durch die die Komplexität bestimmt wird, so daß sie uns nicht weiter stören können. Der Übersichtlichkeit halber werden wir sie daher in unseren Betrachtungen nicht mit berücksichtigen. Dann ist $C(S) = (1, \mathbf{C} \vee \mathbf{G})$, falls $S = \{0\}$, $C(S) = (1, \mathbf{G})$, falls $S$ eine nicht-triviale Gruppe und $C(S) = (1, \mathbf{C})$, falls $S$ eine nicht-triviale kombinatorische Halbgruppe ist.

**2.5. Definition.** Die Addition $\oplus$ definieren wir auf die folgende naheliegende Weise:

$m$ gerade

| $\oplus$ | $(m, \mathbf{G})$ | $(m, \mathbf{C})$ | $(m, \mathbf{C} \vee \mathbf{G})$ |
|---|---|---|---|
| $(n, \mathbf{G})$ | $(n + m, \mathbf{G})$ | $(n + m - 1, \mathbf{C})$ | $(n + m - 1, \mathbf{C})$ |
| $(n, \mathbf{C})$ | $(n + m - 1, \mathbf{G})$ | $(n + m, \mathbf{C})$ | $(n + m - 1, \mathbf{G})$ |
| $(n, \mathbf{C} \vee \mathbf{G})$ | $(n + m - 1, \mathbf{G})$ | $(n + m - 1, \mathbf{C})$ | $(n + m - 1, \mathbf{C} \vee \mathbf{G})$ |

$m$ ungerade

| $\oplus$ | $(m, \mathbf{G})$ | $(m, \mathbf{C})$ | $(m, \mathbf{C} \vee \mathbf{G})$ |
|---|---|---|---|
| $(n, \mathbf{G})$ | $(n + m - 1, \mathbf{G})$ | $(n + m, \mathbf{C})$ | $(n + m - 1, \mathbf{G})$ |
| $(n, \mathbf{C})$ | $(n + m, \mathbf{G})$ | $(n + m - 1, \mathbf{C})$ | $(n + m - 1, \mathbf{C})$ |
| $(n, \mathbf{C} \vee \mathbf{G})$ | $(n + m - 1, \mathbf{G})$ | $(n + m - 1, \mathbf{C})$ | $(n + m - 1, \mathbf{C} \vee \mathbf{G})$ |

Dann gilt zum Beispiel:

(a) $(n, \mathbf{C}) \oplus (1, \mathbf{G}) = (n + 1, \mathbf{G})$;

(b) $(n, \mathbf{G}) \oplus (1, \mathbf{G}) = (n, \mathbf{C} \vee \mathbf{G}) + (1, \mathbf{G}) = (n, \mathbf{G})$;

(c) $(n, \mathbf{G}) \oplus (1, \mathbf{C}) = (n + 1, \mathbf{C})$;

(d) $(n, \mathbf{C}) \oplus (1, \mathbf{C}) = (n, \mathbf{C} \vee \mathbf{G}) + (1, \mathbf{C}) = (n, \mathbf{C})$.

Man beachte, daß $\oplus$ nicht kommutativ ist.

**2.6. Hilfssatz.** Wenn $S \mid (X_2, S_2)$ w $(X_1, S_1)$, so $C(S) \leqq C(S.) \oplus C(S_1)$. ∎
Aus den drei folgenden Lemmata ergibt sich ein Satz, der das Hauptergebnis dieses Abschnittes darstellen wird.

**2.7. Lemma.** Ist $(X_1, G)$ eine Transformationsgruppe und gilt $S \mid (X_2, T)$ w $(X_1, G)$, so ist $C[I\ G(S)] \leqq C(T)$. (Es sei daran erinnert, daß $I\ G(S)$ die Halbgruppe ist, die durch die Menge $E(S)$ der idempotenten Elemente von $S$ erzeugt wird.)

Beweis. Es gilt $(X_2, T)$ w $(X_1, G) = F(X_1, T) \times_Y G$. Ist $e$ das Einselement von $G$, so ist $Y(e)$ der identische Automorphismus von $F(X, T) \equiv F$ auf sich. Für $(f, g) \in E(F \times_Y G)$ gilt $(f, g) = (f, g)^2 = [f\ Y(g) f, g^2]$, und es ist $g = e$ und $f^2 = f$. Wir erhalten daher

$$E(F \times_Y G) = E(F) \times E(G) = E(F) \times \{e\}$$

und $I\ G(F \times_Y G) \cong I\ G(F)$. Da $I\ G(S_1) \mid I\ G(S_2)$ aus $S_1 \mid S_2$ folgt, gilt auch $I\ G(S) \mid I\ G(F) \mid F = F(X_1, T)$.

Nun ist aber wegen $F(X_1, T) \cong \underbrace{T \times \cdots \times T}_{|X_1|\text{-mal}}$ die Gleichung $C[F(X_1, T)] = C(T)$ erfüllt, und folglich ist $C[I\ G(S)] \leqq C(T)$. ∎

**2.8. Lemma.** $S$ sei ein Monoid und $C$ eine kombinatorische Halbgruppe, die $U_1 = \{r_0, r_1\}^r$ enthält. Dann gelten die Beziehungen $S \mid I\ G[(X_2, S)$ w $(X_1, C)]$ und $C(S) \leqq C\{I\ G[(X_1, S)$ w $(X_1, C)]\}$.

Beweis. Es existiert ein $x \in X_1$ mit $x\, r_0 \neq x\, r_1$. Sei $x_0 = x\, r_0$ und $x_1 = x\, r_1$, so daß für $i, j = 0, 1$ $x_i\, r_j = x_j$ ist, und es sei $Y = \{x_0, x_1\}$. Dann ist $(Y, U_1)$ eine Transformationshalbgruppe, und es gilt $(Y, U_1) \mid (X_1, C)$. Wir erhalten also

$$(X_2, S) \text{ w } (Y, U_1) \mid (X_2, S) \text{ w } (X_1, C)$$

und

$$I\ G[(X_2, S) \text{ w } (Y, U_1)] \mid I\ G[(X_2, S) \text{ w } (X_1, C)]\,.$$

Es ist $(X_2, S)$ w $(Y, U_1) \cong F(Y, S) \times_Y U_1$. $F_S$ sei die Unterhalbgruppe von $F(Y, S)$, die alle konstanten Abbildungen enthält, d. h.,

$$F_S = \{f_s : f_s \in F(Y, S) \quad \text{und} \quad f_s(x) = s \quad \text{für alle } x \in Y\}\,.$$

$F_S \times_Y \{r_0\}$ ist eine Unterhalbgruppe von $F(Y, S) \times_Y U_1$, und mit der Abbildung $(f_s, r_0) \longrightarrow s$ ist $F_S \times_Y \{r_0\} \cong S$.

Es sei nun $f$ die Funktion aus $F(Y, S)$, die durch $f(x_0) = 1$ und $f(x_1) = s$ festgelegt ist. Dann ist $(f_s, r_0) = (f_1, r_1)(f, r_0)$, und sowohl $(f_1, r_1)$ als auch $(f, r_0)$ sind idempotent. Folglich haben wir

$$F_S \times_Y \{r_0\} \subseteq I\ G[(X_2, S) \text{ w } (Y, U_1)].\ ∎$$

**2.9. Lemma.** Es seien $S_1$ ein Monoid, $S_2$ eine Halbgruppe, $(X_1, G)$ eine nichttriviale Transformationsgruppe und $C$ eine kombinatorische Halbgruppe derart, daß

$$(X_2, S_1) \text{ w } (X_1, G) \mid (Y_2, S_2) \text{ w } (Y_1, C)\,.$$

Dann ist $C(S_1) \leqq C(S_2)$.

Beweis. Es ist zunächst $(X_2, S_1) \text{ w } (X_1, G) \cong F(X_1, S_1) \times_Y G$. Ist 1 das Einselement von $S_1$, so setzen wir $\{(f_1, g) : h \in G\} = H$, wobei für alle $x \in X_1$ $f_1(x) = 1$ ist. $H$ ist eine Untergruppe von $F(X_1, S_1) \times_Y G$.

Sei $e$ das Einselement von $G$ und $h \neq e$ aus $G$. Dann gibt es ein $x_0 \in X_1$ mit $x_0 h \neq x_0 e = x_0$. Es sei weiter $T = \{(f, e) : f(x_0) = 1\}$. $T$ ist eine Unterhalbgruppe von $F(X_1, S_1) \times uG$.

$(f, g)$ sei ein beliebiges Element aus $F(X_1, S_1) \times_Y G$ und $f', f'' \in F(X_1, S_1)$ seien gegeben durch

$$f'(x) = \begin{cases} f(x_0), & \text{falls} \quad x = x_0 h\,, \\ 1 & \text{sonst} \end{cases}$$

$$\text{und} \quad f''(x) = \begin{cases} 1, & \text{falls} \quad x = x_0\,, \\ f(x) & \text{sonst.} \end{cases}$$

Es sind dann offenbar $(f', e)$ und $(f'', e)$ Elemente aus $T$, und es gilt

$$(f, g) = (f_1, \text{h})\,(f', e)\,(f_1, h^{-1})\,(f'', e)\,(f_1, g)\,.$$

Bezeichnet $\langle X \rangle$ die durch die Menge $X$ erzeugte Halbgruppe, so ist damit gezeigt, daß

$$\langle H \cup T \rangle = (X_2, S_1) \text{ w } (X_1, G)$$

ist.

Es sei $P_1 = F(X_1, S_1) \times u\{e\}$. Das ist eine Unterhalbgruppe von $(X_2, S_1)$ w $(X_1, G)$. Offenbar ist dann $T \subseteq P_1$. Den Epimorphismus $\Theta_1 : P_1 \twoheadrightarrow S_1$ definieren wir durch $\Theta_1(f, e) = f(x_0)$. Es ist dann $\Theta_1(T) = \{1\}$.

Für $t \in T$ ist $t\,P_1\,t$ eine Unterhalbgruppe der Halbgruppe $t[(X_2, S_1) \text{ w } (X_1, G)]\,t$, und es gilt $\Theta_1(t\,P_1\,t) = S_1$. Wir erhalten also für alle $t \in T$ die Beziehung

$$S_1 \mid t[(X_2, S_1) \text{ w } (X_1, G)]\,t\,.$$

Es sei $(Y_2, S_2) \text{ w } (Y_1, C) \supseteq M \xrightarrow{\varphi} (X_2, S_1) \text{ w } (X_1, G)$. Es existiert eine Untergruppe $H'$ von $M$ derart, daß $\varphi(H') = H$ ist. Wir setzen $R = \varphi^{-1}(T)$ und $T' = 1'\,R\,1'$, wobei $1'$ das Einselement von $H'$ bedeutet. Dann ist $\varphi(T') = T$. Mit $M' = \langle H' \cup T' \rangle$ bezeichnen wir die Halbgruppe, die durch $H'$ und $T'$ erzeugt wird. $1'$ ist dann das Einselement von $M$, und es ist $\varphi(M) = (X_2, S_1) \text{ w } (X_1, G)$. Es gilt daher $S_1 \mid t'\,M'\,t'$ für alle $t' \in T'$.

Den Projektionshomomorphismus $(Y_2, S_2) \text{ w } (Y_1, C) \twoheadrightarrow C$ bezeichnen wir mit $p_1$. Ist $t'$ ein idempotentes Element von $K(T')$, so ist $t'\,T'\,t'$ eine Untergruppe von $K(T')$. Da $C$ kombinatorisch ist, überführt $p_1$ die Untergruppen von $(Y_2, S_2) \text{ w } (Y_1, C)$ in Einermengen. Folglich ist $p_1(H') = \{\hat{1}\}$ das Einselement von $p_1(M')$. Für $p_1(t') = \hat{t}$ gilt dann

$$\begin{aligned} p_1(t'\,M'\,t') &= \hat{t}\,p_1\langle H' \cup T'\rangle\,\hat{t} \\ &= \hat{t}\langle\{1\} \cup p_1(T')\rangle\,\hat{t} \\ &= \hat{t}\,p_1(T')\,\hat{t} \\ &= p_1(t'\,T'\,t') \\ &= \{p_1(t')\} = \{t\}\,. \end{aligned}$$

Als Unterhalbgruppe von $(Y_2, S_2)\,\mathrm{w}\,(Y_1, C) \cong F(Y_1, S_2)\times_Y C$ besteht die erste Komponente von $t'\,M'\,t'$ aus einem einzigen idempotenten Element, nämlich aus $\hat{t}$. Den Homomorphismus $\Psi : t'\,M'\,t' \to F(Y_1, S_2)$ definieren wir durch $(f, \hat{t}) \to {}^{\hat{t}}f$. (Dabei ist ${}^{t}f \equiv Y(t)\,f$.) Das Einselement $t'$ von $t'\,M'\,t'$ sei gleich $(\bar{f}, \hat{t})$. Sei dann etwa $\Psi(f, \hat{t}) = \Psi\,(f', \hat{t})$, d. h. ${}^{\hat{t}}f = {}^{\hat{t}}f'$. Dann ist wegen

$$(f, \hat{t}) = (\bar{f}, \hat{t})\,(f, \hat{t}) = (\bar{f}^{\hat{t}}f, t) = (\bar{f}^{\hat{t}}f', \hat{t}) = (\bar{f}, \hat{t})\,(f', \hat{t}) = (f', \hat{t})$$

die Abbildung $\Psi$ eineindeutig, und es gilt $t'\,M'\,t' \mid F(Y_1, S_2)$. Folglich gilt $S_1 \mid F(Y_1, S_2)$ und daher $C(S_1) \leqq C[F(Y_1, S_2)] = C(S_2)$. ∎

**2.10. Hauptsatz.** Es sei $S$ ein Monoid.

(a) Ist $C$ eine kombinatorische Halbgruppe, in der $U_1$ enthalten ist, so gilt

$$C[(X, S)\,\mathrm{w}\,(Y, C)] = C(S) \oplus (1, \mathbf{C})\,. \tag{2.1}$$

(b) Ist $(Y, G)$ eine nicht-triviale Transformationsgruppe, so gilt

$$C[(X, S)\,\mathrm{w}\,(Y, G)] = C(S) \oplus (1, \mathbf{G})\,. \tag{2.2}$$

Beweis. (a) Für (2.1) genügt es zu zeigen, daß $C(S) = (n, \mathbf{C})$ ist. Angenommen, es ist $C(S) = (n, \mathbf{G})$ oder $(n + 1, \mathbf{C} \vee \mathbf{G})$. Dann ist

$$(n, \mathbf{G}) \leqq C[(X, S)\,\mathrm{w}\,(Y, C)] \leqq (n + 1, \mathbf{C})\,.$$

Nehmen wir weiter an, daß $C[(X, S)\,\mathrm{w}\,(Y, C) \neq (n + 1, \mathbf{C})$. Dann gilt

$$C[(X, S)\,\mathrm{w}\,(Y, C)] = (n, \mathbf{G}) \quad \text{oder} \quad (n + 1, \mathbf{C} \vee \mathbf{G})\,.$$

In jedem Fall existiert eine Halbgruppe $T$ derart, daß

$$(X, S)\,\mathrm{w}\,(Y, C) \mid (X_1, T)\,\mathrm{w}\,(Y_1, G) \quad \text{mit}$$

$C(T) \leqq (n, \mathbf{C})$ gilt. Aufgrund von 2.7 und 2.8 ergibt sich

$$C(S) \leqq C(I\,G[(X, S)\,\mathrm{w}\,(Y, C)] \leqq C(T)\,,$$

so daß $C(S) \leqq (n, \mathbf{C})$ ist, was einen Widerspruch darstellt. Folglich ist $C[(X, S)\,\mathrm{w}\,(Y, C)] = (n + 1, \mathbf{C})$. Da das aber für alle $n \geqq 1$ gilt, erhalten wir

$$C[(X, S)\,\mathrm{w}\,(Y, C)] = C(S) \oplus (1, \mathbf{C})\,.$$

(b) Aus $C(S) = (n, \mathbf{G})$ folgt (2.2). Angenommen, es ist $C(S) = (n, \mathbf{C})$ oder $(n + 1, \mathbf{C} \vee \mathbf{G})$. Dann ergibt sich

$$(n, \mathbf{C}) \leqq C[(X, S)\,\mathrm{w}\,(Y, G)] \leqq (n + 1, \mathbf{G})\,.$$

Angenommen, es ist $C[(X, S)\,\mathrm{w}\,(Y, G)] \neq (n + 1, \mathbf{G})$, so folgt $C[(X, S)\,\mathrm{w}\,(Y, G)]$

$= (n, \mathbf{C})$ oder $(n + 1, \mathbf{C} \vee \mathbf{G})$. In beiden Fällen existiert eine Halbgruppe $T$ derart, daß

$$(X, S) \le (Y, G) \mid (X_1, T) \le (Y_1, C)$$

mit $C(T) \leqq (n, \mathbf{G})$. Wegen Lemma 2.9 ist dann $C(S) \leqq C(T) \leqq (n, \mathbf{G})$, im Widerspruch zur Voraussetzung. Es ist also $C[(X, S) \le (Y, G)] = (n + 1, \mathbf{C})$. Da das für alle $n \geqq 1$ richtig ist, ergibt sich daraus die Gleichung (2.2). ▮

**2.11. Bemerkung.** Wir geben einige Gegenbeispiele für die Vermutung an, daß die einschränkenden Voraussetzungen von Hauptsatz 2.10 nicht notwendig seien:

(a) $C(A^l \le G) = (2, \mathbf{C} \mathcal{S} \mathbf{G})$ und nicht $(2, \mathbf{G})$. Das widerspricht deshalb nicht der Behauptung von 2.10, weil $A^l$ kein Monoid ist.

(b) $C(G \le A^{l1}) = (2, \mathbf{C} \vee \mathbf{G})$, nicht aber $(2, \mathbf{C})$. Es ist nämlich $U_1$ nicht in $A^{l1}$ enthalten.

Die Gültigkeit der Gleichung (a) ist leicht nachzuweisen, und (b) ergibt sich aus RHODES [3], Lemma 5.5 (b).

**2.12. Korollar.** Es gibt Halbgruppen von beliebiger Komplexität. Mit anderen Worten: Wenn eine beliebige Kaskade von Gruppen- und kombinatorischen Automaten vorgegeben ist, so kann man sie im allgemeinen nicht so umordnen, daß alle Gruppenautomaten zusammen angeordnet sind.

Beweis. Die triviale Halbgruppe besitzt die Komplexität $(1, \mathbf{C} \vee \mathbf{G})$, ferner ist $C(U_3) = (1, \mathbf{C})$, $C(G) = (1, \mathbf{G})$, falls $G$ eine nicht-triviale Gruppe ist, $C(U_3 \le G) = (2, \mathbf{G})$, $C(G \le U_3) = (2, \mathbf{C})$ usw. Ist $C(S) = (n, \mathbf{G})$ und $C(T) = (n, \mathbf{C})$, so ist $C(S \times T) = (n + 1, \mathbf{C} \vee \mathbf{G})$. ▮

## 3. Komplexität und Ideale

**3.1. Hauptsatz (verallgemeinerter Einbettungssatz).** Es sei $S$ eine Halbgruppe, $V$ eine Unterhalbgruppe von $S$ und $T$ eine Teilmenge von $S$ mit $V\,T = S$. Seien $t : S \to T$ und $v : S \longrightarrow V$ Funktionen, die so gewählt sind, daß $v(s) \cdot t(s) \equiv s$ ist. Wir definieren ferner die Abbildung $f_t : \Sigma S \longrightarrow T$ induktiv durch

$$f_t(s_1) = t(s_1)\,,$$
$$f_t(s_1, \ldots, s_n) = t[f_t(s_1, \ldots, s_{n-1})\, s_n]\,.$$

Dann kann $S^M$ durch eine Kaskade aus $V^M$ und $f_t^M$ simultiert werden. Insbesondere ist

$$\mathrm{Card}_G\,(S) \leqq \mathrm{Card}_G\,(V) + \mathrm{Card}_G\,(f_t^S)\,.$$

Beweis. Wir betrachten die Kaskade von Abb. 2. Dort ist

$$Z : T \times S \longrightarrow T : (x, s') \longrightarrow v(x\, s')$$

und $h : V \times T \longrightarrow S : (x, y) \longrightarrow y\, x\,.$

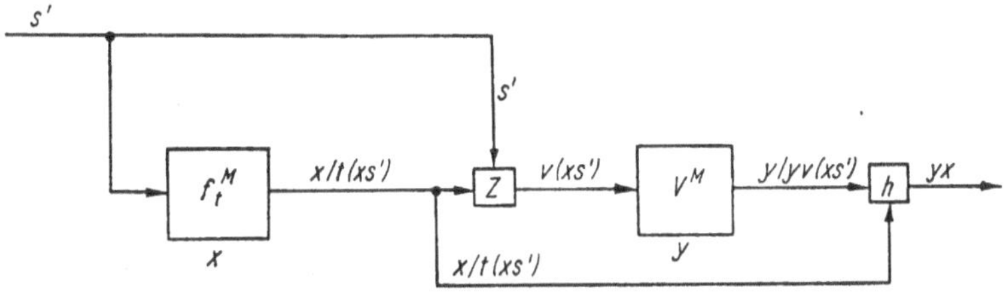


Abb. 2

Diese Kaskade verhält sich wie $S^M$. Wird nämlich der gegenwärtige Zustand $s = y\,x$ durch $(x, y)$ kodiert und ist $s'$ das Eingabesignal, so kodiert der nächste Zustand $[t(x\,s'), y\,v(x\,s')]$ gerade den Zustand $y\,v(x\,s')\,t\,(x\,s') = y\,x\,s' = s\,s'$. ▮

Die nächste Definition wird durch das nachfolgende Korollar zum verallgemeinerten Einbettungstheorem motiviert.

**3.2. Definition.** Es sei $T$ eine Halbgruppe. Dann ist REP $(T)$ das System mit der Menge $T$ der Eingabesignale, der Zustandsmenge $T^1$ und der Überführungsfunktion

$$(x, s) \longrightarrow s\,, \quad \text{falls} \quad x = 0\,,$$

$$(x, s) \longrightarrow x\,s\,, \quad \text{falls} \quad x \neq 0\,.$$

Das Ausgabesignal stimmt immer mit dem entsprechenden Zustand überein.

**3.3. Korollar.** Es sei $S$ eine Halbgruppe, $T$ eine Unterhalbgruppe von $S$ und $V$ ein linkes Ideal derart, daß $T \cup V = S$ und $T \cap V$ ein Ideal von $T$ ist. Bezeichnet dann $T_V = T/(T \cap V)$ den Reesschen Quotienten, so kann $S^M$ simuliert werden durch eine Kaskade von REP $(T_V)$ (wobei der Zustand 0 durch 1 kodiert wird) und $(V^1)^M$.

Beweis. Wir bemerken zunächst, daß $S^1 = V^1\,T_v^1$ ist. Wir definieren die Abbildungen $t : S \longrightarrow T_{vV}^1$ und $v : S \longrightarrow V^1$ durch

$$t(s) = s\,, \quad v(s) = 1\,, \quad \text{falls} \quad s \in T - V\,,$$

$$t(s) = 1\,, \quad v(s) = s\,, \quad \text{falls} \quad s \notin T - V\,.$$

Dann ist offenbar für alle $s \in S$ $v(s) \cdot t(s) = s$. Ist der $f_t$-Automat im Zustand $x$ und erhält er das Eingabesignal $s$, so geht er in den Zustand $x\,s$ über, falls $x\,s \in T - V$, und in den Zustand 1, falls $x\,s \in V \cap T$, so daß dieser gerade REP $(T_V)$ darstellt, wenn der Zustand 0 durch 1 kodiert wird. ▮

**3.4. Lemma.** (a) Es sei $S$ eine Nullhalbgruppe (d. h., das Produkt zweier Elemente ist gleich 0). Gilt dann $T \mid S$, so ist $\text{Card}_G$ [REP $(T)$] $\leqq 1$.

(b) Gilt für die 0-einfache Halbgruppe $S$ $T|S$, so ist ebenfalls $\text{Card}_G$ [REP $(T)$] $\leqq 1$.

Beweis. (a) Da $S$ Nullhalbgruppe ist, erzeugen ungeradzahlig numerierte Eingabesignale $t_n$ das Ausgabesignal $t_n$, und geradzahlige Eingaben liefern die

Ausgabe 0. Daher kann REP $(S)$ mit Hilfe des Eingabecodes

$$h_1 : S \longrightarrow S^r \times \mathbf{Z}_2 : s \longrightarrow (s, 1)$$

und des Ausgabecodes

$$h_2 : S^r \times \mathbf{Z}_2 \longrightarrow S^1 : \begin{cases} (s, 0) \longrightarrow 0 \\ (s, 1) \longrightarrow s \end{cases}$$

als Parallelschaltung realisiert werden, die nur aus einem Gruppenautomaten, nämlich dem der Gruppe $\mathbf{Z} = (\{0, 1\}, +)$, und aus $S^r$ besteht.

(b) Es sei $S \cong \mathcal{M}^0(G; A, B; C)$. Mit Hilfe der Abbildung 3 beweist man die Ungleichung $\mathrm{Card}_G(S) \leq 1$; denn in REP $(S)$ kommt höchstens ein Gruppenautomat vor, nämlich REP $(G^0)$. Wegen $T \mid S$ und da die Nullelemente von $S$ und $T$ (falls sie existieren) übereinstimmen, gilt REP $(T) \mid$ REP $(S)$ [1]. ∎

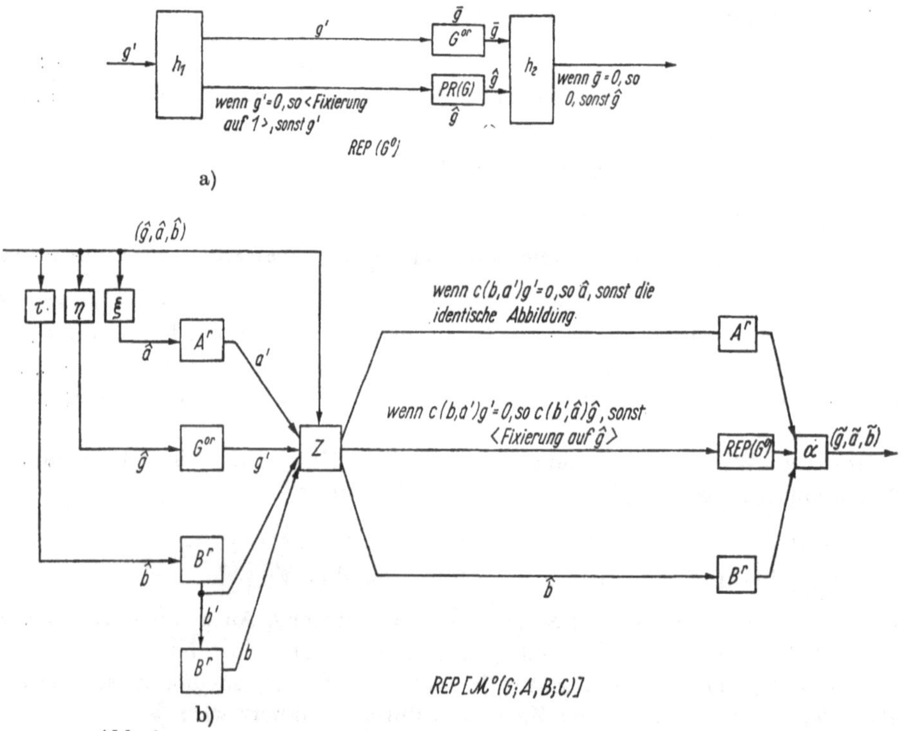


Abb. 3

**3.5. Definition.** Es seien $I_1$ und $I_2$ Ideale einer Halbgruppe $S$. $I_1$ heißt in bezug auf $I_2$ *fast maximal*, falls $I_1 \subseteq I_2$ und der REESsche Quotient $I_2/I_2$ Teiler einer Null- oder 0-einfachen Halbgruppe ist.

---

[1]) In KROHN, MATEOSIAN und RHODES [6] befindet sich ein Beweis von 3.4, der auf den Automatenmethoden von Kapitel 5 beruht.

**3.6. Lemma.** $I_1$ und $I_2$ seien Ideale einer Halbgruppe, und $I_1$ sei in bezug auf $I_2$ fast maximal. Dann gilt

$$\mathrm{Card}_G(I_1) \leqq \mathrm{Card}_G(I_2) \leqq \mathrm{Card}_G(I_1) + 1 .$$

Beweis. Wegen Korollar 3.3 ist

$$\mathrm{Card}_G(I_2) \leqq \mathrm{Card}_G(I_1) + \mathrm{Card}_G[\mathrm{REP}(I_2/I_1)] .$$

Dann folgt die Behauptung unmittelbar aus Lemma 3.4. ∎

Es sei dem Leser überlassen, folgenden Sachverhalt zu verifizieren:

Ist $I_1$ *maximal* in bezug auf $I_2$ (d. h., das einzige Ideal von $I_2$, das $I_1$ echt umfaßt, ist $I_2$ selbst), so ist $I_1$ auch *fast maximal* in bezug auf $I_2$. Damit können wir sofort den nachfolgenden Satz beweisen.

**3.7. Satz.** (a) Seien $I_1$ und $I_2$ Ideale einer Halbgruppe $S$, und $I_1$ sei maximal in bezug auf $I_2$. Dann ist

$$\mathrm{Card}_G(I_1) \leqq \mathrm{Card}_G(I_2) \leqq \mathrm{Card}_G(I_1) + 1 .$$

(b) Sei $V$ ein Ideal von $S$ mit $\mathrm{Card}_G(S) = n \geqq k = \mathrm{Card}_G(V)$. Dann gibt es Ideale $V_n, \ldots, V_k$ von $S$ derart, daß

$$V = V_k \subset V_{k+1} \subset \cdots \subset V_n = S \qquad \text{und} \qquad \mathrm{Card}_G(V_j) = j$$

für $k \leqq j \leqq n$ ist.

(c) Es sei $T$ ein Unterideal von $S$, d. h., es gibt Unterhalbgruppen $S_0, \ldots, S_k$ derart, daß

$$T = S_k \subseteq S_{k-1} \subseteq \cdots \subseteq S_0 = S$$

ist und für $j = 1, \ldots, k$ die $S_j$ Ideale von $S_{j-1}$ sind. Setzen wir voraus, daß $\mathrm{Card}_G(S) = n \geqq k = \mathrm{Card}_G(T)$ ist, so gibt es Unterideale $V_n, \ldots, V_k$ derart, daß

$$T = V_k \subset V_{k+1} \subset \cdots \subset V_n = S$$

ist, wobei für $i = k, \ldots, n-1$ $V_i$ Unterideal von $V_{i+1}$ und für $i = 1, \ldots, n$ $\mathrm{Card}_G(V_i) = 1$ ist. ∎

Die Tatsache, daß jedes Ideal von $S$ in einer Kette von Idealen

$$I \subset I_1 \subset I_2 \subset \cdots \subset S$$

enthalten ist, bei der sich $\mathrm{Card}_G$ bei jedem Schritt um 1 erhöht, wird ‚*Kontinuität der Komplexität in bezug auf Ideale*' genannt.

Die Aussage (c) kann nicht dadurch verschärft werden, daß man die vorletzte Zeile umändert in „... die $V_i$ [sind] Ideale von $V_{i+1}$ ...". Dafür hat Bill Rounds das folgende Gegenbeispiel angegeben (persönliche Mitteilung).

Es sei $N = \{0, n_0, n_1\}$ eine Nullhalbgruppe und $\mathbf{Z}_2 = \{z_0, z_1\}$ die Gruppe mit zwei Elementen. $S = N \cup \mathbf{Z}_2$ wird mit der Multiplikation

$$\left.\begin{array}{l} z\,n = n_0 = n\,z \\ 0\,z = z\,0 = 0 \end{array}\right\} \text{für} \quad 0 \neq n \in N , \quad z \in \mathbf{Z}_2 ,$$

eine Halbgruppe. Dann ist $T = \{0, n_1\}$ ein Ideal von $N$, $N$ ist ein Ideal von $S$, aber $T$ ist kein Ideal von $S$, und es ist $\text{Card}_G(S) = 1$, während $\text{Card}_G(N) = \text{Card}_G(T) = 0$ ist.

Aufgrund von Hauptsatz 2.10 können wir von der Komplexität 1 zur Komplexität $n$ übergehen:

Es sei $R$ eine Halbgruppe mit $\text{Card}_F(R) = n - 1$. Dann gilt für

$$S' = (R \mathrm{~w~} U_3) \mathrm{~w~} S : \text{Card}_E(S') = n ;$$
$$N' = (R \mathrm{~w~} U_3) \mathrm{~w~} N : \text{Card}_G(N') = n - 1 ;$$
$$T' = (R \mathrm{~w~} U_3) \mathrm{~w~} T : \text{Card}_F(T') = n - 1 .$$

Dabei ist $T'$ ein Ideal von $N'$, und $N'$ Ideal von $S'$, aber $T'$ ist kein Ideal von $S'$.

Man beachte, daß wir an irgendeiner Stelle der Konstruktion Nullhalbgruppen verwenden mußten, da $S$ regulär und jedes Unterideal von $S$ auch Ideal von $S$ ist, wenn es keine Ideale $I_1$ und $I_2$ von $S$ derart gibt, daß $I_2/I_1$ eine Nullhalbgruppe ist (vgl. 7.2.22(f)).

**3.8. Satz.** Es sei $M$ ein reduzierter Automat mit endlicher Zustandsmenge $Q$ und der Halbgruppe $S$.

(a) $r_k = \{f : f \in S \text{ und } |f(Q)| \leqq k\}$ ist ein Ideal von $S$, und für $1 \leqq k \leqq |Q|$ gilt

$$\text{Card}_G(r_k) \leqq \text{Card}_G(r_{k+1}) \leqq \text{Card}_G(r_k) + 1 .$$

(b) Es sei $\text{Spekt}(M) = \{k > 1 : r_k - r_{b-1} \neq \emptyset\}$ das *Spektrum* von $M$. Dann ist $\text{Card}_G(M) \leqq |\text{Spekt}(M)|$.

(c) Ist $S = F_R(Q)$, so ist $\text{Card}_G(M) = |\text{Spekt}(M)| = |Q| - 1$.

Beweis. Zum Beweis von (a) und (b) genügt es zu zeigen, daß $r_k$ in bezug auf $r_{k+j}$ fast maximal ist, wenn $k$ und $k + j$, aber nicht $k + 1, \ldots, k + j - 1$ aus Spekt ($M$) sind. Dann folgt die Behauptung aus Lemma 3.6. Das sei dem Leser als Übungsaufgabe überlassen.

Aus (b) folgt $\text{Card}_G[F_R(Q)] \leqq |Q| - 1$, die eine Hälfte der Behauptung von (c). Die andere Richtung, $\text{Card}_G[F_R(Q)] \geqq |Q| - 1$, ist wesentlich schwieriger zu beweisen, und wir verweisen den Leser auf Abschnitt 5 von RHODES [3]. ▮

(b) kann auch durch die Anwendung der ZEIGERschen Konstruktion einer geordneten Folge von Überdeckungen $\{C_j : j \in \text{Spekt}(M)\}$ bewiesen werden, wenn $C_j$ die Überdeckung ist, die aus den $j$-elementigen Teilmengen von $Q$ besteht. (Vgl. [5] und Kapitel 4.)

## 4. Schlußbemerkungen

Die hier diskutierten Komplexitätsbegriffe wurden erstmals durch KROHN und RHODES [2, 3, 6, 7] eingeführt. Diesen vier Arbeiten entstammt ein Teil des in Abschnitt 1 behandelten Stoffes.

Abschnitt 2 behandelt im wesentlichen die gleichen Gebiete wie Abschnitt 2 der Arbeit [2] von KROHN und RHODES. ARBIB und TILSON haben jedoch die Beweise so modifiziert, daß viel allgemeinere Ergebnisse erzielt werden konnten.

In Abschnitt 3 sind die Hauptsätze von KROHN, MATEOSIAN und RHODES [6] dargelegt. Der verallgemeinerte Einbettungssatz erschien zuerst in den beiden Arbeiten [2, 6], allerdings in einer weniger eleganten Form.

## Literatur

[1] KROHN, K., LANGER, R., RHODES, J., Algebraic principles for the analysis of a biochemical system. J. Computer Systems Sci. **1** (1967), 119–136.
[2] KROHN, K., RHODES, J., Complexity of finite semigroups. Erscheint in: Ann. of Math.
[3] RHODES, J., Some results on finite semigroups. J. Algebra **4** (1966), 471–504.
[4] CLIFFORD, A. H., PRESTON, G. B., The algebraic theory of semigroups. Vol. 1. Math. Surveys No. 7 Am. Math. Soc., Providence, Rhode Island, 1962.
[5] ZEIGER, H. P.: Cascade synthesis of finite-state machines. Information and Control **10** (1967), 419–433.
[6] KROHN, K., MATEOSIAN, R., RHODES, J., Complexity of ideals in finite semigroups and finite-state machines. Math. System Theory **1** (1967), 59–66 und Erratum **1** (1967), 373.
[7] KROHN, K., RHODES, J., Results on finite semigroups derived from algebraic theory of machines. Proc. Nat. Acad. Sci. U.S.A. **3** (1965), 499–501.

# Lokale Struktursätze für endliche Halbgruppen

7

John L. Rhodes[1])

*Universität von Kalifornien, Berkeley, Kalifornien*
*Krohn-Rhodes Forschungsinstitut, Berkeley, Kalifornien*

Bret R. Tilson

*Universität von Kalifornien, Berkeley, Kalifornien*

## 1. Lokale Koordinaten: Der Satz von Rees

In diesem Abschnitt entwickeln wir zwei wichtige Hilfsmittel für das Studium endlicher Halbgruppen. Das erste sind die Greenschen Relationen, das zweite ist der Satz von Rees. Beide Hilfsmittel zusammen bestimmen die lokale Struktur der endlichen Halbgruppen.

*Alle in diesem Kapitel betrachteten Halbgruppen sollen von endlicher Ordnung sein, außer wenn ausdrücklich das Gegenteil gesagt wird.*

An dieser Stelle sollte sich der Leser die Grundtatsachen über Ideale, wie sie in Kapitel 1. 1.5—1.9 enthalten sind, nochmals vergegenwärtigen.

**1.1. Definition.** Ist $I \subseteq S$ ein Ideal, so wird die *Quotientenhalbgruppe* $S/I$ durch $\big((S - I) \cup \{0\}, \cdot\big)$ definiert, wobei $0 \notin S - I$ und

$$s_1 \cdot s_2 = \begin{cases} s_1 s_2, & \text{falls } s_1 s_2 \in S - I, \\ 0 & \text{sonst} \end{cases}$$

ist.

Die Assoziativität der Multiplikation folgt aus der Tatsache, daß $I$ ein Ideal ist.

Der *natürliche Epimorphismus* $\eta_I : S \twoheadrightarrow S/I$ wird durch

$$\eta_I(s) = \begin{cases} s\,, & \text{wenn} \quad s \in S - I\,, \\ 0\,, & \text{wenn} \quad s \in I \end{cases}$$

gegeben.

Somit ist $S/S = \{0\}$. Verabredungsgemäß wird $S/\emptyset = S^0$ gesetzt.

**1.2. Satz.** (a) Sei $S_1$ eine Halbgruppe, $I$ ein Ideal von $S_1$ und sei $S_2 = S_1/I$. Wenn $\varphi = \eta_I$ der natürliche Epimorphismus ist, dann ist $T \to \varphi^{-1}(T)$ eine eineindeutige, inklusionserhaltende Abbildung der Mengen der linksseitigen, rechtsseitigen und zweiseitigen Ideale von $S_2$ auf die entsprechende Menge der

[1]) Alfred P. Sloan Research Fellow, 1967—1968.

Ideale von $S_1$, die $I$ enthalten. Die inverse Abbildung von $T \to \varphi^{-1}(T)$ ist $J \to \varphi(J)$.

(b) Sind $A$ und $B$ Unterhalbgruppen einer Halbgruppe $S$, so ist $A \cup B$ eine Unterhalbgruppe von $S$ genau dann, wenn $A\,B \cup B\,A \subseteq A \cup B$ ist. Insbesondere gilt diese Inklusion, wenn $A$ und $B$ beide linksseitige oder beide rechtsseitige Ideale sind oder wenn entweder $A$ oder $B$ ein Ideal ist.

(c) $J$ sei ein Ideal und $T$ eine Unterhalbgruppe von $S$. Dann ist $J \cap T = \emptyset$, oder $J \cap T$ ist ein Ideal von $T$, und $J \cup T$ ist eine Unterhalbgruppe von $S$, die $J$ als ein Ideal enthält. Hieraus folgt $(J \cup T)/J = T/(J \cap T)$.

(d) Sei $I_1 \subseteq T_2 \subseteq S$. $I_1$ und $I_2$ seien dabei Ideale von $S$. Dann ist $I_2/I_1$ ein Ideal von $S/I_1$, und es ist $(S/I_1)/(I_2/I_1) = S/I_2$.

(e) Sei $I_1 \subseteq I_2 \subseteq S$, $I_2$ ein Ideal von $S$ und $I_1$ ein Ideal von $I_2$. Ist $I_1^2 = I_1$, so ist $I_1$ ein Ideal von $S$. (In Bemerkung 1.4 zeigen wir, daß $I_1$ nicht ein Ideal von $S$ zu sein braucht, wenn $I_1^2 \neq I_1$ ist.)

Beweis. Die Beweise von (a)—(d) werden dem Leser als Übungen überlassen. (e) Da $I_1^2 = I_1$ ist, haben wir $I_1^3 = I_1$. Hieraus folgt $S\,I_1\,S = S\,I_1^3\,S = (S\,I_1)\,I_1(I_1\,S) \subseteq I_2\,I_1\,I_2 \subseteq I_1$. Also ist $I_1$ ein Ideal von $S$. ▮

**1.3. Definition.** Sei $n > 1$, und sei $N_n$ die Halbgruppe $(\{0, 1, \ldots, n-1\}, \cdot)$, mit $\alpha \cdot \beta = 0$ für $\alpha, \beta \in \{0, 1, \ldots, n-1\}$. $N_n$ ist die *Standard-Nullhalbgruppe der Ordnung n.*

**1.4. Bemerkung.** Sei $n > 1$, und sei $S_{n+1}$ die Halbgruppe $(N_n \cup \{e\}, *)$ mit $N_n$ und $\{e\}$ als Unterhalbgruppen, $e * 0 = 0 = 0 * e$ und $e * \alpha = 1 = \alpha * e$ für $\alpha \in N_n - \{0\}$; sei $I = N_n - \{1\}$. Dann ist $I$ ein Ideal von $N_n$, und $N_n$ ist ein Ideal von $S_{n+1}$, aber $I$ ist nicht ein Ideal von $S_{n+1}$. Man beachte, daß $I^2 = \{0\} \neq I$ ist. Dies liefert das im Satz 1.2(e) erwähnte Beispiel.

Man erinnere sich (Kapitel 1, Bemerkung 1.6), daß der Kern $K(S)$ von $S$ das minimale Ideal von $S$ ist.

**1.5. Definition.** Sei $S$ eine Halbgruppe. Als eine *Hauptidealreihe von S* werde eine Folge $S = I_0 \supset I_1 \supset \cdots \supset I_n = K(S)$ bezeichnet, bei der $I_n$ für $j = 1, \ldots, n$ ein Ideal von $S$ ist und kein Ideal von $S$, das $I_n$ echt enthält, echt in $I_{j-1}$ enthalten ist. Man beachte, daß $S$ die disjunkte Vereinigung von $(I_0 - I_1)$, $(I_1 - I_2), \ldots, (I_{n-1} - I_n)$, $I_n$ ist. Die *Hauptidealfaktoren* sind die Halbgruppen $F_j = I_{j-1}/I_j$ für $j = 1, \ldots, n$ und $F_{n+1} = I_n/\emptyset = K(S)^0$.

**1.6. Bemerkung.** Wir wollen nun eine Halbgruppe in „kleinere Stücke" oder „Bausteine" zerlegen und diese Stücke untersuchen, um eine „lokale" Struktur zu bestimmen. Für den Anfang scheint es vernünftig, die Hauptidealfaktoren einer Hauptidealreihe zu untersuchen. Der folgende Satz zeigt, daß diese Faktoren entweder 0-einfach oder Nullhalbgruppen sind. Später zeigen wir, daß alle Hauptidealreihen dieselben Faktoren haben. Da die Struktur

(d. h. die Multiplikation) von Nullhalbgruppen bekannt ist ($ab = 0$ für alle $a, b \in S$), brauchen wir nur die Struktur 0-einfacher Halbgruppen zu bestimmen, um die „lokale" Struktur einer Halbgruppe zu kennen. Der Satz von REES, auf dem Wege über die GREENschen Relationen, ergibt die Struktur 0-einfacher Halbgruppen, und was wir nun erarbeiten, geschieht im Hinblick auf diesen Satz.

**1.7. Satz.** Die Faktoren einer Hauptidealreihe sind entweder 0-einfach oder Nullhalbgruppen.

Beweis. Nach 1.1.7(c) ist $K(S)$ stets einfach. Daher ist $F_{n+1} = K(S)^0$ 0-einfach. Für $j = 1, \ldots, n$ sei $K$ ein vom Nullideal verschiedenes Ideal von $S/I_j$, das in $F_j = I_{j-1}/I_j$ enthalten ist, und $\eta : S \twoheadrightarrow S/I_j$ sei der natürliche Epimorphismus. Dann ist $\eta^{-1}(K)$ ein Ideal von $S$, das in $I_{j-1}$ enthalten ist und $I_j$ echt enthält. Hieraus folgt $\eta^{-1}(K) = I_{j-1}$ und $K = F_j$. Somit enthält $F_j$ keine anderen echten Ideale von $S/I_j$ als $\{0\}$, und $F_j$ ist daher 0-minimal in $S/I_j$, woraus nach 1.1.7 (d) folgt, daß $F_j$ entweder eine 0-einfache Halbgruppe oder eine Nullhalbgruppe ist. ▌

## Übungen und Ergänzungen

X 1.1. Man zeige, daß der Durchschnitt von linksseitigen, rechtsseitigen oder zweiseitigen Idealen, falls er nicht leer ist, wieder ein linksseitiges bzw. rechtsseitiges bzw. zweiseitiges Ideal ergibt. Man zeige, daß somit $S^1 s$ der Durchschnitt aller linksseitigen, $s$ enthaltenen Ideale und daher das eindeutig bestimmte kleinste (bezüglich Inklusion) $s$ enthaltene Ideal ist. Man beweise dasselbe für rechtsseitige Ideale ($s S^1$) und Ideale ($S^1 s S^1$).

X 1.2. Man beweise die nicht bewiesenen Behauptungen von Satz 1.2.

X 1.3. Man zeige, daß eine REES-Matrix-Halbgruppe genau dann 0-einfach ist, wenn sie regulär ist (d. h., ihre Strukturmatrix ist mindestens einmal in jeder Zeile und jeder Spalte ungleich Null). Siehe Beispiel 1.1.4m. Unter welcher Bedingung an die Strukturmatrix ist $\{0\}$ eine zerlegende Unterhalbgruppe einer REES-Matrix-Halbgruppe $S$ (siehe 1.1.8)? Man zeige, daß in diesem Fall $S - \{0\}$ einfach ist.

X 1.4. Man stelle die linksseitigen, rechtsseitigen und zweiseitigen Ideale und die Kerne auf von (a) $F_R(X_n)$, wobei $X_n = \{1, \ldots, n\}$ ist; (b) $(2^{X_n}, \cap)$; (c) des semidirekten Produkts $U_3 \times z\mathbf{Z}_2$ aus der Übung 5.1.2.

X 1.5. Man zeige, daß eine endliche Halbgruppe $S$ genau dann rechtseinfach ist, wenn sie von der Form $G \times Bt$ ist, wobei $G$ irgendeine Gruppe und $B$ eine endliche Menge bedeuten. Man beweise auch die duale Behauptung.

X 1.6. Man zeige, daß eine (möglicherweise unendliche) Halbgruppe $G$ genau dann eine Gruppe ist, wenn $G$ links-einfach und rechts-einfach ist.

X 1.7. Welche Feststellungen von Satz 1.1.9 sind für unendliche Halbgruppen falsch? Man konstruiere Gegenbeispiele.

X 1.8. Man definiere „links-0-einfach". Man beweise, daß $T \neq \{0\}$ genau dann 0-einfach ist, wenn $T$ links-einfach oder $T = L^0$ ist, wobei $L$ links-einfach ist.

**1.8. Definition** (GREEN). Sei $S$ eine Halbgruppe. Für $s \in S$ versteht man unter $L(s) = S^1 s$, $R(s) = s S^1$ und $J(s) = S^1 s S^1$ das von $s$ erzeugte *linksseitige Hauptideal* bzw. *rechtsseitige Hauptideal* bzw. *Hauptideal.*

Wir definieren binäre Relationen $\mathcal{J}$, $\mathcal{L}$, $\mathcal{R}$, $\mathcal{H}$ und $\mathcal{D}$ *auf* $S$ wie folgt:

(1) $s_1 \mathcal{J} s_2$ dann und nur dann, wenn $J(s_1) = J(s_2)$ ist.

(2) $s_1 \mathcal{L} s_2$ dann und nur dann, wenn $L(s_1) = L(s_2)$ ist.

(3) $s_1 \mathcal{R} s_2$ dann und nur dann, wenn $R(s_1) = R(s_2)$ ist.

(4) $s_1 \mathcal{H} s_2$ dann und nur dann, wenn $s_1 \mathcal{L} s_2$ und $s_1 \mathcal{D} s_2$ gilt.

(5) $s_1 \mathcal{D} s_2$ dann und nur dann, wenn ein $s \in S$ existiert derart, daß $s_1 \mathcal{L} s$ und $s \mathcal{R} s_2$ gilt, oder äquivalent damit [Satz 1.9 (h)] dann und nur dann, wenn ein $t \in S$ existiert derart, daß $s_1 \mathcal{R} t$ und $t \mathcal{L} s_2$ gilt.

**1.9. Satz.** (a) $\mathcal{L}$, $\mathcal{R}$, $\mathcal{J}$ und $\mathcal{H}$ sind Äquivalenzrelationen auf $S$. Wir bezeichnen mit $L_s$, $R_s$, $J_s$ und $H_s$ die $\mathcal{L}$-, bzw. $\mathcal{R}$-, bzw. $\mathcal{J}$- bzw. $\mathcal{H}$-Äquivalenzklasse, die $s$ enthält.

(b) $\mathcal{L}$ ist eine Rechtskongruenz.

(c) $\mathcal{R}$ ist eine Linkskongruenz.

(d) $s_1 \mathcal{J} s_2$ genau dann, wenn $x, y, z, w \in S^1$ existieren, so daß $x s_1 y = s_2$ und $z s_2 w = s_1$ ist.

(e) Es ist $s_1 \mathcal{L} s_2$ genau dann, wenn $x, y \in S^1$ existieren, so daß $x s_1 = s_2$ und $y s_2 = s_1$ ist.

(f) Es ist $s_1 \mathcal{R} s_2$ genau dann, wenn $x, y \in S^1$ existieren, so daß $s_1 x = s_2$ und $s_2 y = s_1$ ist.

(g) Es ist $s_1 \mathcal{D} s_2$ genau dann, wenn $s \in S$ und $x, y, z, w \in S^1$ existieren, so daß $x s_1 = s$, $y s = s_1$, $s z = s_2$, $s_2 w = s$ ist.

(h) $\mathcal{D} = \mathcal{L} \cdot \mathcal{R} = \mathcal{R} \cdot \mathcal{L}$ und daher $\mathcal{D} = \sup(\mathcal{L}, \mathcal{R})$ (siehe Beispiel 1.1.4d).

Beweis. Die Behauptungen von (a)—(g) sind leicht zu beweisen. Bei (h) genügt es zu zeigen, daß $\mathcal{L} \cdot \mathcal{R} \subseteq \mathcal{R} \cdot \mathcal{L}$ gilt, denn dann ist $\mathcal{R} \cdot \mathcal{L} = \mathcal{R}^{-1} \cdot \mathcal{L}^{-1} = (\mathcal{L} \cdot \mathcal{R})^{-1} \subseteq (\mathcal{R} \cdot \mathcal{L})^{-1} = \mathcal{L}^{-1} \cdot \mathcal{R}^{-1} = \mathcal{L} \cdot \mathcal{R}$, so daß sich $\mathcal{L} \cdot \mathcal{R} = \mathcal{R} \cdot \mathcal{L}$ ergibt. Um $\mathcal{L} \cdot \mathcal{R} \subseteq \mathcal{R} \cdot \mathcal{L}$ zu zeigen, seien $s_1, s_2 \in S$ derart, daß $s_1(\mathcal{L} \cdot \mathcal{R})\, s_2$ gilt. Dann ist $s_1 \mathcal{L} s$ und $s \mathcal{D} s_2$ für irgendein $a \in S$, und daher existieren $w, x, y, z \in S^1$ derart, daß $w s_1 = s$, $x s = s_1$, $s y = s_2$ und $s_2 z = s$ ist. Sei $a = s_1 y = x s y = x s_2$. Da $\mathcal{L}$ eine Rechtskongruenz und $\mathcal{R}$ eine Linkskongruenz ist, folgt $a = s_1 y \mathcal{L} s y = s_2$ aus $s_1 \mathcal{L} s$ und $s_1 = x s \mathcal{R} x s_2 = a$ aus $s \mathcal{R} s_2$, so daß sich $s_1(\mathcal{R} \cdot \mathcal{L})\, s_2$ ergibt. ∎

**1.10. Definition.** Sei $S$ eine Halbgruppe. Man definiere die folgenden *Ordnungen* für die $\mathcal{J}$-, die $\mathcal{R}$- und die $\mathcal{L}$-Klassen von $S$:

(a) $J_a \leqq J_b$ genau dann, wenn $J(a) \subseteq J(b)$.

(b) $R_a \leqq R_b$ genau dann, wenn $R(a) \subseteq R(b)$.

(c) $L_a \leqq L_b$ genau dann, wenn $L(a) \subseteq L(b)$.

Diese Ordnungen sind reflexiv, antisymmetrisch und transitiv.

**1.11. Bemerkung.** Man beachte, daß ein Ideal $I$ eine Vereinigung von Hauptidealen und eine disjunkte Vereinigung von $\mathcal{J}$-Klassen $J$ ist, denn, falls $a \in J \cap I$ und $b \in J$ ist, existieren $x, y \in S^1$ derart, daß $b = x\,a\,y \in S^1\,I\,S^1 = I$ gilt. Hieraus folgt $J \subseteq I$. Ist $J \subseteq I$, so ist das von $J$ erzeugte Ideal in $I$ enthalten. Mithin erzeugt eine $\mathcal{J}$-Klasse $J$ ein Ideal $I$ genau dann, wenn $J \geqq J'$ für alle $\mathcal{J}$-Klassen $J' \subseteq I$ ist.

Auf natürliche Weise läßt sich nun jeder $\mathcal{J}$-Klasse $J$ einer Halbgruppe $S$ eine Halbgruppe $J^0$ wie folgt zuordnen. Sei $B(J)$ die Vereinigung aller $\mathcal{J}$-Klassen, die echt kleiner als $J$ sind. Entweder ist $B(J) = \emptyset$ oder $B(J)$ ist ein Ideal von $S$. In beiden Fällen ist $S^1\,J\,S^1 - B(J) = J$, und wir setzen dann $J^0 = S^1\,J\,S^1/B(J)$.

[Im Falle $B(J) = \emptyset$ erhalten wir $J = K(S)$, und $J^0 = K(S)^0$ ist dabei eine Halbgruppe.] Mithin ist $J^0 = (J \cup \{0\}, \circ)$, wobei

$$x \circ y = \begin{cases} x\,y\,, & \text{falls} \quad x\,y \in J\,, \\ 0 & \text{sonst} \end{cases}$$

ist.

**1.12. Satz.** (a) Sind $I_1$ und $I_2$ Ideale von $S$ und ist $I_2$ ein maximales in $I_1$ enthaltenes Ideal, so ist $I_1 - I_2$ genau eine $\mathcal{J}$-Klasse $J$ von $S$. Hieraus folgt $I_1/I_2 = J^0$.

(b) Die Faktoren einer jeden Hauptidealreihe von $S$ sind genau die Halbgruppen $\{J^0 : J$ ist eine $\mathcal{J}$-Klasse von $S\}$.

(c) Ist $J$ eine $\mathcal{J}$-Klasse von $S$, so ist $J^0$ entweder 0-einfach oder eine Nullhalbgruppe.

Beweis. (a) Offenbar ist $I_1 - I_2$ eine Vereinigung von $\mathcal{J}$-Klassen. Sei $J$ minimal in $I_1 - I_2$. Dann ist $J \cup I_2$ ein Ideal von $S$, denn es ist $S^1\,J\,S^1 = J \cup B(J)$ und $B(J) \subseteq I_2$, weil $J$ minimal in $I_1 - I_2$ ist. Daher ist $S^1\,J\,S^1 = J \cup B(J) \subseteq J \cup I_2$, so daß $J \cup I_2$ ein in $I_1$ enthaltenes Ideal von $S$ ist, das echt $I_2$ enthält. Mithin ist $I_1 = I_2 \cup J$, und die Behauptung ist bewiesen.

(b) Die Behauptung folgt aus (a), weil jede Hauptidealreihe wie folgt erhalten werden kann: Man wähle in $S$ irgendeine maximale $\mathcal{J}$-Klasse $J_1$ und setze $I_1 = S - J_1$. Weiter wähle man in $I_1$ irgendeine maximale $\mathcal{J}$-Klasse $J_2$ von $S$ und setze $I_2 = I_1 - J_2$ usw. Auf diese Art wird schließlich jede $\mathcal{J}$-Klasse von $S$ in der vorstehenden Weise einmal gewählt. Dies beweist die Behauptung.

(c) folgt aus (b) und Satz 1.7. ∎

**1.13. Definition.** Sei $J$ eine $\mathcal{J}$-Klasse einer Halbgruppe $S$. $J$ wird genau dann eine *reguläre $\mathcal{J}$-Klasse* genannt, wenn $J^0$ eine 0-einfache Halbgruppe ist. $J$ wird genau dann eine *Null-$\mathcal{J}$-Klasse* genannt, wenn $J^0$ eine Nullhalbgruppe ist.

**1.14. Bemerkung.** Da die Faktoren einer Hauptidealreihe von $S$ genau die Halbgruppen $J^0$ sind, die aus den $\mathcal{J}$-Klassen von $S$ entstehen, ist es nützlich, die Struktur der $\mathcal{J}$-Klassen von $S$ zu untersuchen.

Aus der Definition von $\mathcal{H}$, $\mathcal{L}$, $\mathcal{R}$ und $\mathcal{J}$ ist leicht zu ersehen:

(1) $\mathcal{D}$- und $\mathcal{L}$-Klassen sind disjunkte Vereinigungen von $\mathcal{H}$-Klassen;

(2) $\mathcal{J}$-Klassen sind disjunkte Vereinigungen von $\mathcal{L}$-Klassen;

(3) $\mathcal{J}$-Klassen sind disjunkte Vereinigungen von $\mathcal{R}$-Klassen;

(4) daher sind $\mathcal{J}$-Klassen disjunkte Vereinigungen von $\mathcal{H}$-Klassen;

(5) jede $\mathcal{H}$-Klasse ist der Durchschnitt einer $\mathcal{L}$- und einer $\mathcal{D}$-Klasse; und

(6) der Durchschnitt einer $\mathcal{L}$- und einer $\mathcal{R}$-Klasse ist entweder leer oder eine $\mathcal{H}$-Klasse.

Der folgende Satz ergibt (für endliche Halbgruppen), daß innerhalb einer $\mathcal{J}$-Klasse der Durchschnitt einer $\mathcal{R}$- und einer $\mathcal{L}$-Klasse niemals leer ist und daß alle $\mathcal{H}$-Klassen in einer $\mathcal{J}$-Klasse sich in eineindeutiger Weise entsprechen.

**1.15. Satz** (GREEN). Sei $S$ eine Halbgruppe. Dann gilt

(a) $\mathcal{J} = \mathcal{D}$[1]).

(b) Sei $J$ eine $\mathcal{J}$-Klasse von $S$. Dann ist $L \cap R \neq \emptyset$ für alle $\mathcal{J}$-Klassen $L$ in $J$ und alle $\mathcal{R}$-Klassen $R$ in $J$.

(c) Es gilt $h \mathcal{J} h x$ genau dann, wenn $h \mathcal{R} h x$ gilt, $x, h \in S$.

(d) Es gilt $h \mathcal{J} x h$ genau dann, wenn $h \mathcal{L} x h$ gilt, $x, h \in S$.

(e) Seien $s_1, s_2 \in S$ mit $s_1 \mathcal{L} s_2$. Seien $x, y \in S^1$ derart, daß $x s_1 = s_2$ und $y s_2 = s_1$ ist. Seien $\varphi : R_{s_1} \to R_{s_2}$ und $\Theta : R_{s_2} \to R_{s_1}$ durch $\varphi(s) = x s$ bzw. $\Theta(t) = y t$ gegebene Abbildungen. Dann sind $\varphi$ und $\Theta$ eineindeutige Abbildungen „auf", und es ist $y^{-1} = \Theta$. Für $a, b \in R_{s_1}$ folgt $\varphi(a) \mathcal{L} \varphi(b)$ aus $a \mathcal{L} b$. Daher gilt $a \mathcal{H} b$ genau dann, wenn $\varphi(a) \mathcal{H} \varphi(b)$ gilt, d. h., die Abbildungen $\varphi$ und $\Theta$ bilden $\mathcal{H}$-Klassen auf $\mathcal{H}$-Klassen ab. Der duale Satz ist gleichfalls gültig.

(f) Seien $s_1, s_2 \in S$ mit $s_1 \mathcal{J} s_2$. Seien $s \in S$, $w, x, y, z \in S^1$ derart, daß $w s_1 = s$, $x s = s_1$, $s y = s_2$ und $s_2 z = s$ ist. Seien $\alpha : H_{s_1} \to H_{s_2}$ und $\beta : H_{s_2} \to H_{s_1}$ durch $\alpha(t) = w t y$ bzw. $\beta(u) = x u z$ gegebene Abbildungen. Dann sind $\alpha$ und $\beta$ eineindeutige Abbildungen „auf", und es ist $\alpha^{-1} = \beta$. Mithin entsprechen sich zwei $\mathcal{H}$-Klassen von $S$, die in derselben $\mathcal{J}$-Klasse enthalten sind, in eineindeutiger Weise.

Beweis. (a) Ist $s_1 \mathcal{D} s_2$, so existiert ein $s \in S$ derart, daß $s_1 \mathcal{L} s$ und $s \mathcal{R} s_2$ gilt. Daher ist $s_1 \mathcal{J} s \mathcal{J} s_2$, so daß sich $s_1 \mathcal{J} s_2$ aus $s_1 \mathcal{D} s_2$ ergibt.

Umgekehrt werde angenommen, daß $s_1 \mathcal{J} s_2$ gilt. Dann existieren $w, x, y, z \in S^1$ derart, daß $w s_1 x = s_2$ und $y s_2 z = s_1$ ist. Mithin ist $y w s_1 x z = s_1$ und also $(y w)^n s_1 (x z)^n = s_1$ für $n \geqq 1$. Für irgendein $N > 2$ sind $(y w)^N = e_1$ und $(x z)^N = e_2$ idempotente Elemente (Satz 1.1.11). Mithin ist $e_1 s_1 = e_1(e_1 s_1 e_2) = e_1 s_1 e_2 = s_1$, so daß $[(y w)^{N-1} y] w s_1 = s_1$ ist und daher $w s_1 \mathcal{L} s_1$ gilt. Auf

[1]) Man erinnere sich, daß wir nur von endlichen Halbgruppen sprechen, außer wenn ausdrücklich das Gegenteil erwähnt wird. Es gibt unendliche Halbgruppen, für die $\mathcal{J} \neq \mathcal{D}$ gilt. Tatsächlich ist $\mathcal{J} = \mathcal{D}$, wenn jedes Element von $S$ eine Potenz besitzt, die ein idempotentes Element ist.

ähnliche Weise folgt $s_1 x \mathcal{R} s_1$. Also ist $s_2 = w s_1 x \mathcal{R} w s_1 \mathcal{L} s_1$, so daß sich $s_1 \mathcal{D} s_2$ aus der Tatsache ergibt, daß $\mathcal{R}$ eine Linkskongruenz ist. Mithin ist $\mathcal{J} = \mathcal{D}$.

(b) Sei $L$ eine $\mathcal{L}$- und sei $R$ eine $\mathcal{R}$-Klasse in $J$. Sei $a \in L$ und sei $b \in R$. Dann ist $a \mathcal{J} b$, so daß $a \mathcal{D} b$ gilt, d. h., es existiert ein $c \in S$ derart, daß sich $a \mathcal{L} c \mathcal{R} b$ ergibt. Dann ist $c \in L \cap R$, wodurch die Behauptung bewiesen ist.

(c), (d) Seien $x, h \in S$. Wenn $h \mathcal{R} h x$ gilt, dann ist $h \mathcal{J} h x$. Umgekehrt, ist $h \mathcal{J} h x$, so existieren $a, b \in S^1$ derart, daß $h = a h x b = a^n h(x b)^n$ für alle $n > 0$ gilt und daher $h \mathcal{R} h x$ mit derselben Begründung wie in (a) gilt. Der Beweis von (d) ist zu dem von (c) dual.

(e) $\varphi$ und $\Theta$ haben die angegebenen Bildmengen, weil $\mathcal{R}$ eine Linkskongruenz ist. Ist $s \in R_{s_2}$, so sei $s = s_2 z$ für irgendein $z \in S^1$. Dann ist $\varphi\, \Theta(s) = x y s_2 z = s_2 z = s$, und durch eine entsprechende Begründung ergibt sich $\Theta\, \varphi(t) = t$ für $t \in R_{s_1}$. Mithin sind $\Theta$ und $\varphi$ eineindeutige Abbildungen „auf", und es ist $\Theta^{-1} = \varphi$. Da $\varphi(s) = x s$ und $y \varphi(s) = s$ ist für $s \in R_{s_1}$, folgt $s \mathcal{L} \varphi(s)$ für alle $s \in R_{s_1}$, so daß insbesondere $\varphi(s_1) \mathcal{L} \varphi(s_2)$ aus $s_1 \mathcal{L} s_2$ folgt.

(f) Man setze die Abbildungen $a \to w a$ und $c \to c y$ zusammen und wende (e) und den dazu dualen Satz an. ▮

**1.16. Bemerkung.** Aus Satz 1.15 (f) entnimmt man unmittelbar den folgenden Sachverhalt: Ist $\varphi$ ein Homomorphismus auf einer Halbgruppe $S$, der eineindeutig ist, wenn er auf eine $\mathcal{H}$-Klasse $H$ eingeschränkt wird, so ist $\varphi$ eineindeutig auf jeder $\mathcal{H}$-Klasse, die $\mathcal{J}$-äquivalent zu $H$ ist. Sei nämlich $H_1 \mathcal{J} H$, und seien $h_1, h_2 \in H$ derart, daß $\varphi(h_1) = \varphi(h_2)$ gilt. Dann existieren, wie man weiß, $x, y \in S^1$ derart, daß $x H_1 y = H$ gilt. Nun sind $x h_1 y, x h_2 y \in H$, und es ist $\varphi(x h_1 y) = \varphi(x h_2 y)$, so daß $x h_1 y = x h_2 y$ gilt. Da aber die Abbildung $h \to x h y$ eineindeutig ist, folgt hieraus $h_1 = h_2$.

## Übungen und Ergänzungen

X1.9. Man beweise, daß Satz 1.9 und die Teile (e) und (f) von Satz 1.15 für alle Halbgruppen, und die Teile (a)–(d) von Satz 1.15 für alle Torsionshalbgruppen gelten (1.1.2).

X1.10. Man stelle die $\mathcal{L}$-, $\mathcal{R}$-, $\mathcal{H}$- und $\mathcal{J} = \mathcal{D}$-Klassen auf von (a) $F_R(X_n)$, wobei $X_n = \{1, \ldots, n\}$ ist, (b) $\mathcal{M}^0(G; A, B; C)$, wenn $C$ regulär ist, (c) $(2^{X_n}, \cap)$, (d) $U_3 \times_\varphi \mathbf{Z}_2$ aus Übung 5.12, (e) einer endlichen zyklischen Halbgruppe.

X1.11. Sei $S$ eine endliche abelsche Halbgruppe. Dann ist $\mathcal{H} = \mathcal{L} = \mathcal{R} = \mathcal{J}$. Ist die Umkehrung richtig?

X1.12. Sei $\mathcal{T}$ irgendeine der Relationen $\mathcal{H}$, $\mathcal{R}$, $\mathcal{L}$ oder $\mathcal{J}$. Ist $T$ eine Unterhalbgruppe von $S$ und sind $t_1, t_2 \in T$, dann folgt aus $t_1 \mathcal{T} t_2$ in $T$ stets $t_1 \mathcal{T} t_2$ in $S$. Man konstruiere eine endliche Halbgruppe $S$ und eine Unterhalbgruppe $T$ mit $t_1, t_2 \in T$, für die $t_1 \mathcal{T} t_2$ in $S$ aber nicht in $T$ gilt. Man zeige, daß aus $t_1 \mathcal{T} t_2$ in $S$ folgt, daß $t_1 \mathcal{T} t_2$ in $T$ gilt, wenn $t_1$ und $t_2$ in $T$ zu idempotenten Elementen $\mathcal{T}$-äquivalent sind und $\mathcal{T}$ nicht $\mathcal{J}$ ist.

X1.13. Sei $S$ eine 0-einfache Halbgruppe, und sei $0 \neq a \in S$. Man zeige, daß idempotente Elemente $e_1, e_2 \in S - \{0\}$ existieren derart, daß $e_1 \mathcal{L} a$ und $a \mathcal{R} e_2$ gilt.

**1.17. Bemerkung.** Als nächstes zeigen wir, daß man in jeder $\mathcal{J}$-Klasse $J$ von $S$ ein Koordinatensystem einführen kann und daß die Multiplikation in $J^0$ eine natürliche Form bezüglich dieses Koordinatensystems besitzt.

Sei $J$ eine $\mathcal{J}$-Klasse einer Halbgruppe $S$. Seien $R_1, \ldots, R_m$ die $\mathcal{R}$-Klassen in $J$ und $L_1, \ldots, L_n$ die $\mathcal{L}$-Klassen in $J$. Nach Satz 1.15 sind dann $\{H_{ij} = R_i \cap L_j: i = 1, \ldots, m; j = 1, \ldots, n\}$ genau die $\mathcal{H}$-Klassen in $J$. Auf diese Weise erhalten wir ein „Bild" von $J$, ähnlich einer „Eierkiste"; jede Zeile ist eine $\mathcal{R}$-Klasse, jede Spalte eine $\mathcal{L}$-Klasse, und der Durchschnitt jeder Zeile und Spalte (d. h. jedes Fach) ist eine $\mathcal{H}$-Klasse (siehe Abb. 1). Satz 1.15 (f) besagt,

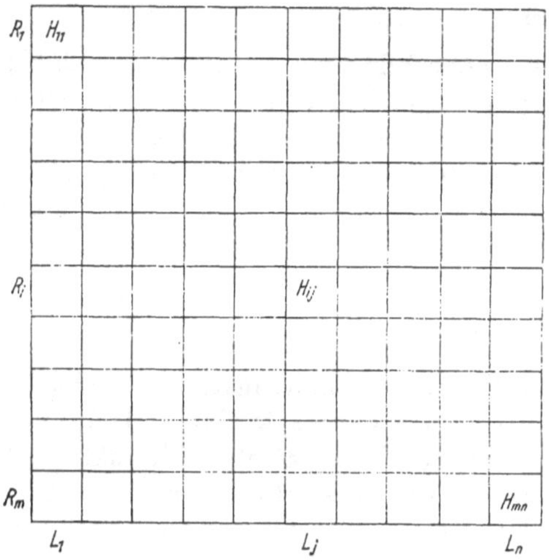


Abb. 1. Das „Koordinatenbild" einer $\mathcal{J}$-Klasse $J$. Die Zeilen sind die $\mathcal{R}$-Klassen von $S$, die in $J$ enthalten sind. Die Spalten sind die $\mathcal{L}$-Klassen von $S$, die in $J$ enthalten sind. Ihre Durchschnitte sind die $\mathcal{H}$-Klassen von $S$, die in $J$ enthalten sind. $J$ ist entweder eine Null-$\mathcal{J}$-Klasse oder eine reguläre $\mathcal{J}$-Klasse. Ist $J$ eine reguläre $\mathcal{J}$-Klasse, so stimmen diese Klassen mit den von der Nullklasse verschiedenen Klassen von $J^0$ überein, und die Multiplikation wird durch den Satz von REES gegeben

daß sich die $\mathcal{H}$-Klassen in eineindeutiger Weise entsprechen und beschreibt die Abbildungen, die eine $\mathcal{H}$-Klasse auf die andere abbilden.

**1.18. Satz.** (GREEN). Sei $S$ eine Halbgruppe.

(a) Jede Untergruppe von $S$ ist in irgendeiner $\mathcal{H}$-Klasse von $S$ enthalten. Eine $\mathcal{H}$-Klasse $H$ ist eine Untergruppe von $S$ genau dann, wenn $H$ ein idempotentes Element enthält. Hieraus folgt, daß die maximalen Untergruppen von $S$ genau diejenigen $\mathcal{H}$-Klassen von $S$ sind, die idempotente Elemente enthalten.

(b) Sei $S$ eine 0-einfache Halbgruppe. Dann enthält jede $\mathcal{R}$- und jede $\mathcal{L}$-Klasse von $S$ ein idempotentes Element.

Beweis. (a) Jede Untergruppe von $S$ ist sicherlich in einer $\mathcal{H}$-Klasse enthalten. Zur zweiten Feststellung: Sind $s_1, s_2, s_1 s_2 \in H$, dann sind $s \to s s_2$

und $s \to s_1 s$ eineindeutige Abbildungen von $H$ auf sich selbst (nach Satz 1.15). Mithin ist $s_1 H = H = H s_2$, so daß sich, falls $x_1, x_2$ Elemente von $H$ sind, $x_1 s_2 \in H s_2 = H$ und $s_1 x_2 \in s_1 H = H$ ergibt. Mittels der vorangegangenen Begründung ist dann $x_1 H = H = H x_2$. Da dies für alle $x_1, x_2 \in H$ gilt, folgt, daß $H$ eine links-einfache und rechts-einfache Unterhalbgruppe von $S$ ist. Mithin ist $H$ eine Gruppe (X 1.6). Die übrigen Behauptungen von (a) folgen nun in einfacher Weise.

(b) Sei $S$ eine 0-einfache Halbgruppe. Dann ist $S - \{0\}$ eine $\mathcal{J}$-Klasse von $S$. Aus Satz 1.15 kann entnommen werden, daß für alle von Null verschiedenen $a \in S$, $R(a) = R_a \cup \{0\}$ und $L(a) = L_a \cup \{0\}$ gilt, das heißt, das von $a$ erzeugte rechtsseitige Ideal ist lediglich die $\mathcal{R}$-Klasse, die $a$ zusammen mit dem Nullelement enthält, usw.

Nun sei $a \in S - \{0\}$. Dann ist $S a S = S$, und deshalb existieren $x, y \in S$ derart, daß $x a y = a$ ist. Mithin ist $x^n a y^n = a$ für alle $n \geqq 1$, und somit existieren vom Nullelement verschiedene idempotente Elemente $e_1, e_2$ derart, daß $e_1 a e_2 \neq a$ ist. Dann ist $e_1 a = a$ und $a e_2 = a$. Aus $e_1 a = a$ folgt, daß $a \in R(e_1)$ ist. Da $a = 0$ ist, haben wir $a \in R_{e_1}$, und daher ist $R_a = R_{e_1}$ und $e_1 \in R_a$. Ähnlich ergibt sich $e_2 \in L_a$. ∎

**1.19. Satz.** Ist $J$ eine reguläre $\mathcal{J}$-Klasse einer Halbgruppe $S$, so sind die $\mathcal{R}$-, die $\mathcal{L}$- und die $\mathcal{H}$-Klassen von $S$ in $J$ genau die von der Nullklasse verschiedenen $\mathcal{R}$- bzw. $\mathcal{L}$- bzw. $\mathcal{H}$-Klassen der 0-einfachen Halbgruppe $J^0$.

Beweis. Wir werden die Behauptung für $\mathcal{L}$-Klassen beweisen; der Beweis für $\mathcal{R}$-Klassen verläuft in derselben Weise. Da $\mathcal{H}$-Klassen Durchschnitte für $\mathcal{L}$- und $\mathcal{R}$-Klassen sind, ist die Behauptung dann auch für $\mathcal{H}$-Klassen richtig.

Seien $\mathcal{L}(S)$ und $\mathcal{L}(J)$ die $\mathcal{L}$-Äquivalenzrelationen für die Halbgruppen $S$ bzw. $J^0$. Falls $L'$ eine von der Nullklasse verschiedene $\mathcal{L}$-Klasse von $J^0$ ist, so ist natürlich $L'$ in einer $\mathcal{L}$-Klasse von $S$ in $J$ enthalten.

Seien umgekehrt $a, b \in J$, und angenommen, es sei $a \mathcal{L}(S) b$. Nach Satz 1.18 existieren idempotente Elemente $e_a, e_b \in J^0$ derart, daß $e_a \mathcal{L}(J) a$ und $e_b \mathcal{L}(J) b$ gilt. Da aus der $\mathcal{L}(J)$-Äquivalenz die $\mathcal{L}(S)$-Äquivalenz folgt, haben wir $e_a \mathcal{L}(S) \times a \mathcal{L}(S) b \mathcal{L}(S) e_b$, d. h. $e_a \mathcal{L}(S) e_b$. Deshalb existieren $x, y \in S^1$ derart, daß $x e_a = e_b$ und $y e_b = e_a$ gilt. Dann ist aber $e_a e_b = y e_b e_b = y e_b = e_a$, und entsprechend ergibt sich $e_b e_a = e_b$. Hieraus folgt $e_a \mathcal{L}(J) e_b$ und somit $a \mathcal{L}(J) e_a \mathcal{L}(J) \times \times e_b \mathcal{L}(J) b$. ∎

**1.20. Bemerkung.** Wir wissen jetzt, daß, wenn $J$ eine reguläre $\mathcal{J}$-Klasse ist, das „Bild“ von $J$ (Abb. 1) genau mit dem „Bild“ der von der Nullklasse verschiedenen $\mathcal{J}$-Klasse von $J^0$ übereinstimmt. Wir werden nun den Satz von Rees aufstellen und beweisen, der die Struktur 0-einfacher Halbgruppen in den Begriffen eben dieses „Eierkisten-Bildes“ vollständig bestimmt. Nach Satz 1.19 kennen wir dann die Struktur der regulären $\mathcal{J}$-Klassen.

**1.21. Satz (Rees).** Ist $S$ eine 0-einfache Halbgruppe, so ist $S^0$ isomorph zu einer *regulären* Rees-Matrix-Halbgruppe. Umgekehrt ist eine reguläre Rees-Matrix-Halbgruppe eine 0-einfache Halbgruppe.

Beweis. Sei $S$ eine 0-einfache Halbgruppe und sei $J$ ihre (einzige) von der Nullklasse verschiedene $\mathcal{J}$-Klasse. Wie in der in Satz 1.18 vorausgehenden Bemerkung sollen die $\mathcal{R}$- und die $\mathcal{L}$-Klassen von $S$ in $J$ mit $R_1, \ldots, R_m$ bzw. $L_1, \ldots, L_n$ bezeichnet werden. Dann sind $H_{ij} = R_i \cap L_j$ die $\mathcal{H}$-Klassen von $S$ in $J$. Nach Satz 1.18 ist mindestens eine $\mathcal{H}$-Klasse in $J$ eine Untergruppe von $S$. Wir verabreden, daß die $\mathcal{R}$- und die $\mathcal{L}$-Klassen so indiziert sein sollen, daß $H_{11} = R_1 \cap L_1$ gerade diese Untergruppe ist. Sei $e$ das Einselement von $H_{11}$. Für $i = 1, \ldots, m$ und $j = 1, \ldots, n$ wähle man Elemente $l_i \in H_{i1}$ und $r_j \in H_{1j}$. Nun ist $e \mathcal{L} l_i$, so daß ein $x \in S^1$ existiert derart, daß $x e = l_i$ ist. Dann ist $l_i e = x e e = x e = l_i$. Entsprechend ist $e r_j = r_j$. Für alle $i = 1, \ldots, m$ und $j = 1, \ldots, n$ ist dann $g \to l_i g r_j$ nach Satz 1.15 eine eineindeutige Abbildung von $H_{11}$ auf $H_{ij}$. Sind die $l_i$ und die $r_j$ gegeben, so folgt daraus, daß jedes Element $s \in J$ eine eindeutige Darstellung $s = l_i g r_j$ besitzt, wobei $g \in H_{11}$ ist.

Nun sei $A = \{1, \ldots, m\}$; $B = \{1, \ldots, n\}$ und $G = H_{11}$. Sei $\psi : S^0 \twoheadrightarrow \mathcal{M}^0(G; A, B; C)$ durch $\psi(l_i g r_j) = (g, i, j)$ gegeben und $\psi(0) = 0$. Aufgrund der vorangegangenen Erörterung ist $\psi$ eine eineindeutige Abbildung „auf". $C : B \times A \to G^0$ werde durch $C(j, i) = r_j l_i$ definiert. Nun ist $r_j \in R_1 \cup \{0\}$ ein rechtsseitiges und $l_i \in L_1 \cup \{0\}$ ein linksseitiges Ideal von $S$. Hieraus ergibt sich, daß $r_j l_i \in (R_1 \cap L_1) \cup \{0\} = G^0$ ist. Man sieht leicht, daß $\psi$ ein Isomorphismus ist.

Um den Beweis abzuschließen, muß noch gezeigt werden, daß eine REES-Matrix-Halbgruppe genau dann eine 0-einfache Halbgruppe ist, wenn sie regulär ist. Dies war dem Leser als Übungsaufgabe (X1.3) überlassen worden. ∎

Zusammenfassung. Wir kennen jetzt die „lokale Multiplikation" einer Halbgruppe $S$ — das heißt die Multiplikation innerhalb der $\mathcal{J}$-Klassen — im folgenden Sinne. Liegt das Produkt zweier Elemente aus einer $\mathcal{J}$-Klasse $J$ wieder in $J$, so kennen wir das Produkt. Liegt das Produkt nicht in $J$, so „fällt" es in eine niedrigere $\mathcal{J}$-Klasse, d. h. in eine $\mathcal{J}$-Klasse kleiner als $J$ (in der $\mathcal{J}$-Klassenordnung). Uns wird zwar diese Tatsache mitgeteilt, aber nicht, was das Produkt ist oder in welcher $\mathcal{J}$-Klasse es liegt.

Wir kennen die „lokale Multiplikation", weil eine $\mathcal{J}$-Klasse $J$ entweder regulär oder Null ist. Wenn $J$ Null ist, so fällt das Produkt zweier Elemente immer in eine niedrigere $\mathcal{J}$-Klasse. Wenn $J$ regulär ist, so sagt uns die zu $J^0$ isomorphe REES-Matrix-Halbgruppe, ob ein Produkt fällt oder nicht, und wenn es nicht fällt, kennen wir das Produkt. Diese Charakterisierung regulärer $\mathcal{J}$-Klassen in Begriffsbildungen der regulären REES-Matrix-Halbgruppen ist äußerst nützlich, und es wird empfohlen, daß sich der Leser mit dieser speziellen Klasse von Halbgruppen sehr vertraut macht. *Von dieser Stelle an werden die meisten Beweise in der Sprache des Satzes von* REES *und der regulären* REES-*Matrix-Halbgruppen geführt.*

**1.22. Bemerkung.** Der in dem Beweis des Satzes von REES definierte Isomorphismus $\psi : S^0 \twoheadrightarrow \mathcal{M}^0(G; A, B; C)$ ist vollständig durch die Wahl der Elemente $l_i \in H_{i1}$ und $r_j \in H_{1j}$ bestimmt. Da die Auswahl der $l_i$ und $r_j$ (innerhalb der eigentlichen $\mathcal{H}$-Klassen) beliebig ist, gibt es viele derartige Isomorphismen von $S^0$. Jeder solche auf diese Weise definierte Isomorphismus von $S^0$ wird eine *Koordinaten-Abbildung für die* (0-*einfache*) *Halbgruppe* $S$ genannt. Der nächste Satz gibt eine nützliche Charakterisierung aller Koordinaten-Abbildungen für $S$.

**1.23. Satz.** Sei $S$ eine 0-einfache Halbgruppe und seien

$$\psi: S^0 \twoheadrightarrow \mathcal{M}^0(G; A, B; C)$$

und

$$\psi': S^0 \twoheadrightarrow \mathcal{M}^0(G; \mathrm{A}, B; P)$$

zwei Koordinaten-Abbildungen für $S$. Seien $l_i \in H_{i1}$, $r_j \in H_{1j}$ und $l'_i \in H_{i1}$, $r'_j \in H_{1j}$, $i = 1, \ldots, n, j = 1, \ldots, m$, die ausgewählten Elemente, die $\psi$ bzw. $\psi'$ definieren. Dann existieren Abbildungen $\lambda: A \to G$ und $\delta: B \to G$ derart, daß $P(j, i) = \delta(j)\, C(i, j)\, \lambda(i)$ gilt und die Abbildung $\Theta: \mathcal{M}_0(G; A, B; C) \twoheadrightarrow \mathcal{M}_0(G; A, B; P)$, die durch $\Theta(g, i, j) = \big(\lambda(i)^{-1}\, g\, \delta(j)^{-1}, i, j\big)$ definiert wird, ein Isomorphismus ist mit $\psi' = \Theta\, \psi$.

Seien umgekehrt zwei Abbildungen $\lambda: A \to G$ und $\delta: B \to G$ gegeben. Wenn dann eine Strukturmatrix $P: \mathrm{B} \times A \to G^0$ durch $P(j, i) = \delta(j)\, C(j, i)\, \lambda(i)$ definiert wird, so ist die eben definierte Abbildung $\mathcal{M}$ ein Isomorphismus von $\mathcal{M}_0(G; A, B; C)$ auf $\mathcal{M}_0(G; A, B; P)$, und der Isomorphismus $\psi' = \Theta\, \psi$ ist eine Koordinaten-Abbildung für $S$.

Beweis. Seien $\psi$ und $\psi'$ zwei wie vorhin definierte Koordinaten-Abbildungen für $S$. Da die linksseitige Multiplikation eine eineindeutige Abbildung von $H_{11} = G$ auf $H_{i1}$ ist, existiert ein eindeutig bestimmtes Element $g_i \in G$ derart, daß $l_i\, g_i = l'_i$ ist. Entsprechend existiert ein eindeutig bestimmtes Element $g_i \in G$ derart, daß $g_j\, r_j = r'_j$ ist. $\lambda$ und $\delta$ mögen durch $\lambda(i) = g_i$ bzw. $\delta(j) = g_j$ definiert sein. Dann gilt $P(j, i) = r'_j\, l'_i = \delta(j)\, C(j, i)\, \lambda(i)$, und $\Theta$ ist ein Isomorphismus mit $\psi' = \Theta\, \psi$.

Umgekehrt ist $\Theta$ sicherlich ein Isomorphismus. Man setze $l'_i = l_i\, \lambda(i) \in H_{i1}$ und $r'_j = \delta(j)\, r_i \in H_{1j}$. Es ist leicht zu sehen, daß die Elemente $l'_i$ und $r'_j$ die Abbildung $\psi' = \Theta\, \psi$ definieren derart, daß $\psi'$ eine Koordinaten-Abbildung für $S$ ist.

**1.24. Bemerkung.** Aus dem Vorangegangenen folgt, daß es zwei verschiedene Koordinaten-Abbildungen für $S$ geben kann, die $S^0$ auf dieselbe reguläre Rees-Matrix-Halbgruppe $\mathcal{M}^0(G; A, B; C)$ abbilden. Man nehme zum Beispiel an, daß $G$ eine nichtabelsche Gruppe sei und $C\,(A \times B)$ im Zentrum von $G$ liege. Sei $g_0 \in G$ irgendein Element, das nicht im Zentrum liegt. Man setze $\lambda(i) = g_0$, $\delta(j) = g^{-1}$ für alle $i, j$. Dann ist $P(j, i) = C(j, i)$, aber die Abbildung $(g, i, j) \to [\lambda(i)^{-1}\, g\, \delta(j)^{-1}, i, j]$ ist nicht die Identität.

**1.25. Satz.** Sei $S$ eine 0-einfache Halbgruppe. Dann existiert eine Koordinaten-Abbildung für $S$ derart, daß alle Größen in jeder Zeile und Spalte der sich ergebenden Strukturmatrix Nullen oder Einsen (Einselemente von $G$) sind.

Beweis. Dies folgt aus Satz 1.23, indem man $\lambda : A \to G$ und $\delta : B \to G$ passend wählt. ∎

**1.26. Satz.** Sei $S$ eine Halbgruppe.

(a) Ist $S$ eine links-einfache Halbgruppe, so ist $S \cong G \times A^e$, wobei $G$ eine Gruppe und $A$ eine endliche Menge bedeuten.

(b) Ist $S$ eine rechts-einfache Halbgruppe, so ist $S \cong G \times B^r$, wobei $G$ eine Gruppe und $B$ eine endliche Menge bedeuten.

Beweis. Der Beweis wird dem Leser als Übung in der Anwendung des Satzes von REES überlassen. (Hinweis: Man beachte Satz 1.25.) ∎

## Übungen und Ergänzungen

X1.14. Sei $S$ eine endliche Halbgruppe. Die Folge $K(S) = I_n \subset I_{n-1} \subset \cdots \subset I_0 = S$ wird eine *Kompositionsidealreihe* für $S$ genannt, wenn für $j = 1, \ldots, n$, $I_j$ ein maximales Ideal von $I_{j-1}$ ist. Für $j = 1, \ldots, n$ setzt man $F_j = I_{j-1}/I_j$ und $F_{n+1} = I_n^0 = K(S)^0$. $F_1, \ldots F_{n+1}$ heißen die *Faktoren* der Kompositionsidealreihe. Man zeige, daß die Faktoren einer jeden Kompositionsidealreihe aus den Halbgruppen $\{J^0 : J$ ist eine reguläre $\mathcal{J}$-Klasse von $S\}$ und einer Menge von Standard-Nullhalbgruppen der Ordnung 2 ($N_2$; siehe Definition 1.3) bestehen, die als Kompositionsidealfaktoren aus den Null-$\mathcal{J}$-Klassen von $A$ entstehen. Was kann im Falle, daß $S$ unendlich ist, ausgesagt werden?

X1.15. Man suche für jede $\mathcal{J}$-Klasse $J$ von $F_R(X_n)$, wobei $X_n = \{1, \ldots, n\}$ ist, einen Isomorphismus von $J_0$ mit einer regulären REES-Matrix-Halbgruppe auf.

X1.16. (a) Man bestimme bis auf Isomorphie alle einfachen Halbgruppen von Primzahlordnung $p$.
(b) Man bestimme bis auf Isomorphie alle Halbgruppen der Ordnung 3.

X1.17. Sei $S = \mathcal{M}(G; A, B; C)$ eine einfache Halbgruppe, d. h. $C(b, a) \neq 0$ für alle $a \in A$, $b \in B$. Sei $T$ eine Unterhalbgruppe von $S$, und seien $(g_1, a_1, b_1), (g_2, a_2, b_2) \in T$. Sei $G_1$ die von $g_1, g_2$ und $C(\{b_1, b_2\} \times \{a_1, a_2\})$ erzeugte Untergruppe von $G$. Man zeige, daß $G_1 \times \{a_1, a_2\} \times \{b_1, b_2\}$ eine Unterhalbgruppe von $T$ ist.

X1.18. Man beweise, daß jede Unterhalbgruppe einer einfachen Halbgruppe einfach ist.

X1.19. Es sei $\Phi \neq A' \subset A$, und es sei $\Phi \neq B' \subset B$. Man gebe notwendige und hinreichende Bedingungen dafür an, daß $\mathcal{M}^0(G; A, B; C) \setminus G \times A' \times B'$ eine Unterhalbgruppe von $\mathcal{M}^0(G; A, B; C)$ ist. (Hinweis: Was kann über $C$ gesagt werden?)

Die Sätze des Abschnitts 1 wurden zuerst von GREEN [1] und von REES [2] bewiesen. Die hier gebotene Darstellung folgt den Ausführungen von GREEN und dem Buch von CLIFFORD und PRESTON [3].

## 2. Anwendung des Satzes von Rees und die Schützenberger-Gruppe; Lokale Homomorphismen und Translationen; Lokale Eigenschaften von Halbgruppen

In diesem Abschnitt wird ein wichtiges Hilfsmittel, die Schützenberger-Gruppe, für endliche Halbgruppen eingeführt. Dieses Hilfsmittel wird zusammen mit dem Satz von Rees benutzt, um die Form und die Struktur lokaler Homomorphismen und Translationen von Halbgruppen zu bestimmen und um verschiedene lokale Eigenschaften von Halbgruppen zu beschreiben.

Unter einem „lokalen Homomorphismus" verstehen wir die Einschränkung eines Epimorphismus $\varphi : S_1 \twoheadrightarrow S_2$ auf eine $\mathcal{J}$-Klasse von $S_1$. Wir werden die Form aller solcher Einschränkungen in der Ausdrucksweise des Green-Rees-schen Koordinaten-Bildes für $\mathcal{J}$-Klassen bestimmen.

**2.1. Satz.** Sei $\varphi : S_1 \twoheadrightarrow S_2$ ein Epimorphismus. Sei $\alpha(S_i)$ irgendeine der Relationen $\mathcal{J}$, $\mathcal{L}$, $\mathcal{R}$ oder $\mathcal{H}$ auf $S_i$, $i = 1, 2$.

(a) Gilt $s\,\alpha(S_1)\,t$, so ist $\varphi(s)\,\alpha(S_2)\,\varphi(t)$. $\varphi$ bildet also $\alpha$-Klassen von $S_2$ in $\alpha$-Klassen von $S_2$ ab.

(b) Sei $A_2$ eine $\alpha$-Klasse von $S_2$. Dann ist $\varphi^{-1}(A_2)$ eine Vereinigung von $\alpha$-Klassen von $S_1$.

(c) Sei $J_2$ eine $\mathcal{J}$-Klasse von $S_2$, und sei $J_1$ eine minimale $\mathcal{J}$-Klasse (siehe Definition 1.10) von $S_1$, die in $\varphi^{-1}(J_2)$ enthalten ist. Dann ist $\varphi(J_1) = J_2$, und $\varphi$ induziert einen Epimorphismus $\varphi' : J_1^0 \to J_2^0$.

(d) Die $\mathcal{R}$- und die $\mathcal{L}$-Klassen von $S_1$, die in $J_1$ enthalten sind, werden von $\varphi$ auf $\mathcal{R}$- bzw. $\mathcal{L}$-Klassen von $S_2$ abgebildet, die in $J_2$ enthalten sind. (Die Behauptung stimmt im allgemeinen nicht für $\mathcal{H}$-Klassen, es sei denn, daß $J_2$ regulär ist. Zum Beweis siehe Satz 2.5 und für ein Gegenbeispiel siehe Bemerkung 2.11.)

(e) $J_1$ ist regulär genau dann, wenn $J_2$ regulär ist. Ist $J_2$ Null, dann auch jede $\mathcal{J}$-Klasse in $\varphi^{-1}(J_2)$. Wenn $J_2$ regulär ist, so ist $J_1$ die eindeutig minimale $\mathcal{J}$-Klasse von $\varphi^{-1}(J_2)$.

Beweis. Der Beweis von (a) ist trivial, und (b) folgt unmittelbar aus (a).

(c) Sei $J_1$ wie in (c). Dann ist $\varphi(S_1^1\, J_1\, S_1^1)$ ein Ideal von $S_2$, das $J_2$ schneidet und es daher enthält. Weiterhin ist $B(J_1) = S^1\, J_1\, S^1 - J_1$ ein Ideal von $S_1$ und $B(J_1) \cap \varphi^{-1}(J_2) = \emptyset$ auf Grund der Minimalität von $J_1$. Hieraus folgt, daß $\varphi[B(J_1)] \cap J_2 = \emptyset$ und $\varphi(J_1) = J_2$ ist. $\varphi' : J_1^0 \twoheadrightarrow J_2^0$ ist definiert, da $J_1$ minimal in $\varphi^{-1}(J_2)$ ist.

(d) Da $J_1$ minimal ist, sind alle in $J_1$ enthaltenen $\mathcal{R}$- und $\mathcal{L}$-Klassen minimal in der $\mathcal{R}$- bzw. $\mathcal{L}$-Klassenordnung. Sei $L_1$ eine in $J_1$ enthaltene $\mathcal{L}$-Klasse von

$S_1$, und angenommen, es sei $\varphi(L_1) \subseteq L_2$ eine $\mathcal{L}$-Klasse von $S_2$, die in $J_2$ enthalten ist. Dann ist $L_1$ minimal in $\varphi^{-1}(L_2)$, einer Vereinigung von $\mathcal{L}$-Klassen. Die Behauptung von (d) läßt sich nun durch eine entsprechende Begründung wie in (c) beweisen.

(e) Wenn $J_2$ regulär ist, so enthält $J_2$ ein idempotentes Element $e$. Sei $s \in J_1$ derart, daß $\varphi(s) = e$ ist. Für ein gewisses $n$ ist $s^n$ ein idempotentes Element, und es gilt $\varphi(s^n) = e^n = e$. Daher ist $s^n \in J_1$, und $J_1$ ist regulär. Wenn $J_2$ Null ist, so hat $J_2$ keine idempotenten Elemente. Sei $e$ ein idempotentes Element einer gewissen $\mathcal{J}$-Klasse in $\varphi^{-1}(J_2)$. Dann ist $\varphi(e) \in J_2$ ein idempotentes Element. Mithin ist jede $\mathcal{J}$-Klasse in $\varphi^{-1}(J_2)$ Null, wenn $J_2$ Null ist.

Zum Beweis der letzten Behauptung sei $J_2$ regulär, und $J_1, J_1'$ seien zwei minimale $\mathcal{J}$-Klassen in $\varphi^{-1}(J_1)$. Dann ist $\varphi(J_1) = \varphi(J_1') = J_2$. Da $J_2$ regulär ist, haben wir $J_2 \subseteq J_2^2$ auf Grund des Satzes von REES, und es ist

$$J_2 \subseteq J_2\, J_2 = \varphi(J_1)\, \varphi(J_1') = \varphi(J_1\, J_1')\,.$$

Wenn $J_1$ und $J_1'$ verschiedene $\mathcal{J}$-Klassen wären, dann würde $J_1\, J_1'$, das zu $S_1^1\, J_1\, S_1^1 \cap S_1^1\, J_1'\, S_1^1$ gehört, nicht $\varphi^{-1}(J_2)$ schneiden. Deshalb ist $J_1 = J_1'$. ∎

**2.2. Definition.** Sei $S'$ eine Teilmenge einer Halbgruppe $S$. Sei $\varphi$ eine Abbildung von $S'$ in eine Halbgruppe $T$. $\varphi$ ist genau dann ein *partieller Homomorphismus*, wenn wir für alle $s_1, s_2 \in S'$, für die $s_1\, s_2 \in S'$ ist, $\varphi(s_1)\, \varphi(s_2) = \varphi(s_1\, s_2)$ erhalten. Wenn $s_1\, s_2 \notin S'$ ist, so gibt es keine Bedingungen für $\varphi(s_1)\, \varphi(s_2)$.

**2.3. Bemerkung.** Sei $\varphi : S_1 \twoheadrightarrow S_2$ ein Epimorphismus. Die Einschränkung von $\varphi$ auf irgendeine $\mathcal{J}$-Klasse von $S_1$ ist ein partieller Homomorphismus. Man beachte, daß jede auf einer Null-$\mathcal{J}$-Klasse definierte Funktion ein partieller Homomorphismus ist. Der nächste Satz gibt eine einfache Beschreibung aller partiellen Homomorphismen regulärer $\mathcal{J}$-Klassen in der Ausdrucksweise des GREEN-REESschen Bildes für $\mathcal{J}$-Klassen.

**2.4. Definition.** Der Begriff einer Koordinaten-Abbildung für eine 0-einfache Halbgruppe kann in augenfälliger Weise auf reguläre $\mathcal{J}$-Klassen übertragen werden. Die *Koordinaten-Abbildungen für eine reguläre $\mathcal{J}$-Klasse $J$* sind die Einschränkungen der Koordinaten-Abbildungen $C : J^0 \twoheadrightarrow \mathcal{M}^0(G; A, B; P)$ auf $J$, die $J$ auf $\mathcal{M}^0(G; A, B; p) - \{0\}$ abbilden. Mithin gibt eine Koordinaten-Abbildung für $J$ eine Beschreibung von $J$ als den von Null verschiedenen Teil einer regulären REES-Matrix-Halbgruppe.

**2.5. Satz.** Sei $J_1$ eine reguläre $\mathcal{J}$-Klasse von $S_1$, und sei $\varphi : J_1 \to S_2$ ein partieller Homomorphismus. Dann gilt folgendes:

(a) $\varphi(J_1)$ ist in einer regulären $\mathcal{J}$-Klasse (sagen wir $J_2$) von $S_2$ enthalten, und die $\mathcal{R}$-, $\mathcal{L}$- und $\mathcal{H}$-Klassen von $S_1$ in $J_1$ werden durch $\varphi$ in $\mathcal{R}$-, $\mathcal{L}$- und $\mathcal{H}$-Klassen von $S_2$ in $J_2$ abgebildet.

(b) (Die $\mathcal{R}$- und $\mathcal{L}$-Klassen von $J_2$ werden der Einfachheit halber so numeriert, daß die Gruppe $H_{11}$ von $J_1$ in die Gruppe $\overline{H}_{11}$ von $J_2$ abgebildet wird.)

Nun seien

$$C_1' : J_1 \twoheadrightarrow \mathcal{M}^0(G; A, B; P') - \{0\}$$

und

$$C_2' : J_2 \twoheadrightarrow \mathcal{M}^0(H; C, D; Q') - \{0\}$$

irgendwelche Koordinaten-Abbildungen für $J_1$ und $J_2$. Dann existieren ein Homomorphismus $\omega : G \to H$ und Abbildungen $\psi_L : A \to C'$, $\psi_R : B \to D$, $\lambda : A \to H$ und $\delta : B \to H$ derart, daß der partielle Homomorphismus

$$\Theta = C_2' \varphi\, C_1'^{-1} : \mathcal{M}^0(G; A, B; P') - \{0\} \to \mathcal{M}^0(H; C, D; Q') - \{0\}$$

durch

$$\Theta(g, a, b) = \big(\lambda(a)^{-1}\, \omega(g)\, \delta(b)^{-1}, \psi_L(a), \psi_R(b)\big) \tag{2.1}$$

gegeben wird.

Ist ferner $P'(b, a) \neq 0$, so gilt

$$Q'[\psi_R(b), \psi_L(a)] = \delta(b)\, \omega[P'(b, a)]\, \lambda(a)\,. \tag{2.2}$$

Umgekehrt definieren alle solche (2.1) und (2.2) genügenden Funktionen einen partiellen Homomorphismus einer regulären $\mathcal{J}$-Klasse.

(c) Sei $J_1$ die minimale $\mathcal{J}$-Klasse in $\varphi^{-1}(J_2)$. Dann ist $\varphi(J_1) = J_2$, und $\varphi' : J_1^0 \twoheadrightarrow J_2^0$ ist ein Epimorphismus. (Siehe Satz 2.1.) In diesem Fall existieren Koordinaten-Abbildungen $C_1 : J^0 \twoheadrightarrow \mathcal{M}^0(G; A, B; P)$ und $C_2 : J_2^0 \twoheadrightarrow \mathcal{M}^0(H; C, D; Q)$ für $J_1^0$ und $J_2^0$ derart, daß der Epimorphismus $\Theta' = C_2\, \varphi'\, C_1^{-1}$ durch

$$\begin{aligned} \Theta'(g, a, b) &= \big(\omega(g), \psi_L(a), \psi_R(b)\big)\,, \\ \Theta'(0) &= 0 \end{aligned} \tag{2.3}$$

gegeben wird, wobei $\omega$, $\psi_L$, $\psi_R$ wie in (b) definiert sind und Abbildungen „auf" darstellen. Ferner ist

$$Q[\psi_R(b), \psi_L(a)] = \begin{cases} \omega[P(b, a)]\,, & \text{wenn} \quad P(b, a) \neq 0\,, \\ 0\,, & \text{wenn} \quad P(b, a) = 0\,. \end{cases} \tag{2.4}$$

Umgekehrt definieren alle solche (2.3) und (2.4) genügenden Funktionen einen Epimorphismus einer regulären Rees-Matrix-Halbgruppe.

Beweis. (a) Seien $s_1, s_2 \in J_1$. Da $J_1$ regulär ist, können wir aufgrund des Satzes von Rees Elemente $x, y, z, w \in J_1$ derart finden, daß $x\, s_1\, y = s_2$ und $z\, s_2\, w = s_1$ gilt. Da $\varphi$ ein partieller Homomorphismus ist, haben wir $\varphi(x)\, \varphi(s_1)\, \varphi(y) = \varphi(s_2)$ und $\varphi(z)\, \varphi(s_2)\, \varphi(w) = \varphi(s_1)$ und daher $\varphi(s_1)\ \mathcal{J}\ \varphi(s_2)$, und alle Elemente von $\varphi(J_1)$ sind $\mathcal{J}$-äquivalent.

Mit derselben Begründung werden die restlichen Behauptungen bewiesen.

(b) Sei $\Theta$ ein gegebener partieller Homomorphismus. Aufgrund von (a) ist es möglich, $\psi_L$ und $\psi_R$ durch $\varphi(H_{ab}) \subseteq H_{\psi_L(a)\psi_R(b)}$ zu definieren. Man definiere ferner die Abbildung $\gamma : \mathcal{M}^0(G; A, B; P') - \{0\} \to H$ durch

$$\Theta(g, a, b) = \gamma\big((g, a, b), \psi_L(a), \psi_R(b)\big) .$$

Eine $\mathcal{H}$-Klasse $H_{ab}$ einer REES-Matrix-Halbgruppe hat genau dann ein idempotentes Element, wenn $P'(a, b) \neq 0$ ist, und da eine $\mathcal{H}$-Klasse höchstens ein idempotentes Element besitzt, sind alle von Null verschiedenen idempotenten Elemente von REES-Matrix-Halbgruppen von der Form $\big(P'(b, a)^{-1}, a, b\big)$.

Nun sei $(g_0, a_0, b_0) \in \mathcal{M}^0(G; a, B; P') - \{0\}$ ein idempotentes Element [ein solches existiert, da $\mathcal{M}^0(G; A, B; P') - \{0\}$ regulär ist]. Es gilt also $g_0 = P'(b_0, a_0)^{-1}$. Sei $(g, a, b) \in \mathcal{M}^0(G; A, B; P') - \{0\}$. Für $(g, a, b)$ kann dann $(g, a, b) = (g_0, a, b_0)\,(g\,g_0, a_0, b_0)\,(1, a_0, b)$ geschrieben werden. Dann gilt, da $\varphi$ ein Homomorphismus ist,

$$\gamma(g, a, b) = \gamma(g_0, a, b_0)\,h_0\,\gamma(g\,g_0, a_0, b_0)\,h_0\,\gamma(1, a_0, b) .$$

Hierbei ist $h_0 = Q'[\psi_R(b_0), \psi_L(a_0)]$ von Null verschieden, weil $\Theta$ ein partieller Homomorphismus ist.

Man setze $\omega(g) = h_0\,\gamma(g\,g_0, a_0, b_0)$, $\lambda(a)^{-1} = \gamma(g_0, a, b_0)$ und $\delta(b)^{-1} = h_0\gamma(1, a_0, b)$. Es ist leicht zu zeigen, daß $\omega$ ein Homomorphismus ist.
Mithin ist (2.1) erfüllt.

Um (2.2) zu beweisen, sei $P'(b, a) \neq 0$, und man betrachte das idempotente Element $\Theta\big(P'(b, a)^{-1}, a, b\big)$:

$$\begin{aligned}\Theta(P'(b, a)^{-1}, a, b) &= \big(\gamma(P'(b, a)^{-1}, a, b), \psi_L(a), \psi_R(b)\big)\\ &= \big(\lambda(a)^{-1}\,\omega\,[P'(b, a)^{-1}]\,\delta(b)^{-1}, \psi_L(a), \psi_R(b)\big) .\end{aligned}$$

Da aber bei einem (partiellen) Homomorphismus das Bild eines idempotenten Elementes ein idempotentes Element ist, haben wir

$$\gamma\big(P'(b, a)^{-1}, a, b\big) = Q'[\psi_R(b), \psi_L(a)]^{-1} .$$

Mithin ist (2.2) erfüllt.

Die Umkehrung ist klar, und damit ist (b) bewiesen.

(c) Sei $J_1$ wie beschrieben, und seien alle Abbildungen wie in (b) definiert. Dann ist $\Theta = C_2'\,\varphi'\,C_1'^{-1} : \mathcal{M}^0(G; A, B; P) \twoheadrightarrow \mathcal{M}^0(H; C, D; Q')$ ein Homomorphismus, der (2.1) und auch (2.2) genügt, selbst wenn $P'(a, b) = 0$ ist. Das heißt:

$$Q'\big((\psi_R(b), \psi_L(a)\big) = \begin{cases}\delta(b)\,\omega[P'(b, a)]\,\lambda(a) , & \text{wenn} \quad P'(b, a) \neq 0 ,\\ 0 , & \text{wenn} \quad P'(b, a) = 0 .\end{cases}$$

Um dies zu sehen, berechne man beide Seiten der Gleichung

$$\Theta[(1, 1, b)\cdot(1, a, 1)] = [\Theta(1, 1, b)]\cdot[\Theta(1, a, 1)]$$

unter Benutzung von (2.1).

Für jedes $c \in \psi_L(A)$ und $d \in \psi_R(B)$ wähle man entsprechend Repräsentanten $\bar{c} \in \psi_L^{-1}(c) \subseteq A$ und $\bar{d} \in \psi_R^{-1}(d) \subseteq B$. Ferner sei für $a \in A$, $b \in B$ entsprechend $\bar{a} = \psi_L(a)$ und $\bar{b} = \psi_R(b)$.

Nun behaupten wir, daß für jedes $a \in A$ ein $g_a \in G$ existiert derart, daß $\lambda(a) = \omega(g_a)\,\lambda(\bar{a})$ gilt. Für jedes $a \in A$ existiert ein $b \in B$ derart, daß $P'(b, a) \neq 0$ ist auf Grund der Regularität. Nun ist $\varphi_L(a) = \psi_L(\bar{a})$, so daß

$$\begin{aligned}\omega[P'(b, a)]\,\lambda(a) &= \delta(b)^{-1}\,Q'[\psi_R(b), \psi_L(a)]\\ &= \delta(b)^{-1}\,Q'[\psi_R(b), \psi_L(a)]\\ &= \omega[P'(b, \bar{a})]\,\lambda(a)\end{aligned} \tag{2.5}$$

ist.

Somit ist

$$\lambda(a) = \omega[P'(b, a)^{-1}\,P'(b, \bar{a})]\,\lambda(\bar{a})$$

und daher

$$g_a = P'(b, a)^{-1}\,P'(b, \bar{a})\,.$$

In entsprechender Weise zeigt man, daß für jedes $b \in B$ ein $g_b \in G$ derart existiert, daß $\delta(b) = \delta(\bar{b})\,\omega(g_b)$ ist.

Nun definiere man den Isomorphismus $i : \mathcal{M}^0(G; A, B; P') \twoheadrightarrow \mathcal{M}^0(G; A, B; P)$ durch $i(0) = 0$, $i(g, a, b) = (g_a^{-1}\,g\,g_b^{-1}, a\,b)$ und durch $P(b, a) = g_b\,P'(b, a)\,g_a$ (siehe Satz 1.23). Dann ist $C_1 \equiv i\,C_1'$ eine Koordinaten-Abbildung für $S$.

Man definiere den Isomorphismus $j : \mathcal{M}^0(H; C, D; Q') \twoheadrightarrow \mathcal{M}^0(H; C, D; Q)$ durch $j(0) = 0$, $j(h, c, d) = \big(\lambda(\bar{c})\,h\,\delta(\bar{d}), c, d\big)$ und durch $Q(d, c) = \delta(\bar{d})^{-1}\,Q'(d, c) \times \lambda(\bar{c})^{-1}$. Dann ist $C_2 \equiv j\,C_2'$ eine Koordinaten-Abbildung für $T$.

Es ist leicht nachzuprüfen, daß (2.3) und (2.4) von $\Theta' = C_2\,\varphi'\,C_1^{-1}$ erfüllt werden. Wiederum ist die Umkehrung klar. ∎

**2.6. Bemerkung.** Aus der in Teil (c) des vorangegangenen Satzes erhaltenen Vereinfachung folgt, daß $\mathcal{H}$-Klassen in $J_1$ auf $\mathcal{H}$-Klassen in $J_2$ abgebildet werden, immer wenn $J_2$ regulär und $J_1$ das eindeutig bestimmte minimale Element von $\varphi^{-1}(J_2)$ ist, wodurch ein Teil der Behauptung von Satz 2.1 (d) bewiesen wird.

Es wäre verwunderlich, wenn dieselbe Vereinfachung an partiellen Homomorphismen für reguläre $\mathcal{J}$-Klassen ausgeführt werden könnte. Der Beweis von (c) läßt sich nicht auf partielle Homomorphismen übertragen, weil er bei Gleichung (2.5) fehlschlägt. Wenn die Vereinfachung möglich wäre, so würde folgen, daß zwei verschiedene $\mathcal{H}$-Klassen in $J_1$, die in dieselbe $\mathcal{H}$-Klasse in $J_2$ abgebildet werden, identische Bilder haben müßten. Das folgende Beispiel zeigt, daß dies nicht der Fall zu sein braucht.

Sei $\mathbf{Z}_2 = \{1, -1\}$ die multiplikative Gruppe der Ordnung 2. Sei

$$J_1 = \mathcal{M}^0\big(\mathbf{Z}_2; \{1, 2\}, \{1, 2\}; \left(\begin{smallmatrix}1 & 0\\ 0 & 1\end{smallmatrix}\right)\big) - \{0\}\,.$$

Man definiere $\omega : \mathbf{Z}_2 \to \mathbf{Z}_2$ durch $\omega(z) = 1$ für alle $z \in \mathbf{Z}_2$. Ferner definiere man $\psi_L, \psi_R, \lambda, \delta$ wie folgt: $\psi_L(1) = 1$, $\psi_L(2) = 2$; $\psi_R(1) = \psi_R(2) = 1$; $\lambda(1) = -1$,

$\lambda(2) = -1$; $\delta(1) = 1$, $\delta(2) = -1$. Nun ist $P(1, 1) = P(2, 2) = 1$ und $P(1, 2) = P(2, 1) = 0$. Man setze

$$Q(1, 1) = \delta(1)\, \omega[P(1, 1)]\, \lambda(1) = -1$$

und

$$Q(1, 2) = \delta(2)\, \omega[P(2, 2)]\, \lambda(2) = 1\,.$$

Dann besagt Satz 2.5 (b), daß

$$\varphi(z, i, j) = \big(\lambda(i)^{-1}\, \omega(z)\, \delta(j)^{-1}\,,\ \psi_L(i),\ \psi_R(j)\big)$$

einen partiellen Homomorphismus von $J_1$ auf $\mathcal{M}^0(\mathbf{Z}_2; \{1, 2\}, \{1\}; Q) - \{0\}$ definiert. Nun ist $\varphi(H_{11}) \subseteq \overline{H}_{11}$ und $\varphi(H_{12}) \subseteq \overline{H}_{11}$, aber $\varphi(H_{11}) = \{(-1, 1, 1)\}$ und $\varphi(H_{12}) = \{(1, 1, 1)\}$. Hieraus folgt $\varphi(H_{11}) \neq \varphi(H_{12})$. Mithin können partielle Homomorphismen im allgemeinen nicht auf die Form der Gleichung (2.3) reduziert werden.

Als nächstes führen wir ein wichtiges Hilfsmittel ein, die Schützenberger-Gruppe, die uns (neben anderem) erlaubt, die Idee einer Koordinaten-Abbildung auf Null-$\mathcal{J}$-Klassen und damit auf alle $\mathcal{J}$-Klassen zu erweitern. Dann erhalten wir eine Beschreibung der homomorphen Bilder von Null-$\mathcal{J}$-Klassen, die in der Form denen von Satz 2.5 entsprechen.

Sei $H$ irgendeine $\mathcal{H}$-Klasse einer Halbgruppe $S$. Wir zeigen jetzt das Folgende:

(1) $H$ ist eine Gruppe $\mathcal{S}(H)$ zugeordnet, die die Schützenberger-*Gruppe von* $H$ genannt wird.

(2) $\mathcal{S}(H)$ hängt nur von der $\mathcal{J}$-Klasse ab, in der $H$ liegt.

(3) Wenn $H$ eine Gruppe ist, so ist $H \cong \mathcal{S}(H)$.

**2.7. Definition.** Sei $S$ eine Halbgruppe, und seien $X$ und $T$ nichtleere Teilmengen von $S^1$. Dann werden der *rechtsseitige Idealisator*, der *linksseitige Idealisator* und der *Idealisator* von $X$ in $T$ definiert durch

$$R\,I_T(X) = \{t \in T^1 : X\,t \subseteq X\}\,,$$
$$L\,I_T(X) = \{t \in T^1 : t\,X \subseteq X\}\,,$$
$$I_T(X) = R\,I_T(X) \cap L\,I_T(X)\,.$$

Wir schreiben $R\,I(X)$, $L\,I(X)$ und $I(X)$, wenn $T = S$ ist. $R\,I(X)$, $L\,I(X)$ und $I(X)$ sind Unterhalbgruppen von $S$.

Wir definieren $M_X^R : R\,I(X) \to F_R(X)$ und $M_X^L : L\,I(X) \to F_L(X)$ als diejenigen Homomorphismen, die $t$ auf $(x \to x\,t)$ beziehungsweise auf $(x \to t\,x)$ abbilden.

**2.8. Satz** (Schützenberger). Sei $H$ eine $\mathcal{H}$-Klasse von $S$.

(a) $M_H^R[R\,I(H)] = P$ ist eine reguläre transitive Permutationsgruppe auf $H$ [d. h., für alle $h, h' \in H$ existiert ein *eindeutig* bestimmtes $\pi \in P$ derart, daß $(h)\,\pi = h'$ ist]. Dual dazu gilt: $M_H^L\{[L\,I(H)] = P'$ ist eine reguläre transitive Permutationsgruppe auf $H$. Die Elemente von $P$ und $P'$ kommutieren, d. h., ist $\pi \in P$, $\pi' \in P'$, $h \in H$, so gilt $(\pi' h)\pi = \pi'(h\pi)$. Ist ferner $h_0$ ein festes Element von $H$, so wird ein Isomorphismus von $P$ mit $P'$ durch $\pi \to \pi'$ gegeben. Für $\pi \in P$ ist hierbei $\pi'$ das eindeutig bestimmte Element von $P'$, für das $(h_0)\pi = \pi'(h_0)$ gilt.

(b) Wir können eine Gruppenstruktur auf $H$ wie folgt definieren. Man wähle einen festen Basispunkt $h_0 \in H$, und für $h_1, h_2 \in H$ seien $\pi_1, \pi_2$ die eindeutig bestimmten Elemente von $P$ mit $(h_0)\pi_1 = h_1$ und $(h_0)\pi_2 = h_2$. Man setze $h_1 * h_2 = (h_0)\pi_1\pi_2$. Dann ist $(H, *)$ eine Gruppe, unabhängig (bis auf Isomorphie) von der Wahl von $h_0$. $P$, als eine Untergruppe von $F_R(H)$, ist isomorph zur rechts-regulären Darstellung von $(H, *)$.

(c) Wir können eine Gruppenstruktur $(H, \circ)$ auf $H$ in dualer Weise unter Benutzung von $P'$ definieren. Dann ist $P'$, als eine Untergruppe von $F_L(H)$, isomorph zur links-regulären Darstellung von $(H, \circ)$.

(d) Ist $H$ eine Gruppe (in der Halbgruppe), so ist $H \cong (H, *) \cong (H, \circ)$, wobei für die Basispunkte das Einselement von $H$ genommen wird.

(e) Wir bezeichnen die abstrakte Gruppe $(H, *) \cong P \cong P' \cong (H, \circ)$ durch $\mathcal{G}(H)$ und nennen sie die Schützenberger-*Gruppe von H*. Wenn $H$, $H'$ $\mathcal{H}$-Klassen sind, die zu derselben $\mathcal{J}$-Klasse $J$ gehören, so ist $\mathcal{G}(H) \cong \mathcal{G}(H')$. Deshalb können wir diese Gruppe auch durch $\mathcal{G}(J)$ bezeichnen.

Beweis. (a) $P$ ist eine Unterhalbgruppe von $F_R(H)$, da $P$ ein homomorphes Bild der Halbgruppe $R\,I(H)$ ist. Auf Grund von Satz 1.15 (e) sieht man, daß jedes Element von $P$ eine Permutation von $H$ ist, so daß $P \subseteq \mathrm{SYM}_R(H)$ gilt und $P$ daher nach Satz 1.1.11 (b) eine Untergruppe ist. Daß $P$ transitiv ist, folgt aus der Definition von $\mathcal{H}$. Um die Eindeutigkeit zu beweisen, werde $h\pi_1 = h\pi_2$ für ein $h \in H$ angenommen. Sei $h'$ irgendein Element von $H$. Dann existiert ein $s \in S^1$ derart, daß $h' = s h$ ist. Mithin gilt $h'\pi_1 = s h \pi_1 = s h \pi_2 = h'\pi_2$, so daß $\pi_1 = \pi_2$ ist.

Man wende nun die dualen Beweisführungen auf $M_H^L[L\,I(H)] = P'$ an. Um zu zeigen, daß $P$ und $P'$ kommutieren, sei $\pi \in P, \pi' \in P'$ und $s \in R\,I(H)$, $s' \in L\,I(H)$ derart, daß $M_H^R(s) = \pi$ beziehungsweise $M_H^L(s') = \pi'$ ist. Wegen der Assoziativität der Halbgruppenmultiplikation haben wir dann $(\pi' h)\pi = (s' h) s = s'(h s) = \pi'(h\pi)$.

Schließlich ist die Abbildung $\pi \to \pi'$ sicher eineindeutig und eine Abbildung „auf". Seien $\pi_1, \pi_2 \in P$. Dann ist $(\pi_1\pi_2)'\,h_0 = h_0(\pi_1\pi_2) = (h_0\pi_1)\pi_2 = (\pi_1 h_0)\pi = \pi'(h_0\pi_2) = (\pi_1'\pi_2')\,h_0$. Hieraus folgt, daß die Abbildung ein Isomorphismus ist.

Die Beweise der Teile (b)—(d) werden dem Leser als Übungsaufgaben überlassen.

(e) Angenommen, es sei $a\,\mathcal{L}\,b$. Dann ist $R\,I(H_a) = R\,I(H_b)$. Man definiere $\psi : \mathcal{G}(H_a) \twoheadrightarrow \mathcal{G}(H_b)$ durch $\psi(\pi) = M_{H_b}^R(\bar{\pi})$, wobei $\bar{\pi}$ ein Repräsentant von $M_{H_a}^{R-1}(\pi) \subseteq R\,I(H_a)$ ist. Es ist leicht zu beweisen, daß $\psi$ ein Isomorphismus ist. Also ist

$\mathcal{G}(H_a) \cong \mathcal{G}(H_b)$. Dual dazu gilt: Ist $b\ \mathcal{R}\ c$, so ist $\mathcal{G}(H_b) \cong \mathcal{G}(H_c)$. Hieraus folgt: Ist $a\ \mathcal{J}\ c$, so ist $\mathcal{G}(H_a) \cong \mathcal{G}(H_c)$. ▮

**2.9. Definition.** Sei $J$ eine $\mathcal{J}$-Klasse einer Halbgruppe $S$. Wie früher seien $R_1, \ldots, R_m$ und $L_1, \ldots, L_n$ die $\mathcal{R}$- beziehungsweise die $\mathcal{L}$-Klassen von $S$ in $J$ und $\{H_{ij} = R_i \cap L_j\}$, $i = 1, \ldots, m$; $j = 1, \ldots, n$, die $\mathcal{H}$-Klassen von $S$ in $J$. Sei $h_0$ ein festes Element von $H_{11}$. Für $i = 1, \ldots, m$; $j = 1, \ldots, n$ wähle man $l_i, r_j \in S^1$ derart, daß $h_0 r_0 \in H_{ij}$ und $l_i h_0 \in H_{i1}$ ist. (Die $l_i, r_j$ dürfen nicht $J$ angehören.) Verabredungsgemäß wähle man $l_1 = r_1 = 1$. Nach Satz 1.15 ist dann $h \to l_i h r_j$ eine eineindeutige Abbildung von $H_{11}$ auf $H_{ij}$. Nun existiert für jedes $h \in H_{11}$ ein eindeutig bestimmtes Element $\pi \in P \cong \mathcal{G}(J)$ derart, daß $h = h_0 \pi$ gilt. Dabei hat, wenn die $l_i$ s und $r_j$ s gegeben sind, jedes Element $s \in J$ eine eindeutige Darstellung $s = l_i(h_0 \pi)\ r_j \in H_{ij}$. Die Abbildung $C : J \twoheadrightarrow \mathcal{G}(J) \times \{1, \ldots, m\} \times \{1, \ldots, n\}$, die eine durch $C[l_i(h_0 \pi)\, r_j] = (\pi, i, j)$ gegebene eineindeutige Abbildung „auf" darstellt, ist eine *Koordinaten-Abbildung für* $J$. Jede Wahl der $l$' s und $r$' s bestimmt eine Koordinaten-Abbildung für $J$.

Wenn $J$ regulär ist und man für $H_{11}$ eine Gruppe und *für* $h_0$ das Einselement von $H_{11}$ wählt, so stimmen die eben gegebenen Definitionen der Koordinaten-Abbildungen mit den früheren Definitionen überein.

Die Koordinaten-Abbildungen für $J$ werden auf $J^0$ erweitert durch Abbildung der Null auf eine Null, die man der Bildmenge hinzufügt. Wenn $J$ regulär ist, sind diese Erweiterungen natürlich die Koordinaten-Abbildungen für die 0-einfache Halbgruppe $J^0$. Wenn $J$ Null ist, können die Bilder der Erweiterungen als die (nichtreguläre) Rees-Matrix-Halbgruppe $\mathcal{M}^0(\mathcal{G}(J); \{1, \ldots, m\}, \{1, \ldots, n\}; P)$ angesehen werden, wobei $P(j, i) = 0$ ist für alle $i, j$.

Wir kehren nun zu der in Satz 2.1 beschriebenen Situation zurück.

**2.10. Satz.** (a) Sei $J_1$ eine (Null-)$\mathcal{J}$-Klasse von $S_1$, die in $\varphi^{-1}(J_2)$ enthalten ist. Dann existieren Koordinaten-Abbildungen $C_1 : J_1 \twoheadrightarrow \mathcal{G}(J_1) \times A \times B$ und $C_2 : J_2 \twoheadrightarrow \mathcal{G}(J_2) \times C \times D$ derart, daß $\Theta = C_2\, \varphi\, C_1^{-1}$ durch

$$\Theta(g, a, b) = \big(\lambda(a)\ \omega(g)\ \delta(b),\ \psi_L(a),\ \psi_R(b)\big) \tag{2.6}$$

gegeben ist, wobei $\omega : \mathcal{G}(J_1) \to \mathcal{G}(J_2)$ einen Homomorphismus darstellt und $\psi_L : A \to C$, $\psi_R : B \to D$, $\lambda : A \to \mathcal{G}(J_2)$ und $\delta : B \to \mathcal{G}(J_2)$ Abbildungen bedeuten.

(b) Sei $J_1$ minimal in $\varphi^{-1}(J_2)$. Dann ist $\psi(J_1) = J_2$, und jede $\mathcal{L}$- und jede $\mathcal{R}$-Klasse in $J_1$ wird *auf* eine $\mathcal{L}$- bzw. eine $\mathcal{R}$-Klasse in $J_2$ abgebildet (Satz 2.1). Für jedes $c \in C$ haben wir daher

$$\mathcal{G}(J_2) = \lambda[\psi_L^{-1}(c)]\ \omega[\mathcal{G}(J_1)]\,,$$

und für jedes $d \in D$, gilt

$$\mathcal{G}(J_2) = \omega[\mathcal{G}(J_1)]\ \delta[\psi_R^{-1}(d)]\,.$$

Beweis. (a) Wie in Satz 2.5 numeriere man die $\mathcal{R}$- und $\mathcal{L}$-Klassen in $J_2$ so, daß $\varphi(H_{11}) \subseteq \overline{H}_{11}$ gilt. Es werde ein Basispunkt $h_0 \in H_{11}$ gewählt, und es sei $C_1$

irgendeine Koordinaten-Abbildung für $J_1$, definiert durch $C_1[l_a(h_0\pi) r_b] = (\pi, a, b)$ mit $\pi \in P \cong \mathcal{S}(J_1)$. Sei weiter $C_2$ irgendeine Koordinaten-Abbildung für $J_2$, definiert durch $C_2(x_c[\varphi(h_0)\, q]\, y_d) = (q, c, d)$ mit $q \in Q \cong \mathcal{S}(J_2)$.

Bezeichnung: Sei $\pi' \in P' \subseteq F_L(H_{11})$ das eindeutig bestimmte Element mit $\pi'(h_0) = (h_0)\,\pi$, $\pi \in P \subseteq F_R(H_{11})$ [siehe Satz 2.8 (a)]. Entsprechend sei $q'$ das eindeutig bestimmte Element aus $Q'$ mit $q'\,\varphi(h_0) = \varphi(h_0)\, q$. Sei $\bar{\pi}$ irgendein Element von $R\, I(H_{11})$, derart daß $M^R_{H_{11}}(\bar{\pi}) = \pi$ ist, d. h., daß $(h_0)\,\pi = h_0\,\bar{\pi}$ gilt. Entsprechende Bezeichnungen benutze man für $\pi'$, $q$, $q'$.

Man definiere $\omega : P \to Q$ wie folgt: Sei $\pi \in P$, dann sei $\omega(\pi)$ das eindeutig bestimmte Element von $Q$, für das $\varphi(h_0\,\pi) = \varphi(h_0)\,\omega\,(\pi)$ gilt. Um zu zeigen, daß $\omega$ ein Homomorphismus ist, seien $\pi_1, \pi_2 \in P$. Dann ist

$$\begin{aligned}\varphi(h_0)\,\omega\,(\pi_1\,\pi_2) &= \varphi[h_0(\pi_1\,\pi_2)] = \varphi[(h_0\,\pi_1)\,\pi_2] = \varphi[\bar{\pi}_1'(h_0\,\pi_2)]\\ &= \varphi(\bar{\pi}_1')\,\varphi(h_0\,\pi_2) = \varphi(\bar{\pi}_1')\,\varphi(h_0)\,\omega(\pi_2) = \varphi(\bar{\pi}_1'\,h_0)\,\omega(\pi_2)\\ &= \varphi(h_0\,\pi_1)\,\omega(\pi_2) = \varphi(h_0)\,[\omega(\pi_1)\,\omega(\pi_2)]\,.\end{aligned}$$

Unter Heranziehung der Eindeutigkeit der Darstellung folgt dann, daß $\omega$ ein Homomorphismus ist. Man definiere $\psi_L$ und $\psi_R$ durch $\varphi(H_{ab}) \subseteq \overline{H}_{\psi_L(a)\,\psi_R(b)}$ wie in Satz 2.5.

Man definiere ferner die Abbildung $\lambda : A \to Q$ dadurch, daß sie $\varphi(l_a\,h_0)$ für jedes $a \in A$ beschreibt. Das heißt: $\varphi(l_a\,h_0) \in \overline{H}_{\psi_L(a)1}$, und $\lambda(a) \in Q$ sei dann das eindeutig bestimmte Element derart, daß $\varphi(l_a\,h_0) = x_{\psi_L(a)}\,[\varphi(h_0)\,\lambda(a)]$ gilt. (Es sei dann erinnert, daß verabredungsgemäß $l_1, r_1, x_1, y_1 = 1$ gilt.) Entsprechend definiere man $\delta$: $B \to Q$ durch $\varphi(h_0\,r_k) = [\varphi(h_0)\,\delta(b)]\,y_{\varphi_R(b)}$.

Sei $s = l_a(h_0\,\pi)\,r_0 \in J_1$. Dann ist

$$\begin{aligned}\varphi(s) &= \varphi(l_a)\,\varphi(h_0\,\pi)\,\varphi(r_b) = \varphi(l_a)\,[\varphi(h_0)\,\omega(\pi)]\,\varphi(r_b)\\ &= \varphi(l_a\,h_0)\,\overline{\omega(\pi)}\,\varphi(r_\delta) = x_{\psi_L(a)}[\varphi(h_0)\,\lambda(a)]\,\overline{\omega(\pi)}\,\varphi(r_b)\\ &= x_{\psi_L(a)}(\varphi(h_0)\,[\lambda(a)\,\omega(\pi)])\,\varphi(r_b) = x_{\psi_L(a)}([\lambda(a)\,\omega(\pi)]'\,\varphi(h_0))\,\varphi(r_b)\\ &= x_{\psi_L(a)}\,\overline{[\lambda(a)\,\omega(\pi)]'}\,[\varphi(h_0)\,\delta(b)]\,y_{\psi_R(b)}\\ &= x_{\psi_L(a)}(\varphi(h_0)\,[\lambda(a)\,\omega(\pi)\,\delta(b)])\,y_{\psi_R(b)}\,.\end{aligned}$$

Mithin hat $\Theta = C_2\,\varphi\,C_1^{-1}$ die verlangte Form.

(b) Da jede $\mathcal{R}$-Klasse von $J_1$ auf eine $\mathcal{R}$-Klasse von $J_2$ abgebildet wird, haben wir $\varphi(R_1) = \overline{R_1}$. Man betrachte nun das inverse Bild in $R_1$ einer beliebigen $\mathcal{H}$-Klasse in $\overline{R_1}$, sagen wir $\overline{H_{1d}}$. Dieses inverse Bild ist eine Vereinigung von $\mathcal{H}$-Klassen in $R_1$, sagen wir $\cup\,\{H_{1b} : b \in \psi^{-1}(d)\}$. Das Bild einer jeden $\mathcal{H}$-Klasse in dieser Menge ist

$$\begin{aligned}\varphi(H_{1b}) &= \varphi[\mathcal{S}(J_1), 1, b]\\ &= (\lambda(1)\,\omega[\mathcal{S}(J_1)]\,\delta(b), 1, d) \quad \text{für alle} \quad b \in \psi_R^{-1}(d)\,.\end{aligned}$$

Nach Voraussetzung ist aber $\lambda(1) = 1$ das Einselement von $\mathscr{G}(J_2)$. Da $\bigcup \{H_{1b} : b \in \psi_R^{-1}(d)\}$ auf $\overline{H}_{1d}$ abgebildet wird, haben wir dann

$$\bigcup \{\omega[\mathscr{G}(J_1)]\, \delta(b) : b \in \psi_R^{-1}(d)\} = \mathscr{G}(J_2)\,.$$

Dies ist aber, da $\mathscr{G}(J_2)$ eine Gruppe ist, äquivalent zu der Behauptung

$$\mathscr{G}(J_2) = \omega[\mathscr{G}(J_1)]\, \delta[\psi_R^{-1}(d)]\,.$$

Mit der dualen Argumentation beweist man die noch verbleibende Behauptung. ∎

**2.11. Bemerkung.** Das folgende Beispiel zeigt, daß im allgemeinen, wenn $J_1$ minimal in $\varphi^{-1}(J_2)$ ist (in der durch Satz 2.1 beschriebenen Situation), $\mathscr{H}$-Klassen von $S_1$ in $J_1$ nicht auf $\mathscr{H}$-Klassen von $S_2$ in $J_2$ abgebildet zu werden brauchen.

Sei $G$ eine Gruppe, $H$ eine Untergruppe, $\overline{x}_1, \ldots, \overline{x}_n$ ein Repräsentantensystem für die Nebenklassen $\{g\,H : g \in G\}$ und $\overline{y}_1, \ldots, \overline{y}_n$ ein Repräsentantensystem für $\{H\,g : g \in G\}$. Seien $A$ und $B$ endliche Mengen. $R$ bezeichne die Menge $\{0\} \cup (A \times \{\overline{x}_1, \ldots, \overline{x}_n\} \times H \times \{\overline{y}_1, \ldots, \overline{y}_n\} \times B$ und $V$ die Menge $(A \times G \times B) \cup \{0\}$. $T$ bezeichne die Gruppe $\mathrm{SYM}_L(A) \times G \times \mathrm{SYM}_R(B)$. Sei $S_1$ die Halbgruppe mit den Elementen $T \cup R$ (disjunkte Vereinigung), wobei $T$ eine Untergruppe, $R$ eine Null-Untergruppe und 0 das Nullelement von $S_1$ ist. Für $(f_1, g, f_2) \in T$, $(a, \overline{x}_k, h, \overline{y}_j, b) \in R - \{0\}$ haben wir dann

$$(f_1, g, f_2) \cdot (a, \overline{x}_k, h, \overline{y}_j, b) = \big(f_1(a), \overline{x}_{k'}, h'\,h, \overline{y}_j, b\big)$$

und

$$(a, \overline{x}_k, h, \overline{y}_i, b) \cdot (f_1, g, f_2) = \big(a, \overline{x}_k, h\,h^*, \overline{y}_{i'}, f_2(b)\big)\,,$$

wobei $h', h^*, \overline{x}_{k'}, \overline{y}_{j'}$ durch $g\,\overline{x}_k = \overline{x}_{k'}\,h'$ und $\overline{y}_i\,g = h^*\,\overline{y}_{j'}$ definiert sind. Sei $S_2$ die Halbgruppe mit den Elementen $T \cup V$ (disjunkte Vereinigung), wobei $T$ eine Untergruppe, $V$ eine Null-Unterhalbgruppe und 0 das Nullelement von $S_2$ ist. Wenn $(f_1, g, f_2) \in T$ und $(a, g', b) \in V - \{0\}$ ist, dann gilt

$$(f_1, g, f_2) \cdot (a, g', b) = \big(f_1(a), g\,g', b\big)$$

und

$$(a, g', b) \cdot (f_1, g, f_2) = \big(a, g'\,g, f_2(b)\big)\,.$$

Zwei Elemente von $R$ (beziehungsweise $V$) sind $\mathscr{H}$-äquivalent in $S_1$ (beziehungsweise $S_2$) genau dann, wenn alle ihre Koordinaten außer ihrem Zentrum, d. h. $H$ (beziehungsweise $G$), übereinstimmen. $\varphi : S_1 \twoheadrightarrow S_2$ werde wie folgt definiert: $\varphi$ sei die Identität auf $T$, während $\varphi(0) = 0$ und $\varphi(a, \overline{x}_k, h, \overline{y}_j, b) = (a, \overline{x}_k\,h\,\overline{y}_j, b)$ gesetzt werde. Dann ist $\varphi$ ein Epimorphismus, und $\varphi$ bildet jede $\mathscr{H}$-Klasse von $S_1$ auf eine $\mathscr{H}$-Klasse von $S_2$ ab, aber nur, wenn $H = G$ ist.

Man beachte, daß bei der eben für $S_1$ und $S_2$ eingeführten Multiplikation noch die Gültigkeit des Assoziativgesetzes nachgewiesen werden muß. Man vergleiche dazu die Bemerkung 2.17 unten, in der Erläuterungen zu der allgemeinen Methode gegeben werden, mit der man neue Halbgruppen aus anderen

Halbgruppen in der Weise konstruieren kann, wie es bei $S_1$ und $S_2$ geschehen ist.

Als nächstes führen wir eine besonders wichtige Menge von Transformationen einer Halbgruppe ein, die Translationen.

**2.12. Definition.** Sei $S$ eine Halbgruppe. $\alpha \in F_R(S)$ heiße genau dann eine *rechtsseitige Translation von* $S$, wenn $(s_1 s_2)\alpha = s_1[(s_2)\alpha]$ für alle $s_1, s_2 \in S$ gilt. Entsprechend heiße $\beta \in F_L(S)$ genau dann eine *linksseitige Translation von* $S$, wenn $\beta(s_1 s_2) = [\beta(s_1)] s_2$ für alle $s_1, s_2 \in S$ gilt.

Eine rechtsseitige Translation $\alpha$ und eine linksseitige Translation $\beta$ heißen miteinander *verkettet* genau dann, wenn $(s_1 \alpha) s_2 = s_1(\beta s_2)$ für alle $s_1, s_2 \in S$ gilt.

Es ist leicht zu beweisen, daß die Menge der rechtsseitigen Translationen von $S$ eine Unterhalbgruppe von $F_R(S)$ ist; die Halbgruppe der rechtsseitigen Translationen werde mit $R\,T(S)$, entsprechend die Halbgruppe der linksseitigen Translationen mit $L\,T(S)$ bezeichnet.

**2.13. Bemerkung.** Sei $s \in S$. Die rechtsseitige Multiplikation von $S$ mit $s$ ist dann eine rechtsseitige Translation von $S$. In der Tat ist die rechtsreguläre Darstellung $R(S)$ von $S$ eine Unterhalbgruppe von $R\,T(S^1)$. Entsprechend ist $L(S) \subseteq L\,T(S^1)$.

Ist $s \in S$, so beachte man, daß $R(s) \in R\,T(S)$ und $L(s) \in L\,T(S)$ miteinander verkettet sind.

Entsprechend unserer Untersuchung der Form lokaler Homomorphismen bestimmen wir jetzt die Form aller rechtsseitigen und aller linksseitigen Translationen einer regulären Rees-Matrix-Halbgruppe in der Ausdrucksweise des Green-Reesschen Bildes. Der Einfachheit halber bezeichnen wir die der Rees-Matrix-Halbgruppe $\mathcal{M}^0(G; A, B; C)$ zugrunde liegende Menge mit $G^0 \times A^0 \times B^0$ [anstatt mit $(G \times A \times B) \cup \{0\}$] und identifizieren Tripel mit einer oder mehreren Nullen mit dem Nullelement von $(G \times A \times B) \cup \{0\}$. Bei der Erweiterung von $C : B \times A \to G^0$ zu $C : B^0 \times A^0 \to G^0$, wobei $C(0, 0) = C(b, 0) = C(0, a) = 0$ gesetzt wird, bleibt die Multiplikation erhalten.

**2.14. Satz.** Sei $M = \mathcal{M}^0(G; A, B; C)$ eine reguläre Rees-Matrix-Halbgruppe.

(a) Sei $\alpha \in R\,T(M)$. Dann existieren Funktionen $\psi_R(\alpha) : B^0 \to B^0$ und $\delta(\alpha) : B^0 \to G^0$ derart, daß

$$(g, a, b)\alpha = \big(g\,\delta(\alpha)(b), a, \psi_R(\alpha)(b)\big) \tag{2.7}$$

für alle $(g, a, b) \in M$ gilt.

Ferner ist $\psi_R(\alpha)(b) = 0$ genau dann, wenn $\delta(\alpha)(b) = 0$ gilt, und außerdem ist $\psi_R(\alpha)(0) = 0$. Umgekehrt definieren alle solche Funktionen eine rechtsseitige Translation gemäß (2.7).

(b) Sei $\beta \in L\,T(M)$. Dann existieren Funktionen $\psi_L(\beta) : A^0 \to A^0$ und $\lambda(\beta) : A^0 \to G^0$ derart, daß

$$\beta(g, a, b) = \big(\lambda(\beta)(a)\,g, \psi_L(\beta)(a), b\big) \tag{2.8}$$

für alle $(g, a, b) \in M$ gilt.

Ferner ist $\psi_L(\beta)(a) = 0$ genau dann, wenn $\lambda(\beta)(a) = 0$ gilt, und außerdem ist $\psi(\beta)(0) = 0$. Umgekehrt definieren alle solche Funktionen eine linksseitige Translation gemäß (2.8).

(c) $R\,T(M)$ und $L\,T(M)$ kommutieren. Das heißt, für alle $m \in M, \alpha \in R\,T(M)$ und $\beta \in L\,T(M)$ ist $(\beta\, m)\,\alpha = \beta(m\,\alpha)$.

(d) Sei $\alpha \in R\,T(M)$ und $\beta \in L\,T(M)$. Dann sind $\alpha$ und $\beta$ miteinander verkettet genau dann, wenn für alle $a \in A$, $b \in B$ die folgende Beziehung gilt:

$$\delta(\alpha)(b)\, C[\psi_R(\alpha)(b), a] = C[b, \psi_L(\beta)(a)]\, \lambda(\beta)(a)\,. \tag{2.9}$$

**Beweis.** (a) Sei $\alpha \in R\,T(M)$, und sei $(g, a, b) \in M$ von Null verschieden. Da $M$ regulär ist, existiert ein idempotentes Element $(g_0, a_0, b) \in M$ derart, daß $(g, a, b)(g_0, a_0, b) = (g, a, b)$ ist. Zuerst betrachte man die Wirkung von $\alpha$ auf das idempotente Element. Entweder ist $(g^0, a_0, b)\,\alpha = 0$ oder es ist

$$(g_0', a_0', b') \equiv (g_0, a_0, b)\,\alpha = (g_0, a_0, b)\,[(g_0, a_0, b)\,\alpha]\,.$$

Daher ist $a_0' = a_0$. Nun ist

$$(g, a, b)\,\alpha = (g, a, b)\,[(g_0, a_0, b)\,\alpha] = \begin{cases} 0 \\ (g\, g_0^{-1}\, g_0', a, b') \end{cases}.$$

Man definiere jetzt $\psi_R(\alpha) : B^0 \to B^0$ durch

$$\psi_R(\alpha)(b) = \begin{cases} 0\,, & \text{wenn} \quad (g, a, b)\,\alpha = 0\,, \\ b' & \text{sonst} \end{cases}$$

und $\delta(\alpha) : B^0 \to G^0$ durch

$$\delta(\alpha)(b) = \begin{cases} 0\,, & \text{wenn} \quad \psi_R(\alpha)(b) = 0\,, \\ g_0^{-1}\, g_0' & \text{sonst.} \end{cases}$$

Es ist leicht zu zeigen, daß diese Abbildungen wohldefinierte Funktionen sind und (2.7) genügen. Die Umkehrung ist klar.

(b) Für (b) verwende man die duale Beweisführung.

(c) Dies folgt aus der Form der Gleichungen (2.7) und (2.8).

(d) Seien $\alpha$ und $\beta$ miteinander verkettet. Man betrachte $[(g, c, b)\,\alpha](h, a, d) = (g, c, b)\,[\beta(h, a, d)]$. Die linke Seite ergibt $[(g, c, b)\,\alpha]\,(h, a, d) = \big(g\,\delta(\alpha)(b) \times C[\psi_R(\alpha)(b), a]\, h, c, d\big)$, während die rechte Seite gleich $\big(g\, C[b, \psi_L(\beta)(a)]\, \lambda(\beta) \times (a)\, h, c, d\big)$ ist. Deshalb sind $\alpha$ und $\beta$ genau dann miteinander verkettet, wenn

$$\delta(\alpha)(b)\, C[\psi_R(\alpha)(b), a] = C[b, \psi_L(\beta)(a)]\, \lambda(\beta)(a)$$

ist. ▮

$R\,T(M)$ und $L\,T(M)$ können auf zwei interessante Weisen dargestellt werden. Bei der ersten werden $R\,T(M)$ und $L\,T(M)$ als zeilenmonomiale und spaltenmonomiale Matrizen dargestellt (siehe Beispiel 1.1.4 o).

**2.15. Satz.** Sei $M = \mathcal{M}^0(G; A, B; C)$ eine reguläre Rees-Matrix-Halbgruppe, $|A| = m$ und $|B| = n$. Dann ist

(a) $R\,T(M)$ isomorph zu $\mathcal{R}\,\mathcal{M}(n, G)$, den $(n \times n)$-zeilenmonomialen Matrizen über $G^0$;

(b) $L\,T(M)$ isomorph zu $\mathcal{C}\,\mathcal{M}(m, G)$, den $(m \times m)$-spaltenmonomialen Matrizen über $G^0$.

Beweis. (a) Sieht man jedes von Null verschiedene Element $(g, a, b) \in M$ als eine $(m \times n)$-Matrix an, bei der $g$ an der Stelle $(a, b)$ steht und sonst nur Nullen auftreten und sieht man entsprechend $0 \in M$ als die $(m \times n)$-Matrix an, bei der an allen Stellen eine Null steht (siehe Beispiel 1.1.4 m), so ist es leicht, jedes Element von $R\,T(M)$ als eine zeilenmonomiale Matrix aufzuschreiben. Präzise ausgedrückt: Sei $\alpha \in R\,T(M)$, und seien $\psi_R(\alpha)$ und $\delta(\alpha)$ wie in Satz 2.14 definiert. Die $(n \times n)$-zeilenmonomiale Matrix $\alpha^* : B \times B \to G^0$ werde durch

$$\alpha^*(b, b') = \begin{cases} \delta(\alpha)\,(b)\,, & \text{wenn} \quad b' = \psi_R(\alpha)\,(b)\,, \\ 0 & \text{sonst} \end{cases}$$

definiert. Die Abbildung $\alpha \to \alpha^*$ ist dann sicherlich ein Isomorphismus.

(b) wird mittels der dualen Beweisführung gezeigt. ∎

Sei $\alpha \to R\,T(M)$. Der Gleichung (2.7) ist zu entnehmen, daß die Anwendung von $\alpha$ auf $G^0 \times A^0 \times B^0$ von Dreiecksform ist. Dies läßt vermuten, daß $R\,T(M)$ in der Form eines Kranzproduktes dargestellt werden kann (siehe Definition 5.1.4). Der folgende Satz wird in den nächsten zwei Kapiteln von großem Nutzen sein.

**2.16. Satz.** Man setze

$$S = \{f \in F_R(B^0) : f(0) = 0\}$$

und

$$S' = \{f \in F_L(A^0) : f(0) = 0\}\,.$$

$S$ und $S'$ sind Unterhalbgruppen.

(a) $R\,T(M)$ ist isomorph zu einer Unterhalbgruppe von $(G^0, R(G^0))\ \mathrm{w}\ (B^0, S)$.

(b) $L\,T(M)$ ist isomorph zu einer Unterhalbgruppe von $(S', A^0)\ \mathrm{w}^*\ (L(G^0), G^0)$, wobei $\mathrm{w}^*$ das Kranzprodukt für die Halbgruppen der *linksseitigen* Transformationen ist (der duale Begriff wurde in Definition 5.1.4 definiert). Man beachte, daß die Anwendung für $\mathrm{w}^*$ linksseitige Dreiecksform besitzt.

Beweis. (a) Es ist $(G^0, R(G^0))\ \mathrm{w}\ (B^0, S) \cong F(B^0, G^0) \times_Y S$. Hierbei ist $Y : S \to \mathrm{Endo}_L\,[F(B^0, G^0)]$ ein Homomorphismus, der wie folgt definiert wird: Für $f \in F(B^0, G^0)$, $s \in S$ und $b \in B^0$ sei $[Y(s)\,f]\,(b) = f(b\,s)$.

Sei $\alpha \in R\,T(M)$. Dann ist die Abbildung $\alpha \to (\delta(\alpha), \psi_R(\alpha)) \in F(B^0, G^0) \times_Y S$ ein eineindeutiger Homomorphismus. Um dies nachzuweisen, seien $\alpha, \beta \in R\,T(M)$.

Dann ist

$$(g, a, b)\,\alpha\,\beta = \big(g\,\delta(\alpha)\,(b), a, (b)\,\psi_R(\alpha)\big)\,\beta$$
$$= \big(g\,\delta(\alpha)\,(b)\,\delta(\beta)\,\big((b)\,\psi_R(\alpha)\big), a, (b)\,\psi_R(\alpha)\,\psi_R(\beta)\big)\,.$$

Daher gilt $\alpha\,\beta \to \big(\delta(\alpha)\,Y(\psi_R(\alpha))\,\delta(\beta),\ \psi_R(\alpha)\,\psi_R(\beta)\big)$, und die Abbildung ist ein Homomorphismus. Da eine rechtsseitige Translation durch Spezifikation von $\delta$ und $\psi_R$ vollständig bestimmt wird, ist die Abbildung eineindeutig.

(b) wird durch die duale Schlußfolgerung bewiesen. ∎

**2.17. Bemerkung.** In Bemerkung 2.11 wurden Halbgruppen aus anderen Halbgruppen konstruiert. Die benutzte Methode ist ein bequemer Weg, um Beispiele zu konstruieren. Seien $T$ und $B$ zwei Halbgruppen. Angenommen, man möchte eine Halbgruppe $(T \cup B, \cdot\,) = S$ (disjunkte Vereinigung) bilden, wobei $t \cdot b \in B$ und $b \cdot t \in B$ für alle $t \in T$, $b \in B$ gelten soll. Ferner sollen $T$ und $B$ Unterhalbgruppen von $S$ sein. Die Multiplikation muß assoziativ sein, und die folgenden acht „Assoziativitäts-Muster" müssen erfüllt werden: (1) $TTT$, (2) $BBB$, (3) $TTB$, (4) $BTT$, (5) $BBT$, (6) $TBB$, (7) $BTB$ und (8) $TBT$.

Da wir gefordert haben, daß $T$ und $B$ Unterhalbgruppen von $S$ sein sollen, sind (1) und (2) erfüllt. Da $t \cdot b \in B$ und $b \cdot t \in B$ gelten soll, definieren wir Funktionen $\varphi_L : T \to F_L(B)$ und $\varphi_R : T \to F_R(B)$ und setzen $t \cdot b = \varphi_L(t)\,b$ und $b \cdot t = b\,\varphi_R(t)$. Damit (3) und (4) erfüllt werden, müssen $\varphi_L$ und $\varphi_R$ Homomorphismen sein. Um (5) und (6) zu erfüllen, müssen wir $\varphi_L(T) \subseteq L\,T(B)$ und $\varphi_R(T) \subseteq T\,R(B)$ fordern. Um (7) zu erfüllen, müssen $\varphi_L(t)$ und $\varphi_R(t)$ für alle $t \in T$ miteinander verkettet sein. Und um (8) zu erfüllen, müssen $\varphi_L(T)$ und $\varphi_R(T)$ kommutieren.

Ist $B$ eine Null-Halbgruppe wie in Bemerkung 2.11, so sind (5)—(7) automatisch erfüllt. (8) ist zum Beispiel dann erfüllt, wenn wir $\varphi_L(t)\,b = b\,\varphi_R(t)$ für alle $b \in B$ und für alle $t \in T$ erhalten. Wie man beachten möge, besagt dies, daß $\varphi_L(T)$ und $\varphi_R(T)$ kommutative Halbgruppen sind.

**2.18. Definition.** Eine Klasse $\mathcal{P}$ von endlichen Halbgruppen ist eine *Eigenschaft* endlicher Halbgruppen genau dann, wenn der folgende Sachverhalt erfüllt ist: Immer wenn $S \in \mathcal{P}$ ist und $T \cong S$ gilt, ist $T \in \mathcal{P}$. Wir sagen, daß $S$ genau dann die Eigenschaft $\mathcal{P}$ besitzt, wenn $S \in \mathcal{P}$ ist.

$\mathcal{P}$ ist eine *lokale* Eigenschaft endlicher Halbgruppen genau dann, wenn folgendes gilt: Immer wenn $T$ eine endliche Halbgruppe ist, bei der jeder ihrer Hauptidealfaktoren $J^0$ isomorph zu irgendeinem $S \in \mathcal{P}$ ist, gilt $T \in \mathcal{P}$. Zum Beispiel ist $S$ nach Definition 2.21 genau dann regulär, wenn jede $\mathcal{J}$-Klasse von $S$ regulär ist. Mithin ist die Regularität eine lokale Eigenschaft.

Der Rest dieses Abschnittes ist der Definition und Charakterisierung einzelner wichtiger lokaler Eigenschaften endlicher Halbgruppen gewidmet.

**2.19. Definition.** Ein Element $a$ einer Halbgruppe $S$ ist genau dann *regulär*, wenn $a \in a\,S\,a$ ist, d. h. genau dann, wenn ein $b \in S$ derart existiert, daß $a = a\,b\,a$ gilt.

**2.20. Satz.** Seien $a, b \in S$ reguläre Elemente.

(a) Genau dann ist $L_a \leqq L_b$, wenn (idempotente) Elemente $a_1 \in L_a$ und $b_1 \in L_b$ derart existieren, daß $a_1 b_1 = a_1$ ist.

(b) Genau dann ist $R_a \leqq R_b$, wenn (idempotente) Elemente $a_1 \in R_a$ und $b_1 \in R_b$ derart existieren, daß $b_1 a_1 = a_1$ ist.

(c) Genau dann ist $J_a \leqq J_b$, wenn (idempotente) Elemente $a_1 \in J_a$ und $b_1 \in J_b$ derart existieren, daß $a_1 b_1 = a_1 = b_1 a_1$ ist (so daß $a_1 \leqq b_1$ gilt, wenn $a_1$ und $b_1$ idempotente Elemente sind).

Beweis. (a) Angenommen, es sei $L_a \leqq L_b$. Da $a, b$ regulär sind, existieren $x, y \in S^1$ derart, daß $a = a x a$ und $b = b y b$ ist. Man beachte, daß $x a \mathcal{L} a$ und $y b \mathcal{L} b$ gilt. Da $x a \in L_a \leqq L_b$ ist, erhalten wir dann $x a \in S^1 b$. Man schreibe $x a = s b$. Dann ist $(x a)(y b) = s b y b = s b = x a$. (Man beachte, daß $x a$ und $y b$ idempotente Elemente sind.)
Umgekehrt, wenn $a_1 \in L_a$ und $b_1 \in L_b$ existieren derart, daß $a_1 b_1 = a_1$ ist, so gilt $S^1 a = S^1 a_1 = S^1 a_1 b_1 \subseteq S^1 b_1 = S^1 b$, so daß $L_a \leqq L_b$ ist. Die duale Schlußfolgerung wird für (b) verwendet.

(c) Angenommen, es existieren $a_1 \in J_a$, $b_1 \in J_b$ derart, daß $a_1 b_1 = a_1 = b_1 a_1$ ist. Dann gilt $S^1 a_1 S^1 = S^1 a_1 b_1 S^1 \subseteq S^1 b_1 S^1$, so daß $J_a \leqq J_b$ ist. Umgekehrt, wenn $J_a \leqq J_b$ gilt, seien $x \in J_a$, $y \in J_b$ so beschaffen, daß $a = a x a$ und $b = b y b$ ist. Sei $b_1 = y b$, und sei $a_2 = x a$. Dann sind $b_1$ und $a_2$ idempotente Elemente. Ferner ist $b_1 \in J_a$ und $a_2 \in J_b$, so daß insbesondere $a_2 \in J(a) \subseteq J(b) = J(b_1) = S^1 b_1 S^1$ gilt. Seien $s_1, s_2 \in S^1$ derart, daß $s_1 b_1 s_2 = a_2$ gilt. Sei $a_1 = b_1 s_2 a_2 s_1 b_1$. Dann ist $a_1$ ein idempotentes Element und $a_2 = s_1 a_1 s_2$, so daß $J_a = J_b$ gilt. Schließlich ist $a_1 b_1 = a_1 = b_1 a_1$. ∎

**2.21. Definition.** Eine Halbgruppe $S$ ist genau dann *regulär*, wenn jede $\mathcal{J}$-Klasse $J$ von $S$ regulär ist.

**2.22. Satz.** (a) Eine Halbgruppe $S$ ist genau dann regulär, wenn jedes Element von $S$ regulär ist.

(b) $S$ ist genau dann regulär, wenn $L_a$ (oder $R_a$) für alle $a \in S$ ein idempotentes Element enthält.

(c) $S$ ist genau dann regulär, wenn $J \subseteq J^2$ für jede $\mathcal{J}$-Klasse $J$ von $S$ gilt.

(d) $S$ ist genau dann regulär, wenn $A B = A \cap B$ für jedes rechtsseitige Ideal $A$ und jedes linksseitige Ideal $B$ gilt.

(e) Wenn $S$, $T$ regulär sind, dann sind $S \times T$ und homomorphe Bilder von $S$ regulär. Ideale von $S$ sind reguläre Halbgruppen, aber rechtsseitige oder linksseitige Ideale (daher auch Unterhalbgruppen) brauchen nicht regulär zu sein.

(f) Wenn $S$ regulär ist, dann ist jede Kompositionsidealreihe eine Hauptidealreihe.

(g) Jede Halbgruppe ist eine Unterhalbgruppe einer regulären Halbgruppe.

Beweis. (a), (b) Sei $S$ regulär. Dann ist nach dem Satz von REES jedes Element von $S$ regulär. Denn ist $a \in S$, so ist $J_a^0$ isomorph zu einer regulären REES-Matrix-Halbgruppe $\mathcal{M}^0(G; A, B; C)$. Sei $a = (g)_{ij}$, $i \in A$, $j \in B$, $g \in G$. Es existieren $k \in B$ und $l \in A$ derart, daß $C(j, k) \neq 0$ und $C(l, i) \neq 0$ ist. Dann ist $b = \left(C(j, k)^{-1} g^{-1} C(l, i)^{-1}\right)_{kl}$ ein Element von $S$ derart, daß $a = a\, b\, a$ (und $b = b\, a\, b$) gilt.

Wenn $a$ regulär ist, d. h., wenn $a = a\, b\, a$ für irgendein $b$ gilt, dann sind $b\, a \in L_a$ und $a\, b \in R_a$ idempotente Elemente.

Wenn jede $\mathcal{L}$-Klasse, und daher jede $\mathcal{J}$-Klasse, ein idempotentes Element enthält, dann gibt es in $S$ keine Null-$\mathcal{J}$-Klassen. Daher ist $S$ regulär. Dies beweist (a) und (b).

(c) Sei $S$ regulär, und sei $a \in S$. Dann ist $a = a\, b\, a$ für irgendein $b$. Da $a\, \mathcal{J}\, b\, a$ gilt, erhalten wir $a = a\, b\, a \in J_a^2$. Mithin ist $J \subseteq J^2$ für alle $J$ in $S$. Umgekehrt besagt $J \subseteq J^2$, daß $(J^0)^2 \neq \{0\}$ ist. Also ist jedes $J$ regulär.

(d) Sei $S$ regulär und $x \in A \cap B$. Es existiert ein $y \in S$ derart, daß $x\, y\, x = x$ gilt. Aber $x \in B$ besagt, daß $y\, x \in B$ ist, so daß $x = x\, y\, x \in A\, B$ und $A\, B = A \cap B$ gilt. Umgekehrt, wenn $A\, B = A \cap B$ für jedes rechtsseitige Ideal $A$ und jedes linksseitige Ideal $B$ gilt, so ist, wenn $x$ zu $S$ gehört, $x \in x\, S^1 \cap S^1\, x = x\, S^1\, x$, so daß $x \in x\, S\, x$ oder $x = x\, 1\, x = x^2 = x^3 \in x\, S\, x$ gilt. Dies beweist (d).

(e) Die Eigenschaft $a \in a\, S\, a$ bleibt bezüglich homomorpher Bilder und endlicher direkter Produkte erhalten. Sei $I$ ein Ideal von $S$, und sei $a \in I$. Da $S$ regulär ist, existiert ein $b \in S$ derart, daß $a = a\, b\, a$ und $b = b\, a\, b$ gilt. Aber dann ist $b \in I$, also ist $I$ regulär.

Um den Beweis von (e) abzuschließen, beachte man, daß $B = \{(1, 1, 1), (1, 1, 2), 0\}$ ein rechtsseitiges Ideal von $S = S_{22}(\{1\}, \left(\begin{smallmatrix}1 & 0\\ 0 & 1\end{smallmatrix}\right))$ ist, aber $B \supseteq \{(1, 1, 2), 0\} \supseteq \{0\}$ eine Hauptidealreihe für $B$ mit Null als zweitem Faktor darstellt, während $S$ natürlich regulär ist.

(f) Sei $I_1$ ein Ideal von $S$ und $I_2$ ein Ideal von $I_1$. Dann ist $I_2$ eine Vereinigung von $\mathcal{J}$-Klassen von $I_1$, die alle gemäß (e) regulär sind. Nach (c) ist dann $I_2^2 = I_2$, so daß $I_2$ auf Grund von Satz 1.2 (e) ein Ideal von $S$ ist.

(g) Die Halbgruppe $S$ ist isomorph zu ihrer rechts-regulären Darstellung $R(S)$, die eine Unterhalbgruppe der regulären Halbgruppe $F_R(S^1)$ ist (Beispiel 1.1.4i). ∎

Wir betrachten nun Halbgruppen, die Vereinigungen von Gruppen sind.

**2.23. Definition.** Eine Halbgruppe $S$ ist genau dann eine *Vereinigung von Gruppen*, wenn jedes Element von $S$ zu einer Untergruppe von $S$ gehört.

**2.24. Satz (CLIFFORD).** Sei $S$ eine Halbgruppe.

(a) $S$ ist genau dann eine Vereinigung von Gruppen, wenn jede $\mathcal{H}$-Klasse eine Gruppe ist. Daher ist $S$ die disjunkte Vereinigung ihrer maximalen Untergruppen.

(b) $S$ ist genau dann eine Vereinigung von Gruppen, wenn für jede $\mathcal{J}$-Klasse $J$ von $S$ die Halbgruppe $J^0$ die Form $\mathcal{M}^0(G; A, B; C)$ hat, wobei $C$ keine Nullen enthält. Dies ist äquivalent zu der Eigenschaft, daß jede $\mathcal{J}$-Klasse von $S$ eine (einfache) Unterhalbgruppe ist.

(c) $S$ ist genau dann eine Vereinigung von Gruppen, wenn $J(a\,b) = J(a) \cap J(b) = J(b\,a)$ für alle $a, b \in S$ gilt. Mithin ist $S$ genau dann eine Vereinigung von Gruppen, wenn $s \to J(s)$ ein Homomorphismus von $S$ auf das kommutative Band (vgl. 1.1.4 n) $\{J(s) : s \in S\} = B \subseteq (2^S, \cap)$ ist. Das inverse Bild eines jeden $J(s) \in B$ ist die einfache Halbgruppe $J_S$.

(d) $S$ ist genau dann eine Vereinigung von Gruppen, wenn $\mathcal{J}$ eine Kongruenz und $S$ eine reguläre Halbgruppe ist.

(e) Homomorphe Bilder, Unterhalbgruppen und endliche direkte Produkte von Halbgruppen, die Vereinigungen von Gruppen sind, sind wiederum Vereinigungen von Gruppen.

Beweis. (a) Da jedes Element $a \in S$ ein Element einer Untergruppe ist, muß $H_a$ eine Untergruppe sein.

(b) Der Beweis folgt aus dem Satz von Rees.

(c) Angenommen, $S$ sei eine Vereinigung von Gruppen und $a, b$ seien Elemente von $S$. Dann gilt ab $\mathcal{H}(a\,b)^2 \in S\,b\,a\,S \subseteq J(b\,a)$, so daß $a\,b \in J(b\,a)$ ist. Mithin gilt $J(a\,b) = J(b\,a)$. Nun ist sicher $J(a\,b) \subseteq J(a) \cap J(b)$. Sei $c \in J(a) \cap J(b)$, so daß $c = n\,a\,v = x\,b\,y$ für irgendwelche $n, v, x, y \in S^1$ gilt. Dann ist $c\ \mathcal{H}\ c^2 = x\,b\,y\,n\,a\,v \in J(b\,y\,n\,a) = J(n\,a\,b\,y) \subseteq J(a\,b)$, so daß $c \in J(a\,b)$ ist und $J(a\,b) = J(a) \cap J(b)$ gilt.

Umgekehrt erfülle $S$ die Beziehung $J(a\,b) = J(a) \cap J(b)$ für alle $a, b \in S$. Für alle $a, b \in S$ besagt dann $a\ \mathcal{J}\ b$, daß $J(a\,b) = J(a) \cap J(b) = J(a) = J(b)$ gilt, so daß die $\mathcal{J}$-Klassen von $S$ einfache Halbgruppen sind und $S$ also eine Vereinigung von Gruppen ist.

(d) Angenommen, $S$ ist eine Vereinigung von Gruppen. Dann ist $S$ regulär. Seien $a, b, x \in S$ mit $a\ \mathcal{J}\ b$. Dann ist $J(a) = J(b)$ und also $J(x\,a) = J(a\,x) = J(a) \cap J(x) = J(b) \cap J(x) = J(b\,x) = J(x\,b)$, so daß $a\,x\ \mathcal{J}\ b\,x$ und $x\,a\ \mathcal{J}\ x\,b$ gilt, was beweist, daß $\mathcal{J}$ eine Kongruenz ist.

Umgekehrt werde angenommen, daß $S$ eine reguläre Halbgruppe sei, für die $\mathcal{J}$ eine Kongruenz ist. Sei $a \in S$, und es sei $e \in J_a$ ein idempotentes Element derart, daß $a\,e = a$ ist. Nun sei $b \in S$ derart, daß $b\ \mathcal{J}\ a$ gilt. Dann besagt $b\ \mathcal{J}\ e$, daß $a\,b\ \mathcal{J}\ a$ gilt, da $\mathcal{J}$ eine Kongruenz ist. Mithin sind die $\mathcal{J}$-Klassen von $S$ Unterhalbgruppen, und $S$ ist also eine Vereinigung von Gruppen.

(e) Das homomorphe Bild einer Vereinigung von Gruppen ist sicher wieder eine Vereinigung von Gruppen. Um die Behauptung für Untergruppen zu beweisen, sei $T \subseteq S$ eine Unterhalbgruppe von $S$. Sei $t \in T$. Dann gehört $t$ zu einer Untergruppe von $S$, und daher ist die von $t$ erzeugte zyklische Gruppe in $T$ enthalten. Mithin ist $T$ eine Vereinigung von Gruppen.

Seien $S$, $T$ Vereinigungen von Gruppen. Sei $(a, b) \in S \times T$. Da $a$ und $b$ zu Untergruppen $G_a$ beziehungsweise $G_b$ von $S$ gehören, ist $(a, b)$ Element einer Untergruppe $G_a \times G_b$ von $S \times T$. Siehe auch Übung X1.18. ∎

**2.25. Definition.** Ein Element $b \in S$ ist ein *halbgruppeninverses Element* für $a \in S$ genau dann, wenn $a = a\,b\,a$ und $b = b\,a\,b$ ist. Man beachte, daß $a \mathcal{J} b$ gilt.

**2.26. Satz.** (a) Aus $a = a\,b\,a$ und $a \mathcal{J} b$ folgt $b = b\,a\,b$.

(b) $S$ ist genau dann eine reguläre Halbgruppe, wenn jedes Element ein halbgruppeninverses Element besitzt.

Beweis. (a) Wegen $a\,b\,a = a$ ist $b\,a$ ein idempotentes Element, und es gilt $b\,a \mathcal{J} a$. Da aber nach Voraussetzung $a \mathcal{J} b$ gilt, erhält man $b\,a \mathcal{J} b$. Nach Satz 1.15 (c) folgt dann $b\,a \mathcal{R} b$. Gilt nun $e \mathcal{R} x$, wobei $e$ ein idempotentes Element ist, so ist $e\,x = x$. Mithin ist $(b\,a)\,b = b$.

(b) ist klar aufgrund des Satzes von REES. ∎

**2.27. Definition.** Eine Halbgruppe $S$ ist genau dann eine *inverse Halbgruppe*, wenn jedes Element $s \in S$ ein eindeutig bestimmtes halbgruppeninverses Element besitzt, das mit $s^{-1}$ bezeichnet wird. $T$ ist genau dann eine *inverse Unterhalbgruppe* von $S$, wenn aus $x \in T$ folgt, daß $x^{-1} \in T$ ist.

**2.28. Satz.** (a) $S$ ist genau dann eine inverse Halbgruppe, wenn $S$ eine reguläre Halbgruppe ist und die Menge ihrer idempotenten Elemente $E(S)$ eine kommutative Halbgruppe darstellt.

(b) $S$ ist genau dann eine inverse Halbgruppe, wenn ihr Kern $K(S)$ eine Gruppe darstellt und für jede andere $\mathcal{J}$-Klasse $J$ von $S$ die Halbgruppe $J^0$ von der Form $\mathcal{M}^0(G; A, A; \Delta)$ ist, wobei $\Delta$ die $|A| \times |A|$-Einheitsmatrix bedeutet.

(c) Homomorphe Bilder, inverse Unterhalbgruppen, Ideale und endliche direkte Produkte inverser Halbgruppen sind inverse Halbgruppen. Linksseitige oder rechtsseitige Ideale (und daher Unterhalbgruppen) inverser Halbgruppen brauchen nicht inverse Halbgruppen zu sein.

Beweis. (a) Sei $S$ eine inverse Halbgruppe. Dann ist $S$ regulär. Seien $e_1, e_2 \in E(S)$, und sei $a$ das inverse Element von $e_1\,e_2$, so daß $a = a\,e_1 = e_2\,a$ ist. Dann gilt $a^2 = (a\,e_1)\,(e_2\,a) = a$, so daß $a \in E(S)$ ist. Mithin ist $a^{-1} = e_1\,e_2 \in E(S)$. Dann ist $e_2\,e_1$ auch ein inverses Element von $e_1\,e_2$ und also $e_1\,e_2 = e_2\,e_1$.

Sei umgekehrt $S$ eine reguläre Halbgruppe und $x \in S$. Seien $y, z$ inverse Elemente von $x$. Da $E(S)$ kommutativ ist und $x\,z$, $x\,y$, $z\,x$, $y\,x$ zu $E(S)$ gehören, gilt dann

$$y = y\,x\,y = y(x\,z\,x\,z\,x)\,y = y\,x\,z(x\,z)\,(x\,y) = y\,x\,z(x\,y)\,(x\,z)$$
$$= (y\,x)\,(z\,x)\,y\,x\,z = (z\,x)\,(y\,x)\,y\,x\,z = z\,x\,z = z\,.$$

Die inversen Elemente sind also eindeutig bestimmt.

(b) Natürlich ist eine Halbgruppe mit einer lokalen Struktur, wie sie in (b) beschrieben wird, eine inverse Halbgruppe. Ist umgekehrt $J$ eine $\mathcal{J}$-Klasse einer inversen Halbgruppe und $J^0 = \mathcal{M}^0(G; A, B; C)$, dann hat $C$ genau ein von Null verschiedenes Element in jeder Zeile und in jeder Spalte, da das Element $(g, a, b)$ für jedes Paar von Matrixelementen $C(b, a_1)$ und $C(b_1, a)$ ungleich Null genau ein inverses Element der Form $(g_1, a_1, b_1)$ hat. Da $K(S)$ einfach ist, bewirkt diese Bedingung, daß $K(S)$ genau eine $\mathcal{H}$-Klasse besitzt, und daher ist $K(S)$ eine Gruppe. (b) folgt nun aus Satz 1.23.

(c) Der Beweis wird dem Leser als Übung überlassen. ▌

**2.29. Definition.** Sei $S$ eine Halbgruppe. $S$ ist genau dann *nilpotent*, wenn $S$ ein Nullelement hat und $S^s = \{0\}$ für irgendeine ganze Zahl $n$ gilt. Die kleinste unter diesen ganzen Zahlen ist die *Nilpotenzklasse* $c\,l(S)$ von $S$.

**2.30. Satz.** (a) Die folgenden Aussagen sind äquivalent:

(1) $S$ ist eine nilpotente Halbgruppe.

(2) $S$ hat ein Nullelement, und jede von Null verschiedene $\mathcal{J}$-Klasse von $S$ ist eine Nullklasse.

(3) Es ist $E(S) = \{0\}$.

(4) Für jedes $x \in S$ existiert eine ganze Zahl $n(x)$ derart, daß $x^{n(x)} = 0$ ist.

(5) Für jedes Ideal $I$ von $S$ sind $I$ und $S/I$ nilpotent.

(b) Homomorphe Bilder, Unterhalbgruppen und endliche direkte Produkte von nilpotenten Halbgruppen sind nilpotent.

(c) Sei $S$ eine Halbgruppe und sei $n$ die kleinste positive ganze Zahl, für die $S^n = S^{n+1}$ gilt. Dann ist $S \twoheadrightarrow S/S^n$ das maximale nilpotente homomorphe Bild von $S$ und $c\,l(S/S^n) = n$. (Zur Definition des maximalen homomorphen Bildes hinsichtlich einer Eigenschaft vgl. Definition 7.1.2.)

Beweis. (b) ist leicht nachzuprüfen.

(a) Es ist einfach zu sehen, daß (3) aus (1), (4) aus (3) und (3) aus (4) folgt. Um zu zeigen, daß (2) aus (3) folgt, sei $E(S) = \{0\}$ und $J$ eine von Null verschiedene $\mathcal{J}$-Klasse. Dann enthält $J$ keine idempotenten Elemente, und $J^0$ enthält also auch keine idempotenten Elemente. Mithin ist $J^0$ nicht 0-einfach, d. h., $J$ ist eine Nullklasse.

Um zu zeigen, daß (1) aus (2) folgt, sei jede von Null verschiedene $\mathcal{J}$-Klasse von $S$ eine Nullklasse und $0 \in S$. Ferner sei $S = I_0 \supseteq I_1 \supseteq \cdots \supseteq I_n = \{0\}$ eine Hauptidealreihe für $S$. Dann ist $S/I_1$ eine Nullhalbgruppe und daher $S^2 \subseteq I_1$. $I_1/I_2$ ist eine Nullhalbgruppe und daher $S^4 \subseteq I_1^2 \subseteq I_2$. So fortfahrend erhalten wir $S^{2^n} \subseteq I_n = \{0\}$, und daher ist $S$ nilpotent.

Aus (b) ergibt sich, daß (5) aus (1) folgt. Um zu zeigen, daß (1) aus (5) folgt, seien $I$ und $S/I$ nilpotent mit $n_1 = c\,l(S/I)$ und $n_2 = c\,l(I)$. Dann gilt $S^{n_1} \subseteq I$, so daß $S^{n_1 n_2} \subseteq \{0\}$ ist, und daher ist $S$ nilpotent.

(c) Um zu zeigen, daß $\eta : S \twoheadrightarrow S/S^n$ das maximale nilpotente Bild von $S$ ist, sei $\varphi : S \twoheadrightarrow N$ mit $N^k = \{0\}$. Sei $m = \max(n, k)$. Dann ist $\varphi(S^n) = \varphi(S^m) = N_m = \{0\}$. Sei $\varphi^* : S/S_n \twoheadrightarrow N$ gegeben durch $\varphi^*(0) = 0$ und $\varphi^*(s) = \varphi(s)$ für $s \in S - S^n$. Dann ist $\varphi^* \eta = \varphi$, wodurch die Maximalität bewiesen ist. $c\,l(S/S^n) = n$ ergibt sich aus der Definition von $n$ und $c\,l$. ∎

Wir wollen uns das Folgende ins Gedächtnis zurückrufen (vgl. Abschnitt 5 von Kapitel 5).

**2.31. Definition.** Eine Halbgruppe $S$ ist genau dann *kombinatorisch*, wenn jede Untergruppe von $S$ die Ordnung 1 besitzt.

**2.32. Satz.** (a) $S$ ist genau dann kombinatorisch, wenn jede $\mathcal{H}$-Klasse von $S$ genau ein Element enthält.

(b) Homomorphe Bilder, Unterhalbgruppen, endliche direkte Produkte und Kranzprodukte kombinatorischer Halbgruppen sind kombinatorisch.

Beweis. (a) Da jede Untergruppe von $S$ in einer $\mathcal{H}$-Klasse enthalten ist, besagt die Bedingung über die $\mathcal{H}$-Klassen, daß $S$ kombinatorisch ist. Wenn nun umgekehrt $H$ eine $\mathcal{H}$-Klasse von $S$ mit $|H| \geqq 2$ ist, so hat die SCHÜTZENBERGER-Gruppe $\mathcal{G}(H)$ eine Ordnung $\geqq 2$. Aber $\mathcal{G}(H)$ ist ein homomorphes Bild von $R\,I(H) \subseteq S^1$, und nach Satz 1.1.9 (c) existiert eine Gruppe $G \subseteq R\,I(H)$ derart, daß $G \twoheadrightarrow \mathcal{G}(H)$ gilt. Mithin ist $|G| \geqq 2$ und $G \subseteq S^1$. Im Falle $S^1 \neq S$ besitzt jedoch die Untergruppe, die das Einselement enthält, nur ein Element, und $S$ enthält also in jedem Falle eine nicht-triviale Untergruppe. Das ist aber ein Widerspruch.

(b) Dies wird dem Leser als Übungsaufgabe überlassen. ∎

## Übungen und Ergänzungen

X2.1. Ist $S$ eine Halbgruppe und $X \subseteq S$, so versteht man unter $\mathrm{Perm}_R(X)$, dem *rechtsseitigen Permutator* von $X$, die Menge $\{s \in S^1 : X s = X\}$. Es ist $\mathrm{Perm}_R(X) \subseteq R\,I(X)$. $\mathrm{Perm}_L(X)$ wird auf duale Weise definiert und $\mathrm{Perm}(X) = \mathrm{Perm}_R(X) \cap \mathrm{Perm}_L(X)$ gesetzt.

Eine Unterhalbgruppe $U$ von $S$ ist *rechts-unitär* genau dann, wenn $U x \cap U = \emptyset$ für alle $x \in S - U$ gilt. $U$ ist *links-unitär* genau dann, wenn $x U \cap U = \emptyset$ für alle $x \in S - U$ gilt.

Ist $1 \in S$ und $U$ eine unitäre Unterhalbgruppe von $S$, so ist $1 \in U$.

Eine Unterhalbgruppe $U$ von $S$ ist genau dann rechts-unitär, wenn für irgendeine Operation von $S$ auf irgendeiner Menge $X$ und für irgendwelche $x \in X$, $U = \{s \in S : x s = x\}$ ist. Es ist leicht zu sehen, daß eine Unterhalbgruppe $U$, die diese Bedingung erfüllt, rechts-unitär ist. Für die Umkehrung operiere $S$ auf der Menge der Äquivalenzklassen von Elementen von $S^1$ unter der Relation $s_1 \equiv s_2$ genau dann, wenn $s_1 x$ und $s\ x$

für alle $x \in S^1$ entweder beide in $U$ oder beide nicht in $U$ liegen. $U$ ist eine $(\equiv)$ Klasse, und $U$ ist die Menge derjenigen Elemente von $S$, die $U$ festlassen.

Ist $H$ eine $\mathcal{H}$-Klasse von $S$, so gilt $\mathrm{Perm}_R(H) = R\,I(H)$, und $\mathrm{Perm}_R(H)$ ist rechts-unitär. (Hinweis: Man lasse $S$ von rechts auf $2^S$ operieren und benutze das Vorangegangene.) Wenn $H$ eine Gruppe ist, dann gibt es einen Homomorphismus von $\mathrm{Perm}_R(H)$ auf $H$, der $H$ festläßt. Mithin gibt es für jede maximale Untergruppe $H$ von $S$ eine unitäre Unterhalbgruppe $U$ von $S$, für die $H$ ein Retrakt ist, d. h., es gilt $H \subseteq U \subseteq S$, $U$ ist unitär, und es gibt einen Homomorphismus $\varphi : U \twoheadrightarrow H$, der bei Einschränkung auf $H$ die identische Abbildung ergibt.

X 2.2. Sei $A$ eine Menge. Für $a, b \in A$ sei $T(a, b) \in F_R(A)$ die Funktion, die $a$ auf $b$ abbildet und jedes andere Element von $A$ festläßt. Wenn $|A| \geqq 2$ ist, dann ist die Unterhalbgruppe von $F_R(A)$, die von $\{T(a, b) : a, b \in A\}$ erzeugt wird, gleich $\big(F_R(A) - \mathrm{SYM}_R(A)\big) \cup \{1\}$.

Somit wird $F_R(A)$ von drei Elementen erzeugt und keine kleinere Anzahl von Erzeugenden reicht aus, wenn $|A| \geqq 3$ ist. [Hinweis: Man zeige, daß $\mathrm{SYM}_R(A)$ von zwei Elementen erzeugt wird und daß $\mathrm{SYM}_R(A)$ und irgendein Element, dessen Bildbereich $|A| - 1$ Elemente enthält, ausreichen, um jedes $T(a, b)$ zu erzeugen.]

X 2.3. Sei $J$ eine einfache $\mathcal{J}$-Klasse einer Halbgruppe $S$. Sei $x \in S$. Man beweise: Ist $j \in J$ und $j\,x \in J$, dann ist $x\,J \subseteq J$. Dann beweise man unter Anwendung des dualen Ergebnisses, daß $J\,x \subseteq J$ ist.

X 2.4. Sei $I$ eine nichtleere Untermenge einer Halbgruppe $S$. $I$ ist genau dann ein Ideal, wenn $I$ eine Vereinigung von $\mathcal{J}$-Klassen von $S$ ist derart, daß folgendes gilt: Sind $J_1$ und $J_2$ $\mathcal{J}$-Klassen von $S$ mit $J_1 \leqq J_2$ und ist $J_2 \subseteq I$, dann ist auch $J_1 \subseteq I$. $I$ ist genau dann ein linksseitiges (bzw. rechtsseitiges) Ideal, wenn $I$ eine Vereinigung von $\mathcal{L}$-Klassen (bzw. $\mathcal{R}$-Klassen) ist, die die obige Bedingung bezüglich der Ordnung erfüllen. Wenn $I$ ein maximales Ideal ist, dann ist $S - I$ eine einzige $\mathcal{J}$-Klasse. Der entsprechende Satz gilt auch für maximale linksseitige oder rechtsseitige Ideale. Muß die $\mathcal{J}$-Klasse, die $S - I$ enthält, wobei $I$ ein maximales linksseitiges Ideal ist, maximal sein?

X 2.5. (a) Man beweise für $x, y \in S$, daß $L_x R_y \subseteq J_x$ gilt. (b) Seien $h_1, h_2, h_1', h_2'$ Elemente einer Halbgruppe $S$ mit $h_i \mathcal{H} h_i'$ für $i = 1, 2$. Dann gilt $h_1 h_2 \mathcal{J} h_1' h_2'$ und, wenn $h_1 \mathcal{J} h_2$ und $h_1 \mathcal{J} h_1 h_2$ erfüllt sind, gilt auch $h_1 h_2 \mathcal{H} h_1' h_2'$.

X 2.6. Sei $S$ eine endliche nilpotente Halbgruppe. Dann besteht jede der $\mathcal{J}$-, $\mathcal{L}$-, $\mathcal{R}$- und $\mathcal{H}$-Klassen aus einem einzigen Element. [Hinweise: Wenn $s_1 \neq 0 \neq s_2$ ist, und $x\,s_1 = s_2$, $y\,s_2 = s_1$ gilt, dann ist $(y\,x)^n\,s_1 = s_1$ für alle $n$, und irgendeine Potenz von $(y\,x)$ ist also ein von Null verschiedenes idempotentes Element.]

X 2.7. Sei $T$ eine Unterhalbgruppe von $S$. Mit $\alpha(T)$ bzw. $\alpha(S)$ möge irgendeine der Relationen $\mathcal{H}$, $\mathcal{L}$, $\mathcal{R}$ oder $\mathcal{J}$ auf $T$ bzw. $S$ bezeichnet werden. Aus $s_1\,\alpha(S)\,s_2$ folgt dann $s_1\,\alpha(T)\,s_2$, wenn eine der folgenden Aussagen gilt:

(a) $T$ ist eine zyklische Halbgruppe.

(b) $T$ ist regulär und $\alpha \neq \mathcal{J}$.

(c) $S$ ist eine nilpotente Erweiterung einer Vereinigung von Gruppen (d. h., $M$ ist eine Vereinigung von Gruppen und ein Ideal von $S$, und $S/M$ ist nilpotent). Insbesondere gilt das Resultat, wenn $S$ zyklisch, nilpotent oder eine Vereinigung von Gruppen ist.

(d) Es ist $T = e\,S\,e$ für irgendein idempotentes Element $e \in S$ (siehe Übung 5.1.7).

X 2.8. Man stelle alle Unterhalbgruppen einer inversen 0-einfachen Halbgruppe auf.

X 2.9. Man charakterisiere die Halbgruppen, die inverse kombinatorische Vereinigungen von Gruppen sind.

X2.10. Seien $C_1$ und $C_2$ kombinatorische Halbgruppen, und sei $\varphi: C_1 \to \text{Endo}(C_2)$ ein Homomorphismus. Man zeige, daß $C_2 \times_\varphi C_1$ kombinatorisch ist.

X2.11. (a) Eine Halbgruppe $S$ ist genau dann regulär, wenn für jedes $x \in S$ Elemente $e_1, e_2 \in E(S)$ existieren derart, daß $e_1 \mathcal{L}\, x$ und $e_2 \mathcal{R}\, x$ gilt.

(b) $S$ ist genau dann regulär, wenn jedes Element von $S$ mindestens ein halbgruppeninverses Element hat.

(c) $x, y \in S$ sind inverse Elemente im Sinne einer Gruppe genau dann, wenn $x$ ein halbgruppeninverses Element für $y$ und $y$ ein halbgruppeninverses Element für $x$ ist und $x\,y = y\,x$ gilt.

(d) Ist $X_n = \{1, \ldots, n\}$, so ist $F\{X_n\}$ regulär.

(e) Sind $A$ und $B$ endliche, nichtleere Mengen, so sind beliebige Elemente $x, y$ von $A^l \times B^r$ zueinander invers.

(f) $S$ ist genau dann regulär, wenn $r(S)$ regulär ist.

X2.12. (a) $S$ ist genau dann eine inverse Halbgruppe, wenn für jedes $x \in S$ eindeutig bestimmte Elemente $e_1, e_2 \in E(S)$ existieren derart, daß $S^1 x = S\, e_1$ und $x\, S^1 = e_2\, S$ gilt.

(b) Wenn $S$ eine inverse Halbgruppe ist, dann ist $(a^{-1})^{-1} = a$ und $(a\, b)^{-1} = b^{-1}\, a^{-1}$ für alle $a, b \in S$. Daher ist $a \to a^{-1}$ ein Isomorphismus von $S$ mit $r(S)$.

(c) Sei $G$ eine endliche Gruppe, und sei $S = (2^G, \cdot)$ mit $H_1 \cdot H_2 = \{h_1 h_2 : h_1 \in H_1, h_2 \in H_2\}$. Dann besteht $E(S)$ aus den Untergruppen von $G$. Im allgemeinen ist $E(S)$ nichtkommutativ, selbst wenn jeder reguläre Hauptfaktor von $S$ eine inverse Halbgruppe ist.

X2.13. Sei $A = \{a_1, \ldots, a_n\}$, und sei $I$ das Ideal von $\Sigma A$, das aus allen $(x_1, \ldots, x_k)$ besteht derart, daß $k \leq c$ für eine feste ganze Zahl $c$ ist. Dann ist $F\,N(n, c)$, die *freie nilpotente Halbgruppe der Klasse c mit n Erzeugenden*, gleich $(\Sigma A)/I$. $S$ ist eine nilpotente Halbgruppe mit höchstens $n$ Erzeugenden und mit $c\, l(S) \leq c$ genau dann, wenn es einen Homomorphismus $\varphi: F\,N(n, c) \twoheadrightarrow S$ gibt.

X2.14. Sei $J$ eine $\mathcal{J}$-Klasse einer Halbgruppe $S$. Man setze dann $F(J) = \bigcup \{J' : J'$ ist eine $\mathcal{J}$-Klasse von $S$ und $J \not\leq J'\}$.

(a) Es ist $F(J) = \emptyset$, oder $F(J)$ ist ein Ideal von $S$.

(b) Es ist $F(J) = \emptyset$ genau dann, wenn $J = K(S)$ ist.

(c) Wenn $F(J) \neq \emptyset$ ist, dann ist $J^0$ das eindeutig bestimmte 0-minimale Ideal von $S/F(J)$.

X2.15. Sei $M = \mathcal{M}^0(G; A, B; C)$ eine reguläre REES-Matrix-Halbgruppe. Seien $\alpha \in R\,T(M)$ und $\beta \in L\,T(M)$ miteinander verkettet. Man sehe $\alpha$, $\beta$ und $C$ als Matrizen an und beweise dann, daß $\alpha\, C = C\, \beta$ gilt. Dies ist die Matrix-Form von (2.9).

Die Gruppe, die jeder $\mathcal{H}$-Klasse zugeordnet werden kann, wurde zuerst von SCHÜTZENBERGER [4] definiert. MUNN [5] bestimmte die Homomorphismen auf regulären REES-Matrix-Halbgruppen. Zur Form der linksseitigen und rechtsseitigen Translationen vgl. SCHÜTZENBERGER [4]. Die hier gebotene Darstellung folgt CLIFFORD und PRESTON [3] sowie RHODES [6], Abschnitt 3.

Die Resultate über Halbgruppen, die Vereinigungen von Gruppen sind, stammen von CLIFFORD [7]. Zur Geschichte und zu weiteren Resultaten über reguläre und inverse Halbgruppen vgl. CLIFFORD und PRESTON [3].

### 3. Unterhalbgruppen

In diesem Abschnitt wenden wir die in den Abschnitten 1 und 2 entwickelten Hilfsmittel an, um einige Tatsachen über Unterhalbgruppen endlicher Halbgruppen zu beweisen. Alle betrachteten Halbgruppen sind endlich.

**3.1. Definition.** $M$ ist eine *maximale eigentliche Unterhalbgruppe* einer Halbgruppe $S$ genau dann, wenn $M$ eine eigentliche Unterhalbgruppe von $S$ ist, für die der folgende Sachverhalt gilt: Ist $M \subseteq T \subseteq S$ für irgendeine Unterhalbgruppe $T$ von $S$, so ist entweder $M = T$ oder $T = S$. $M$ ist eine *maximale kombinatorische* Unterhalbgruppe von $S$ genau dann, wenn $M$ eine kombinatorische Unterhalbgruppe ist, für die folgendes gilt: Ist $T$ eine kombinatorische Unterhalbgruppe von $S$, die $M$ enthält, so ist $T = M$.

**3.2. Satz.** Sei $C$ eine maximale kombinatorische Unterhalbgruppe einer Halbgruppe $S$. Dann ist $I(C) = L\,I(C) = R\,I(C) = C$ (siehe Definition 2.7).

Beweis. Es genügt, auf Grund der Dualität zu beweisen, daß $L\,I(C) = C$ ist. Angenommen, das sei nicht der Fall. Dann existiert eine Unterhalbgruppe $T$ von $S$, die minimal in bezug auf die Eigenschaft $C \subset T \subseteq L\,I(C)$ ist. Dann ist $T$ nicht kombinatorisch, und $C$ ist ein maximales linksseitiges Ideal von $T$.

Sei $L = T - C$. $L$ ist eine $\mathcal{L}$-Klasse von $T$ (Übung 2.4), und $L$ enthält eine nicht-triviale Gruppe, da $T$ nicht kombinatorisch ist. Die $\mathcal{J}$-Klasse von $T$, zu der $L$ gehört, ist daher regulär. Dann muß $L$ jene $\mathcal{J}$-Klasse sein, da $C$ sonst eine nicht-triviale Gruppe enthalten würde. Daher ist $L$ eine reguläre $\mathcal{J}$-Klasse mit einer $\mathcal{L}$-Klasse. Auf Grund des Satzes von Rees ist $L$ eine linkseinfache Halbgruppe und $L^2 = L$.

Sei $e \in L$ ein idempotentes Element. Wir werden nun zeigen, daß $C \cup \{e\}$ eine kombinatorische Unterhalbgruppe von $T$ ist, im Gegensatz zur Maximaleigenschaft von $C$.

Um zu beweisen, daß $C \cup \{e\}$ eine Unterhalbgruppe ist, genügt es, da $C$ ein linksseitiges Ideal ist, zu zeigen, daß $C\,e \subseteq C$ gilt. Sei $l \in L$, $c \in C$, und es werde $c\,e \in L$ angenommen. Dann ist $L\,c\,e \in L^2 = L$, und wir erhalten

$$S^1 L S^1 = S^1 l c e S^1 \subseteq S^1 l c S^1 \subseteq S^1 l S^1 = S^1 L S^1 .$$

Mithin wäre $l\,c \in L$. Dies ist aber ein Widerspruch zur Tatsache, daß $C$ ein linksseitiges Ideal ist. Also ist $C\,e \subseteq C$. ∎

Der nächste Satz gibt eine vollständige Klassifizierung der maximalen Unterhalbgruppen. Jede maximale Unterhalbgruppe einer Halbgruppe $S$ hat eine natürliche Darstellung hinsichtlich der Green-Reesschen Koordinaten.

**3.3. Satz.** Sei $M$ eine maximale Unterhalbgruppe der endlichen Halbgruppe $S$. Dann gilt das Folgende:

(a) Es gibt eine $\mathcal{J}$-Klasse $J(M)$ von $S$ mit $S - M \subseteq J(M)$.

(b) $M$ hat mit jeder $\mathcal{H}$-Klasse von $S$ einen nicht-trivialen Durchschnitt, oder $M$ ist eine Vereinigung von $\mathcal{H}$-Klassen von $S$.

(c) Wenn $J(M)$ eine Nullklasse ist, dann ist $J(M) \cap M = \emptyset$ und daher $M = S - J(M)$.

(d) Wenn $M \cap J(M) \neq \emptyset$ ist [nach (c) ist dann $J(M)$ regulär, und $J(M)^0$ ist isomorph zu einer regulären Rees-Matrix-Halbgruppe], ergeben sich zwei Fälle aus den zwei Möglichkeiten in (b).

Fall 1. Wenn $M$ mit jeder $\mathcal{H}$-Klasse von $S$ einen nicht-trivialen Durchschnitt hat, so kann ein Isomorphismus $j : J(M)^0 \to \mathcal{M}^0(G; A, B; C)$ derart gewählt werden, daß $j[M \cap J(M)] = G_1 \times A \times B$ ist, wobei $G_1$ eine maximale Untergruppe von $G$ bedeutet. In diesem Fall ist $[M \cap J(M)]^0$ eine maximale Unterhalbgruppe von $J^0$.

Fall 2. Wenn $M$ eine Vereinigung von $\mathcal{H}$-Klassen von $S$ ist, so kann ein Isomorphismus $j : J(M)^0 \to \mathcal{M}^0(G; A, B; C)$ derart gewählt werden, daß $j[M \cap J(M)]$ das Komplement eines „Rechtecks" von $\mathcal{H}$-Klassen von $\mathcal{M}^0(G; A, B; C)$ ist. Genauer ausgedrückt, $j[M \cap J(M)]$ ist von einer der folgenden drei Formen:

(1) $G \times (A - A') \times B$, $A'$ ist hierbei eine eigentliche nichtleere Untermenge von $A$.

(2) $G \times A \times (B - B')$, hierbei ist $B'$ eine eigentliche nichtleere Untermenge von $B$.

(3) $(G \times A \times B) - (G \times A' \times B')$, hierbei sind $A'$, $B'$ eigentliche nichtleere Untermengen von $A$ bzw. $B$.

Im Fall 2 ist $[M \cap J(M)]^0$ eine maximale Unterhalbgruppe von $J(M)^0$, wenn $j[M \cap J(M)]$ von der Form (3) ist. In den zwei anderen Fällen braucht dies aber nicht einzutreten.

Beweis. Zu (a). Unter den $\mathcal{J}$-Klassen von $S$, die nicht in $M$ enthalten sind, sei $J$ minimal (in der üblichen Ordnung: $J_1 \leqq J_2$ genau dann, wenn $S^1 J_1 S^1 \subseteq S^1 J_2 S^1$). Dann ist $M \cup J$ eine Unterhalbgruppe von $S$, die $M$ eigentlich enthält, so daß $M \cup J = S$ gilt. Daher ist $S - M \subseteq J \equiv J(M)$.

Zu (b). Sei $J = J(M)$. Mit $M'$ werde die Vereinigung aller $\mathcal{H}$-Klassen bezeichnet, die mit $M$ einen nicht-trivialen Durchschnitt haben. Wir werden zeigen, daß $M'$ eine Unterhalbgruppe von $S$ ist, die $M$ enthält. Aufgrund der Maximalität von $M$ ist dann entweder $M' = M$ oder $M' = S$. Das erste besagt, daß $M$ eine Vereinigung von $\mathcal{H}$-Klassen ist; das zweite zeigt, daß $M$ mit jeder $\mathcal{H}$-Klasse von $S$ einen nicht-trivialen Durchschnitt hat.

Um zu zeigen, daß $M'$ eine Unterhalbgruppe ist, seien $h_1, h_2 \in M'$. Ist $h_1 h_2 \in M \subseteq M'$, so ist $M'$ eine Unterhalbgruppe. Also nehmen wir das Gegenteil an. Dann ist $h_1 h_2 \in J$, und mindestens eins der beiden Elemente $h_1, h_2$ gehört zu $J$. Aufgrund der Definition von $M'$ existieren $m_1, m_2 \in M$ derart, daß $h_i \mathcal{H} m_i$, $i = 1, 2$, gilt. Wir unterscheiden zwei Fälle.

Fall A. Hierbei werde $h_1 \in M$ und $h_2 \in J$ angenommen. Da (nach Voraussetzung) $h_1 h_2 \in J$ gilt, geht die $\mathcal{H}$-Klasse, die $h_2$ enthält, durch Multiplikation mit $h_1$ in die $\mathcal{H}$-Klasse über, die $h_1 h_2$ enthält. Aus $h_2 \mathcal{H} m_2$ folgt daher $h_1 h_2 \mathcal{H} h_1 m_2 \in M$ und somit $h_1 h_2 \in M'$. (Der Fall $h_1 \in J$, $h_2 \in M$ wird in dualer Weise behandelt.)

Fall B. Hierbei werde $h_1, h_2 \in J$ angenommen. Aus $h_i \mathcal{H} m_i$, $i = 1, 2$, folgt dann mit Hilfe des Satzes von Rees, daß $h_1 h_2 \mathcal{H} m_1 m_2 \in M$ und daher $h_1 h_2 \in M'$. Damit sind alle Möglichkeiten erschöpft. $M'$ ist also eine Halbgruppe, und somit ist (b) bewiesen.

Zu (c). Sei $J = J(M)$. Sei $J$ eine Nullklasse und seien $n_1, n_2 \in J$. Aufgrund der Definition von $\mathcal{J}$ ist dann $n_1 = s_1 n_2 s_2$ für gewisse $s_1, s_2 \in S^1$, und es gilt $s_1, s_2 \notin J$, da laut Definition einer Nullklasse das Produkt aus zwei oder mehr Elementen von $J$ in $S^1 J S^1 - J$ liegt. Somit liegen $s_1, s_2$ in $M'$, so daß aus $m_2 \in M$ folgt, daß $n_1 \in M$ gilt. Daher ist $J \cap M = \emptyset$.

Im Fall 1 von (d) werde vorausgesetzt, daß $M$ mit jeder $\mathcal{H}$-Klasse von $S$ einen nicht-trivialen Durchschnitt habe. Sei $j'$ ein Isomorphismus von $J^0$ auf $T = \mathcal{M}^0(G; A, B; C')$. Dann ist $T_1 = j'(M \cap J)^0$ eine Unterhalbgruppe von $T$, die mit jeder $\mathcal{H}$-Klasse $H(a, b) = (G, a, b) = \{(g, a, b) : g \in G\}$ einen nicht-trivialen Durchschnitt hat. Sei $T_1 \cap H(a, b) = M(a, b) = \big(X(a, b), a, b\big) = \{(x, a, b) : x \in X(a, b) \subseteq G\}$.

Nun sei $H(a_0, b_0)$ eine feste von Null verschiedene $\mathcal{H}$-Klasse von $T$, für die $g_0 = C(b_0, a_0) \neq 0$ gilt, d. h., $H(a_0, b_0)$ ist dann eine Untergruppe von $T$, die zu $G$ bezüglich des Isomorphismus $(g, a_0, b_0) \to g_0 y$ isomorph ist. Dann ist $X(a_0, b_0) = \{g_0^{-1} g : g \in G_1\} = g^{-1} G_1$ für eine gewisse Untergruppe $G_1$ von $G$, weil $M(a_0, b_0)$ eine in $H(a_0, b_0)$ enthaltene Untergruppe von $T$ ist. Für jedes $a \in A$ sei $g_a$ ein festes Element von $X(a, b_0)$, und für jedes $b \in B$ sei $g_b$ ein festes Element von $X(a_0, b)$. Dann ist

$$(g_a\, a, b_0)\, M(a_0, b_0)\, (y_b\, a_0, b)$$
$$= (g_a G_1 g_0 y_b, a, b) \subseteq M(a, b) = \big(X(a, b), a, b\big)\,.$$

Aufgrund einer entsprechenden Überlegung existieren aber Elemente $t_1, t_2 \in T_1$ derart, daß

$$t_1\, M(a, b)\, t_2 \subseteq M(a_0, b_0) = \big(X(a_0, b_0), a_0, b_0\big)$$

gilt, so daß $|X(a, b)| = |X(a_0, b_0)| = |G_1| = |g_a G_1 g_0 y_b|$ ist. Für jedes $b \in B$ sei $h_b = g_0 y_b$. Dann ist $X(a, b) = g_a G_1 h_b$. Sei $C : B \times A \to G^0$ die durch

$$C(b, a) = h_b\, C'(b, a)\, g_a$$

gegebene Matrix.

Dann ist $\mathcal{M}^0(G; A, B; C')$ isomorph zu $\mathcal{M}^0(G; A, B; C)$ aufgrund des Isomorphismus $j_1 : \mathcal{M}^0(G; A, B; C') \to \mathcal{M}^0(G; A, B; C)$, der durch

$$j_1(g_a^{-1}, a, h_b^{-1}) = (g\, g\, h, a, b)\,, \qquad j_1(0) = 0$$

gegeben wird.

Mithin liegt $j_1(T_1 - \{0\}) = G_1 \times A \times B$ in $\mathcal{M}^0(G; A, B; C)$, und mit $j = j_1 j'$ erhalten wir dann $j(M \cap J) = G_1 \times A \times B$.

Schließlich werden wir zeigen, daß $G_1$ eine maximale Untergruppe von $G$ ist, so daß $(M \cap J)^0$ eine maximale Unterhalbgruppe von $J^0$ darstellt. Sei $G_1'$ eine Untergruppe von $G$ derart, daß $G_1 \subseteq G_1' \subseteq G$ ist, und sei $T = j^{-1}(G_1' \times A \times B)$. Es werde $M' = M \cup T$ gesetzt. Wir werden zeigen, daß $M'$ eine Halbgruppe ist, wodurch aufgrund der Maximalität von $M$ die Behauptung bewiesen sein wird.

Wegen $C(b, a) \in G_1^0$ ist $\mathcal{M}^0(G_1'; A, B; C)$ eine Halbgruppe, und daher ist $T \cup \{0\} = j^{-1}[(G_1' \times A \times B) \cup \{0\}]$ eine Unterhalbgruppe von $J^0$.

Da $T^0$ eine Unterhalbgruppe von $J^0$ ist, braucht nur gezeigt zu werden, daß für $m \in M$ und $x \in T$ stets $m\,x \in M'$ und $x\,m \in M'$ ist. Dies ist getan, wenn $m\,x, x\,m \in M \subset M'$ gilt. Daher werde jetzt $m\,x, x\,m \in J$ vorausgesetzt. Da $J$ regulär ist, existieren idempotente Elemente $e_1, e_2 \in J$ derart, daß $e_1 x = x$, $x e_2 = x$ gilt. Da $M$ mit jeder $H$-Klasse von $S$ einen nicht-trivialen Durchschnitt hat, gilt auch $e_1, e_2 \in M$ und $m\,e_1, e_2\,m$ sind somit Elemente von $M$. Da $m\,x = (m\,e_1)\,x \in J$ und $x\,m = x(e_2\,m) \in J$ gilt, sind darüber hinaus $m\,e_1$, $e_2\,m$ auch Elemente von $J$. Mithin gilt $m\,e_1\,e_2\,m \in J \cap M \subset T$, woraus $(m\,e_1)\,x = m\,x \in M'$ und $x(e_2\,m) = x\,m \in M'$ folgt. Also ist $M'$ eine Unterhalbgruppe von $S$, wodurch die Behauptungen bewiesen sind.

Im Fall 2 von (d) ist $M$ eine Vereinigung von $\mathcal{H}$-Klassen und $M \cap J \neq 0$. Sei $J = J(M)$, und seien $\{(R(a) : a \in A\}$, $\{L(b) : b \in B\}$ und $\{H(a, b) = R(a) \cap L(b)\}$ entsprechend die $\mathcal{R}$-, $\mathcal{L}$- und $\mathcal{H}$-Klassen von $S$, die in $J$ enthalten sind. Sei $A' = \{a \in A : R(a) \nsubseteq M\}$ und sei $B' = \{b \in B : L(b) \nsubseteq M\}$. Sicherlich sind $A'$ und $B'$ nicht leer, da sich sonst $J \subseteq M$, also ein Widerspruch ergäbe.

Sei $a_1 \in A'$. Dann ist $T = M^1 R(a_1) \cup M$ eine Unterhalbgruppe von $S$, die $M$ echt enthält. Um dies zu beweisen, verwende man die Tatsache, daß $R(a_1)\,M \subseteq R(a_1) \cup M \subseteq T$ gilt. [Denn für $r \in R(a_1)$, $m \in M$ und $r\,m \notin M$ folgt $r\,m \in J$, so daß $r\,m\,\mathcal{J}\,r$ gilt, woraus sich $r\,m\,\mathcal{R}\,r$ ergibt, d. h. aber, es ist $r\,m \in \mathcal{R}(a_1)$.] Daher ist $T = S$. Sei $a_2 \in A'$, so daß $R(a_2) \nsubseteq M$ gilt. Dann ist $M^1 R(a_1) \cap R(a_2) \neq \emptyset$, d. h., es existiert ein $m \in M^1$ derart, daß $m\,R(a_1) \cap R(a_2) \neq \emptyset$ gilt. Aufgrund von Satz 1.15 ist aber $m\,R(a_1) = R(a_2)$ und insbesondere $m\,H(a_1, b) = H(a_2, b)$ für alle $b \in B$. Entsprechend (man verwende $\mathcal{L}$-Klassen) existiert ein $m \in M^1$ derart, daß für $b_1, b_2 \in B'$ sich $H(a, b_1)\,m = H(a, b_2)$ für alle $a \in A$ ergibt.

Um nun zu sehen, welche $\mathcal{H}$-Klassen von $J$ nicht in $M$ liegen, beweisen wir das folgende Lemma: Es ist $a \in A'$ und $b \in B'$ genau dann, wenn $H(a, b) \cap M = \emptyset$ gilt.

Sei $a \in A'$ und $b \in B'$, und es werde $H(a, b) \subseteq M$ angenommen. Dann existiert für jedes $a_i \in A'$ ein $m_i \in M^1$ derart, daß $m_i\,H(a, b) = H(a_i, b)$ gilt. Mithin ist $H(a_i, b) \subseteq M$ für alle $a_i \in A$, woraus $L(b) \subseteq M$ folgt, was ein Widerspruch ist. Die umgekehrte Richtung ist klar.

Es ist somit leicht zu erkennen, daß $j(M \cap J)$ die Form (1) hat, wenn $B' = B$ gilt. Entsprechend hat $j(M \cap J)$ die Form (2), wenn $A' = A$ ist. Wenn $A'$ und $B'$ echte Untermengen von $A$ und $B$ sind, so hat $j(M \cap J)$ die Form (3).

Da es leicht ist, Beispiele zu konstruieren, in denen $j(M \cap J)$ die Form (1) oder (2) hat, in denen aber $(M \cap J)^0$ nicht maximal in $J^0$ ist (siehe die zweite, auf diesen Beweis folgende Bemerkung), werden wir den Beweis dadurch zum Abschluß bringen, indem wir zeigen, daß $(M \cap J)'$ maximal in $J^0$ ist, wenn $j(M \cap J)$ die Form (3) hat. Aufgrund der vorangegangenen Erörterungen genügt es zu zeigen, daß für jedes $a_1$ und jedes $a_2$ aus $A'$ ein $m \in M \cap J$ existiert (nicht nur ein $m \in M'$ wie im Vorangegangenen) derart, daß $m\,R(a_1) = R(a_2)$ gilt und daß für jedes $b_1$ und jedes $b_2$ aus $B'$ ein $m' \in M \cap J$ so existiert, daß $L(b_1)\,m' = L(b_2)$ ist. Aufgrund der auf den $\mathcal{J}$-Klassen definierten Ordnungen ist es ferner damit gleichbedeutend, wenn man zeigt, daß diese $m, m'$ in $M \cap J^*$ mit $J^* = \cup \{J' : J' \text{ ist eine } \mathcal{J}\text{-Klasse von } S \text{ und } J' \leqq J\}$ gewählt werden können, da $J^* - J$ ein Ideal von $S$ ist.

Sei $R(A') = \cup \{R(a) : a \in A'\}$. Nun haben wir eben für alle $a \in A'$ gezeigt, daß $R(A') \subseteq M^1 R(a)$ ist. Aufgrund der Definition von $J^*$ gilt außerdem $(M \cap J^*)\,M^1 = M \cap J^* = M^1 (M \cap J^*)$. Für beliebiges $a \in A'$ gilt nun $R(A') \subseteq (M \cap J^*)\,R(a)$ oder $R(A') \cap (M \cap J^*)\,R(a) = \emptyset$. Dies ergibt sich aus folgendem: Ist $m\,R(a) \cap R(a') \neq \emptyset$ für ein $a' \in A'$ und ein $m \in M$, dann ist $m\,R(a) = R(a')$ und also

$$R(a') \subseteq (M \cap J^*)\,R(a)$$

und

$$R(A') \subseteq M^1 R(a') \subseteq M^1 (M \cap J^*)\,R(a) = (M \cap J^*)\,R(a)\,.$$

Ist $R(A') \cap (M \cap J^*)\,R(a) = \emptyset$, dann ist

$$\begin{aligned}(M \cap J^*)\,R(A') \cap R(A') &\subseteq (M \cap J^*)\,M^1 R(a) \cap R(A')\\ &= (M \cap J^*)\,R(a) \cap R(A') = \emptyset\,.\end{aligned}$$

Nun ist $j(J^0) = \mathcal{M}^0(G; A, B; C)$, und

$$j(M \cap J)^0 = [(G \times A \times B) - (G \times A' \times B')] \cup \{0\}$$

ist eine Unterhalbgruppe, und daher ist

$$C(b, a) = 0 \quad \text{für alle} \quad (a, b) \in (A - A') \times (B - B')\,.$$

Wenn $R(A') \cap (M \cap J^*)\,R(a) = \emptyset$ für ein $a \in A'$ gilt, dann ist aufgrund des Vorangegangenen $R(A') \cap (M \cap J^*)\,R(A') = \emptyset$, so daß insbesondere $[G \times A' \times (B - B')]\,(G \times A' \times B) = \{0\}$ gilt. Dies zeigt, daß $C(b, a) = 0$ für alle $(a, b) \in A \times (B - B')$ ist und damit der Regularität von $J$ widerspricht. Es folgt also, daß $R(A') \subseteq (M \cap J^*)\,R(a)$ für beliebiges $a \in A'$ gilt, d. h., für alle $a_1, a_2 \in A'$ existiert ein $m \in M \cap J$ (wir ersetzen $J^*$ durch $J$, da kein Element von $J^* - J$ die Bedingung erfüllen kann) derart, daß $m\,R(a_1) = R(a_2)$ gilt. Der Beweis für $\mathcal{L}$-Klassen erfolgt in analoger Weise. ∎

**3.4. Bemerkung.** Sei $S = \mathcal{M}^0(G; A, B; C)$ eine reguläre REES-Matrix-Halbgruppe. Wenn $M$ eine maximale Unterhalbgruppe von $S$ ist, dann ist $J(M) = \{0\}$ oder $J(M) = S - \{0\}$. Im ersten Fall ist $S - \{0\}$ eine Unterhalbgruppe, und es ist $M = S - \{0\}$. Im zweiten Fall gilt $M \cap J(M) = \emptyset$ genau dann, wenn $S - \{0\}$ eine einfache abelsche Gruppe ist [d. h. $(\mathbf{Z}_p, +)$ für eine Primzahl $p$]. Sonst ist $M \cap J(M)$ in einem gewissen Koordinatensystem von einer der folgenden Formen:

(*1*) $(G' \times A \times B)$, wobei $G'$ eine maximale Untergruppe von $G$ ist.

(*2*) $(G \times A \times B')$ mit $B' = B - \{b\}$ für irgendein $b \in B$, und $C$, eingeschränkt auf $B' \times A$, ist regulär (d. h. mindestens einmal in jeder Zeile und jeder Spalte ungleich Null).

(*3*) $(G \times A' \times B)$ mit $A' = A - \{a\}$ für ein gewisses $a \in A$, und $C$, eingeschränkt auf $B \times A'$, ist regulär.

(*4*) $(G \times A \times B) - (G \times A' \times B')$ mit $A' = A - Y$, $B' - X$, und $X \times Y$ ist ein maximales „Rechteck", auf dem $C$ identisch Null ist.

Ferner ist jede Unterhalbgruppe $M$ von $S$ eine maximale Unterhalbgruppe von $S$, wenn $M$ alle $\mathcal{J}$-Klassen enthält bis auf eine $\mathcal{J}$-Klasse $J(M)$, für die $M \cap J(M)$ eine der oben beschriebenen Formen hat.

**3.5. Bemerkung.** Ein Gegenbeispiel, das zeigt, daß $(M \cap J)^0$ nicht eine maximale Unterhalbgruppe von $J^0$ zu sein braucht, wenn $j\,(M \cap J)$ von der Form (1) von (d), Fall 2 ist, kann in folgender Weise konstruiert werden.

Sei $F(X_n)$, $n \geqq 2$, die Halbgruppe aller Funktionen von $n$ Variablen $x_1, \ldots, x_n$ bezüglich der gewöhnlichen Verknüpfungen. Sei $\{x_1, \ldots, x_n, z\}^l$ die durch $x\,y = x$ für alle $x, y \in \{x_1, \ldots, x_n, z\}^l$ definierte Halbgruppe. Man bilde die Halbgruppe $S = F(X_n) \cup \{x_1, \ldots, x_n, z\}$ mit der folgenden Multiplikation. $F(Xz)$ und $\{x_1, \ldots, x_n, z\}$ seien Unterhalbgruppen, und für alle $f \in F(X_n)$ setze man

$$f \circ x_i = f(x) \text{ für alle } x_i \in X_n\,,$$

$$x_i \circ f = x_i \quad \text{für alle } x_i \in X_n\,,$$

$$f \circ z = z \circ f = z\,.$$

Dann ist $M = F(X_n) \cup \{z\}$ eine maximale Unterhalbgruppe von $S$ und $J(M) = \{x_1, \ldots, x_n, z\}$. $j\,[M \cap J(M)]$ ist dann von der Form (1), weil jedes Element von $J(M)$ eine $\mathcal{R}$-Klasse ist. Aufgrund von Bemerkung 3.4 ist $j\,[M \cap J(M)]^0$ aber nicht eine maximale Unterhalbgruppe von $j\,[J(M)^0]$.

Ein Gegenbeispiel für die Form (2) wird in dualer Weise konstruiert.

Die Klassifizierung der maximalen Unterhalbgruppen stammt von N. GRAHAM, R. GRAHAM und J. RHODES [8]. Zur Untersuchung der Unterhalbgruppen 0-einfacher Halbgruppen siehe R. GRAHAM [9].

## Literatur

[1] Green, J. A., On the structure of semigroups. Ann. of Math. **54** (1951), 163–172.
[2] Rees, D., On semigroups. Proc. Cambridge Philos. Soc. **36** (1940), 387–400.
[3] Clifford, A. H., Preston, G. B., The Algebraic Theory of Semigroups. Vol. 1, Math. Surveys 7. Am. Math. Soc., Providence, Rhode Island 1962.
[4] Schützenberger, M. P., $\mathcal{D}$ Représentation des demi-groupes. Compt. Rend. Acad. Sci. Paris **224** (1957), 1994–1996.
[5] Munn, W. D., Semigroups and Their Algebras. Dissertation, Cambridge Univ. (1955).
[6] Rhodes, J., Some results on finite semigroups. J. Algebra **3** (1966), 471–504.
[7] Clifford, A. H., Semigroups admitting relative inverses. Ann. of Math. **42** (1941), 1037–1049.
[8] Graham, N., Graham, R., Rhodes, J., Maximal subsemigroups of finite semigroups. J. Combinatorial Theory **4** (1968), 203–209.
[9] Graham, R., Subsemigroups of finite 0-simple semigroups. Math. System Theory (im Druck).

# Homomorphismen und semilokale Theorie 8

KENNETH KROHN

*Krohn-Rhodes Forschungsinstitut, Washington, D. C.*

JOHN L. RHODES[1])

*Universität von Kalifornien, Berkeley, Kalifornien*
*Krohn-Rhodes Forschungsinstitut, Berkeley, Kalifornien*

BRET R. TILSON

*Universität von Kalifornien, Berkeley, Kalifornien*

## 1. Homomorphismen

In diesem Abschnitt wird gezeigt: Ist $\Theta : S \twoheadrightarrow T$ ein maximaler eigentlicher Epimorphismus (MEE, Definition 1.12), so ist $\Theta$ entweder eineindeutig bei Einschränkung auf $\mathcal{H}$-Klassen [$\gamma(\mathcal{H})$-Epimorphismus], oder $\Theta$ trennt $\mathcal{H}$-Klassen ($\mathcal{H}$-Epimorphismus). Es folgt dann, daß jeder Epimorphismus zwischen zwei endlichen Halbgruppen in $\gamma(\mathcal{H})$- und in $\mathcal{H}$-Epimorphismen zerlegt werden kann.

Ferner wird, falls $\Theta$ ein MEE ist, bewiesen, daß eine $\mathcal{J}$-Klasse $J$ derart existiert, daß $\Theta$ eine eineindeutige Abbildung auf $S - J$ ist. Somit ist eine weitere Untersuchung von $\Theta$ möglich, indem man die Sätze von GREEN und REES auf $J$ anwendet.

**1.1 Definition.** Sei $S$ eine feste Halbgruppe. Eine *Homomorphismeneigenschaft von $S$* ist eine Menge $\mathcal{P}$ von Paaren $(\varphi, T)$ mit $\varphi : S \twoheadrightarrow T$ derart, daß das Folgende gilt: Ist $(\varphi_1, T_1) \in \mathcal{P}$ und $j : T_1 \twoheadrightarrow T_2$ ein Isomorphismus, dann ist $(j\,\varphi_1, T_2) \in \mathcal{P}$.

Wir schreiben $(\varphi_1, T_1) \leqq (\varphi_2, T_2)$ genau dann, wenn ein Epimorphismus $j : T_2 \twoheadrightarrow T_1$ existiert derart, daß $\varphi_1 = j\,\varphi_2$ ist. Wenn $(\varphi_1, T_1) \leqq (\varphi_2, T_2)$ und $(\varphi_2, T_2) \leqq (\varphi_1, T_1)$ gilt, so sind $T_1$ und $T_2$ zueinander isomorph. Wir sagen dann, $(\varphi_1, T_1)$ und $(\varphi_2, T_2)$ sind zueinander isomorph.

**1.2 Definition.** Sei $\mathcal{P}$ eine Homomorphismeneigenschaft einer Halbgruppe $S$. Wir nennen $(\varphi, T) \in \mathcal{P}$ ein *minimales* (beziehungsweise *maximales*) *homomorphes Bild von $S$ bezüglich $\mathcal{P}$* genau dann, wenn $(\varphi, T)$ das (bis auf Isomorphie) eindeutig bestimmte minimale (beziehungsweise maximale) Element von $\mathcal{P}$ hinsichtlich $\leqq$ ist.

Die Aussage, daß $(\varphi, T)$ minimal (beziehungsweise maximal) ist, bedeutet daher, daß, wenn $(\varphi_1, T) \in \mathcal{P}$ ist, ein Homomorphismus $j_1 : T_1 \twoheadrightarrow T$ (bezie-

---

[1]) Alfred P. Sloan Research Fellow, 1967 – 1968.

hungsweise $j_2 : T \twoheadrightarrow T_1$) existiert, so daß das Diagramm a) beziehungsweise das Diagramm b) kommutativ ist:

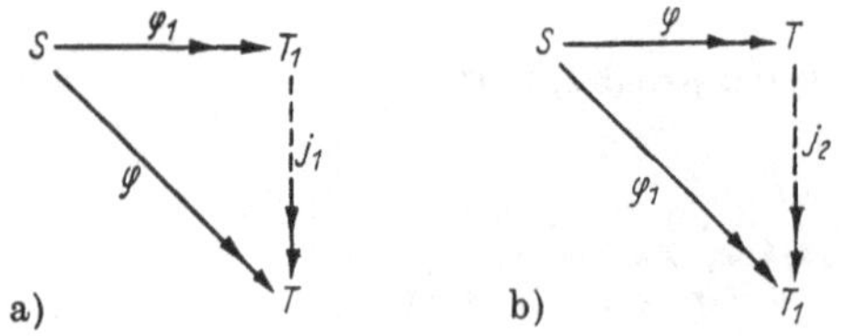


**1.3. Bemerkung.** $\mathcal{P}$ braucht weder ein maximales noch ein minimales homomorphes Bild zu besitzen. Ist zum Beispiel $|A| \geqq 3$, so hat $A^r$ kein minimales oder maximales homomorphes Bild bezüglich $\mathcal{P}$, wobei $\mathcal{P}$ die Menge der $(\varphi, T)$ bedeutet derart, daß $\varphi : A^r \twoheadrightarrow T$ mit $|T| = 2$ gilt.

**1.4. Satz.** Sei $\mathcal{P}'$ eine *Halbgruppen*eigenschaft, die hinsichtlich der Bildung von direkten Produkten und Unterhalbgruppen abgeschlossen ist (d. h., sind $S_1, S_2 \in \mathcal{P}'$, so ist $S_1 \times S_2 \in \mathcal{P}'$, und ist $T$ eine Unterhalbgruppe von $S \in \mathcal{P}'$, so ist $T \in \mathcal{P}'$). $S$ sei eine Halbgruppe und $\mathcal{P}$ die Homomorphismeneigenschaft von $S$, die definiert wird durch $(\varphi, T) \in \mathcal{P}$ genau dann, wenn $T \in \mathcal{P}'$. Dann hat $S$ ein maximales homomorphes Bild bezüglich $\mathcal{P}$.

Beweis. Sei $\mathcal{P} = \{(\varphi_i, T_i) : i = 1, \ldots, n\}$; denn es ist klar, daß $\mathcal{P}$ nur endlich viele nichtisomorphe Elemente besitzen kann. Dann ist $T_1 \times \cdots \times Tz \in \mathcal{P}'$. Man betrachte den Homomorphismus

$$\varphi = (\varphi_1 \times \cdots \times \varphi_n)\,\Delta : S \to T_1 \times \cdots \times T_n$$

(dies ist ein Homomorphismus „in"), wobei $\Delta : S \to S \times \cdots \times S$ ($n$-mal) durch $\Delta(s) = (s, \ldots, s)$ definiert wird. $\varphi(S)$ ist eine Unterhalbgruppe von $T_1 \times \cdots \times T_n$, so daß $\varphi(S) \in \mathcal{P}'$ und $(\varphi, \varphi(S)) \in \mathcal{P}$ ist. Sicherlich ist $(\varphi, \varphi(S))$ das maximale homomorphe Bild von $S$ bezüglich $\mathcal{P}$. ∎

**1.5. Bemerkung.** Als Beispiele für Klassen von Halbgruppen, die hinsichtlich der Bildung direkter Produkte und Unterhalbgruppen abgeschlossen sind, können (1) (endliche) Gruppen, (2) kombinatorische Halbgruppen, (3) Halbgruppen, die Vereinigungen von Gruppen sind, (4) abelsche Halbgruppen, (5) Bänder usw. angeführt werden.

Als Beispiel konstruieren wir das maximale gruppenhomomorphe Bild einer endlichen Halbgruppe. Zunächst beweisen wir das folgende Lemma.

**1.6. Lemma.** Sei $S$ eine Halbgruppe mit einem Ideal $I$, und $\varphi : I \twoheadrightarrow T^1$ sei ein Epimorphismus. Dann existiert eine eindeutige Erweiterung von $\varphi$ auf $S$.

Beweis. Sei $x \in \varphi^{-1}(1)$. Man definiere $\hat{\varphi} : S \twoheadrightarrow T^1$ durch $\hat{\varphi}(s) = \varphi(x\,s\,x)$. Es ist leicht zu beweisen, daß $\hat{\varphi}$ ein Epimorphismus ist, indem man die Tatsache benutzt, daß $\varphi(x) = 1$ ist. Sei $x \in T$. Dann ist $\hat{\varphi}(s) = \varphi(x\,s\,x) = \varphi(s)$, und $\hat{\varphi}$ ist daher eine Erweiterung von $\varphi$.

Sei $\bar{\varphi}$ eine andere Erweiterung von $\varphi$ auf $S$, und sei $s \in S$. Dann gilt $\hat{\varphi}(s) = \varphi(x\, s\, x) = \bar{\varphi}(x\, s\, x)$, da $x\, s\, x \in I$ ist. Es ist aber $\bar{\varphi}(x\, s\, x) = \bar{\varphi}(x)\, \bar{\varphi}(s)\, \bar{\varphi}(x) = \bar{\varphi}(s)$, da $\bar{\varphi}(x) = \varphi(x) = 1$ gilt. Daher ist $\bar{\varphi} = \hat{\varphi}$. ∎

**1.7. Beispiel.** Wir konstruieren jetzt das maximale gruppenhomomorphe Bild einer endlichen Halbgruppe $S$. Ist $\varphi : S \twoheadrightarrow H$, $H$ eine Gruppe, so ist $\varphi[K(S)] = H$, da Epimorphismen Kerne auf Kerne abbilden und eine Gruppe ihr eigener Kern ist. Wir wollen nun die Beschaffenheit von $\varphi$ auf $K(S)$ untersuchen. Da $K(S)$ eine reguläre $\mathcal{J}$-Klasse ist, können wir die Resultate über lokale Homomorphismen aus Abschnitt 7.2 anwenden.

Sei $K(S) \cong \mathcal{M}(G; A, B; C)$, wobei $C$ so gewählt worden ist, daß der Homomorphismus $\varphi$ in normalisierter Form beschrieben werden kann, d. h.

$$\varphi(g, a, b) = \big(\omega(g), \psi_L(a), \psi_R(b)\big) .$$

Der Bildbereich von $\varphi$ ist aber eine Gruppe, und daher ist $\psi_L(a) = 1$ für alle $a \in A$, $\psi_R(b) = 1$ für alle $b \in B$ und $\omega[C(b, a)] = 1$ für alle $a \in A$, $b \in B$. [Man erinnere sich, daß $C(b, a) \neq 0$ für alle $a \in A$, $b \in B$ gilt, da $K(S)$ eine einfache Halbgruppe ist.] Dann muß $C(B \times A)$ aber zum Kern von $\omega$ gehören.

Wir konstruieren nun den folgenden Homomorphismus auf $K(S)$. Sei $N$ der Normalteiler von $G$, der von $C(B \times A)$ erzeugt wird. Sei $\nu : G \twoheadrightarrow G/N$ der natürliche Homomorphismus. Dann sei $\psi_L(A) = \{1\}$ und $\psi_R(B) = \{1\}$, und man definiere $\Theta : K(S) \twoheadrightarrow \nu(G)$ durch

$$\Theta(g, a, b) = \big(\nu(g), 1, 1\big) = \nu(g) .$$

Wir behaupten, daß der nach Lemma 1.6 in eindeutiger Weise auf $S$ erweiterte Homomorphismus $\Theta$ der maximale Gruppenhomomorphismus von $S$ ist. Ist $\varphi$ ein Homomorphismus derart, daß $\varphi(S)$ eine Gruppe ist, dann ist $N$ im Kern des mit $\varphi$ assoziierten Homomorphismus $\omega$ auf $G$ enthalten. Daher existiert ein Homomorphismus $\mu : \nu(G) \twoheadrightarrow \omega(G)$, d. h., es ist $\omega = \mu\, \nu$. Da aber $\Theta(S) = \nu(G)$ und $\varphi(S) = \omega(G)$ gilt, ist also $\mu : \Theta(S) \twoheadrightarrow \varphi(S)$ und $\varphi = \mu\, \Theta$.

**1.8. Definition.** Sei $P$ eine Partition auf einer Halbgruppe $S$. Sei $\mathcal{P}(S, P)$ die Menge der $(\varphi, T)$ mit $\varphi : S \twoheadrightarrow T$, so daß aus $\varphi(s_1) = \varphi(s_2)$ die Kongruenz $s_1 \equiv s_2 (\text{mod } P)$ folgt. Ist $(\varphi, T) \in \mathcal{P}(S, P)$, so schreiben wir $\varphi : S \underset{P}{\twoheadrightarrow} T$ und nennen $\varphi$ einen *P-Homomorphismus von S*.

**1.9. Satz.** Sei $P$ irgendeine Partition auf einer Halbgruppe $S$. Dann hat $\mathcal{P}(S, P)$ ein minimales homomorphes Bild, das mit $S_p$ bezeichnet wird.

Beweis. Sei $Q$ die von $P$ erzeugte Kongruenz. Es gilt $s_1 \equiv s_2 (\text{mod } Q)$ genau dann, wenn $\alpha\, s_1\, \beta \equiv \alpha\, s_2\, \beta (\text{mod } P)$ für alle $\alpha, \beta \in S^1$. Sei $\eta : S \twoheadrightarrow S/Q$ der natürliche Homomorphismus. Es ist dann leicht zu beweisen, daß $(\eta, S/Q)$ das minimale homomorphe Bild von $S$ bezüglich $\mathcal{P}(S, P)$ ist. ∎

**1.10. Bemerkung.** (a) Ein wichtiges Beispiel eines minimalen homomorphen Bildes bezüglich einer Partition wurde in Kapitel 5 eingeführt. Ist $f : \Sigma A \to B$ ein Automat, dann ist die Halbgruppe $f^S$ des Automaten $f$ genau das minimale homomorphe Bild von $\mathcal{P}(\Sigma A, \mathrm{mod}\,(f))$, wobei (mod $f$) die Partition ist, die $f$ auf $\Sigma A$ induziert. Mit anderen Worten, es ist $f^S = \Sigma A\ (\mathrm{mod}\, f)$.

(b) Sei $\varphi : S \twoheadrightarrow T$ ein Epimorphismus. Dann ist $(\varphi, T)$ das minimale homomorphe Bild von $\mathcal{P}(S, \mathrm{mod}\,\varphi)$. Mithin gilt $(\Theta, T_1) \in \mathcal{P}(S, \mathrm{mod}\,\varphi)$, wenn $\Theta : S \twoheadrightarrow T_1$ ein Epimorphismus ist mit der Eigenschaft, daß aus $\Theta(s_1) = \Theta(s_2)$ die Beziehung $s_1 \equiv s_2\ (\mathrm{mod}\,\varphi)$ für alle $s_1, s_2 \in S$ folgt. Daher existiert ein Epimorphismus $j : T_1 \twoheadrightarrow T$ derart, daß $\varphi = j\,\Theta$ ist.

**1.11. Bezeichnung.** Sei $\alpha$ irgendeine der Relationen $\mathcal{J}$, $\mathcal{R}$, $\mathcal{L}$ oder $\mathcal{H}$ auf $S$. Dann ist $\alpha$ eine Partition auf $S$, und $\mathcal{P}(S, \alpha)$ hat ein minimales homomorphes Bild $S^\alpha$. $\Theta : S \twoheadrightarrow T$ heiße $\alpha$-*Homomorphismus* (oder $\alpha$-Epimorphismus), wenn $(\Theta, T) \in \mathcal{P}(S, \alpha)$ ist. Zum Beispiel ist $\Theta$ ein $\mathcal{H}$-Epimorphismus genau dann, wenn $s_1\, \mathcal{H}\, s_2$ aus $\Theta(s_1) = \Theta(s_2)$ folgt für alle $s_1, s_2 \in S$.

**1.12. Definition** Sei $\Theta : S \twoheadrightarrow T$. $\Theta$ heiße $\gamma$-*Epimorphismus* genau dann, wenn $\Theta$ bei Einschränkung auf jede Untergruppe von $S$ eineindeutig ist. Sei $\alpha$ eine der Relationen $\mathcal{H}$, $\mathcal{R}$, $\mathcal{L}$ oder $\mathcal{J}$. Dann heiße $\Theta$ ein $\gamma(\alpha)$-*Epimorphismus* genau dann, wenn $\Theta$ bei Einschränkung auf jede $\alpha$-Klasse von $S$ eineindeutig ist. Insbesondere sind $\gamma(\alpha)$-Epimorphismen auch $\gamma$-Epimorphismen.

**1.13. Satz.** Sei $\alpha$ eine der Relationen $\mathcal{J}$, $\mathcal{R}$, $\mathcal{L}$ oder $\mathcal{H}$. Dann gilt:

(a) Die Komposition zweier $\alpha$-Epimorphismen ist ein $\alpha$-Epimorphismus.

(b) Die Komposition zweier $\gamma(\alpha)$-Epimorphismen (beziehungsweise $\gamma$-Epimorphismen) ist ein $\gamma(\alpha)$-Epimorphismus (beziehungsweise ein $\gamma$-Epimorphismus).

Beweis. (a) Ist $\varphi : S \twoheadrightarrow T$ ein $\alpha$-Epimorphismus, so werden wir beweisen, daß dann jede $\alpha$-Klasse von $S$ auf eine $\alpha$-Klasse von $T$ abgebildet wird. Somit entsprechen den $\alpha$-Klassen von $S$ diejenigen von $T$ in eineindeutiger Weise, und daraus folgt leicht die Behauptung.

Sei $\alpha = \mathcal{J}$, und es werde $\varphi(j_1)\ \mathcal{J}\ \varphi(j_2)$ vorausgesetzt. Ferner seien $s, t, u, v \in S$ irgendwelche Elemente derart, daß $\varphi(s)\,\varphi(j_1)\,\varphi(t) = \varphi(j_2)$ und $\varphi(u)\,\varphi(j_2)\,\varphi(v) = \varphi(j_1)$ gilt. Da $\varphi$ ein $\mathcal{J}$-Epimorphismus ist, erhalten wir dann $s\,j_1\,t\ \mathcal{J}\ j_2$ und $u\,j_2\,v\ \mathcal{J}\ j_1$. Dies ergibt $j_1\ \mathcal{J}\ j_2$, so daß $j_1\ \mathcal{J}\ j_2$ genau dann gilt, wenn $\varphi(j_1)\ \mathcal{J}\ \varphi(j_2)$ gilt.

Für $\alpha = \mathcal{R}$, $\mathcal{L}$ und $\mathcal{H}$ sind die Beweise ganz entsprechend.

(b) wird dem Leser als Übung überlassen. ∎

Wir beweisen nun das Hauptresultat dieses Abschnittes, daß jeder Epimorphismus zwischen zwei endlichen Halbgruppen in $\gamma(\mathcal{H})$- und $\mathcal{H}$-Epimorphismen zerlegt werden kann.

**1.14. Satz.** Sei $\Theta : S \twoheadrightarrow T$ ein Epimorphismus. Dann kann $\Theta$ in der Form $\Theta = \Theta_n \cdots \Theta_1$ geschrieben werden. $\Theta_1, \Theta_3, \Theta_5, \ldots$ sind hierbei $\gamma(\mathcal{H})$-Epimorphismen, und $\Theta_2, \Theta_4, \Theta_6, \ldots$ sind $\mathcal{H}$-Epimorphismen oder umgekehrt.

Um Satz 1.14 zu beweisen, führen wir die folgende Definition ein.

**1.15. Definition.** Sei $\Theta : S \twoheadrightarrow T$ ein Epimorphismus. $\Theta$ ist genau dann ein *maximaler eigentlicher Epimorphismus* (MEE), wenn aus $\Theta = \Theta_2\,\Theta_1$, wobei $\Theta_1$ und $\Theta_2$ Epimorphismen sind, folgt, daß genau einer der Epimorphismen $\Theta_1, \Theta_2$ eine eineindeutige Abbildung ist.

Sicherlich ist jeder beliebige Epimorphismus $\Theta$ ein Isomorphismus, oder er kann in der Form $\Theta = \Theta_n \cdots \Theta_1$ geschrieben werden, wobei jedes $\Theta_k$ ein MEE ist. Somit folgt leicht auf Grund von Satz 1.13, daß Satz 1.14 mit dem folgenden äquivalent ist.

**1.16. Satz.** Sei $\Theta : S \twoheadrightarrow T$ ein MEE. Dann ist $\Theta$ entweder ein $\gamma(\mathcal{H})$- oder ein $\mathcal{H}$-Epimorphismus. Zum Beweis der vorstehenden Sätze sind die folgende Definition und das folgende Lemma erforderlich.

**1.17. Definition.** Sei $\Theta : S \twoheadrightarrow T$ ein Epimorphismus. Eine $\mathcal{J}$-Klasse $J$ von $S$ ist genau dann *$\Theta$-singulär*, wenn $\Theta$ auf $S - J$ eineindeutig ist.

**1.18. Lemma.** Sei $\Theta : S \twoheadrightarrow T$ ein MEE. Dann existiert eine $\Theta$-singuläre $\mathcal{J}$-Klasse von $S$.

Beweis. Sei $I_1$ ein maximales Element (hinsichtlich der Inklusion) von $\mathcal{J} = \{I : I$ ist ein Ideal von $S$, und $\Theta$, auf $I$ eingeschränkt, ist eineindeutig$\}$. Es ist $I_1 \neq S$, da $\Theta$ auf $S$ nicht eineindeutig ist. ($\mathcal{J}$ darf leer sein, der Einfachheit halber betrachten wir aber auch die leere Menge als ein Ideal.) Sei $J_1$ ein $\leqq$-minimales Element von $\{J : J$ ist eine $\mathcal{J}$-Klasse von $S$ und $J \cap I_1 = \emptyset\}$. Sei $I_2 = I_1 \cup J_1$. Dann ist $I_2$ ein Ideal von $S$, das $I_1$ echt enthält. Gemäß der Definition von $I_1$ ist somit $\Theta$, eingeschränkt auf $I_2$, nicht eineindeutig.

Sei (mod $\Theta$) die Kongruenz auf $S$, die wie folgt gegeben wird: $s_1 \equiv s_2$ (mod $\Theta$) genau dann, wenn $\Theta(s_1) = \Theta(s_2)$.

Man definiere die Äquivalenzrelation $\equiv$ auf $S$ durch $s_1 \equiv s_2$ genau dann, wenn $s_1 = s_2$ ist oder wenn $s_1, s_2 \in I_2$ und $\Theta(s_1) = \Theta(s_2)$ gilt. Es ist leicht zu beweisen, daß $\equiv$ eine Kongruenz ist. Sei $\Theta_1 : S \twoheadrightarrow S/\equiv$ der natürliche Epimorphismus. Aus $\Theta_1(s_1) = \Theta_1(s_2)$ folgt dann sicherlich $s_1 \equiv s_2$ (mod $\Theta$), und aufgrund von Bemerkung 1.10 (b) existiert also ein Epimorphismus $\Theta_2 : S/\equiv \twoheadrightarrow T$ derart, daß $\Theta = \Theta_2 \Theta_1$ ist. Aber $\Theta_1$ ist nicht eineindeutig, denn auf $I_2$ ist $\Theta$ nicht eineindeutig, und es gilt $\Theta = \Theta_1$ auf $I_2$. Daher ist $\Theta_2$ eineindeutig, da $\Theta$ ein MEE ist. Daher stimmt die Relation $\equiv$ mit der Relation (mod $\Theta$) überein, und $J_1$ ist eine $\Theta$-singuläre $\mathcal{J}$-Klasse. ▮

Beweis von Satz 1.16. Man beachte zunächst, daß durch einen Epimorphismus, der zugleich ein $\gamma(\mathcal{H})$- und ein $\mathcal{H}$-Epimorphismus ist, ein Isomorphismus dargestellt wird. Sei $\Theta : S \twoheadrightarrow T$ ein MEE und $J$ eine $\Theta$-singuläre $\mathcal{J}$-Klasse. Ist $\Theta$ ein $\gamma(\mathcal{H})$-Epimorphismus, so bleibt nichts zu beweisen übrig. Wir setzen also voraus, daß $\Theta$ kein $\gamma(\mathcal{H})$-Epimorphismus sei.

Man definiere nun die Äquivalenzrelation $\equiv$ auf $S$ folgendermaßen: Es sei $s_1 \equiv s_2$ genau dann, wenn $s_1 \mathcal{H} s_2$ und $\Theta(s_1) = \Theta(s_2)$ gilt. $J$ ist $\Theta$-singulär. Daher reduziert sich, bei Einschränkung auf $S - J$, diese Relation wie folgt: Es ist $s_1 \equiv s_2$ genau dann, wenn $s_1 = s_2$ gilt.

Als nächstes beweisen wir, daß $\equiv$ eine Kongruenz auf $S$ ist. Sicherlich ist $\equiv$ eine Kongruenz auf $S - J$. Sei $s_1, s_2 \in J$, $s_1 \equiv s_2$ und $x, y \in S^1$. Wegen $s_1 \mathcal{H} s_2$ folgt nach Green (Satz 7.1.15): Entweder gehören $x s_1 y$ und $x s_2 y$ beide nicht zu $J$, oder es ist $x s_1 \mathcal{H} x s_2 y$. In beiden Fällen gilt $\Theta(x s_1 y) = \Theta(x s_2 y)$. $J$ ist $\Theta$-singulär. Deshalb ist $x s_1 y = x s_2 y$, wenn $x s_1 y$, $x s_2 y$ Elemente von $S - J$

sind. Daher ist $\equiv$ eine Kongruenz. Da aber $\Theta$ kein $\gamma(\mathcal{H})$-Epimorphismus ist, kann $\equiv$ nicht die identische Kongruenz sein.

Nun sei $\Theta_1 : S \twoheadrightarrow S/\equiv$ der natürliche Epimorphismus. $\Theta_1$ ist ein nicht eineindeutiger $\mathcal{H}$-Epimorphismus. Aus $\Theta_1(s_1) = \Theta_1(s_2)$ folgt ferner $s_1 \equiv s_2 \pmod{\Theta}$. Da $\Theta$ ein MEE ist, ergibt sich also wie im Beweis von Lemma 1.18, daß die Relationen $\equiv$ und $(\bmod\, \Theta)$ übereinstimmen. Dann ist $\Theta$ also ein $\mathcal{H}$-Epimorphismus. Hiermit ist Satz 1.16 und daher auch Satz 1.14 bewiesen. ∎

**1.19. Bemerkung.** Die vorangegangene Klassifizierung der MEE's ist von äußerstem Nutzen beim Beweis (und der Entdeckung) von Sätzen, die für alle endlichen Halbgruppen gültig sind, mit der Methode, das „minimale Gegenbeispiel" zu betrachten (d. h. durch Induktion). Mittels Induktion würde der Satz für jedes MEE-Bild gelten, und daher ist es nur notwendig, den Satz auf dem Wege des Klassifizierungstheorems „durch die MEE's zu ziehen" (also damit einen Widerspruch zur Existenz eines Gegenbeispiels zu erreichen).

Die Resultate dieses Abschnittes stammen aus einer Arbeit von RHODES [1]. Diese enthält außer dem hier dargestellten Material eine detaillierte Klassifizierung der maximalen eigentlichen Epimorphismen, Beispiele und die elementare Theorie der $\mathcal{H}$-Homomorphismen.

## 2. Semilokale Theorie

In diesem Abschnitt wird eine beliebige endliche Halbgruppe in subdirekte Produkte von Halbgruppen zerlegt, die spezielle wichtige Eigenschaften besitzen. Wir entwickeln Methoden zur Konstruktion von Homomorphismen von Halbgruppen, indem mittels rechtsseitiger und linksseitiger Multiplikation auf Idealen oder $\mathcal{J}$-Klassen operiert wird. Dies gibt Anlaß, homomorphe Bilder durch linksseitige oder rechtsseitige Translationen auszudrücken.

**2.1. Definition.** Seien $S, T_1, \ldots, T_n$ Halbgruppen. $S$ ist ein *subdirektes Produkt* von $T_1, \ldots, T_n$ (geschrieben $S \leqq\leqq T_1 \times \cdots \times T_n$) genau dann, wenn $S$ eine Unterhalbgruppe (genauer, isomorph zu einer Unterhalbgruppe) von $T_1 \times \cdots \times T_n$ ist derart, daß $p_i(S) = T_i$ gilt, wobei $p_i$ die $i$-te Projektion bedeutet $(i = 1, \ldots, n)$.

**2.2. Bezeichnung.** Seien $\varphi_i : S_i \twoheadrightarrow T_i$ Epimorphismen für $i = 1, \ldots, n$. Dann wird $\varphi_1 \times \cdots \times \varphi_n : S_1 \times \cdots \times S_n \twoheadrightarrow T_1 \times \cdots \times T_n$ durch $\varphi_1 \times \cdots \times \varphi_n(s_1, \ldots, s_n) = (\varphi_1(s_1), \ldots, \varphi_n(s_n))$ definiert.

Sei $\Delta : S \to S \times \cdots \times S$ ($n$-mal) der durch $\Delta(s) = (s_1, \ldots, s_n)$ definierte Monomorphismus. Seien $\varphi_i : S \twoheadrightarrow T_i$ Epimorphismen für $i = 1, \ldots, n$. Dann ist $\Pi\, \varphi_i : S \to T_1 \times \cdots \times T_n$ der durch $\pi\, \varphi_i = (\varphi_1 \times \cdots \times \varphi_n)\, \Delta$ definierte Homomorphismus.

Man beachte, daß $\Pi\, \varphi_i = (S) \leqq\leqq T_1 \times \cdots \times T_n$ ist. Denn $S$ ist ein subdirektes Produkt von $T_1, \ldots, T_n$, wenn $\Pi\, \varphi_i$ eineindeutig ist. Somit kann eine Halbgruppe $S$ in ein subdirektes Produkt zerlegt werden, wenn sich eine Menge von Homomorphismen $\{\varphi_i\}$ auf $S$ finden läßt derart, daß $\Pi\, \varphi_i$ eineindeutig ist.

Der folgende Satz ergibt ein Kriterium zur Auffindung einer derartigen Menge von Homomorphismen auf $S$ unter Zuhilfenahme der $\mathcal{J}$-Klassen der Halbgruppe. Wir erinnern an die Definition des Ideals $F(J)$, wobei $J$ eine $\mathcal{J}$-Klasse von $S$ ist (X 7.2.14) und an die Definition des Ideals $B(J)$ (Bemerkung 7.1.11):

$$F(J) = \bigcup \{J' : J' \text{ ist eine } \mathcal{J}\text{-Klasse von } S, \text{ und es ist } J \nleqq J'\};$$

$$B(J) = \bigcup \{J' : J' \text{ ist eine } \mathcal{J}\text{-Klasse von } S, \text{ und es ist } J' \nleqq J\}.$$

**2.3. Satz.** Seien $J_1, \ldots, J_n$ die $\mathcal{J}$-Klassen einer Halbgruppe $S$. Seien $\{\varphi_i : i = 1, \ldots, n\}$ Homomorphismen auf $S$, die die Bedingungen
(1) $\varphi_i$ ist eineindeutig und ungleich Null auf $J_i$, und
(2) $\varphi_i[F(J_i)] = 0$ für $i = 1, \ldots, n$
erfüllen.

Dann ist $\Pi\, \varphi_i$ eineindeutig und daher $S \leqq \leqq \varphi_1(S) \times \cdots \times \varphi_n(S)$.

Beweis: Wir zeigen, daß $\Pi\, \varphi_i$ eineindeutig ist. Sei $s_i \in J_i$, $s_j \in J_j$, und es werde $s_i \neq s_j$ angenommen. Ist $i = j$, so gilt $\varphi_i(s_i) \neq \varphi_i(s_j)$, da $\varphi_i$ auf $J_i$ eineindeutig ist. Daher ist $\Pi\, \varphi_i(s_i) \neq \Pi\, \varphi_i(s_j)$. Ist $i \neq j$, so ist entweder $J_i \subseteq F(J_j)$ oder $J_j \subseteq F(J_i)$ (oder es gilt beides). Ohne Einschränkung der Allgemeinheit werde das erstere angenommen. Dann ist $\varphi_j(s_i) = 0$ und $\varphi_j(s_j) \neq 0$ und daher wiederum $\Pi\, \varphi_i(s_i) \neq \Pi\, \varphi_i(s_j)$. ∎

Das Folgende ist eine einleuchtende Anwendung von Satz 2.3.

**2.4. Korollar.** Es ist $S \leqq \leqq S/F(J_1) \times \cdots \times S/F(J_n)$.

Beweis. Dies ergibt sich unmittelbar, da die natürlichen Epimorphismen $\{\eta_i : S \twoheadrightarrow S/F(J_i) : i = 1, \ldots, n\}$ die Bedingungen (1) und (2) von Satz 2.3 erfüllen. ∎

Wir gehen nun dazu über, eine Menge von Homomorphismen auf $S$ aufzufinden, die „minimal" bezüglich der Bedingungen (1) und (2) von Satz 2.3 sind.

**2.5. Definition.** Man erinnere sich an die Definition der Homomorphismen $M_X^R : R\, I(X) \to F_R(X)$ und $M_X^L : L\, I(X) \to F_L(X)$ (Definition 7.2.7). $M_X^R$ bildet ein $t$, für das $Xt \subseteq X$ gilt, auf die Abbildung $(x \to x\, t)$ ab, während $M_X^L$ ein $t$, für das $t\, X \subseteq X$ gilt, auf die Abbildung $(x \to t\, x)$ abbildet. Sei $J$ eine $\mathcal{J}$-Klasse von $S$ und sei $\eta_J : S \twoheadrightarrow S/F(J)$ der natürliche Epimorphismus. Man beachte, daß $J^0$ das eindeutig bestimmte 0-minimale Ideal von $S/F(J)$ ist.

Man definiere

$$R\, M_J : S \to F_R(J^0) \quad \text{durch } R\, M_J = M_J\, R_{0}\, \eta_J$$

und

$$L\, M_J : S \to F_L(J^0) \quad \text{durch } L\, M_J = M_J\, L_{0}\, \eta_J\,.$$

Dann gilt zum Beispiel für alle $j \in J$

$$L\, M_J(s)\,(j) = \begin{cases} s\, j\,, & \text{falls } s\, j \in J, \\ 0\,, & \text{falls } s\, j \notin J \end{cases}$$

und

$$L\, M_J(s)\,(0) = 0\,.$$

Sei $J$ eine Null-$\mathcal{J}$-Klasse von $S$. Man definiere die Abbildung $\varphi_J : S \twoheadrightarrow J^0$ durch

$$\varphi_J(s) = \begin{cases} s, & \text{falls} \quad s \in J, \\ 0, & \text{falls} \quad s \notin J. \end{cases}$$

Sei $P_J$ die durch $\varphi_J$ auf $S$ induzierte Partition. Dann hat $\mathcal{P}(S, P_J)$ aufgrund von Satz 1.7 ein minimales homormorphes Bild $(N_J, S/Q_J)$, wobei $N_J(s_1) = N_J(s_2)$ genau dann gilt, wenn $\varphi_J(\alpha\, s_1\, \beta) = \varphi_J(\alpha\, s_2\, \beta)$ für alle $\alpha, \beta \in S^1$ ist.

$N_J$ ist der eindeutig bestimmte minimale Homomorphismus auf $S$, der eineindeutig auf $J$ ist, der $J$ und $S - J$ trennt und für den $N_J(F(J)) = \{0\}$ gilt.

**2.6. Satz.** (a) Sei $J$ eine reguläre $\mathcal{J}$-Klasse einer Halbgruppe $S$. Dann ist $(L\,M_J \times R\,M_J)\,\Delta$ der eindeutig bestimmte minimale Homomorphismus auf $S$, der eineindeutig, ungleich Null auf $J$ und Null auf $F(J)$ ist.

(b) Seien $J_1, \ldots, J_k$ die regulären $\mathcal{J}$-Klassen und $J_{k+1}, \ldots, J_n$ die Null-$\mathcal{J}$-Klassen von $S$. Dann ist

$$S \leqq\leqq L\,M_{J_1}(S) \times \cdots \times L\,M_{J_k}(S) \times R\,M_{J_1}(S) \times \cdots \times R\,M_{J_k}(S)$$
$$\times N_{J_{k+1}}(S) \times \cdots \times N_{J_n}(S)\,.$$

(c) (SCHÜTZENBERGER-PRESTON). Sei $S$ eine reguläre Halbgruppe. Dann kann $S$ als ein subdirektes Produkt von Halbgruppen von zeilen- und spaltenmonomialen Matrizen dargestellt werden. Speziell (zur Bezeichnung siehe 7.2.15 und 7.2.16) seien $J_1, \ldots, J_n$ die $\mathcal{J}$-Klassen von $S$, und es sei $J_i^0 \cong \mathcal{M}^0(G_i; A_i, B_i; C_i)$, $i = 1, \ldots, n$. Dann ist

$$S \leqq\leqq T_1 \times \cdots \times T_n \times T_1' \times \cdots \times T_{n'},$$

wobei $T_i$ eine Unterhalbgruppe von $\mathcal{R}\,\mathcal{M}(|B_i|, G_i)$ und $T_i'$ eine Unterhalbgruppe von $\mathcal{C}\,\mathcal{M}(|A_i|, G_i)$ darstellt, $i = 1, \ldots, n$. Oder äquivalent dazu

$$S \leqq\leqq W_1 \times \cdots \times W_n \times W_1' \times \cdots \times W_n',$$

wobei $W_i$ eine Unterhalbgruppe von $(G_i^0, R(G_i^0))\ \mathrm{w}\ (B_i^0, S_i)$ und $W'$ eine Unterhalbgruppe von $(S_i', A_i^0)\ \mathrm{w}^*\ (L(G_i^0), G_i^0)$ ist, $i = 1, \ldots, n$.

Beweis. (a) Sei $\Theta = (L\,M_J \times R\,M_J)\,\Delta$. Wir zeigen zuerst, daß $\Theta$ eineindeutig und ungleich Null auf $J$ ist und daß $\Theta[F(J)] = 0$ gilt. Seien $a, b \in J$, und es werde $\Theta(a) = \Theta(b)$ angenommen. Daraus folgt (1) $j\,a = j\,b$ und (2) $a\,j = b\,j$ in $S/F(J)$ für alle $j \in J$. Wegen (1) gilt $a\,\mathcal{L}\,b$, und daher haben $a$ und $b$ aufgrund der Regularität von $J$ ein gemeinsames rechtsseitiges Einselement $e \in J$. Wegen (2) gilt aber $a = a\,e = b\,e = b$. Somit ist $\Theta$ eineindeutig auf $J$, und $\Theta$ ist sicherlich ungleich Null auf $J$ und Null auf $F(J)$.

Nun seien $Q_L$ und $Q_R$ die $L\,M_J$ bzw. $R\,M_J$ zugeordneten Kongruenzen. Dann ist $Q_L \cap Q_R$ die dem Homomorphismus $\Theta$ zugeordnete Kongruenz. Sei $\varphi$ irgendein Homomorphismus auf $S$, der eineindeutig und ungleich Null auf $J$ ist und für den $\varphi[F(J)] = 0$ gilt. Wir haben zu zeigen, daß aus $s_1 \not\equiv s_2 \pmod{Q_L \cap Q_R}$ die Beziehung $\varphi(s_1) \neq \varphi(s_2)$ folgt.

Angenommen, es sei $s_1 \not\equiv s_2 \pmod{Q_L}$. Dann existiert ein $j \in J$ derart, daß $s_1 j \neq s_2 j$ in $S/F(J)$ gilt. Aber $s_1 j$, $s_2 j$ sind aus $J^0$, dem 0-minimalen Ideal von $S/F(J)$, und $\varphi$ ist eineindeutig auf $J^0$. Daher ist $\varphi(s_1 j) \neq \varphi(s_2 j)$, woraus $\varphi(s_1) \neq \varphi(s_2)$ folgt. Entsprechend folgt $\varphi(s_1) \neq \varphi(s_2)$ aus $s_1 \not\equiv s_2 \pmod{Q_R}$. Damit folgt also schließlich auch $\varphi(s_1) \neq \varphi(s_2)$ aus $s_1 \not\equiv s_2 \pmod{Q_L \cap Q_R}$.

(b) Dies ergibt sich unmittelbar aus (a) und Satz 2.3.

(c) Man beachte, daß $R\,M_J(S)$ eine Unterhalbgruppe $R\,T(J^0)$ von rechtsseitigen Translationen auf $J^0$ ist und daß $L\,M_J(S) \subseteq L\,T(J^0)$ gilt. Das Resultat folgt nun aufgrund der Sätze 7.2.15 und 7.2.16 und auf Grund von (b). ∎

**2.7. Bemerkung.** Von dieser Stelle ab werde vorausgesetzt, daß $J$ eine feste Rees-Matrix-Darstellung geliefert habe, d. h., es sei $J^0 \cong \mathcal{M}^0(G; A, B; C)$. Man beachte, daß zwei Elemente $s_1, s_2 \in S$ bezüglich $Q_L \cap Q_R$ äquivalent sind genau dann, wenn sie in derselben Weise von rechts auf $J$ und in derselben Weise von links auf $J$ operieren. Benutzt man die Bezeichnung, die zur Beschreibung der linksseitigen und der rechtsseitigen Translationen regulärer Rees-Matrix-Halbgruppen entwickelt wurde (Satz 7.2.14) und betrachtet man die Multiplikation mit $s_1$ und mit $s_2$ als Translationen, so findet man, daß $s_1 \equiv s_2 \pmod{Q_L \cap Q_R}$ genau dann gilt, wenn $\psi_R(s_1) = \psi_R(s_2)$, $\psi_L(s_1) = \psi_L(s_2)$, $\delta(s_1) = \delta(s_2)$ und $\lambda(s_1) = \lambda(s_2)$ ist.

$R\,M_J(s)$ und $L\,M_J(s)$ sind jedoch für alle $s \in S$ miteinander verkettet. Wird Satz 7.2.14 (d) angewendet, so entdeckt man, daß $\lambda$ auf $s_1$ und $s_2$ übereinstimmt, wenn $\psi_R$, $\psi_L$ und $\delta$ auf $s_1$ und $s_2$ übereinstimmen. Dies legt den Gedanken nahe, daß eine gewisse Duplizität in der Kenntnis über die Darstellung von $(L\,M_J \times R\,M_J)\,\Delta$ als Homorphismus, der $Q_L \cap Q_R$ zugeordnet ist, existiert. Wir entwickeln dies etwas ausführlicher.

**2.8. Definition.**[1]) Sei $S$ eine Halbgruppe mit einer regulären $\mathcal{J}$-Klasse $J$.

(a) Man setze $L\,L\,M_J : S \twoheadrightarrow [S/F(J)]/{\equiv_L}$, wobei für alle $s_1, s_2 \in S/F(J)$ genau dann $s_1 \equiv_L s_2$ sein soll, wenn $s_1 x \mathcal{R} s_2 x$ in $S/F(J)$ für $x \in J$ gilt. Somit ist $s_1 \equiv_L s_2$ genau dann, wenn $s_1$ und $s_2$ bei den linken Buchstaben dasselbe Ergebnis liefern, d. h., wenn $\psi_L(s_1) = \psi_L(s_2)$ gilt. Es ist leicht zu zeigen, daß $\equiv_L$ eine Kongruenz ist.

(b) Entsprechend setze man $R\,L\,M_J : S \twoheadrightarrow [S/F(J)]/{\equiv_R}$, wobei für alle $s_1, s_2 \in S/F(J)$ genau dann $s_1 \equiv_R s_2$ sein soll, wenn $x s_1 \mathcal{L} x s_2$ in $S/F(J)$ für alle $x \in J$ gilt. Somit ist $s_1 \equiv_R s_2$ genau dann, wenn $\psi_R(s_1) = \psi_R(s_2)$ gilt.

**2.9. Satz.** (a) $(L\,L\,M_J \times R\,M_J)\,\Delta$ induziert $Q_L \cap Q_R$.

(b) $(L\,M_J \times R\,L\,M_J)\,\Delta$ induziert $Q_L \cap Q_R$.

Beweis. (a) Aus $s_1 \equiv s_2 \bmod (Q_L \cap Q_R)$ folgt sicher

$$[L\,L\,M_J(s_1), R\,M_J(s_1)] = [L\,L\,M_J(s_2), R\,M_J(s_2)]\,.$$

Umgekehrt werde nun $(L\,L\,M_J \times R\,M_J)\,\Delta(s_1) = (L\,L\,M_J \times R\,M_J)\,\Delta(s_2)$ ange-

[1]) Für eine andere und vielleicht klärende Definition von $L\,L\,M_J$ und $R\,L\,M_J$ wird der Leser auf die Übung X 2.2 verwiesen.

nommen. Dann stimmen $\psi_L$, $\psi_R$ und $\delta$ auf $s_1$ und $s_2$ überein. Angenommen, es sei $\lambda(s_1)(a) = 0$. Hieraus folgt $\psi_L(s_1)(a) = 0$, woraus sich $\psi_L(s_1)(a) = 0$ ergibt. Daher ist $\lambda(s_2)(a) = 0$. Angenommen, es sei $\lambda(s_1)(a) \neq 0$. Dann ist $\psi_L(s_1)(a) \neq 0$, und aufgrund der verketteten Gleichung (Satz 7.2.14 (d)) und der Regularität von $J$ existiert ein $b \in B$ derart, daß

$$\begin{aligned}\lambda(s_1)(a) &= C[b, \psi_L(s_1)(a)]^{-1}\,\delta(s_1)(b)\,C[\psi_R(s_1)(b), a]\\ &= C[b, \psi_L(s_2)(a)]^{-1}\,\delta(s_2)(b)\,C[\psi_R(s_2)(b), a]\\ &= \lambda(s_2)(a)\end{aligned}$$

gilt.
Daher ist $s_1 \equiv s_2 \bmod (Q_L \cap Q_R)$.
(b) Der Beweis verläuft wie der von (a). ∎

**2.10. Bemerkung.** Wir haben jetzt Kongruenzen auf $S/F(J)$ vorliegen, die zwei Elemente identifizieren, wenn diese bei den linken bzw. rechten Buchstaben dasselbe Ergebnis liefern, und $Q_L \cap Q_R$ ist in beiden enthalten. Man hätte nun gern einen dritten Homomorphismus auf $S$ zur Verfügung, so daß dieser, mit $L\,L\,M_J$ und $R\,L\,M_J$ kombiniert, gerade $Q_L \cap Q_R$ ergeben würde. Dieser neue Homomorphismus müßte notwendigerweise etwas darüber aussagen können, wie zwei Elemente auf der Gruppenkoordinate operieren.

**2.11. Definition.**[1]) Sei $J$ eine reguläre $\mathcal{J}$-Klasse von $S$. Man definiere $G\,G\,M_J : S \twoheadrightarrow [S/F(J)]/\!\equiv$ auf folgende Weise: Es ist $s_1 \equiv s_2$ genau dann, wenn $x_1 s_1 x_2 = x_1 s_2 x_2$ in $S/F(J)$ für alle $x_1, x_2 \in J$ gilt. Sicherlich ist $\equiv$ eine Kongruenz.

Wir nennen eine $\mathcal{J}$-Klasse *kombinatorisch* genau dann, wenn sie keine nichttriviale Gruppe enthält. Eine $\mathcal{J}$-Klasse wird *nicht kombinatorisch* genannt genau dann, wenn sie nicht kombinatorisch ist, d. h. genau dann, wenn sie eine nichttriviale Gruppe enthält. Daher sind kombinatorische $\mathcal{J}$-Klassen entweder Nullklassen oder reguläre Klassen mit einelementigen $\mathcal{H}$-Klassen.

Äquivalent dazu läßt sich auch sagen: Eine $\mathcal{J}$-Klasse $J$ ist kombinatorisch genau dann, wenn $J^0$ kombinatorisch ist, und $J$ ist nicht kombinatorisch genau dann, wenn $J^0$ nicht kombinatorisch ist.

Man definiere den Homomorphismus $G\,M_J$ auf $S$ wie folgt:

$$G\,M_J(S) = \begin{cases} G\,G\,M_J(S)\,, & \text{wenn } J \text{ nicht kombinatorisch ist,}\\ \{0\} \quad\;\;, & \text{wenn } J \text{ kombinatorisch ist.}\end{cases}$$

**2.12. Satz.** (a) $(L\,L\,M_J \times G\,M_J \times R\,LM_J)\,\Delta$ induziert $Q_L \cap Q_R$.
(b) Seien $J_1, \ldots, J_k$ die regulären $\mathcal{J}$-Klassen von $S$, und seien $J_{k+1}, \ldots, J_n$ die Null-$\mathcal{J}$-Klassen von $S$. Dann ist

$$\begin{aligned} S \leqq\, \leqq \Pi\,\{L\,L\,M_{J_i}(S) : i = 1,\ldots,k\} \times \Pi\,\{G\,M_{J_i}(S) : i = 1,\ldots,k\}\\ \times \Pi\,\{R\,L\,M_{J_i}(S) : i = 1,\ldots,k\} \times \Pi\,\{N_{J_i}(S) : i = k+1,\ldots,n\}\,.\end{aligned}$$

---

[1]) Siehe Übung X 2.3 für eine andere Definition von $G\,G\,M_J$.

Beweis. (a) Zuerst wird vorausgesetzt, daß die reguläre $\mathcal{J}$-Klasse $J$ kombinatorisch ist, d. h., die $\mathcal{H}$-Klassen von $J$ haben nur ein Element. Laut Definition ist dann $G\,M_J(S) = \{0\}$. Daher folgt aus $(L\,L\,M_J \times G\,M_J \times R\,L\,M_J)\,\Delta(s_1) = (L\,L\,M_J \times G\,M_J \times R\,L\,M_J)\,\Delta(s_2)$ nur, daß $\psi_R(s_1) = \psi_R(s_2)$ und $\psi_L(s_1) = r_L(s_2)$ ist. Aber dies genügt auch. Denn ist $\psi_R(s_1)\,(b) = 0 = \psi_R(s_2)\,(b)$, so ist $\delta(s_1)\,(b) = \delta(s_2)\,(b) = 0$. Ist $\psi_R(s_1)\,(b) = \psi_R(s_2)\,(b) \neq 0$, so ist $\delta(s_1)\,(b) = \delta(s_2)\,(b) = 1$, weil $J$ kombinatorisch ist. Entsprechend folgt aus $\psi_L(s_1) = \psi_L(s_2)$, daß $\lambda(s_1) = \lambda(s_2)$ ist. Daher gilt $Q \subseteq Q_L \cap Q_R$, wenn $Q$ die durch $(L\,L\,M_J \times G\,M_J \times R\,LM_J)$ $\Delta$ auf $S$ induzierte Kongruenz ist. Sicherlich ist $Q_L \cap Q_R \subseteq Q$.

Nun wird vorausgesetzt, daß $J$ nicht kombinatorisch ist, also daß $G\,M_J(S) = G\,GM_J(S)$ gilt. Seien $s_1, s_2 \in S$, und angenommen, es sei $G\,M_J(s_1) = G\,M_J(s_2)$. Seien $(g, a, b), (h, c, d) \in J$. Wegen

$$(g, a, b)\,s_1\,(h, c, d) = (g, a, b)\,s_2\,(h, c, d)$$

ergibt sich

$$\delta(s_1)\,(b)\;C[\psi_R(s_1)\,(b), c] = \delta(s_2)\,(b)\;C[\psi_R(s_2)\,(b), c] \tag{2.1}$$

und

$$C[b, \psi_L(s_1)\,(c)]\,\lambda(s_1)\,(c) = C[b, \psi_L(s_2)\,(c)]\,\lambda(s_2)\,(c)\,. \tag{2.2}$$

Ist nun $R\,L\,M_J(s_1) = R\,L\,M_J(s_2)$, dann ist $\psi_R(s_1) = \psi_R(s_2)$. Wenn $\psi_R(s_1)\,(b) = 0$ ist, dann sind $\delta(s_1)\,(b)$ und $\delta(s_2)\,(b)$ beide Null. Ist $\psi_R(s_1)\,(b) \neq 0$, so existiert ein $c \in A$ derart, daß $C\,[\psi_R(s_1)\,(b), c] \neq 0$ ist und $\delta(s_1)\,(b) = \delta(s_2)\,(b)$ nach (2.1) gilt. Entsprechend folgt $\lambda(s_1) = \lambda(s_2)$ aus $L\,L\,M_J(s_1) = L\,L\,M_J(s_2)$. Daher gilt $Q \subseteq Q_L \cap Q_R$. Andererseits ist leicht einzusehen, daß $Q_L \cap Q_R \subseteq Q$ gilt. Also ist (a) bewiesen.

(b) Dies folgt aus Satz 2.6 und (a), da für reguläres $J$ die Kongruenzen von $(L\,L\,M_J \times G\,M_J \times R\,L\,M_J)\,\Delta$ und $(L\,M_J \times R\,M_J)\,\Delta$ gleich sind. ▮

Nun untersuchen wir die Beschaffenheit der Halbgruppen $R\,M_J(S)$, $L\,M_J(S)$, $R\,L\,M_J(S)$, $L\,L\,M_J(S)$, $G\,G\,M_J(S)$ und $G\,M_J(S)$.

**2.13. Satz.** Sei $J \neq \{0\}$ eine reguläre $\mathcal{J}$-Klasse einer Halbgruppe $S$.

(a) Bei Einschränkung auf Untergruppen von $J$, daher bei Einschränkung auf $\mathcal{H}$-Klassen von $J$, ist $R\,M_J$ eineindeutig. $R\,M_J(S)$ besitzt ein eindeutig bestimmtes 0-minimales reguläres Ideal $I$, welches das Bild von $J \cup F(J)$ ist, und jedes Element von $R\,M_J(S)$ ist eine bestimmte rechtsseitige Translation von $I$. Mit anderen Worten: Der Homomorphismus $M_I^R$ ist auf $R\,M_J(S)$ eineindeutig.

(b) Bei Einschränkung auf Untergruppen von $J$, daher bei Einschränkung auf $\mathcal{H}$-Klassen von $J$, ist $L\,M_J$ eineindeutig. $L\,M_J(S)$ besitzt ein eindeutig bestimmtes 0-minimales reguläres Ideal $I$, welches das Bild von $J \cup F(J)$ ist, und $M_I^L$ ist auf $L\,M_J(S)$ eineindeutig.

(c) $R\,L\,M_J(S)$ besitzt ein eindeutig bestimmtes 0-minimales reguläres kombinatorisches Ideal $I$, welches das Bild von $J \cup F(J)$ ist, und $M_I^R$ ist auf $R\,L\,M_J(S)$ eineindeutig.

(d) $L\,L\,M_J(S)$ besitzt ein eindeutig bestimmtes 0-minimales reguläres kombinatorisches Ideal $I$, welches das Bild von $J \cup F(J)$ ist, und $M_I^L$ ist auf $L\,L\,M_J(S)$ eineindeutig.

(e) Bei Einschränkung auf Untergruppen von $J$, daher bei Einschränkung auf $\mathcal{H}$-Klassen von $J$, ist $G\,G\,M_J$ eineindeutig. $G\,G\,M_J(S)$ besitzt ein eindeutig bestimmtes 0-minimales reguläres Ideal $I$, das Bild von $J \cup F(J)$, und $M_I^L$ und $M_I^R$ sind beide auf $G\,G\,M_J(S)$ eineindeutig.

(f) $G\,M_J(S)$ ist entweder $\{0\}$ oder gleich $G\,G\,M_J(S)$. Ist $G\,M_J(S) = G\,G\,M_J(S)$, so ist $I$ ein *nicht kombinatorisches* Ideal.

Beweis. (a) Wir werden beweisen, daß $M_I^R$ auf $R\,M_J(S)$ eineindeutig ist; die anderen Behauptungen folgen dann ohne weiteres aus der Definition von $R\,M_J$.

Seien $R\,M_J(s_1)$, $R\,M_J(s_2)$ derart gegeben, daß $(i)\,R\,M_J(s_1) = (i)\,RM_J\,(s_2)$ für alle $i \in I - \{0\}$ gilt. Da $J$ auf $I - \{0\}$ abbildet, ist dies äquivalent mit $R\,M_J(j\,s_1) = R\,M_J(j\,s_2)$ für alle $j \in J$. Für alle $j_1 \in J$ ergibt sich somit $j_1(s_1) = j_1(s_2)$ in $S/F(J)$. Da $J$ regulär ist, hat jedes Element $j$ ein linkes Einselement, sagen wir $e_j$. Dann liegt $e_j\,j\,s_1 = e_j\,j\,s_2$ in $S/F(J)$, also $j\,s_1 = j\,s_2$ in $S/F(J)$ für alle $j \in J$. Somit gilt $R\,M_J(s_1) = R\,M_J(s_2)$, und $M_I^R$ ist eineindeutig auf $R\,M_J(S)$.

Die Beweise von (b)—(f) ergeben sich durch direkte Anwendung der Beweisideen von (a). ∎

Halbgruppen mit den vorstehenden Eigenschaften sollen jetzt besondere Benennungen erhalten.

**2.14. Definition.** (a) $S$ ist genau dann eine *rechtsseitig abbildende* ($R\,M$) Halbgruppe, wenn $S$ ein minimales oder 0-minimales Ideal $I$ besitzt, für das $M_I^R$ eineindeutig ist.

(b) $S$ ist genau dann eine *linksseitig abbildende* ($L\,M$) Halbgruppe, wenn $S$ ein minimales oder 0-minimales Ideal $I$ besitzt, für das $M_I^L$ eineindeutig ist.

(c) $S$ ist genau dann eine *rechts-Buchstaben-abbildende* ($R\,L\,M$) Halbgruppe, wenn $S$ eine $R\,M$-Halbgruppe ist, deren Ideal kombinatorisch ist (siehe Satz 2.15 (c) unten).

(d) $S$ ist genau dann eine *links-Buchstaben-abbildende* ($L\,L\,M$) Halbgruppe, wenn $S$ eine $L\,M$-Halbgruppe ist, deren Ideal kombinatorisch ist.

(e) $S$ ist genau dann eine *verallgemeinerte Gruppen-abbildende* ($G\,G\,M$) Halbgruppe, wenn $S$ zugleich eine $R\,M$- und eine $L\,M$-Halbgruppe ist.

(f) $S$ ist genau dann eine *Gruppen-abbildende* ($G\,M$) Halbgruppe, wenn $S = \{0\}$ ist oder $S$ eine $G\,G\,M$-Halbgruppe ist, deren Ideal nicht kombinatorisch ist.

**2.15. Satz.** (a) Sei $J$ eine reguläre $\mathcal{J}$-Klasse einer Halbgruppe $S$. Dann sind $R\,M_J(S)$, $L\,M_J(S)$, $R\,L\,M_J(S)$, $L\,L\,M_J(S)$, $G\,G\,M_J(S)$ und $G\,M_J(S)$ entsprechend $R\,M$-, $L\,M$-, $R\,L\,M$-, $L\,L\,M$-, $G\,G\,M$- und $G\,M$-Halbgruppen. $G\,M$-, $G\,G\,M$- und $R\,L\,M$-Halbgruppen sind überdies $R\,M$-Halbgruppen, und $G\,M$-, $G\,G\,M$- und $L\,L\,M$-Halbgruppen sind $L\,M$-Halbgruppen. Ist $S$ eine $G\,G\,M$-Halbgruppe, aber keine $G\,M$-Halbgruppe, so ist $S$ zugleich $R\,L\,M$ und $L\,L\,M$.

(b) Wenn $S \neq \{0\}$ ist, so ist das in den einzelnen Teilen der Definition 2.14 auftretende Ideal $I$ notwendig regulär und zugleich Null.

(c) Sei $I$ ein minimales oder 0-minimales Ideal von $S \neq \{0\}$, für das entweder $M_I^R$ oder $M_I^L$ eineindeutig ist. Dann ist $I$ das einzige solche (ausgenommen möglicherweise für 0) minimale oder 0-minimale Ideal von $S$. Daher ist das in den einzelnen Teilen der Definition 2.14 auftretende Ideal $I$ notwendigerweise eindeutig bestimmt.

Beweis. (a) ist klar aufgrund von Satz 2.13.

(b) Angenommen, die von Null verschiedene $\mathcal{J}$-Klasse in $I$ ist eine Nullklasse. Dann ist $M_I^R(I) = 0$ und $M_I^L = 0$. In jedem Teil der Definition 2.14 ist von den Homomorphismen $M_I^R$ und $M_I^L$ immer einer eineindeutig. Daher ist in jedem Fall $I = \{0\}$, was einen Widerspruch darstellt.

(c) Es ist $S \neq \{0\}$, und $M_I^R$ ist eineindeutig auf $S$. Daher ist $I \neq \{0\}$. Sei $J$ ein anderes 0-minimales Ideal von $S$. Wegen $J \neq \{0\}$ ist $M_I^R(J) \neq 0$, und daher ist das Ideal $I\,J \neq \{0\}$. Da aber $I \supseteq I\,J$ und $I \supseteq I\,J$ gilt, ist $I = I\,J = J$ aufgrund der Minimalität. Entsprechendes ergibt sich für $M_I^L$. ∎

**2.16. Bezeichnung.** (a) Sei $S$ eine Halbgruppe. Man setze $S^{\#} \equiv S^0 - \{0\}$. Mit anderen Worten, $S^{\#}$ ist der von Null verschiedene Teil von $S$.

Das eindeutig bestimmte reguläre minimale oder 0-minimale Ideal $I$ einer $R\,M$-, $L\,M$-, $R\,L\,M$-, $L\,L\,M$-, $G\,M$- oder $G\,G\,M$-Halbgruppe wird das *ausgezeichnete Ideal* und $I^{\#}$ die *ausgezeichnete $\mathcal{J}$-Klasse* genannt.

(b) Oft wird die Bezeichnung $J$ bei den Homomorphismen weggelassen, wenn kein Zweifel besteht, auf welcher $\mathcal{J}$-Klasse der betreffende Homomorphismus definiert worden ist. Zum Beispiel bedeutet $R\,L\,M[G\,M_J(S)]$ die rechts-Buchstaben-Abbildung von $G\,M_J(S)$ bezüglich der ausgezeichneten $\mathcal{J}$-Klasse.

**2.17. Satz.** (a) Sei $S$ eine reguläre Halbgruppe. Dann kann $S$ als ein subdirektes Produkt von $G\,M$-, $R\,L\,M$- und $L\,L\,M$-Halbgruppen geschrieben werden.

(b) Sei $T$ eine $R\,M$-Halbgruppe mit ausgezeichneter $\mathcal{J}$-Klasse $J$. Sei $G$ eine maximale Untergruppe von $J$, und sei $B$ die Menge der $\mathcal{L}$-Klassen von $J$. Dann gilt

$$T \subseteq \big(G^0, R(G^0)\big) \text{ w } \big(B^0, R\,L\,M_J(T)\big)\,.$$

(c) Sei $T$ eine $L\,M$-Halbgruppe mit ausgezeichneter $\mathcal{J}$-Klasse $J$. Sei $G$ eine maximale Untergruppe von $J$, und sei $A$ die Menge der $\mathcal{R}$-Klassen von $J$. Dann gilt

$$T \subseteq \big(L\,L\,M_J(T), A^0\big) \text{ w}^* \big(L(G^0), G^0\big)\,.$$

(d) Eine Halbgruppe $S$ ist genau dann eine $R\,M$-Halbgruppe, wenn $r(S)$ eine $L\,M$-Halbgruppe ist. Im allgemeinen ist jedoch $R\,M_J(T)$ nicht antiisomorph zu $L\,M_J(T)$.

Beweis. (a) ist klar aufgrund der Sätze 2.15 und 2.12.

(b) Sei $I = J \cup \{0\}$. Da $M_I^R$ auf $T$ eineindeutig ist, ist jedes Element von $T$ eine bestimmte rechtsseitige Translation von $I$. Daher gilt

$$T \subseteq (G^0, R(G^0)) \text{ w } (B^0, S)$$

aufgrund von Satz 7.2.16, wobei $S = \{f \in F_R(B^0) : f(0) = 0\}$ ist. Sieht man nun jedes Element von $T$ als ein Element des Kranzproduktes an, so ist leicht einzusehen, daß zwei Elemente genau dann dieselbe erste Koordinate besitzen, wenn sie in derselben Weise auf den rechten Buchstaben $B^0$ operieren. Aber das ist gerade die Definition vom $R\,L\,M_J$. Sicherlich ist $R\,L\,M_J(T) \subseteq S$. Daher ist

$$T \subseteq (G^0, R(G^0)) \text{ w } (B^0, R\,L\,M_J(T)) ,$$

wie man leicht sieht.

(c) Die zu (b) duale Beweisführung ergibt (c).

(d) Die erste Feststellung ist klar. Man betrachte nun das folgende Gegenbeispiel zu der Vermutung, daß $R\,M_J(T)$ anti-isomorph zu $L\,M_J(T)$ ist. Sei $T = \mathcal{M}^0(\{1\}; A, B; C)$, wobei $A = \{a_1, a_2, a_3\}$, $B = \{b_1, b_2\}$ und

$$C = \begin{pmatrix} 1 & 1 & 0 \\ 0 & 0 & 1 \end{pmatrix}$$

ist. Dann ist leicht nachzuprüfen, daß $L\,M(T) = T$ gilt, während $R\,M(T) \cong \mathcal{M}^0(\{1\}; \{1, 2\}, \{1, 2\}; I)$ ist, wobei $I$ die $(2 \times 2)$-Einheitsmatrix bedeutet. Somit ist $|L\,M(T)| \neq |R\,M(T)|$.

Wir geben noch ein anderes Beispiel. Diesmal sei $S$ eine $G\,M$-Halbgruppe, die eine Vereinigung von Gruppen sein soll, mit der ausgezeichneten $\mathcal{J}$-Klasse $T$. Wir werden zeigen, daß $R\,L\,M_T(S)$ nicht anti-isomorph zu $L\,L\,M_T(S)$ ist.

Sei $\mathbf{Z}_2$ die multiplikative Gruppe $\{1, -1\}$. Sei $T = S_{22}(\mathbf{Z}_2, C)$, wobei

$$C = \begin{pmatrix} 1 & 1 \\ 1 & -1 \end{pmatrix}$$

ist. Sei $S = \mathbf{Z}_2 \cup T$ eine neue Halbgruppe mit der folgenden Multiplikation: $\mathbf{Z}_2$ und $T$ seien Unterhalbgruppen von $S$; $1 \in \mathbf{Z}_2$ sei das Einselement von $S$, und es gelte

$$R\,M_t(-1) = \begin{pmatrix} 0 & 1 \\ 1 & 0 \end{pmatrix} \in \mathcal{R}\,\mathcal{M}(2, \mathbf{Z}_2) ,$$

$$L\,M_T(-1) = \begin{pmatrix} 1 & 0 \\ 0 & -1 \end{pmatrix} \in \mathcal{C}\,\mathcal{M}(2, \mathbf{Z}_2).$$

Nun kann leicht nachgewiesen werden, daß $S$ eine $G\,M$-Halbgruppe darstellt, die eine Vereinigung von Gruppen ist mit $T$ als ausgezeichnetem Ideal. Eine Berechnung ergibt jedoch $|R\,L\,M_T(S)| = 4$, während $|L\,L\,M_T(S)| = 3$ ist. Daher sind $R\,L\,M_T(S)$ und $L\,L\,M_T(S)$ nicht anti-isomorph. ∎

**2.18. Definition.** (a) Man erinnere sich an die Definition eines maximalen eigentlichen Epimorphismus (MEE) einer Halbgruppe $S$ (Definition 1.15). Wir sagen, daß $S$ genau dann einen *eindeutig bestimmten MEE* (EMEE) $\Theta : S \twoheadrightarrow T$ besitzt, wenn für alle eigentlichen Epimorphismen (d. h. solche, die nicht eineindeutig sind) $\varphi : S \twoheadrightarrow \varphi(S)$ ein Epimorphismus $\alpha : T \twoheadrightarrow \varphi(S)$ existiert derart, daß $\varphi = \alpha\, \Theta$ ist, d. h., daß das folgende Diagramm kommutativ ist:

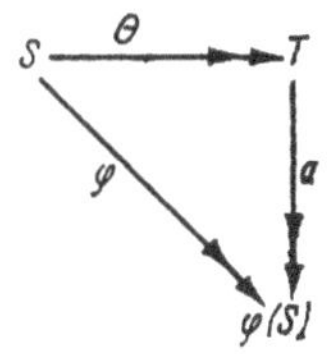


(b) Eine Halbgruppe $S$ ist genau dann *subdirekt unzerlegbar*, wenn der folgende Sachverhalt erfüllt ist: Wenn $S \leqq \leqq S_1 \times \cdots \times S_n$ gilt, ist $S \cong S_i$ für ein gewisses $i = 1, \ldots, n$.

**2.19. Lemma.** (a) $S$ besitzt einen EMEE genau dann, wenn $S$ subdirekt unzerlegbar ist. Somit kann $S$ in ein subdirektes Produkt von EMEE-Halbgruppen zerlegt werden.

(b) Sei $S$ subdirekt unzerlegbar. Entweder besitzt $S$ ein von Null verschiedenes kombinatorisches Ideal $I$, so daß $|S/I| < |S|$ gilt, oder $S$ ist eine $G\,M$-Halbgruppe.

Beweis. (a) $S$ möge einen EMEE besitzen, sagen wir $\Theta$. Sei $S \leqq \leqq S_1 \times \cdots \times S_n$, und sei $p_i$ der $i$-te Projektionshomomorphismus. Dann ist $p_i(S) = S_i$, und $\Pi\, p_i = (p_1 \times \cdots \times p_n)\, \Delta$ ist eineindeutig auf $S$. Angenommen, jedes $p_i$ ist ein eigentlicher Homomorphismus. Dann existieren $q_i$ derart, daß $p_i = q_i\, \Theta$ für alle $i = 1, \ldots, n$ ist. Dann gilt

$$\begin{aligned}(p_1 \times \cdots \times p_n)\, \Delta &= (q_1\, \Theta \times \cdots \times q_n\, \Theta)\, \Delta \\ &= (q_1 \times \cdots \times q_n)\, \Delta\, \Theta\,,\end{aligned}$$

so daß also $\Pi\, p_i$ nicht eineindeutig ist, da $\Theta$ nicht eineindeutig ist. Dies ist aber ein Widerspruch. Daher ist für ein gewisses $i = 1, \ldots, n$ der Homomorphismus $p_i$ ein Isomorphismus und $S \cong S_i$. Umgekehrt werde nun angenommen, daß $S$ subdirekt unzerlegbar sei. Sei $\{\varphi_i : i = 1, \ldots, n\}$ die Menge aller eigentlichen Homomorphismen auf $S$. Aufgrund der Voraussetzung ist $\Pi\, \varphi_i$ nicht eineindeutig auf $S$, denn sonst würde $\varphi_i(S) \cong S$ für ein gewisses $i = 1, \ldots, n$ gelten. Es ist leicht nachzuweisen, daß $\Pi\, \varphi_i = (\varphi_1 \times \cdots \times \varphi_n)\, \Delta$ der EMEE von $S$ ist.

(b) Aufgrund von Satz 2.12 und von (a) ist $S$ von der Form $N_J(S)$ für eine gewisse Null-$\mathcal{J}$-Klasse $J$, oder $S$ ist eine $R\,L\,M$-, $L\,L\,M$- oder $G\,M$-Halbgruppe. In den ersten drei Fällen besitzt $S$ ein von Null verschiedenes kombinatorisches Ideal. ∎

Ferner beschreiben wir Halbgruppen mit einem EMEE wie folgt.

**2.20. Lemma.** $S$ möge einen EMEE besitzen, sagen wir $\Theta$.

(a) $S$ besitzt ein eindeutig bestimmtes 0-minimales Ideal $I$, und $\Theta$ ist auf $S - I^{\mathrm{Card}}$ eineindeutig. Kein eigentlicher Epimorphismus von $S$ ist auf $I^{\mathrm{Card}}$ eineindeutig.

(b) Sei $S$ regulär. Dann ist entweder $S \cong R\,L\,M_{I^{\mathrm{Card}}}(S)$, $S \cong L\,L\,M_{I^{\mathrm{Card}}}(S)$ oder $S \cong G\,M_{I^{\mathrm{Card}}}(S)$.

Beweis. (a) Sei $Q^*$ die Kongruenz, die $\Theta$ zugeordnet ist. Ist $Q$ irgendeine andere Kongruenz, die einem eigentlichen Homomorphismus $\varphi$ auf $S$ zugeordnet ist, so gilt $Q^* \subseteq Q$. Da $Q^* = Q^* \cap Q$ ist, erhalten wir also $(\Theta \times \varphi)\,\Delta = \Theta$ für alle eigentlichen Homomorphismen $\varphi$ auf $S$.

Sei $I \neq \{0\}$ irgendein eigentliches Ideal von $S$, und sei $\eta : S \twoheadrightarrow S/I$. Angenommen, $\Theta$ sei auf $I$ eineindeutig. Dann ist $(\Theta \times \eta)\,\Delta$ auf $S$ eineindeutig. Nun ist aber $(\Theta \times \eta)\,\Delta = \Theta$, und $\Theta$ ist nicht auf $S$ eineindeutig. Also erhalten wir einen Widerspruch. Somit ist $\Theta$ auf keinem eigentlichen Ideal von $S$ eineindeutig.

Sei $I$ ein 0-minimales Ideal. Da $\Theta$ auf $I$ nicht eineindeutig ist, ist $\Theta$ dann aufgrund von Lemma 1.18 auf $S - I^{\mathrm{Card}}$ eineindeutig. Hätte $S$ also irgendein anderes 0-minimales Ideal, so würde $\Theta$ auf diesem eineindeutig sein. Da dies einen Widerspruch darstellt, ist somit $I$ eindeutig bestimmt.

Ist $\varphi$ ein eigentlicher Homomorphismus, der auf $I$ eineindeutig ist, so ist $(\Theta \times \varphi)\,\Delta = \Theta$ eineindeutig auf $I$. Aufgrund dieses Widerspruchs ist somit (a) bewiesen.

(b) Sei $S$ regulär. Dann ist das eindeutig bestimmte 0-minimale Ideal $I$ von $S$ regulär. Dann ist $(L\,L\,M_{I^{\mathrm{Card}}} \times G\,M_{I^{\mathrm{Card}}} + R\,L\,M_{I^{\mathrm{Card}}})\,\Delta$ auf $I$ eineindeutig und daher wegen (a) auf $S$ eineindeutig, d. h., es ist

$$S \leqq \leqq L\,L\,M_{I^{\mathrm{Card}}}(S) \times G\,M_{I^{\mathrm{Card}}}(S) \times R\,L\,M_{I^{\mathrm{Card}}}(S)\,.$$

Aufgrund von Lemma 2.19 (a) ist daher die Behauptung bewiesen. ∎

Wir wollen nun die $R\,M$- und die $L\,M$-Halbgruppen etwas genauer betrachten.

**2.21. Definition.** Sei $C : B \times A \to G^0$ eine Strukturmatrix für eine REES-Matrix-Halbgruppe. Zwei *Zeilen* von $C$ sind genau dann (*linksseitig*) *proportional*, wenn ein $g \in G$ derart existiert, daß $g\,C(b_1, a) = C(b_2, a)$ für alle $a \in A$ gilt. Zwei *Spalten* von $C$ sind genau dann (*rechtsseitig*) *proportional*, wenn ein $g \in G$ derart existiert, daß $C(b, a_1)\,g = C(b, a_2)$ für alle $b \in B$ gilt.

**2.22. Satz.** (a) Sei $S$ eine $L\,M$-Halbgruppe mit ausgezeichnetem Ideal $I$. Es werde $I^0 = \mathscr{M}^0(G; A, B; C)$ vorausgesetzt. Dann sind keine zwei Zeilen der Strukturmatrix $C$ (linksseitig) proportional.

(b) Sei $S$ eine Halbgruppe, und sei $J$ eine reguläre $\mathscr{J}$-Klasse von $S$ mit $J^0 \cong \mathscr{M}^0(G; A, B; C)$. Dann identifiziert $L\,M_J$ die $\mathscr{L}$-Klassen von $J$, wenn die zugeordneten Zeilen von $C$ proportional sind.

(c) Sei $S$ eine $R\,M$-Halbgruppe mit ausgezeichnetem Ideal $I$. Es werde $I^0 \cong \mathcal{M}^0(G; A, B; C)$ vorausgesetzt. Dann sind keine zwei Spalten der Strukturmatrix $C$ (rechtsseitig) proportional.

(d) Setzt man die Situation von (b) voraus, so identifiziert $R\,M_J$ die $\mathcal{R}$-Klassen von $J$, wenn die zugeordneten Spalten von $C$ proportional sind.

(e) Sei $S$ eine $G\,G\,M$-Halbgruppe mit ausgezeichnetem Ideal $I$. Es werde $I^0 = \mathcal{M}^0(G; A, B; C)$ vorausgesetzt. Dann sind keine zwei Spalten von $C$ (rechtsseitig) und keine zwei Zeilen von $C$ (linksseitig) proportional.

(f) Setzt man die Situation von (b) voraus, so identifiziert $G\,G\,M_J$ die $\mathcal{R}$-Klassen von $J$, wenn die zugeordneten Spalten von $C$ proportional sind, und $G\,G\,M_J$ identifiziert die $\mathcal{L}$-Klassen von $J$, wenn die zugeordneten Zeilen von $C$ proportional sind.

Beweis. (a) Angenommen, zwei Zeilen von $C$ seien proportional. Das heißt, für gewisse $b_1$, $b_2$ mit $b_1 \neq b_2$ existiert ein $g_1 \in G$ derart, daß $g_1\, C(b_1, a) = C(b_2, a)$ für alle $a \in A$ gilt. Für alle $(g, a, b) \in I$ ist dann

$$(g_1, a, b_1)\,(g, a, b) = (1, a, b_2)\,(g, a, b)\,.$$

Das bedeutet $M_I^L(g_1, a, b_1) = M_I^L(1, a, b_2)$. Dies ist aber ein Widerspruch, da $M_I^L$ eineindeutig ist.

(b) Als erstes beachte man folgendes: Sind zwei Zeilen von $C$ proportional, so sind in jeder anderen Strukturmatrix für $J^0$ dieselben zwei Zeilen gleichfalls proportional. Gemäß Satz 7.1.23 werden nämlich alle neuen Strukturmatrizen $P$ für $J^0$ durch

$$P(b, a) = \delta(b)\; C(b, a)\,\lambda(a)$$

gegeben.

Wenn also $C(b_1, a) = g\; C(b_2, a)$ für alle $a \in A$ gilt, so ist

$$\begin{aligned} P(b_1, a) &= \delta(b_1)\; C(b_1, a)\,\lambda(a) \\ &= \delta(b_1)\; g\; C(b_2, a)\,\lambda(a) \\ &= \delta(b_1)\; g\; \delta(b_2)^{-1}\,\delta(b_2)\; C(b_2, a)\,\lambda(a) \\ &= \delta(b_1)\; g\; \delta(b_2)^{-1}\, P(b_2, a) \\ &= g'\; P(b_2, a) \qquad \text{für alle} \qquad a \in A\,. \end{aligned}$$

Sei $I$ das ausgezeichnete Ideal von $L\,M_J(S)$. Dann ist $L\,M_J(J) = I^{\text{Card}}$. Man normiere die Strukturmatrix für $J^0$ und $I$ so, daß der Homomorphismus $L\,M_J$ auf $J^0$ in der normierten Form beschrieben wird, wie sie durch Satz 7.2.5, Gleichung (2.3) und (2.4) angegeben ist. Falls $J^0 \cong \mathcal{M}^0(G; A, B; C)$ gilt, erhalten wir dann $I \cong \mathcal{M}^0\big(\omega(G); \psi_L(A), \psi_R(B); Q\big)$.

Man nehme nun an, daß $C(b_1, a) = g\; C(b_2, a)$ für alle $a \in A$ gilt. Da $\omega[C(b, a)] = Q[\psi_R(b), \psi_L(a)]$ ist, ergibt sich also

$$Q\,[\psi_R(b_1), \psi_L(a)] = \omega(g)\; Q[\psi_R(b_2), \psi_L(a)] \qquad \text{für alle} \qquad \psi(a) \in \psi(A)\,.$$

Nach ($a$) folgt daraus $\psi_R(b_1) = \psi_R(b_2)$ (und $g \in \operatorname{Ker} \omega$), woraus dann wieder folgt, daß die $\mathcal{L}$-Klassen $L_{b_1}$ und $L_{b_2}$ von $J$ bezüglich $L\,M_J$ identisch sind.

(c) und (d) werden mittels der dualen Beweisführungen von (a) bzw. (b) gezeigt.

(e) Dies folgt aus (a) und (c), da eine $G\,G\,M$-Halbgruppe zugleich rechts-abbildend und links-abbildend ist.

(f) Der Beweis ist genau der von (b) und (d) unter Benutzung von (e). Für einen anderen Beweis benutze man die Tatsache, daß $G\,G\,M_J(S) \cong R\,M[L\,M_J(S)] \cong L\,M[R\,M_J(S)]$ ist (siehe X 2.3). ∎

Sei $S$ eine $G\,G\,M$-Halbgruppe mit ausgezeichnetem Ideal $I$. Wenn man dann weiß, wie ein Element von $S$ von rechts auf $I$ operiert, so ist dadurch vollständig festgelegt, wie es von links auf $I$ operiert und umgekehrt. Ist $0 \in I$ und ist $I^{\text{Card}}$ eine einfache Halbgruppe, dann ist $\{0\}$ eine zerlegende Untergruppe von $S$, d. h., $S - \{0\}$ ist eine Unterhalbgruppe von $S$. Diese Feststellungen werden unten bewiesen.

**2.23. Satz.** Sei $S$ eine $G\,M$-Halbgruppe mit ausgezeichnetem Ideal $I$. Dann gilt das Folgende:

(a) Sei $s \in S$. Genau dann ist $x\,s$ für alle $x \in I$ bekannt, wenn $s\,x$ für alle $x \in I$ bekannt ist.

(b) Ist $0 \in S$ und ist $I^{\text{Card}}$ eine einfache Halbgruppe, so ist $S - \{0\}$ eine Unterhalbgruppe von $S$.

Beweis. (a) Sei $s \in S$, $s \neq 0$, und seien $\psi_R(s)$, $\psi_L(s)$, $\delta(s)$ und $\lambda(s)$ die Funktionen, die die Operation der rechtsseitigen und der linksseitigen Multiplikation auf $I \cong \mathcal{M}^0(G; A, B; C)$ beschreiben. Da die linksseitige und die rechtsseitige Multiplikation mit $s$ miteinander verkettet sind, erhalten wir

$$\delta(b)\; C[\psi_R(b), a] = C[b, \psi_R(a)]\, \lambda(a) \qquad \text{für alle} \qquad a \in A, b \in B\,, \tag{2.3}$$

wobei der Einfachheit halber das $s$ in der Bezeichnung weggelassen wird [z. B. $\psi_R(b) \equiv \psi_R(s)\,(b)$].

Angenommen, wir wissen, wie $s$ von rechts auf $I$ operiert; das heißt, $\psi_R(b)$ und $\delta(b)$ seien für alle $b \in B$ bekannt. Wir haben zu zeigen, daß dadurch $\psi_L(a)$ und $\lambda(a)$ für alle $a \in A$ vollständig bestimmt sind. Angenommen, $\psi_L, \lambda$ und $\psi'_L, \lambda'$ seien zwei Paare von Funktionen, die die Operation von $s$ von rechts auf $I$ beschreiben, so daß (2.3) erfüllt wird. Bei festgehaltenem $a \in A$ folgt aus (2.3), daß

$$f(b) = C[b, \psi_L(a)]\, \lambda(a) = C[b, \psi'_L(a)]\, \lambda'(a) \qquad \text{für alle} \qquad b \in B \tag{2.4}$$

gilt.

Gilt $f(b) = 0$ für alle $b \in B$, so ist $\psi_L(a) = 0$ auf Grund der Regularität von $C$. Daraus ergibt sich zwangsläufig $\psi'_L(a) = 0$, $\lambda(a) = 0$ und $\lambda'(a) = 0$, so daß in diesem Fall also $\psi_L(a) = \psi'_L(a) = 0$ und $\lambda(a) = \lambda'(a) = 0$ ist. Wenn ein $b \in B$

derart existiert, daß $f(b)$ nicht Null ist, so sind $\psi'_L(a)$, $\psi_L(a)$, $\lambda(a)$ und $\lambda'(a)$ nicht Null. Dann ist

$$C[b, \psi_L(a)] = C[b, \psi'_L(a)]\,\lambda'(a)\,\lambda(a)^{-1}. \tag{2.5}$$

Somit sind die Spalten $\psi_L(a)$ und $\psi'_L(a)$ von $C$ rechtsseitig proportional. Da $S$ aber eine $GGM$-Halbgruppe ist, ergibt sich aus Satz 2.22, daß $\psi_L(a) = \psi'_L(a)$ und daher $\lambda(a) = \lambda'(a)$ gilt. Somit gibt es nur eine Lösung. Um die Werte $\psi_L(a)$ und $\lambda(a)$ zu bestimmen, betrachte man die bekannte Größe $f(b)$. Nach (2.4) ist $f(b)$ rechtsseitig proportional zur Spalte $\psi_L(a)$ von $C$. Da $S$ eine $GGM$-Halbgruppe ist, kann die Spalte $\psi_L(a)$ bei Durchsicht von $C$ gefunden werden, und die Proportionalitätskonstante zwischen $f(b)$ und $C(b, \psi_L(a))$ ist $\lambda(a)$. Somit sind $\psi_L$ und $\lambda$ vollständig bestimmt. Das Umgekehrte wird mittels dualer Beweisführung gezeigt.

(b) Wir haben zu zeigen, daß $s_1 s_2 \neq 0$ ist für alle $s_1, s_2 \in S - \{0\}$. Da $I^{\text{Card}}$ eine einfache Halbgruppe ist, gilt $I^{\text{Card}} = \mathcal{M}(G; A, B; C)$, wobei $C(b, a) \neq 0$ ist für alle $a \in A$, $b \in B$. Wir zeigen zuerst, daß kein Element $s \in S - \{0\}$ irgendein Element von $I^{\text{Card}}$ in Null überführt.

Da $s \neq 0$ und $M_I^R$ treu ist, existiert ein $b \in B$ derart, daß $\psi_R(b) \neq 0$ ist. Dies ergibt $\delta(b) \neq 0$, und da $C(b, a) \neq 0$ ist für alle $a \in A$, $b \in B$, ergibt dies auch $C[\psi_R(b), a] \neq 0$. Nach (2.3) ist daher $C[b, \psi_L(a)]\,\lambda(a) \neq 0$ für alle $a \in A$. Dies ergibt dann wieder $C[b, \psi_L(a)] \neq 0$, woraus folgt, daß $\psi_L(a) = 0$ ist für alle $a \in A$. Entsprechend ergibt sich $\psi_R(b) \neq 0$ für alle $b \in B$.

Wir haben gesehen, daß kein Element von $S - \{0\}$ ein Element von $I^{\text{Card}}$ in Null überführt. Also brauchen wir nur nachzuprüfen, daß $s_1 s_2 \neq 0$ ist für alle $s_1, s_2 \in S - I$. Sei $x \in I^{\text{Card}}$. Dann ist $s_2 x \neq 0$ und $s_2 x \in I^{\text{Card}}$, so daß $s_1(s_2(x)) \neq 0$ ist, woraus sich $s_1 s_2 \neq 0$ ergibt. ∎

**2.24. Bemerkung.** Sei die Situation von Satz 2.23 (b) gegeben. Man normiere die Strukturmatrix von $I$ so, daß die Elemente einer Zeile und einer Spalte sämtlich gleich 1 sind. Dies ist nach Satz 7.1.25 möglich. Angenommen, es sei zum Beispiel $C(1, a) = 1$ für alle $a \in A$ und $C(b, 1) = 1$ für alle $b \in B$.

Wir zeigen nun, wie die Operation eines beliebigen Elementes von $S$ auf $I$ mit der Strukturmatrix von $I$ verbunden ist. Dazu betrachte man

$$\delta(b)\, C[\psi_R(b), 1] = C[b, \psi_L(1)]\,\lambda(1)\,.$$

Da $C[\psi_R(b), 1] = 1$ ist, erhält man

$$\delta(b) = C[b, \psi_L(1)]\,\lambda(1) \qquad \text{für alle } b \in B\,.$$

Also ist $\delta(b)$ direkt proportional zu einer gewissen Spalte von $C$. Entsprechend ist $\lambda(a) = \delta(1)\, C[\psi_R(1), a]$. Also sind $\lambda$ und eine gewisse Spalte von $C$ proportional. Diese starke Abhängigkeit zwischen Strukturmatrix und Operation beruht in erster Linie auf der Tatsache, daß $C(b, a) \neq 0$ ist für alle $a \in A$ und für alle $b \in B$. In den Fällen, in denen $C$ gewisse Nullelemente enthält, wird die Abhängigkeit demgemäß schwächer. Satz 2.23 und Bemerkung 2.24 gehen auf DENNIS ALLEN jr. zurück.

## Übungen und Ergänzungen

X2.1. Sei $J$ eine Null-$\mathcal{J}$-Klasse einer Halbgruppe $S$. Man beweise, daß $N_J(S)$ ein nichttriviales kombinatorisches Ideal hat.

X2.2. Sei $J$ eine reguläre $\mathcal{J}$-Klasse von $S$.

(a) Die Äquivalenzrelation $\equiv$ werde auf $S$ wie folgt definiert:

$$s_1 \equiv s_2 \text{ genau dann, wenn } \begin{cases} s_1, s_2 \in F(J)\,, \\ s_1, s_2 \in J \text{ und } s_1 \mathcal{H} s_2, \\ s_1, s_2 \in S - \big(J \cup F(J)\big) \text{ und } s_1 = s_2 \end{cases}$$

ist. Man beweise, daß $\equiv$ eine Kongruenz ist.

(b) Der Kongruenz $\equiv$ sei der Homomorphismus $\varphi$ zugeordnet, und $J' = \varphi(J)$ sei eine $\mathcal{J}$-Klasse von $\varphi(S)$. Man beweise, daß $R\ M_{J'}[\varphi(S)] \cong R\ L\ M_J(S)$ und $L\ M_{J'}\ [\varphi(S)] \cong L\ L\ M_J(S)$ ist.

X2.3. Sei $J$ eine reguläre $\mathcal{J}$-Klasse von $S$. Man beweise, daß $G\ G\ M_J(S) \cong R\ M[L\ M_J(S)] \cong L\ M[R\ M_J(S)]$ ist.

Die ursprünglichen Ideen über Homomorphismen, wie sie in diesem Abschnitt entwickelt wurden, gehen auf SCHÜTZENBERGER [2] zurück. Die SCHÜTZENBERGER-PRESTON-Darstellung für reguläre Halbgruppen [Satz 2.6(c)] folgt aus den Arbeiten von SCHÜTZENBERGER [2] und PRESTON [3].

Diese Ideen wurden von KROHN und RHODES in einer Arbeit [4] angewendet, in der sie die $G\ M$-, $R\ L\ M$- und $G\ G\ M$-Halbgruppen eingeführt haben. Satz 2.12 ist eine Bearbeitung der SCHÜTZENBERGER-PRESTON-Darstellung durch KROHN und RHODES [4] und RHODES [5], die im nächsten Kapitel für das Studium der Komplexität endlicher Halbgruppen von Bedeutung ist.

## 3. Zerlegungen von Homomorphismen

Dieser Abschnitt befaßt sich mit verschiedenen Zerlegungen von Homomorphismen auf endlichen Halbgruppen. Wir werden beweisen, daß eine Halbgruppe sowohl ein funktionelles minimales $\gamma$-homomorphes Bild als auch minimale homomorphe Bilder bezüglich anderer Eigenschaften von Homomorphismen hat. Wir werden ferner beweisen: Ist $G$ eine Gruppe und $S$ ein Monoid, so ist der Projektionshomomorphismus $G\ w\ S \twoheadrightarrow S$ ein $\mathcal{L}$-Homomorphismus; ist ferner $C$ eine kombinatorische Halbgruppe und $S$ irgendeine endliche Halbgruppe, so ist $C\ w\ S \twoheadrightarrow S$ ein $\gamma(\mathcal{H})$-Homomorphismus.

Dieser Homomorphismenkalkül wird etwas ausführlicher geschildert; alle hier gebrachten Resultate werden in den nächsten Abschnitten verwendet. Der Leser kann jetzt auch an Stelle dieses Abschnittes direkt zu Kapitel 9 übergehen und auf diesen Abschnitt im Bedarfsfall zurückgreifen.

Sei $P$ eine Partition auf einer Halbgruppe $S$. Man vergegenwärtige sich noch einmal die Definition eines $P$-Homomorphismus (Definition 1.8) und erinnere sich an die Existenz von $S^P$, des minimalen homomorphen Bildes bezüglich $\mathcal{P}(S, P)$ (Satz 1.9).

**3.1. Bemerkung.** (a) Sei $\mathcal{P}$ eine Eigenschaft der Homomorphismen von $S$. Ist $Q$ eine Kongruenz auf $S$, so sei $(\eta\ Q) : S \twoheadrightarrow S/Q$ der natürliche Homomorphismus. Sei $Q' = \text{KOG}\ \{Q : Q$ ist eine Kongruenz auf $S$, und es ist $((\eta\ Q), S/Q) \in \mathcal{P}\}$. $S$ besitzt genau dann ein minimales homomorphes Bild bezüglich $\mathcal{P}$, wenn $((\eta\ Q'), S/Q') \in \mathcal{P}$ ist. In diesem Falle ist $((\eta\ Q'), S/Q')$ das minimale homomorphe Bild. Ist $\mathcal{P}$ nicht leer, so hat also $S$ ein minimales homomorphes Bild bezüglich $\mathcal{P}$, wenn aus $((\eta\ Q_1), S/Q_1)$, $((\eta\ Q_2), S/Q_2) \in \mathcal{P}$ folgt, daß auch $((\eta\ Q), A/Q) \in \mathcal{P}$ ist. Hierbei ist $Q = \text{KOG}\ \{Q_1, Q_2\} \equiv Q_1 \vee Q_2$.

(b) Sei $P$ eine Partition auf $S$. Sei $\varphi$ ein Homomorphismus von $S$, und sei $Q$ die durch $\varphi$ auf $S$ induzierte Kongruenz. $\varphi$ ist genau dann ein $P$-Homomorphismus, wenn $Q \subseteq P$ ist.

(c) Ist $\varphi$ ein $P$-Homomorphismus, so trennt $\varphi$ die $P$-Klassen von $S$ [d. h., es ist $\varphi(P_i) \cap \varphi(P_i) = \emptyset$]. Also induziert $\varphi$ eine Partition $P'$ auf $\varphi(S)$, die wie folgt definiert wird: $\varphi(s_1) \equiv \varphi(s_2) \pmod{P'}$ genau dann, wenn $s_1 \equiv s_2 \pmod{P}$. Die $P$-Klassen von $S$ entsprechen bei $\varphi$ eineindeutig den $P'$-Klassen von $\varphi(S)$. Daher ist $x \equiv y \pmod{P'}$, denn $\varphi^{-1}(x) \cup \varphi^{-1}(y)$ ist in einer $P$-Klasse von $S$ enthalten. Ist $P$ eine Kongruenz, dann ist auch $P'$ eine Kongruenz.

**3.2. Satz.** (a) Sei $S$ eine Halbgruppe mit einer Partition $P$. Sei ferner $S \overset{\varphi_1}{\twoheadrightarrow} T \overset{\varphi_2}{\twoheadrightarrow} U$ gegeben. Dann ist $\varphi_2\,\varphi_1$ ein $P$-Homomorphismus genau dann, wenn $\varphi_1$ ein $P$-Homomorphismus und $\varphi_2$ ein $P'$-Homomorphismus ist.

(b) Mit $\alpha$ werde eine der Relationen $\mathcal{J}$, $\mathcal{L}$, $\mathcal{R}$ oder $\mathcal{H}$ bezeichnet. Sei $\varphi : S \twoheadrightarrow T$. Dann ist $S \overset{\alpha}{\twoheadrightarrow} T^{\alpha}$ für jedes $\alpha$, und das Diagramm

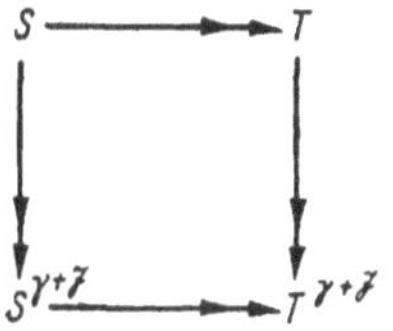


ist kommutativ.

B e w e i s. (a) Sei $\varphi_1$ ein $P$-Homomorphismus und $\varphi_2$ ein $P'$-Homomorphismus. Seien $x, y \in S$ derart, daß $x \not\equiv y \pmod{P}$ gilt. Dann ist $\varphi_1(x) \not\equiv \varphi_2(y) \pmod{P'}$. Da $\varphi_2$ ein $P'$-Homomorphismus ist, gilt $\varphi_2\,\varphi_1(x) \neq \varphi_2\,\varphi_1(y)$, so daß $\varphi_2\,\varphi_1$ ein $P$-Homomorphismus ist. Umgekehrt sei $\varphi_2\,\varphi_1$ ein $P$-Homomorphismus und $x \not\equiv y \pmod{P}$. Dann ist $\varphi_2\,\varphi_1(x) \neq \varphi_2\,\varphi_1(y)$, so daß $\varphi_1(x) \neq \varphi_1(y)$ gilt, und $\varphi_1$ ist ein $P$-Homomorphismus. Also wird $P'$ auf $T$ induziert. Angenommen, es sei $\varphi_1(a) \not\equiv \varphi_1(b) \pmod{P'}$. Dann ist $a \not\equiv b \pmod{P}$ und $\varphi_2\,\varphi_1(a) \neq \varphi_2\,\varphi_1(b)$, und $\varphi_2$ ist also ein $P'$-Homomorphismus.

(b) Der Beweis beruht auf der Tatsache, daß $\alpha$-Klassen durch Homomorphismen in $\alpha$-Klassen übergeführt werden. Sei $\alpha = \mathcal{J}$. Seien $Q$ und $Q_J$ diejenigen Kongruenzen auf $S$, für die $S/Q \cong T$ und $S/Q_J \cong S^{\mathcal{J}}$ gilt. Seien $J_1, \ldots, J_n$ die $\mathcal{J}$-Klassen von $T$. Die Mengen $\varphi^{-1}(J_i)$, $i = 1, \ldots, n$, sind disjunkt und bilden eine Partition auf $S$. Diese Partition werde mit $P$ bezeichnet.

Dann ist $Q \subseteq P$ und $Q_J \subseteq P$, so daß $Q \vee Q_J \subseteq P$ gilt. Man beachte, daß genau dann $s_1 \equiv s_2 \pmod P$ ist, wenn $\varphi(s_1) \mathcal{J} \varphi(s_2)$ gilt. Man betrachte nun das kommutative Diagramm

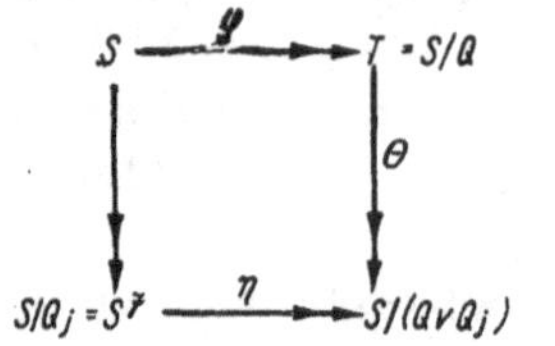


Angenommen, es sei $\Theta\, \varphi(s_1) \equiv \Theta\, \varphi(s_2)$. Dann gilt $s_1 \equiv s_2 \mod (Q \vee Q_J)$, so daß $s_1 \equiv s_2 \pmod P$ ist. Dies ergibt $\varphi(s_1) \mathcal{J} \varphi(s_2)$ in $T$. Daher ist $\Theta$ ein $\mathcal{J}$-Homomorphismus, und es existiert ein Homomorphismus $\psi : S/Q \vee Q_J \to T^J$. Dann gilt $\psi\,\eta : S^{\mathcal{J}} \twoheadrightarrow T^{\mathcal{J}}$. Die Beweise für $\mathcal{L}$, $\mathcal{R}$ und $\mathcal{H}$ verlaufen entsprechend. ▮

**3.3. Satz.** Sei $T$ eine Unterhalbgruppe von $S$. Seien $\alpha(S)$ und $\alpha(T)$ irgendwelche der Relationen $\mathcal{J}$, $\mathcal{R}$, $\mathcal{L}$ oder $\mathcal{H}$ auf $S$ bzw. auf $T$.

(a) Sind $t_1, t_2 \in T$ reguläre Elemente von $T$ und ist $\alpha$ irgendeine der Relationen $\mathcal{R}$, $\mathcal{L}$ oder $\mathcal{H}$, so gilt $t_1\, \alpha(T)\, t_2$ genau dann, wenn $t_1\, \alpha(S)\, t_2$ gilt.

(b) Ist $S$ eine Vereinigung von Gruppen, so gilt das Resultat von (a) auch für $\alpha = \mathcal{J}$.

(c) Sei $\varphi : S \underset{\alpha(S)}{\twoheadrightarrow} S'$. Wird $\varphi$ auf $T$ eingeschränkt, so ist $\varphi$ ein $\alpha(T)$-Homomorphismus, wenn (1) $S$ eine Vereinigung von Gruppen und $\alpha$ irgendeine der Relationen $\mathcal{J}$, $\mathcal{L}$, $\mathcal{R}$ oder $\mathcal{H}$ ist; oder (2) $T$ ist regulär, und $\alpha$ ist irgendeine der Relationen $\mathcal{L}$, $\mathcal{R}$ oder $\mathcal{H}$.

Beweis. (a) Hier beziehe man sich auf den Beweis von Satz 7.1.19.

(b) Sei $t_1\, \mathcal{J}(S)\, t_2$, und sei $J$ die $\mathcal{J}$-Klasse von $S$, die $t_1$ und $t_2$ enthält. $J$ ist eine einfache Halbgruppe, so daß $T \cap J$ einfach ist (siehe die Übungen 7.1.17 bis 7.1.18).

Da eine einfache Halbgruppe nur eine $\mathcal{J}$-Klasse besitzt, gilt $t_1\, \mathcal{J}\, (T \cap J)\, t_2$, woraus $t_1\, \mathcal{J}(T)\, t_2$ folgt. Offenbar gilt auch die Umkehrung.

(c) Dies folgt aus (a) und (b). ▮

**3.4. Satz.** Sei $\varphi : S \twoheadrightarrow T$, und angenommen, $T$ sei eine $R\,L\,M$-, $L\,L\,M$-, $G\,G\,M$- oder $G\,M$-Halbgruppe mit ausgezeichnetem Ideal $I$. Sei $J$ die minimale $\mathcal{J}$-Klasse von $S$ derart, daß $\varphi(J) = I^{\text{Card}}$ ist. Dann gilt $R\,L\,M_J(S) \twoheadrightarrow T$, $L\,L\,M_J(S) \twoheadrightarrow T$, $G\,GM_J(S) \twoheadrightarrow T$ beziehungsweise $G\,M_J(S) \twoheadrightarrow T$.

Beweis. Sei $T$ eine $R\,L\,M$-Halbgruppe. Seien $s_1, s_2 \in S$, und angenommen, es sei $R\,L\,M_J(s_1) = R\,L\,M_J(s_2)$. Wir haben zu zeigen, daß $\varphi(s_1) = \varphi(s_2)$ gilt.

Für jedes $x \in J$ ist entweder $x\,s_1\, \mathcal{L}\, x\,s_2$ in $J$ oder die Elemente $x\,s_1$ und $x\,s_2$ liegen beide in $B(J)$. Im letzteren Fall ist $\varphi(x\,s_1) = \varphi(x\,s_2) = 0$ aufgrund der Minimalität von $J$. Gilt $x\,s_1\, \mathcal{L}\, x\,s_2$, so ist $x\,s_1\, \mathcal{H}\, x\,s_2$. Somit gilt $\varphi(x\,s_1)\, \mathcal{H}\, \varphi(x\,s_2)$. Da $I^{\text{Card}}$ kombinatorisch ist, folgt hieraus $\varphi(x\,s_1) = \varphi(x\,s_2)$. Für alle $i \in I$ erhalten wir daher $i\,\varphi(s_1) = i\,\varphi(s_2)$. Deshalb gilt $\varphi(s_1) = \varphi(s_2)$, da $T$ eine $R\,L\,M$-

Halbgruppe ist. In dualer Weise wird die Behauptung bewiesen, wenn $T$ eine $L\,L\,M$-Halbgruppe ist.

Sei $T$ eine $G\,G\,M$-Halbgruppe. Seien $s_1, s_2 \in S$ derart, daß $G\,G\,M_J(s_1) = G\,G\,M_J(s_2)$ gilt. Für alle $x_1, x_2 \in J$ ist entweder $x_1\,s_1\,x_2 = x_1\,s_2\,x_2$ in $J$ oder die Elemente $x_1\,s_1\,x_2$ und $x_1\,s_2\,x_2$ liegen beide in $B(J)$. Somit gilt $\varphi(x_1\,s_1\,x_2) = \varphi(x_1\,s_2\,x_2)$ für alle $x_1, x_2 \in J$, oder es ist $i_1\,\varphi(s_1)\,i_2 = i_1\,\varphi(s_2)\,i_2$ für alle $i_1, i_2 \in I$. Da $T$ eine $G\,G\,M$-Halbgruppe ist, folgt hieraus $i_1\,\varphi(s_1) = i_1\,\varphi(s_2)$ für alle $i \in I$, woraus dann wieder $\varphi(s_1) = \varphi(s_2)$ folgt.

Sei $T$ eine $G\,M$-Halbgruppe. Ist $T = \{0\}$, so ist die Behauptung trivialerweise erfüllt. Angenommen, es sei $T \neq \{0\}$. Dann ist $I^{\mathrm{Card}}$ regulär nicht kombinatorisch. Damit verläuft dann der Beweis wie im $G\,G\,M$-Fall. ∎

**3.5. Definition.** Sei $S$ eine Halbgruppe.

(a) Sei $Q(G\,M) = g\,u\,s\,\{Q' : Q'$ ist eine Kongruenz auf $S$ und $S/Q'$ eine $G\,M$-Halbgruppe$\}$. Man setze $S^{G\,M} = S/Q(G\,M)$ und beachte, daß $S^{G\,M}$ nicht notwendig eine $C\,M$-Halbgruppe ist.

(b) Sei $Q(G\,G\,M) = g\,u\,s\,\{Q' : Q'$ ist eine Kongruenz und $S/Q'$ eine $G\,G\,M$-Halbgruppe$\}$. Man setze $S^{G\,G\,M} = S/Q(G\,G\,M)$ und beachte, daß $S^{G\,G\,M}$ nicht notwendig eine $G\,G\,M$-Halbgruppe ist.

(c) Sei $Q(R\,L\,M) = g\,u\,s\,\{Q' : Q'$ ist eine Kongruenz und $S/Q'$ eine $R\,L\,M$-Halbgruppe$\}$. Man setze $S^{R\,L\,M} = S/Q(R\,L\,M)$. Im allgemeinen ist $S^{R\,L\,M}$ keine $R\,L\,M$-Halbgruppe.

(d) In dualer Weise setze man $S^{L\,L\,M} = S/Q(L\,L\,M)$.

**3.6. Satz.** Seien $J_1, \ldots, J_n$ die regulären $\mathcal{J}$-Klassen von $S$. Dann gilt

(a) $S^{G\,M} \cong (G\,M_{J_1} \times \cdots \times G\,M_{J_n})\,\Delta(S)$.

(b) $S^{G\,G\,M} \cong (G\,G\,M_{J_1} \times \cdots \times G\,G\,M_{J_n})\,\Delta(S)$.

(c) $S^{R\,L\,M} \cong (R\,L\,M_{J_1} \times \cdots \times R\,L\,M_{J_n})\,\Delta(S)$.

(d) $S^{L\,L\,M} \cong (L\,L\,M_{J_1} \times \cdots \times L\,L\,M_{J_n})\,\Delta(S)$.

B e w e i s. (a) Sei $Q_i$ die durch $G\,M_{J_i}$ auf $S$ induzierte Kongruenz, $i = 1, \ldots, n$. Dann besagt Satz 3.4, daß für jede Kongruenz $Q$, wobei $S/Q$ eine $G\,M$-Halbgruppe ist, ein $I$ existiert derart, daß $Q_i \subseteq Q$ gilt. Man sieht nun leicht, daß $Q(G\,M) = Q_1 \cap \cdots \cap Q_n$ gilt, so daß $S^{G\,M} \cong (G\,M_{J_1} \times \cdots \times G\,M_{J_n})\,\Delta(S)$ ist. Die Beweise von (b)—(d) verlaufen nahezu in derselben Weise. ∎

**3.7. Satz.** $\alpha$ stehe für $G\,M$, $G\,G\,M$, $R\,L\,M$ oder $L\,L\,M$.

(a) Aus $S \overset{\varphi}{\twoheadrightarrow} T$ folgt $S^\alpha \twoheadrightarrow T^\alpha$, und das folgende Diagramm ist kommutativ:

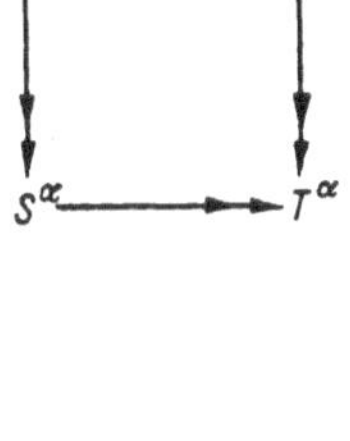

(b) Ist $T$ eine Unterhalbgruppe von $S$, so gilt $T^\alpha \mid S^\alpha$.

(c) Aus $T \mid S$ folgt $T^\alpha \mid S^\alpha$.

Beweis. (a) Wir wollen (a) für $\alpha = G\,M$ beweisen. Die anderen Beweise werden dann entsprechend geführt. Seien $K_1, \ldots, K_m$ die regulären nicht kombinatorischen $\mathcal{J}$-Klassen von $T$. Dann ist $T^{GM} = (G\,M_K \times \cdots \times G\,M_{K_n})\,\Delta(T)$. Nach Satz 3.4 existiert für jedes $i = 1, \ldots, m$ eine bestimmte nicht kombinatorische reguläre $\mathcal{J}$-Klasse $J_i$ von $S$ derart, daß $G\,M_{J_i}(S) \xrightarrow{\varphi_i} G\,M_{K_i}(T)$ gilt. Also ergibt sich $\varphi_i\,G\,M_{J_i} = G\,M_{K_i}\,\psi$ für jedes $i = 1, \ldots, m$. Seien $J_1, \ldots, J_m, \ldots, \ldots, J_n$ alle regulären nicht kombinatorischen $\mathcal{J}$-Klassen von $S$. Dann ist $S^{GM} = (G\,M_{J_1} \times \cdots \times G\,M_{J_n})\,\Delta(S)$. Sei $\Pi$ das direkte Produkt aus den ersten $m$ Projektionsabbildungen von $G\,M_{J_1}(S) \times \cdots \times G\,M_{J_n}(S)$. Dann gilt

$$\begin{aligned}(\varphi_1 \times \cdots \times \varphi_m)\,\Pi : S^{GM} &\twoheadrightarrow (\varphi_1\,G\,M_{J_1} \times \cdots \times \varphi_m\,G\,M_{J_m})\,\Delta(S)\\ &= (G\,M_{K_1}\,\psi \times \cdots \times G\,M_{K_m}\,\psi)\,\Delta(S)\\ &= (G\,M_{K_1} \times \cdots \times G\,M_{K_m})\,\Delta\psi(S)\\ &= T^{GM}, \text{ da } \psi(S) = T \text{ ist.}\end{aligned}$$

Sicherlich ist das Diagramm kommutativ.

(b) Ist $T$ eine Unterhalbgruppe von $S$, so zeigen wir jetzt, daß dann $T^{GM} \mid S^{GM}$ gilt. Sei $\psi : S \twoheadrightarrow S^{GM}$. Wir haben also $\psi(T) \twoheadrightarrow T^{GM}$ nachzuweisen. Sei $S^{GM} = S/Q_S(G\,M)$, und sei $T^{GM} = T/Q_T(G\,M)$. Es genügt dann zu beweisen, daß für $t_1, t_2$ aus $T$ gilt: Ist $t_1 \not\equiv t_2 \pmod{Q_T(G\,M)}$, so ist $t_1 \not\equiv t_2 \pmod{Q_S(G\,M)}$. Angenommen, es sei $t_1 \not\equiv t_2 \pmod{Q_T(G\,M)}$. Dann existieren eine $\mathcal{J}$-Klasse $J$ von $T$ und $x_1, x_2 \in J$ derart, daß entweder (1) $x_1\,t_1\,x_2, x_1\,t_2\,x_2 \in J$ und $x_1\,t_1\,x_2 \neq x_1\,t_2\,x_2$, (2) $x_1\,t_1\,x_2 \in J$ und $x_1\,t_2\,x_2 \notin J'$ ($J'$ ist die $\mathcal{J}$-Klasse von $S$, die $J$ enthält) oder (3) $x_1\,t_1\,x_2 \in J$ und $x_1\,t_2\,x_2 \in J' - J$ gilt. In den Fällen (1) und (3) sind $x_1\,t_1\,x_2$, $x_1\,t_2\,x_2 \in J'$, und es gilt $x_1\,t_1\,x_2 \neq x_1\,t_2\,x_2$, so daß $t_1 \not\equiv t_2 \pmod{Q_S(G\,M)}$ ist. Im Fall (2) gilt $x_1\,t_1\,x_2 \in J'$ und $x_1\,t_2\,x_2 \notin J'$, so daß wieder $t_1 \not\equiv t_2 \pmod{Q_S(G\,M)}$ ist.

Daher gilt $T^{GM} \mid S^{GM}$, wenn $T \subseteq S$ ist. Der Beweis für $\alpha = G\,G\,M$ verläuft genauso. Die Beweise für $\alpha = R\,L\,M$ und $L\,L\,M$ werden in entsprechender Weise geführt. Dabei wird noch der Satz 3.3 (a) benutzt.

(c) Dies folgt unmittelbar aus (a) und (b). ▮

**3.8. Definition.** Sei $\alpha$ eine der Relationen $\mathcal{J}$, $\mathcal{L}$, $\mathcal{R}$ oder $\mathcal{H}$. Wir sagen, daß genau dann $\varphi : S \twoheadrightarrow T$ ein *$\alpha'$-Homomorphismus* ist (und schreiben dann $\varphi : S \xrightarrow[\alpha']{} T$), wenn für alle regulären Elemente $s_1, s_2 \in S$ gilt: Aus $\varphi(s_1) = \varphi(s_2)$ folgt $s_1\,\alpha\,s_2$.

Sei $\mathcal{P}(S, \alpha')$ die Menge aller $(\varphi, T)$, bei denen $\varphi$ ein $\alpha'$-Homomorphismus ist. Man beachte, daß $\mathcal{P}(S, \alpha') = \mathcal{P}(S, \alpha)$ gilt, wenn $S$ regulär ist.

**3.9. Satz.** (a) Aus $\varphi : S \xrightarrow[\mathcal{J}']{} T$ folgt $\varphi : S \xrightarrow[\alpha']{} T$ für $\alpha = \mathcal{R}, \mathcal{H}, \mathcal{L}$ oder $\mathcal{J}$. Ist $\varphi : S \xrightarrow[\alpha]{} T$ und $S_1$ eine Unterhalbgruppe von $S$, so folgt, daß $\varphi$, eingeschränkt auf $S_1$, eine $\alpha'$-Abbildung für $\alpha = \mathcal{L}, \mathcal{R}$ oder $\mathcal{H}$ ist.

(b) Sei $\varphi : S \xrightarrow[\alpha']{} T$, und sei $J$ eine reguläre $\mathcal{J}$-Klasse von $S$. Dann ist $\varphi(J)$ eine $\mathcal{J}$-Klasse von $T$, und $J$ ist die eindeutig bestimmte reguläre und eindeutig bestimmte minimale $\mathcal{J}$-Klasse von $S$, die in $\varphi^{-1}[\varphi(J)]$ enthalten ist.

(c) $S$ besitzt ein minimales homomorphes Bild bezüglich $\mathcal{P}(S, \alpha')$, bezeichnet durch $S \xrightarrow[\alpha]{} S^{\alpha'}$, für $\alpha = \mathcal{L}$, $\mathcal{R}$ und $\mathcal{H}$.[1]) Es gilt $(S^{\alpha'})^{\alpha'} = S^{\alpha'}$. In der Tat ist (1) $S^{\mathcal{L}'} \cong S^{RLM}$, (2) $S^{\mathcal{R}'} \cong S^{LLM}$, und (3) $S^{\mathcal{H}'}$ wird durch $Q(L\,L\,M) \cap Q(R\,L\,M)$ induziert. Daher gilt insbesondere: Ist $S$ eine $R\,L\,M$-Halbgruppe, so ist $S = S^{\mathcal{L}'}$, und ist $S$ eine $L\,L\,M$-Halbgruppe, so ist $S = S^{\mathcal{R}'}$.

(d) Es ist $\varphi : S \xrightarrow[\alpha]{} T$ genau dann, wenn $s_1, s_2$ reguläre Elemente von $S$ sind, und aus $\varphi(s_1)\,\alpha z(s_2)$ folgt, daß $s_1\,\alpha\,s_2$ gilt, wobei $\alpha = \mathcal{L}, \mathcal{R}, \mathcal{H}$ oder $\mathcal{J}$ ist. Also ist $\varphi\,\Psi$ genau dann ein $\alpha'$-Homomorphismus, wenn $\varphi$ und $\Psi$ $\alpha'$-Homomorphismen sind.

(e) Aus $S \mid T$ folgt $S^{\alpha'} \mid T^{\alpha'}$ für $\alpha = \mathcal{L}$ oder $\mathcal{R}$.[1])

Beweis. (a) Die erste Feststellung von (a) ist einleuchtend. Zum Beweis der zweiten seien $s_1, s_2$ reguläre Elemente von $S$ derart, daß $\varphi(s_1) = \varphi(s_2)$ gilt. Da $\varphi$ ein $\alpha'$-Homomorphismus ist, gilt $s_1\,\alpha\,s_2$ in $S$. Nach Satz 3.3 (a) liegt aber $s_1\,\alpha\,s_2$ in $S_1$. Somit ist $\varphi$ bei Einschränkung auf $S_1$ ein $\alpha'$-Homomorphismus.

(b) Da $\varphi$ ein Homomorphismus ist, gibt es eine $\mathcal{J}$-Klasse $J_1 \subseteq T$ derart, daß $\varphi(J) \subseteq J_1$ gilt, und $J_1$ ist regulär, da $J$ regulär ist. Nach Satz 7.2.1 ist dann $\varphi^{-1}(J_1)$ eine Vereinigung von $\mathcal{J}$-Klassen von $S$ mit einer eindeutig bestimmten minimalen Klasse $J'$, und es ist $\varphi(J') = J_1$. $J'$ ist regulär, da $J_1$ regulär ist, und daher existiert ein $x \in J$ und ein $x' \in J'$ derart, daß $\varphi(x) = \varphi(x')$ gilt. Da $\varphi$ eine $\alpha'$-Abbildung ist, folgt hieraus $x\,\alpha\,x'$, woraus dann wieder $x\,\mathcal{J}\,x'$ folgt. Daher ist $J = J'$. Wenn $J''$ eine reguläre in $\varphi^{-1}[\varphi(J)]$ enthaltene $\mathcal{J}$-Klasse von $S$ ist, so folgt mit derselben Beweisführung $J = J''$. Somit ist $J$ die eindeutig bestimmte reguläre $\mathcal{J}$-Klasse in $\varphi^{-1}[\varphi(J)]$.

(c) Seien $J_1, \ldots, J_n$ die regulären $\mathcal{J}$-Klassen von $S$. Wir zeigen zuerst, daß $\Pi\, R\, L\, M_{J_i} : S \twoheadrightarrow S^{RLM}$ ein $\mathcal{L}'$-Homomorphismus ist. Seien $s_1, s_2$ reguläre Elemente aus $S$, und es werde $\Pi\, R\, L\, M_{J_i}(s_1) = \Pi\, R\, L\, M_{J_i}(s_2)$ angenommen. Dann ist $R\, L\, M_{J_i}(s_1) = RL\, M_{J_i}(s_2)$ für jedes $i = 1, \ldots, n$; hieraus folgt $s_1\,\mathcal{J}\,s_2$, und daher gilt $s_1\,\mathcal{L}\,s_2$. Wir zeigen nun, daß $S^{RLM} \cong S^{\mathcal{L}'}$ ist. Sei $\varphi : S \twoheadrightarrow T$ ein $\mathcal{L}'$-Homomorphismus, und es werde angenommen, daß $\varphi(s_1) = \varphi(s_2)$ gelte und daß $s_1, s_2$ reguläre Elemente seien. Wir müssen also zeigen, daß $R\, L\, M_{J_i}(s_1) = R\, L\, M_{J_i}(s_2)$ für jedes $i = 1, \ldots, n$ gilt. Das heißt, für jedes $J_i$ und für alle $x \in J_i$ gilt entweder (1) $x\,s_1$, $x\,s_2 \in J_i$ und $x\,s_1\,\mathcal{L}\,x\,s_2$ oder (2) $x\,s_1$, $x\,s_2 \in B(J_i)$.

Angenommen, es gilt $x\,s_1 \in J_i$ und $x\,s_2 \notin J_i$. Dann ist $x\,s_2 \in B(J_i)$. Da aber $\varphi(x\,s_1) = \varphi(x\,s_2)$ gilt, ist $\varphi(J_i) \cap \varphi[B(J_i)] \neq \emptyset$. Das ist aber ein Widerspruch, da $J_i$ nach (b) die eindeutig bestimmte minimale $\mathcal{J}$-Klasse von $\varphi^{-1}[\varphi(J_i)]$ darstellt. Somit ist $R\, L\, M_{J_i}(s_1) = R\, L\, M_{J_i}(s_2)$ für jedes $i = 1, \ldots, n$. Der Beweis für $\mathcal{R}$ verläuft entsprechend, und der Beweis für $\mathcal{H}$ ergibt sich leicht.

---

[1]) Wie gezeigt werden konnte, sind diese Resultate auch für $\alpha = \mathcal{J}$ gültig.

(d) Sei $\varphi : S \underset{\alpha}{\twoheadrightarrow} T_1$, seien $s_1, s_2 \in S$ regulär, und es werde $\varphi(s_1) \,\alpha\, \varphi(s_2)$ angenommen. Nach (b) gilt dann $s_1 \mathcal{J} s_2$. Seien $s_1, s_2 \in J$. Da $\varphi$ ein $\alpha'$-Homomorphismus ist und $J$ regulär ist, operiert $\varphi$ wie ein $\alpha$-Homomorphismus auf $J$. Nach Satz 1.13 entsprechen den $\alpha$-Klassen von $S$ in $J$ in eineindeutiger Weise die $\alpha$-Klassen von $T$ in $\varphi(J)$. Daher gilt $s_1 \,\alpha\, s_2$. Das Umgekehrte ist klar. Die noch übrig gebliebene Behauptung ist leicht zu beweisen.

(e) Dies folgt unmittelbar aus (c) und Satz 3.7. ∎

**3.10. Definition.** Sei $S$ eine Halbgruppe. Sei $\mathcal{P}(S, \gamma)$ die Menge der $(\varphi, T)$ mit den folgenden Eigenschaften: Es ist $\varphi : S \twoheadrightarrow T$, und $\varphi$ ist ein $\gamma$-Homomorphismus, d. h., wird $\varphi$ auf eine beliebige Untergruppe eingeschränkt, so ist $\varphi$ eineindeutig (Definition 1.12). Wir schreiben $\varphi : S \underset{\gamma}{\twoheadrightarrow} T$, wenn $\varphi \in \mathcal{P}(S, \gamma)$ ist.

Wir beweisen nun, daß $S$ ein minimales homomorphes Bild bezüglich $\mathcal{P}(S, \gamma)$ besitzt.

**3.11. Lemma.** Sei $I$ ein maximales eigentliches Ideal von $S$ und angenommen, es existiere ein $\varphi \in \mathcal{P}(S, \gamma)$ mit $\varphi(S) = \varphi(I)$. Sei $\psi$ irgendein Homomorphismus auf $S$. $\psi$ ist genau dann ein $\gamma$-Homomorphismus, wenn $\psi$, auf $I$ eingeschränkt, ein $\gamma$-Homomorphismus ist.

Beweis. Es werde vorausgesetzt, daß $\psi$, auf $I$ eingeschränkt, ein $\gamma$-Homomorphismus sei. Sei $G$ eine nicht-triviale Gruppe in $S - I$. (Ist keine solche vorhanden, so sind wir fertig.) Sei $H = \varphi(G)$ und sei $S_1$ die Unterhalbgruppe $\varphi^{-1}(H)$. Dann ist $\varphi(S_1) = H$, und da $\varphi(I) = \varphi(S)$ gilt, erhalten wir $\varphi\,(S_1 \cap I) = H$; $S_1 \cap I$ ist ein nichtleeres Ideal von $S_1$. Von dieser Stelle ab betrachte man $\varphi$ als die Einschränkung von $\varphi$ auf $S_1$. Mit $K(S_1)$ werde der Kern von $S_1$ bezeichnet. Es ist $K(S_1) \subseteq I$, und da von Epimorphismen Kerne auf Kerne abgebildet werden und eine Gruppe ihr eigener Kern ist, gilt $\varphi[K(S_1)] = H$. Satz 7.2.5 besagt nun, daß jede maximale Untergruppe von $K(S_1)$ von $\varphi$ auf $H$ abgebildet wird. $\varphi$ ist aber auf Untergruppen eineindeutig. Daher ist $H$ isomorph zu jeder maximalen Untergruppe von $K(S_1)$.

Sei $G_1$ eine der maximalen Untergruppen von $K(S_1)$, und sei $e$ das Einselement von $G_1$. Man betrachte die Abbildung $g \to e\,g\,e$ von $G$ in $K(S_1)$. Aufgrund des Satzes von REES und der Translationseigenschaften der 0-einfachen Halbgruppen ist $e\,g\,e \in G_1$. Ferner ist diese Abbildung eineindeutig. Ist nämlich $e\,g\,e = e\,h\,e$, so ist $\varphi(g) = \varphi(h)$, woraus $g = h$ folgt.

Nun ist $G_1 \subseteq I$, und daher ist $\psi$ nach Voraussetzung auf $G_1$ eineindeutig. Sei $g_1 \neq g_2 \in G$. Dann ist $e\,g_1\,e \neq e\,g_2\,e \in G_1$. Also ist $\psi(e\,g_1\,e) \neq \psi(e\,g_2\,e)$, woraus folgt, daß $\psi(g_1) \neq \psi(g_2)$ ist. Daher ist $\psi \in \mathcal{P}(S, \gamma)$. Die Umkehrung ist klar. ∎

**3.12. Satz.** Eine Halbgruppe $S$ besitzt ein minimales homomorphes Bild bezüglich $\mathcal{P}(S, \gamma)$, das mit $S^\gamma$ bezeichnet werde und wie folgt konstruiert wird. Wenn $S$ kombinatorisch ist, dann sei $S^\gamma = \{0\}$. Wenn $S$ nicht kombinatorisch ist, so seien $J_1, \ldots, J_k$ die $k$ verschiedenen nicht kombinatorischen $\mathcal{J}$-Klassen von $S$, die wie folgt angeordnet sein mögen: Für $i < j$ ist $J_j \neq J_i$. Jetzt definieren wir induktiv einen Homomorphismus $\psi$ auf $S$. Sei $\psi_1 = G\,M_{J_1}$. Nun werde angenommen, daß $\psi_j$ bereits definiert sei. Ist dann $\psi_j$ eineindeutig auf Untergruppen von $J_{j+1}$, so werde $\psi_{j+1} = \psi_j$ gesetzt. Sonst sei $\psi_{j+1} = (\psi_j \times G\,M_{j+1})\,\Delta$. Schließlich sei $\psi = \psi_k$. Es ist dann $\psi(S) = S^\gamma$.

Beweis. Da $G\,M_{J_i}$ auf Untergruppen von $J_i$, $i = 1, \ldots, k$, eineindeutig ist, gilt trivialerweise $(\psi, \psi(S)) \in \mathcal{P}(S, \gamma)$. Ist $\varphi : \underset{\gamma}{\twoheadrightarrow} T$, so haben wir jetzt zu zeigen, daß $\psi(s_1) = \psi(s_2)$ aus $\varphi(s_1) = \varphi(s_2)$ folgt, oder äquivalent damit durch Induktion, daß $\psi_j(s_1) = \psi_j(s_2)$ aus $\varphi(s_1) = \varphi(s_2)$ folgt für $1 \leqq j \leqq k$.

Es werde also $\varphi(s_1) = \varphi(s_2)$ angenommen. Seien $x_1, x_2 \in J_1$. Wir zeigen zuerst, daß genau dann $x_1\, s_1\, x_2 \in J_1$ ist, wenn $x_1\, s_2\, x_2 \in J_1$ ist. Wenn $x_1\, s_1\, x_2 \in J_1$ und $x_1\, s_2\, x_2 \notin J_1$ ist, so ist $x_1\, s_2\, x_2 \in B(J_1)$. Hieraus folgt aber wegen $\varphi(x_1\, s_1\, x_2) = \varphi(x_1\, s_2\, x_2)$, daß $\varphi(J_1) \subseteq \varphi[B(J_1)]$ gilt, d. h., es ist $\varphi\,[J_1 \cup B(J_1)] = \varphi[B(J_1)]$. Nach Lemma 3.11 ist dann aber ein Homomorphismus, der einen $\gamma$-Homomorphismus auf $B(J_1)$ darstellt, ein $\gamma$-Homomorphismus auf $J_1 \cup B(J_1)$. $B(J_1)$ ist kombinatorisch. Also ist der Null-Homomorphismus ein $\gamma$-Homomorphismus auf $B(J_1)$ und daher eineindeutig auf Untergruppen von $J_1$. Dies ist aber ein Widerspruch. Für alle $x_1, x_2 \in J_1$ ist somit $x_1\, s_1\, x_2 \in J_1$ genau dann, wenn $x_1\, s_2\, x_2 \in J_1$ ist.

Als nächstes zeigen wir, daß $x_1\, s_1\, x_2 = x_1\, s_2\, x_2$ gilt, wenn $x_1\, s_1\, x_2 \in J_1$ (und $x_1\, s_2\, x_2 \in J_2$) ist. Aufgrund des Satzes von Rees und der Translationseigenschaften der 0-einfachen Halbgruppen (siehe Satz 7.2.14) ist $x_1\, s_1\, x_2\, \mathcal{H}\, x_1\, s_2\, x_2$, und es existieren Elemente $z_1, z_2, a_1, a_2 \in J_1$, so daß $b_1 = z_1\, x_1\, s_1\, x_2\, z_2$ und $b_2 = z_1\, x_1\, s_2\, x_2\, z_2$ in derselben maximalen Untergruppe von $J_1$ liegen und $a_1\, b_1\, a_2 = x_1\, s_1\, x_2$, $a_1\, b_2\, a_2 = x_1\, s_2\, x_2$ gilt. Da $\varphi$ auf Untergruppen eineindeutig ist und $\varphi(b_1) = \varphi(b_2)$ gilt, erhalten wir $b_1 = b_2$, so daß sich $x_1\, s_2\, x_1 = x_1\, s_2\, x_2$ ergibt. Somit gilt für alle $x_1, x_2 \in J_1$, daß entweder $x_1\, s_2\, x_2$ und $x_1\, s_2\, x_2$ beide in $B(J_1)$ liegen oder $x_1\, s_1\, x_2 = x_1\, s_2\, x_2 \in J_1$ ist. Daher gilt $\psi_1(s_1) = \psi(s_2)$.

Aufgrund der Induktionsannahme setzen wir jetzt voraus, daß $\psi_i(s_i) = \psi_i(s_i)$ für alle $i$ mit $1 \leqq i \leqq j \leqq k$ aus $\varphi(s_1) = \varphi(s_2)$ folgt. Wir haben zu zeigen, daß dann auch $\psi_{j+1}(s_1) = \psi_{j+1}(s_2)$ aus $\varphi(s_1) = \varphi(s_2)$ folgt. Wenn $\psi_j$ auf Untergruppen von $J_{j+1}$ eineindeutig ist, so ist $\psi_j = \psi_{j+1}$, und der Induktionsschritt ergibt sich trivialerweise. Daher sei $\psi_{j+1} = (\psi_j \times G\,M_{J_{j+1}})\,\Delta$. Seien $x_1, x_2 \in J_{j+1}$. Wir zeigen jetzt, daß genau dann $x_1\, s_1\, x_2 \in J_{j+1}$ ist, wenn $x_1\, s_2\, x_2 \in J_{j+1}$ ist. Angenommen, es sei $x_1\, s_1\, x_2 \in J_{j+1}$ und $x_1\, s_2\, x_2 \notin J_{j+1}$. Dann ist $x_1\, s_2\, x_2 \in B(J_{j+1})$, und $B(J_{j+1})$ ist ein maximales Ideal von $B(J_{j+1}) \cup J_{j+1}$. Also ist $\varphi[B(J_{j+1})] = \varphi[B(J_{j+1}) \cup J_{j+1}]$. Da $\psi_j$ auf den Untergruppen von $B(J_{j+1})$ eineindeutig ist, folgt nach Lemma 3.11, daß $\psi_j$ auf den Untergruppen von $J_{j+1}$ eineindeutig ist. Dies ist aber ein Widerspruch. Dann können wir wie vorher fortfahren, um zu zeigen, daß $\psi_{j+1}(\varphi s_1) = \psi_{j+1}(s_2)$ gilt. ∎

**3.13. Bemerkung.** (a) Aus $S \underset{\gamma}{\twoheadrightarrow} T$ folgt $S \underset{\gamma}{\twoheadrightarrow} T \underset{\gamma}{\twoheadrightarrow} S_k$.

(b) Sei $\varphi : S \underset{\gamma}{\twoheadrightarrow} T$, und sei $J$ eine reguläre $\mathcal{J}$-Klasse von $S$. Wird $\varphi$ auf eine beliebige $\mathcal{H}$-Klasse von $S$ in $J$ eingeschränkt, so ist $\varphi$ eineindeutig. Wenn

$S$ also eine reguläre Halbgruppe ist, so ist $\varphi$ genau dann ein $\gamma$-Homomorphismus, wenn $\varphi$ ein $\gamma(\mathcal{H})$-Homomorphismus ist. Dies folgt aus 7.1.16.

(c) Sei $S$ eine 0-einfache Halbgruppe. Dann ist $S^\gamma = G\,M(S)$.

(d) Sei $R$ eine Unterhalbgruppe von $S$, und sei $\varphi : S \underset{\gamma}{\twoheadrightarrow} T$. Dann ist $\varphi$, eingeschränkt auf $R$, ein $\gamma$-Homomorphismus. Somit ist $R \underset{\gamma}{\twoheadrightarrow} \varphi(R) \underset{\gamma}{\twoheadrightarrow} R^\gamma$ und also $R^\gamma \mid S^\gamma$.

(e) Aus $S \mid T$ folgt *nicht* $S^\gamma \mid T^\gamma$, da aus $T \twoheadrightarrow S$ nicht $S^\gamma \mid T^\gamma$ folgt. Sei $G \neq \{1\}$ eine Gruppe, und sei $U_2 = \{0\}^I$ (siehe 5.2). Sei $S = G \times U_2$. Dann wird $S \to S^\alpha$ durch $(g, x) \to (g, 0)$ gegeben, und daher ist $S^\gamma \subseteq G$. $G \times \{0\}$ ist ein Ideal von $S$, und es ist $S/(G \times \{0\}) \cong G^0$, so daß $(G^0)^\gamma = G^0$ nicht $S^\gamma = G$ teilt.

**3.14. Definition.** Man definiere $\mathcal{P}(S, \gamma, \mathcal{J})$ als die Menge aller $(\varphi, T)$ derart, daß $\varphi$ zugleich ein $\gamma$-Homomorphismus und ein $\mathcal{J}$-Homomorphismus ist. Wir nennen $\varphi$ einen $(\gamma + \mathcal{J})$-Homomorphismus.

**3.15. Satz.** $S$ besitzt ein minimales homomorphes Bild bezüglich $\mathcal{P}(S, \gamma, \varphi)$, angedeutet durch $S \twoheadrightarrow S^{\gamma+\mathcal{J}}$. Ferner gilt:

(a) Sei $\varphi : S \twoheadrightarrow S^\gamma$ und $\psi : S \twoheadrightarrow S^{\mathcal{J}}$. Sei $(\varphi \times \psi)\,\Delta : S \to S^\gamma \times S^{\mathcal{J}}$. Dann ist $(\varphi \times \psi)\,\Delta : S \twoheadrightarrow S^{\gamma+\mathcal{J}}$. Somit ist $S^{\gamma+\mathcal{J}} \leq\leq S^\gamma \times S^{\mathcal{J}}$.

(b) Sei $S$ regulär. Dann ist $S^{\gamma+\mathcal{J}} = S^{GGM}$.

(c) Sei $S$ regulär. Aus $S \twoheadrightarrow T$ folgt $S^{\gamma+\mathcal{J}} \twoheadrightarrow T^{\gamma+\mathcal{J}}$, und das folgende Diagramm ist kommutativ:

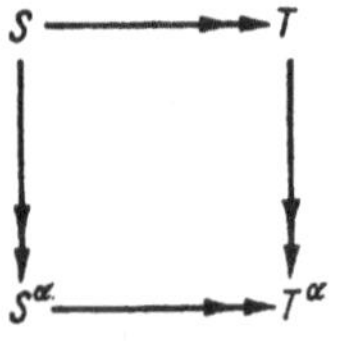


(d) Seien $S$ und $T$ regulär. Aus $T \mid S$ folgt $T^{\gamma+\mathcal{J}} \mid S^{\gamma+\mathcal{J}}$.

Beweis. (a) Sicherlich ist $(\varphi \times \psi)\,\Delta$ ein $(\gamma + \mathcal{J})$-Homomorphismus. Seien umgekehrt $Q_1$ und $Q_2$ die von $\varphi$ bzw. $\psi$ auf $S$ induzierten Kongruenzen. Dann wird $Q_1 \cap Q_2$ von $(\varphi \times \psi)\,\Delta$ induziert. Ist $\Theta : S \twoheadrightarrow S/Q$ irgendein $(\gamma + \mathcal{J})$-Homomorphismus, dann gilt $Q \subseteq Q_1$ und $Q \subseteq Q_2$, so daß man $Q \subseteq Q_1 \cap Q_2$ erhält. Somit ist $(\varphi \times \psi)\,\Delta(S)$ das minimale homomorphe Bild bezüglich $\mathcal{P}(S, \gamma, \mathcal{J})$.

(b) Seien $J_1, \ldots, J_n$ die $\mathcal{J}$-Klassen von $S$. Da $G\,G\,M_{J_i}$ auf Untergruppen von $J_i$, $i = 1, \ldots, n$, eineindeutig ist, ist $\Pi\,G\,G\,M_{J_i}$ ein $\gamma$-Homomorphismus. Auf Grund der Definition von $G\,G\,M_J$ ist leicht zu sehen, daß $\Pi\,G\,G\,M_{J_i}$ ein $\mathcal{J}$-Homomorphismus ist. Daher ist $\Pi\,G\,G\,M_{J_i}$ ein $(\gamma + \mathcal{J})$-Homomorphismus.

Sei $(\varphi, T) \in \mathcal{P}(S, \gamma, \mathcal{J})$. Wir haben zu zeigen: Ist $\Pi\,G\,G\,M_{J_i}(s_1) \neq \Pi\,G\,G\,M_{J_i}(s_2)$, so ist $\varphi(s_1) \neq \varphi(s_2)$. Nun gilt genau dann $\Pi\,G\,G\,M_{J_i}(s_1) \neq \Pi\,G\,G\,M_{J_i}(s_2)$, wenn eine $\mathcal{J}$-Klasse $J$ von $S$ existiert und $x_1, x_2$ Elemente von $J$ sind, so daß entweder (1) $x_1 s_1 x_2 \in J$ und $x_1 s_2 x_2 \notin J$ gilt oder (2) $x_1 s_1 x_2$ und $x_1 s_2 x_2$ beide in $J$ liegen und $x_1 s_1 x_2 \neq x_1 s_2 x_2$ gilt. Im Falle (1) erhalten wir, da $\varphi$ ein $\mathcal{J}$-Homomorphismus ist, $\varphi(x_1 s_1 x_2) \neq \varphi(x_1 s_2 x_2)$ und damit $\varphi(s_1) \neq \varphi(s_2)$. Im Falle (2) gilt $x_1 s_1 x_2 \mathcal{H} x_1 s_2 x_2$, und daher ist $\varphi(x_1 s_1 x_2) \neq \varphi(x_1 s_2 x_2)$, weil $\varphi$ nach Bemerkung 3.13 (b) ein $\gamma(\mathcal{H})$-Homomorphismus ist. Somit gilt $\varphi(s_1) \neq \varphi(s_2)$. (c) und (d) folgen unmittelbar aus Satz 3.7. ▮

**3.16. Bemerkung.** Ist $S$ regulär, so beachte man, daß dann

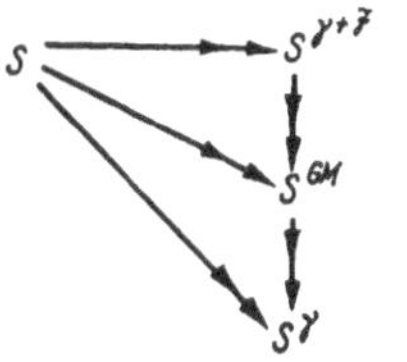


gilt und das Diagramm kommutativ ist. Dies folgt aus der Tatsache, daß $S^{\gamma+\mathcal{J}} \cong S^{G\,G\,M} \twoheadrightarrow S^{G\,M}$ gilt und aus der Weise, wie $S^\gamma$ definiert wurde.

Der folgende Satz ist für das Kapitel 9 von besonderer Bedeutung.

**3.17. Satz.** Seien $S$ und $T_1, \ldots, T_n$ Halbgruppen, die aus einer Vereinigung von Gruppen bestehen, und sei $\alpha$ entweder $\gamma + \mathcal{J}$, $\mathcal{R}$ oder $\mathcal{L}$. Ist dann $S \leqq \leqq T_1 \times \cdots \times T_n$ und $\Theta_i : T_i \twoheadrightarrow T_i^\alpha$, so daß $\Theta = \Theta_1 \times \cdots \times \Theta_n : T_1 \times \cdots \times T_n \twoheadrightarrow T_1^\alpha \times \cdots \times T_n^\alpha$ gilt, so ist $\Theta(S) = S^\alpha$ und $S^\alpha \leqq \leqq T_1^\alpha \times \cdots \times T_n^\alpha$.

Beweis. Auf $S$ eingeschränkt, ist $\Theta$ ein $\alpha$-Homomorphismus, da $\alpha$-Homomorphismen bei direkten Produkten und Einschränkungen erhalten bleiben. Somit gilt $\Theta(S) \twoheadrightarrow S^\alpha$. Sei andererseits $p_i : S \twoheadrightarrow T_i^\alpha$, so daß $\Theta_i\, p_i : S \twoheadrightarrow T_i$ gilt. Wegen $S \twoheadrightarrow T_i$ ergibt sich jetzt $S \xrightarrow{\alpha\,\varphi_i} T_i^{\alpha_i}$, so daß $\varphi_i\, \psi = \Theta_i\, p_i$ ist, wenn $\psi : S \twoheadrightarrow S^\alpha$ gilt. Nun ist

$$\begin{aligned}\Theta(S) &= (\Theta_1\, p_1 \times \cdots \times \Theta_n\, p_n)\, \Delta(S)\\ &= (\varphi_1\, \psi \times \cdots \times \varphi_n\, \psi)\, \Delta(S)\\ &= (\varphi_1 \times \cdots \times \varphi_n)\, \Delta\psi(S)\\ &= (\varphi_1 \times \cdots \times \varphi_n)\, \Delta S^\alpha\,.\end{aligned}$$

Daher gilt $S^\alpha \twoheadrightarrow \Theta(S)$, und deshalb ist $\Theta(S) = S^\alpha \leqq \leqq T_1^{\alpha_1} \times \cdots \times T_n^\alpha$. ▮

**3.18. Lemma.** (a) Sei $\varphi_i : S_i \twoheadrightarrow T_i$ für $i = 1, 2$ ein $\gamma$- (bzw. $\alpha'$-) Homomorphismus, wobei $\alpha = \mathcal{L}$, $\mathcal{R}$ oder $\mathcal{H}$ sein soll. Dann ist $\varphi = (\varphi_1 \times \varphi_2) : S_1 \times S_2 \twoheadrightarrow T_1 \times T_2$ ein $\gamma$-(bzw. $\alpha'$-) Homomorphismus.

(b) Sei $S = S^\gamma$ und $S = S^{\alpha'}$, wobei $\alpha = \mathcal{L}$, $\mathcal{R}$ oder $\mathcal{H}$ sein soll. Dann ist $S = \{0\}$.

Beweis. (a) Der Beweis der Behauptung für $\alpha'$-Homomorphismen ist einfach. Sei $\varphi_i$ für $i = 1, 2$ ein $\gamma$-Homomorphismus, und $G$ sei eine Untergruppe vom $S_1 \times S_2$ derart, daß $\varphi(G) = \{e\}$ ist, wobei $e = (e_1, e_2)$ ein idempotentes Element von $T_1 \times T_2$ darstellt. Dann sind $S_1' = \varphi_1^{-1}(e_1)$ und $S_2' = \varphi_1^{-1}(e_2)$ kombinatorische Unterhalbgruppen von $S_1$ bzw. $S_2$, da $\varphi_i$ eine $\gamma$-Abbildung ist und $G \subseteq S_1 \times S_2$ gilt. Daher ist $|G| = 1$.

(b) Aus $S = S^\gamma$ folgt $S = \{0\}$, oder $S$ besitzt keine von Null verschiedenen kombinatorischen Ideale. Wäre nämlich $I$ ein kombinatorisches Ideal, so würde $S \twoheadrightarrow S/I$ eine $\gamma$-Abbildung darstellen. Daher sei $I$ ein 0-minimales Ideal von $S$. Dann ist $I - \{0\}$ eine reguläre $\mathcal{J}$-Klasse von $S$, deren $\mathcal{H}$-Klassen eine Ordnung $\geqq 2$ besitzen. Nun betrachte man die Kongruenz $\equiv$ auf $S$, die für jedes $s_1, s_2 \in S$ wie folgt definiert wird:

$$s_1 \equiv s_2 \text{ genau dann, wenn } s_1 = s_2 \text{ oder falls gilt: Wenn } s_1, s_2 \in I, \text{ so } s_1 \mathcal{H} s_2.$$

Für $\alpha = \mathcal{R}$, $\mathcal{L}$ und $\mathcal{H}$ ist der Homomorphismus $S \twoheadrightarrow S/\equiv$ ein eigentlicher $\alpha'$-Homomorphismus. Dies ist ein Widerspruch zu $S = S^{\alpha'}$. Somit gilt $S = \{0\}$. ∎

Der folgende Satz stellt eine schwächere Form des Satzes 1.14, des Hauptergebnisses des Abschnitts 1, dar. Er soll hier angeführt werden, weil die Beweismethode wesentlich verschieden von der bei Satz 1.14 benutzten ist.

**3.19. Satz.** Sei $\varphi : S \twoheadrightarrow T$ und sei $\alpha$ eine der Relationen $\mathcal{L}$, $\mathcal{R}$ oder $\mathcal{H}$. Dann ist $\varphi = \varphi_n \cdots \varphi_1$, wobei $\varphi_1, \varphi_3, \ldots$ $\gamma$-Homomorphismen und $\varphi_2, \varphi_4, \ldots$ $\alpha'$-Homomorphismen sind.

Beweis. Man betrachte

$$S \twoheadrightarrow S^\gamma \twoheadrightarrow (S^\gamma)^{\alpha'} \twoheadrightarrow (S^{\gamma\,\alpha'})^\gamma \twoheadrightarrow \cdots \twoheadrightarrow \{0\}\,. \tag{3.1}$$

Lemma 3.18 (b) stellt sicher, daß diese Reihe $\{0\}$ erreicht. Es werde nun $\widetilde{\Delta} : S \to S \times T$ durch $\widetilde{\Delta}(s) = (s, \varphi(s))$ gegeben, und man betrachte

$$S \overset{\widetilde{\Delta}}{\twoheadrightarrow} S \times T \underset{\gamma}{\twoheadrightarrow} S^\gamma \times T \underset{\gamma}{\twoheadrightarrow} (S^\gamma)^{\alpha'} \times T \underset{\gamma}{\twoheadrightarrow} \cdots \twoheadrightarrow \{0\} \times T \cong T\,, \tag{3.2}$$

wobei die Abbildungen auf $T$ die identischen Abbildungen sind und die Abbildungen auf den ersten Faktor durch die Reihe (3.1) gegeben werden. Daß diese Homomorphismen abwechselnd $\gamma$- und $\alpha'$-Homomorphismen sind, folgt aus Lemma 3.18 (a). Die Einschränkung der Reihe (3.2) auf die Bilder von $S$ ist dann

$$S \twoheadrightarrow S \underset{\gamma}{\twoheadrightarrow} S_1 \underset{\alpha'}{\twoheadrightarrow} S_2 \underset{\gamma}{\twoheadrightarrow} \cdots \twoheadrightarrow T\,, \tag{3.3}$$

da die Einschränkung einer $\gamma$-Abbildung eine $\gamma$-Abbildung und die Einschränkung einer $\alpha'$-Abbildung eine $\alpha'$-Abbildung ist. Der zusammengesetzte Homomorphismus von (3.3) ist dann $\varphi : S \twoheadrightarrow T$. ∎

**3.20. Korollar.** Sei $\varphi : S \twoheadrightarrow T$ ein MEE (siehe Abschnitt 1). Dann ist $\varphi$ entweder ein $\gamma$-Homomorphismus oder ein $\mathcal{H}'$-Homomorphismus. [In der Tat wissen wir aus Abschnitt 1, daß $\varphi$ entweder ein $\gamma(\mathcal{H})$-Homomorphismus oder ein $\mathcal{H}$-Homomorphismus ist.]

**3.21. Definition.** Sei $\varphi : S \twoheadrightarrow T$. Sei $\{T_i : i = 1, \ldots, n\}$ die Menge aller Halbgruppen derart, daß $S \overset{\alpha_i}{\twoheadrightarrow} T_i$ und $T_i \overset{\beta_i}{\twoheadrightarrow} T$ ist, wobei $\beta_i \alpha_i = \varphi$ gilt. Man definiere die Halbgruppe $T^{\gamma^{-1}}$ durch

$$T^{\gamma^{-1}} = (\alpha_1 \times \cdots \times \alpha_n)\, \Delta(S) .$$

**3.22. Satz.** (a) $T\gamma^{-1} \twoheadrightarrow T$ ist ein $\gamma$-Homomorphismus.

(b) Sei $T'$ irgendeine Halbgruppe derart, daß $\varphi : S \twoheadrightarrow T' \underset{\gamma}{\twoheadrightarrow} T$ gilt. Dann gilt $T^{\gamma^{-1}} \underset{\gamma}{\twoheadrightarrow} T' \underset{\gamma}{\twoheadrightarrow} T$.

Beweis. (a) Mit Verwendung der Definitionsbezeichnung definiere man $\Theta : T_1 \times \cdots \times T_n \twoheadrightarrow T \times \cdots \times T$ durch $\Theta = \beta_1 \times \cdots \times \beta_n$. Nach Lemma 3.18 ist $\Theta$ ein $\gamma$-Homomorphismus, da jedes $\beta_i$ ein solcher ist. Wir beweisen $\Theta(T^{\gamma^{-1}}) \cong T$, und das beweist (a), da die Einschränkung eines $\gamma$-Homomorphismus ein $\gamma$-Homomorphismus ist.

Jedes beliebige Element von $T^{\gamma^{-1}}$ ist von der Form $[\alpha_1(s), \ldots, \alpha_n(s)]$, und daher ist $\Theta[\alpha_1(s), \ldots, \alpha_n(s)] = [\beta_1 \alpha_1(s), \ldots, \beta_n \alpha_n(s)] = [\varphi(s), \ldots, \varphi(s)]$. Dann identifiziere man $(t, \ldots, t)$ mit $t \in T$. Somit ist $\Theta : T^{\gamma^{-1}} \underset{\gamma}{\twoheadrightarrow} T$.

(b) Dies folgt offensichtlich aus der Definition von $T^{\gamma^{-1}}$. ∎

**3.23. Bemerkung.** Sei $\alpha = \mathcal{R}$, $\mathcal{L}$ oder $\mathcal{H}$. Ist $\varphi : S \twoheadrightarrow T$, so kann dann $T^{\alpha^{-1}}$ in genau derselben Weise definiert werden, und $T^{\alpha^{-1}}$ besitzt dieselbe Art von Eigenschaften wie $T^{\gamma^{-1}}$. Dies ist richtig, weil $\alpha'$ eingeschränkt ist [Satz 3.9 (a)], weil ein Element eines direkten Produktes von Halbgruppen genau dann regulär ist, wenn es jede Komponente ist, und weil zwei Elemente eines direkten Produktes genau dann $\alpha$-äquivalent sind, wenn es ihre Komponenten sind. Diese Ideen werden in den folgenden Abschnitten sehr nützlich sein. Man beachte, daß $T^{\gamma^{-1}}$ und $T^{\alpha'^{-1}}$ nur Sinn haben bezüglich einer Halbgruppe $S$ und eines Homomorphismus $\varphi : S \twoheadrightarrow T$.

Der folgende Satz ist der wichtige Ursprung der $\mathcal{L}$-, $\gamma(\mathcal{H})$- und $\gamma$-Homomorphismen.

**3.24. Satz.** (a) Man betrachte $(X_2, G)$ w $(X_1, S)$, wobei $G$ eine linkseinfache Halbgruppe (z. B. eine Gruppe) und $S$ ein Monoid ist. Sei $p_1 : (X_2, G)$ w $(X_1, S) \twoheadrightarrow S$ der natürliche Projektionshomomorphismus. Dann ist $p_i$ ein $\mathcal{L}$-Homomorphismus.

(b) Man betrachte $(X_2, C)$ w $(X_1, S)$, wobei $C$ eine kombinatorische Halbgruppe und $S$ eine beliebige endliche Halbgruppe ist. Dann ist

$$p_i : (X_2, C) \text{ w } (X_1, S) \twoheadrightarrow S$$

ein $\gamma(\mathcal{H})$-Homomorphismus.

Beweis. (a) Es ist $(X_2, G)$ w $(X_1, C) \cong F(X_1, G) \times_Y S$, wobei $Y(1)$ der identische Endomorphismus von $G$ ist. Da $F(X_1, G) \cong G \times \cdots \times G$ ($|X_1|$-mal) gilt, ist $F(X_1, G)$ linkseinfach, weil die Linkseinfachheit bei Bildung direkter Produkte erhalten bleibt.

Daher genügt es, die Behauptung für $G \times_Y S \twoheadrightarrow S$ zu beweisen, wobei $Y(1)$ der identische Endomorphismus von $G$ ist.

Sei $p_1(s_2, s_1) = p_1(t_2, t_1)$ (d. h. $s_1 = t_1$). Wir müssen zeigen, daß $(s_2, s_1)\, \mathcal{L}\, (t_2, s_1)$ für alle $s_2, t_2 \in G$ gilt. Da $G$ linkseinfach ist, gilt $s_2\, \mathcal{L}\, t_2$. Im Falle $s_2 \neq t_2$ existieren daher $x, y \in G$ derart, daß $x s_2 = t_2$ und $y t_2 = s_2$ ist. Dann gilt aber $(x, 1)(s_2, s_1) = (x_1 s_2, s_1) = (t_2, s_1)$ und $(y, 1)(t_2, s_1) = (s_2, s_1)$, d. h. $(s_2, s_1) \mathcal{L} (t_2, s_1)$.

(b) Wir zeigen zuerst, daß $(X_2, C) \text{ w } (X_1, S) \xrightarrow{p1} S$ ein $\gamma$-Homomorphismus ist. Nun ist $(X_2, C) \text{ w } (X_1, S) \cong F(X_1, C) \times uS$ und $F(X_1, C) \cong C \times \cdots \times C$ ($|X_1|$-mal), und daher ist $F(X_1, C)$ kombinatorisch. Deshalb genügt es, die Behauptung für $C \times_Y S$ zu beweisen. Sei $G$ eine Untergruppe von $C \times_Y S$ und sei $G_1 = p_1(G)$ eine Untergruppe von $S$. Wir wissen aus dem Beweisgang des Lemmas 5.3.6, daß eine Untergruppe $G_2 \subseteq C$ existiert derart, daß $G$ eine Erweiterung von $G_2$ durch $G_1$ ist. Nun gilt aber $G_2 = \{1\}$, da $C$ kombinatorisch ist. Also ist $G \cong G_1$. Daher ist $p_1$ ein $\gamma$-Homomorphismus.

Um nun zu beweisen, daß $p_1$ ein $\gamma(\mathcal{H})$-Homomorphismus ist, genügt es zu zeigen, daß aus $(c_1, s) \mathcal{H} (c_2, s)$ immer $c_1 = c_2$ folgt. Sei $H$ die $\mathcal{H}$-Klasse, die $(c_1, s)$ und $(c_2, s)$ enthält, und sei $\mathcal{S}(H)$ die (rechtsseitige) SCHÜTZENBERGER-Gruppe von $H$. Dann operiert $\mathcal{S}(H)$ auf $H$ in Dreiecksform. Sei nämlich $\pi \in \mathcal{S}(H)$ und sei $\bar{\pi} = (d_1, s_1)$ ein Repräsentant von $\pi$ in $C \times uS$ (siehe die Bezeichnungsweise von Satz 7.2.10). Für $(c, s) \in H$ erhalten wir dann

$$(c, s)\,\pi = (c, s)(d_1, s_1) = (c^s d_1, s s_1)\,.$$

Somit ist, wie man leicht sieht, $\pi \in C^1 \text{ w } S^1$. Also ist $\mathcal{S}(H) \subseteq C' \text{ w } S'$. Nun ist aber $C^1$ kombinatorisch, und daher ist die Projektionsabbildung $q_1 : C^1 \text{ w } S^1 \twoheadrightarrow S^1$ ein $\gamma$-Homomorphismus. Aus diesem Grunde ist $q_1[\mathcal{S}(H)] \cong \mathcal{S}(H)$, und der Kern von $q_1$, eingeschränkt auf $\mathcal{S}(H)$, ist also genau das Einselement von $\mathcal{S}(H)$.

Nun sei $\pi$ dasjenige Element von $\mathcal{S}(H)$, für das $(c_1, s)\,\pi = (c_1, s)$ gilt. $\pi$ operiert wie das Einselement auf der ersten Koordinate, und somit ist $\pi \in \operatorname{Ker} q_1$. Daher ist $\pi$ das Einselement von $\mathcal{S}(H)$ und $c_1 = c_2$. ∎

**3.25. Satz.** (a) Ist $S$ kombinatorisch, so ist $S^\gamma = \{0\}$ und $S^{GM} = \{0\}$. Also ist $S^\gamma = \{0\}$, wenn $S^\gamma$ kombinatorisch ist, und $S^{GM} = \{0\}$, wenn $S^{GM}$ kombinatorisch ist.

(b) Sei $S$ eine $GGM$-Halbgruppe mit ausgezeichneter $\mathcal{J}$-Klasse $J$. Sei $\varphi$ ein Homomorphismus auf $S$, der auf einer maximalen Untergruppe von $J$ eineindeutig ist. Dann ist $\varphi$ auf $S$ eineindeutig.

(c) Ist $S$ eine $GM$-Halbgruppe, so gilt $S^\gamma = S$.

(d) Ist $S$ eine $GGM$-Halbgruppe, so folgt, daß $RLM(S) = S^{RLM} = S^{\mathcal{L}'}$ ist.

(e) Ist $S$ sowohl eine $GM$- als auch eine $RLM$-Halbgruppe, so ist $S = \{0\}$.

Beweis. (a) Es ist $S^{GM} = \{0\}$, wenn $S$ kombinatorisch ist, da $GM_J(S) = \{0\}$ gilt, immer wenn $J$ eine kombinatorische $\mathcal{J}$-Klasse ist. Daher gilt $S^{GM} = \{0\}$. Die letzten Aussagen folgen wegen $(S^\gamma)^\gamma = S^\gamma$ und $(S^{GM})^{GM} = S^{GM}$.

(b) Man beachte, daß $\varphi$ bei Einschränkung auf $J$ gleich $\gamma(\mathcal{H})$ ist. Sei $s_1 \neq s_2 \in S$. Da $S$ eine $GM$-Halbgruppe ist, existieren $j_1, j_2 \in J$ derart, daß $j_1 s_1 j_2 \neq j_1 s_2 j_2$ gilt. Dann ist entweder (1) $j_1 s_1 j_2 = 0 \neq j_1 s_2 j_2$, oder es gilt (2) $j_1 s_1 j_2 \mathcal{H} j_1 s_2 j_2$ in $J$. Im ersten Falle erhalten wir $\varphi(j_1 s_1 j_2) \neq \varphi(j_1 s_2 j_2)$

wegen $\varphi(J) \neq \{0\}$. Im zweiten Falle erhalten wir $\varphi(j_1 s_1 j_2) \neq \varphi(j_1 s_2 j_2)$, da $\varphi$ auf $J$ gleich $\gamma(\mathcal{H})$ ist. Somit gilt in beiden Fällen: $\varphi(s_1) \neq \varphi(s_2)$, und $\varphi$ ist auf $S$ eineindeutig.

(c) Hier verwende man (b) und die Konstruktion von $S^\gamma$.

(d) Es ist $R\,L\,M(S) = R\,L\,M(S)^{R\,L\,M} = R\,L\,M(S)^{\mathcal{L}'}$. Somit genügt es zu beweisen, daß $S \twoheadrightarrow R\,L\,M(S)$ ein $\mathcal{L}'$-Homomorphismus ist, denn aus $S \underset{\mathcal{L}'}{\twoheadrightarrow} T$ folgt $S^{\mathcal{L}'} = T^{\mathcal{L}'}$.

Aus dem Beweis von Satz 2.17 folgt $S \subseteq (G^0, G^0)$ w $(B^0, S') \subseteq F(B^0, G^0) \times_Y S'$, wobei $S' = \{f \in F_R(B^0) : f(0) = 0\}$ ist. Wenn ferner $p_1 : F(B^0, G^0) \times uS' \twoheadrightarrow S'$ auf $S$ eingeschränkt wird, ergibt sich $p_1 : S \twoheadrightarrow R\,L\,M(S)$. Durch $T = \{(f_2, f_1) \in F(B^0, G^0) \times_Y S' : (b) f_1 = 0$ genau dann, wenn $f_2(b) = 0\}$ wird nun eine Unterhalbgruppe definiert. Wir werden zeigen, daß $p_1$ bei Einschränkung auf $T$ einen $\mathcal{L}$-Homomorphismus darstellt, so daß $p_1 : S \twoheadrightarrow R\,L\,M(S)$ wegen $S \subseteq T$ ein $\mathcal{L}'$-Homomorphismus ist.

Wir müssen zeigen, daß zwei beliebige Elemente von $T$ mit derselben ersten Koordinate $\mathcal{L}$-äquivalent sind. Seien $(f_2, f_1), (g_2, f_1) \in T$. Sei $B_1 = \{b \in B^0 : (b) f_1 \neq 0\}$. Man definiere nun $(h_1, 1)$ und $(h_2, \bar{1}) \in T$ durch

$$(b)1 = \begin{cases} b, & \text{wenn } b \in B_1\,, \\ 0, & \text{wenn } b \notin B_1\,; \end{cases}$$

$$h_1(b) = \begin{cases} g_2(b)\, f_2(b)^{-1}, & \text{wenn } b \in B_1\,, \\ 0, & \text{wenn } b \notin B_1\,; \end{cases}$$

$$gh_2(b) = \begin{cases} f_2(b)\, g_2(b)^{-1}, & \text{wenn } b \in B_1\,, \\ 0, & \text{wenn } b \notin B_1\,. \end{cases}$$

Dann ist $(h_1, \bar{1})\,(f_2, f_1) = (g_2, f_1)$ und $(h_2, \bar{1})\,(g_2, f_1) = (f_2, f_1)$, also gilt $(f_2, f_1)\,\mathcal{L}\,(g_2, f_1)$ in $T$.

(e) Da $S$ eine $G\,M$-Halbgruppe ist, muß entweder ihre ausgezeichnete $\mathcal{J}$-Klasse nicht kombinatorisch sein, oder es muß $S = \{0\}$ gelten. Da aber $S$ eine $R\,L\,M$-Halbgruppe ist, kann sie keine nicht kombinatorische ausgezeichnete $\mathcal{J}$-Klasse besitzen. Daher ist $S = \{0\}$. ∎

**3.26. Bezeichnung.** Durch das Tripel $(J, G, N)$ von $S$ soll ausgedrückt werden, daß $J$ eine $\mathcal{J}$-Klasse von $S$, $G$ eine maximale Untergruppe von $J$ und $N$ ein Normalteiler von $G$ (geschrieben $N \Delta G$) ist.

**3.27. Definition.** (a) Sei $S$ eine Halbgruppe, und $(J, G, N)$ möge zu $S$ gehören. $J_0$ werde durch $\mathcal{M}^0(G; A, B; C)$ repräsentiert. Man definiere die Halbgruppe $S/(J, G, N)$ durch $S/(J, G, N) = [S/F(J)]/\equiv$. Hierbei bedeutet $\equiv$ die identische Kongruenz auf $[S/F(J)] - J$, die durch den Homomorphismus $(g, a, b) \to (\omega(g), a, b)$ auf $J$ [siehe Satz 7.2.5 (c)] gegeben wird, wobei $\omega : G \twoheadrightarrow G/N$ der natürliche Gruppenhomomorphismus ist. Es ist leicht nachzuweisen, daß die Kongruenz $\equiv$ unverändert bleibt, wenn irgendein anderes Koordinatensystem (mit der Gruppe $G$) $\mathcal{M}^0(G; A, B; P)$ für $J^0$ gewählt wird.

Mit anderen Worten, $S/(J, G, N)$ ist unabhängig vom gewählten Koordinatensystem (mit der Gruppe $G$). $S/(J, G, N)$ besitzt ein eindeutig bestimmtes reguläres 0-minimales Ideal, nämlich das Bild von $J \cup F(J)$.

(b) Sei $S$ eine Halbgruppe, und $(J, G, N)$ möge zu $S$ gehören. Durch $G\,M(J, G, N)$ werde dann die Halbgruppe $G\,M[S/(J, G, N)]$ bezeichnet.

(c) Sei $T$ eine Halbgruppe mit einem eindeutig bestimmten regulären 0-minimalen Ideal $I$. Sei $\varphi : S \twoheadrightarrow T$ gegeben. Ist dann $J$ die eindeutig in $\varphi^{-1}(I^{\text{Card}})$ enthaltene minimale reguläre $\mathcal{J}$-Klasse von $S$, $G$ irgendeine maximale Untergruppe von $J$ und $N$ der auf $G$ eingeschränkte (Gruppen-)Kern von $\varphi$ [d. h., ist 1 das Einselement von $G$, dann ist $N = \{g \in G : \varphi(g) = \varphi(1)\}$], so wird $(J, G, N)$ *ein Kern von* $\varphi$ genannt.

**3.28. Satz.** Sei $\varphi$ ein Homomorphismus einer Halbgruppe $S$ auf eine $G\,M$-Halbgruppe, und sei $(J, G, N)$ ein Kern von $\varphi$. Sei $\mathcal{P}$ diejenige Eigenschaft von Homomorphismen von $S$, die wie folgt definiert wird:

$$\mathcal{P} = \{(\psi, T) : \psi(J) \cap \psi[F(J)] = \emptyset, \text{ und der auf } G \text{ eingeschränkte Gruppenkern von } \psi \text{ ist in } N \text{ enthalten}\}.$$

Dann ist $(\varphi, \varphi(S))$ das minimale homomorphe Bild von $S$ bezüglich $\mathcal{P}$.

Beweis. Man vermerke zuerst, daß $(\varphi, \varphi(S)) \in \mathcal{P}$ ist. Dann haben wir zu zeigen: Ist $\varphi(s_1) \neq \varphi(s_2)$ für gewisse $s_1, s_2 \in S$, so gilt $\psi(s_1) \neq \psi(s_2)$ für alle $\psi \in \mathcal{P}$. Nun ist $\varphi(S)$ eine $G\,M$-Halbgruppe bezüglich des ausgezeichneten Ideals $\varphi\,[J \cup F(J)]$. Aus $\varphi(s_1) \neq \varphi(s_2)$ folgt daher, daß $j_1, j_2 \in J$ existieren derart, daß $\varphi(j_1\, s_1\, j_2) \neq \varphi(j_1\, s_2\, j_2)$ gilt. Ist eins der beiden Elemente, etwa $\varphi(j_1\, s_1\, j_2)$, gleich Null, so ist $j_1\, s_1\, j_2 \in F(J)$, während $j_1\, s_2\, j_2 \in J$ ist, so daß $\psi(j_1\, s_1\, j_1) \neq \psi(j_1\, s_2\, j_2)$ für alle $\psi \in \mathcal{P}$ gilt. Hieraus folgt dann $\psi(s_1) \neq \psi(s_2)$.

Man nehme also $\varphi(j_1\, s_1\, j_2), \varphi(j_1\, s_2\, j_2) \in \varphi(J)$ an. Dann ist $j_1\, s_1\, j_2 \mathcal{H} j_1\, s_2\, j_2$, und somit existieren $x$, $y \in S$ derart, daß $x\, j_1 s_1\, j_2\, y, x\, j_1\, s_2\, j_2\, y \in G$ und $\varphi(x\, j_1\, s_1\, j_2\, y) \neq \varphi(x\, j_1\, s_2\, j_2\, y)$ gilt. Sei $j_1' = x\, j_1$ und $j_2' = j_2\, y$. Dann ist $(j_1'\, s_1\, j_2')\, N \neq (j_1'\, s_2\, j_2')\, N$. Sei $K$ der auf $G$ eingeschränkte Kern von $\psi$. Wegen $K \subseteq N$ erhalten wir $(j_1'\, s_1\, j_2')\, K \neq (j_1'\, s_2\, j_2')\, K$. Mit anderen Worten, es ist $\psi(j_1'\, s_1\, j_2') \neq \psi(j_1'\, s_2\, j_2')$ und daher $\psi(s_1) \neq \psi(s_2)$. ∎

**3.29. Bemerkung.** Das Folgende ist ein unmittelbares Korollar von Satz 3.28: Ist $(J, G, N)$ ein Kern von $\varphi : S \twoheadrightarrow T$, wobei $T$ eine $G\,M$-Halbgruppe ist, so gilt $G\,M(J, G, N) \cong T$.

Somit gibt es für jedes $G\,M$-homomorphe Bild einer Halbgruppe $S$ einen internen Kode, nämlich einen der Kerne $(J, G, N)$ des Homomorphismus, und es hat nichts zu sagen, welcher Kern gewählt wird, die $G\,M$-Halbgruppe kann wiedergewonnen werden, denn sie ist zu $G\,M(J, G, N)$ isomorph.

**3.30. Satz.** (a) Sei $S$ eine Halbgruppe, und seien $G_1$ und $G_2$ zwei maximale Untergruppen von $S$. Seien $e_1$ und $e_2$ die Einselemente von $G_1$ bzw. $G_2$. Gilt $G_1 \mathcal{L} G_2$, so ist $G_1 = e_1\, G_2$ und $G_2 = e_2\, G_1$, und die Abbildung $G_i \twoheadrightarrow e_j\, G_i = G_j$ $(i, j = 1, 2)$ ist ein Isomorphismus. Gilt $G_1 \mathcal{R} G_2$, so ist $G_1 = G_2\, e_1$ und $G_2 = G_1\, e_2$, und die Abbildung $G_i \twoheadrightarrow G_i\, e_j = G_j$ $(i, j = 1, 2)$ ist ein Isomorphismus.

(b) $(J, G_1, N_1)$ möge zu $S$ gehören, und man betrachte $\varphi : S \twoheadrightarrow G\,M(J, G_1, N_1)$. Sei $G_2 \mathcal{J} G_1$, und $(J, G_2, N_2)$ sei der Kern von $\varphi$ bezüglich $G_2$. Dann ist $N_1 \cong N_2$. Gilt $G_1 \mathcal{R} G_2$, so ist $N_2 e_1$ und $N_2 = N_1 e_2$. Gilt $G_1 \mathcal{L} G_2$, so ist $N_1 = e_1 N_2$ und $N_2 = e_2 N_1$.

Beweis. (a) ist trivial.

(b) Es ist $N_1 = \{g_1 \in G_1 : \varphi(g_1) = \varphi(e_1)\}$ und $N_2 = \{g_2 \in G_2 : \varphi(g_2) = \varphi(e_2)\}$. Es werde $G_1 \mathcal{R} G_2$ angenommen. Dann ist $e_1 e_2 = e_2$ und $e_2 e_1 = e_1$. Man betrachte $N_1 e_2$. Sei $h \in N_1 e_2$, also $h = g e_2$ mit $g \in N_1$. Es ist $\varphi(h) = \varphi(g e_2) = \varphi(e_1) = \varphi(e_1)\varphi(e_2) = \varphi(e_2)$, und daher gilt $N_1 e_2 \subseteq N_2$. Entsprechend gilt $N_2 e_1 \subseteq N_1$. Also ist $N_1 e_2 = N_2$ und $N_2 e_1 = N_1$. Gilt $G_1 \mathcal{L} G_2$, so ergibt ein entsprechender Beweis die Behauptung. ∎

**3.31. Definition.** Sei $(J_1, G_1, N_1)$ von $S$ gegeben. Sei $\Theta : S \twoheadrightarrow RLM\,[G\,M(J_1, G_1, N_1)]$. Sei $J_2$ eine reguläre $\mathcal{J}$-Klasse von $S$ mit einer maximalen Untergruppe $G_2$. Sei $1 \in G_2$ das Einselement von $G_2$. Wir definieren

$$\begin{aligned}\operatorname{Ker}[(J_1, G_1, N_1), (J_2, G_2)] &\equiv \{g \in G_2 : \Theta(g) = \Theta(1)\}\\ &= \text{der auf } G_2 \text{ eingeschränkte Gruppenkern von } \Theta.\end{aligned}$$

Offensichtlich gilt $\operatorname{Ker}[(J_1, G_1, N_1), (J_2, G_2)] \lhd G_2$.

**3.32. Bemerkung.** Es kann auch eine andere Beschreibung von $N_\cdot = \operatorname{Ker}[(J_1, G_1, N_1), (J_2, G_2)]$ gegeben werden. Sei $X$ die Menge der $\mathcal{L}$-Klassen im Bild von $J_1 \cup F(J_1)$ in $G\,M(J_1, G_1, N_1)$. Dann ist $G_2$ eine Gruppe, die auf $X$ operiert, d. h., es ist $X \cdot G_2 \subseteq X$ gemäß der Definition $x \cdot g = x\Theta(g)$ und $x \cdot (g_1 g_2) = (x \cdot g_1) \cdot g_2$. Sei $R = X \cdot 1$. (Man beachte, daß $X \cdot g = R$ für alle $g \in G_2$ gilt.) $G_2$ permutiert $R$, d. h., $(R, G_2)$ ist eine (nicht notwendig treue) Transformationsgruppe. $R$ wird der *Bereich* von $G_2$ genannt.

$X$ ist nun die Menge der [gemäß $S \twoheadrightarrow S/(J_1, G_1, N_1) \twoheadrightarrow G\,M(J_1, G_1, N_1)$] identifizierten $\mathcal{L}$-Klassen von $J_1{}^\circ$, und $R$ ist die Teilmenge, die aus denjenigen $\mathcal{L}$- Klassen besteht, die von $G_2$ permutiert werden. Man betrachte denjenigen Homomorphismus $\varphi$ auf $G_2$, durch den die Operation von $G_2$ auf $R$ treu wird. Es ist leicht zu sehen, daß $\varphi(G_2) = G_2/N_2$ ist. Daher ist $N_2 = \operatorname{Ker}[(J_1, G_1, N_1), (J_2, G_2)]$ derjenige Teil von $G_2$, den wir weglassen können und immer noch wissen, wie $G_2$ auf seinem Bereich $R$ in den identifizierten $\mathcal{L}$-Klassen von $J_0^1$ operiert. Diese Vorstellungen werden in Kapitel 9 benutzt werden.

**3.33. Satz.** Sei $J^0$ eine 0-einfache Halbgruppe, und sei $X$ eine Menge. Es werde angenommen, daß $(X, J^0)$ eine (nicht notwendig treue) Transformationshalbgruppe sei. $G_1$ und $G_2$ seien ferner maximale Untergruppen von $J$. Dann operieren $G_1$ und $G_2$ auf $X$. Seien $R_1 = R_{11} \cup \cdots \cup R_{1n}$ und $R_2 = R_{21} \cup \cdots \cup R_{2m}$ die Bereiche und transitiven Komponenten von $G_1$ bzw. $G_2$. Seien $e_1 \in G_1$ und $e_2 \in G_2$ die Einselemente von $G_1$ und $G_2$.

(a) Gilt $G_1 \mathcal{L} G_2$, so haben $G_1$ und $G_2$ denselben Bereich und dieselben transitiven Komponenten. Sei $R$ der Bereich (oder eine transitive Komponente) von $G_1$, und sei $N_1 \lhd G_1$ derart, daß $G_1/N_1$ treu auf $R$ operiert. Dann operiert $G_2/e_2 N_1$ treu auf $R$ und umgekehrt.

(b) Gilt $G_1 \mathcal{R} G_2$, so stehen die Bereiche und transitiven Komponenten von $G_1$ mit $G_2$ in eineindeutiger Beziehung zueinander. In der Tat ist $R_2 = R_1 e_2 = R_{11} e_2 \cup \cdots \cup R_{1n} e_2$ und $R_1 = R_2 e_1 = R_{21} e_1 \cup \cdots \cup R_{2n} e_1$. Sei $R$ der Bereich (oder eine transitive Komponente) von $G_1$, und sei $N_1 \lhd G_1$ derart, daß $G_1/N_1$ treu auf $R$ operiert. Dann operiert $G_2/N_1 e_2$ treu auf $R e_2$ und umgekehrt.

Beweis. (a) Es ist $R_1 = X G_1 = X e_1 G_2 \subseteq X G_2 = R_2$. Entsprechend ist $R_2 \subseteq R_1$, so daß $R_1 = R_2$ gilt. Sei $R_{1i}$ eine transitive Komponente von $G_1$. Dann existiert ein $x \in R_{1i}$ derart, daß $R_{1i} = x G_1$ gilt. Es ist aber $x G_1 = x e_1 G_2$ und $x e_1 \in R_{1i}$ und daher $R_{1i} = (x e_1) G_2$. Somit ist jede transitive Komponente von $G_1$ auch eine transitive Komponente von $G_2$ und umgekehrt.

Sei $N_2$ derjenige Normalteiler von $G_2$, durch den die Operation von $G_2$ auf $R$ treu wird. Nun ist

$$N_i = \{g \in G_i : r g = r \quad \text{für alle } r \in R\}\,, \quad i = 1, 2\,.$$

Sei $h \in e_2 N_1 \subseteq G_2$. Wir schreiben $h = e_2 g$, $g \in N_1$. Dann ist $r h = r e_2 g = r g = r$ für alle $r \in R$ und daher $e_2 N_1 \subseteq N_2$. Entsprechend ist $e_1 N_2 \subseteq N_1$, so daß $e_2 N_1 = N_2$ und $e_1 N_2 = N_1$ gilt.

(b) In diesem Falle ist $R_1 = X G_1 = X G_2 e_1 = R_2 e_1$ und $R_2 = X G_2 = X G_1 e_2 = R_1 e_2$. Sei $R_{2i}$ eine transitive Komponente von $G_2$. Sei $x \in R_1$. Dann ist $x e_2 \in R_2$. Man setze $R_{1i} = x G_1$ und $R_{2i} = (x e_2) G_2$. Nun ist $R_{1i} = x G_1 = x e_1 G_1 = x e_2 e_1 G_1 = (x e_2) G_1 = (x e_2) G_2 e_1 = R_{2i} e_1$. Entsprechend ist $R_{2i} = R_{1i} e_2$.

Sei $N_1 = \{g \in G_1 : r g = r \text{ für alle } r \in R\}$ und sei $N_2 = \{h \in G_2 : (r e_2) h = r e_2$ für alle $r \in R\}$. Ferner sei $h \in N_1 e_2$, so daß $h = g e_2$ ist mit $g \in N_1$. Dann gilt $(r e_2) h = r h = r g e_2 = r e_2$, so daß man $N_1 e_2 \subseteq N_2$ erhält. Entsprechend erhält man auch $N_2 e_1 \subseteq N_1$, und daher ist also $N_1 e_2 = N_2$ und $N_2 e_1 = N_1$. ∎

Die meisten Resultate dieses Abschnittes sind aus RHODES [5], Abschnitt 6 entnommen. Über die Beziehung dieser Resultate zur Charaktertheorie endlicher Halbgruppen siehe RHODES [6].

## Literatur


[1] RHODES, J., A homomorphism theorem for finite semigroups. Math. Systems Theory 1 (1967), 289–304.

[2] SCHÜTZENBERGER, M. P., $\mathcal{D}$ representations des demi-groupes. Compt. Rend. Acad. Sci. Paris 244 (1957), 1994–1996.

[3] PRESTON, G. B., Matrix representations of semigroups. Quart. J. Math. Oxford Ser. 2 (1958), 169–176.

[4] KROHN, K., RHODES, J., Complexity of finite semigroups. Ann. of Math. (im Druck).

[5] RHODES, J., Some results on finite semigroups. J. Algebra 3 (1966), 471–504.

[6] RHODES, J., Complexity and characters of finite semigroups (eingereicht in J. Comb. Theory).

# Komplexitäts-Axiome endlicher Halbgruppen[1]) 9

KENNETH KROHN
*Krohn-Rhodes Forschungsinstitut, Washington, D. C.*

JOHN L. RHODES[2])
*Universität von Kalifornien, Berkeley, Kalifornien*
*Krohn-Rhodes Forschungsinstitut, Berkeley, Kalifornien*

BRET R. TILSON
*Universität von Kalifornien, Berkeley, Kalifornien*

Absicht dieses Kapitels ist es, Methoden zur Berechnung der (Gruppen-) Komplexität einer gegebenen endlichen Halbgruppe $S$ oder eines reduzierten endlichen Automaten $M$ darzustellen. Die meisten der hier aufgeführten Resultate werden nur für solche Automaten bewiesen, deren Halbgruppe eine Vereinigung von Gruppen ist. Jedoch werden spätere Arbeiten viele Methoden auf beliebige endliche Halbgruppen ausdehnen. Nichtsdestoweniger sind auch die hier gebotenen eingeschränkten Resultate ziemlich tiefliegend. Dieses Kapitel hängt stark von den Kapiteln 1, 5, 6, 7 und 8 ab.

Wir werden ein System von Axiomen aufstellen und dann beweisen, daß diesen nur eine Funktion genügen kann. Dann werden wir zeigen, daß die Funktion $\mathrm{Card}_G$, bei Einschränkung auf Halbgruppen, die Vereinigungen von Halbgruppen sind, diese Axiome erfüllt. Schließlich werden wir die Axiome dazu benutzen, um mehrere verschiedene Methoden zur Berechnung von $\mathrm{Card}_G$ zu entwickeln.

## 1. Die Axiome

**1.1. Bezeichnung.** Im folgenden seien alle Halbgruppen von endlicher Ordnung. $T \leqq S$ soll zum Ausdruck bringen, daß $T$ eine Unterhalbgruppe von $S$ ist. Wir lassen $S \leqq S$ zu. $N$ bezeichne die Menge der nichtnegativen ganzen Zahlen.

In diesem Abschnitt soll $\mathcal{S}$ eine nichtleere Menge von endlichen Halbgruppen bedeuten, die bezüglich homomorpher Bilder abgeschlossen ist. Genauer, aus $S \in \mathcal{S}$ und $S \twoheadrightarrow T$ soll $T \in \mathcal{S}$ folgen.

Sind $S$ und $S_1$ zueinander isomorph, so beachte man, daß hieraus folgt, daß genau dann $S$ in $\mathcal{S}$ liegt, wenn $S_1$ in $\mathcal{S}$ enthalten ist. $\{0\}$ gehört auch

[1]) Die Verfasser möchten Yale ZALCSTEIN für eine Arbeit an einer früheren Fassung dieses Kapitels danken.

[2]) Alfred P. Sloan Research Fellow, 1967–1968.

zu $\mathcal{S}$, da $S \twoheadrightarrow \{0\}$ für alle $S$ und $\mathcal{S}$ gilt. Schließlich folgt aus $S \leqq\, \leqq S_1 \times \cdots \times S_n$ und $S \in \mathcal{S}$, daß $S_j$ für $j = 1, \ldots, n$ in $\mathcal{S}$ liegt (vgl. 8.2.1).

Beispiele von Mengen von Halbgruppen, die das vorstehend Gesagte erfüllen, sind alle endlichen Halbgruppen, alle regulären endlichen Halbgruppen, alle endlichen Halbgruppen, die Vereinigungen von Halbgruppen sind, und alle endlichen abelschen Halbgruppen.

**1.2. Definition (die $\mathcal{P}$-Axiome für die Komplexität).** Sei $\mathcal{P}$ eine Eigenschaft von Halbgruppen (Definition 7.2.18) und sei $\mathcal{S}$ eine Menge von Halbgruppen, die bezüglich homomorpher Bilder abgeschlossen ist. $\Theta : \mathcal{S} \to N$ ist genau dann eine *G-Komplexitäts-Funktion für $\mathcal{S}$ bezüglich $\mathcal{P}$*, wenn $\Theta$ die folgenden drei Axiome erfüllt.

Axiom I. Sei $S \leqq\, \leqq S_1 \times \cdots \times S_n$. Dann gilt

$$\Theta(S) = \max \{\Theta(S_i) \colon i = 1, \ldots, n\} .$$

Axiom II. (Fundamentallemma der Komplexität.) Sei $I$ ein kombinatorisches Ideal von $S$. Dann gilt

$$\Theta(S) = \Theta(S/I);\ \Theta(\{0\}) = 0 .$$

Axiom III. Sei $S \neq \{0\}$ eine $G\,M$-Halbgruppe. Dann gilt

$$\Theta(S) = \begin{cases} \Theta[R\,L\,M(S)] + 1, & \text{wenn} \quad S \in \mathcal{P}, \\ \Theta[R\,L\,M(S)], & \text{wenn} \quad S \notin \mathcal{P}. \end{cases}$$

**1.3. Satz.** Seien $\mathcal{S}$ und $\mathcal{P}$ wie eben beschrieben. Dann existiert höchstens eine $G$-Komplexitäts-Funktion für $\mathcal{S}$ bezüglich $\mathcal{P}$.

Beweis. Seien $\Theta_1$ und $\Theta_2$ $G$-Komplexitäts-Funktionen für $\mathcal{S}$ bezüglich $\mathcal{P}$. Sei $S$ eine Halbgruppe kleinster Ordnung in $\mathcal{S}$ derart, daß

$$\Theta_1(S) \neq \Theta_2(S)$$

gilt.

Nach Axiom II ist $S \neq \{0\}$. Nach Lemma 8.2.19 besitzt nun (1) $S$ entweder einen EMEE, oder (2) es ist $S \leqq\, \leqq S_1 \times \cdots \times S_n$, wobei $|S_k| > |S|$ für $k = 1, \ldots, n$ gilt. Fall 2 ist unmöglich, da nach Axiom I

$$\Theta_j(S) = \max \{\Theta_j(S_i) : i = 1, \ldots, n\} \quad \text{für } j = 1, 2$$

ist und gemäß der Definition von $S$ ja $\Theta_1(S_i) = \Theta_2(S_i)$ für $i = 1, \ldots, n$ gilt. Somit besitzt $S$ einen EMEE, und daher ist nach Lemma 8.2.19 entweder $S$ eine $G\,M$-Halbgruppe, oder $S$ enthält ein von Null verschiedenes kombinatorisches Ideal $I$. Das letztere ist unmöglich. Nach Axiom II ist nämlich $\Theta_j(S) = \Theta_j(S/I)$ für $j = 1, 2$ und $\Theta_1(S/I) = \Theta_2(S/I)$ gemäß der Definition von $S$.

Somit ist $S$ eine $G\,M$-Halbgruppe. Man beachte, daß $|R\,L\,M(S)| < |S|$ gilt, wenn $S$ eine $G\,M$-Halbgruppe ist. Dann ist aber $\Theta_1[R\,L\,M(S)] = \Theta_2[R\,L\,M(S)]$, und in beiden Fällen des Axioms III erhalten wir also $\Theta_1(S) = \Theta_2(S)$ im Widerspruch zur Annahme. ∎

## 2. Der Hauptsatz

Da die Eindeutigkeit einer $G$-Komplexitäts-Funktion durch Satz 1.3 sichergestellt ist, befassen wir uns jetzt mit der Existenzfrage. Der Hauptsatz dieses Abschnittes charaktrisiert auf verschiedene Weise die $G$-Komplexitäts-Funktion für $\mathcal{S}$ bezüglich $\mathcal{P}$, wobei $\mathcal{S}$ die Menge aller Halbgruppen darstellt, die Vereinigungen von Gruppen sind, und $\mathcal{P}$ die Menge aller $G\,M$-Halbgruppen bedeutet.

Wir beginnen mit einem Überblick über die Halbgruppen, die Vereinigungen von Gruppen sind. *In dem ganzen Abschnitt wird vorausgesetzt, daß alle Halbgruppen Vereinigungen von Gruppen sind.* Für viele Resultate wird auf Definition 7.2.23 und Satz 7.2.24 verwiesen.

**2.1. Zusammenfassung von Ergebnissen des Abschnitts 8.3 für Halbgruppen, die Vereinigungen von Gruppen sind.** (a) Es ist $\alpha = \alpha'$ für $\alpha = \mathcal{J}, \mathcal{R}, \mathcal{L}, \mathcal{H}$, und alle Relationen sind eingeschränkt.

(b) Es gilt $S^{\mathcal{L}} = S^{RLM}$, $S^{\gamma+\mathcal{J}} = S^{GGM}$.

(c) Satz 8.3.17 gilt für $\gamma + \mathcal{J}$ und $\mathcal{L}$ (ein wichtiges Hilfsmittel).

(d) $S^{\mathcal{J}}$ ist eine kombinatorische Halbgruppe, da $\mathcal{J}$ eine Kongruenz ist, wenn $S$ eine Vereinigung von Gruppen darstellt.

**2.2. Definition.** Von einer Reihe $S_1 \twoheadrightarrow S_2 \twoheadrightarrow S_3 \twoheadrightarrow \cdots$ wird genau dann gesagt, sie *bilde auf* eine Reihe $T_1 \twoheadrightarrow T_2 \twoheadrightarrow T_3 \twoheadrightarrow \cdots$ *ab*, wenn Epimorphismen $S_i \twoheadrightarrow T_i$ für alle $i = 1, 2, 3, \ldots$ existieren.

**2.3. Bemerkung.** Seien $\alpha$ und $\beta$ zwei Operatoren auf $S$ derart, daß $(S^\alpha)^\alpha = S^\alpha$ und $(S^\beta)^\beta = S^\beta$ gilt (z. B. $\gamma, \gamma + \mathcal{J}, \mathcal{L}, \mathcal{J}, G\,G\,M$ usw.). Man betrachte eine alternierende $(\alpha - \beta)$-Reihe für $S$:

$$S \twoheadrightarrow S^\alpha \twoheadrightarrow (S^\alpha)^\beta \twoheadrightarrow S^{\alpha\beta\alpha} \twoheadrightarrow \cdots.$$

Wenn ein Epimorphismus in der Reihe nicht eigentlich ist (eigentlich bedeutet nicht eineindeutig), so ist die Reihe im Anschluß an diesen konstant. Angenommen, es sei $(T^\alpha)^\beta = T^\alpha$. Dann ist $T^\alpha = (T^\alpha)^\alpha = T^{\alpha\beta\alpha}$ und $T^\alpha = T^{\alpha\beta} = T^{(\alpha\beta\alpha)\beta}$ usw.

Wir definieren nun verschiedene ganzzahlig-wertige Funktionen auf der Menge der Halbgruppen, die Vereinigungen von Gruppen sind. Durch den Hauptsatz dieses Abschnitts wird bewiesen, daß diese Funktionen alle gleich sind.

**2.4. Definition.** Sei $S \in \mathcal{S}$. Hierbei bedeutet $\mathcal{S}$ die Menge aller Halbgruppen, die Vereinigungen von Gruppen sind.

**(a)** Man definiere $\Theta_a : \mathcal{S} \to N$ durch $\Theta_a(S) = \mathrm{Card}_G(S)$. Hierbei ist $\mathrm{Card}_G(S)$ die $G$-Komplexität von $S$ (siehe Definition 6.1.2).

**(b)** Man betrachte die Reihe

$$\{0\} \twoheadleftarrow \{0\}^{\gamma-1} \twoheadleftarrow (\{0\}^{\gamma-1})^{\mathcal{L}-1} \twoheadleftarrow [(\{0\}^{\gamma-1})^{\mathcal{L}-1}]^{\gamma-1} \twoheadleftarrow \cdots \twoheadleftarrow S \qquad \text{(b)}$$

und definiere $\Theta_b : \mathcal{S} \to N$ durch $\Theta_b(S)$ = Anzahl der eigentlichen Homomorphismen von der Form $T^{\mathcal{L}-1} \twoheadrightarrow T$ in der Reihe.

**(c)** Man betrachte die Reihe

$$S \twoheadrightarrow S^{\gamma+\mathcal{J}} \twoheadrightarrow (S^{\gamma+\mathcal{J}})^{\mathcal{L}} = S^{(\gamma+\mathcal{J})\mathcal{L}} \twoheadrightarrow S^{(\gamma+\mathcal{J})\mathcal{L}(\gamma+\mathcal{J})} \twoheadrightarrow \cdots \tag{c}$$

und definiere $\Theta_c : \mathcal{S} \to N$ durch $\Theta_c(S)$ = Anzahl der eigentlichen $\mathcal{L}$-Homomorphismen in der obigen Reihe.

**(d)** Man betrachte die Reihe

$$S \twoheadrightarrow S^{GM} \twoheadrightarrow (S^{GM})^{RLM} = S^{GM(RLM)} \twoheadrightarrow S^{GM(RLM)GM} \twoheadrightarrow \cdots \tag{d}$$

und definiere $\Theta_d : \mathcal{S} \to N$ durch $\Theta_d(S)$ = Anzahl der eigentlichen Homomorphismen der Form $T \twoheadrightarrow T^{RLM}$ in der obigen Reihe.

**(e)** Man betrachte die Reihe

$$S \twoheadrightarrow S^{\gamma} \twoheadrightarrow (S^{\gamma})^{\mathcal{L}} = S^{\gamma\mathcal{L}} \twoheadrightarrow S^{\gamma\mathcal{L}\gamma} \twoheadrightarrow \cdots \tag{e}$$

und definiere $\Theta_e : \mathcal{S} \to N$ durch $\Theta_e(S)$ = Anzahl der eigentlichen $\mathcal{L}$-Homomorphismen in der obigen Reihe.

**(f)** $(G\,M)_i$ und $(R\,L\,M)_i$ mögen $G\,M$- bzw. $R\,L\,M$-Halbgruppen repräsentieren. Man betrachte nun alle Reihen der Form

$$S \twoheadrightarrow (G\,M)_1 \twoheadrightarrow (R\,L\,M)_1 \twoheadrightarrow (G\,M)_2 \cdots . \tag{f}$$

Unter der *Norm* jeder dieser Reihen werde die größte ganze Zahl $n$ verstanden derart, daß $(G\,M)_n \neq \{0\}$ ist. Man definiere $\Theta_f : \mathcal{S} \to N$ durch $\Theta_f(S)$ = Maximum der Normen aller dieser Reihen.

**(g)** Man definiere $\Theta_g : \mathcal{S} \to N$ durch $\Theta_g(S)$ = größte ganze Zahl $n$ derart, daß Tripel $(J_1, G_1, N_1), \ldots, (J_n, G_n, N_n)$ von $S$ existieren, die den folgenden drei Bedingungen genügen:

(1) $J_1 < J_2 < \cdots < J_n$ ,

(2) $N_i \neq G_i$, $i = 1, \ldots, n$ ,

(3) $\operatorname{Ker}[(J_i, G_i, N_i), (J_{i+1}, G_{i+1})] \leqq N_{i+1}$, $i = 1, \ldots, n-1$.

**(h)** Eine *Ausdehnung* $\mathcal{E}$ für $S$ ist eine Funktion, die jedem Tupel $[(J_1, G_1, N_1), (J_2, G_2)]$ mit $J_1 < J_2$ eine nichtleere Menge von Tupeln

$$\{N_{21}^{(\alpha)}, N_{22}^{(\alpha)}, \ldots, N_{2\alpha(2)}^{(\alpha)} : \alpha \in A,\ A \text{ eine nichtleere Menge}\}$$

zuordnet mit

$$N_{2j}^{(\alpha)} \lhd G_2$$

und

$$N_{21}^{(\alpha)} \cap \cdots \cap N_{2\alpha(2)}^{(\alpha)} = N_2 \operatorname{Ker}[(J_1, G_1, N_1), (J_2, G_2)]$$

für jedes $\alpha \in A$. Wir schreiben $N_2 \xrightarrow{(\varepsilon\alpha)} (N_{21}^{(\alpha)}, \ldots, N_{2\alpha(2)}^{(\alpha)})$. (Siehe Bemerkung 2.27 für Beispiele von Ausdehnungen.)

Sei $\mathscr{E}$ eine Ausdehnung für $S$. Man definiere $\Theta_h^{(\varepsilon)} : \mathscr{S} \to N$ durch $\Theta_h^{(\varepsilon)}(S)$ = größte ganze Zahl $n$ derart, daß Tripel $(J_1, G_1, N_1), \ldots, (J_n, G_n, N_n)$ existieren, die die folgenden drei Bedingungen erfüllen:

(1) $J_1 < J_2 < \cdots < J_n$.

(2) Sei $K_{i+1} = \text{Ker}\,[(J_i, G_i, N_i), (J_{i+1}, G_{i+1})]$, $i = 1, \ldots, n-1$.

Dann ist $N_{i+1}$ $(i = 1, \ldots, n-1)$ ein Element eines gewissen Tupels der Ausdehnung $\mathscr{E}$:

$$K_{i+1} \xrightarrow{(\varepsilon,\alpha)} (K_{(i+1)1}^{(\alpha)}, \ldots, K_{(i+1)\alpha(i+1)}^{(\alpha)}),$$

die durch $[(J_i, G_i, N_i), (J_{i+1}, G_{i+1})]$ gegeben ist. Das heißt, es gilt $N_{i+1} = K_{(i+1)j}^{(\alpha)}$ für ein gewisses $\alpha \in A$ und ein gewisses $j$ mit $1 \leqq j \leqq \alpha\,(i+1)$.

(3) $N_i \neq G_i$, $i = 1, \ldots, n$.

**(i)** Eine Halbgruppe $S$ ist vom *Typ I* genau dann, wenn $U_1 = \{r_0, r_1\}^r$ nicht das maximale kombinatorische Bild $S^C$ von $S$ teilt. Man definiere $\Theta_i : \mathscr{S} \to N$ durch $\Theta_i(S)$ = Länge der längsten Folge von Unterhalbgruppen $(T_1, \ldots, T_n)$ von $S$, die die folgenden Bedingungen erfüllen:

(1) $T_1$ ist eine nicht kombinatorische Halbgruppe vom Typ $I$;

(2) für $i = 2, \ldots, n$ ist $T_j$ eine nicht kombinatorische Unterhalbgruppe von $I\ G(T_{j-1})$;

(3) $I\ G(T_n)$ ist kombinatorisch.

***(j)*** Sei $S \in \mathscr{S}$. Zur Erklärung der folgenden Terminologie siehe Curtis und Reiner [1]. Sei $\mathscr{C}(S)$ der Ring der Charaktere von $S$ über den Körper der komplexen Zahlen $\mathscr{C}$. Alle betrachteten Darstellungen sind endlich-dimensional. $\mathscr{R}_1, \ldots, \mathscr{R}_n$ mögen eine vollständige Menge inäquivalenter von Null verschiedener irreduzibler komplexer Darstellungen von $S$ bilden. Mit $\chi_j = \chi(\mathscr{R}_j)$ $(j = 1, \ldots, n)$ werde der jeweilige zugeordnete Charakter bezeichnet. Bekanntlich ist dann $\chi_j \longleftrightarrow \mathscr{R}_j$ eine wohldefinierte eineindeutige Zuordnung, und $\chi_1, \ldots, \chi_n$ bilden eine Vektorbasis von

$$\mathscr{C}(S) = \left\{ \sum_{i=1}^{n} a_i \chi_i : a_i \in \mathscr{C} \right\}.$$

Rhodes [2] hat bewiesen, daß $\mathscr{R}_j(S)$ eine $G\,G\,M$-Halbgruppe ist, und somit können wir den Homomorphismus $R\,L\,M\,\mathscr{R}_j$ oder $S \twoheadrightarrow \mathscr{R}_j(S) \twoheadrightarrow R\,L\,M[\mathscr{R}_j(S)]$ betrachten. $L_1, \ldots, L_n$ mögen die Menge derjenigen $\mathscr{L}$-Klassen darstellen, die in den verschiedenen $\mathscr{J}$-Klassen von $\mathscr{R}_j(S)$ enthalten sind. Für $s \in S$ sei $M(s)$ die $(n \times n)$-Matrix mit Koeffizienten in $\{0, 1\}$, die durch

$$M(s)\,(i,j) = \begin{cases} 1 & \text{genau dann, wenn } L_i\, s \text{ in } L_j \text{ enthalten ist,} \\ 0 & \text{sonst} \end{cases}$$

gegeben wird.

Sicherlich ist genau dann $R\,L\,M\,\mathcal{R}_j(s_1) = R\,L\,M\,\mathcal{R}_j(s_2)$, wenn $M(s_1) = M(s_2)$ gilt. Man definiere $\chi(R\,L\,M\,\mathcal{R}_j)$ durch $\chi(R\,L\,M\,\mathcal{R}_j)\,(s) = \chi[M(s)]$, was der Anzahl der verschiedenen $L_i$ gleich ist, so daß $L_i\,s \subseteq L_i$ gilt. $\chi(R\,L\,M\,\mathcal{R}_j)$ ist der Charakter der Matrixdarstellung $M$, und somit gilt

$$\chi(R\,L\,M\,\mathcal{R}_j) = \sum_{i=1}^{n} m_{ji}\,\chi_i\,,$$

wobei die $m_{ji}$ nichtnegative ganze Zahlen sind.

Sei $A : \mathcal{C}(S) \to \mathcal{C}(S)$ die durch

$$A(\chi_i) = \chi(R\,L\,M\,\mathcal{R}_j) = \sum_{i=1}^{n} m_{ji}\,\chi_i$$

definierte lineare Transformation.

Sei $\mathcal{C}(S)^A = \{\chi \in \mathcal{C}(S) : A(\chi) = \chi\}$ und sei $B : \mathcal{C}(S)/\mathcal{C}(S)^A \to \mathcal{C}(S)/\mathcal{C}(S)^A$ die durch $A$ induzierte lineare Transformation. RHODES [2] hat bewiesen, daß $B$ nilpotent ist.

Dann definiere man $\Theta_j : \mathcal{S} \to N$ durch $\Theta_j(S) =$ Index von $B$ mit der üblichen Verabredung, daß der Index genau dann Null ist, wenn $\mathcal{C}(S) = \mathcal{C}(S)^A$ gilt und ansonsten die kleinste *positive* ganze Zahl $n$ mit $B^n = 0$ bedeutet.

**2.5. Satz.** Sei $\mathcal{S}$ die Menge aller endlichen Halbgruppen, die Vereinigungen von Gruppen sind, und sei $\mathcal{P}$ die Menge aller $G\,M$-Halbgruppen. Dann ist die Gruppenkomplexität $\mathrm{Card}_G$ die (eindeutig bestimmte) $G$-Komplexitäts-Funktion für $\mathcal{S}$ bezüglich $\mathcal{P}$. Schreibt man $\Theta$ für $\mathrm{Card}_G$, so gilt

$$\Theta = \Theta_a = \Theta_b = \cdots = \Theta_j\,.$$

Beweis. Wir müssen beweisen, daß $\mathrm{Card}_G$ den Axiomen I, II und III genügt (Definition 1.2). Wir haben bereits in Kapitel 6 gezeigt, daß $\mathrm{Card}_G$ das Axiom I erfüllt (siehe Hilfssatz 6.2.2 (c)).

Nun werden wir mittels einer Reihe von Lemmata beweisen, daß $\mathrm{Card}_G$ dem Axiom III genügt.

**2.6. Bezeichnung.** Man erinnere sich an die Definition der Komplexität einer Halbgruppe $S$. In jener Bezeichnung bedeutete zum Beispiel $C(S) = (n, \mathbf{G})$, daß alle minimalen Zerlegungen von $S$ in ein Kranzprodukt die Länge $n$ besitzen und eine Gruppe als erste (rechtsseitige) Koordinate aufweisen. Angenommen, $n$ sei gerade. Dann wäre $(\mathbf{C}, n)$ eine äquivalente Bezeichnung für $C(S)$ und $(\mathbf{G}, n)$ eine äquivalente Bezeichnung für $C(S)$ im Falle, daß $n$ ungerade ist. Somit führen wir $(\mathbf{C}, n)$, $(\mathbf{G}, n)$ und $(\mathbf{C} \vee \mathbf{G}, n)$ wie folgt ein:

$$(\mathbf{C} \vee \mathbf{G}, n) \equiv (n, \mathbf{C} \vee \mathbf{G}) \text{ für alle } n \geqq 1\,.$$

$$(\mathbf{C}, n) \equiv \begin{cases} (n, \mathbf{G}), & \text{wenn } n \text{ gerade ist,} \\ (n, \mathbf{C}), & \text{wenn } n \text{ ungerade ist,} \end{cases}$$

$$(\mathbf{G}, n) \equiv \begin{cases} (n, \mathbf{C}), & \text{wenn } n \text{ gerade ist,} \\ (n, \mathbf{G}), & \text{wenn } n \text{ ungerade ist.} \end{cases}$$

Der Wechsel der Bezeichnung schließt die früher definierte partielle Ordnung in sich ein. Schließlich übertragen wir die Bezeichnung der Addition von Komplexitäten auf die neue Bezeichnung. Zum Beispiel

$$(\mathbf{C}, 1) \oplus (\mathbf{G}, n) = (\mathbf{C}, n + 1)\,,$$
$$(\mathbf{C}, 1) \oplus (\mathbf{C}, n) = (\mathbf{C}, 1) \oplus (\mathbf{C} \vee \mathbf{G}, n) = \mathbf{C}, n)\,,$$
$$(\mathbf{G}, 1) \oplus (\mathbf{C}, n) = (\mathbf{G}, n + 1)\,,$$
$$(\mathbf{G}, 1) \oplus (\mathbf{G}, n) = (\mathbf{G}, 1) \oplus (\mathbf{C} \vee \mathbf{G}, n) = (\mathbf{G}, n)\,.$$

**2.7. Lemma.** Sei $S \neq \{0\}$ eine $G\,M$-Halbgruppe, deren ausgezeichnete $\mathcal{J}$-Klasse eine Vereinigung von Gruppen ist. Gilt $S \neq G^0$ für eine gewisse Gruppe $G$, so ist $C(S) = (\mathbf{G}, n)$ für ein gewisses $n$. Natürlich ist $C(G^0) = (\mathbf{C} \vee \mathbf{G}, 2)$.

Beweis. Sei $J$ die ausgezeichnete $\mathcal{J}$-Klasse von $S$. $J$ ist eine Vereinigung von Gruppen. Nach Satz 8.2.23 (b) bildet somit das Nullelement von $S$, falls $S$ ein solches besitzt, eine zerfällende Unterhalbgruppe, so daß $S - \{0\}$ eine Unterhalbgruppe von $S$ ist. Also ist im allgemeinen $S^{\text{Card}} \equiv S^0 - \{0\}$ eine Unterhalbgruppe von $S$. Man beachte, daß $S^{\text{Card}}$ eine $G\,M$-Halbgruppe mit ausgezeichnetem Ideal $J$ darstellt, wobei $J$ der Kern von $S^{\text{Card}}$ ist.

Wir beweisen zuerst: Gilt $S \mid (X_2, C) \mathrm{w} (X_1, T)$, wobei $C$ eine kombinatorische Halbgruppe bedeutet, dann gilt $S^{\text{Card}} \mid T$. Es genügt, $S \mid C \times_Y T$ vorauszusetzen. Nun gilt $S^{\text{Card}} \mid C \times_Y T$, also sei $C \times_Y T \supseteq S' \xrightarrow{\mathcal{J}} S^{\text{Card}}$.

Wir behaupten jetzt, daß $S^{\text{Card}} = (S^{\text{Card}})^\gamma \mid (S')^\gamma$ gilt. Dies folgt aus der Konstruktion der minimalen $\gamma$-homomorphen Bilder (Satz 8.3.12) und aus Satz 8.3.4. Nach Bemerkung 8.3.13 (d) ergibt sich $R^\gamma \mid S^\gamma$ aus $R \subseteq S$. Kombiniert man diese Tatsachen, so sieht man, daß $S^{\text{Card}} \mid (C \times_Y T)$ gilt. Da aber die Projektionsabbildung $p_1 : C \times_Y T \twoheadrightarrow T$ ein $\gamma$-Homomorphismus ist, erhält man $(C \times_Y T)^\gamma = T^\gamma$ und $S^{\text{Card}} \mid T^\gamma \mid T$.

Jetzt ist leicht zu sehen, daß $C(S^{\text{Card}})$ „in einer Gruppe enden" muß, das heißt, daß $C(S^{\text{Card}}) = (\mathbf{G}, n)$ für ein gewisses $n \geqq 1$ sein muß. Eine andere Annahme führt zu einem Widerspruch. Nun ist entweder $S = S^{\text{Card}}$ oder $S = (S^{\text{Card}})^0$. Es gilt also $C(S^{\text{Card}}) = C[(S^{\text{Card}})^0] = C(S)$, es sei denn, daß $S^{\text{Card}}$ eine Gruppe ist. ∎

**2.8. Lemma.** Sei $S \neq \{0\}$ eine $R\,L\,M$-Halbgruppe. Dann ist $C(S) = (\mathbf{C}, n)$ für ein gewisses $n \geqq 1$. Mit anderen Worten, $R\,L\,M$-Halbgruppen „enden in einer kombinatorischen Gruppe".

Beweis. Angenommen, es sei $C(S) = (\mathbf{G}, n)$ oder $(\mathbf{C} \vee \mathbf{G}, n)$. Dann existieren eine Transformationsgruppe $(X_2, G)$ und ein Monoid $T$ derart, daß $S \mid (X_2, G)$ $\mathrm{w} (X_1, T)$ mit $C(T) = (\mathbf{C}, n - 1)$ gilt. Dann ist $p_1 : (X_2, G) \mathrm{w} (X_1, T) \twoheadrightarrow T$ ein $\mathcal{L}$-Homomorphismus und daher ein $\mathcal{L}'$-Homomorphismus. (Siehe Satz 8.3.24.) Hieraus folgt $T \twoheadrightarrow [(X_2, G) \mathrm{w} (X_1, T)]^{\mathcal{L}'}$ und $S^{\mathcal{L}'} \mid [(X_2, G) \mathrm{w} (X_1, T)]^{\mathcal{L}'}$, also $S^{\mathcal{L}'} \mid T$. Nun gilt aber $S^{\mathcal{L}'} = S^{RLM} = S$, da $S$ eine $R\,L\,M$-Halbgruppe ist. Somit erhält man $S/T$. Die Annahme $C(S) \neq (\mathbf{G}, n)$ für ein gewisses $n \geqq 1$ führt also auf einen Widerspruch. ∎

**2.9. Lemma.** Sei $S \neq \{0\}$ eine $G\,M$-Halbgruppe, die eine Vereinigung von Gruppen ist. Dann gilt $\mathrm{Card}_G(S) = 1 + \mathrm{Card}_G[R\,L\,M(S)]$.

Beweis. Nach Lemma 2.7 ist entweder $S$ eine Gruppe mit Nullelement oder $C(S) = (\mathbf{G}, n)$ für ein gewisses $n \geqq 1$. Angenommen, es sei $S = G^0$ für eine gewisse nicht-triviale Gruppe $G$. Dann ist $C(S) = (\mathbf{C} \vee \mathbf{G}, 2)$ und $\mathrm{Card}_G(S) = 1$. Ferner gilt $R\,L\,M(S) = \{0\}^I$, also $\mathrm{Card}_G[R\,L\,M(S)] = 0$, und die Behauptung ist in diesem Falle bewiesen.

Für ein gewisses $n \geqq 1$ werde nun $C(S) = (\mathbf{G}, n)$ vorausgesetzt. Sei $I$ das ausgezeichnete Ideal von $S$, und sei $I^0 = \mathcal{M}^0(G; A, B; C)$. Nach Satz 8.2.17 (b) gilt dann $S \mid (G^0, G^0)\ \mathrm{w}\ \big(B^0, R\,L\,M(S)\big)$, also ist $C(S) \leqq (\mathbf{C} \vee \mathbf{G}, 2) \oplus C[T\,L\,M(S)]$. Da $R\,L\,M(S)$ in einer kombinatorischen Gruppe endet, erhalten wir die Ungleichung

$$C[R\,L\,M(S)] \leqq C(S) \leqq (\mathbf{G}, 1) \oplus C[R\,L\,M(S)]\,.$$

Wegen $C(S) = (\mathbf{G}, n)$ für ein gewisses $n \geqq 1$ ist fernerhin leicht zu sehen, daß $C(S) = (\mathbf{G}, 1) \oplus C[R\,L\,M(S)]$ gilt. Dann ist also $\mathrm{Card}_G(S) = 1 + \mathrm{Card}_G[R\,L\,M(S)]$. ▮

Somit genügt $\mathrm{Card}_G$ dem Axiom III. Wir werden nun beweisen, daß $\mathrm{Card}_G$ auch das Axiom II, das Fundamentallemma der Komplexität, erfüllt.

Das Fundamentallemma der Komplexität, entscheidend für die Theorie der Komplexität, besagt, daß $\mathrm{Card}_G(S/I) = \mathrm{Card}_G(S)$ gilt, wenn $I$ ein kombinatorisches Ideal von $S$ ist. Wir werden hier einen Beweis für den Fall geben, daß eine Halbgruppe Vereinigung von Gruppen ist. Dieser Beweis wird vor allem die Eigenschaften dieser Klasse von Halbgruppen ausnützen.

Auf den ersten Blick wäre man versucht, den Satz dadurch in Angriff zu nehmen, daß man beweist: Ist $I$ ein Ideal von $S$, so gilt $S \mid (X_2, I)\ \mathrm{w}\ (X_1, S/I)$. Dann würde der Satz unmittelbar folgen; in der Tat würde der Primzerlegungssatz selbst eine Trivialität bedeuten. Eine solche Feststellung ist jedoch nicht wahr. Ist nämlich $I$ kombinatorisch, so ist $S \mid (X_2, C)\ \mathrm{w}\ (X_1, S/I)$ im allgemeinen für eine *gewisse* kombinatorische Halbgruppe $C$ *nicht richtig*. (Siehe X. 3.1.)

Als Vorbereitung zum Beweis des Satzes untersuchen wir die Form und die Komplexität von $P\,P(S^f)^S$, der Halbgruppe des partiellen Produktautomaten von $S^f$, in ausgedrückt durch $S$. (Siehe Definition 5.3.10.)

**2.10. Bemerkung.** Sei $S_2 \times_Y S_1$ ein semidirektes Produkt der Halbgruppen $S_1$ und $S_2$. Man erinnere sich daran, daß aus Satz 5.2.30

$$(S_2 \times_Y S_1)^f = (S_2^f \times S_1^{rf})\, h^\Gamma\, 2^\sigma_{S_2 \times S_1} (S_2^{rf} \times S_1^f)^\sigma$$

folgt, wobei

$$h[*, (s_2, s_1)] = (s_2, s_1)$$

und

$$h[(s_2, s_1), (t_2, t_1)] = \big(Y(s_1)\, t_2, t_1\big)$$

ist.

$P\,P\,[(S_2 \times_Y S_1)^f]$ kann in entsprechender Form geschrieben werden. Nämlich,

$$P\,P\,[(S_2 \times_Y S_1)^f] = h_3\,(P\,P(S_2^f) \times S_1'^{rf})\, h_2^\Gamma\, 2^\sigma_{S_2' \times S_1'}\,(S_2'^{rf} \times P\,P\,(S_1'^f))^\sigma\, h_1^\Gamma \tag{2.1}$$

mit $S_i' = S_i \cup \{c\}$, $i = 1, 2$. Hierbei gilt ferner

(1) $h_1$ ist das Einselement von $S_2 \times_Y S_1$ und $h_1(c) = (c, c)$,
(2) $h_2[*, (s_2, s_1)] = (s_2, s_1)$, $s_i \in S_i$, $i = 1, 2$, und

$$h_2[(s_2, s_1), (t_2, t_1)] = \begin{cases} (c, c), & \text{wenn} \quad (t_2, t_1) = (c, c) \text{ ist,} \\ (t_2, t_1), & \text{wenn} \quad (s_2, s_1) = (c, c) \text{ ist,} \\ \big(Y(s_1)\, t_2, t_1\big) & \text{sonst.} \end{cases}$$

(3) $h_3$ ist das Einselement von $S_2 \times_Y S_1$ und $h_3(c, c) = c$.
Man beachte, daß die $c$ nur in Paaren vorkommen.

**2.11. Lemma.** Sei $S$ eine Halbgruppe. Dann ist

$$C[P\,P(S^f)^S\,] \leqq (1, \mathrm{C}) \oplus C(S)\,.$$

Beweis. Der Beweis verläuft durch Induktion nach Card $(S)$ $\big(\equiv \text{Card}\,(S^1, S)\big)$. Ist Card $(S) = 1$, so ist $S$ entweder eine Gruppe oder kombinatorisch. Ist $S$ eine Gruppe, so folgt analog zum Beweis von Lemma 5.3.14 (a), daß

$$C[P\,P(S^f)^S\,] \leqq (2, \mathrm{G}) = (1, \mathrm{C}) \oplus C(S)$$

gilt. Ist $S$ kombinatorisch, so teilt $S$ ein Kranzprodukt von $U_3$-Halbgruppen. Wir werden zeigen, daß $P\,P(S^f)^S$ kombinatorisch ist. Die $U_3$-Länge von $S$ sei die kleinste ganze Zahl $n$ derart, daß $S \mid U_3 \le \cdots \le U_3$ ($n$-mal). Angenommen, die $U_3$-Länge von $S$ sei 1. Dann gilt $S \mid U_3$ und daher $P\,P(S^f)^S \mid P\,P(U_3^f)^S$ nach Lemma 5.3.14. Ebenfalls nach Lemma 5.3.14 (b) ist $P\,P(U_3^f)^S$ kombinatorisch. Also ist in diesem Fall $P\,P(S^f)^S$ kombinatorisch. Durch Induktion nach der $U_3$-Länge und unter Benutzung der Gleichung (2.1) ist jetzt leicht zu beweisen, daß $P\,P(S^f)^S$ genau dann kombinatorisch ist, wenn $S$ kombinatorisch ist. Somit gilt $C[P\,P(S)^f]^S = (1, \mathrm{C}) = (1, \mathrm{C}) \oplus C(S)$, und die Behauptung ist für Card $(S) = 1$ richtig.

Nun werde angenommen, die Behauptung sei für Card $(S) < n$ richtig, und es sei Card $(S) = n$. Dann existieren Halbgruppen $S_1$ und $S_2$ derart, daß

$$S \mid (X_2, S_2)\,\mathrm{w}\,(X_1, S_1) = F(X_1, S_2) \times_Y S_1$$

und Card $(S_1) = 1$, Card $(S_2) = n - 1$ gilt. Sei $T = F(X_1, S_2)$. Man erinnere sich, daß $C(T) = C(S_2)$ ist. Nun gilt $P\,P(S^f)^S \mid P\,P[(T \times_Y S_1)^f]^S$, und aus Gleichung (2.1) erhalten wir $P\,P[(T \times_Y S_1)^f]^S \mid C_2 \le P\,P(T^f)^S \le C_1 \le P\,P(S_1^f)^S$, wobei $C_1$, $C_2$ kombinatorische Halbgruppen sind. Durch Induktion ergibt sich nun $C[P\,P\,(S^f)^S] \leqq (1, C) \oplus C\,(T) \oplus (1, \mathrm{C}) \oplus C(S_1)$.

Jetzt ist entweder $C(S_1) = (1, \mathrm{C})$ oder $C(S_1) = (1, \mathrm{G})$ und $C(T) = (n - 1, \mathrm{C})$. In beiden Fällen ist dann

$$C[P\,P(S^f)^S] \leqq (1, \mathrm{C}) \oplus C(T) \oplus C(S_1) = (1, \mathrm{C}) + C(S). \blacksquare$$

**2.12. Korollar.** Es ist $\mathrm{Card}_G[P\,P(S^f)^S] = \mathrm{Card}_G(S)$.

Beweis. Da $S^f \mid P\,P(S^f)$ gilt, erhalten wir $\mathrm{Card}_G(S) \leqq \mathrm{Card}_G[P\,P(S^f)^S]$. Durch Lemma 2.11 bekommt man die entgegengesetzte Ungleichung. ∎

**2.13. Bemerkung.** Wir erinnern an einige wichtige Eigenschaften der Halbgruppen, die Vereinigungen von Gruppen sind. (Siehe dazu Satz 7.2.24.) Sei $S$ eine Halbgruppe, die Vereinigung von Gruppen ist. Jede $\mathcal{J}$-Klasse von $S$ ist eine einfache Halbgruppe, und die Äquivalenzrelation ‚$\mathcal{J}$' ist eine Kongruenz. Sind $J_1, \ldots, J_n$ die $\mathcal{J}$-Klassen von $S$, so kann der Epimorphismus, der der Kongruenz ‚$\mathcal{J}$' zugeordnet ist, als ein Epimorphismus $\Theta$ von $S$ auf $M = (\{1, \ldots, n\}, *)$ dargestellt werden. Hierbei wird $*$ wie folgt definiert. Ist $a \in J_i$ und $b \in J_k$, so sei $a\,b \in J_{i*k}$. $M$ ist ein kommutatives Band.

**2.14. Definition.** Unter einem *kombinatorischen Ideal* einer Halbgruppe verstehen wir ein Ideal, dessen maximale Untergruppen trivial sind.

**2.15. Satz (Fundamentallemma der Komplexität).** Sei $S$ eine Halbgruppe, die Vereinigung von Gruppen mit einem kombinatorischen Ideal $I$ ist. Dann gilt

$$\mathrm{Card}_G(S) = \mathrm{Card}_G(S/I)\,.$$

Beweis. Zur Verdeutlichung der Bezeichnungsweise werde das kombinatorische Ideal mit $K$ anstatt mit $I$ bezeichnet. $S - K$ ist eine Vereinigung von $\mathcal{J}$-Klassen von $S$; man indiziere nun diese $\mathcal{J}$-Klassen $J_1, \ldots, J_{n-1}$ so, daß sich $i < j$ aus $J_i > J_j$ ergibt. Da jede $\mathcal{J}$-Klasse von $S$ eine Unterhalbgruppe darstellt, ist dann leicht zu sehen, daß das geordnete $n$-Tupel $(J_1, \ldots, J_{n-1}, K)$ ein System für $S$ ist. (Siehe dazu Definition 5.4.2 und Bemerkung 5.4.14.)

Es ist nun notwendig, auf den Beweis des Lemma 5.4.4 zurückzublicken. Unter Benutzung der in diesem Beweis definierten Operation definiere man die Maschinen $F_n : \Sigma S \to K^I$ und $F_i : \Sigma S \to J_i^I$ $(i = 1, \ldots, n-1)$ wie folgt: Sei $\alpha = (s_1, \ldots, s_r) \in \Sigma S$. Dann ist

$$(F_n(\alpha), F_{n-1}(\alpha), \ldots, F_1(\alpha)) \equiv (I, \ldots, I)\,\hat{s}_1 \cdot \hat{s}_2 \cdots \hat{s}_r\,.$$

Zur größeren Klarheit schreiben wir die induktive Definition ausführlich auf. Ist $\alpha \in \Sigma S$ von der Länge Eins, sagen wir $\alpha = s_1$, so gilt für $i = 1, \ldots, n$

$$F_i(\alpha) = \begin{cases} s_1\,, & \text{wenn } s_1 \in J_i \text{ ist (Fall 2),} \\ I & \text{sonst (Fälle 1 und 3).} \end{cases} \qquad (2.2\mathrm{a})$$

Nun sei $\alpha_r = (s_1, \ldots, s_i)$ und $\alpha_{r-1} = (s_1, \ldots, s_{r-1})$. Dann gilt für $i = 1, \ldots, n$:

$$F_i(\alpha_r) = \begin{cases} F_i(\alpha_{r-1}), & \text{wenn } s_r \in J_1 \text{ oder } F_1(\alpha_{r-1})\, s_r \in J_2 \text{ oder } \ldots \text{ oder } F_{i-2}(\alpha_{r-1}\, F_{i-3}(\alpha_{r-1}) \cdots F_1(\alpha_{r-1})\, s_r \in J_{i-1} \text{ ist (Fall 1)}, \\ F_i(\alpha_{r-1})\, F_{i-1}(\alpha_{r-1}) \cdots F_1(\alpha_{r-1})\, s_r, & \text{wenn das Obige nicht der Fall ist und } F_{i-1}(\alpha_{r-1}) \cdots F_1(\alpha_{r-1})\, s_r \in J_i \text{ gilt (Fall 2)}, \\ I & \text{sonst (Fall 3)}. \end{cases} \tag{2.2b}$$

Man vermerke, daß für $F_n(\alpha)$ der Fall 3 nicht eintritt.

Nun ist es leicht, die folgende Maschinengleichung

$$S^f = h\,(F_n \times \cdots \times F_1)\, \Delta_n^\Gamma \tag{2.3}$$

zu beweisen. Hierbei bedeutet $\Delta_n : S \to S \times \cdots \times S$ ($n$-mal) die Diagonal-Abbildung, das heißt $\Delta(s) = (s_1 \cdots s)$, und $h : S \times \cdots \times S \twoheadrightarrow S$ wird durch $h(s_1, \ldots, s_n) = s_1 \cdots s_n$ definiert.

Aus (2.3) folgt unmittelbar, daß

$$C(S) \leqq K\ U\ S\ \{C(F_i^S) : i = 1, \ldots, n\} \tag{2.4}$$

gilt.

Wir schreiben nun eine Maschinengleichung für $F_n$ nieder, die aus dem Ideal $K$ und den Maschinen $F_1, \ldots, F_{n-1}$ gebildet wird und leicht zu beweisen ist:

$$F_n = K^{If}\, h^\Gamma\, 2_X[S^{rf} \times (F_{n-1} \times \cdots \times F_1)]^\sigma\, \Delta_n^\Gamma\,. \tag{2.5a}$$

Hierbei ist $X = S \times (J_{n-1}^I \times \cdots \times J_1^I)$, und für $\alpha, \alpha_{r-1}, \alpha_r \in J_{n-1}^I \times \cdots \times J_1^I$ gilt

$$h(*, (s_1, \alpha)) = \begin{cases} s_1\,, & \text{wenn } s_1 \in K \text{ ist,} \\ I & \text{sonst} \end{cases}$$

und

$$h[(s_{r-1}, \alpha_{r-1}), (s_r, \alpha_r)] = \begin{cases} S^{If}(\alpha_{r-1}) \cdot s_r\,, & \text{wenn } \alpha_r = (I, \ldots, I) \text{ ist}, \\ I & \text{sonst}. \end{cases}$$

Dann gilt

$$F_n^S \mid K^I\, w\, 2_X^S\, w\, (S^r \times F_{n-1}^S \times \cdots \times F_1^S)\,,$$

und da $K^I$, $2_X^S$ und $S^r$ kombinatorisch sind, erhalten wir

$$\mathrm{Card}_G(F_n^S) \leqq \max\,\{\mathrm{Card}_G(F_i^S) : i = 1, \ldots, n-1\}\,.$$

Nach (2.4) folgt dann

$$\mathrm{Card}_G(S) \leqq \max\,\{\mathrm{Card}_G(F_i^S) : i = 1, \ldots, n-1\}\,. \tag{2.5b}$$

Wir kommen nun zu dem Kernstück des Beweises und zeigen, daß

$$\mathrm{Card}_G(F_i^S) \leqq \mathrm{Card}_G(S/K) \text{ für alle } \quad i = 1, \ldots, n-1 \tag{2.6}$$

gilt.

Wendet man dann (2.6) auf (2.5b) an, so ist der Satz bewiesen. ▮

Wir werden nun kombinatorische Maschinen $\mathcal{M}_i$, $i = 1, \ldots, n$, konstruieren, die den Zustand der Maschine $F_i$ verfolgen. Präziser, $\mathcal{M}_i : \Sigma S \to \{i, \ldots, n, I\}$ soll eine kombinatorische Maschine sein, die mittels der Werte von $\mathcal{M}_i(\alpha)$ bestimmen soll, welchem Fall von (2.2) $F_i(\alpha)$ genügt ($\alpha \in \Sigma S$).

**2.16. Definition.** Sei $M_i = \{i, i+1, \ldots, n, I\}$ für $i = 1, \ldots, n$. Man definiere die Maschine $\beta_i : \Sigma M_i \to M_{i+1}$, $i = 1, \ldots, n-1$, wie folgt:

$$\beta_i = h_{i3}([h_{i2}\, 2_{M_i}\{i, \ldots, n\}^{rIf\sigma}] \times M_i^{rf})\, h_{i1}^{\Gamma} .$$

Hierbei ist

(1) $h_{i1} : M_i \to M_i \times M_i$ mit $h_{i1}(x) = (x, x)$,

(2) $h_{i2} : (M_i \cup \{\neq\}) \times M_i \to M_{i+1}$ mit

$$h_{i2}(\neq, j) = \begin{cases} I, & \text{wenn } j = i \text{ ist,} \\ j & \text{sonst,} \end{cases}$$

und

$$h_{i2}(j_1, j_2) = \begin{cases} I, & \text{wenn } j_2 = i \text{ ist,} \\ j_1 * j_2, & \text{wenn } j_1 = i \text{ und } j_2 \neq i \text{ oder gleich } I \text{ ist,} \\ j_2 & \text{sonst,} \end{cases}$$

wobei die Operation „$*$" die in Bemerkung 2.13 beschriebene Operation darstellt.

(3) $h_{i3} : M_{i+1} \times M_i \to M_{i+1}$ mit

$$h_{i3}(j_1, j_2) = \begin{cases} I, & \text{wenn } j_2 = I \text{ ist,} \\ j_1 & \text{sonst.} \end{cases}$$

Offensichtlich ist $\beta_i$ eine kombinatorische Maschine, d.h., $\beta_i^S$ ist eine kombinatorische Halbgruppe. Wir definieren nun die Automaten $\mathcal{M}_i$. Sei $i : S \to \{1, \ldots, n\}$ wie folgt definiert: $i(s) = k$, $1 \leqq k \leqq n-1$, genau dann, wenn $s \in J_k$ ist, und $i(s) = n$ genau dann, wenn $s$ im Ideal $K$ liegt. Dann setze man

$$\mathcal{M}_1 = \{1, \ldots, n\}^{rf}\, i^{\Gamma}$$

und

$$\mathcal{M}_i = \beta_{i-1}\, \beta_{i-2}^{\sigma} \cdots \beta_1^{\sigma}\, i^{\Gamma}, \qquad i = 2, \ldots, n .$$

Äquivalent dazu ist $\mathcal{M}_i = \beta_{i-1}\, \mathcal{M}_{i-1}^{\sigma}$, $i = 2, \ldots, n$. (Man beachte, daß $\beta_i$ nicht in der Definition von $\mathcal{M}_i$ mit enthalten ist.) $\mathcal{M}_i$ ist eine kombinatorische Maschine.

**2.17. Lemma.** Sei $\alpha_1 = s_1$, $\alpha_2 = (s_1, s_2), \dots, \alpha_r = (s_1, \dots, s_r) \in \Sigma\, S$. Dann hat die Maschine $\mathcal{M}_i$, $i = 1, \dots, n$, die folgenden Eigenschaften: (Zur Vereinfachung der Bezeichnung werde $K = J_n$ gesetzt.)

(a) $\mathcal{M}_1(\alpha_r) = k$ genau dann, wenn $s_r \in J_k$ ist, $1 \leqq k \leqq n$.

(b) Für $i = 2, \dots, n$ gilt: Ist $\mathcal{M}_i(\alpha_r) = I$, so ist $F_{k-1}(\alpha_{r-1}) \cdots F_1(\alpha_{r-1})\, s_r \in J_k$ für ein gewisses $k$, $1 \leqq k < i$.

(c) Für $i = 2, \dots, n$ gilt: Ist $\mathcal{M}_i(\alpha_r) = k \in \{i, \dots, n\}$, so ist $s_r \notin J_1$, $F_1(\alpha_{r-1})\, s_r \notin J_2, \dots, F_{i-2}(\alpha_{r-1}) \cdots F_1(\alpha_{i-1})\, s_r \notin J_{i-1}$ und $F_{i-1}(\alpha_{r-1}) \cdots F_1(\alpha_{r-1})\, s_r \in J_k$.

Insbesondere gilt für $i = 1, \dots, n$ : Ist $\mathcal{M}_i(\alpha_r) = I$, so genügt $F_i(\alpha_r)$ dem Fall 1 (der Gleichungen (2.2)). Ist $\mathcal{M}_i(\alpha_r) = i$, so genügt $F_i(\alpha_r)$ dem Fall 2. Ist $\mathcal{M}_i(\alpha_r) \in \{i + 1, \dots, n\}$, so genügt $F_i(\alpha_r)$ dem Fall 3.

Beweis. Teil (a) ist klar aufgrund der Definition von $\mathcal{M}_1$.

Wir untersuchen zuerst $\mathcal{M}_i(\alpha_r)$, $2 \leqq i \leqq n$. Sei $j_i$ die größte ganze Zahl derart, daß $\mathcal{M}_i(\alpha_{j_i}) \neq I$ ist in der Folge $(\mathcal{M}_i(\alpha_1), \mathcal{M}_i(\alpha_2), \dots, \mathcal{M}_i(\alpha_{r-1})) = \mathcal{M}_i^q(\alpha_{r-1})$. Mit anderen Worten, $\mathcal{M}_i(\alpha_{j_i})$ ist das letzte nicht-$I$ in der Folge $\mathcal{M}_i^q(\alpha_{r-1})$ (*nicht* $\mathcal{M}_i^q(\alpha_r)$). Üblicherweise setzen wir $j_i = 0$, wenn es nicht existiert. Dann führt die Untersuchung der Definitionen der $\mathcal{M}_i (i = 2, \dots, n)$ zu der folgenden Formel:

$$\mathcal{M}_i(\alpha_r) = \begin{cases} I\,, & \text{wenn } \mathcal{M}_{i-1}(\alpha_r) = i - 1 \text{ oder } I \text{ ist,} \\ \mathcal{M}_{i-1}(\alpha_r)\,, & \text{wenn das Obige nicht der Fall ist und } j_{i-1} = 0 \text{ oder } \mathcal{M}_{i-1}(\alpha_{j_{i-1}}) \neq i - 1 \text{ gilt,} \\ (i - 1) * \mathcal{M}_{i-1}(\alpha_i), & \text{wenn das Obige nicht der Fall ist, d. h., wenn } \mathcal{M}_{i-1}(\alpha_{j_{i-1}}) = i - 1 \text{ und } \mathcal{M}_{i-1}(\alpha_r) \neq i - 1 \text{ gilt.} \end{cases}$$

Zuerst beachte man, daß (b) und (c) leicht zu beweisen sind, wenn $\alpha_r$ eine Folge der Länge 1 ist. Daher werde $r \geqq 2$ vorausgesetzt. Der Beweis wird dann durch Induktion nach $i$ von $\mathcal{M}_i$ geführt, und zwar werden (b) und (c) zuerst für $\mathcal{M}_2(\alpha_r)$ bewiesen.

(b) Ist $\mathcal{M}_2(\alpha_r) = I$, dann ist $\mathcal{M}_1(\alpha_r) = 1$, weil $\mathcal{M}_1(\alpha_r)$ nicht $I$ sein kann. Somit ist $s_r \in J_1$.

(c) Ist $\mathcal{M}_2(\alpha_r) = k \in \{2, \dots, n\}$, so ist $\mathcal{M}_1(\alpha_r) \in \{2, \dots, n\}$; sei $\mathcal{M}_1(\alpha_r) = k'$. Da $j_1 = n - 1$ ist, unterscheiden wir zwei Fälle: (1) $\mathcal{M}_1(\alpha_{r\,=\,1}) \neq 1$ und $\mathcal{M}_1(\alpha_r) = k = k'$; (2) $\mathcal{M}_1(\alpha_{r-1}) = 1$ und $1 * k' = k$.

Fall 1. $s_r \in J_k$, also $s_r \notin J_1$. $F_1(\alpha_{r-1}) = I$, da $\mathcal{M}_1(\alpha_{r-1}) \neq 1$ ist, also $F_1(\alpha_{r-1})\, s_r \in J_k$.

Fall 2. $s_r \in J_k$, also $s_r \notin J_1$. $F_1(\alpha_{r-1}) \in J_1$, da $\mathcal{M}_1(\alpha_{r-1}) = 1$ ist, also $F_1(\alpha_{r-1})\, s_r \in J_{1 * k'} = J_k$.

Somit sind die Behauptungen (b) und (c) für $\mathcal{M}_2(\alpha_r)$ richtig. Man nehme nun an, (b) und (c) seien für ganze Zahlen kleiner als $i$ richtig und betrachte $\mathcal{M}_i(\alpha_r)$.)

(b) Ist $\mathcal{M}_i(\alpha_r) = I$, so ist $\mathcal{M}_{i-1}(\alpha_r) = i - 1$ oder $I$. Durch Induktion folgt aus $\mathcal{M}_{i-1}(\alpha_r) = i - 1$, daß $F_{i-2}(\alpha_{r-1}) \cdots F_1(\alpha_{r-1})\, s_r \in J_{i-1}$ gilt, und aus $\mathcal{M}_{i-1}(\alpha_r) = I$ folgt $F_{k-1}(\alpha_r) \cdots F_1(\alpha_r) \in J_k$ für gewisses $k < i - 1$. In beiden Fällen ist damit die Behauptung für $\mathcal{M}_i(\alpha_r)$ bewiesen.

(c) Ist $\mathcal{M}_i(\alpha_r) = k \in \{i, \ldots, n\}$, dann ist $\mathcal{M}_{i-1}(\alpha_r) \in \{i, \ldots, n\}$. Sei $\mathcal{M}_{i-1}(\alpha_r) = k'$. Es gibt nun drei Möglichkeiten: (1) $j_{i-1} = 0$; (2) $\mathcal{M}_{i-1}(\alpha_{j_{i-1}}) \neq i - 1$; (3) $\mathcal{M}_{i-1}(\alpha_{j_{i-1}}) = i - 1$.

Fall 1. Ist $j_{i-1} = 0$, dann ist $k' = k$ und $\mathcal{M}_{i-1}(\alpha_m) = I$ für jedes $m \leqq r - 1$. Durch Induktion folgt hieraus, daß $F_{i-1}(\alpha_m)$ für jedes $m \leqq r - 1$ dem Fall 1 genügt, woraus wiederum folgt, daß $F_{i-1}(\alpha_{i-1}) = I$ ist. Aus $\mathcal{M}_{i-1}(\alpha_r) = k$ folgt nun durch Induktion $s_r \notin J_1$, $F_1(\alpha_{r-1})\, s_r \notin J_2, \ldots, F_{i-3}(\alpha_{r-1}) \cdots F_1(\alpha_{r-1})\, s_r \notin J_{i-2}$ und $F_{i-2}(\alpha_{r-1}) \cdots F_1(\alpha_{r-1})\, s_r\, J_k \neq J_{i-1}$. Dann ist aber $F_{i-1}(\alpha_{r-1}) \cdots F_1(\alpha_{r-1}\, s_r \notin J_k$, und (c) ist in diesem Fall erfüllt.

Fall 2. Ist $\mathcal{M}_{i-1}(\alpha_{j_{i-1}}) \neq i - 1$, so ist $k = k'$ und $F_{i-1}(\alpha_{j_{i-1}}) = I$, woraus $F_{i-1}(\alpha_{r-1}) = I$ folgt. Dann befinden wir uns aber in derselben Situation wie im Fall 1 oben, da $\mathcal{M}_{i-1}(\alpha_r) = k$ gilt. Also ist (c) auch in diesem Fall erfüllt.

Fall 3. Ist $\mathcal{M}_{i-1}(\alpha_{j_{i-1}}) = i - 1$, so ist $(i - 1) * k' = k$. Durch Induktion ergibt sich $F_{i-1}(\alpha_{j_{i-1}}) \in J_{i-1}$, also $F_{i-1}(\alpha_{r-1}) \in J_{i-1}$. Da $\mathcal{M}_{i-1}(\alpha_r) = k' \in \{i, \ldots, n\}$ gilt, erhalten wir $s_r \notin J_1$, $F_1(\alpha_{r-1})\, s_r \notin J_2, \ldots, F_{i-3}(\alpha_{r-1}) \cdots F_1(\alpha_{r-1})\, s_r \in J_{i-2}$ und $F_{i-2}(\alpha_{r-1}) \cdots F_1(\alpha_{r-1})\, s_r \in J_{k'} \neq J_{i-1}$ durch Induktion. Dann gilt aber $F_{i-1}(\alpha_{r-1}) \cdots F_1(\alpha_{r-1})\, s_r \in J_{(i-1)*k'} = J_k$. ∎

Wir fahren nun mit dem Beweis des Satzes fort. Gilt für $F_i(\alpha_r)$ der Fall 1, so wissen wir, daß $F_i(\alpha_r)$ nicht geändert worden ist; d. h., es ist $F_i(\alpha_r) = F_i(\alpha_{r-1})$. Gilt für $F_i(\alpha_r)$ der Fall 2, so wissen wir, daß $F_i(\alpha_r) = F_i(\alpha_{r-1})\, F_{i-1}(\alpha_{r-1}) \cdots s_r$ ist. Gilt schließlich für $F_i(\alpha_r)$ der Fall 3, so wissen wir, daß für $F_i(\alpha_r)$ wieder $I$ gesetzt worden ist, und was es auch immer für ein vorhergehendes $(F_i(\alpha_{r-1}))$ gab, wurde vollständig vergessen. Diese Eigenschaften erlauben es uns, die nächste Maschine zu konstruieren.

**2.18. Bemerkung.** Sei $J$ eine $\mathcal{J}$-Klasse von $S$. Man erinnere sich nun an die Definition des Ideals $F(J)$ (siehe Bezeichnung 8.22). Im Falle, daß eine Vereinigung von Gruppen vorliegt, wird $S/F(J)$ von der Null zerfällt, so daß $S - F(J)$ eine Unterhalbgruppe von $S$ ist. $J$ ist der Kern von $S - F(J)$.

Für $i = 1, \ldots, n - 1$ folgt, daß $S - F(J_i) \subseteq S - K$ gilt, da $K \subseteq F(J_i)$ ist. Also ist $S - F(J_i) \subseteq (S - K) \cup \{0\} \cong S/K$. Man setze $S_i \equiv S - F(J_i)$, $i = 1, \ldots, n - 1$. Dann gilt $S_i \mid S/K$. Man beachte, daß kein Element einer Folge $\alpha \in \Sigma S$, das zu $F(J_i)$ gehört, eine Rolle im Ausgang von $F_i$ spielen kann.

Unter Benutzung aller obigen Informationen, einschließlich Lemma 2.17, sind nun die folgenden Maschinengleichungen für $i = 1, \ldots, n - 1$ unschwer zu beweisen:

$$F_i = j_{i4}\,(J_i \cup \{c\})^{r\,If}\, j_{i3}^{\Gamma}\,[M_i^{rf} \times P\,P\,(S_i^f)]^{\sigma}\, j_{i2}^{\Gamma}\,[\mathcal{M}_i \times (S_i \cup \{c\})^{rf}]^{\sigma}\, j_{i1}^{\Gamma}\,. \tag{2.7}$$

Hierbei gilt

(1) $j_{i1} : S \to S \times (S_i \cup \{c\})$ mit

$$j_{i1}(s) = \begin{cases} (s, s)\,, & \text{wenn } s \in S - F(J_i) \text{ ist,} \\ (s, c)\,, & \text{wenn } s \in F(J_i) \text{ ist;} \end{cases}$$

(2) $j_{i2} : M_i \times (S_i \cup \{c\}) \to M_i \times (S_i \cup \{c\})$ mit

$$j_{i2}(l, x) = \begin{cases} (l, x)\,, & \text{wenn } l = i \text{ oder } I \text{ ist,} \\ (l, c)\,, & \text{wenn } l \neq i \text{ oder } I \text{ ist;} \end{cases}$$

(3) $j_{i3} : M_i \times (S_i \cup \{c\}) \to J_i^I \cup \{c\}$ mit

$$j_{i3}(l, x) = \begin{cases} I\,, & \text{wenn } l = I \text{ ist,} \\ x & \text{sonst;} \end{cases}$$

(4) $j_{i4} : J_i^I \cup \{c\} \to J_i^I$ mit

$$j_{i4}(x) = \begin{cases} I\,, & \text{wenn } x = c \text{ ist,} \\ x & \text{sonst.} \end{cases}$$

Aus Gleichung (2.7) erhalten wir

$$C(F_i^S) \leqq (1, \mathbf{C}) \oplus C[P\, P(S_i^I)^S] \oplus (1, \mathbf{C})\ (i = 1, \ldots, n-1),$$

also $\mathrm{Card}_G(F_i^S) \leqq \mathrm{Card}_G(S_i)$ $(i = 1, \ldots, n-1)$ aufgrund von Korollar 2.12. Da nun $S_i \mid S/K$ $(i = 1, \ldots, n-1)$ gilt, ergibt sich

$$\mathrm{Card}_G(F_i^S) \leqq \mathrm{Card}_G(S/K)\ (i = 1, \ldots, n-1)\,.$$

Wendet man (2.6) auf (2.5b) an, so folgt

$$\mathrm{Card}_G(S) \leqq \mathrm{Card}_G(S/K)\,.$$

Da aber $S/K$ ein homomorphes Bild von $S$ ist, gilt schließlich

$$\mathrm{Card}_G(S) = \mathrm{Card}_G(S/K)\,.$$

Hiermit ist das Fundamentallemma der Komplexität (Satz 2.15) bewiesen. ∎

Wir haben somit gezeigt, daß $\Theta = \Theta_a = \mathrm{Card}_G$ gilt. Der Rest des Beweises von Satz 2.5 erfolgt über eine andere Reihe von Hilfssätzen.

**2.19. Lemma.** Es ist $\Theta_b = \Theta_c = \Theta_d = \Theta_e$.

Beweis. Zuerst betrachte man die Reihe (b) der Definition 2.4. Man setze $S_{-1} = \{0\}^{\gamma-1}$, $S_{-2} = (\{0\}^{\gamma-1})^{\mathcal{Y}-1}$ usw. und beachte, daß die Reihe vermöge Satz 8.1.14 (oder Satz 8.3.19) $S$ erreichen muß.

Wir behaupten, daß $S_{-1} = (\Pi\, \Theta_j^{(1)})(S)$ ist, wobei $j$ die Menge aller Epimorphismen durchläuft derart, daß

$$\Theta_j^{(1)} : S \twoheadrightarrow T_j\,, \qquad T_j \underset{\gamma}{\twoheadrightarrow} \{0\}$$

gilt, ferner daß $S_{-2} = (\Pi\, \Theta_j^{(2)})(S)$ ist, wobei $j$ die Menge aller Epimorphismen derart durchläuft, daß $\Theta_j^{(2)} : S \twoheadrightarrow T_j$ gilt und ein Epimorphismus existiert, so daß $T_j \underset{\mathcal{Y}}{\twoheadrightarrow} T_j' \underset{\gamma}{\twoheadrightarrow} \{0\}$ gilt usw. Um dies zu beweisen, setze man $U_{-k} = (\Pi\, \Theta_j^{(k)})(S)$.

Laut Definition von $S_{-1}$ ist $U_{-1} = S_{-1} = S^C$ das maximale kombinatorische homomorphe Bild von $S$. Nun gilt $S \twoheadrightarrow U_{-2} \underset{\mathscr{L}}{\twoheadrightarrow} U_{-1} \underset{\gamma}{\twoheadrightarrow} \{0\}$, da direkte Summen und Einschränkungen von $\mathscr{L}$- und $\gamma$-Homomorphismen wieder $\mathscr{L}$- bzw. $\gamma$-Homomorphismen sind. Wegen $S_{-2} = (S_{-1})^{\mathscr{L}^{-1}}$ erhalten wir $S_{-2} \twoheadrightarrow U_{-2}$. Andererseits gilt $S \twoheadrightarrow S_{-2} \underset{\mathscr{L}}{\twoheadrightarrow} S_{-1} \underset{\gamma}{\twoheadrightarrow} \{0\}$ und daher $U_{-2} \twoheadrightarrow S_{-2}$. Somit ist $U_{-2} = S_{-2}$. Auf diese Weise fortfahrend, beweist man $U_{-i} = S_{-i}$ für alle $i = 1, 2, \ldots$. Sei $k$ die kleinste ganze Zahl, so daß $S_{-k} = S$ ist.

Wir beweisen nun, daß die Anzahl der eigentlichen $\mathscr{L}$-Homomorphismen in der Reihe

$$S = S_{-k} \twoheadrightarrow S_{-k+1} \twoheadrightarrow \cdots \twoheadrightarrow S_{-2} \underset{\mathscr{L}}{\twoheadrightarrow} S_{-1} \underset{\gamma}{\twoheadrightarrow} \{0\}$$

[d. h. $\Theta_b(S)$] kleiner oder gleich der Anzahl der eigentlichen $\mathscr{L}$-Homomorphismen in jeder $(\gamma - \mathscr{L})$-alternierenden Reihe von $S$ ist, die mit einem $\gamma$-Homomorphismus beginnt.

Sei $k$ gerade. Dann beginnt die Reihe (b) mit einem $\mathscr{L}$-Homomorphismus. Angenommen, eine $(\gamma - \mathscr{L})$-alternierende Reihe von $S$, die mit einem $\gamma$ beginnt, erreicht $\{0\}$ in $k - 1$ Schritten. Aufgrund der obigen Charakterisierung von $S_{-(k-1)}$ würden wir dann $S = S_{-(k-1)}$ erhalten, was einen Widerspruch darstellt. Wenn die in Frage stehende Reihe in $k - 2$ Schritten $\{0\}$ erreicht, so erhalten wir, durch Hinzufügung der trivialen Abbildung $\{0\} \underset{\gamma}{\twoheadrightarrow} \{0\}$ am Ende, eine Reihe der Länge $k - 1$, was wiederum einen Widerspruch ergibt. Somit muß die Länge der Reihe gleich $k$ oder größer als $k$ sein, und die Behauptung ist in diesem Falle richtig.

Sei $k$ ungerade, so daß die Reihe (b) mit einem $\gamma$-Homomorphismus beginnt. Wenn die Länge der in Frage stehenden Reihe gleich $k - 2$ oder kleiner als $k - 2$ ist, so ergibt sich gleichfalls ein Widerspruch. Also muß die Reihe in diesem Falle eine Länge besitzen, die mindestens gleich $k - 1$ ist. Es ist aber leicht zu sehen, daß die Behauptung hier auch für $\mathscr{L}$-Homomorphismen gilt und damit bewiesen ist.

Nun wenden wir die Hilfsmittel von Abschnitt 8.3 an, um das kommutative Diagramm in Abbildung 1 zu erhalten.

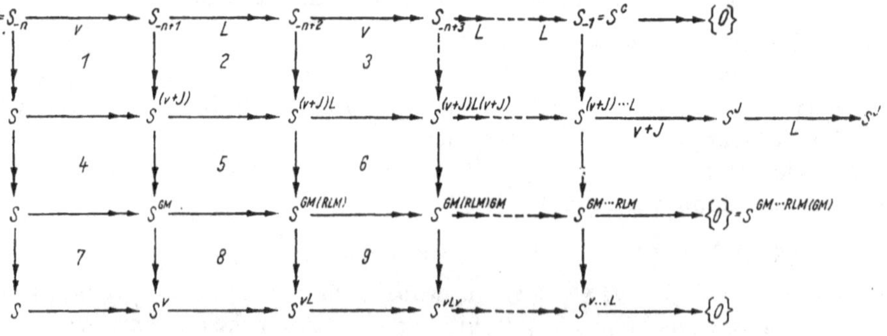


Abb. 1

Wenn (b) mit einem $\mathcal{L}$-Homomorphismus beginnt, füge man die Identität zum Beginn hinzu, so daß (b) mit einem $\gamma$ anfängt. Dann beachte man, daß $S_{-1} = S^C \twoheadrightarrow S^{\mathcal{J}}$ gilt, da $S^{\mathcal{J}}$ für eine Vereinigung von Gruppen kombinatorisch ist. Dann ist jede $\gamma$-Abbildung, bis auf die letzte, eine $(\gamma + \mathcal{J})$-Abbildung. Somit ist das Quadrat 1 kommutativ.

Da $S_{-n+1} \underset{\mathcal{L}}{\twoheadrightarrow} S_{-n+2}$ gilt, erhalten wir $S_{-n+1} \twoheadrightarrow S_{-n+2} \twoheadrightarrow S^{\mathcal{L}}_{-n+1}$. Unter Benutzung von Satz 8.3.2 (b) ergibt sich die Kommutativität von Quadrat 2. Da $S_{-n+2} \underset{\gamma+\mathcal{J}}{\twoheadrightarrow} S_{-n+3} \twoheadrightarrow S^{(\gamma+\mathcal{J})}_{-n+2}$ gilt, ist Quadrat 3 kommutativ aufgrund von Satz 8.3.15. Auf diese Weise fahre man bis zum Ende der (b)—(c) Leiter fort.

Aufgrund von Bemerkung 8.3.16 sind nun auch die Quadrate 4 und 7 kommutativ. Da $S^{\mathcal{L}} = S^{RLM}$ ist, sind die Quadrate 5 und 8 kommutativ. Für das Quadrat 6 erhalten wir

$$\begin{array}{ccccc} S^{(\gamma+\mathcal{J})\mathcal{L}} & \twoheadrightarrow & S^{(\gamma+\mathcal{J})\mathcal{L}\,(\gamma+\mathcal{J})} & & \\ \big\downarrow & & \big\downarrow & & \\ S^{GM(RLM)} & \twoheadrightarrow & S^{GM(RLM)(\gamma+\mathcal{J})} & \twoheadrightarrow & S^{GM(RLM)GM}. \end{array}$$

Für das Quadrat 9 erhalten wir (aufgrund von Satz 8.3.7)

$$\begin{array}{ccccc} S^{GM(RLM)} & \twoheadrightarrow & S^{GM(RLM)\,GM}. & & \\ \big\downarrow & & \big\downarrow & & \\ S^{\gamma\mathcal{L}} & \longrightarrow\!\!\!\!\!\twoheadrightarrow & S^{\gamma\mathcal{L}GM} & \twoheadrightarrow & S^{\gamma\mathcal{L}\gamma}. \end{array}$$

Auf diese Weise fahre man bis zum Ende des Diagramms fort.

Da nun $S_{-1}$ kombinatorisch ist, sind auch $S^{(\gamma+\mathcal{J})\cdots\mathcal{L}}$, $S^{GM\ldots RLM}$ und $S^{\gamma\cdots\mathcal{L}}$ kombinatorisch. Ist $T$ kombinatorisch, so werden wir zeigen, daß dann $T^{(\gamma+\mathcal{J})} = T^{\mathcal{J}}$, $T^{GM} = \{0\}$ und $T^{\gamma} = \{0\}$ ist. Die beiden letzten Behauptungen folgen aus Satz 8.3.25 (a). Zum Beweis der ersten erinnere man sich, daß $T^{\gamma+\mathcal{J}} \leqq\, \leqq T^{\gamma} \times T^{\mathcal{J}}$ gilt. Nun ist aber $T^{\gamma} = \{0\}$. Daher gilt $T^{(\gamma+\mathcal{J})} \leqq T^{\mathcal{J}}$ und $T^{(\gamma+\mathcal{J})} \twoheadrightarrow T^{\mathcal{J}}$, also sind $T^{(\gamma+\mathcal{J})}$ und $T^{\mathcal{J}}$ isomorph.

Nun ist $S^{(\gamma+\mathcal{J})\cdots\mathcal{L}(\gamma+\mathcal{J})} = S^{(\gamma+\mathcal{J})\cdots\mathcal{L}\mathcal{J}}$ zu $S^{\mathcal{J}}$ isomorph, da jede Abbildung in (c) ein $\mathcal{J}$-Homomorphismus ist. Sicherlich gilt $S^{\mathcal{J}\mathcal{L}} = S^{\mathcal{J}}$. Somit ist das Diagramm (Abb. 1) gerechtfertigt.

Es ist nun klar, daß die Anzahl der eigentlichen $\mathcal{L}$-Homomorphismen in (b) größer gleich der Anzahl in (c), (d) oder (e) ist. Das heißt, es ist

$$\Theta_b(S) \geqq \Theta_c(S) \geqq \Theta_d(S) \geqq \Theta_e(S)\ .$$

Wir haben aber gezeigt, daß $\Theta_b(S)$ kleiner gleich der Anzahl der eigentlichen $\mathcal{L}$-Homomorphismen in jeder alternierenden $(\gamma - \mathcal{L})$-Reihe von $S$ ist, die mit einem $\gamma$-Homomorphismus beginnt und in $\{0\}$ endet. [(c) endet in Null vermöge $S^{\mathcal{J}} \underset{\gamma}{\twoheadrightarrow} \{0\}$.] Somit gilt

$$\Theta_b(S) = \Theta_c(S) = \Theta_d(S) = \Theta_e(S)$$

für alle $S \in \mathcal{S}$. ▌

**2.20. Lemma.** Es ist $\Theta = \Theta_b = \Theta_c = \Theta_d = \Theta_e$.

Beweis. Wir werden zuerst zeigen, daß $\Theta_c$ das Axiom $I$ erfüllt. Sei $S \leqq S_1 \times \cdots \times S_n$. Für jedes $k = 1, \ldots, n$ betrachte man $S_k \twoheadrightarrow S_k^{\gamma+\mathcal{J}} \twoheadrightarrow S_k^{(\gamma+\mathcal{J})\,\mathcal{L}} \twoheadrightarrow \cdots \twoheadrightarrow S_k^{\mathcal{J}}$. Man bilde nun die direkte Summe dieser Reihen ($k = 1, \ldots, n$), betrachte die Einschränkung auf die Diagonale und nehme die aufeinanderfolgenden Bilder. Aufgrund von Satz 8.3.17 ist dann die resultierende Reihe die Reihe (c) für $S$. Nun ist leicht zu sehen, daß $\Theta_c$ das Axiom $I$ erfüllt.

Als nächstes beweisen wir, daß $\Theta_e$ das Axiom II erfüllt. Es gilt genau dann $S \underset{\gamma}{\twoheadrightarrow} S/I$, wenn $I$ ein kombinatorisches Ideal ist. Aus $S \underset{\gamma}{\twoheadrightarrow} S/I$ folgt nun $S \twoheadrightarrow S/I \twoheadrightarrow S^\gamma = (S/I)^\gamma$; daher unterscheiden sich die Reihen (e) für $S$ und $S/I$ nur durch den ersten Term und beide haben dieselbe Länge. Dadurch ist bewiesen, daß $\Theta_e$ das Axiom II erfüllt.

Schließlich zeigen wir, daß $\Theta_c$ das Axiom III erfüllt. Sei $S$ eine $G\,M$-Halbgruppe $\neq \{0\}$. Dann ist $S \twoheadrightarrow R\,L\,M(S)$ gleich $S \twoheadrightarrow S^{\mathcal{L}}$ aufgrund von Satz 8.3.25 (d). Da $S$ auch eine $G\,G\,M$-Halbgruppe ist, gilt also $S = S^{MGG} = S^{\gamma+\mathcal{J}}$. Die Reihe (c) für $S$ ist somit $S \twoheadrightarrow S^{\gamma+\mathcal{J}} = S \twoheadrightarrow R\,L\,M(S) = S^{\mathcal{L}} \twoheadrightarrow S^{\mathcal{L}\,(\gamma+\mathcal{J})} \twoheadrightarrow \cdots$, und daher gilt $\Theta_c(S) = \Theta_c[R\,L\,M(S)] + 1$. ∎

**2.21. Lemma.** Ist $S \in \mathcal{S}$, und gilt $T \mid S$, so ist $\Theta(T) \leqq \Theta(S)$.

Beweis. Aus $T \mid S$ folgt $T^{GM} \mid S^{GM}$. Hieraus folgt $T_{GM\,(RLM)} \mid S_{GM\,(RLM)}$. Hieraus folgt ... usw. Wenn die Reihe für $S$ also $\{0\}$ erreicht, so muß die Reihe für $T$ auch $\{0\}$ erreicht haben und zwar mindestens in derselben Anzahl von Termen. Daher gilt $\Theta_d(T) \leqq \Theta_d(S)$. Wegen $\Theta = \Theta_d$ folgt hieraus aber die Behauptung. ∎

**2.22. Lemma.** Es ist $\Theta_f = \Theta$.

Beweis. Zuerst beachte man folgendes: Ist $S$ eine Halbgruppe, die eine Vereinigung von Gruppen ist, und ist $S$ eine $G\,G\,M$- aber keine $G\,M$-Halbgruppe, so gilt $S = \{0\}^I$, denn das ausgezeichnete Ideal $I$ von $S$ muß kombinatorisch sein, und daher ist $I^{\mathrm{Card}} = A^l \times B^r$. Aber die Forderung, daß $S$ treu von links und rechts auf $I$ operiert, bewirkt, daß $I^{\mathrm{Card}}$ nur aus einem Element besteht. Somit ist $S = \{0\}^I$.

Wenn wir nun die $G\,M_i$ in der Reihe (f) durch $G\,G\,M$-Halbgruppen ersetzen und unter der Norm einer Reihe die größte ganze Zahl $n$ verstehen derart, daß $(G\,G\,M)_n$ nicht kombinatorisch ist, so ist sicherlich das Maximum der Normen aller dieser Reihen gleich $\Theta_f(S)$.

Man betrachte alle Reihen dieser Form und füge zu jeder die triviale Abbildung $\{0\}^I \twoheadrightarrow \{0\}^I \twoheadrightarrow \cdots \twoheadrightarrow \{0\}^I$ hinzu, so daß sie dann alle die Länge der längsten Reihe besitzen. Dann bilde man die direkte Summe aller dieser Reihen. Die Anzahl der direkten $G\,G\,M$-Produktterme, die nicht kombinatorisch sind, ist sicherlich $\Theta_f(S)$. Dann schränke man diese Reihe auf die Diagonale ein und betrachte das erste Bild. Sicherlich ist es $S^{GGM} = S^{(\gamma+\mathcal{J})}$, und $S^{GGM}$ ist ein subdirektes Produkt aus allen $G\,G\,M_1$-Halbgruppen aller Reihen. Man schreibe dies in folgender Weise:

$$S^{(\gamma+\mathcal{J})} = S^{GGM} \leqq \leqq G\,G\,M_1^{(1)} \times \cdots \times G\,G\,M_1^{(k)}\,.$$

Nun wende man Satz 8.3.17 an, wodurch man

$$S^{(\gamma+\mathcal{J})\mathcal{L}} \leqq \leqq (G\,G\,M_1^{(1)})^{RLM} \times \cdots \times (G\,G\,M_1^{(k)})^{RLM}$$

erhält. Aufgrund der Transitivität der subdirekten Produkte ist jedoch $S^{(\gamma+\mathcal{J})\mathcal{L}}$ ein subdirektes Produkt des zweiten Terms der direkten Summe aller Reihen, da $(G\,GM_1^{(1)})^{RLM} \times \cdots \times (G\,GM_1^{(k)})^{RLM}$ ein solches ist.

Man schreibe den zweiten Term als $R\,L\,M_1^{(1)} \times \cdots \times R\,L\,M_1^{(k)}$. Wendet man wieder Satz 8.3.17 an, so ergibt sich

$$S^{(\gamma+\mathcal{J})\mathcal{L}(\gamma+\mathcal{L})} \leqq \leqq R\,L\,M_1^{(1)\,GGM} \times \cdots \times R\,L\,M_1^{(k)\,GGM},$$

so daß $S^{(\gamma+\mathcal{J})\mathcal{L}(\gamma+\mathcal{J})} \leqq \leqq G\,G\,M_2^{(1)} \times \cdots \times G\,G\,M_2^{(k)}$ gilt. In dieser Weise fahre man fort.

Wir benutzen nun die folgende leicht zu beweisende Tatsache. Sei $S \leqq S_1 \times \cdots \times S_n$. $S$ ist genau dann kombinatorisch, wenn jedes $S_i$ kombinatorisch ist, $i = 1, \ldots, n$.

Ist $\Theta_f(S) = n$, so ist der erste Term der Reihe (c), der kombinatorisch sein könnte, das subdirekte Produkt von $R\,L\,M_n^{(1)} \times \cdots \times R\,L\,M_n^{(k)}$. Wenn dies der Fall ist, so endet die Reihe (c) im ungünstigsten Falle nach einem Schritt mehr, da $C^{\gamma+\mathcal{J}} = S^{\mathcal{J}}$ ist, wenn $C$ eine kombinatorische Halbgruppe darstellt und $S \underset{\mathcal{J}}{\twoheadrightarrow} C$ gilt. In jedem Fall ist der nächste Term von (c) kombinatorisch, da er der subdirekte von $\{0\}^I \times \cdots \times \{0\}^I$ ist. Gilt nun $S \underset{\mathcal{J}}{\twoheadrightarrow} T \underset{\mathcal{J}}{\twoheadrightarrow} C = T^{(\gamma+\mathcal{J})}$ und ist $C$ kombinatorisch, so ist $C = S^{\mathcal{J}}$. Die Abzählung der Reihe (c) ergibt also $n$ eigentliche $\mathcal{L}$-Homomorphismen. Somit ist $\Theta_f(S) = \Theta_c(S)$ für alle $S \in \mathcal{S}$. ∎

Der folgende Satz ist ein Korollar des vorangegangenen Beweises. $S_{(n)}^{(\gamma+\mathcal{J})\cdots\mathcal{L}}$ möge den $n$-ten Term von dieser Form in einer Reihe (c) von $S$ bezeichnen. Sei $\Theta(S) = n$. Man nehme nun alle längsten $(G\,G\,M - R\,L\,M)$-Reihen für $S$. Dann ist, wie wir wissen, jedes $G\,G\,M_n$ die letzte $G\,G\,M$-Halbgruppe in der Reihe, die nicht $\leqq \{0\}^I$ ist. $R\,L\,M_n$ kann oder kann auch nicht $\leqq \{0\}^I$ sein. Wir geben nun eine notwendige und hinreichende Bedingung dafür an, daß jedes $R\,L\,M_n \leqq \{0\}^I$ ist, was beim Beweis $\Theta_i = \Theta$ von Nutzen sein wird.

**2.23. Satz.** Es werde die obige Situation vorausgesetzt. Genau dann ist ein gewisses $R\,L\,M_n \nleqq \{0\}^I$, wenn $U_1 \mid S_{(n)}^{(\gamma+\mathcal{J})\cdots\mathcal{L}}$ gilt.

Beweis. Zuerst erinnere man sich, daß genau dann $U_1 \mid S$ gilt, wenn $U_1 \leqq S$ ist. Die ausgezeichnete $\mathcal{J}$-Klasse einer $R\,L\,M$-Halbgruppe ist von der Form $A^r$. Ist $|A| \geqq 2$, so ist $U_1 \leqq A^r$. Ist $|A| = 1$, so muß die $R\,L\,M$-Halbgruppe gleich $\{0\}^I$ oder gleich $\{0\}$ sein. Somit ist $R\,L\,M_n \nleqq \{0\}^I$ genau dann, wenn $U_1 \mid R\,L\,M_n$ gilt.

Man entnehme dem Beweis von Lemma 2.22 die Tatsache, daß $S_{(n)}^{(\gamma+\mathcal{J})\cdots\mathcal{L}}$ ein subdirektes Produkt aller $R\,L\,M$-Halbgruppen ist, die an der $n$-ten Stelle in $(G\,G\,M - R\,L\,M)$-Reihen für $S$ stehen. Ist ein gewisses $R\,L\,M_n \nleqq \{0\}^I$, so erhalten wir $U_1 \mid R\,L\,M_n \mid S_{(n)}^{(\gamma+\mathcal{J})\cdots\mathcal{L}}$, da $S_{(n)}^{(\gamma+\mathcal{J})\cdots\mathcal{L}} \twoheadrightarrow R\,L\,M_n$ gilt. Umgekehrt werde nun $U_1 \mid S_{(n)}^{(\gamma+\mathcal{J})\cdots\mathcal{L}}$ angenommen. Dann teilt $U_1$ die direkte Summe aller vorher erwähnten $R\,L\,M$-Halbgruppen. Aber $U_1$ ist die Menge aller irreduziblen Halbgruppen, und $U_1$ teilt also ein gewisses $R\,L\,M_n$. Daher ist $R\,L\,M_n \not\leqq \{0\}^I$. ∎

**2.24. Lemma.** Es ist $\Theta_g = \Theta$.

Beweis. Sei

$$S \twoheadrightarrow G\,M_1 \twoheadrightarrow R\,L\,M_1 \twoheadrightarrow G\,M_2 \twoheadrightarrow \cdots$$

eine längste Reihe vom Typ (f), d. h. bei der gilt: Wenn $G\,M_n$ die letzte von Null verschiedene $G\,M$-Halbgruppe ist, so ist $n = \Theta(S)$. Man ersetze nun diese Reihe durch die folgende Reihe gleicher Länge:

$$S \twoheadrightarrow G\,M_1 \twoheadrightarrow R\,L\,M(G\,M_1) \twoheadrightarrow G\,M_2 \twoheadrightarrow \cdots.$$

[Dies kann getan werden, denn nach Satz 8.3.25 (d) gilt $R\,L\,M(G\,M_j) = G\,M_j^{\gamma} = G\,M_j^{RLM} \twoheadrightarrow R\,L\,M_1$.]

Sei $(J_i, G_i, N_i)$ ein Kern von $S \to G\,M_i$ [siehe Definition 8.3.27 (c)]. Dann erhalten wir die Folge $(J_1, G_1, N_1), \ldots, (J_n, G_n, B_n)$, für die $J_1 < J_2 < \cdots < J_n$ gilt, denn es ist leicht zu sehen, daß $J_i$ von $S \twoheadrightarrow G\,M_j$ auf $\{0\}$ abgebildet wird, wenn $i < j$ ist. Ferner ist $N_i \neq G_i$, $i = 1, \ldots, n$, da die maximalen Untergruppen in den ausgezeichneten $\mathcal{J}$-Klassen der $G\,M_i$ isomorph zu $G_i/N_i$ sind, und nach Voraussetzung diese ausgezeichneten $\mathcal{J}$-Klassen nicht kombinatorisch sind, d. h., es ist $|G_i/N_i| > 1$ für $i = 1, \ldots, n$.

Sei $K_{i+1} = \operatorname{Ker}[(J_i, G_i, N_i), (J_{i+1}, G_{i+1})]$ (siehe Definition 8.3.31). Nun ist $K_{i+1}$ der Kern des Homomorphismus $S \twoheadrightarrow R\,L\,M(G\,M_i)$, eingeschränkt auf $G_{i+1}$, und $N_{i+1}$ ist der Kern des Homomorphismus $S \twoheadrightarrow R\,L\,M(G\,M_i) \twoheadrightarrow G\,M_{i+1}$, eingeschränkt auf $G_{i+1}$. Es ist ein einfaches gruppentheoretisches Resultat, daß dann $K_{i+1} \leqq N_{i+1}$ gilt. Somit erfüllt die Folge $(J_1, G_1, N_1), \ldots, (J_n, G_n, N_n)$ die Bedingungen 1 — 3 der Definition von $\Theta_g$. Also ist $\Theta_g(S) \geqq \Theta(S)$ für alle $S \in \mathcal{S}$.

Sei umgekehrt $(J_1, G_1, N_1), \ldots, (J_n, G_n, N_n)$ eine Folge, die 1 — 3 erfüllt, wobei $n = \Theta_g(S)$ sein soll. Sei $S' = J_1 \cup \cdots \cup J_n$, so daß $S'$ eine Unterhalbgruppe von $S$ ist. $J_1, \ldots, J_n$ sind dann die $\mathcal{J}$-Klassen von $S'$, und $(J_1, G_1, N_1), \ldots, (J_n, G_n, N_n)$ ist eine Folge für $S'$, die 1 — 3 erfüllt.

Wir betrachten nun $\varphi_1 : S' \twoheadrightarrow G\,M(J_1, G_1, N_1) \twoheadrightarrow R\,L\,M\,[G\,M(J_1, G_1, N_1)]$. Man beachte, daß $K_2$ gleich dem auf $G_2$ eingeschränkten Gruppenkern von $\varphi_1$ ist und daß laut Voraussetzung $K_2 \leqq N_2$ gilt. Angenommen, es sei $\varphi_1(J_2) \subseteq \varphi_1(J_1)$. $\varphi_1(J_1)$ ist kombinatorisch, und daher ist $\varphi_1(G_2) = G_2/K_2 = \{1\}$. Dies ist aber ein Widerspruch. Also erhalten wir, da $J_1 = F(J_2)$ gilt, $\varphi_1(J_2) \cap \varphi_1[F(J_2)] = \emptyset$. Nach Satz 8.3.28 ergibt sich somit

$$S' \overset{\varphi_1}{\twoheadrightarrow} R\,L\,M\,[G\,M(J_1, G_1, N_1)] \twoheadrightarrow G\,M(J_2, G_2, N_2)$$
$$\twoheadrightarrow R\,L\,M[G\,M(J_2, G_2, N_2)]\,.$$

Nun setze man die Konstruktion einer Reihe von Typ (f) fort. Es ist $G\,M(J_n, G_n, N_n) \neq \{0\}$, weil $N_n \neq G_n$ ist. Daher gilt $\Theta_g(S) = n \leqq \Theta_f(S') = \Theta(S') \leqq \Theta(S)$. Also ist $\Theta_g(S) = \Theta(S)$ für alle $S \in \mathcal{S}$. ▮

**2.25. Satz.** (a) Sei $(J, G, N)$ gegeben. Angenommen, es sei $G/N \leqq\leqq G_1 \times \cdots \times G_n$ (d. h., es existieren $N_i \lhd G$, $i = 1, \ldots, n$, mit $G/N_i = G_i$ und $N_1 \cap \cdots \cap N_n = N$). Dann gilt

$$G\,M(J, G, N) \leqq\leqq G\,M(J, G, N_1) \times \cdots \times G\,M(J, G, N_n) .$$

(b) Es ist $\Theta[G\,M(J, G, N)] = \Theta[G\,M(J, G, N_i)]$ für gewisse $i = 1, \ldots, n$.

Beweis. (a) Da $N \leqq N_i$ ist, existieren Homomorphismen $\varphi_i : G\,M(J, G, N) \twoheadrightarrow G\,M(J, G, N_i)$, $i = 1, \ldots, n$. $\varphi_i$, eingeschränkt auf die maximale Untergruppe $G/N$ der ausgezeichneten $\mathcal{J}$-Klasse von $G\,M(J, G, N)$, ist $G/B \twoheadrightarrow G/N_i = G$, und daher ist $(\varphi_1 \times \cdots \times \varphi_n)$ auf $G/N$ eineindeutig. Nach Satz 8.3.25 (b) ist dann aber $(\varphi_1 \times \cdots \times \varphi_n)\,\Delta$ auf $G\,M(J, G, N)$ eineindeutig.

(b) Dies folgt aus Axiom I (Definition 1.2). ▮

**2.26. Lemma.** Sei $\mathcal{E}$ eine Ausdehnung von $S$. Dann gilt $\Theta_h^{(\mathcal{E})} = \Theta$. Daher ist $\Theta_h$ von $\mathcal{E}$ unabhängig.

Beweis. Sei $(J_1, G_1, H_1), \ldots, (J_n, G_n, H_n)$ eine längste Folge für $S$, die die Bedingung der Definition von $\Theta_g$ erfüllt. Somit ist $n = \Theta(S)$. Sei $S' = J_1 \cup \cdots \cup J_n$ wie im Beweis von Lemma 2.24.

Sei $K_2 = \mathrm{Ker}\,[(J_1, G_1, H_1), (J_2, G_2)]$. Aufgrund von Satz 8.3.28 ist die folgende Reihe möglich:

$$S' \twoheadrightarrow G\,M(J_1, G_1, H_1) \twoheadrightarrow R\,L\,M[G\,M(J_1, G_1, H_1)]$$
$$\twoheadrightarrow G\,M(J_2, G_2, K_2) \twoheadrightarrow G\,M(J_2, G_2, H_2) \twoheadrightarrow \cdots .$$

Daher können wir schließen, daß $\Theta[G\,M(J_2, G_2, K_2)] = n - 1$ gilt. Man wähle nun eine Ausdehnung für $K_2$:

$$K_2 \xrightarrow{(\mathcal{E},\alpha)} (K_{21}^{(\alpha)}, \ldots, K_{2\alpha(2)}^{(\alpha)}) .$$

Wegen $K_2 = K_{21}^{(\alpha)} \cap \cdots \cap K_{2\alpha(2)}^{(\alpha)}$ existiert dann aufgrund von Satz 2.25 eine ganze Zahl $j$ $(1 \leqq j \leqq \alpha(2))$ derart, daß $\Theta[G\,M(J_2, G_2, K_{2j}^{(\alpha)})] = n - 1$ ist. Ferner gilt $G\,M(J_2, G_2, K_2) \twoheadrightarrow G\,M(J_2, G_2, K_{2j}^{(\alpha)})$. Sei $N_2 = K_{2j}^{(\alpha)}$. Somit existiert eine Reihe

$$S' \twoheadrightarrow G\,M(J_2, G_2, N_2) \twoheadrightarrow R\,L\,M[G\,M(J_2, G_2, N_2)] \twoheadrightarrow \cdots$$

mit $n - 1$ $G\,M$-Halbgruppen-Termen. Wählt man also in der Reihe für jedes $S \twoheadrightarrow G\,M$ einen Kern, so entsteht eine neue Folge $(J_1, G_1, N_1 = H_1), (J_2, G_2, N_2), (J_3, G_3, H_3'), \ldots, (J_n, G_n, H_n')$ für $S'$, die den Bedingungen der Definition von $\Theta_g$ genügt.

Fährt man in dieser Weise fort, so erhält man eine Folge der Länge $n$, die den Bedingungen 1—3 der Definition von $\Theta_h$ genügt. Somit ist $\Theta_h^{(\mathcal{E})}(S) \geqq \Theta(S)$. Nach Lemma 2.24 ist sicherlich $\Theta_h^{(\mathcal{E})}(S) \leqq \Theta(S)$. Also ist $\Theta_h^{(\mathcal{E})}(S) = \Theta(S)$ für jede Ausdehnung $\mathcal{E}$ von $S$. ▮

**2.27. Bemerkung.** (a) Sei $N_2 = \text{Ker}\,[(J_1, G_1, N_1), (J_2, G_2)]$. Dann wird die durch $N_2 \overset{\mathscr{E}}{\to} N_2$ gegebene Ausdehnung $\mathscr{E}$ für das Tupel $[(J_1, G_1, N_1), (J_2, G_2)]$ die *triviale Ausdehnung* genannt.

(b) Die folgende Ausdehnung ist von großer Bedeutung. Sei $[(J_1, G_1, N_1), (J_2, G_2)]$ gegeben, und sei $N_2 = \text{Ker}\,[(J_1, G_1, N_1), (J_2, G_2)]$. In Bemerkung 8.3.32 sahen wir, daß $G_2$ auf den identifizierten $\mathscr{L}$-Klassen von $J_1$ operiert. Sei $R$ der Bereich von $G_2$, und sei $R = R_1 \cup \cdots \cup R_n$ (disjunkt), wobei $(R_i, G_2)$, $i = 1, \ldots, n$, die transitiven Komponenten von $(R, G_2)$ sind. Sei $N_{2i}$ der Kern von $G_2$, der auf $R_i$ operiert. Man sieht leicht, daß dann $N_2 = N_{21} \cap \cdots \cap N_{2n}$ gilt. Es soll

$$N_2 \to (N_{21}, \ldots, N_{2n})$$

die einzige $[(J_1, G_1, N_1), (J_2, G_2)]$ zugeordnete Ausdehnung sein und nennen sie die transitive *Komponentenausdehnung für* $S$.

**2.28. Lemma.** Es ist $\Theta_i = \Theta$.

Beweis. Aus $T \leqq S$ folgt $\Theta_i(T) \leqq \Theta_i(S)$, wie man leicht aufgrund der Definition von $\Theta_i$ sieht. Ferner sind die folgenden zwei Behauptungen richtig:

(a) Sei $S \in \mathscr{S}$. Dann ist

$$\Theta_i(S) = \max\,\{\Theta_i(T) : T \leqq S, \text{ und } T \text{ ist vom Typ } I\}\,,$$

wobei $\max(\emptyset) = 0$ gesetzt wird.

(b) Sei $S$ eine nicht kombinatorische Halbgruppe vom Typ $I$. Dann ist

$$\Theta_i(S) = \Theta_i[I\,G(S)] + 1\,.$$

Um (a) zu beweisen, sei $\Theta_i(S) = n$ und $(T_1, \ldots, T_n)$ eine maximale Folge für $S$, die (i) genügt. Dann ist $(T_1, \ldots, T_n)$ eine Folge für $T_1$, so daß $\Theta_i(T_1) \geqq n = \Theta_i(S)$ gilt. Es ist aber $T_1 \leqq S$ und daher $\Theta_i(T_1) = \Theta_i(S)$.

Um (b) zu beweisen, sei $\Theta_i(S) = n$ und $(T_1, \ldots, T_n)$ eine maximale Folge für $S$. Nun ist $S \supseteq T_1 \supseteq I\,G(T_1) \supseteq T_2 \supseteq \cdots$, so daß $I\,G(S) \supseteq I\,G(T_2)$ gilt. Also ist $(S, T_2, T_3, \ldots, T_n)$ eine andere maximale Folge für $S$, da $S$ vom Typ I ist. Dann ist aber klar, daß $\Theta_i[I\,G(S)] \geqq n - 1$ ist, weil es eine Folge $(T_2, \ldots, T_n)$ hat. Ist jedoch $\Theta_i[I\,G(S)] > n - 1$, so ist $\Theta_i(S) > n$. Dies ist aber ein Widerspruch. Also ist $\Theta_i[I\,G(S)] + 1 = \Theta_i(S)$.

Nun werde angenommen, daß die Behauptungen (a) und (b) auch für $\Theta$ richtig seien. Dann gilt $\Theta = \Theta_i$. Dies beweisen wir durch Induktion nach $|S|$. Angenommen, die Behauptung ist richtig für alle Halbgruppen $S$ mit $|S| \leqq n - 1$. $S$ möge die Ordnung $n$ besitzen.

Angenommen, $S$ ist nicht vom Typ I. Dann ist jede Halbgruppe aus $\{T : T \leqq S, \text{ und } T \text{ ist vom Typ I}\}$ eine eigentliche Unterhalbgruppe von $S$, so daß $\Theta_i(T) = \Theta(T)$ für jedes $T$ laut Induktionsannahme gilt. Daher ist $\Theta(S) = \Theta_i(S)$ aufgrund von (a).

Angenommen, $S$ ist nicht kombinatorisch vom Typ I. Nun gilt $I\,G(S) < S$, da (b) für $\Theta_i$ richtig ist. Daher ist $\Theta_i[I\,G(S)] = \Theta[I\,G(S)]$ und nach (b) also $\Theta_i(S) = \Theta(S)$.

Demnach genügt es, (a) und (b) für $\Theta$ zu beweisen. Dies geschieht in den nächsten zwei Lemmata.

**2.29 Lemma.** Sei $S \in \mathcal{S}$. Dann gilt

$$\Theta(S) = \max \{\Theta(T) : T \leqq S, \text{ und } T \text{ ist vom Typ I}\} .$$

Hierbei wird $\max(\emptyset) = 0$ gesetzt.

Beweis. Wir werden eine Unterhalbgruppe $T$ von $S$ konstruieren derart, daß $\Theta(T) = \Theta(S)$ gilt und $T$ vom Typ I ist.

Man nehme sich die transitive Komponentenausdehnung $\mathscr{E}$ für $S$ vor. Sei $\Theta(S) = n$ und sei $(J_1, G_1', N_1'), \ldots, (J_n, G_n', N_n')$ eine maximale Folge, die den Bedingungen 1—3 der Definition von $\Theta_h^{\mathscr{E}}$ genügt. Zuerst konstruieren wir eine neue Folge $(J_1, G_1, N_1), \ldots, (J_n, G_n, N_n)$, die auch diesen Bedingungen genügt. Sei $G_n = G_n'$ und $N_n = N_n'$, und sei $Y_{n-1}$ die durch $N_n$ bestimmte transitive Komponente von $G_n$. $Y_{n-1}$ ist eine Vereinigung von $\mathscr{L}$-Klassen von $J_{n-1}$. Sei $G_{n-1}$ eine in $Y_{n-1}$ enthaltene maximale Untergruppe von $J_{n-1}$, die $\mathscr{R}$-äquivalent zu $G_{n-1}$ ist. Ferner sei $(J_{n-1}, G_{n-1}, N_{n-1})$ ein Kern von $S \twoheadrightarrow G\,M(J_{n-1}, G_{n-1}', N_{n-1}')$. Ist $e_{n-1}$ die Identität von $G_{n-1}$, so ist $N_{n-1} = N_{n-1}' e_{n-1}$ nach Satz 8.3.30. Wegen $G\,M(J_{n-1}, G_{n-1}, N_{n-1}) \cong G\,M(J_{n-1}, G_{n-1}', N_{n-1}')$ ist $N_n$ ein Element der transitiven Komponentenerweiterung für $[(J_{n-1}, G_{n-1}, N_{n-1}), (J_n, G_n)]$.

Da $N_{n-1}'$ eine transitive Komponente von $G_{n-1}'$ in $J_{n-2}$ verschlüsselt, verschlüsselt $N_{n-1} = N_{n-1}' e_{n-1}$ nach Satz 8.3.33 eine transitive Komponente für $G_{n-1}$ in $J_{n-2}$. Wir nennen sie $Y_{n-2}$. Nun wähle man eine maximale Untergruppe $G_{n-2} \leqq Y_{n-2}$ derart, daß $G_{n-2}\, \mathscr{R}\, G_{n-2}'$ gilt. Dann sei $(J_{n-2}, G_{n-2}, N_{n-2})$ ein Kern von $S \twoheadrightarrow G\,M(J_{n-2}, G_{n-2}', N_{n-2}')$. Wie zuvor ist $N_{n-1}$ ein Element der Erweiterung für $[(J_{n-2}, G_{n-2}, N_{n-2}), (J_{n-1}, G_{n-1})]$. Fährt man in dieser Weise fort, so ergibt sich schließlich die neue Folge.

Sei $Y_i$ $(i = 1, \ldots, n-1)$ die eben beschriebene transitive Komponente von $G_{i+1}$. Sei ferner $y_i \in Y_i$. Dann ist $J_i y_i$ die $\mathscr{L}$-Klasse, die $y_i$ enthält, und es ist $Y_i = J_i y_i G_{i+1}$.

Wir werden jetzt $T$ induktiv konstruieren. Sei $T_1 = G_n \equiv X_n$. Sicherlich ist $T_1$ eine Halbgruppe vom Typ I.

Sei $X_{n-1} = Y_{n-1}$, und sei $T_2 = X_n \cup X_{n-1}$. $T_2$ ist eine Halbgruppe, da $G_n J_{n-1} \subseteq J_{n-1}$ gilt, und $T_2$ besitzt zwei $\mathscr{J}$-Klassen, $X_n$ und $x_{n-1}$, mit $X_{n-1} < X_n$. Man sieht leicht, daß $\operatorname{Ker}[(X_{n-1}, G_{n-1}, N_{n-1}), (X_n, G_n)] \leqq N_n$ ist, daß die Folge $(X_{n-1}, G_{n-1}, N_{n-1}), (X_n, G_n, N_n)$ für $T_2$ die Bedingungen der Definition von $\Theta_g$ erfüllt und daß also $\Theta(T_2) = 2$ ist.

Um nun zu zeigen, daß $T_2$ vom Typ I ist, müssen wir $U_1 \nleqq T_2^C$ nachweisen. Oder äquivalent dazu haben wir zu zeigen, daß jede beliebige Kongruenz auf $T_2$, die die $\mathscr{H}$-Klassen enthält (d. h. sie auf einen Punkt zusammenzieht), die $\mathscr{R}$-Klassen von $T_2^C$ auf einzelne Punkte zusammenziehen muß. Dann ist jede $\mathscr{J}$-Klasse von $T_2$ von der Form $A^l$, und es ist $U_1 \nleqq T_2^C$. Sei $\varphi$ der einer solchen Kongruenz zugeordnete Homomorphismus. Dann ist $\varphi(X_n)$ ein einzelnes Element und $\varphi(X_{n-1}) = \varphi(J_{n-1}\, y_{n-1})\, \varphi(G_n)$. $J_{n-1}\, y_{n-1}$ ist eine $\mathscr{L}$-Klasse, und daher ist $\varphi(J_{n-1}\, y_{n-1})$ von der Form $A^l$. Aber da $\varphi(G_n)$ ein einziges Element darstellt, ist $\varphi(X_{n-1})$ von der Form $A^l$. Daher ist $T_2$ eine Halbgruppe vom Typ I.

Wir konstruieren nun $T_3$. Sei $X_{n-2} = J_{n-2}\, y_{n-2}\, X_{n-1}$. Da $G_{n-1} \subseteq X_{n-1}$ gilt, erhalten wir $Y_{n-2} \subseteq X_{n-2}$. Sei $T_3 = X_n \cup X_{n-1} \cup X_{n-2}$. Sicherlich ist $T_3$ eine Halbgruppe mit drei $\mathcal{J}$-Klassen, $X_{n-2} < X_{n-1} < X_n$. Mit derselben Begründung wie zuvor ergibt sich Ker $[(X_{n-2}, G_{n-2}, N_{n-2}), (X_{n-1}, G_{n-1})] \leqq N_{n-1}$. Daher erhalten wir eine Folge der Länge drei für $T_3$, die die Definition von $\Theta_\varrho$ erfüllt, so daß $\Theta(T_3) = 3$ ist.

Wie zuvor sei $\varphi$ irgendein Homomorphismus auf $T_3$, der die $\mathcal{H}$-Klassen in einem Punkt zusammenfallen läßt. Wir müssen zeigen, daß $\varphi(X_{n-2}) = \varphi(J_{n-2}\, y_{n-2})\, \varphi(X_{n-1})$ von der Form $A^l$ ist. Da $J_{n-2}\, y_{n-2}$ eine $\mathcal{L}$-Klasse darstellt, ist $\varphi(J_{n-2}\, y_{n-2})$ von dieser Form, und wir wissen bereits, daß $\varphi(X_{n-1})$ diese Form besitzt. Wir wissen ferner, daß $J_{n-2}\, y_{n-2}$ im Bereich von $G_{n-1}$ liegt. Nach Satz 8.3.33 liegt $J_{n-2}\, y_{n-2}$ auch im Bereich jeder maximalen Untergruppe, die $\mathcal{L}$-äquivalent zu $G_{n-1}$ ist. Dies bedeutet, daß jedes idempotente Element in der $\mathcal{L}$-Klasse, die $G_{n-1}$ enthält, $J_{n-2}\, y_{n-2}$ festläßt. Diese Menge von idempotenten Elementen möge mit $\{e_i\}$ bezeichnet werden. Es ist dann leicht zu sehen, daß $\varphi(X_{n-1}) = \varphi(\{e_i\})$ gilt. Somit ergibt sich

$$\varphi(X_{n-2}) = \varphi(J_{n-2}\, y_{n-2})\, \varphi(\{e_i\}) = \varphi(J_{n-2}\, y_{n-2})\,,$$

so daß $\varphi(X_{n-2})$ von der Form $A^l$ ist und $T_3$ eine Halbgruppe vom Typ I darstellt.

Durch Fortsetzung desselben Verfahrens läßt sich also ein $T \equiv T_n$ konstruieren, das eine Unterhalbgruppe von $S$ ist. $T$ ist ferner vom Typ I, und es gilt $\Theta(T) = n$. ∎

**2.30. Lemma.** Sei $S \in \mathcal{S}$ eine nicht kombinatorische Halbgruppe vom Typ I. Dann ist

$$\Theta(S) = \Theta[I\, G(S)] + 1\,.$$

Um dieses Lemma zu beweisen, benötigen wir die folgenden Sätze.

**2.31. Satz.** (a) Sei $S \in \mathcal{S}$ eine $G\,G\,M$-, $R\,L\,M$- oder $L\,L\,M$-Halbgruppe. Dann ist $I\, G(S)$ eine $G\,G\,M$-, $R\,L\,M$- oder $L\,L\,M$-Halbgruppe. Ist $S$ eine $G\,M$-Halbgruppe, dann ist $I\, G(S)$ eine $G\,M$-Halbgruppe genau dann, wenn $S$ keine Gruppe mit Nullelement ist.

(b) Sei $S \in \mathcal{S}$ vom Typ I. Man betrachte eine längste alternierende $G\,G\,M$-$R\,L\,M$-Reihe für $S$. Diese Reihe endet in $\{0\}^I$ oder $\{0\}$. Der letzte Term der Reihe, der $\leqq\!\!\!\!/\; \{0\}^I$ ist, stellt einen $G\,G\,M$-Term dar, das heißt, er ist entweder eine Gruppe oder eine Gruppe mit Nullelement.

(c) Sei $S \in \mathcal{S}$, und angenommen, es sei $I\, G(S) = S$. Man betrachte eine längste alternierende $(G\,G\,M - R\,L\,M)$-Reihe für $S$. Der letzte Term der Reihe, der $\leqq\!\!\!\!/\; \{0\}^I$ ist, stellt eine (kombinatorische) $R\,L\,M$-Halbgruppe dar.

Beweis. (a) Sei $S$ eine $G\,G\,M$-Halbgruppe mit ausgezeichneter $\mathcal{J}$-Klasse $J$. Da $S$ eine Vereinigung von Gruppen darstellt, ist $J \cap I\,G(S)$ eine $\mathcal{J}$-Klasse von $I\,G(S)$. Sie werde $J'$ genannt. Dann ist $J'$ die eindeutig bestimmte minimale von Null verschiedene $\mathcal{J}$-Klasse von $I\,G(S)$. Sei $s_1 \neq s_2 \in I\,G(S)$. Da $S$ eine $G\,G\,M$-Halbgruppe ist, existiert ein $j \in J$ mit $j\,s_1 \neq j\,s_2$. Sei $e$ das Einselement für $j$. Dann ist $j\,e\,s_1 \neq j\,e\,s_2$, woraus $e\,s_1 \neq e\,s_2$ folgt. Wegen $e \in J'$ sieht man, daß $I\,G(S)$ treu von rechts auf $J'$ operiert. Entsprechend operiert $I\,G(S)$ treu von links auf $J'$. Somit ist $I\,G(S)$ eine $G\,G\,M$-Halbgruppe. Die Beweise verlaufen genau so für $R\,L\,M$- und für $L\,L\,M$-Halbgruppen.

Sei $S$ eine Gruppe mit Nullelement. Dann ist $I\,G(S) = \{0\}^I$ und daher keine $G\,M$-Halbgruppe. Umgekehrt sei $S$ eine $G\,M$-Halbgruppe, und angenommen, $I\,G(S)$ ist keine $G\,M$-Halbgruppe. Falls $S$ eine $G\,M$-Halbgruppe ist, so ergibt sich aus dem Vorangegangenen, daß $I\,G(S)$ genau dann eine $G\,M$-Halbgruppe sein wird, wenn $J'$ nicht kombinatorisch ist oder $I\,G(S) = \{0\}$ gilt.

Daher ist $J'$ kombinatorisch. Das bedeutet, daß $J' = E(J) = \{$die Eins-Elemente der maximalen Untergruppen von $J\}$ ist. Somit existiert eine Rees-Matrix-Darstellung $\mathcal{M}(G;\,A,\,B;\,C)$ von $J$ mit $C(b,\,a) = 1$ für alle $(b,\,a) \in B \times A$. Da $S$ aber eine $G\,M$-Halbgruppe darstellt, kann die Strukturmatrix $C$ keine proportionalen Zeilen und Spalten besitzen (siehe Satz 8.2.22), so daß $J = G$ gilt. Nach der Schützenberger-Darstellung für $G\,M$-Halbgruppen [siehe Lemma 8.2.17 (b)] erhalten wir aber $S = G$ oder $G^0$. Da aber $I\,G(S) \neq \{0\}$ gilt, ist $S = G^0$.

(b) Die $R\,L\,M$-Halbgruppe nach der letzten nicht kombinatorischen $G\,G\,M$-Halbgruppe muß kombinatorisch sein. Sie werde $T$ genannt. Dann gilt $S \twoheadrightarrow S^C \twoheadrightarrow T$. Im Falle $T \leqq \{0\}^I$ ergibt sich $U_1\,|T|\,S^C$, also ein Widerspruch. Daher ist der letzte Term $\nleqq \{0\}^I$ eine $G\,G\,M$- und somit eine $G\,M$-Halbgruppe. Sie werde $S_1$ genannt, und $J$ sei ihre ausgezeichnete $\mathcal{J}$-Klasse. Wir behaupten, daß $J$ linkseinfach ist, denn wäre das nicht der Fall, so würde sich $U_1 \leqq R\,L\,M_J(S_1)$, also ein Widerspruch ergeben. Ist $S_1$ linkseinfach, so zeigt uns aber die Schützenberger-Darstellung für $G\;M$-Halbgruppen, daß dann $S = G$ oder $G^0$ sein muß.

(c) Angenommen, die Behauptung gelte nicht. Aufgrund des Beweises von (b) ist dann der letzte Term $T = G$ oder $G^0$. Wenn aber $I\,G(S) = S$ und $S \twoheadrightarrow T$ gilt, so ist $I\,G(T) = T$. Wegen $I\,G(G) = \{0\}$ und $I\,G(G^0) = \{0\}^I$ erhalten wir also einen Widerspruch. ∎

Beweis von Lemma 2.30. Sei $\Theta(S) = n$. Dann existiert eine $(G\,G\,M - R\,L\,M)$-Reihe für $S$:

$$S \twoheadrightarrow G\,G\,M_1 \twoheadrightarrow R\,L\,M_1 \twoheadrightarrow \cdots \twoheadrightarrow G\,G\,M_n \twoheadrightarrow \{0\}^I_{sl} \text{ oder } \{0\}\,, \tag{2.8}$$

wobei $G\,G\,M_n = G$ oder $G^0$ ist [nach Satz 2.31 (b)]. Gilt $\varphi : S \twoheadrightarrow T$, so ist $\varphi[I\,G(S)] = I\,G(T)$. Die Einschränkung von (2.8) auf $I\,G(S)$ ergibt daher $I\,G(S) \twoheadrightarrow I\,G(G\,G\,M_1) \twoheadrightarrow \cdots \twoheadrightarrow I\,G(G\,G\,M_{n-1}) \twoheadrightarrow I\,G(R\,L\,M_{n-1}) \twoheadrightarrow \{0\}^I$ oder

$\{0\}$, und jedes $I\,G(G\,G\,M_i)\,(i = 1, \ldots, n-1)$ ist eine $G\,M$-Halbgruppe gemäß Satz 2.31 (a). Somit ist $\Theta[I\,G(S)] \geqq \Theta(S) - 1$.

Angenommen, es sei nun $\Theta[I\,G(S)] = n$. Dann existiert eine Reihe für $I\,G(S)$ mit $n$ $G\,G\,M$-Halbgruppen, die in $R\,L\,M_n \lneqq \{0\}^I$ enden [Satz 2.31 (c)]. Nach Satz 2.23 gilt $U_1 \mid [I\,G(S)]_{(n)}^{(\gamma+)\mathcal{J}\cdots\mathcal{L}}$. Nun gilt aber $[I\,G(S)]_{(n)}^{(\gamma+\mathcal{J})\cdots\mathcal{L}} \mid S_{(n)}^{(\gamma+\mathcal{J})\cdots\mathcal{L}}$, und hieraus folgt also, daß eine Reihe für $S$ existiert, bei der der $n$-te $R\,L\,M$-Term $\lneqq \{0\}^I$ ist. Dies ergibt aber einen Widerspruch, da $\Theta(S) = n$ ist und alle maximalen Reihen für $S$ in einer $G\,G\,M$-Halbgruppe enden müssen. Somit ist $\Theta[I\,G(S)] \neq n$ und $\Theta(S) = \Theta[I\,G(S)] + 1$. ∎

**2.32. Lemma.** Es ist $\Theta_j = \Theta$.

Beweis. Sei $X \subseteq \mathcal{E}(S)$. Sei $p(X) = \{\chi_i :$ es existiert ein $x \in X$, so daß $x = \sum_{j=1}^{n} a_i\,\chi_i$ mit $a_i \neq 0$ gilt$\}$. Es werde jetzt $H(X) : S \twoheadrightarrow T = H(X)\,(S)$ durch $H(X) = \Pi\,\{\mathcal{R}_i : \chi_i \in p(X)\}$ definiert. Sei $R\,L\,M(X) = \Pi\,\{R\,L\,M\;\mathcal{R}_i : \chi_i \in p(X)\}$. Nun ist $R\,L\,M\;\mathcal{R}_j(S) = \mathcal{R}_j(S)^{\mathcal{L}} = \mathcal{R}_j(S)^{RLM}$ und somit nach Satz 8.3.17

$$\varphi\,H(X) = R\,L\,M(X)\,, \tag{2.9}$$

wobei $\varphi : H(X)\,(S) \twoheadrightarrow [H(X)\,(S)]^{\mathcal{L}}$ gilt.

Durch RHODES [2] wurde bewiesen, daß

$$H[\mathcal{E}(S)]\,(S) = S^{\gamma+\mathcal{J}} \tag{2.10}$$

ist.

Sei $\mathcal{R}$ eine Matrix-Darstellung von $S$ (die nicht notwendig vollständig reduzibel zu sein braucht). Dann hat RHODES [2] gezeigt, daß $H[\chi(\mathcal{R})]\,(S) = [\mathcal{R}(S)]^{\gamma+\mathcal{J}}$ gilt. Ist $\{\mathcal{R}\}$ eine Menge von Matrix-Darstellungen von $S$ und $\chi\{\mathcal{R}\} = \{\chi(\mathcal{R})\}$, so folgt aus Satz 8.3.17:

$$H(\chi\{\mathcal{R}\})\,(S) = ([\Pi\{\mathcal{R}\}](S))^{\gamma+\mathcal{J}}\,. \tag{2.11}$$

Von RHODES [2] wurde ferner bewiesen, daß $\mathcal{E}(S)^A$ die lineare Hülle von $p[\mathcal{E}(S)^A]$ ist und daß

$$H[\mathcal{E}(S)^A]\,(S) = S^{\mathcal{J}} \tag{2.12}$$

gilt. Außerdem wurde in [2] gezeigt: Ist $X \subseteq \mathcal{E}(S)$ derart, daß $X \supseteq \mathcal{E}(S)^A$ gilt, so ist $H(X)$ ein $\mathcal{J}$-Homomorphismus, und es ist

$$H(X) : S \twoheadrightarrow S^{\mathcal{J}} \text{ genau dann, wenn } X = \mathcal{E}(S)^A\,. \tag{2.13}$$

Aus der Definition von $A : \mathcal{E}(S) \to \mathcal{E}(S)$ folgt für $X \subseteq \mathcal{E}(S)$ in einfacher Weise

$$p[A(X)] = p(\chi[R\,L\,M(X)])\,. \tag{2.14}$$

Wir beweisen nun, daß $\Theta_j = \Theta_c$ gilt. Nach (2.10) ist $H[\mathcal{E}(S)] : S \twoheadrightarrow S^{\gamma+\mathcal{J}}$, und aufgrund von (2.9) ist $R\,L\,M[\mathcal{E}(S)] = S \twoheadrightarrow S^{\gamma+\mathcal{J}} \twoheadrightarrow S^{(\gamma+\mathcal{J})\mathcal{L}}$. Nach

(2.11) ist ferner

$$H(\chi\, R\, L\, M[\mathscr{C}(S)]) : S \twoheadrightarrow S^{\gamma+\mathcal{J}} \twoheadrightarrow S^{(\gamma+\mathcal{J})\mathcal{I}} \twoheadrightarrow S^{(\gamma+\mathcal{J})\mathcal{I}(\gamma+\mathcal{J})}.$$

Aber (2.14) ergibt $p(A[\mathscr{C}(X)]) = p(\chi\, R\, L\, M[\mathscr{C}(S)])$ und somit

$$H(\chi\, R\, L\, M[\mathscr{C}(S)]) = H(A[\mathscr{C}(S)])$$

oder

$$H(A[\mathscr{C}(S)]) : S \twoheadrightarrow S^{\gamma+\mathcal{J}} \rightarrow S^{(\gamma+\mathcal{J})\mathcal{I}} \twoheadrightarrow S^{(\gamma+\mathcal{J})\mathcal{I}(\gamma+\mathcal{J})}.$$

Fährt man nun in dieser Weise fort, um $H(A^k[\mathscr{C}(S)])$ zu berechnen, und benutzt man (2.12)—(2.14), so findet man eine erste ganze Zahl $n$, so daß $H(A^n[\mathscr{C}(S)])\,(S) = S^{\mathcal{J}}$ (so daß $\Theta_c(S) = n$) ist. Diese Zahl ist gleich der ersten ganzen Zahl $n$, so daß $A^n[\mathscr{C}(S)] \subseteq \mathscr{C}(S)^A$ gilt. Diese ganze Zahl ist aber der Index von $B$. Somit erhalten wir $\Theta_j(S) = \Theta_c(S)$. Dadurch ist das Lemma 2.32 bewiesen und damit der Beweis von Satz 2.5 abgeschlossen. ▮

## 3. Korollare zum Satz

Wir bezeichnen die eindeutig bestimmte $G$-Komplexitätsfunktion bezüglich $G\,M$-Halbgruppen für eine Halbgruppe, die eine Vereinigung von Gruppen ist, durch $\mathrm{Card}_G : \mathscr{S} \rightarrow N$. In diesem Abschnitt sind alle Halbgruppen Vereinigungen von Gruppen, *wenn nicht etwas anderes gesagt wird.*

**3.1. Korollar (Stetigkeit der Komplexität bezüglich Homomorphismen).**

(a) Aus $\varphi : S \underset{\gamma}{\twoheadrightarrow} T$ folgt $\mathrm{Card}_G(S) = \mathrm{Card}_G(T)$.

(b) Aus $\varphi : S \underset{\mathcal{I}}{\twoheadrightarrow} T$ folgt $\mathrm{Card}_G(T) \leqq \mathrm{Card}_G(S) \leqq \mathrm{Card}_G(T) + 1$.

(c) Sei $\varphi : S \twoheadrightarrow T$ ein Epimorphismus, und sei $\mathrm{Card}_G(S) = n$ und $\mathrm{Card}_G(T) = k$. Dann existieren Epimorphismen $S = S_n \twoheadrightarrow S_{n-1} \twoheadrightarrow \cdots \twoheadrightarrow S_k = T$, so daß der zusammengesetzte Epimorphismus gleich $\varphi$ ist und $\mathrm{Card}_G(S_j) = j$ für $j = k, \ldots, n$ gilt.

Beweis. (a) Gilt $S \underset{\gamma}{\twoheadrightarrow} T$, so gilt $S^\gamma = T^\gamma$. Somit ist die Reihe (e) für $T$ hinter der ersten $\gamma$-Abbildung mit der Reihe (e) für $S$ identisch. Daher ist $\Theta_e(S) = \Theta_e(T)$.

(b) Sei

$$S \twoheadrightarrow G\,M_1 \twoheadrightarrow R\,L\,M_1 \twoheadrightarrow G\,M_2 \twoheadrightarrow \cdots$$

eine längste Reihe dieses Typs für $S$. Wegen $S \underset{\mathcal{I}}{\twoheadrightarrow} T$ gilt nun

$$T \twoheadrightarrow T^{\mathcal{I}} = S^{\mathcal{I}} = S^{RLM} \twoheadrightarrow R\,L\,M_1,$$

so daß

$$T \twoheadrightarrow R\,L\,M_1 \twoheadrightarrow G\,M_2 \twoheadrightarrow \cdots$$

eine Reihe vom Typ (f) für $T$ ist. Dann gilt aber $\mathrm{Card}_G(T) = \Theta_f(T) \geqq \mathrm{Card}_G(S) - 1$ und andererseits $\mathrm{Card}_G(T) \leqq \mathrm{Card}_G(S)$.

(c) Da $\varphi : S \twoheadrightarrow T$ alternierend in $\gamma$-Homomorphismen und $\mathscr{L}$-Homomorphismen zerlegt werden kann (Satz 8.1.14), folgt die Behauptung unmittelbar aus (a) und (b). ∎

**3.2. Korollar (Stetigkeit der Komplexität bezüglich Unterhalbgruppen).** (a) Ist $T$ eine maximale eigentliche Unterhalbgruppe von $S$, so gilt $\mathrm{Card}_G(T) \leqq \mathrm{Card}_G(S) \leqq \mathrm{Card}_G(T) + 1$.

(b) Sei $T \leqq S$ mit $k = \mathrm{Card}_G(T) \leqq \mathrm{Card}_G(S) = n$. Dann existieren Unterhalbgruppen $T = S_k \leqq S_{k+1} \leqq \cdots \leqq S_n = S$, so daß $\mathrm{Card}_G(S_j) = j$ $(j=k,\ldots,n)$ gilt.

Beweis. (a) Man betrachte eine längste Reihe für $S$ der Form

$$S \twoheadrightarrow G\,M_1 \twoheadrightarrow R\,L\,M_1 \twoheadrightarrow G\,M_2 \twoheadrightarrow \cdots \twoheadrightarrow \{0\}\,.$$

Da $R\,L\,M(G\,M_k) = G\,M_k^{RLM} \twoheadrightarrow R\,L\,M_k$ gilt, ersetze man jedes $R\,L\,M_k$ durch $R\,L\,M(G\,M_k)$. Die neue Reihe hat dann dieselbe Länge, d. h., in der Reihe sind $\mathrm{Card}_G(S)$ von Null verschiedene $GM$-Halbgruppen enthalten. Durch Einschränkung auf $T$ und mit aufeinanderfolgenden Bildern erhält man

$$\begin{array}{ccccccccc} S & \twoheadrightarrow & G\,M_1 & \twoheadrightarrow & R\,L\,M(G\,M_1) & \twoheadrightarrow & G\,M_2 & \twoheadrightarrow \cdots \twoheadrightarrow & \{0\}\,, \\ \subseteq & & \subseteq & & \subseteq & & \subseteq & & \\ T & \twoheadrightarrow & T_{11} & \twoheadrightarrow & T_{12} & \twoheadrightarrow & T_{21} & \twoheadrightarrow \cdots \twoheadrightarrow & \{0\}\,. \end{array} \qquad \begin{array}{r}(3.1)\\ \\ (3.2)\end{array}$$

Da $T$ eine maximale eigentliche Unterhalbgruppe von $S$ ist, sind $T_{k1}$ und $T_{k2}$ maximale Unterhalbgruppen von $G\,M_k$ beziehungsweise $R\,L\,M(G\,M_k)$. Nach Satz 7.3.3 enthält eine maximale Unterhalbgruppe zum mindesten alle $\mathscr{J}$-Klassen der Halbgruppe bis auf eine. Seien $I_{k1}$ und $I_{k2}$ die ausgezeichneten $\mathscr{J}$-Klassen (bezüglich der Eigenschaft, $G\,M$- und $R\,L\,M$-Halbgruppen zu sein) von $G\,M_k$ bzw. $R\,L\,M(G\,M_k)$.

Ist $I_{11}$ in $T_{11}$ enthalten, so ist $I_{11}$ die eindeutig bestimmte minimale von Null verschiedene $\mathscr{J}$-Klasse von $T_{11}$, und $T_{11}$ operiert von links und rechts auf ihr. Mit anderen Worten, $T_{11}$ ist eine $G\,M$-Halbgruppe $\neq \{0\}$. Da $I_{12}$ das Bild von $I_{11}$ darstellt, ist $I_{12}$ in $T_{12}$ enthalten, und $T_{12}$ ist eine $R\,L\,M$-Halbgruppe. Man fahre in dieser Weise fort. Ist $I_{k1} \subseteq T_{k1}$ für jedes $k$, dann besitzt die Reihe (3.2) dieselbe Anzahl von $G\,M$-Halbgruppen, die von Null verschieden sind, wie die Reihe (3.1). Da die Reihe (3.2) von der Form (f) ist, erhalten wir somit $\mathrm{Card}_G(T) = \mathrm{Card}_G(S)$.

Angenommen, es sei jetzt $I_{j1} \subseteq T_{j1}$ für ein gewisses $j$ mit $1 \leqq j \leqq \mathrm{Card}_G(S)$. Wählt man das kleinste solche $j$, so ist $G\,M_j - I_{j1} \subseteq T_{j1}$. Sei $\varphi : G\,M_j \twoheadrightarrow G\,M_{j+1}$. Dann gilt $G\,M_{j+1} - \varphi(I_{j1}) \subseteq T_{(j+1)\,1}$. Wir behaupten nun, daß $\varphi(I_{j1}) = \{0\}$ ist. Das Bild von $I_{j1}$ in $R\,L\,M(G\,M_j)$ ist nämlich kombinatorisch und 0-minimal, und da noch $I_{(j+1)\,1}$ nicht kombinatorisch ist, ergibt sich also $\varphi(I_{j1}) = \{0\}$. Somit ist $T_{(j+1)\,1} = G\,M_{j+1}$ oder $G\,M_{j+1} - \{0\}$. Mithin ist der Rest der Reihe (3.2) identisch mit der Reihe (3.1), von einer Null möglicherweise abgesehen.

Die Reihe (3.2) kann daher in der Form (f) als

$$T \twoheadrightarrow \cdots \twoheadrightarrow T_{(j-1)\,2} \twoheadrightarrow T_{(j+1)\,1} \twoheadrightarrow \cdots \twoheadrightarrow \{0\}$$

geschrieben werden.

In diesem Fall gilt also $\mathrm{Card}_G(T) \geqq \mathrm{Card}_G(S) - 1$.

(b) Dies folgt unmittelbar aus (a). ▮

**3.3. Korollar (Stetigkeit der Komplexität bezüglich der Teilbarkeit).** Es gelte $T \mid S$ mit $k = \mathrm{Card}_G(T) \leqq \mathrm{Card}_G(S) = n$. Dann existieren $T = T_k \mid T_{k+1} \mid \cdots \cdots \mid T_n = S$ derart, daß $\mathrm{Card}_G(T_j) = j$ ist für $j = k, \ldots, n$.

Beweis. Dies folgt unmittelbar aus den Korollaren 3.1 und 3.2. ▮

**3.4. Korollar.** Die Axiome I und II aus Definition 1.2 sind äquivalent zu dem Axiom I und dem folgenden Axiom.

Axiom II′. Aus $S \underset{\gamma}{\twoheadrightarrow} T$ folgt $\mathrm{Card}_G(S) = \mathrm{Card}_G(T)$, wobei $S$ eine beliebige endliche Halbgruppe ist.

Beweis. Aus I und II′ folgen sicherlich I und II. Umgekehrt seien jetzt die Axiome I und II gegeben. Sei $\varphi : S \twoheadrightarrow T$ ein $\gamma$-Homomorphismus. Man schreibe $\varphi = \varphi_n \varphi_{n-1} \cdots \varphi_1$, wobei $\varphi_i$ für $i = 1, \ldots, n$ ein MEE ist. Offenbar ist jedes $\varphi_i$ ein $\gamma$-Homomorphismus. Daher genügt es zu beweisen, daß $\mathrm{Card}_G(S) = \mathrm{Card}_G[\varphi(S)]$ gilt, wenn $\varphi$ ein $\gamma$-MEE ist.

Nach Lemma 8.1.18 existiert nun eine $\mathcal{J}$-Klasse $J$ von $S$ mit der Eigenschaft: $\varphi$ ist eineindeutig auf $S - J$, und $\varphi$ trennt $(J \cup F(\mathcal{J}))$ und sein Komplement in $S$. Ist $J$ regulär, dann ist $\varphi$ ein $\gamma(\mathcal{H})$-Homomorphismus auf $J$.

Ist $J$ Null, so setze man $\psi : S \twoheadrightarrow S/F(J)$. Dann ist $(\varphi \times \psi)\,\Delta$ eineindeutig auf $S$.

Ist $J$ regulär, so setze man $\psi : S \twoheadrightarrow [S/F(J)]/\equiv$, wobei $\equiv$ die Kongruenz auf $S/F(J)$ bedeutet, die wie folgt gegeben ist: $s_1 \equiv s_2$ genau dann, wenn $s_1 = s_2$ ist oder gilt: Wenn $s_1, s_2 \in J$, so $s_1 \,\mathcal{H}\, s_2$. Dann ist $\psi$ ein $\mathcal{H}$-Homomorphismus auf $S/F(J)$. Es ist schließlich auch leicht zu zeigen, daß $(\varphi \times \psi)\,\Delta$ auf $S$ eineindeutig ist.

Hier sei folgende Bemerkung eingeschoben: Ist $\varphi : S \twoheadrightarrow T$, so folgt aus Axiom I allein, daß $\mathrm{Card}_G(S) \geqq \mathrm{Card}_G(T)$ gilt. Denn $(\varphi \times Id)\,\Delta$ ist eineindeutig auf $S$, und daher folgt $\mathrm{Card}_G(S) = \max\,[\mathrm{Card}_G(S), \mathrm{Card}_G(T)]$ nach Axiom I. Also ist $\mathrm{Card}_G(S) \geqq \mathrm{Card}_G(T)$.

Wir kehren nun zum Beweis zurück. Da $(\varphi \times \psi)\,\Delta$ auf $S$ eineindeutig ist, erhalten wir nach Axiom I:

$$\mathrm{Card}_G(S) = \max\left(\mathrm{Card}_G\,[\varphi(S)],\, \mathrm{Card}_G[\psi(S)]\right). \tag{3.3}$$

$\varphi$ ist eineindeutig auf $S - J$. Also existiert $\varphi(S) \twoheadrightarrow S/[J \cup F(J)]$. Ferner existiert $S/[J \cup F(J)] \twoheadrightarrow \psi(S)/\psi[J \cup F(J)]$ und somit $\varphi(S) \twoheadrightarrow \psi(S)/\psi[J \cup F(J)]$. Dann ist $\mathrm{Card}_G[\varphi(S)] \geqq \mathrm{Card}_G\left(\psi(S)/\psi\,[J \cup F(J)]\right)$. Aber $\psi\,[J \cup F(J)]$ ist ein kombinatorisches Ideal von $\psi(S)$ und deswegen ergibt sich $\mathrm{Card}_G[\psi(S)] = \mathrm{Card}_G\left(\psi(S)/\psi\,[J \cup F(J)]\right)$ nach Axiom II. Somit gilt $\mathrm{Card}_G[\varphi(S)] \geqq \mathrm{Card}_G[\psi(S)]$, und nach (3.1) erhalten wir $\mathrm{Card}_G(S) = \mathrm{Card}_G\,[\varphi(S)]$. ▮

### Übungen und Ergänzungen

X3.1. Man zeige, daß die Halbgruppe $F_R(X_3)$ aller Funktionen auf einer dreielementigen Menge *niemals* $C$ w$[F_R(X_3)/K]$ teilt, wobei $K$ den kombinatorischen Kern von $F_R(X_3)$ darstellt, der aus den drei konstanten Funktionen besteht, und wobei $C$ irgendeine kombinatorische Halbgruppe ist.

[Hinweis: Man zeige zuerst, daß $F_R(X_3)$ regulär ist und drei $\mathcal{J}$-Klassen besitzt: $J_3 = \mathrm{SYM}_R(X_3)$; $J_2 \cong \mathcal{M}^0(Z_2; X_3, X_3; C) - \{0\}$, wobei $Z_2 = \{1, -1\}$ die zyklische Gruppe der Ordnung 2 bedeutet und

$$C = \begin{pmatrix} 0 & 1 & 1 \\ 1 & 0 & -1 \\ 1 & 1 & 0 \end{pmatrix}$$

ist; $J_1 \cong K = X_3^r$. Dann setze man

$$F_R(X_3) \twoheadleftarrow T \leqq C' \times_Y [F_R(X_3)/K]$$

voraus, wobei $C'$ kombinatorisch ist. Sei $K(T)$ der Kern von $T$, sei $p_1$ der Projektionshomomorphismus auf dem subdirekten Produkt, und man betrachte $p_1[K(T)]$. Dann ist entweder (1) $p_1[K(T)] \leqq J_3$ oder (2) $p_1[K(T)] \leqq J_2$ oder (3) $p_1[K(T)] = \{0\}$. Ist Fall (1) erfüllt, so gilt

$$F_R(X_3) | C' \times_Y J_3,$$

woraus

$$I\,G[F_R(X_3)] \mid I\,G[C' \times_Y J_3]$$

folgt.

Aber $I\,G[C' \times_Y J_3]$ ist kombinatorisch, da $J_3$ eine Gruppe darstellt. Also ist $I\,G[F_R(X_3)]$ kombinatorisch. Dies ist aber ein Widerspruch. Gilt Fall (3), so ist $(t, x) \to Y(0)\,t$ ein Homomorphismus von $T$ auf $T' \leqq C'$, der die $\mathcal{L}$-Klassen von $K(T)$ trennt. Somit gilt $F_R(X_3) | T' | C'$. Dies ist aber ein Widerspruch. (Siehe Satz 5.3.19.) Gilt Fall (2), so beweise man unter Benutzung der Struktur von $C$, daß $p_1[K(T)]$ eine Unterhalbgruppe von $\mathbf{Z}_2 \times \{1,2\}^r$ oder von $\mathbf{Z}_2 \times \{1, 2\}^l$ ist. Hieraus schließe man, daß $p_1(T)$ eine Unterhalbgruppe einer Halbgruppe ist, die eine Vereinigung von Gruppen darstellt, und zwei $\mathcal{J}$-Klassen $D_1$ und $D_2$ besitzt, für die $D_2 \leqq J_3$ und $D_1 = p_1[K(T)]$ gilt. Dann zeige man $p_1(T) \mid C_1$ w $G_1$, wobei $C_1$ eine kombinatorische Halbgruppe und $G_1$ eine Gruppe bedeuten. Somit gilt $F_R(X_3) \mid C_2$ w $C_1$. Also ist $I\,G(F_R(X_3))$ kombinatorisch. Dies ist aber ein Widerspruch.]

X3.2 (ALLEN). Sei $\mathbf{Z}^+$ die Halbgruppe der positiven ganzen Zahlen bezüglich der Addition. Man zeige, daß ein $Y: \mathbf{Z}^+ \to \mathrm{Endo}_L(\mathbf{Z}^+)$ existiert derart, daß $\mathbf{Z}^+ \times_Y \mathbf{Z}^+$ von jeder endlich erzeugten Halbgruppe geteilt wird.

[Hinweis: Man zeige zuerst, daß $\Sigma\{0, 1, \ldots, n\}$ für alle $n = 1, 2, \ldots$ isomorph zu einer Unterhalbgruppe von $\Sigma\{0, 1\}$ ist, so daß $\Sigma\{0, 1\}$ von jeder endlich erzeugten Halbgruppe geteilt wird. Man definiere $Y$ durch $Y(k)\,(z) = 2^k \cdot z$ und beweise, daß $t \to [n_2(t), n_1(t)] \in \mathbf{Z}^+ \times_Y \mathbf{Z}^+$ einen eineindeutigen Homomorphismus darstellt. Hierbei ist $t \in \Sigma\{0, 1\}$, $t = (t_1, \ldots, t_k)$, $n_1(t) = k$ und $n_2(t)$ die positive ganze Zahl mit der binären Darstellung $t_k \cdots t_1$.]

### Anmerkungen und Literatur

Dieses Kapitel ist neu. Es enthält bisher unveröffentlichte Forschungsergebnisse von RHODES, ausgenommen der Beweis, daß $\Theta_a \equiv \mathrm{Card}_G$ den Axiomen genügt, was in KROHN und RHODES [3] bewiesen wurde. In der Tat wird dort mehr bewiesen, nämlich daß $C(S) \leqq (\mathbf{C}, 1) \oplus C(S/I)$ gilt, wobei $S$ eine Halbgruppe ist, die eine Vereinigung von Gruppen darstellt, und $I$ ein kombinatorisches Ideal bedeutet.

Daß $\Theta_b$ bis $\Theta_f$ die Axiome erfüllen, hängt wesentlich von RHODES [4], Abschnitt 6 (oder den Abschnitten 2 und 3 von Kapitel 7 dieses Buches) und von RHODES [2] ab.

Für neue Resultate, die einige der Methoden dieses Kapitels auf reguläre und beliebige endliche Halbgruppen ausdehnen, siehe TILSON [7], RHODES und TILSON [6] und RHODES [8]. Für eine Verallgemeinerung des REESschen Satzes siehe ALLEN [5].

[1] CURTIS, C. W., REINER, I., Representation Theory of Finite Groups and Associative Algebras. Wiley (Interscience), New York 1962.
[2] RHODES, J., Complexity and characters of finite semigroups (eingereicht in J. Comb. Theory).
[3] KROHN, K., RHODES, J., Complexitiy of finite semigroups. Ann. of Math. (im Druck).
[4] RHODES, J., Some resulty on finite semigroups. J. Algebra 3 (1966), 471–504.
[5] ALLEN, D., Relations between the local and global structure of finite semigroups. Ph. D. Thesis, Universität von Kalifornien, Berkeley (1968).
[6] RHODES, J., TILSON, B., Lower bounds for complexity of finite semigroups (eingereicht in Math. System Theory).
[7] TILSON, B., THESIS, PH. D., Universität von Kalifornien, Berkeley (im Druck).
[8] RHODES, J., A proof of the fundamental lemma of complexity-weak version (im Druck).

# Erläuternde Vorlesungen über topologische Halbgruppen

10

JANE M. DAY

*The Institute for Advanced Study, New Jersey*

Das Studium topologischer Halbgruppen begann um 1950, und Professor A. D. WALLACE gilt als Begründer dieser Theorie. Er hat ihre wichtigsten Teilgebiete ins Leben gerufen und wesentlich zu deren Entwicklung beigetragen. Die meisten Forscher auf diesem Gebiete sind seine Schüler.

Die Absicht dieses Kapitels besteht mehr darin, etwas vom Wesen topologischer Halbgruppen und den in der Theorie benutzten Techniken zu vermitteln, als einen repräsentativen oder detaillierten Überblick über die Literatur zu geben. Viele der hier aufgeführten Resultate werden nicht in vollständiger Allgemeinheit dargelegt, und zahlreiche Ergebnisse von großem Interesse werden hier nicht diskutiert, unter ihnen die sehr wichtigen, von WALLACE [W 1, 4 und 5] stammenden Ergebnisse über kompakt zusammenhängende Halbgruppen. Hiervon ist sehr viel in [W 8] erschienen. Wir bringen einige kürzere Beweise, speziell solche, die interessante Techniken aufweisen.

Die meisten der interessierenden Sätze, die sich auf Halbgruppen beziehen, betreffen die kompakten, lokal kompakten oder diskreten Fälle. Der größte Teil der folgenden Diskussionen beschäftigt sich mit kompakten Halbgruppen. „Diskret" verstehen wir in algebraischer Bedeutung, denn eine algebraische Halbgruppe ist HAUSDORFFsch in der diskreten Topologie (jede Menge ist offen) und daher natürlich eine topologische Halbgruppe, bei der alle auf ihr definierten Funktionen stetig sind. Insbesondere ist eine endliche Halbgruppe natürlich eine kompakte topologische Halbgruppe.

Für eine allgemeine Information über topologische Halbgruppen vergleiche man das Buch von HOFMANN und MOSTERT [H—M], die ausgezeichnete erläuternde Dissertation von PAALMAN—DE MIRANDA [P-de M] und WALLACE [W 8].

Was die Topologie anbetrifft, weichen wir etwas von der üblichen Bezeichnungsweise ab, indem wir die Bezeichnungen $A^*$, $A\backslash B$ und $\square$ für die Abschließung einer Menge, für die Mengendifferenz und für die leere Menge verwenden. Ferner unterscheiden wir auch nicht zwischen $x$ und $\{x\}$. Wenn keine Irrtümer zu befürchten sind, sollen die topologischen Bezeichnungen

Vorrang vor den algebraischen haben.[1]) So bedeutet zum Beispiel die Aussage „eine Menge ist abgeschlossen", daß sie in der Topologie abgeschlossen ist und nicht, daß sie eine Unterhalbgruppe ist. Über die von uns benutzte allgemeine Topologie kann in [H—Y, Hn, Ke] nachgeschlagen werden.

**Definitionen.** Eine (*topologische*) *Halbgruppe* ist ein nichtleerer HAUSDORFFscher topologischer Raum $S$, zusammen mit einer stetigen assoziativen Multiplikation

$$S \times S \to S ,$$

für die gewöhnlich kein Operationszeichen verwendet, sondern die einfach durch Nebeneinanderstellung ausgedrückt wird. $S$ wird der unterliegende Raum der Halbgruppe genannt. Ist bezüglich der Multiplikation kein Irrtum möglich, so sagen wir: „$S$ ist eine Halbgruppe". Im folgenden bezeichnen $S$ und $W$ Halbgruppen.

Für $A, B \subseteq S$ bedeutet $A\,B$ die Menge $\{a\,b \mid a \in A, b \in B\}$ und $A^2$ die Menge $\{a\,a' \mid a, a' \in A\}$. Für all das, was folgt, sind zwei Tatsachen aus der Topologie fundamental, nämlich, daß das topologische Produkt kompakter Räume kompakt ist und daß das stetige Bild eines kompakten Raumes kompakt ist. Sind nun $A$ und $B$ kompakt in $S$, so ist daher $A\,B$ kompakt. Insbesondere gilt: Ist $A$ kompakt, so sind $x\,A$ und $A\,x$ kompakt für jedes $x \in S$.

In der Topologie versteht man unter einem *Homöomorphismus* eine Funktion „auf", die stetig ist und deren Inverse wiederum eine stetige Funktion darstellt. In Halbgruppen versteht man unter einem *Isöomorphismus* eine Funktion, die sowohl ein Isomorphismus als auch ein Homöomorphismus ist.

Das minimale Ideal von $S$ wird gewöhnlich durch $K(S)$ bezeichnet. Für eine kompakte Halbgruppe $S$ existiert $K(S)$, und die Struktur von $K(S)$ ist vollständig bekannt; in der Sprache der algebraischen Halbgruppen ist $K(S)$ vollständig einfach [C—P]. Insbesondere ist $K(S)$ kompakt und disjunkte Vereinigung einer Familie kompakter Gruppen (siehe Satz 3.9).

Die Menge aller idempotenten Elemente von $S$ wird gewöhnlich durch $E(S)$ bezeichnet. Eine *Untergruppe* von $S$ ist eine Untermenge $G$ von $S$, die algebraisch bezüglich der in $S$ definierten Multiplikation eine Gruppe darstellt. Die Multiplikation in einer Untergruppe $G$ ist sicherlich stetig und, falls $G$ lokal kompakt ist, ist die Umkehrung auch stetig, so daß $G$ eine topologische Gruppe ist [E]. Für jedes idempotente $e \in E(S)$ existiert eine maximale Gruppe in $S$, die $e$ als Einselement besitzt (siehe Lemma 1.6).

---

[1]) Anmerkung des Herausgebers der Originalausgabe: In diesem Kapitel sollen alle Halbgruppen topologisch sein. Wir glauben, daß viele der in den vorhergehenden Kapiteln für endliche Halbgruppen und Automaten entwickelten Resultate bald auf topologische Halbgruppen und Automaten ausgedehnt werden können; und es ist unsere Hoffnung, daß die Nebeneinanderstellung von Dr. DAYS eleganten Ausführungen und diesem Material solche Entwicklungen beschleunigen wird. Ihre zusammen mit Professor WALLACE verfaßten Artikel [D—W] dürften als die ersten Kapitel einer Theorie topologischer Automaten angesehen werden.

Ein *Bing* ist eine kompakte, zusammenhängende Halbgruppe, und ein *Clan* ist ein Bing mit einem Einselement. In Abbildung 1 werden einige einfache Beispiele von Halbgruppen gezeigt, alle mit ihrer gewöhnlichen Multiplikation: Das reelle Intervall [0, 1], die Einheitskreisscheibe $D$ in der komplexen Ebene und, für festes $n \geqq 1$, jede konvexe Untermenge von $D$, die die $n$-ten Einheitswurzeln $\{\alpha_1, \ldots, \alpha_n\}$ enthält. (Wir illustrieren dies für $n = 3$.) Man beachte, daß jede dieser Halbgruppen sogar ein Clan ist.

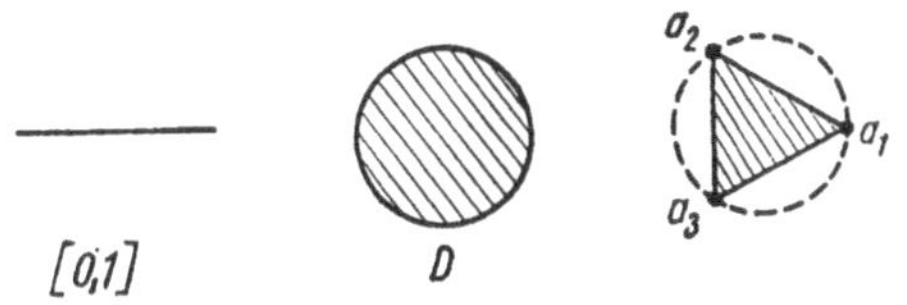


Abb. 1

## 1. Bögen und Halbgruppen

Ein *Faden* ist eine Halbgruppe, deren unterliegender Raum ein *Bogen* ist, d. h. ein Hausdorffsches Kontinuum, in welchem jeder Punkt ein Zerlegungspunkt ist, ausgenommen sind dabei zwei Punkte, die Endpunkte genannt werden. (Ein abgeschlossenes reelles Intervall $[a, b]$ mit $a < b$ ist ein Bogen mit den Endpunkten $a$ und $b$.) Ein *Standardfaden* oder eine *I-Halbgruppe* ist ein Faden, bei dem der eine Endpunkt ein Nullelement und der andere ein Einselement ist.

Die Struktur der Fäden ist für sich genommen von beträchtlichem Interesse und auch, weil sehr viel über die Existenz von Fäden, besonders über $I$-Halbgruppen, in größeren Halbgruppen bekannt ist. Faucett [F 1] hat bewiesen, daß eine $I$-Halbgruppe mit keinem inneren idempotenten Element homöomorph zum reellen Intervall [0, 1] sein muß. (Jedoch brauchen im allgemeinen $I$-Halbgruppen nicht metrisch zu sein; sie können „zu lang" sein.) Faucett erhielt noch weitere Resultate im Hinblick auf eine Charakterisierung der $I$-Halbgruppen, und die Arbeit wurde von Mostert und Shields [M—S 1] vervollständigt, wobei sie in ihren Untersuchungen die Kenntnis über gewisse Clane auf kompakten Mannigfaltigkeiten, die eine Begrenzung besitzen, verwendeten (2.3). Unabhängig davon erzielte Clifford allgemeinere Ergebnisse über Fäden, die vollständig die Fäden mit idempotenten Endpunkten beschreiben [Cl 1, 2], und Cohen und Wade charakterisierten metrisierbare Fäden mit einem Null- und mit einem Einselement [C—W]. Eine der wichtigsten Tatsachen über $I$-Halbgruppen besteht darin, daß alle abelsch sind; wir werden ihre Struktur beschreiben, aber zuerst benötigen wir einige Definitionen.

**1.1. Definitionen.** (1) Ein *Einheitsfaden* ist eine Halbgruppe, die zu [0, 1] isöomorph ist, wobei als Multiplikation in [0, 1] die gewöhnliche reelle Multiplikation genommen wird.

(2) Ein *Nilfaden* ist eine Halbgruppe, die zu $\left[\frac{1}{2}, 1\right]$ isöomorph ist, wobei die Multiplikation in $\left[\frac{1}{2}, 1\right]$ durch $x\,y = \max\left\{\frac{1}{2}, \text{gewöhnliches Produkt von } x \text{ und } y\right\}$ definiert wird [siehe Beispiel 2.2 (1)].

(3) Ein Bogen mit seiner Zerlegungspunkt-Ordnung und der Multiplikation, die durch $x\,y = \min\{x, y\}$ definiert wird, heißt *Min-Faden*. (Auf einem Bogen $A$ wird die *Zerlegungspunkt-Ordnung* wie folgt definiert: Man wähle einen Endpunkt $a$, und für $x, y \in A$ sei $x \leqq y$ genau dann, wenn $x = a$ oder $x = y$ ist, oder $x$ die Elemente $a$ und $y$ in $A$ trennt. In [H—Y] wird bewiesen, daß dies eine lineare Ordnung ist.)

**1.2. Satz** [M—S, Cl 1, C—W, F]. Sei $S$ eine $I$-Halbgruppe. $S$ werde mit der Zerlegungspunkt-Ordnung versehen, wobei das Nullelement das minimale Element sein soll. Dann ist $E(S)$ abgeschlossen, und für $x, y \in E(S)$ ist $x\,y = \min\{x, y\}$; das Komplement von $E(S)$ ist die Vereinigung disjunkter offener Intervalle, und ist $P$ eins von diesen, so stellt $P^*$ eine Unterhalbgruppe von $S$ dar, die ein Einheitsfaden oder ein Nilfaden ist; und ist schließlich $x \in P$ und $y \notin P$, so ist $x\,y = \min\{x, y\}$. Insbesondere ist $S$ abelsch.

Nicht alle Fäden sind abelsch, auch nicht solche mit idempotenten Endpunkten, wie das folgende Beispiel zeigt.

**1.3. Beispiel.** Sei $S$ die Untermenge der Ebene, die durch

$$S = ([0, 1] \times 0) \cup (0 \times [0, 1])$$

definiert wird (siehe Abbildung 2). Die Multiplikation in $S$ werde durch

$$(x, y)\,(x', y') = (x\,x', x\,y' + y)$$

definiert.

Dies ist ein nichtabelscher Faden mit einem Einselement, aber keinem Nullelement; jedoch ist jedes Element $p$ in dem vertikalen Segment ein *linkes Nullelement*, d. h., es gilt $p\,S = p$. Man beachte, daß das horizontale Segment ein Einheitsfaden ist.

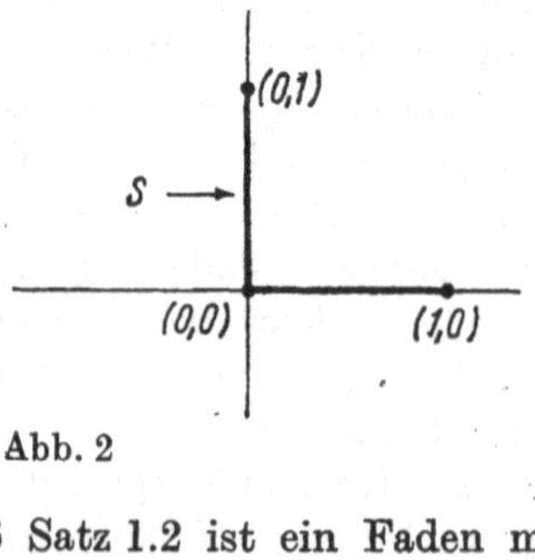


Abb. 2

Gemäß Satz 1.2 ist ein Faden mit genau zwei idempotenten Elementen, die die Endpunkte sind (d. h. eine $I$-Halbgruppe mit keinem inneren idempotenten Element), entweder ein Einheits- oder ein Nilfaden. WALLACE fragte nach höherdimensionalen Zellen, aber praktisch ist nichts bekannt.

**1.4. Problem** [W]. Wie ist die Halbgruppenstruktur einer $n$-Zelle (falls eine existiert) für $n > 1$ beschaffen, wenn man fordert, daß die Menge der idempotenten Elemente gleich der Begrenzung ist? Läßt insbesondere eine 2-Zelle eine derartige Halbgruppe zu?

In Beispiel 2.2 (3) geben wir eine Halbgruppe auf einer 2-Zelle an, bei der die Begrenzung zuzüglich einem inneren Punkt die idempotenten Elemente darstellen, aber durch keine Standardtechnik ist es möglich, dieses innere idempotente Element in dieser Halbgruppe zu eliminieren. Im allgemeinen ist es sehr schwer, eine Halbgruppe mit gewünschten geometrischen Eigenschaften auf einem Raum zu definieren; es ist gewöhnlich relativ leicht, stetige Funktionen $S \times S \to S$ mit diesen Eigenschaften zu definieren, aber die Assoziativität ist schwer zu erhalten. Somit werden gewöhnlich neue Beispiele aus bereits bekannten Halbgruppen gebildet, mittels Techniken, wie sie zum Beispiel in Abschnitt 2 beschrieben werden.

Beiläufig erwähnen wir, daß aus einem Satz von COHEN und KRULE [C—K] folgt, daß ein nichttrivialer Homomorphismus von einer reellen $I$-Halbgruppe die Dimension bewahrt, obwohl im allgemeinen Halbgruppenhomomorphismen wenig Rücksicht auf die Dimension nehmen; es existieren beispielsweise Homomorphismen von kompakten Halbgruppen auf Halbgruppen höherer Dimension, während dies bei Gruppen nicht vorkommen kann. (Dies folgt aus Resultaten von MONTGOMERY und ZIPPIN [M—Z].) Unter Dimension verstehen wir die induktive oder topologische Dimension [H—W]. Mehr über Dimension und Halbgruppen findet man bei ANDERSON und HUNTER [A—H].

**1.5. Definition.** Eine *einparametrige Halbgruppe* in $S$ ist eine Funktion $\delta : [0, 1] \to S$, die stetig und eineindeutig ist und für die $\delta(x + y) = \delta(x)\,\delta(y)$ gilt für $x, y, x + y \in [0, 1]$. $\delta([0, 1])$ ist als Unterraum von $S$ ein Bogen, da $[0, 1]$ kompakt und $S$ HAUSDORFFsch ist und aus der Stetigkeit und der Eineindeutigkeit von $\delta$ folgt, daß $\delta$ ein Homöomorphismus in $S$ ist. Weniger exakt sprechen wir einfach vom Bild von $[0, 1]$ bezüglich $\delta$, als sei es die einparametrige Halbgruppe. Man beachte, daß dieses Bild keine Unterhalbgruppe von $S$ zu sein braucht, da $[0, 1]$ bezüglich der Addition nicht abgeschlossen sein muß. Als ein Beispiel einer einparametrigen Halbgruppe, die keine Unterhalbgruppe ist, nehme man das abgeschlossene Intervall $\left[\frac{1}{2}, 1\right]$ auf der

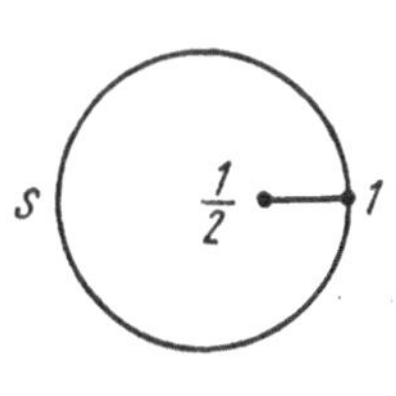


Abb. 3

reellen Achse, wobei $S$ die Einheitskreisscheibe in der Ebene mit der üblichen komplexen Multiplikation ist (siehe Abbildung 3).

**1.6. Lemma.** Ist $e \in E(S)$, so existiert eine maximale Untergruppe $H(e)$ von $S$, die $e$ enthält und für die

$$H(e) = \{x \in e\,S\,e \mid x\,x' = e = x'\,x \text{ für ein gewisses } x' \in e\,S\,e\}$$

$$= \{x \in S \mid x \cup x\,S = e \cup e\,S \text{ und } x \cup S\,x = e \cup S\,e\} \text{ gilt.}$$

1960 veröffentlichten MOSTERT und SHIELDS [M—S 2] den folgenden Satz, der zu einem wichtigen Hilfsmittel bei der Untersuchung von Halbgruppen wurde. Die erste Version dieses Satzes, die forderte, daß $H(1)$ eine LIEsche Gruppe ist, erschien 1957 [M—S 1]. Wir wollen sagen, daß ein Bogen $A$ in $S$ aus einem *idempotenten Element* $e \in S$ *hervorgeht* genau dann, wenn $A \cap H(e) = e$ ist. Das in Abschnitt 1.5 gegebene Beispiel einer einparametrigen Halbgruppe ist auch ein Beispiel für einen Bogen, der aus einem idempotenten Element hervorgeht.

**1.7. Satz** [M – S 2]. Sei $S$ lokalkompakt mit dem Einselement 1. Angenommen, es gibt eine kompakte Untergruppe $G$ von $H(1)$, die in $H(1)$, aber nicht in $S$ offen ist, und angenommen, es existiert eine Umgebung von 1, die keine anderen idempotenten Elemente enthält. Dann enthält $S$ eine einparametrige Halbgruppe, die aus 1 hervorgeht.

Dieser Satz ist weiterhin schwierig zu beweisen, obwohl bereits dreizehn Jahre vergangen sind, seitdem seine erste Version erschienen ist. MOSTERT und SHIELDS bemerken, daß sie, wenn es nicht nötig ist, die einparametrigen Halbgruppen hervorgehen zu lassen, den Satz von GLEASON über die Existenz einparametriger Gruppen in lokalkompakten Gruppen benutzen könnten, der leichter zu beweisen ist (siehe [M—Z]). Durch den Satz von MOSTERT und SHIELDS veranlaßt, möchte man gern wissen, ob es einen Bogen oder eine einparametrige Halbgruppe gibt, die aus einem nichtisolierten idempotenten Element hervorgeht, und ob eine einparametrige Halbgruppe in $S$ eine Untermenge eines Fadens in $S$ ist. Die Antworten lauten nein, wie durch die Beispiele unten gezeigt wird, obwohl man geneigt ist, das Gegenteil anzunehmen, da KOCH [K 2] bewiesen hat, daß jede Umgebung eines solchen idempotenten Elementes einen Bogen enthält. Jedoch brauchen diese Bögen nicht das idempotente Element zu enthalten, und sie brauchen auch nicht Unterhalbgruppen von $S$ oder sogar einparametrige Halbgruppen zu sein.

**1.8. Definition.** Das *Halbgruppenprodukt* von $S$ und $W$ ist das kartesische Produkt $S \times W$ mit koordinatenweiser Multiplikation, d. h. $(x, y)\,(x', y') = (x\,x', y\,y')$.

**1.9. Beispiele.** Sei $I = [0, 1]$ mit der gewöhnlichen reellen Multiplikation, und sei $C$ der Einheitskreis und $D$ die Einheitskreisscheibe in der komplexen Ebene mit der gewöhnlichen komplexen Multiplikation.

(1) $I \times C$ ist eine hohle Zylinderhalbgruppe mit dem Einselement (1, 1) und dem minimalen Ideal $0 \times C$. Sei

$$S = (0 \times C) \cup \{(e^{-t}, e^{2\pi i t}) \mid 0 \leqq t < \infty\} .$$

$S$ ist also der Grundkreis $0 \times C$ zusammen mit einer unendlichen Spirale, die sich auf ihn herabwindet (siehe Abbildung 4).

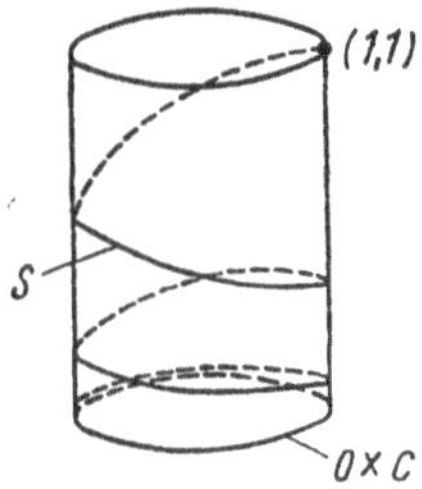


Abb. 4

Wie man sieht, ist $S$ ein Clan mit dem Einselement (1, 1) und mit $K(S) = 0 \times C$. Jeder Bogen in $S$, der aus (1, 1) hervorgeht, ist eine einparametrige Halbgruppe, aber das kleinste Unterbing, das solch einen Bogen enthält, ist ganz $S$; daher kann kein solcher Bogen zu einem Faden in $S$ erweitert werden. Wir wollen $S$ die einfache Spiralhalbgruppe nennen.

(2) $I \times D$ ist eine massive Zylinderhalbgruppe mit dem Einselement (1, 1) und dem minimalen Ideal (0, 0). Die in (1) definierte Spiralhalbgruppe $S$ ist eine Unterhalbgruppe von $I \times D$, und $T = S \cup (0 \times D)$ ist ebenfalls eine Unterhalbgruppe. $T$ ist eine Spirale, die sich auf die Begrenzung einer 2-Zelle herabwindet, zusammen mit der 2-Zelle (siehe Abbildung 5).

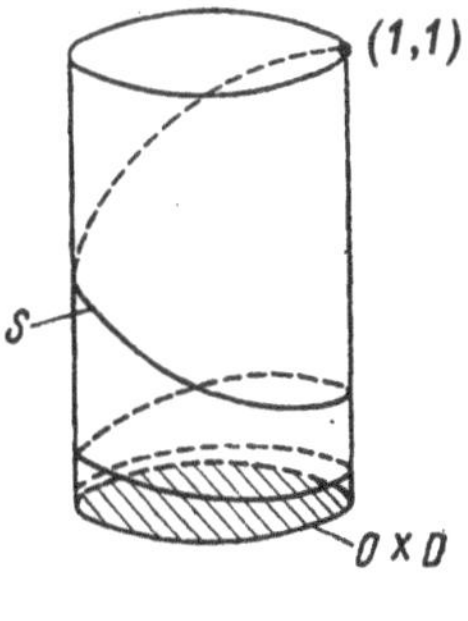


Abb. 5

Wie man erkennt, ist $T$ ein Clan mit dem Einselement (1, 1) und einem Nullelement und mit $K(T) = (0, 0)$. Hier sehen wir wieder, daß jeder Bogen, der aus (1, 1) hervorgeht, eine einparametrige Halbgruppe ist, aber keiner kann zu einem Faden in $T$ erweitert werden.

(3) Dieses Beispiel, das von HUNTER [Hn 3] stammt, ist ein Clan $T'$, in dem kein Bogen aus dem Einselement hervorgeht. In der Tat liegt hierbei auch das Einselement in keinem einzigen Bogen. Natürlich ist ein solcher in $E(T')$ nicht offen. In $E^3$ sei $D_i$ die Kreisscheibe, die durch $x^2 + y^2 \leqq (1/i)$ und $z = 1 - (1/i)$ definiert wird, $i = 1, 2, 3, \ldots$. Die Kreisscheiben $D_i$ konvergieren also zum Punkt $n = (0, 0, 1)$. Vom Mittelpunkt von $D_{i+1}$ geht eine Halblinie $A_i$ aus, die innerhalb des Kegels verlaufen soll, der durch den Mittelpunkt von $D_{i+1}$ und die Begrenzung von $D_i$ bestimmt wird, und die sich wie in (2) auf die Begrenzung von $D_i$ herabwindet. Sei $T_i = A_i \cup D_i$, und für jedes $i = 1, 2, 3, \ldots$ sei die Multiplikation in $T_i$ wie in $T$ von (2) definiert, so daß also der Mittelpunkt von $D_i$ das Nullelement für $T_i$ ist. Sei $T_\infty = u$ und $T' = \bigcup \{T_i \mid i = \infty, 1, 2, 3, \ldots\}$. Man vervollständige die Definition der Multiplikation in $T'$ wie folgt: $\infty$ sei größer als jede ganze Zahl, und ist $x \in T_i$, $y_i \in T_j$ und $i < j$, so sei $x\,y = y\,x = x$. Dann ist $T'$ ein Clan mit Nullelement, $K(T) = (0, 0)$, mit einem Einselement $u$, und kein Bogen in $T'$ enthält $u$ (siehe Abbildung 6).

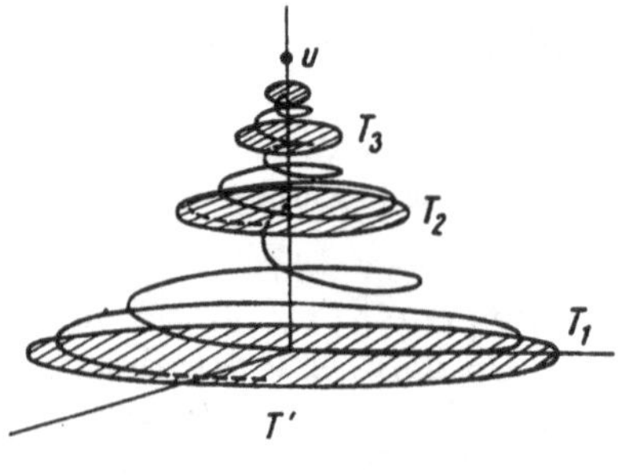


Abb. 6

Man hat natürlich die Stetigkeit der Multiplikation in $T_i \cap T_{i+1}$ für jedes $i$ zu überprüfen, ebenso wie die Assoziativität auf $T'$. Die Multiplikation würde nicht stetig sein, wenn die Spirale von $T_i$ nicht vom Nullelement sondern vom Einselement von $D_{i+1}$ ausginge. Man beachte, daß $T'$ aus einzelnen Spiralen konstruiert wird in einer entsprechenden Weise, wie $I$-Halbgruppen aus Einheits-, Nil- und Min-Fäden aufgebaut wurden (siehe 1.2 und 1.11). Man beachte auch, daß es nichtdegenerierte, *zusammenhängende* Gruppen in jeder Nachbarschaft von $u$ gibt (die Begrenzungen der Kreisscheiben), und diese scheinen offenbar zu verhindern, daß man einen Bogen konstruieren kann, der aus $u$ hervorgeht. Dies ist in der Tat richtig und ein Ergebnis von KOCH; der entsprechende Satz folgt.

**1.10. Satz** [K 4]. Ist $S$ ein Bing, in dem jede Untergruppe total unzusammenhängend ist, so gibt es für jedes idempotente Element $e \in S \backslash K(S)$ eine Unterhalbgruppe $I$ von $S$, die $e$ als Einheitselement besitzt, $K(S)$ schneidet und eine $I$-Halbgruppe ist.

Ein Hilfsmittel, das KOCH bei seinem Beweis benutzt, ist der Satz von MOSTERT-SHIELDS über einparametrige Untergruppen (siehe 1.7).

**1.11. Definition.** Eine *irreduzible Halbgruppe* $T$ ist ein Clan, der kein eigentliches Unterkontinuum enthält, in dem das Einselement von $T$ enthalten ist und das $K(T)$ schneidet, das auch eine Unterhalbgruppe ist.

Für eine irreduzible Halbgruppe ist es möglich, nicht *topologisch irreduzibel* zwischen ihrem Einselement und ihrem minimalen Ideal zu sein, d. h., es könnte ein eigentliches Unterkontinuum geben, das beide verbindet, obwohl sie sogar keine eigentliche Kontinuum-Unterhalbgruppe verbindet. Zum Beispiel sind $S$, $T$ und $T'$ im Beispiel 1.9 alle drei irreduzibel, aber $T$ und $T'$ sind nicht topologisch irreduzibel. Die Bedeutung dieses Unterschiedes liegt darin, daß, wie schon lange zuvor vermutet, irreduzible Halbgruppen abelsch sein müßten; viele Versuche wurden unternommen, um dies zu beweisen, und KOCH und WALLACE zeigten [K—W 2] mit Mitteln der mengentheoretischen Topologie, daß ein topologisch irreduzibler Clan abelsch ist. Jedoch wurde erst vor kurzer Zeit von HOFMANN und MOSTERT [H—M] bewiesen, daß eine irreduzible Halbgruppe abelsch ist, und der Beweis ist nicht elementar. Wir stellen unten ihren Hauptsatz auf. Für eine erläuternde Diskussion ihrer Arbeit siehe MOSTERT [M].

Die Halbgruppe $T'$ in Beispiel 1.9 (3) zeigt, daß irreduzible Halbgruppen beträchtlich komplizierter sein können als Fäden oder einfache Spiralen; sie werden aus Grundbausteinen aufgebaut, die von HOFMANN und MOSTERT *zylindrische Halbgruppen* genannt werden. Diese sind in komplizierter Weise zusammengesetzt, aber ähnlich zu der Weise, wie $I$-Halbgruppen aus Einheits-, Nil- und Min-Fäden aufgebaut werden. Die Struktur irreduzibler Halbgruppen ist von spezieller Bedeutung, da sie in den „meisten" Bings enthalten sind gemäß des folgenden Lemmas.

**1.12. Lemma.** Ist $S$ ein Bing und $e \in S \backslash K(S)$, so enthält $S$ eine irreduzible Halbgruppe mit $e$ als Einselement, die $K(S)$ schneidet. Der Beweis ist einfach: Man beachte, daß $\{e\,S\,e\}$ eine Familie von Clanen ist, die $e$ enthalten und $K(S)$ schneiden. Die Familie ist durch Inklusion linear geordnet. (Diese Familie hat nur ein Element.) Aufgrund des ZORNschen Lemmas gibt es eine maximale derartige Familie, und ihr Durchschnitt ist dann eine irreduzible Halbgruppe, wie gefordert.

Der folgende, sehr schöne Satz ist das Kernstück der Arbeit von HOFMANN und MOSTERT über irreduzible Halbgruppen.

**1.13. Satz [H—M].** Eine irreduzible Halbgruppe ist abelsch, und die irreduziblen Halbgruppen sind Clane, für die $S/\mathcal{H}$ natürlich eine $I$-Halbgruppe ist, wobei $\mathcal{H}$ die Äquivalenzrelation auf $S$ bedeutet, die durch

$$\mathcal{H} = \{(x, y) \in S \times S \mid x \cup S\,x = y \cup S\,y \text{ und } x \cup x\,S = y \cup y\,S\}$$

definiert ist.

Die hier definierte Relation $\mathcal{H}$ ist eine der GREENschen *Äquivalenzen* auf $S$ (Abschnitt 4), und gemäß Definition 1.8 ist die maximale Untergruppe $H(e)$, die ein idempotentes Element $e$ enthält, die $\mathcal{H}$-Klasse von $e$. $S/\mathcal{H}$ ist der Raum, der durch Identifizierung der Punkte einer jeden $\mathcal{H}$-Klasse erhalten wird, so daß insbesondere die Untergruppen von $S$ auf Punkte zusammengezogen werden und $S/\mathcal{H}$ keine nicht degenerierte zusammenhängende Gruppe enthält.

Als Beispiel betrachte man die einfache Spirale $S$ von Beispiel 1.9 (1). Die $\mathcal{H}$-Klasse eines jeden $x \in S\backslash(0\times C)$ ist gerade $x$, und die einzige andere $\mathcal{H}$-Klasse ist der Grundkreis. $S/\mathcal{H}$ ist somit $S$ mit einem Basiskreis, der zu einem Punkt zusammengezogen ist, der offenbar einen Bogen darstellt. Entsprechend für $T$ von Beispiel 1.9 (2): Die $\mathcal{H}$-Klassen von $S$ sind diejenigen wie eben beschrieben, und jeder Kreis in $0\times D$ vom Radius $r$ um (0, 0), $0 \leqq r \leqq 1$, ist eine $\mathcal{H}$-Klasse (siehe Abbildung 7).

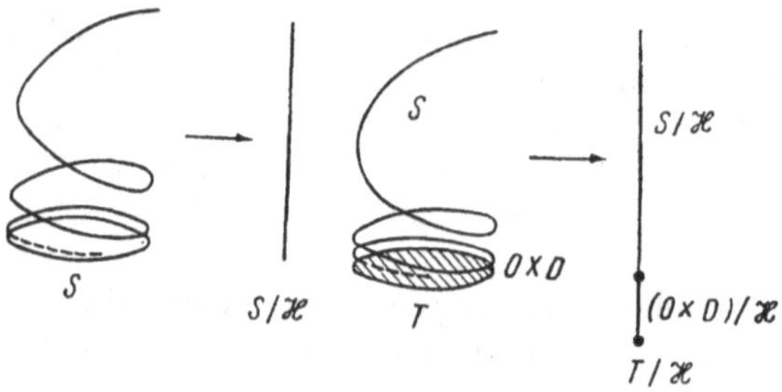


Abb. 7

Es ist klar, daß $\mathcal{H}$ für jede Halbgruppe $S$ definiert werden kann und eine Äquivalenzrelation darstellt, so daß $S/\mathcal{H}$ ein wohl-definierter Raum ist, und ist $S$ kompakt, so ist $S/\mathcal{H}$ HAUSDORFFsch. (Die Kompaktheit kann durch etwas schwächere Bedingungen ersetzt werden [Hu].) Jedoch ist im allgemeinen $S/\mathcal{H}$ natürlich keine Halbgruppe; mit anderen Worten, das Produkt (in $S$) zweier $\mathcal{H}$-Klassen braucht nicht in einer anderen $\mathcal{H}$-Klasse enthalten zu sein. Anders ausgedrückt, $\mathcal{H}$ braucht nicht eine *Kongruenz* zu sein (siehe Satz 2.5 für die formale Definition). Ist $S$ *normal*, das bedeutet, daß $xS = Sx$ für jedes $x \in S$ gilt, so ist $S$ natürlich eine Halbgruppe. Offenbar ist $S$ normal, wenn $S$ abelsch ist, und dies ist ein wichtiger Grund dafür, warum es so äußerst nützlich ist zu wissen, ob eine Halbgruppe abelsch ist. Zum Beispiel bewies HUNTER im Jahre 1960 [Hn 1], daß $S/\mathcal{H}$ eine $I$-Halbgruppe ist, wenn $S$ eine normale irreduzible Halbgruppe darstellt, aber dies war für beliebige irreduzible Halbgruppen nicht bekannt, bis MOSTERT und HOFMANN bewiesen, daß sie abelsch sind. MOSTERT, HOFMANN und andere haben aus der obigen Arbeit von HUNTER einen großen Einblick in die Struktur komplexer Halbgruppen gewonnen, ebenso wie aus den geistreichen Beispielen, die in HUNTERS Arbeiten und in denen von HUNTER und ANDERSON sowie ROTHMAN und HUNTER vorzufinden sind (siehe zum Beispiel [A–H], [Hn 1, 2, 3] und [H–R]).

## 2. Konstruktion neuer Halbgruppen aus alten Halbgruppen

Das in Definition 1.8 aufgeführte Halbgruppen-Produkt ist eine grundlegende Möglichkeit, um neue Halbgruppen aus alten zu konstruieren. Eine andere Grundidee besteht darin, einen Teil einer gegebenen Halbgruppe durch irgendetwas anderes zu ersetzen, wie es in 2.1 und 2.6 beschrieben wird.

**2.1. Definition des Reesschen Quotienten.** Sei S eine kompakte Halbgruppe, und sei $I$ ein *abgeschlossenes* Ideal. $S/I$ bezeichne den üblichen Quotientenraum, den man durch Identifizierung aller Punkte von $I$ erhält, und $\Phi : S \to S/I$ sei die kanonische Abbildung. $S/I$ ist dann eine Halbgruppe mit der durch $\Phi(x)\, \Phi(y) = \Phi(x\, y)$ definierten Multiplikation, und eine derartige Halbgruppe wird ein *Reesscher Quotient* genannt.

Die Multiplikation ist definiert, weil $I$ ein Ideal ist. Die Kompaktheit von $S$ und die Abgeschlossenheit von $I$ werden benutzt, um zu zeigen, daß $S/I$ Hausdorffsch ist, und um die Stetigkeit der Multiplikation nachzuweisen (siehe 2.5).

**2.2. Beispiele Reesscher Quotienten.** (1) Ein Nil-Faden ist ein Reesscher Quotient eines Einheitsfadens; genau ausgedrückt, der gewöhnliche, in Definition 1.1 (2) aufgeführte Nil-Faden ist $[0, 1] / \left[0, \frac{1}{2}\right]$, wobei $[0, 1]$ der gewöhnliche Einheitsfaden ist.

(2) Eine nicht zusammenhängende Halbgruppe kann zu einer zusammenhängenden gemacht werden, wenn es ein abgeschlossenes Ideal gibt, das alle Komponenten schneidet. Zum Beispiel sei $W$ eine endliche Halbgruppe aus $n$ Elementen und $I = [0, 1]$ der gewöhnliche Einheitsfaden. Dann ist $W \times 0$ kompakt und besitzt $n$ Komponenten; $W \times 0$ ist ein abgeschlossenes Ideal, das alle Komponenten schneidet, und $W \times I / W \times 0$ ist ein zusammenhängender Fächer. Wir skizzieren den Fall $n = 2$ in Abbildung 8.

Abb. 8

(3) Sei $S^1$ eine Halbgruppe auf der Einheitssphäre, sei $I = [0, 1]$ eine $I$-Halbgruppe, und sei $T = S^1 \times I$ das Halbgruppen-Produkt. Dann ist $T$ ein hohler Zylinder, $I_r = S^1 \times [0, r]$ ist ein Ideal von $T$ für $r \in [0, 1]$, und der Reessche Quotient $T/I_r$ ist topologisch eine 2-Zelle, bei der die begrenzende Sphäre eine Unterhalbgruppe ist (siehe Abbildung 9).

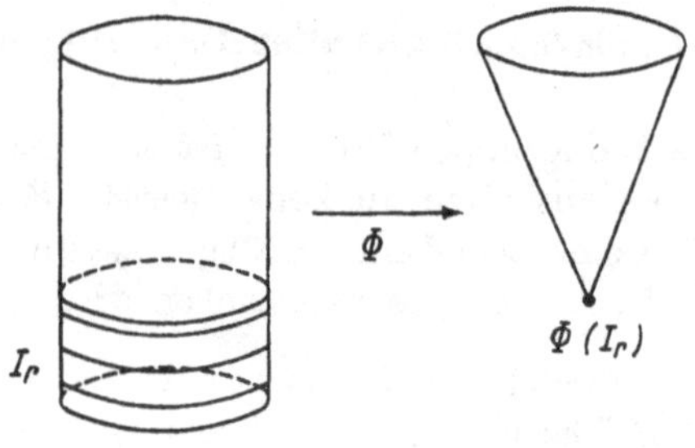


Abb. 9

Man kann dies verallgemeinern, indem man $S^{n-1}$, $n \geqq 2$, an Stelle von $S^1$ verwendet und erhält Halbgruppen auf $n$-Zellen, bei denen die begrenzende $(n-1)$-Sphäre eine Unterhalbgruppe ist. Es gibt einen Satz von MOSTERT und SHIELDS, aus dem folgt, daß ein Clan auf einer $n$-Zelle mit Nullelement und einer Unterhalbgruppe als Begrenzung ein derartiger REESscher Quotient eines Zylinders sein muß. Dieser Satz, den wir unten aufführen, ist wesentlich allgemeiner und wird für *L-Halbgruppen* aufgestellt. $L$-Halbgruppen sind hierbei Clane auf kompakten Mannigfaltigkeiten mit einer Begrenzung, die ein Unterbing darstellt. Der Beweis dieses Satzes war es, der MOSTERT und SHIELDS veranlaßte, FAUCETTS Arbeit über $I$-Halbgruppen zu vervollständigen und die erste Version ihres Satzes über einparametrige Halbgruppen zu beweisen. Beides haben wir bereits früher erwähnt.

**2.3. Satz** [M—S]. Ist $S$ eine $L$-Halbgruppe mit der Begrenzung $B$, so ist $B$ eine kompakte LIEsche Gruppe; $B$ operiert auf $S$ mittels linksseitiger Translation, und der Raum der Orbite $S'$ ist eine $I$-Halbgruppe; und es gibt eine $I$-Halbgruppe $J$ in $S$ derart, daß $J$ einen Querschnitt für $S'$ darstellt, daher ist $S = J\,B$. Besitzt $S$ ein Nullelement, so ist $S$ isöomorph zu $(J \times B)/K$, wobei $K$ ein Ideal von $J \times B$ ist. Die Multiplikation in $S$ ist differenzierbar genau dann, wenn $S'$ ein Einheitsfaden ist.

Als Beispiel kann leicht gezeigt werden, daß $(I \times C)/K$ die gewöhnliche komplexe Kreisscheibe darstellt, wobei $I$ der gewöhnliche Einheitsfaden, $C$ die Kreisgruppe und $K = 0 \times C$ ist. (Siehe Abbildung 4.)

Dieser Satz lieferte teilweise Antworten auf die folgenden Fragen, die von WALLACE gestellt worden sind.

**2.4. Fragen** [W]. Angenommen, $S$ ist eine Halbgruppe auf einer kompakten Mannigfaltigkeit mit einer Begrenzung $B$, die eine Unterhalbgruppe darstellt. Bis zu welchem Grad ist die Multiplikation von $S$ durch die von $B$ bestimmt? Wann ist die Multiplikation differenzierbar?

Nur sehr wenig ist über die Struktur solcher Halbgruppen bekannt, die kein Einselement besitzen, außer daß HUDSON [H] gezeigt hat, daß, falls $S$ eine abgeschlossene $n$-Zelle ist und die begrenzende Sphäre $B$ eine links-triviale Unterhalbgruppe von $S$ darstellt ($x\,B = x$ für jedes $x \in B$), $S$ entweder linkstrivial ist oder $(S \backslash K(S))^* = B\,T$ für eine gewisse in $S$ enthaltene $I$-Halbgruppe $T$ gilt.

In Definition 2.1 deuteten wir an, warum es zweckmäßig ist, ein abgeschlossenes Ideal „auf einen Punkt zusammenzudrücken", mit anderen Worten, warum der Reessche Quotientenraum sich als eine Halbgruppe herausstellt. Formal ist ein Reesscher Quotient einer kompakten Halbgruppe ein Spezialfall des allgemeinen Verfahrens, eine abgeschlossene Kongruenz abzusondern, die gemäß des folgenden Satzes eine Halbgruppe ergibt. Die Korrespondenz zwischen Kongruenzen und Homomorphismen ist von grundlegender Bedeutung, und deshalb stellen wir den Satz in voller Allgemeinheit auf. Wie angedeutet, bleibt alles richtig, wenn man „diskret" statt „kompakt" und „kompakt Hausdorffsch" liest.

**2.5. Satz.** Angenommen, $S$ sei eine kompakte (diskrete) Halbgruppe und $\mathscr{C}$ eine abgeschlossene Äquivalenzrelation auf $S$. Sei ferner $\Phi : S \to S/\mathscr{C}$ die natürliche Abbildung. Dann ist $S/\mathscr{C}$ kompakt Hausdorffsch (diskret) in der Quotiententopologie. Diese ist wie folgt definiert: $U$ ist in $S/\mathscr{C}$ offen genau dann, wenn $\Phi^{-1}(U)$ offen ist.

Ist $\mathscr{C}$ außerdem eine Kongruenz, so ist $S/\mathscr{C}$ natürlich eine Halbgruppe, was bedeutet, daß $\Phi$ ein Homomorphismus ist. Somit induziert eine abgeschlossene Kongruenz auf $S$ einen Homomorphismus von $S$ auf eine andere Halbgruppe. Ist umgekehrt $f : S \to T$ ein Homomorphismus von $S$ auf $T$, so ist

$$\mathscr{C} = \{(s, s') \in S \times S \mid f(s) = f(s')\}$$

eine abgeschlossene Kongruenz auf $S$, und $S/\mathscr{C}$ ist isöomorph zu $T$ vermöge $\bar{f} : S/\mathscr{C} \to T$, definiert durch $\bar{f}\,\Phi = f$:

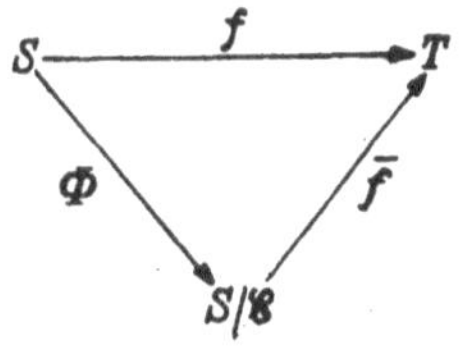


Die folgende Konstruktion ist, wie der Reessche Quotient, eine Anwendung von Satz 2.5, aber eine etwas spitzfindigere. Der Reessche Quotient ersetzt ein Ideal durch einen Punkt, während die Borsuksche Verheftungsmethode Bedingungen beschreibt, unter denen eine Unterhalbgruppe durch eine andere Halbgruppe ersetzt werden kann. Dies ist eine einfache Variation der wohlbekannten K. Borsukschen Verheftungsmethode mit einer stetigen Funktion.

**2.6. Die Borsuksche Verheftungsmethode.** Sei $S$ eine kompakte Halbgruppe, $A$ eine abgeschlossene Unterhalbgruppe von $S$ und $f : A \to T$ ein Homomorphismus „auf". Sei $\Delta(S) = \{(x, x) \mid x \in S\}$ die Diagonale von $S$. Sei $\mathscr{E} = \Delta(S) \cup \{(a_1, a_2) \in A \times A / f(a_1) = f(a_2)\}$. Dann ist $\mathscr{E}$ eine abgeschlossene Äquivalenzrelation auf $S$, und falls $\mathscr{E}$ eine Kongruenz ist, stellt $S/\mathscr{E}$ eine Halbgruppe dar, die dann wie $S$ aussieht, wenn $A$ herausgenommen und $T$ dafür in Übereinstimmung mit der Regel $f$ eingeheftet wird. Ist $A$ ein Ideal von $S$, so wird $\mathcal{E}$ zu einer Kongruenz im Falle $f(x\,a_1) = f(x\,a_2)$ und $f(a_1\,x) = f(a_2\,x)$ für jedes $x \in S$.

**2.7. Beispiele.** (1) REESscher Quotient. $A$ sei ein abgeschlossenes Ideal einer kompakten Halbgruppe $S$, $T$ eine einpunktige Halbgruppe und $f$ eine Abbildung von $A$ in $T$.

(2) Ein Clan auf dem MÖBIUSschen Band. Seien $C$ und $I$ wie in Beispiel 1.9, und sei $S = I \times C$, $A = 0 \times C$ und $T = C$. Man definiere $f : A \to T$ durch $f(0, z) = z^2$. Man erkennt leicht, daß die Verheftung nur gegenüberliegende Punkte auf dem Basiskreis von $S$ identifiziert und den Rest von $S$ unverändert läßt. Um geometrisch einzusehen, daß der verheftete Raum wirklich ein MÖBIUSsches Band darstellt, gehe man so vor: *(1)* man schneide $S$ vertikal in zwei Hälften und verschiebe die vordere Hälfte nach unten; *(2)* man drehe sie um 180°; *(3)* man verhefte die zwei benachbarten Bänder miteinander; dies ergibt eine 2-Zelle und läuft auf die Identifizierung gegenüberliegender Punkte auf dem Basiskreis von $S$ hinaus, abgesehen von den Eckpunkten; *(4)* man füge die Schnittränder wieder so zusammen, wie sie ursprünglich waren. Dadurch wird die Identifizierung gegenüberliegender Punkte auf dem Basiskreis von $S$ vervollständigt, so daß man jetzt den Verheftungsraum vorliegen hat: Dies ist auch der gewöhnliche Weg, um ein MÖBIUSsches Band aus einer Zelle zu erhalten (siehe Abbildung 10).

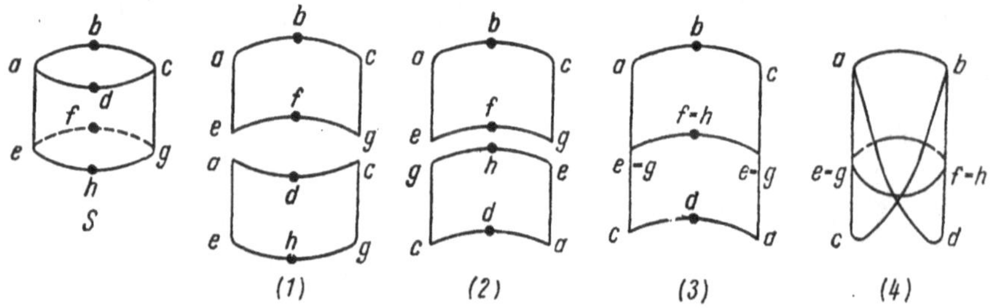


Abb. 10

(3) Ein Clan auf einem Schirm. Sei $D$ wie in Beispiel 1.9, $A = \left\{z \in D \;\middle|\; |z| \leq \frac{1}{2}\right\}$ und $T = \left[0, \frac{1}{2}\right]$ mit der reellen Multiplikation. Man definiere $f : A \to T$ durch $f(z) = |z|$ (siehe Abbildung 11).

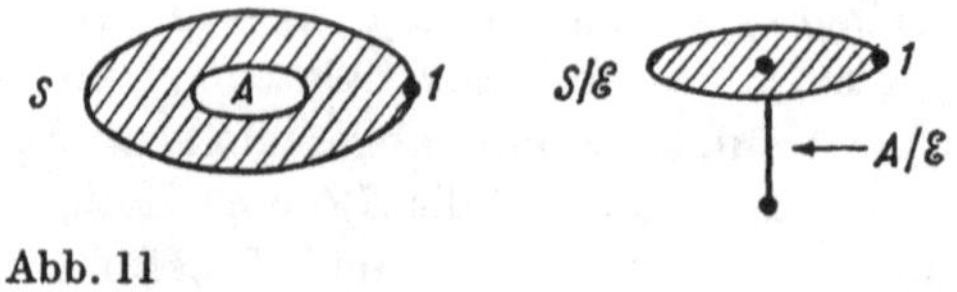


Abb. 11

(4) Sei $S$ die einfache Spirale von Beispiel 1.9 (1) und sei $\{a, b\}$ eine zweielementige Halbgruppe. (Zum Beispiel könnte die Multiplikation linkstrivial gewählt werden (siehe 2.4); oder $\{a, b\}$ könnte die zyklische Gruppe aus zwei Elementen darstellen.) $T$ bezeichne den Grundkreis von $S$, und $W = \{a, b\} \times S$ sei das gewöhnliche Halbgruppenprodukt (siehe Definition 1.8). $W$ ist kompakt, da $\{a, b\}$ und $S$ es sind. Sei $A = \{a, b\} \times T \subseteq W$, und man nehme als $f: A \to T$ Projektionsabbildung. Dann sind die Voraussetzungen von Satz 2.6 erfüllt, und der Verheftungsraum ist eine Doppelspirale (siehe Abbildung 12).

Abb. 12

Da für jede beliebige endliche (oder allgemeiner, kompakte) Halbgruppe $X$ auch $X \times S$ kompakt ist, kann man auf dieselbe Weise so viele Spiralen miteinander verheften, wie die Koordinatenzahl von $X$ angibt. Man vergleiche dieses Beispiel mit Beispiel 2.2 (2).

In allen vorangegangenen Beispielen muß man jedesmal nachweisen, daß die von $f$ induzierte Äquivalenzrelation eine abgeschlossene Kongruenz ist.

## 3. Einige nützliche Hilfsmittel für die Theorie kompakter Halbgruppen

Die in diesem Abschnitt vorkommenden Gegenstände sind elementar, gehören aber zu den am häufigsten gebrauchten Tatsachen über kompakte Halbgruppen. Es sind einige wenige einfache aber wichtige Dinge aus der Topologie, die man notwendigerweise wissen muß und die wir ohne Beweis aufführen.

**3.1. Grundbegriffe der Topologie.** $X$, $Y$ und $Z$ mögen Hausdorffsche Räume bezeichnen.

(1) Seien $A, U \subseteq X$, und sei $U$ offen. Aus $A^* \cap U \neq \square$ folgt dann $A \cap U \neq \square$.

In (2) und (3) sei $\mathcal{A}$ eine nichtleere Familie von Untermengen von $X$, die eine *Kette* bilden, d. h., für jedes $A, B \in \mathcal{A}$ gilt $A \subseteq B$ oder $B \subseteq A$. $\bigcap \{A \mid A \in \mathcal{A}\}$ werde kurz mit $\bigcap \mathcal{A}$ bezeichnet.

(2) Ist jedes $A \in \mathcal{A}$ kompakt und nichtleer, so ist $\bigcap \mathcal{A}$ kompakt und nichtleer.

(3) Sei $f: X \to Y$ stetig; dann ist $f(\bigcap \mathcal{A}) \subset \bigcap \{f(A) \mid A \in \mathcal{A}\}$, und ist jedes $A \in \mathcal{A}$ kompakt, so ist $f(\bigcap \mathcal{A}) = \bigcap \{f(A) \mid A \in \mathcal{A}\}$. Ist $X$ eine Halbgruppe und $\mathcal{A}$ eine Kette aus kompakten Untermengen von $X$, so gilt $x(\bigcap \mathcal{A}) = \{xA \mid A \in \mathcal{A}\}$ für jedes $x \in X$.

(4) Für jede beliebige stetige Funktion $f: X \to Y$ und für $A \subseteq X$ gilt $f(A^*) \subseteq f(A)^*$. Ist $A$ kompakt in $X$, so ist $f(A^*) = f(A)^*$. Sind $A$ und $B$ Untermengen einer Halbgruppe, so gilt also $A^* B^* \subseteq (A B)^*$, und sind $A^*$ und $B^*$ auch kompakt, so ist $A^* B^* = (A B)^*$.

(5) Ist $A \subseteq X$, $A$ kompakt und $z \notin A$, so gibt es eine offene Menge $W$ derart, daß $A \subseteq W$ und $z \notin W$ ist.

(6) Sind $A$ und $B$ kompakt, gilt $A \times B \subseteq X \times Y$, ist $f: X \times Y \to Z$ stetig, $f(A \times B) \subseteq W$, $W$ offen, so gibt es offene Mengen $U$ und $V$ derart, daß $A \subseteq U$, $B \subseteq V$ und $f(U \times V) \subseteq W$ gilt. Ist $X = Y = Z$ eine Halbgruppe und $A B \subseteq W$, $W$ offen, so gibt es also offene Mengen $U$ und $V$ derart, daß $A \subseteq U$, $B \subseteq V$ und $U V \subseteq W$ gilt.

**3.2. Definition.** Für $x \in S$ sei $\Gamma_n(x) = \{x^p \mid p \geqq n\}^*$, $\Gamma(x) = \Gamma_1(x)$ und $N(x) = \bigcap \{\Gamma_n(x) \mid n \geqq 1\}$.

Der folgende Satz stammt von KOCH und NUMAKURA [N].

**3.3. Satz.** Ist $x \in S$ und $\Gamma(x)$ kompakt, so ist $N(x)$ ein Ideal von $\Gamma(x)$ und außerdem eine Gruppe. **Für ein Element $x$ in einer kompakten Halbgruppe drängen sich somit die Potenzen von $x$ auf ein gewisses idempotentes Element zusammen. Insbesondere enthält also eine kompakte Halbgruppe ein idempotentes Element.**

Beweis. Eine abgeschlossene Untermenge eines kompakten Raumes ist kompakt, also ist $N(x)$ der Durchschnitt einer nichtleeren Kette aus nichtleeren *kompakten* Mengen. Daher ist $N(x)$ auf Grund von Satz 3.1 (2) kompakt und nichtleer. Der nichtleere Durchschnitt von Unterhalbgruppen einer Halbgruppe ist wieder eine Halbgruppe, also ist $N(x)$ eine Halbgruppe.

Um zu beweisen, daß $N(x)$ ein Ideal von $\Gamma(x)$ ist, werden wir zeigen, daß $x^r N(x) = N(x)$ für jedes $r \geqq 1$, also $\{x^r \mid r \geqq 1\} N(x) \subseteq N(x)$ gilt; dann ist aber $\Gamma(x) N(x) \subseteq N(x)$ aufgrund von Satz 3.1 (1) und (4). Dual gilt $N(x) \Gamma(x) \subseteq N(x)$. Sei also $r \geqq 1$. Man berechne nun $x^r N(x) = x^r (\bigcap \{\Gamma_n(x) \mid n \geqq 1\})$. $x^r (\bigcap \{\Gamma_n(x) \mid n \geqq 1\})$. Nach Satz 3.1 (3) ist dies gleich $\bigcap \{x^r \Gamma_n(x) \mid n \geqq 1\}$. Nach Satz 3.1 (4) ist $x^r \Gamma_n(x) = (x^r \{x^p \mid p \geqq n\})^*$, und dies ist sicherlich gleich $\{(x^{r+p}) \mid p \geqq n\}^* = \Gamma_{r+n}$.

Also ist

$$x^r N(x) = \bigcap \{\Gamma_{r+n}(x) \mid n \geqq 1\} = \bigcap \{\Gamma_n(x) \mid n \geqq r+1\}.$$

Dies ist aber gleich $N(x)$, da $\Gamma_{r+1}(x) \subseteq \cdots \subseteq \Gamma_1(x)$ gilt. Um nachzuweisen, daß $N(x)$ eine Gruppe ist, genügt es zu zeigen, daß $y N(x) = N(x) y = N(x)$ für jedes $y \in N(x)$ gilt, da $N(x)$ eine Halbgruppe ist. Wir haben vorhin gezeigt, daß $x^r N(x) = N(x) x^r = N(x)$ für jedes $r \geqq 1$ gilt. Wenn nun die $x^r$ gegen alle Punkte von $N(x)$ konvergieren, erhält man die gewünschten Gleichungen. Die Prämisse ergibt sich aber aus der Kompaktheit, nämlich folgendermaßen: Sei $A = \{a \in \Gamma(x) \mid a N(x) = N(x)\}$, wenn wir wüßten, daß $A^* \subset A$ gilt, würden wir, weil $\{x^r \mid r \geqq 1\} \subseteq A$ ist, $\Gamma(x) \subseteq A^* \subseteq A$ erhalten, insbesondere also $N(x) \subseteq A$, wie verlangt. Um $A^* \subseteq A$ zu beweisen, sei $y \in A^*$. Angenommen, es sei nun $y \notin A$. Dann ist $y\,N(x) \not\subseteq N(x)$. Also gibt es ein $z \in N(x) \setminus y\,N(x)$. Da $y$ und $N(x)$ kompakt sind, ist auch $y\,N(x)$ kompakt. Daher gibt es nach Satz 3.1 (5) eine offene Menge $W$ derart, daß $z \notin W$ und $y\,N(x) \subset W$ gilt. [Man beachte $N(x) \not\subseteq W$.] Nach Satz 3.1 (6) gibt es offene Mengen $U$ und $V$ mit $y \in U$, $N(x) \subseteq V$ und $U\,V \subseteq W$. Wegen $y \in U \cap A^*$ gibt es aber nach Satz 3.1 (1) ein $a \in U \cap A$; aus $a \in U$ folgt dann $a\,N(x) \subseteq U\,V \subseteq W$, und aus $a \in A$ folgt $a\,N(x) = N(x)$, so daß wir somit einen Widerspruch erhalten haben. Daher ist die Annahme $y \notin A$ falsch, und somit gilt $A^* \subseteq A$.

Aufgrund dualer Schlußfolgerung ist $A' = \{a \in \Gamma(x) \mid N(x)\,a = N(x)\}$ abgeschlossen und daher $\Gamma(x) \subset A'$; somit gilt

$$\Gamma(x) \subseteq A \cap A' = \{a \in \Gamma(x) \mid a\,N(x) = N(x)\,a = N(x)\}$$

und insbesondere $N(x) \subseteq A \cap A'$. ▌

Bevor wir weiter fortfahren, sei bemerkt, daß der Beweis der Abgeschlossenheit von $A$ nur von der Kompaktheit von $N(x)$ abhängt. In derselben Weise kann man beweisen, daß für jede beliebige kompakte Untermenge $N$ einer Halbgruppe $S$ die Mengen $\{x \in S \mid x\,N \supseteqq N\}$, $\{x \in S \mid x\,N \subseteqq N\}$ und $\{x \in S \mid N\,x \subseteqq N\}$ abgeschlossen sind.

**3.4. Definition.** Ein *Akt*[1]) besteht aus einer Halbgruppe $S$, einem topologischen Raum $X$ und einer stetigen Funktion

$$S \times X \to X\,,$$

die gewöhnlich unbezeichnet bleibt und deren Werte durch Nebeneinanderstellung bezeichnet werden derart, daß

$$t_1(t_2\,x) = (t_1\,t_2)\,x$$

für alle $t_1, t_2 \in S$ und jedes $x \in X$ gilt.

Diejenigen, die mit der Automatentheorie vertraut sind, werden erkennen, daß ein Akt gerade ein stetiger Automat (ohne Ausgabe) ist. Akte wurden schon, wenn es nützlich war, wie im Schwell-Lemma (Lemma 3.5), seit einer Anzahl von Jahren benutzt. Ihr direktes Studium begann jedoch erst neuerdings ([B, S, D—W 1, 2]; siehe auch 3.6 und 3.7).

Das folgende Lemma ist ein äußerst nützliches, von WALLACE herrührendes Hilfsmittel; man sollte es besser „Nichtschwell-Lemma" nennen; es wurde jedoch als Schwell-Lemma bekannt.

**3.5. Das Schwell-Lemma.** [W 3]. Angenommen, $S$ operiere auf $X$, $x$ sei aus $S$, $\Gamma(x)$ sei kompakt, und $A$ sei eine kompakte Untermenge von $X$ mit $x\,A \supseteq A$. Dann gilt $x\,A = A$, und für jedes $y \in \Gamma(x)$ ist $a \to y\,a$ ein Homöomorphismus von $A$ auf $A$; somit ist das idempotente Element in $\Gamma(x)$ ein Element, das wie das Einselement auf $A$ wirkt.

---

[1]) Im Englischen als „act" bezeichnet, im Deutschen auch *topologischer Automat ohne Ausgabe. — Anm. d. deutschen Red.*

Beweis. Wegen $x A \supseteq A$ gilt $x^2 A \supseteq x A \supseteq A$ und durch Induktion $x^n A \supseteq A$ für alle $n \geqq 1$. Somit ist $\{x^n \mid n \geqq 1\} \subseteq \{y \in S \mid y A \supseteq A\}$, und die letztere Menge ist abgeschlossen (siehe die Bemerkung im Anschluß an den Beweis von 3.2). Daher gilt $\Gamma(x) \subseteq \{y \in S \mid y A \supseteq A\}$. Da $\Gamma(x)$ kompakt ist, gibt es nach Satz 3.3 ein idempotentes Element $e \in N(x)$, und aufgrund des vorangegangenen Satzes ist $e A \supseteq A$. Hieraus folgt $e a = a$ für jedes $a \in A$ (aus $x \in e S$ folgt nämlich $x = e y$ für ein gewisses $y \in S$, daher gilt $e x = e^2 y = e y = x$). Also ist $a \to a e$ die identische Abbildung von $A$ und insbesondere $e A = A$.

Um zu sehen, daß $y A = A$ für jedes beliebige $y \in \Gamma(x)$ gilt, haben wir noch $y A \subseteq A$ zu beweisen. Man beachte, daß $y A = y e A$, $y e \in N(x)$ gilt, da $N(x)$ ein Ideal von $\Gamma(x)$ ist und $N(x)$ eine Gruppe darstellt. Also existiert $(y e)^{-1} \in N(x)$, so daß $(y e)(y e)^{-1} = e$ ist. Wir wissen, daß $(y e)^{-1} A \supseteq A$ gilt, daher ist $(y e)(y e)^{-1} A \supseteq y e A$, d. h., es ist $A \supseteq y A$. Also ergibt sich $y A = A$. Schließlich ist $a \to y a$ dieselbe Abbildung wie $a \to y e a$, und dies ist ein Homöomorphismus, weil $A$ auf $A$ abgebildet wird und eine stetige Inverse $a \to (y e)^{-1} a$ existiert. ∎

**3.6. Anwendung des Schwell-Lemmas.** (1) Angenommen, $S$ sei eine kompakte Halbgruppe, $T = S \times S$ das gewöhnliche kartesische Produkt, und die Multiplikation in $T$ werde durch $(x, y)(x', y') = (x x', y' y)$ definiert.

(Man beachte, daß dies nicht das gewöhnliche Halbgruppenprodukt ist, wie es in Definition 1.8 eingeführt worden ist; diese Multiplikation liefert oftmals einen einfachen Weg, um neue Resultate aus gegebenen wie folgt zu erhalten.) $T$ ist eine kompakte Halbgruppe, und auf Grund der besonderen Multiplikation, mit der wir $T$ versehen haben, operiert $T$ auf $S$ über die Funktion $[(x, y), s] \to x s y$.

Sind $A$ und $S$ kompakt, $A \subseteq S$ und ist $x A y \supseteq A$ für gewisse $x, y \in S$, so gilt $x' A y' = A$ für jedes $(x', y') \in \Gamma(x, y)$ [d. h. $\Gamma((x, y))$ für $(x, y) \in T$], und insbesondere enthält $S$ linksseitige und rechtsseitige Einselemente für $A$.

Beweis. $T$ ist kompakt, da $S$ kompakt ist. Aufgrund des Schwell-Lemmas gilt also $(x', y') A = A$ für jedes $(x', y') \in \Gamma(x, y)$, d. h. $x' A y' = A$. Sei $(e, f)$ das idempotente Element in $\Gamma(x, y)$. Aus $e A f = A$ folgt dann $e A = A = A f$, so daß $e$ linksseitiges bzw. $f$ rechtsseitiges Einselement für $A$ ist. [Dies hängt von der Tatsache ab, daß $e$ und $f$ idempotente Elemente sind. Im allgemeinen folgt aus $x A y = A$ nicht $x A = A$ oder $A y = A$. Außerdem ist $\Gamma(x, y)$ nur eine Untermenge von $\Gamma(x) \times \Gamma(y)$, also kann nicht geschlossen werden, daß $x' A y' = A$ für jedes $x' \in \Gamma(x)$ und jedes $y' \in \Gamma(y)$ gilt.] ∎

(2) Eine kompakte Halbgruppe $S$ ist *stabil*, d. h., aus $b a S \supseteq a S$ folgt $b a S = a S$ und aus $S a b \supseteq S a$ folgt $S a b = S a$ für alle $a, b \in S$. (Aus der Stabilität folgt, daß die GREENschen Relationen $\mathcal{D}$ und $\mathcal{J}$ auf $S$ gleich sind [K—W 1].)

(3) Ist $S$ eine kompakte Halbgruppe und gilt $x S = S$ für ein gewisses $x \in S$, so besitzt $S$ ein linksseitiges Einselement, das idempotente Element in $\Gamma(x)$.

(4) [W 7] Ist $S$ eine kompakte Halbgruppe, $x \in A = A^* \subseteq S$ und $x A \supseteq A$, so ist $\Gamma(x)$ eine in $A$ enthaltene Gruppe. Es ist außerordentlich interessant, daß $A$ *keine Unterhalbgruppe zu sein braucht.*

Beweis. Aus $x \in A$ folgt $x^2 \in x A$. Nach dem Schwell-Lemma ist $x A$ gleich $A$, so daß also $x^2 \in A$ gilt. Nach Induktion ist $x^n \in A$ für alle $n \geqq 1$; laut Annahme ist $A$ abgeschlossen, daher ist $\Gamma(x) \subseteq A$. Aufgrund des Schwell-Lemmas gilt somit $e\,\Gamma(x) = \Gamma(x)$, wobei $e$ das idempotente Element in $\Gamma(x)$ bedeutet. Nun gilt aber $e\,\Gamma(x) \subseteq N(x)$, da $N(x)$ ein Ideal von $\Gamma(x)$ darstellt, also ist $\Gamma(x) = N(x)$; daher ist $\Gamma(x)$ eine Gruppe. ∎

Das nächste Lemma ist ein nützliches Hilfsmittel für die Untersuchung kompakter Halbgruppen mit Zerlegungspunkten oder kompakter Halbgruppen, die auf Kontinuen mit Zerlegungspunkten operieren.

**3.7. Lemma** [W 6, D—W 1, 2]. Sei $S$ kompakt, und $S$ möge auf einem Kontinuum $X$ operieren. Ist $H$ eine Untermenge von $S$ mit einer nichtleeren Begrenzung $F(H)$ und enthält $H^*$ einen Punkt $x$ derart, daß $S x \subseteq H^*$ gilt, so ist $S p \subseteq H^*$ für ein gewisses $p \in F(H)$.

Anschaulich besagt dies: Wenn irgendein Punkt aus $H^*$, so weit er auch im Innern von $H^*$ liegen mag, durch $S$ in eine Teilmenge von $H^*$ übergeführt wird, so wird dadurch das von $S$ vermittelte Bild eines gewissen Randpunktes von $H$, d. h. eines gewissen „äußeren" Punktes ebenfalls in $H^*$ hineingezogen. Dies ist offensichtlich für den Gebrauch bequem, wenn $H$ gerade einen Randpunkt besitzt und stellt ein wichtiges Hilfsmittel bei den Beweisen der Eigenschaften 3.8 (1) und (2) dar.

Die Beweise der Sätze 3.7 und 3.8 (1) sind relativ lang, und wir übergehen sie deshalb; 3.8 (1) verallgemeinert einen Satz von Faucett [F 2].

**3.8. Anwendungen des Lemma 3.7.** (1) [D—W 1, 2]. Sei $S \times X \to X$ ein Akt mit kompaktem $S$ und $X$. Sei $J$ maximal hinsichtlich $\square \neq J \subseteq X$ und $S J \subseteq J$. Ist $C \subseteq X \backslash J$ und $C$ der Durchschnitt von Kontinua mit einpunktigen Begrenzungen, so enthält $C$ höchstens einen Punkt.

Dieser Satz ist dann wieder ein wichtiges Hilfsmittel für Day und Wallace [D-W 1, 2], wo stetige Transformationshalbgruppen $S \times X \to X$ studiert werden, für die $X$ ein Kontinuum mit *offener, dichter Halblinie* ist, d. h., $X$ enthält ein homöomorphes Exemplar von (0, 1], dessen Abschließung gleich $X$ ist (das also dicht ist), aber „hervorsteht" (also offen ist). Jeder Punkt des Bildes von (0, 1) ist ein Zerlegungspunkt. Die einfache Spirale in Beispiel 1.9 (1) ist ein Beispiel eines Kontinuums mit offener, dichter Halblinie.

(2) [B]. Sei $S$ eine kompakte Halbgruppe, die auf $I = [0, 1]$ operiert mit $S\,0 = 0$. Dann ist die Menge $\{x \in I \mid S x = x\}$ der Nullelemente bezüglich dieser Operation gleich $[0, c]$ für ein gewisses $c \in [0, 1]$.

Beweis. Sei $Z = \{x \in I \mid S x = x\}$, und sei $z$ die kleinste obere Schranke von $Z$, die sicher existiert, da $Z \neq \square$ $(0 \in Z)$ ist und $Z$ eine obere Schranke 1 besitzt. Da $S$ kompakt ist, läßt sich beweisen, daß $Z$ abgeschlossen ist (vgl.

den Beweis von Lemma 3.5), daher ist $z \in Z$. Angenommen, es sei $x \in (0, z)$, so daß $x$ die Begrenzung für $[0, x]$ und für $[x, 1]$ in $I$ ist. Sei $H = [0, x]$. Man wende Lemma 3.7 an, um zu folgern, daß $S\,x \subseteq [0, x]$ gilt, da $S\,0 = 0$ ist. Sei $H = [x, 1]$. Man wende wieder Lemma 3.7 an, um zu folgern, daß $S\,x \subseteq [x, 1]$ gilt, da $z \in [x, 1]$ und $S\,z = z$ ist. Daher ist $S\,x = x$, woraus $x \in Z$ folgt, was aber bedeutet, daß $(0, z) \subseteq Z$ gilt. Daher ist $[0, z] = Z$. ▮

Der folgende Satz beinhaltet eine Information, die sehr häufig benutzt wird. In der Terminologie der algebraischen Halbgruppen besagt sie, daß das minimale Ideal einer kompakten Halbgruppe vollständig einfach ist, und in der Tat ist auch der Beweis weitgehend algebraisch. Zum Beweis der Existenz linksseitiger, rechtsseitiger und zweiseitiger Ideale wird zwar die Kompaktheit benutzt, danach werden aber keine weiteren topologischen Begriffe mehr benötigt, und der Beweis geht weiter gerade wie im vollständig einfachen Fall (siehe 1.1.7 und Kapitel 7).

**3.9. Satz.** Ist $S$ eine kompakte Halbgruppe, so besitzt $S$ ein kompaktes minimales Ideal $K(S)$, und sind $\hat{L}$ und $\hat{R}$ die Familien aller minimalen linksseitigen bzw. minimalen rechtsseitigen Ideale von $S$, so gilt $K(S) = \cup\, \hat{L} = \cup\, \hat{R}$. Ist weiterhin $L \in \hat{L}$ und $R \in \hat{R}$, so gilt $L\,R = K(S)$ und $L \cap R = H(e)$ für ein gewisses idempotentes Element $e$; daher ist $K(S)$ die Vereinigung disjunkter Gruppen. Ist $x \in K(S)$, so ist das minimale linksseitige Ideal, das $x$ enthält, gleich $S\,x$ und das minimale rechtsseitige Ideal, das $x$ enthält, gleich $x\,S$.

Beweis. $S$ ist ein kompaktes Ideal von $S$. Also gibt es aufgrund des Zornschen Lemmas eine nichtleere maximale Kette $\mathcal{T}$ von kompakten Idealen. Nach Satz 3.1 (2) ist $K = \bigcap \mathcal{T}$ kompakt und nichtleer, also ist $K$ ein minimales kompaktes Ideal von $S$. $K$ ist ein minimales Ideal, da $S\,x\,S$ für jedes beliebige $x \in K$ kompakt ist, ein Ideal darstellt und eine Untermenge eines jeden Ideals ist, das $x$ enthält. Entsprechend enthält $S$ minimale linksseitige und rechtsseitige Ideale. $K$ ist eindeutig. Angenommen, $K'$ sei ein anderes minimales Ideal. Dann gilt $\square \neq K\,K' \subseteq K \cap K'$. Daher ist $K \cap K'$ ein Ideal, also ist $K \cap K' = K = K'$.

Es ist $\bigcup \hat{L} \subseteq K$. Denn ist $L \in \hat{L}$, so ist, weil $L$ ein linksseitiges Ideal und $K$ ein Ideal ist, $K\,L \subseteq L \cap K$, und $K\,L$ ist ein linksseitiges Ideal. Daher gilt $K\,L = L \subseteq K$. Offenbar ist $\bigcup \hat{L}$ ein linksseitiges Ideal. Wenn wir also beweisen können, daß es ein rechtsseitiges Ideal darstellt, so muß es gleich $K$ sein. Um dies zu tun, vermerken wir zunächst, daß $L\,x \in \hat{L}$ für jedes $L \in \hat{L}$ und $x \in S$ gilt (denn $L\,x$ ist offenbar ein linksseitiges Ideal, und wäre $M$ ein in $L\,x$ enthaltenes linksseitiges Ideal, so würde $\{y \in L \mid y\,x \in M\}$ ein in $L$ enthaltenes linksseitiges Ideal, also gleich $L$ und daher $M$ gleich $L\,x$ sein). Somit ist $(\bigcup \hat{L})\,S = \bigcup \{L\,S \mid L \in \hat{L}\} = \bigcup \{L\,x \mid L \in \hat{L}, x \in S\} \subseteq \bigcup \hat{L}$. Also ist $\bigcup \hat{L}$ ein rechtsseitiges Ideal und $K = \bigcup \hat{L}$. Dual gilt $K = \bigcup \hat{R}$.

Sei $L \in \hat{L}$ und $R \in \hat{R}$. Sicherlich ist $L R$ ein Ideal und $L R \subseteq K$. Daher gilt $L R = K$. Als nächstes bemerken wir folgendes: Ist $x \in L$, so ist $L x \in L^2 \subseteq L$, und aus $L x \in \hat{L}$ folgt $L x = L$; aus $x \in R$ folgt in dualer Weise $x R = R$. Ferner kann man wie folgt sehen, daß $R \cap L$ eine Gruppe ist: Sicherlich ist $\square \neq R L \subseteq R \cap L$, und $R L$ ist offenbar eine Halbgruppe; ist $x \in R L$, so ist $L x = L$ und $x R = R$ aufgrund der vorangegangenen Bemerkung. Daher gilt $x R L = R L x = R L$, so daß $R L$ also eine Gruppe ist. Schließlich ist $R \cap L = (R \cap L)\, e \subseteq R L$, wobei $e$ das idempotente Element in $R L$ bedeutet. Daher ist $R \cap L = R L$ und somit $R \cap L$ eine Gruppe.

Sei $x \in K$. Man wähle $L \in \hat{L}$ derart, daß $x \in L$ ist. Sicherlich ist $S x$ ein linksseitiges Ideal und außerdem $S x \subseteq S L \subseteq L$; daher gilt $S x = L$. Auf duale Weise ergibt sich $x \in x S \in \hat{R}$. ▮

## 4. Relative GREENsche Relationen

**4.1. Einleitung.** Die gewöhnlichen GREENschen Relationen werden für eine topologische Halbgruppe $S$ ebenso definiert wie für eine algebraische Halbgruppe ([C—P]; siehe auch Kapitel 7). Sie sind Äquivalenzen, abgeschlossen, wenn $S$ kompakt ist, und stellen ein fundamentales Hilfsmittel für das Studium der Struktur sowohl der topologischen als auch der algebraischen Halbgruppen dar. Man erinnere sich zum Beispiel an den Satz von HOFMANN-MOSTERT (Satz 1.13); sehr elegant ist es auch, die Struktur des minimalen Ideals einer kompakten Halbgruppe als die einer $\mathcal{D}$-Klasse aufzufassen und zu analysieren; ferner sei auch noch der Satz von M. SCHÜTZENBERGER über die $\mathcal{H}$-Klassen in einer allgemeinen $\mathcal{D}$-Klasse (siehe 4.7) erwähnt. WALLACE [W 6, 7, 8] definierte *relative Ideale* und *relative* GREEN*sche Relationen* und verallgemeinerte viele Sätze auf den relativen, topologischen Fall.

Für die restlichen Abschnitte sei $S$ eine Halbgruppe und $T \subseteq S$. Wir vermerken, daß im allgemeinen $T$ *keine* Unterhalbgruppe von $S$ ist.

**4.2. Definitionen.** Für $x, y \in S$ definiere man $(x, y) \in \mathcal{L}_T$ genau dann, wenn $T^1 x = T^1 y$; $(x, y) \in \mathcal{R}_T$ genau dann, wenn $x T^1 = y T^1$; $(x, y) \in \mathcal{J}_T$ genau dann, wenn $T^1 x T^1 = T^1 y T^1$; $\mathcal{H}_T = \mathcal{L}_T \cap \mathcal{R}_T$ und $\mathcal{D}_T = \mathcal{L}_T \circ \mathcal{R}_T$. Die so definierten Relationen $\mathcal{L}_T, \mathcal{R}_T, \mathcal{H}_T, \mathcal{J}_T$ und $\mathcal{D}_T$ werden *relative* GREEN*sche Relationen* von $S$ genannt. Ist $T = S$, so handelt es sich um die gewöhnlichen, von CLIFFORD und PRESTON definierten GREENschen Relationen [C -P]. Der Index ist nicht üblich, aber wir benutzen ihn hier zur Betonung. Für $x \in S$ bezeichnen $Rx$, $Lx$, $Dx$ und $Hx$ beziehungsweise die $\mathcal{R}_T$-Klassen, die $\mathcal{L}_T$-Klassen, die $\mathcal{D}_T$-Klassen und die $\mathcal{H}_T$-Klassen, in denen $x$ enthalten ist.

Gemäß dem folgenden Lemma liefern die Klassen einer relativen Relation Zerlegungen der gewöhnlichen GREENschen Klassen. Dies ist einer der Gründe, warum relative GREENsche Relationen nützlich sein müßten; bis jetzt gab es noch keine bedeutenden Anwendungen der relativen Relationen, aber sie sind möglicherweise wirksame Hilfsmittel. Die meisten Sätze über die gewöhnlichen GREENschen Relationen werden verallgemeinert, wenn man $T = T^*$ und manchmal auch $T^2 \subseteq T$ wählt. Wir übergehen den Beweis von Lemma 4.3 wegen seiner Einfachheit und die Beweise der Sätze 4.4, 4.7 und 4.8 wegen ihrer Länge.

**4.3. Lemma.** Für jedes beliebige $T \subseteq S$ ist jede Äquivalenzklasse der gewöhnlichen GREENschen Relation $\mathcal{L}_S$ Vereinigung von $\mathcal{L}_T$-Klassen, d. h., es ist $\mathcal{L}_T \subseteq \mathcal{L}_S$. Entsprechend gilt $\mathcal{R}_T \subseteq \mathcal{R}_S$, $\mathcal{J}_T \subseteq \mathcal{J}_S$, $\mathcal{H}_T \subseteq \mathcal{H}_S$ und $\mathcal{D}_T \subseteq \mathcal{D}_S$.

**4.4. Satz** [W 7]. Sind $x, y \in S$ und ist $x\,y \in R_x \cap L_y$, so gilt $R_y \cap L_x = H_e$ für ein gewisses $e \in E$, und $H_e$ ist eine Untergruppe von $S$. Ferner ist $H_x\,H_y = H_{xy} = R_x \cap L_y$.

Ist auch $T^2 \subseteq T$ und $x\,T \cup T\,y \subseteq T$, so ist das CLIFFORDsche „Eierkisten"-Diagramm in Abbildung 13 gültig, bei dem die Zeilen $\mathcal{R}_T$-Klassen und die Spalten $\mathcal{L}_T$-Klassen bezeichnen und das gesamte Diagramm eine Untermenge einer $\mathcal{D}_T$-Klasse ist. Umgekehrt, aber ohne Voraussetzungen über $T$, gilt: Ist $e \in E$, $x \in L_e$ und $y \in R_e$, so ist $x\,y \in R_x \cap L_y$.

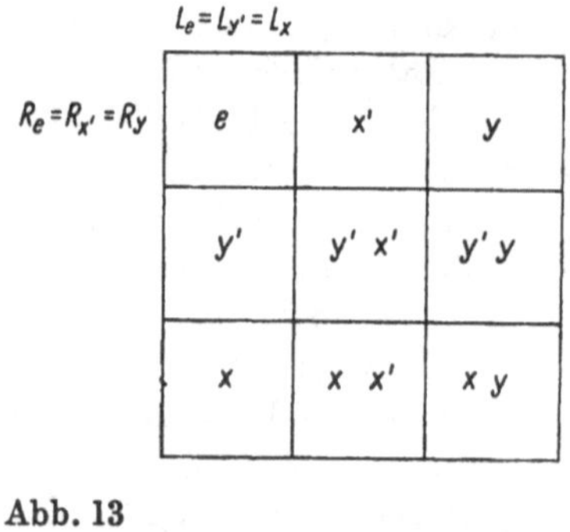


Abb. 13

**4.5. Satz** [W 8]. Sei $S$ kompakt und $T$ abgeschlossen. Der Raum $Z = S \times S \times S$ mit der durch $(x, y, z)\,(x', y', z') = (x, y\,z\,x'\,y', z')$ definierten Multiplikation ist eine Halbgruppe, $f : Z \to S$, definiert durch $f(x, y, z) = x\,y\,z$, ist ein Homomorphismus, und wenn $e \in E(S)$ und $Z_e = (L_e \cap E) \times H_e \times (R_e \cap E)$ gilt, so ist $f \mid Z_e$ ein Homöomorphismus in $S$; daher ist $f \mid Z_e$ ein Isöomorphismus in $S$.

Sei $H = \cup\,\{H_f \mid f \in E(S)\}$ und $M_e = \{x \in S \mid e\,x, x\,e \in H\}$. Man definiere $u : H \to E$ dadurch, daß $u(x)$ das Einselement von $H_f$ sein soll, also der $\mathcal{H}_T$-Klasse, die $x$ enthält. Dann ist $u$ stetig, da $g : M_e \to Z$, definiert durch $g(x) = [u(x\,e), e\,x\,e, u(e\,x)]$, stetig ist und $g \mid f(Z_e)$ die inverse Abbildung von $f$ ist.

Ist $Z_e$ eine Unterhalbgruppe, und dies ist der Fall, wenn $D_e \subseteq H$ gilt, so ist $f \mid Z_e$ ein Isomorphismus.

**4.6. Korollar: Der Satz von Rees-Suschkewitz** [C–P, W 2, 7, 8]. Ist $S$ kompakt und $e \in E \cap K$, so ist $K$ isöomorph mit $(S\,e \cap E) \times e\,S\,e \times (e\,S \cap E)$, wobei die Multiplikation durch $(x, y, z)\,(x', y', z') = (x, y\,z\,x'\,y', z')$ definiert wird, und $K$ ist ein Retrakt von $S$, ebenso wie $K \cap E$, $e\,S \cap E$, $e\,S\,e$ und $Se \cap E$.

Beweis. Nach Satz 3.9 gilt $e\,S \cup S\,e \subset K$ und $K \subseteq H$, also ist $M_e = S$. Da $e \in K$, $L_e = S\,e$ und $R_e = e\,S$ ist, gilt wieder nach Satz 3.9 aufgrund der Definition von $\mathcal{H}$, daß $H_e = e\,S \cap S\,e$ ist. Wegen $e = e^2$, $e\,S \cap S\,e = e\,S\,e$ erhalten wir nach Satz 4.5

$$Z_e = (S\,e \cap E) \times e\,S\,e \times (e\,S \cap E)\,.$$

$Z_e$ besitzt also die geforderte Multiplikation, und $f \mid Z_e$ ist ein Isöomorphismus auf $(S\,e \cap E)\,e\,S\,e\,(e\,S \cap E)$, das gleich $K$ ist aufgrund der folgenden Überlegung. Da $e\,S = e\,S\,e\,S = e\,S\,e^2\,S$, $e(e\,S \cap E) = e\,S \cap E$ und $(S\,e \cap E)\,e = S\,e \cap E$ ist, sehen wir, daß

$$(S\,e \cap E)\,e\,S\,e\,(e\,S \cap E) = (S\,e \cap E)\,(S\,e)\,(e\,S)\,(e\,S \cap E) = (L \cap E)\,L\,R\,(R \cap E)$$

gilt, wobei $L \in \hat{L}$ und $R \in \hat{R}$ ist. Nach Satz 3.9 folgt dann $(L \cap E)\,L = L$, $R\,(R \cap E) = R$ und $L\,R = K$.

Ferner ist auch $f\,g : S \to K$ eine Retraktion von $S$ auf $K$ und $u\,f\,g : S \to E \cap K$ eine Retraktion von $S$ auf $E \cap K$. Durch Komposition von $g$ mit Projektionen auf die entsprechenden Faktoren von $Z_e$ erhält man Retraktionen von $S$ auf $S\,e \cap E$, $e\,S\,e$ und $e\,S \cap E$. ∎

**4.7. Der Satz von Schützenberger** [C–P, W 7, 8]. Sei $S$ kompakt, $T = T^*$, und für $a \in S$ setze man $P_a = \{x \in S \mid x\,H_a = H_a\}$ und

$$\mathscr{C}_a = \{(x, y) \in P_a \times P_a \mid x\,a = y\,a\}\,.$$

Ist die Kardinalzahl von $H_a$ größer als 1, so ist $P_a$ eine abgeschlossene Unterhalbgruppe, $\mathscr{C}_a$ eine abgeschlossene Kongruenz auf $P_a$, und es existiert ein analytisches Diagramm wie folgt:

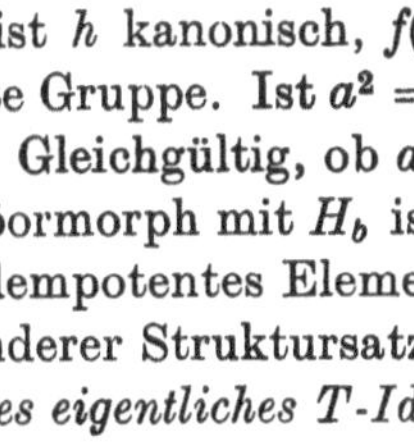


Hierbei ist $h$ kanonisch, $f(x) = x\,a$, $g$ ein Homöomorphismus und $P_a/\mathscr{C}_a$ eine kompakte Gruppe. Ist $a^2 = a$, so ist $f$ ein Homomorphismus und $g$ ein Isöomorphismus. Gleichgültig, ob $a^2 = a$ gilt oder nicht, gibt es eine einzige Gruppe $G$, die homöormorph mit $H_b$ ist für jedes $b \in D_a$ und die isöomorph mit $H_b$ ist, falls $H_b$ ein idempotentes Element enthält.

Ein anderer Struktursatz von Interesse ist der folgende. Für $T \subseteq S$ ist $J$ ein *maximales eigentliches T-Ideal*, wenn $\square \neq J \neq S$ und

$$T^1\,J\,T^1 \subseteq J$$

gilt und $J$ maximal ist bezüglich der Eigenschaft, eine Untermenge von $S$ mit diesen Eigenschaften zu sein. Ist $T^2 \subseteq T$, so wird ein Satz in FAUCETT u. a. [F—K—N] über die Struktur des Komplements eines maximalen eigentlichen Ideals durch den folgenden von WALLACE stammenden Satz auf $T$-Ideale verallgemeinert. Es würde von Nutzen sein, wenn es ein Analogon dieses Satzes für den Fall gäbe, bei dem $T$ nicht notwendig eine Unterhalbgruppe zu sein braucht.

**4.8. Satz** [W 8, B—W]. Sei $S$ kompakt, $T$ eine abgeschlossene Unterhalbgruppe, $J$ ein maximales eigentliches $T$-Ideal und $A = S \setminus J$. Die Kardinalzahl von $A$ werde größer als 1 angenommen.

(1) Ist $T\,S\,T \subseteq J$, so gilt entweder $S = J \cup T\,a$ und $A = L_a$ für jedes $a \in A$ oder $S = J \cup a\,T$ und $A = R_a$ für jedes $a \in A$.

(2) Ist $T\,S\,T \subseteq J$, so gilt $S = J \cup T\,a\,T$, $J_a = A$, $L_a = T\,a \cap A$ und $R_a = a\,T \cap A$ für jedes $a \in A$.

(3) Ist $T \cap A \neq \square$, so ist entweder $T \cap J$ ein maximales eigentliches Ideal von $T$, oder es ist $T = A$, und $T$ ist einfach. Für weitere Informationen über relative Ideale siehe BEDNAREK und WALLACE [B—W, W 6, 7, 8].

### Literatur

[A—H] ANDERSON, L. W., HUNTER, R. P., Homomorphismus and dimension. Math. Ann. 147 (1962), 248—268.

[B] BALMAN, R., Continua acting on the unit interval. Thesis, Univ. Florida (1966).

[B—W] BEDNAREK, A. R., WALLACE, A. D., Relative ideals and their complements. Rev. Math. Pures Appl. 21 (1966), 13—22.

[Cl] CLIFFORD, A. H.,
[1] Connected ordered topological semigroups with idempotent endpoints I. Trans. Amer. Math. Soc. 88 (1958), 80—98.
[2] Connected ordered topological semigroups with idempotent endpoints II. Trans. Amer. Math. Soc. 91 (1959), 193—208.

[C—P] CLIFFORD, A. H., PRESTON, G. B., The algebraic theory of semigroups I. Amer. Math. Soc. Surveys 7, Providence, Rhode Island 1961.

[C—K] COHEN, H., KRULE, I. S., Continuous homomorphic images of real clans with zero. Proc. Amer. Math. Soc. 10 (1959), 106—109.

[C—W] COHEN, H., WADE, C. I., Clans with zero on an interval. Trans. Amer. Math. Soc. 88 (1958), 523—535.

[D—W] DAY, J. M., WALLACE, A. D.,
[1] Semigroups acting on continua. J. Austral. Math. Soc. (im Druck).
[2] Multiplication induces in the state space of an act. Math. Systems Theory (im Druck).

[E] ELLIS, R., A note on the continuity of the inverse. Proc. Amer. Math. Soc. 8 (1957), 372—373.

[F] FAUCETT, W. M.,
[1] Compact semigroups irreducibly connected between two idempotents. Proc. Amer. Math. Soc. 6 (1955), 741—747.
[2] Topological semigroups and continua with cut-points. Proc. Amer. Math. Soc. 6 (1955), 748—756.

[F–K–N] FAUCETT, W. M., KOCH, R. J., NUMAKURA, K., Complements of maximal ideals in compact semigroups. Duke Math. J. 22 (1955), 655–661.

[H–M] HOFMANN, K. H., MOSTERT, P. S., Elements of Compact Semigroups. Merrill, Columbus, Ohio, 1966.

[H–Y] HOCKING, J. G., YOUNG, G. S., Topology. Addison-Wesely, Reading, Massachusetts, 1961.

[H] HUDSON, A. L., Some semigroups on an $n$-cell. Trans. Amer. Math. Soc. **99** (1961), 255–263.

[Hu] HU, S. T., Elements of General Topology. Holden-Day, San Francisco, California, 1964.

[Hn] HUNTER, R. P.

[1] Certain upper semicontinuous decompositions of a semigroup. Duke Math. J. 27 (1960), 283–290.

[2] Note on arcs in semigroups. Fund. Math. 49 (1961), 233–245.

[3] On the structure of homogroups. Fund. Math. 52 (1963), 69–102.

[H–R] HUNTER, R. P., ROTHMAN, N. J., Characters and cross sections for certain semigroups. Duke Math. J. 29 (1962), 347–366.

[H–W] HUREWICZ, W., WALLMAN, H., Dimension Theory. Princeton Univ. Press, Princeton, New Jersey, 1941.

[Ke] KELLEY, J. L., General Topology. Princeton Univ. Press, Princeton, New Jersey, 1955.

[K] KOCH, R. J.,

[1] On monothetic semigroups. Proc. Amer. Math. Soc. 8 (1957), 397–401.

[2] Arcs in partially ordered spaces. Pacific J. Math. 9 (1959), 723–728.

[3] Ordered semigroups in partially ordered semigroups. Pacific J. Math. **10** (1960), 1333–1336.

[4] Threads in compact semigroups. Math. Z. **86** (1964), 312–316.

[K–W] KOCH, R. J., WALLACE, A. D.,

[1] Stability in semigroups. Duke Math. J. **24** (1957), 193–196.

[2] Admissibility of semigroup structures in continua. Trans. Amer. Math. Soc. 88 (1958), 277–287.

[M] MOSTERT, P. S., The structure of topological semigroups revisited. Bull. Amer. Math. Soc. 72 (1966), 601–618.

[M–S] MOSTERT, P. S., SHIELDS, A. L.,

[1] On the structure of semigroups on a compact manifold with boundary. Ann. of Math. (2) **65** (1957), 117–143.

[2] One parameter semigroups in a semigroup. Trans. Amer. Math. Soc. **96** (1960), 510–517.

[M-Z] MONTGOMERY, D., ZIPPIN, L., Topological Transformation Groups. Wiley (Interscience), New York 1955.

[P-de M] PAALMAN-DE MIRANDA, A. B., Topological Semigroups. Mathematisch Centrum, Amsterdam 1964.

[N] NUMAKURA, K., On bicompact semigroups. Math. J. Okayama Univ. 1 (1954), 99–108.

[S] STADTLANDER, D., Semigroup actions on topological spaces. Dissertation, Pennsylvania State Univ. (1966).

[W] WALLACE, A. D.,

[1] On the structure of topological semigroups. Bull. Amer. Math. Soc. **61** (1955), 95–112.

[2] The Rees-Suschkewitsch structure theorem for compact simple semigroups. Proc. Nat. Acad. Sci. U.S.A. 42 (1956), 430–432.

[3] Inverses in Euclidean mobs. Math. J. Okayama Univ. 3 (1953), 23–28.

[4] The Gebietstreue in semigroups. Indag. Math. 18 (1956), 271–274.

[5] Acyclicity of compact connected semigroups. Fund. Math. 50 (1961), 99–105.

[6] Relative ideals in semigroups I. Colloq. Math. 9 (1962), 55–61.

[7] Relative ideals in semigroups II. Acad. Sci. Hungary 14 (1963), 137–148.

[8] Project mob. Univ. Florida (1965).

# Das syntaktische Monoid eines regulären Ereignisses[1]) 11

ROBERT MCNAUGHTON

*Rensselaer Polytechnic Institute, Troy, New York*

SEYMOUR PAPERT

*Massachusetts Institute of Technology, Cambridge, Massachusetts*

In diesem Kapitel entwickeln wir die grundlegenden Begriffe zur Verwendung von Monoiden und Halbgruppen beim Studium endlicher Automaten. Obwohl diese Begriffe wichtig und grundlegend für die Theorie der endlichen Automaten sind, scheint doch eine adäquate elementare Darstellung in der Literatur zu fehlen. Die hier gegebene Darstellung ist nicht vollständig elementar, da wir voraussetzen, daß der Leser sowohl einiges aus der Algebra als auch die Grundlagen der Automatentheorie kennt. Kenntnisse der algebraischen Automatentheorie werden jedoch nicht vorausgesetzt. Die Arbeit von RABIN und SCOTT [1] enthält eine sehr gute und klare Darstellung einiger dieser Ideen. Modernere Darstellungen, die dem Nichtspezialisten verständlich sind, fehlen.

Obwohl wir einige Kenntnisse der Algebra voraussetzen, geben wir zunächst noch einmal die Definition von Halbgruppe und Monoid an. Eine *Halbgruppe* ist eine Menge $S$ von Elementen, zwischen denen eine binäre eindeutige Operation (das Produkt) definiert ist (das Produkt von $a$ und $b$ schreiben wir a $b$), die den folgenden zwei Bedingungen genügt:

(1) Für $a, b \in S$ ist $a\,b \in S$,

(2) $(a\,b)\,c = a(b\,c)$ für alle $a, b, c \in S$.

Existiert darüber hinaus ein Einselement (oder neutrales Element) $e$, d. h. ein $e$ mit

(3) $e\,a = a\,e = a$ für alle $a \in S$,

so heißt $S$ *Monoid*. Der Unterschied zwischen Monoiden und Halbgruppen ist trivial. Monoid ist der gebräuchlichere dieser beiden Begriffe beim Studium von Ereignissen, und wir werden uns daher im folgenden nur mit Monoiden beschäftigen.

---

[1]) Dieses Kapitel wurde als Abschnitt einer umfangreicheren Arbeit „On Noncounting Events", die noch nicht abgeschlossen ist, geschrieben. Wir sind M. P. SCHÜTZENBERGER in mehrfacher Hinsicht verpflichtet.

Wir werden dieselbe Bezeichnung für die Menge der Elemente eines Monoids gebrauchen wie für das Monoid selbst. Wenn wir also sagen „es sei $M$ ein Monoid“, so werden wir $M$ auch benutzen, um die Menge der Elemente dieses Monoids zu bezeichnen, eine übliche und bequeme Doppeldeutigkeit, die keinen Anlaß zu Schwierigkeiten gibt.

Es soll wiederholt werden, daß eine *Gruppe* ein Monoid ist, in dem zu jedem Element $a$ ein Element $a^{-1}$ ($a^{-1}$ wird inverses Element zu $a$ genannt) existiert, so daß $a^{-1}\,a = a\,a^{-1} = e$ ist. Wir heben hervor, daß eine wichtige Methodik in der algebraischen Automatentheorie darin besteht, die Untergruppen eines gegebenen Monoids zu betrachten, d. h. diejenigen Untermonoide, die Gruppen sind.

Die Menge $\Sigma^*$ aller Wörter über einem Alphabet $\Sigma$ ist ein freies Monoid, dessen Einselement das leere Wort $\lambda$ ist und dessen Monoidprodukt als Hintereinanderschreibung von Wörtern erklärt ist. Dieses Produkt ist offensichtlich assoziativ. Als *Ereignis* (oder *Sprache*) über einem Alphabet $\Sigma$ bezeichnen wir jede Untermenge von $\Sigma^*$. Von besonderem Interesse sind die *regulären* Ereignisse, die eng mit endlichen Automaten verbunden sind und durch Homomorphismen von $\Sigma^*$ auf gewisse endliche Monoide charakterisiert werden können.

Wir wollen noch ein Wort zu den hier verwendeten Bezeichnungsweisen sagen. Es sei $\gamma$ eine (eindeutige) Abbildung, so daß für jedes Wort $W \in \Sigma^*$ stets $\gamma(W)$ Element eines Monoids $M$ ist. $\gamma$ wird Homomorphismus genannt, wenn $\gamma(W V) = \gamma(W)\,\gamma(V)$ für jedes $W$, $V \in \Sigma^*$ ist. Für jede Menge $A$ von Wörtern aus $\Sigma^*$ ist $\gamma(A)$ genau die Menge aller Elemente der Form $\gamma(W)$ mit $W \in A$. $\gamma^{-1}(m)$ ist die Menge aller der Wörter $W \in \Sigma^*$ mit $\gamma(W) = m$. Ferner verstehen wir für jede Teilmenge $S$ von $M$ unter $\gamma^{-1}(S)$ die Menge aller Elemente $W \in \Sigma^*$ mit $\gamma(W) \in S$.

Wir vermerken, daß $\gamma(\lambda) = e$ notwendig gilt, wenn $\gamma$ ein Homomorphismus von $\Sigma^*$ *auf* ein Monoid ist. Da die Theorie der regulären Ereignisse einfacher darstellbar ist, wenn wir das leere Wort in unsere Betrachtungen mit einbeziehen, betrachten wir hier nur Halbgruppen mit Einselement, d. h. Monoide.

Im allgemeinen sind wir bei der Betrachtung eines Ereignisses $E$ nur an solchen Homomorphismen $\gamma$ interessiert, für die $E$ bzgl. $\gamma^{-1}\gamma$ *abgeschlossen* ist, mit anderen Worten, für die $E = \gamma^{-1}\,\gamma(E)$ ist.

Für jedes $\gamma$, das auf $\Sigma^*$ erklärt ist, nennen wir $W_1$ *kongruent* mit $W_2$ *modulo* $\gamma$ [oder $W_1 \equiv W_2 \,(\mathrm{mod}\,\gamma)$], wenn $\gamma(W_1) = \gamma(W_2)$ ist. Wir sagen weiter, daß $W_1$ *kongruent* mit $W_2$ modulo $E$ ist [oder $W_1 \equiv W_2(\mathrm{mod}\,E)$], wenn für alle Wörter $V$ und $X$ gilt: $V\,W_1\,X \in E$ genau dann, wenn $V\,W_2\,X \in E$. Es ist wichtig festzustellen, daß dies zwei verschiedene Kongruenzbegriffe sind, deren Beziehungen zueinander aber wesentlich für den Gebrauch des Monoidbegriffs beim Studium von Ereignissen ist.

Wir machen Gebrauch von der Zerlegung von $\Sigma^*$ in Kongruenzklassen und notieren die Beziehungen zwischen diesen Zerlegungen für verschiedene Kongruenzrelationen. Eine *Kongruenzklasse* von Wörtern (modulo $\gamma$ oder modulo $E$) ist eine nichtleere Menge, in der mit einem Wort auch alle (und nur diese) zu ihm kongruenten Wörter (modulo $\gamma$ bzw. modulo $E$) liegen.

Ist $E \subseteq \Sigma^*$ ein Ereignis, so spielt die kanonische Abbildung, die jedem Wort aus $\Sigma^*$ seine Äquivalenzklasse modulo $E$ zuordnet, eine wichtige Rolle. Wir nennen $S(E)$, die Menge der Kongruenzklassen modulo $E$, *syntaktisches Monoid* von $E$.

Um $S(E)$ zu einem Monoid zu machen, müssen wir ein assoziatives Produkt einführen. Zu diesem Zweck notieren wir, daß es für Kongruenzklassen $A$, $B$ eine (und somit genau eine) Kongruenzklasse $C$ mit $A\,B \subseteq C$ gibt. D. h., die Kongruenzklasse $C$ enthält alle Wörter der Form $W\,W'$ mit $W \in A$ und $W' \in B$. (Wir können darüber hinaus aber im allgemeinen nicht sagen, daß $C = A\,B$ ist, da $C$ auch Wörter enthalten kann, die nicht in dieser Form darstellbar sind.) Aufgrund dieser Tatsache kann man eine Produktoperation definieren; das Produkt von Kongruenzklassen $A$, $B$ wird als diejenige Kongruenzklasse $C$ definiert, für die $A\,B \subseteq C$ ist. Die Assoziativität dieser Operation folgt aus der Assoziativität des Hintereinanderschreibens von Wörtern. (Die Beweise dieser letzten beiden Behauptungen kann der Leser durch Rückgang auf die Definitionen leicht selbst führen.)

Die Bezeichnung „syntaktisches Monoid" wird deshalb gewählt, weil es durch eine Kongruenz (für Wörter) modulo einem Ereignis definiert wird.

**1.1. Satz.** Ist $\gamma$ der Homomorphismus von $\Sigma^*$ auf $S(E)$, so ist $E$ bzgl. $\gamma^{-1}\gamma$ abgeschlossen, darüber hinaus gilt für alle Wörter $W$ und $W'$: $W \equiv W' (\mathrm{mod}\, \gamma)$ genau dann, wenn $W \equiv W' (\mathrm{mod}\, E)$.

Beweis. Um den ersten Teil zu beweisen, genügt es zu zeigen, daß Wörter $W$ und $W'$, die durch $\gamma$ auf dasselbe Element abgebildet werden, entweder beide in $E$ oder beide nicht in $E$ liegen. Wenn aber $W$ und $W'$ auf dasselbe Element abgebildet werden, so müssen sie kongruent modulo $E$ sein; also: $W = \lambda\, W\, \lambda \in E$ genau dann, wenn $W' = \lambda\, W'\, \lambda \in E$. Der zweite Teil von Satz 1.1 ist einfach eine andere Beschreibung der Definition „syntaktisches Monoid". ∎

Es gibt allerdings auch andere Homomorphismen $\gamma$, die auf $\Sigma^*$ erklärt sind, so daß $E$ bzgl. $\gamma^{-1}\gamma$ abgeschlossen ist. Die Beziehung zwischen den Bildmonoiden dieser Homomorphismen und dem syntaktischen Monoid ist wichtig. Das folgende ist eine Verallgemeinerung von Satz 1.1.

**1.2. Satz.** Ist $\gamma$ ein Homomorphismus, so ist $E$ genau dann bzgl. $\gamma^{-1}\gamma$ abgeschlossen, wenn für jedes $W$ und $W'$ aus der Bedingung $W \equiv W' (\mathrm{mod}\, \gamma)$ folgt $W \equiv W' (\mathrm{mod}\, E)$.

Beweis. I. Aus $W \equiv W' (\mathrm{mod}\, \gamma)$ folge $W \equiv W' (\mathrm{mod}\, E)$. Für $W \in \Sigma^*$ sei $A_W$ die Menge aller Wörter, die zu $W$ kongruent modulo $\gamma$ sind. Dann gilt für alle $W : \gamma^{-1}[\gamma(A_W)] = A_W$. Wir setzen $B = \bigcup_{W \in E} A_W$, und es ergibt sich $\gamma^{-1}[\gamma(B)] = B$. Um $\gamma^{-1}[\gamma(E)] = E$ zu beweisen, zeigen wir $E = B$. $E \subseteq B$

folgt leicht aus der Definition von $B$. Es sei nun $W$ ein beliebiges Wort aus $B$. Dann gibt es ein $W' \in E$, so daß $W' \equiv W(\bmod\,\gamma)$ und somit $W' \equiv W(\bmod\,E)$ ist. Es ist also auch $W \in E$ (für $W' = \lambda\, W'\, \lambda \in E$ erhält man aus der Definition der Kongruenzbeziehung modulo $E$ sofort $\lambda\, W\, \lambda = W \in E$).

II. Es sei $\gamma^{-1}[\gamma(E)] = E$. Wir müssen zeigen, daß für alle $W$, $W'$ aus $W \equiv W'(\bmod\,\gamma)$ die Bedingung $W \equiv W'(\bmod\,E)$ folgt. Es sei $W = W'(\bmod\,\gamma)$, d. h. $\gamma(W) = \gamma(W')$. Um $W \equiv W'(\bmod\,E)$ zu beweisen, genügt es zu zeigen, daß für alle $V$ und $X$ gilt: $V\, W\, X \in E$ genau dann, wenn $V\, W'\, X \in E$. Da $\gamma$ ein Homomorphismus ist, gilt $\gamma(V\, W\, X) = \gamma(V)\,\gamma(W)\,\gamma(X)$ und $\gamma(V\, W'\, X) = \gamma(V)\,\gamma(W')\,\gamma(X)$; da $\gamma(W) = \gamma(W')$ ist, gilt $\gamma(V\, W\, X) = \gamma(V\, W'\, X)$. Daraus folgt aber $V\, W\, X \in \gamma^{-1}[\gamma(V\, W'\, X)]$ und $V\, W'\, X \in \gamma^{-1}[\gamma(V\, W\, X)]$. Da aber $\gamma^{-1}[\gamma(E)] = E$ ist, erhalten wir: $V\, W\, X \in E$ genau dann, wenn $V\, W'\, X \in E$. ▮

Satz 1.2 hat die folgende Bedeutung. Sowohl der Homomorphismus als auch das Ereignis $E$ zerlegen $\Sigma^*$ in Kongruenzklassen. Satz 1.2 gibt eine notwendige und hinreichende Bedingung dafür, daß $E$ bzgl. $\gamma^{-1}\,\gamma$ abgeschlossen ist, nämlich, daß die $\gamma$-Zerlegung *feiner* oder gleich der $E$-Zerlegung ist, mit anderen Worten, daß jede Kongruenzklasse modulo $\gamma$ Teilmenge einer Kongruenzklasse modulo $E$ ist. Die Zerlegung des zum syntaktischen Monoid gehörenden Homomorphismus ist die gröbste Zerlegung eines Homomorphismus $\gamma$, so daß $\gamma^{-1}[\gamma(E)] = E$ ist. Satz 1.3 gibt eine fundamentale Beziehung zwischen einem beliebigen derartigen Monoid und dem syntaktischen Monoid an. Der Leser kann die Rolle des syntaktischen Monoids in der Klasse aller Monoide mit $\gamma^{-1}[\gamma(E)] = E$ (wobei $\gamma$ der zu dem entsprechenden Monoid gehörige Homomorphismus ist) mit der Rolle des reduzierten Zustandsgraphen in der Klasse aller Zustandsgraphen zur Darstellung des Ereignisses vergleichen. Es ist bekannt, daß ein Zustandsgraph zur Darstellung eines Ereignisses homomorph auf den reduzierten Zustandsgraphen abgebildet werden kann.

Wir können von einem Zustandsgraphen sagen, daß er $\Sigma^*$ in Mengen von Wörtern zerlegt. Dabei entspricht jedem Zustand die Menge der Wörter, die zu den Wegen gehören, die vom Anfangszustand zu diesem Zustand führen. Wie RABIN und SCOTT [1] gezeigt haben, können solche Mengen dadurch mathematisch charakterisiert werden, daß sie Äquivalenzklassen nach einer rechtsinvarianten Äquivalenzrelation sind; eine Äquivalenzrelation rel über Wörtern heißt *rechts-invariant*, wenn aus $W$ rel $W'$ stets $W\, U$ rel $W'\, U$ folgt. Analog kann man „links-invariante Relation“ definieren und erhält, daß Kongruenzrelationen Äquivalenzrelationen sind, die sowohl rechts- als auch links-invariant sind. Die von uns diskutierten Kongruenzrelationen sind Beispiele dafür.

**1.3. Satz.** Ist $\gamma$ ein Homomorphismus und $\gamma^{-1}[\gamma(E)] = E$, so kann das Monoid $M = \gamma(\Sigma^*)$ homomorph auf $S(E)$ abgebildet werden.

Beweis. Wir gehen davon aus, daß die Elemente von $S(E)$ Kongruenzklassen (mod $E$) von Wörtern sind. Nach Satz 1.2 ist jede Kongruenzklasse modulo $\gamma$ Teilmenge einer Kongruenzklasse modulo $E$. Es sei $\eta$ die folgende

Abbildung von $M$ in $S(E)$: Für jedes $s \in M$ ist $\eta(s)$ diejenige Kongruenzklasse modulo $E$, in der $\gamma^{-1}(s)$ (eine Kongruenzklasse modulo $\gamma$) als Teilmenge enthalten ist. Es ist klar, daß $\eta$ die Menge $M$ auf $S(E)$ abbildet. Wir müssen noch zeigen, daß $\eta$ ein Homomorphismus ist, mit anderen Worten, daß für alle $s_1, s_2 \in M$ gilt $\eta(s_1 s_2) = \eta(s_1)\,\eta(s_2)$. Da aber jedes Element von $M$ das Bild eines gewissen Wortes aus $\Sigma^*$ bei der Abbildung $\gamma$ ist, genügt es, für alle Wörter $W_1$, $W_2$ zu zeigen, daß gilt

$$\eta[\gamma(W_1)\,\gamma(W_2)] = \eta[\gamma(W_1)]\,\eta[\gamma(W_2)]\,. \tag{1}$$

Da $\gamma$ ein Homomorphismus ist, gilt $\gamma(W_1 \; W_2) = \gamma(W_1)\;\gamma(W_2)$; um (1) zu beweisen, genügt es deshalb also

$$\eta[\gamma(W_1 \, W_2)] = \eta[\gamma(W_1)]\,\eta[\gamma(W_2)] \tag{2}$$

zu zeigen, oder, mit anderen Worten, wir müssen zeigen, daß $\eta\,\gamma$ ein Homomorphismus ist.

$\eta\,\gamma$ bildet jedes Wort auf seine Kongruenzklasse ab; der Leser kann das beweisen, indem er auf die Definition von $\eta$ zurückgeht. Von dieser Abbildung aber haben wir schon bei der Konstruktion des syntaktischen Monoids eines Ereignisses gezeigt, daß sie ein Homomorphismus ist. ▮

Alles bisher Gesagte gilt unabhängig davon, ob das Monoid $\gamma(\Sigma^*)$ endlich oder unendlich ist. Wir sind in dieser Arbeit nur an regulären Ereignissen interessiert, und die folgenden Theoreme zeigen uns, daß wir unsere Aufmerksamkeit auf solche $\gamma$, für die $\gamma(\Sigma^*)$ endlich ist, beschränken können.

Ein *endlicher Zustandsgraph* über einem Alphabet $\Sigma$ hat eine endliche Zahl von Knoten oder Zuständen, die durch Kreise gekennzeichnet sind, und von jedem Knoten geht für jeden Buchstaben aus $\Sigma$ ein Bogen aus, der zu einem gewissen Zustand führt (Bogen kennzeichnen wir durch Pfeile). Ein Zustand wird als *initialer* oder *Anfangszustand* ausgezeichnet; andere können als *Endzustände* ausgezeichnet werden. In Abbildung 1 ist der endliche Zustandsgraph $G$ mit $\Sigma = \{0, 1\}$ und drei Zuständen dargestellt. Endzustände werden durch zwei Kreise gekennzeichnet, und ein an keinem Zustand beginnender Bogen führt zum Anfangszustand. Ein derartiger Graph kann als Diagramm für die Zustandsänderung eines endlichen Automaten mit Eingabealphabet $\Sigma$ angesehen werden.

In einem derartigen Graphen $G$ sei $G(s, W)$ der Zustand, den man erreicht, wenn man in $s$ beginnt und längs der Kanten, die durch die Buchstabenreihenfolge von $W$ gegeben sind, läuft. $G(s, W)$ existiert immer eindeutig in einem Zustandsgraphen. Es sei $G(W) = G(s_0, W)$, wobei $s_0$ der Anfangszustand ist.

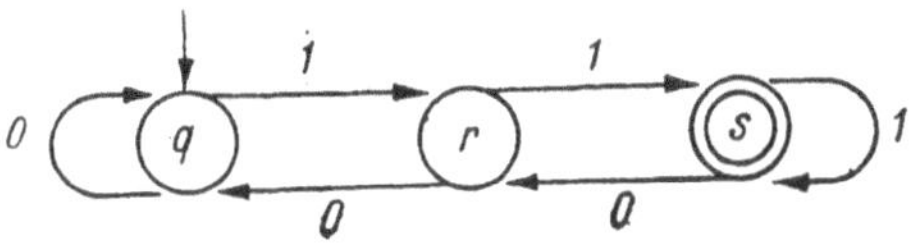


Abb. 1 $G$

Folglich ist $G(\lambda)$ der Anfangszustand selbst. Diese Doppeldeutigkeit des Buchstaben $G$ (als Bezeichnung für den Graphen und die zugehörige Funktion) ist allgemein üblich und führt zu keinen Schwierigkeiten.

Wir nennen ein Ereignis $E \subseteq \Sigma^*$ *regulär*, wenn es einen endlichen Zustandsgraphen $G$ mit einem Anfangszustand $s_0$ und der Menge von Endzuständen $T$ derart gibt, daß

$$E = \{ W \in \Sigma^* \mid G(W) \in T \} .$$

Es ist wohlbekannt, daß die regulären Ereignisse genau diejenigen sind, die durch *reguläre Terme* beschrieben werden können, in denen sie durch Zeichen für Einermengen mit endlich vielen Anwendungen von Vereinigung, Produkt ($A \cdot B = \{a\,b \mid a \in A$ und $b \in B\}$) und Hüllenoperation (oder Iteration) ($A^* = \{a_1 \cdots a_n \mid n \geqq 0$ und $a_1, \ldots, a_n \in A\}$[1]) ausgedrückt werden. (GINSBURG erläutert in Kapitel 12 diese Begriffe in einem etwas weiteren Rahmen, dessen algebraische Bedeutung dann von SHAMIR in Kapitel 13 gegeben wird.)

Ein Zustandsgraph $G$ zur Darstellung des regulären Ereignisses $E$ heißt *reduziert*, wenn gilt: (1) Für jeden Zustand $s$ von $G$ gibt es ein Wort $W$ mit $s = G(W)$, und (2) für jedes Paar von Zuständen $s, s'$ mit $s \neq s'$ gibt es ein $W$, so daß entweder $G(s, W)$ ein Endzustand und $G(s', W)$ kein Endzustand ist oder umgekehrt.

**1.4. Satz.** Jedes reguläre Ereignis $E$ hat einen bis auf Isomorphie eindeutig bestimmten reduzierten Zustandsgraphen, dieser hat minimale Anzahl von Zuständen und ist algorithmisch konstruierbar aus einer der üblichen Darstellungen für das Ereignis (wie zum Beispiel aus einem beliebigen Zustandsgraphen oder aus einem regulären Term).

Der Beweis dieses gut bekannten Satzes wird hier übergangen. Wir nehmen an, daß dem Leser der Beweis vertraut ist, ansonsten verweisen wir auf [1].

**1.5. Satz.** Wörter $W$, $W'$ liegen genau dann in derselben Kongruenzklasse modulo einem regulären Ereignis, wenn für jeden Zustand $s$ des reduzierten Zustandsgraphen $G$ für $E$ gilt $G(s, W) = G(s, W')$.

Beweis. Wir setzen zunächst voraus, daß $W$ und $W'$ in derselben Kongruenzklasse modulo $E$ liegen, mit anderen Worten, daß für alle $V$ und $X$ gilt: $V\,W\,X \in E$ genau dann, wenn $V\,W'\,X \in E$. Es sei $s$ ein beliebiger Zustand. Es existiert ein Weg vom Anfangszustand nach $s$, es sei $V$ das Wort, das diesen Weg repräsentiert. Angenommen, es wäre $s_1 = G(s, W) \neq G(s, W') = s_2$. Dann existiert ein $X$, so daß entweder $G(s_1, X)$ ein Endzustand und $G(s_2, X)$ kein Endzustand ist oder umgekehrt. Dann gilt: $V\,W\,X \in E$ und $V\,W'\,X \notin E$ oder umgekehrt, d. h., wir haben einen Widerspruch zu unserer Voraussetzung $W \equiv W' (\mathrm{mod}\ E)$ erhalten. Es folgt also $G(s, W) = G(s, W')$.

---

[1]) Dabei bedeutet $\prod_{\nu=1}^{0} a_\nu = e$. — *Anm. d. deutschen Red.*

Wir setzen nun voraus, daß für jedes $s$ in $G$ gilt $G(s, W) = G(s, W')$. Dann gilt für jedes $V$ die Gleichung $G(V\,W) = G(V\,W')$ und weiter für jedes $X$ die Gleichung $G(V\,W\,X) = G(V\,W'\,X)$. Hieraus folgt: $V\,W\,X \in E$ genau dann, wenn $V\,W'\,X\,E$; also liegen $W$ und $W'$ in derselben Kongruenzklasse. ∎

Es sei ein Graph $G$ gegeben; wir ordnen einem Wort $W$ diejenige Abbildung über der Zustandsmenge von $G$ zu, die $s$ auf $G(s, W)$ abbildet. Satz 1.5 sagt aus, daß Wörter kongruent modulo $E$ sind, wenn sie dieselbe Funktion für den reduzierten Zustandsgraphen $G$ von $E$ erzeugen. Wir notieren, daß, wenn $G$ $n$ Zustände hat, es höchstens $n^n$ derartige Abbildungen gibt. Mit Hilfe von Satz 1.3 erhalten wir das folgende Korollar.

**1.6. Korollar.** Ein Ereignis $E$ über dem Alphabet $\Sigma$ ist dann und nur dann regulär, wenn das syntaktische Monoid $S(E)$ endlich ist, also dann und nur dann, wenn es einen Homomorphismus $\gamma$ von $\Sigma^*$ auf ein endliches Monoid $S$ mit $E = \gamma^{-1}[\gamma(E)]$ gibt.

Aus Satz 1.5 ergibt sich eine gebräuchliche Methode zur Konstruktion des syntaktischen Monoids, wofür wir nun einige Beispiele angeben. Wir betrachten den durch Abbildung 1 dargestellten Zustandsgraphen, der offensichtlich reduziert ist. Um den Weg der Kongruenzklassen zu verfolgen, müssen wir beobachten, was geschieht, wenn jedes Wort auf jeden Zustand angewandt wird. Wir konstruieren einen neuen Zustandsgraphen $G'$ mit dem Anfangszustand $q\,r\,s$ derart, daß für jedes Wort $W$ gilt $G'(W) = G(q, W)\,G(r, W)\,G(s, W)$. $G'$ wird schrittweise konstruiert; wir notieren, daß $G'(0) = q\,q\,r$, $G'(1) = r\,s\,s$, $G'(00) = q\,q\,q$, $G'(01) = r\,r\,s$ usw. gilt. Das Ergebnis zeigt Abbildung 2.

Jeder Zustand von $G'$ repräsentiert eine Kongruenzklasse von Wörtern des durch $G$ gegebenen Ereignisses. Für jedes $s'$ ist die Kongruenzklasse die Menge aller Wörter $W$ mit $G'(W) = s'$. Also, die Menge, die $q\,r\,s$ entspricht, ist die Einer-

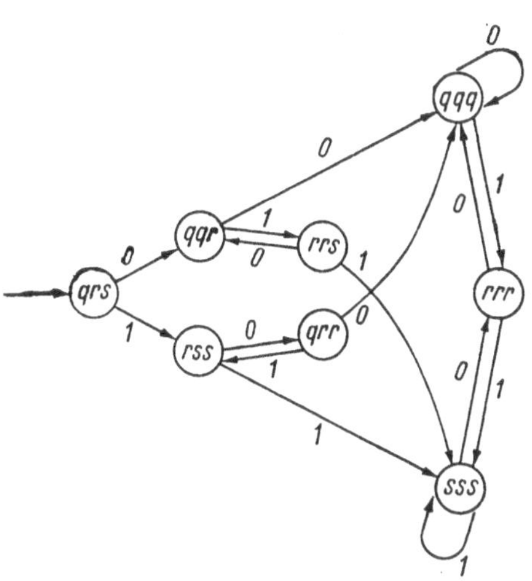


Abb. 2 $G'$

menge $\{\lambda\}$; dem Zustand $q\,q\,r$ entspricht die Menge $0(10)^*$ usw. Durch die Konstruktionsmethode und Satz 1.5 ist klar, daß $G'(W) = G'(W')$ genau dann gilt, wenn $W \equiv W' (\text{mod } E)$ ist. $G'$ repräsentiert also das syntaktische Monoid von $G$. Wir kennzeichnen jede Klasse durch ein in ihr liegendes Wort (als Ausnahme bezeichnen wir die durch $r\,r\,r$ repräsentierte Klasse mit $m$); dann wird die Multiplikationstabelle für dieses Monoid durch Tabelle I gegeben.

Tabelle I

| | λ | 0 | 1 | 01 | 10 | 00 | 11 | *m* |
|---|---|---|---|---|---|---|---|---|
| λ | λ | 0 | 1 | 01 | 10 | 00 | 11 | *m* |
| 0 | 0 | 00 | 01 | *m* | 0 | 00 | 11 | *m* |
| 1 | 1 | 10 | 11 | 1 | *m* | 00 | 11 | *m* |
| 01 | 01 | 0 | 11 | 01 | *m* | 00 | 11 | *m* |
| 10 | 10 | 00 | 1 | *m* | 10 | 00 | 11 | *m* |
| 00 | 00 | 00 | *m* | *m* | 00 | 00 | 11 | *m* |
| 11 | 11 | *m* | 11 | 11 | *m* | 00 | 11 | *m* |
| *m* | *m* | 00 | 11 | *m* | *m* | 00 | 11 | *m* |

Diese Multiplikationstabelle kann mit dem Monoid identifiziert werden, und jede Halbgruppe, die nicht zu viele Elemente hat, kann praktisch in dieser Form beschrieben werden. Wir notieren aber, daß der durch Abbildung 2 dargestellte Zustandsgraph dieselbe Information liefert; die Multiplikation von zwei Elementen kann durch Nachprüfung erhalten werden, die fast so leicht ist wie ein Blick auf die Tabelle. Wenn wir z. B. das Produkt des Elements (10) mit ($m$) bestimmen wollen, so notieren wir, daß $m$ durch 110 repräsentiert wird und arbeiten dann das Wort 10110 beim Anfangszustand beginnend ab und kommen an den durch $r\,r\,r$ markierten Zustand. Wir erinnern uns, daß die durch $r\,r\,r$ repräsentierte Klasse mit $m$ bezeichnet ist, und wir haben das Ergebnis der Multiplikation bestimmt. Um diesen Prozeß zu erleichtern, geben wir den durch Abbildung 2 dargestellten Zustandsgraphen in etwas anderer Form in Abbil-

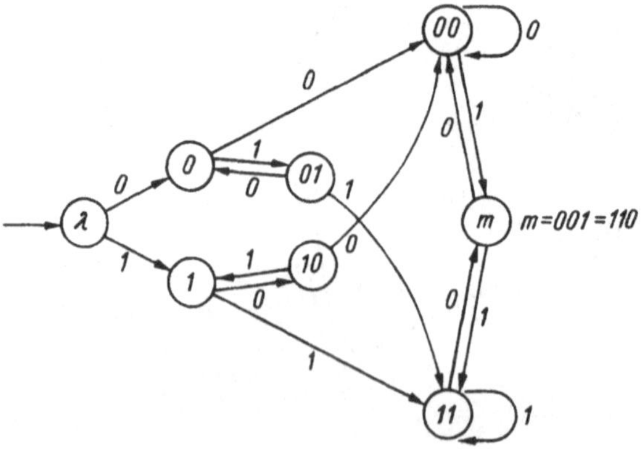


Abb. 3

dung 3 wieder; er heißt dann „Monoidgraph". In dieser Art stellen wir das syntaktische Monoid eines regulären Ereignisses dar. Wir nehmen im folgenden an, daß der Leser weiß, wie er den Monoidgraphen eines reduzierten Zustandsgraphen konstruiert und wie er ihn als Darstellung des syntaktischen Monoids zu verwenden hat. (Es soll noch bemerkt werden, daß viele moderne Gruppentheoretiker fruchtbaren Gebrauch von solchen Graphen machen, um Gruppen zu repräsentieren.)

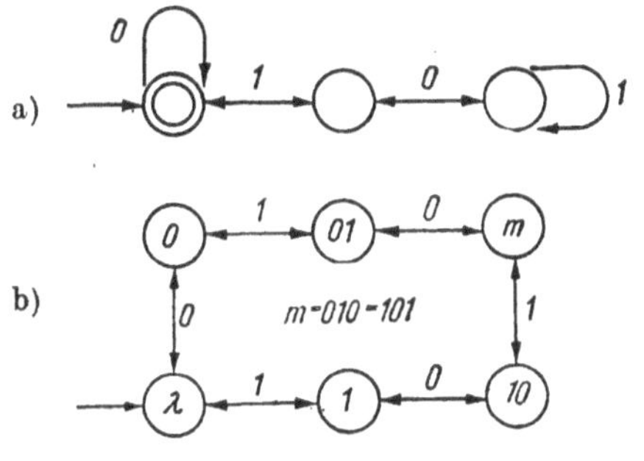


Abb. 4

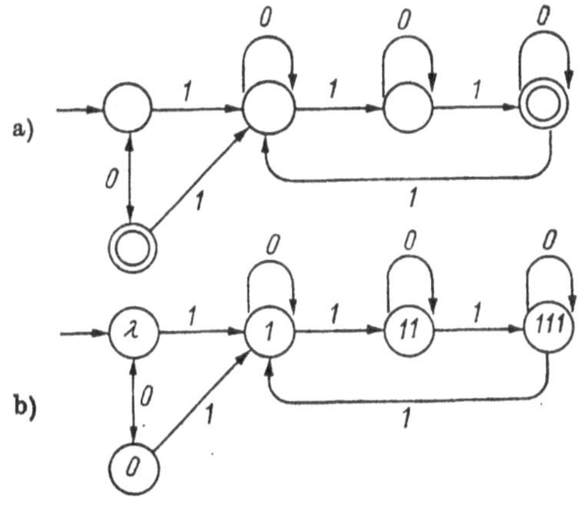


Abb. 5

Wir betrachten zwei weitere Beispiele. Die Abbildungen 4a und 5a beschreiben reduzierte Zustandsgraphen für zwei Ereignisse, und die Abbildungen 4b und 5b beschreiben die entsprechenden Graphen für die syntaktischen Monoide. Ein durch 1 (oder 0) gekennzeichneter Doppelpfeil besagt, daß man mit 1 (oder 0) von jedem der betreffenden Zustände in den anderen gelangen kann.

Viele Fragen über endliche Automaten können dadurch gelöst werden, daß man die Halbgruppenstruktur seines syntaktischen Monoids kennt. Der Leser der Kapitel über die Krohn-Rhodes-Zerlegungstheorie hat diese Beziehungen schon in der Art der Zerlegung zwischen Untergruppen eines Monoids und den "gruppenfreien" Teilen gesehen. Bei unseren Untersuchungen über nichtabzählbare Ereignisse haben wir (als Ergebnis des Studiums von SCHÜTZENBERGERS Arbeit [2]) festgestellt, daß man viele nichtalgebraische Aussagen über reguläre Ereignisse machen kann, wenn das zugehörige syntaktische Monoid nur triviale Untergruppen besitzt. Ein derartiges Ereignis kann z. B. durch eine modifizierte Form eines regulären Terms beschrieben werden, in dem neben Zeichen für Einermengen endlich oft Vereinigung, Durchschnitt, Komplementbildung (in bezug auf die Menge aller Wörter über dem Alphabet) und Produkt vorkommen, aber nicht die Hüllenoperation. Darüber hinaus sind das, wie SCHÜTZENBERGER [2] gezeigt hat, genau die Ereignisse, die in einem gewissen logischen System beschrieben werden können. Die Ausdrucksfähigkeit eng verwandter logischer Systeme kann aus diesem Ergebnis gefolgert werden. Seit 1962 (mit der Begründung der KROHN-RHODES-Theorie) hat sich gezeigt, daß der algebraische Zugang zur Automatentheorie der wirksamste ist. Die tiefliegendsten Anwendungen benötigen alle die Untersuchung der Untergruppenstruktur. Daher widmen wir den Rest dieses Kapitels der Angabe eines Algorithmus, mit dem man die maximalen Untergruppen eines endlichen Monoids bestimmen kann.

Eine *Untergruppe* eines Monoids ist eine Unterhalbgruppe, die den Gruppenaxiomen genügt. Mit anderen Worten, eine Untergruppe ist eine Menge von Elementen des Monoids, die (1) gegenüber der Produktoperation abgeschlossen ist, (2) ein Einselement hat und (3) in der es zu jedem Element ein Inverses gibt. Das Einselement $e$ der Untergruppe muß nicht unbedingt das Einselement des Ausgangsmonoids sein. Es muß aber $e^2 = e$ gelten, also $e$ ein idempotentes Element sein. Umgekehrt ist jedes idempotente Element des Monoids Einselement einer gewissen Untergruppe des Monoids, sie kann triviale Gruppe (d. h. Gruppe der Ordnung 1) sein, die nur aus dem idempotenten Element allein besteht.

Es sei eine Untergruppe $G$ mit Einselement $e$ gegeben, wir nennen dann $G$ Untergruppe *um* das idempotente Element $e$. Wir betonen, daß jedes idempotente Element eines Monoids Einselement einer maximalen Gruppe ist, was aus Satz 1.11 folgen wird. Offensichtlich genügt es, alle maximalen Untergruppen zu bestimmen; denn alle anderen Untergruppen des Monoids sind Untergruppen von maximalen.

Wir vermerken, daß in dem durch Abbildung 3 beschriebenen Monoid alle Elemente außer 0 und 1 idempotente Elemente sind. Das durch Abbildung 5b beschriebene Monoid hat die zwei idempotenten Elemente $\lambda$ und 111, und das durch Abbildung 4b beschriebene hat gerade $\lambda$, das Monoideinselement, als idempotentes Element. Wie wir sogleich sehen werden, folgt aus der großen Anzahl der idempotenten Elemente des durch Abbildung 3 beschriebenen Monoids, daß dieses nur triviale Untergruppen hat. Andererseits ist das durch Abbildung 4b beschriebene Monoid eine Gruppe. Das durch Abbildung 5b beschriebene Monoid hat Eigenschaften, die zwischen diesen beiden Extrema liegen; das Monoid hat nichttriviale Untergruppen, ist aber selbst keine Gruppe. Um keinen falschen Eindruck zu erwecken, müssen wir betonen, daß ein Monoid nur wenige idempotente Elemente und doch nur triviale Untergruppen haben kann. So hat das durch Abbildung 6 gegebene Monoid genau zwei idempotente Elemente und (wie wir sehen werden) keine nichttrivialen Untergruppen.

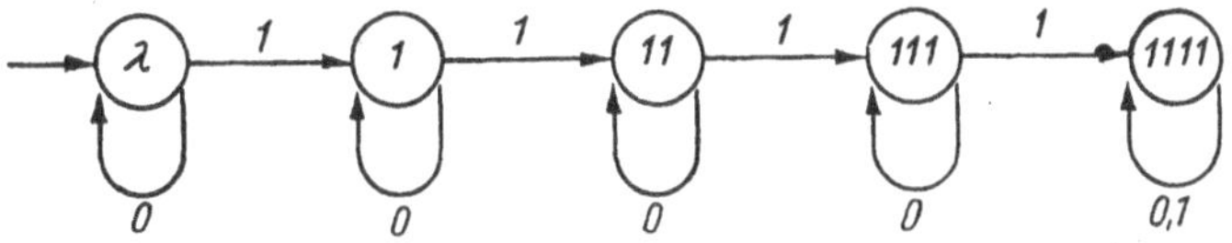


Abb. 6

(Wir überlassen es dem Leser, sich davon zu überzeugen, daß Abbildung 6 einen Graphen eines Monoids darstellt. Eine Methode, um festzustellen, daß ein Zustandsgraph ein Monoidgraph ist, besteht darin, ihn als reduzierten Zustandsgraphen für ein Ereignis aufzufassen und den syntaktischen Monoidgraphen zu konstruieren. Dann ist der ursprüngliche Graph genau dann ein Monoidgraph, wenn er isomorph zu dem sich aus dieser Konstruktion ergebenden Graphen ist. Der Beweis dieser letzten Feststellung ist einfach und sei dem Leser überlassen.)

Jedes Element $a$ eines endlichen Monoids $M$ bestimmt die Folge $a, a^2, a^3, \ldots$ der Potenzen von $a$. Da $M$ endlich ist, kann es in dieser Folge nur endlich viele verschiedene Elemente geben. Es seien $n(a)$, $q(a)$ und $m(a)$ positive ganze Zahlen, die wie folgt definiert sind: $n(a)$ ist die kleinste positive ganze Zahl, für die es ein $y > n(a)$ mit $a^{n(a)} = a^y$ gibt; $q(a)$ ist die kleinste positive ganze Zahl mit $a^{n(a)} = a^{n(a)+q(a)}$; $m(a)$ schließlich ist dasjenige Vielfache von $q(a)$, für das $n(a) \leqq m(a) \leqq n(a) + q(a) - 1$ gilt. Diese drei Zahlen bestimmen Potenzen von $a$, die bei der Bestimmung der maximalen Untergruppen eines Monoids eine wichtige Rolle spielen. Wir beweisen nun einige Sätze über diese Zahlen.

**1.7. Lemma.** Die Elemente $a^{n(a)}, a^{n(a)+1}, \ldots, a^{n(a)+q(a)-1}$ sind paarweise verschieden.

Beweis. Angenommen, es wäre $a^{n(a)+i} = a^{n(a)+j}$ mit $0 \leqq i < j \leqq q(a) - 1$. Da für alle $x$, $y$ und $z$ aus $a^x = a^y$ die Gleichung $a^{x+z} = a^{y+z}$ folgt, erhalten wir $a^{n(a)+i+q(a)-j} = a^{n(a)+q(a)} = a^{n(a)}$, was im Widerspruch zur Definition von $q(a)$ steht, da $i + q(a) - j < q(a)$ ist. ∎

**1.8. Satz.** $a^{m(a)}$ ist ein idempotentes und das einzige idempotente Element unter den Potenzen von $a$.

Beweis. Da $a^{n(a)} = a^{n(a)+q(a)}$ gilt, haben wir für alle $x \geqq n(a)$

$$a^x = a^{x+q(a)} . \tag{3}$$

Da $m(a)$ ein Vielfaches von $q(a)$ ist, erhalten wir $a^{m(a)} = a^{m(a)+q(a)} = a^{m(a)+2q(a)} \cdots = a^{2m(a)}$, woraus folgt, daß $a^{m(a)}$ ein idempotentes Element ist.

Wir setzen nun voraus, daß $a^x$ ein idempotentes Element ist, mit anderen Worten, daß $a^{2x} = a^x$ ist. $x$ kann nicht kleiner als $n(a)$ sein, da $a^{n(a)}$ die kleinste Potenz von $a$ ist, die einer höheren Potenz gleich ist. Es sei $x - n(a) \equiv i_1 (\mathrm{mod}\, q(a))$ und $2x - n(a) \equiv i_2 (\mathrm{mod}\, q(a))$, wobei $0 \leqq i_1, i_2 \leqq q(a) - 1$. Aufgrund von (3) gilt $a^x = a^{n(a)+i_1}$ und $a^{2x} = a^{n(a)+i_2}$. Mit Hilfe von Lemma 1.7 folgt hieraus, daß für $a^x = a^{2x}$ notwendig $i_1 = i_2$, also $x \equiv 2x (\mathrm{mod}\, q(a))$ sein muß. Das kann aber nur dann gelten, wenn $x$ ein Vielfaches von $q(a)$ ist. Dann ist aber $a^x = a^{m(a)}$, woraus folgt, daß $a^{m(a)}$ das einzige idempotente Element unter den Potenzen von $a$ ist, womit Satz 1.8 bewiesen ist. ▮

**1.9. Satz.** $\{a^{n(a)}, a^{n(a)+1}, \ldots, a^{n(a)+q(a)-1}\}$ ist eine zyklische Untergruppe mit dem Einselement $a^{m(a)}$, die von $a^{m(a)+1}$ erzeugt wird.

Beweis. Wir vermerken, daß $a^{m(a)+1}a^{m(a)+1} = a^{m(a)+2}$ gilt, da $m(a)$ ein Vielfaches von $q(a)$ ist. Es gilt in der Tat für jedes $i$ die Gleichung $(a^{m(a)+1})^i = a^{m(a)+i}$; also, wenn

$$m(a) + i > n(a) + q(a) - 1$$

gilt, folgt $a^{m(a)+i} = a^{m(a)+i-q(a)}$. Also ist die von $a^{m(a)+1}$ erzeugte Menge identisch mit $\{a^{n(a)}, a^{n(a)+1}, \ldots, a^{n(a)+q(a)-1}\}$. Insbesondere ist $(a^{m(a)+1})^{q(a)} = a^{m(a)}$ und $(a^{m(a)+1})^{q(a)+1} = a^{m(a)+1}$; die betrachtete Gruppe ist also eine zyklische Gruppe der Ordnung $q(a)$ mit dem Einselement $a^{m(a)}$. ▮

**1.10. Satz.** Eine Potenz $a^x$ von $a$ liegt genau dann in einer Untergruppe des Monoids, wenn $x \geqq n(a)$ ist.

Beweis. Die Behauptung: „Wenn $x \geqq n(a) \ldots$“ ist bereits durch Satz 1.9 bewiesen. Für den zweiten Teil des Beweises nehmen wir an, daß $x < n(a)$ ist. Liegt $a^x$ in einer endlichen Gruppe, so folgt aus bekannten Sätzen der elementaren Gruppentheorie, daß durch $a^x$ eine zyklische Untergruppe dieser Gruppe erzeugt wird, für die es ein $y > 1$ mit $a^x = (a^x)^y = a^{xy}$ gibt. Das widerspricht aber der Festlegung, daß $a^{n(a)}$ die kleinste Potenz von $a$ ist, die einer höheren Potenz gleich ist. Also kann $a^x$ in keiner Untergruppe des Monoids liegen. ▮

Die Wichtigkeit von Satz 1.10 besteht darin, daß wir, wenn wir einmal $n(a)$ und $q(a)$ berechnet haben, auch bestimmt haben, welche Potenzen von $a$ in Untergruppen liegen und wie viele solcher Potenzen es gibt. ▮

**1.11. Satz.** Die mengentheoretische Vereinigung aller zyklischen Gruppen um ein idempotentes Element ist eine Gruppe und enthält jede Untergruppe um dieses idempotente Element als Untergruppe. ▮

Beweis. Es sei $G_u$ die abgeschlossene Hülle der mengentheoretischen Vereinigung aller zyklischen Untergruppen um das idempotente Element $u$ in bezug auf Produktbildung. $G_u$ ist also ein Untermonoid; und es gilt für jedes Element $a \in G_u$ die Gleichung $a = c_1 c_2 \cdots c_n$, wobei die $c_i$ Elemente aus zyklischen Untergruppen um $u$ sind. $a^2 = c_1 c_2 \cdots c_n c_1 c_2 \cdots c_n$ ist dann ebenso aus $G_u$ wie auch alle anderen Potenzen von $a$, von denen es endlich viele gibt. Für jedes $i$ $(1 \leqq i \leqq n)$ gibt es ein $c_i^{-1} \in G_u$, so daß $c_i^{-1} c_i = c_i c_i^{-1} = u$ ist. Folglich liegt

$a^{-1} = c_n^{-1} \cdots c_2^{-1} c_1^{-1}$ in $G_u$, ebenso die endlich vielen Potenzen von $a^{-1}$. Es ist klar, daß $a\, a^{-1} = a^{-1}\, a = u$ gilt. Die Menge, die aus allen Potenzen von $a$, $a^{-1}$ und aus $u$ besteht, ist also eine endliche Gruppe mit $u$ als Einselement, da offensichtlich alle Axiome erfüllt werden; diese Gruppe muß identisch mit der durch $a$ erzeugten zyklischen Untergruppe sein. Wir haben also gezeigt, daß jedes Element von $G_u$ in einer zyklischen Untergruppe mit $u$ als Einselement liegt. Hieraus folgt, daß $G_u$ die mengentheoretische Vereinigung selbst ist. Daß $G_u$ Gruppe ist, überlegt man sich leicht.

Wir betrachten nun eine beliebige Untergruppe $G$ um $u$. Für jedes $a \in G$ hat die durch $a$ erzeugte zyklische Untergruppe von $G$ $u$ als Einselement und muß auch Untergruppe von $G_u$ sein. Da aber $G$ die Vereinigung aller solcher zyklischen Untergruppen ist, ist $G$ Untergruppe von $G_u$. ▮

**1.12. Satz.** Untergruppen um verschiedene idempotente Elemente sind disjunkt.

Beweis. Es seien $G_1$, $G_2$ Gruppen um die idempotenten Elemente $u_1$ und $u_2$ mit $u_1 = u_2$ und $a \in G_1$ und $a \in G_2$. Das ist aber in mehrfacher Hinsicht absurd, nicht zuletzt auf Grund der Tatsache, daß $u_1$ und $u_2$ beides Potenzen von $a$ sein müßten, was Satz 1.8 widerspricht. (Satz 1.12 ist auch gültig für unendliche Monoide. Der Beweis bleibt dem Leser überlassen.) ▮

Wir beschreiben nun einen durch die Sätze 1.8—1.12 gerechtfertigten Algorithmus, mit dessen Hilfe wir alle maximalen Untergruppen eines endlichen Monoids bestimmen können. Wir beginnen mit einem beliebigen Element $a$ des Monoids. Wir bestimmen $n(a)$, $q(a)$ und $m(a)$, womit wir die Information erhalten, daß $a^{n(a)}, \ldots, a^{n(a)+q(a)-1}$ verschiedene Elemente in der maximalen Untergruppe um das idempotente Element $a^{m(a)}$ sind und daß $a, a^2, \ldots, a^{n(a)-1}$ in keiner Untergruppe liegen.

Dann nehmen wir ein beliebiges $b$, das keine Potenz von $a$ ist und führen das oben angegebene Verfahren durch, wobei wir eine zyklische Gruppe um ein idempotentes Element, das Potenz von $b$ ist, finden. Dieses idempotente Element kann identisch mit dem vorher erhaltenen idempotenten Element sein; wenn dem so ist, können einige, alle oder keine der anderen Elemente der zyklischen Untergruppe schon in der vorhergehenden zyklischen Untergruppe liegen.

Wir fahren so fort, bis alle Elemente des Monoids erschöpft sind. Indem wir die zyklischen Untergruppen um feste idempotente Elemente vereinigen, erhalten wir die gesuchten maximalen Untergruppen. Wir erhalten schließlich als Ergebnis die Einteilung des Monoids in seine maximalen Untergruppen und die Gesamtheit aller Elemente, die in keiner Untergruppe liegen.

Wir wenden diesen Algorithmus auf das durch Abbildung 5b beschriebene Monoid an, nehmen $a = 0$ und erhalten die Folge $0$, $0^2$, $0^3 = 0$; also $n(0) = 1$, $q(0) = 2$; das idempotente Element ist $0^2 = \lambda$, und die zyklische Gruppe ist $\{0, \lambda\}$ um $\lambda$. Nehmen wir dann $b = 1$, so erhalten wir die Folge $1$, $1^2$, $1^3$, $1^4 = 1$ und $n(1) = 1$, $q(1) = 3$. Die zyklische Gruppe ist $\{1, 11, 111\}$ um das idempotente Element $111$. Damit ist das Monoid erschöpft; es besteht aus zwei maximalen Untergruppen, die zyklisch sind; und kein Element liegt außerhalb dieser Gruppen.

Wenn wir diesen Algorithmus auf das durch Abbildung 4b beschriebene Monoid anwenden, so bemerken wir, daß dasselbe idempotente Element $\lambda$ immer auftaucht. Es gibt vier verschiedene zyklische Gruppen $\{\lambda, 0\}$, $\{\lambda, 1\}$, $\{\lambda, m\}$, $\{\lambda, 01, 10\}$. Es gibt keine Elemente außerhalb der daraus entstehenden maximalen Untergruppe um $\lambda$, was bedeutet, daß das Monoid als Ganzes eine Gruppe ist. Der mit Gruppentheorie vertraute Leser benötigt diesen Algorithmus nicht, um diese Feststellung zu treffen, sondern sieht leicht, daß Abbildung 4b die symmetrische Permutationsgruppe über einer Dreiermenge darstellt.

Wir wenden den angegebenen Algorithmus auf das durch Abbildung 3 beschriebene Monoid an. Wir beginnen mit 0 und erhalten $0, 0^2, 0^3 = 0^2$ mit $n(0) = 2$, $q(0) = 1$. Also ist 0 in keiner Untergruppe enthalten, und wir haben die triviale Untergruppe des idempotenten Elements $0^2$ erhalten. Ebenso ist 1 in keiner Untergruppe, aber erzeugt die triviale Untergruppe um 11. Indem wir so fortfahren, sehen wir, daß alle anderen Elemente idempotent sind, und folglich gibt es keine nichttrivialen Untergruppen.

## Literatur

[1] RABIN, M., und SCOTT, D., Finite automata and their decision problems. IBM J. Res. Develop. 3 (1959), 114–125; Nachdruck in „Sequential Machines, Selected Papers“ (herausgegeben von E. F. MOORE), pp. 63–91. Addison-Wesley, Reading, Massachusetts, 1964.

[2] SCHÜTZENBERGER, M. P., On a Family of Sets Related to McNaughton's L-Language. In „Automata Theory“ (herausgegeben von E. R. CAIANIELLO), pp. 320–324. Academic Press, New York 1966.

# Kontext-freie Sprachen 12

Seymour Ginsburg[1])

*System Development Corporation, Santa Monica, California*

In der mathematischen Linguistik betrachten wir als Sprache eine Untermenge $L$ der Menge $\Sigma^*$ aller endlichen Folgen (Wörter) über einem endlichen Alphabet $\Sigma$ zusammen mit einer Methode zur Beschreibung dieser Menge. Wir werden drei Hauptarten der Beschreibung betrachten:

(1) *Erzeugung.* Wir haben eine Menge von Regeln, genannt *Grammatik*, mit denen wir genau die Wörter von $\Sigma^*$, die zu $L$ gehören, erzeugen können.

(2) *Akzeptierung.* Wir haben eine Anlage — etwa einen endlichen Automaten mit Speicher — so daß gilt: Wenn wir im Anfangszustand beginnen und ein Wort von $\Sigma^*$ eingeben, so liegt der durch dieses Wort erreichbare Endzustand genau dann in einer ausgezeichneten Menge, wenn das Wort zu $L$ gehört. In diesem Fall sagen wir, daß $L$ in dem Automaten dargestellt bzw. von dem Automaten *akzeptiert* wird.

(3) *Algebraische Charakterisierung.* Es sei ein System von Mengen — genannt Basismengen — und eine Reihe von algebraischen Operationen gegeben. Dann können wir jede Untermenge von $\Sigma^*$, die durch endlichmalige Anwendung der Operationen aus Basismengen entsteht, als Sprache betrachten. Ist eine derartige Sprache gegeben, so können wir nach der Existenz einer Grammatik oder eines Automaten fragen, durch den diese Sprache charakterisiert werden kann.

Wir weisen den Leser darauf hin, daß unser technischer Begriff „Wort" dem Begriff „Satz" oder „vollständiger Ausdruck" für natürliche Sprachen gut entspricht.

---

[1]) Anmerkung des Herausgebers: Dr. Ginsburg hielt in Asilomar fünf Vorlesungen, die auf seinem Buch [2] basieren. Er hat mir freundlicherweise gestattet, meine Notizen dieser Vorlesungen zu einem Kapitel für dieses Buch auszuarbeiten. Es ist für die Leser von Nutzen, die in der kombinatorischen Theorie eine notwendige Grundlage der von Dr. Shamir im nächsten Kapitel gegebenen algebraischen Theorie sehen. In den Vorlesungen wurden keine Beweise gegeben; die hier angegebenen Beweise stammen vom Herausgeber.

Im Jahre 1955 gab CHOMSKY[1]) vier mathematische Modelle als Ansätze zur Formalisierung natürlicher Sprachen an. 1959 entwickelte er aus einem dieser Modelle die kontext-freien Grammatiken. Auf die durch solche Grammatiken beschriebenen Sprachen werden wir im folgenden unser Hauptaugenmerk richten.

Wir betonen, daß die kontext-freien Sprachen eben nur eine formale Approximation für natürliche Sprachen sind. Im Jahre 1960 wurde ALGOL noch als kontext-freie Sprache betrachtet; daß dies nicht zutrifft, liegt zu einem großen Teil an den sogenannten „semantischen" Regeln zur Beschreibung von Deklarationen usw. Man hat daher heute mehr Interesse an kontext-freien Sprachen als Modelle für Programmiersprachen anstatt für natürliche Sprachen. Begriffe und einheitliche Vorstellungen sind aus dieser Entwicklung hervorgegangen; man kann aber bis heute aufgrund dieser Theorie nicht verschiedene Programmiersprachen hinsichtlich ihrer Leistungsfähigkeit vergleichen.

## 1. Grammatiken und Mehrdeutigkeit

Wir geben nun eine Formalisierung des intuitiven Begriffs einer Grammatik an. Dabei sei $e$ das leere Wort (Länge 0).

**1.1. Definition.** Eine *Phrasen-Struktur-Grammatik* ist ein 4-Tupel

$$G = [V, \Sigma, P, \sigma]$$

mit:

(1) $V$ ist eine endliche nichtleere Menge: das *vollständige Vokabular*;

(2) $\Sigma \subseteq V$ ist die Menge der *Endsymbole*. (Wir werden Sprachen über $\Sigma$ betrachten und uns die Elemente von $V - \Sigma$ als *grammatikalische Symbole* vorstellen.);

(3) $P$ ist eine endliche Menge geordneter Paare $[u, v]$ mit $u \in (V - \Sigma)^* - \{e\}$ und $v \in V^*$. Wir werden $[u, v]$ gewöhnlich als $u \to v$ schreiben und nennen ein derartiges Paar eine *Produktion* oder eine *Ersetzungsregel*. (Wir notieren, daß $v$ das leere Wort sein kann.);

(4) $\sigma \in V - \Sigma$ ist das *Start-* oder *initiale Symbol*. Die Elemente von $V - \Sigma$ werden (*metalinguistische*) *Variable* oder *Hilfs*symbole genannt.

Es sei eine Grammatik $G$ gegeben. Wir schreiben $y \Rightarrow z$ (*$y$ erzeugt direkt $z$*), wenn $y$ und $z$ Wörter über $V$ sind, für die Wörter $u$, $u_1$, $u_2$ und $v$ über $V$ existieren, so daß $[u, v] \in P$, $y = u_1 u u_2$ und $z = u_1 v u_2$ gilt.

---

[1]) Für eine ausführliche Darstellung des in diesem Kapitel behandelten Materials verweisen wir den Leser auf [2]. Angaben wie [2, S. 7] verweisen auf die entsprechende Stelle des Buches.

Die transitive Hülle von $\Rightarrow$ sei $\Rightarrow^*$, d. h., es gilt folgendes: Es seien $y, z \in V^*$. Dann soll $y \Rightarrow^* z$ gelten genau dann, wenn $y = z$ ist oder wenn es eine natürliche Zahl $k$ mit $k \geqq 1$ und eine Folge $z_1, z_2, \ldots, z_k$ von Wörtern aus $V^*$ mit $y = z_1 \Rightarrow z_2 \Rightarrow z_3 \Rightarrow \cdots \Rightarrow z_{k-1} \Rightarrow z_k = z$ gibt. Wir nennen eine derartige Folge $z_1, \ldots, z_k$ eine *Ableitung* oder *Erzeugung* von $z$ aus $y$ (durch Regeln der Grammatik $G$).

**1.2. Definition.** $L \subseteq \Sigma^*$ ist eine *Phrasen-Struktur-Sprache* genau dann, wenn es eine Phrasen-Struktur-Grammatik $G = [V, \Sigma, P, \sigma]$ mit

$$L = L(G) = \{w \in \Sigma^* \mid \sigma \Rightarrow^* w\}$$

gibt.

Der folgende Satz zeigt, daß die Phrasen-Struktur-Sprachen die größte Klasse von effektiv erzeugbaren Untermengen von $\Sigma^*$ bilden.

**1.3. Satz.** Eine Wortmenge ist genau dann eine Phrasen-Struktur-Sprache, wenn sie rekursiv aufzählbar ist.[1])

Beweisgedanke. Jede Phrasen-Struktur-Sprache ist rekursiv aufzählbar; entweder man ist auf Grund der TURINGschen oder CHURCHschen Hypothese von der Richtigkeit dieses Satzes überzeugt, oder man wendet eine der Standardtechniken zum Beweis der rekursiven Aufzählbarkeit an.

Umgekehrt gibt es zu jeder rekursiv aufzählbaren Menge $S$ eine TURING-Maschine $Z$, die das $n$-te Element der Menge erzeugt, wenn sie im Anfangszustand $q$ gestartet wird und dabei der Lesekopf über dem am weitesten links stehenden Symbol einer Reihe von $n$ Einsen steht. Die Maschine stoppt genau dann, wenn sie den Endzustand $q_S$ erreicht. Man kann dann $Z$ durch eine Phrasen-Struktur-Grammatik

$$G_Z = [V, \Sigma, P, \sigma]$$

beschreiben, wobei $V = \Sigma \cup \{\sigma\} \cup Q$, $\Sigma$ das Alphabet von $Z$, $Q$ die Menge der Zustände von $Z$ sind und $P$ aus den entsprechenden Produktionen für jedes Quintupel von $Z$ besteht sowie den Produktionen

$$\sigma \to \sigma 1\,, \quad \sigma \to q_1$$

(um die Anfangskonfigurationen zu erhalten) und

$$q_S \to e$$

(um den Stopzustand aus der Endkonfiguration zu entfernen). Dann gilt offensichtlich $S = L(G_Z)$. ▌

Dieser Satz sagt aus, daß die Familie der Phrasen-Struktur-Sprachen zu groß ist, um als Modell für Programmiersprachen zu dienen, denn von einer

---

[1]) Wir verweisen den Leser, dem die Begriffe „rekursiv aufzählbare Menge", „rekursive Menge" und „TURING-Maschine" nicht geläufig sind, auf [1], insbesondere auf die Abschnitte 1.5–6 und 5.3 für eine elementare Einführung und Hinweise auf ausführlichere Darstellungen.

Programmiersprache verlangen wir, daß sie rekursiv ist, d. h. daß ein Computer entscheiden kann, ob eine Folge von Symbolen ein richtiges Programm darstellt. Aber auch die Klasse der rekursiven Mengen ist als Modell noch zu groß, denn wir können nicht entscheiden, ob eine Menge rekursiv ist oder nicht. Wir suchen daher nach Unterfamilien der Klasse der rekursiven Mengen, die wir durch geeignete Grammatiken beschreiben können.

**1.4. Definition.** Eine Phrasen-Struktur-Grammatik $G$ heißt *kontext-sensitiv* genau dann, wenn für jede Produktion $[u, v]$ von $G$ stets $l(u) \leqq l(v)$[1]) gilt. $L$ ist eine kontext-sensitive Sprache genau dann, wenn es eine kontext-sensitive Grammatik $G$ mit $L = L(G)$ gibt.

**1.5. Satz.** Jede kontext-sensitive Sprache ist eine rekursive Menge.

Beweisgedanke. Es sei $v$ gegeben. Indem wir die Längenbedingung benutzen, sehen wir, daß es nur endlich viele Ableitungen gibt, die verschiedene Wörter einer Länge kleiner oder gleich $l(v)$ erzeugen. Wenn wir alle so erzeugten Wörter betrachten, sehen wir, ob $v$ ableitbar ist oder nicht. ∎

**1.6. Folgerung.** Ist $L$ eine kontext-sensitive Sprache, so gilt $e \notin L$.

Der hier gebrauchte Begriff des *Kontextes* führt zurück auf den Kontext eines *einzelnen Buchstaben*. Dadurch wird die folgende Definition motiviert.

**1.7. Definition.** Eine Phrasen-Struktur-Grammatik $G$ heißt *kontext-frei* genau dann, wenn jede Produktion $u \to v$ von $G$ die Eigenschaft $l(u) = 1$ hat; d. h., jede Regel die Form $u \to v$ mit $u \in V - \Sigma$ und $v \in V^*$ hat. $L$ ist eine *kontext-freie Sprache* genau dann, wenn es eine kontext-freie Grammatik $G$ mit $L = L(G)$ gibt.

**1.8. Folgerung.** Das leere Wort $e$ kann Element einer kontext-freien Sprache sein.

**1.9. Folgerung.** Ist $L$ eine kontext-freie Sprache, so ist $L - \{e\}$ kontext-sensitiv.

Beweis. Siehe [2, Satz 1.8.1.] ∎

**1.10. Beispiel.** Es sei $\Sigma = \{a, b\}$, $V = \{a, b, \sigma\}$, $P = \{\sigma \to a\,\sigma\,b, \sigma \to a\,b\}$. Dann ist $L(G) = \{a^n b^n \mid n \geqq 1\}$ eine kontext-freie Sprache.

Leider ist es im allgemeinen nicht möglich, derart explizit eine kontext-freie Sprache, die durch eine kontext-freie Grammatik implizit definiert ist, zu beschreiben.

**1.11. Beispiel.** Es sei $G = [V, \Sigma, P, \sigma]$ eine Grammatik mit $\Sigma = \{a, b, c, d\}$ $V = \{\sigma, \alpha, \beta, \gamma, a, b, c, d\}$ und

$$P = \{\sigma \to a\,\alpha, \alpha \to \beta\,\alpha, \alpha \to \beta, \beta \to d\,c, \beta \to b\,b\,\gamma, \gamma \to c\,c\}\ .$$

Dann kann die Ableitung

$$\sigma \Rightarrow a\,\alpha \Rightarrow a\,\beta\,\alpha \Rightarrow a\,\beta\,\beta \Rightarrow a\,\beta\,d\,c \Rightarrow a\,b\,b\,\gamma\,d\,c \Rightarrow a\,b\,b\,c\,c\,d\,c$$

[1]) Für jedes Wort $z$ bezeichnen wir mit $l(z)$ die Länge von $z$.

durch einen Baum graphisch dargestellt werden. Dieser Baum wird *Ableitungsbaum* genannt. Das erzeugte Wort kann an den Endknoten dieses Baumes von links beginnend abgelesen werden. Diese Baumstruktur erinnert an die grammatikalische Zerlegung von Sätzen.

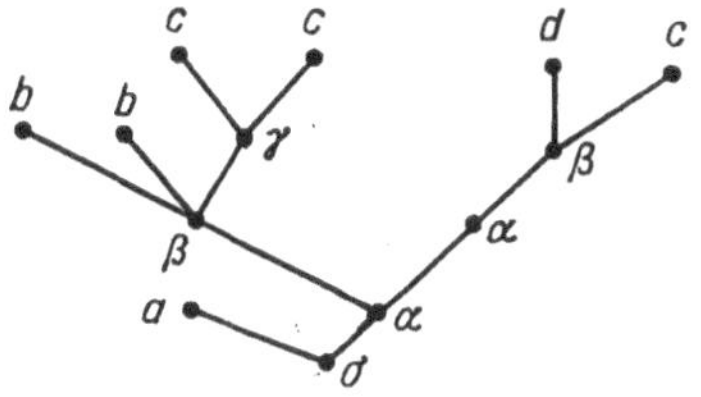


Nun entspricht derselbe Ableitungsbaum mehreren verschiedenen Ableitungen, umgekehrt liefern alle diese Ableitungen denselben Baum, und wir möchten ihn als Darstellung der „grammatikalischen Zerlegung" des abgeleiteten Wortes betrachten. Wir können diese Mannigfaltigkeit von Ableitungen für einen Baum vermeiden, indem wir dem Baum die *linksseitige* (oder *kanonische*) *Ableitung* eineindeutig zuordnen. Eine Ableitung heißt dabei linksseitig, wenn in jedem Schritt auf die am weitesten links stehende (metalinguistische) Variable eine Produktion angewandt wird; da alle Ersetzungen kontext-frei sind, ist das immer möglich. Zum Beispiel ist die linksseitige Ableitung des angegebenen Baumes

$$\sigma \Rightarrow a\,\alpha \Rightarrow \alpha\,\beta\,a \Rightarrow a\,b\,b\,\gamma\,\alpha \Rightarrow a\,b\,b\,c\,c\,\alpha \Rightarrow a\,b\,b\,c\,c\,\beta \Rightarrow a\,b\,b\,c\,c\,d\,c\,.$$

Wir können nun sagen, daß eine Grammatik *mehrdeutig* ist, wenn es in der zugehörigen Sprache Wörter gibt, die auf verschiedene Weise grammatikalisch zerlegt werden können.

**1.12. Definition.** Eine kontext-freie Grammatik $G$ ist *eindeutig*, wenn jedes Wort von $L(G)$ genau einen Ableitungsbaum (d. h. genau eine linksseitige Ableitung) besitzt. Anderenfalls wird $G$ *mehrdeutig* genannt.

Wir wiederholen, daß wir hier *syntaktische* Mehrdeutigkeit definiert haben. In der Datenverarbeitung kodiert ein Wort der Sprache ein Programm. Ein Compiler muß in der Lage sein, das Programm eindeutig in seine Komponenten zu zerlegen. Natürlich kann eine Sprache syntaktisch mehrdeutig und semantisch noch eindeutig sein in dem Sinne, daß es unwichtig ist, auf wievielen verschiedenen Wegen ein mehrdeutiges Wort abgeleitet werden kann, wenn nur ein Computer, dem das entsprechende Programm eingegeben wird, immer dieselbe Funktion berechnet. Die Untersuchungen über semantische Mehrdeutigkeit liegen aber außerhalb unserer hier angestellten Betrachtungen.

Der Leser kann sich leicht selbst davon überzeugen, daß jede kontext-freie Sprache unendlich viele kontext-freie Grammatiken besitzt. Ist eine mehrdeutige Grammatik für eine Sprache gegeben, so können wir nach eindeutigen Grammatiken für diese Sprache suchen. Eine derartige Suche muß jedoch nicht notwendig Erfolg haben.

**1.13. Definition.** Eine kontext-freie Sprache wird *echt mehrdeutig* genannt genau dann, wenn jede erzeugende Grammatik mehrdeutig ist.

Daß es tatsächlich echt mehrdeutige Sprachen gibt, wurde zuerst durch PARIKH gezeigt, der folgendes Beispiel angab:

$$L = \{a^i b^j a^k b^l \mid j = l \text{ oder } i = k; i, j, k, l \geqq 1\} .$$

Eine mehrdeutige Grammatik für diese Sprache ist $G = [V, \Sigma, P, \sigma]$ mit

$$V = \{a, b, c, \sigma, \sigma_1, \sigma_2, \sigma_1', \sigma_2'\} , \quad \Sigma = \{a, b, c\} ,$$

$$P = \{\sigma \to \sigma_1 \sigma_1' , \sigma \to \sigma_2 \sigma_2' , \sigma_1 \to a \sigma_1 a, \sigma_1 \to \sigma_1', \sigma_1' \to b \sigma_1' , \sigma_1' \to b,$$

$$\sigma_2 \to a \sigma_2 , \sigma_2 \to a, \sigma \sigma_2' \to b \sigma_2' b, \sigma_2' \to \sigma_2\} .$$

Der Beweis, daß jede Grammatik für $L$ mehrdeutig ist, ist sehr schwierig; wir verweisen den Leser auf [2, Kapitel 6]; dort findet er alle Einzelheiten dieses Beweises.

## 2. Automaten und Sprachen

Wir definieren nun einen Automatenbegriff, der zum Studium formaler Sprachen geeignet ist.

**2.1. Definition.** Ein *endlicher initialer Automat ohne Ausgabe* (auch *Akzeptor* genannt), ist ein Quintupel

$$\mathsf{A} = [K, \Sigma, \delta, q_0, F]$$

mit:

$K$ ist eine endliche nichtleere Menge (die Menge der *Zustände*);
$\Sigma$ ist eine endliche nichtleere Menge (die Menge der *Eingabesignale*);
$\delta : K \times \Sigma \to K$ heißt *Überführungsfunktion*;
$q_0 \in K$ heißt *Anfangszustand*;
$F \subseteq K$ heißt Menge der ausgezeichneten *Endzustände*.

Wie üblich erweitern wir $\delta$ zu einer Abbildung von $K \times \Sigma^*$ in $K$ durch die rekursive Definition $\delta(q, e) = q$ und $\delta(q, x\, a) = \delta(\delta(q, x), a)$ für alle $q \in K$, $x \in \Sigma$ und $a \in \Sigma^*$. Wir interpretieren $\mathsf{A}$ als ein System, das sich im Zeitpunkt $t + 1$ im Zustand $\delta(q, x)$ befindet, falls es sich im Zeitpunkt $t$ im Zustand $q$ befunden und das Eingabesignal $x$ erhalten hat.

Für den endlichen Automaten $\mathsf{A} = [K, \Sigma, \delta, q_0, F]$ bezeichnen wir

$$T(\mathsf{A}) = \{w \in \Sigma^* \mid \delta(q_0, w) \in F\}$$

als *Menge der von* $\mathsf{A}$ *akzeptierten Wörter* oder *als das in* $\mathsf{A}$ *dargestellte Ereignis.* Ist $E \subseteq \Sigma^*$ mit $E = T(\mathsf{A})$ für einen *endlichen Automaten* $\mathsf{A}$, so sagen wir, $E$ ist ein in einem endlichen Automaten darstellbares Ereignis, oder $E$ ist eine durch *endlich viele Zustände erzeugte Sprache.*

Das *Produkt* von Untermengen $D, F \subseteq \Sigma^*$ definieren wir als

$$D \cdot F = \{df \mid d \in D \wedge f \in F\} ,$$

und die *Hülle* bzw. *Iteration* von $D \subseteq \Sigma^*$ definieren wir als

$$\langle D \rangle = \bigcup_{i=0}^{\infty} D^i ,$$

wobei $D^0 = \{e\}$ und $D^{i+1} = D^i D$ sind. $\langle D \rangle$ ist also die von $D$ erzeugte Unterhalbgruppe von $\Sigma^*$, und es ist $\Sigma^* = \langle \Sigma \rangle$.

Wir nennen eine Untermenge $E \subseteq \Sigma^*$ *regulär* genau dann, wenn $E$ endlich ist oder durch endlichmalige Anwendung der mengentheoretischen Vereinigung, der Hüllen- sowie der Produktoperation aus endlichen Mengen aufgebaut werden kann. Der folgende Satz wurde zuerst von Kleene angegeben und bewiesen.

**2.2. Charakterisierungssatz.** Es sei $E \subseteq \Sigma^*$. $E$ ist genau dann regulär, wenn $E$ in einem endlichen Automaten dargestellt werden kann.

Beweis. Siehe z. B. [1, Abschnitt 1.7]. ▮

Wir gehen nun zu Automaten über, die nicht mehr determiniert arbeiten, d. h., in jeder Situation gibt es i. a. mehrere Möglichkeiten der Fortsetzung der Arbeit. Diese Möglichkeiten sind nicht mit Wahrscheinlichkeiten belegt im Gegensatz zu den stochastischen Automaten. Ein Wort wird in einem derartigen Automaten akzeptiert genannt, wenn eine der möglichen Zustandsfolgen zu einem ausgezeichneten Zustand führt; kurz gesagt, wir sind zufrieden, wenn wir auf mindestens einem der möglichen Wege zu dem gewünschten Ergebnis gelangen, wobei uns die anderen Wege nicht interessieren.

**2.3. Definition.** Ein *nichtdeterministischer* endlicher Automat ist ein Quintupel

$$\mathsf{A} = [K, \Sigma, \delta, q_0, F] ,$$

wobei $K, \Sigma, q_0$ und $F$ wie in Definition 2.1 bestimmt sind und $\delta$ eine Funktion von $K \times \Sigma$ in $2^K$ (die Menge der Untermengen von $K$) ist.

**2.4. Definition.** Es sei $\mathsf{A} = [K, \Sigma, \delta, q_0, F]$ ein endlicher nichtdeterministischer Automat. Die Menge

$$T(\mathsf{A}) = \{x_1 \cdots x_k \mid x_1 \cdots x_k \in \Sigma^* \wedge \exists q_1 \cdots \exists q_k \forall i ((1 \leqq i \leqq k \to q_i \in \delta(q_{i-1}, x_i)) \wedge q_k \in F)\} \tag{1}$$

wird wie in Definition 2.1 bezeichnet.[1])

**2.5. Satz.** Ist $\mathsf{A}$ ein nichtdeterministischer endlicher Automat, so ist $T(\mathsf{A})$ regulär.

[1]) Dabei setzt man $e \in T(\mathsf{A})$ genau dann, wenn $q_0 \in F$. — *Anm. d. deutschen Red.*

Beweis. Man sieht, daß $T(A)$ in dem endlichen Automaten

$$A' = [2^K, \Sigma, \delta', \{q_0\}, F']$$

dargestellt wird, wobei $F' = \{K' \mid K' \subseteq K \wedge K' \cap F \neq \emptyset\}$ ist und $\delta'$ für alle $K' \subseteq K$ und $x \in \Sigma$ wie folgt definiert wird: $\delta'(K', x) = \bigcup_{q \in K'} \delta(q, x)$. ▌

Das bedeutet also, daß durch nichtdeterministische Automaten nicht mehr Mengen als durch determinierte dargestellt werden können. Wir werden aber sehen, daß dieser Begriff in der Theorie der kontextfreien Sprachen eine wichtige Rolle spielt.

**2.6. Satz.** Die Klasse der regulären Ereignisse ist gegenüber Durchschnitt und Komplementbildung abgeschlossen.

Beweis. Es sei $E = T(A)$, wobei $A = [K, \Sigma, \delta, q_0, F]$ ein endlicher Automat ist. Dann ist $\Sigma^* - E$ in $A' = [K, \Sigma, \delta, q_0, K - F]$ dargestellt und folglich regulär. Es seien $E$ und $H$ reguläre Ereignisse. Es gilt bekanntlich $E \cap H = \Sigma^* - [(\Sigma^* - E) \cup (\Sigma^* - H)]$, aufgrund der Definition für reguläre Ereignisse ist also $E \cap H$ regulär. ▌

Die zweite dieser Eigenschaften ist wesentlich schwieriger zu beweisen, wenn man auf die induktive Definition des Regularitätsbegriffes zurückgeht.

**2.7. Definition.** Eine kontext-freie Grammatik $G = [V, \Sigma, P, \sigma]$ wird *rechtslinear* genannt, wenn jede Produktion in $P$ von der Form $\xi \to u$ oder $\xi \to u\alpha$ mit $u \in \Sigma^*$ und $\alpha \in V - \Sigma$ ist.

**2.8. Satz.** Eine Menge $R \subseteq \Sigma^*$ ist genau dann regulär, wenn es eine rechtslineare Grammatik $G$ mit $R = L(G)$ gibt. Als Grammatik $G$ kann dabei eine eindeutige Grammatik gewählt werden.

Beweis. Es sei $A = [K, \Sigma, \delta, q_0, F]$ ein endlicher Automat mit $K \cap \Sigma = \emptyset$, in dem $R$ dargestellt wird. Wir wählen $G = [V, \Sigma, P, \sigma]$ mit $V = \Sigma \cup K \cup \{\sigma\}$ und $\sigma \notin \Sigma \cup K$; $P$ enthalte folgende Produktionen: (1) $\sigma \to q_0$, (2) für jedes $q, q' \in K$ und $x \in \Sigma$ mit $\delta(q, x) = q'$ die Produktion $q \to x\,q'$ und (3) für jedes $q \in F$ die Produktion $q \to e$. $G$ ist eindeutig, und es gilt $L(G) = R$.

Eine leicht modifizierte Umkehrung dieser Konstruktion beweist die andere Richtung der Behauptung. ▌

Alle regulären Mengen sind also kontext-freie Sprachen, aber nicht alle kontext-freien Sprachen sind regulär, wie das Beispiel $\{a^i b^i \mid i \geqq 1\}$ zeigt.

Wir werden unten eine allgemeinere Automatenklasse betrachten und zeigen, daß durch diese Automaten genau die kontext-freien Sprachen charakterisiert werden können. Wir definieren dazu den Begriff des nichtdeterministischen Kellerautomaten, der zuerst als Hilfsmittel für die mechanische Übersetzung und als Programmierungskonzept eingeführt wurde.

Die Abbildung zeigt einen endlichen Automaten, der mit einem Kellerspeicher verbunden ist — einem endlichen Band, das aber einseitig verlängert werden kann. Von diesem Band kann lediglich der Inhalt der obersten Zelle zu einem beliebigen Zeitpunkt von dem Automaten gelesen werden. Die Eingabesignale werden von links nach rechts eingegeben.

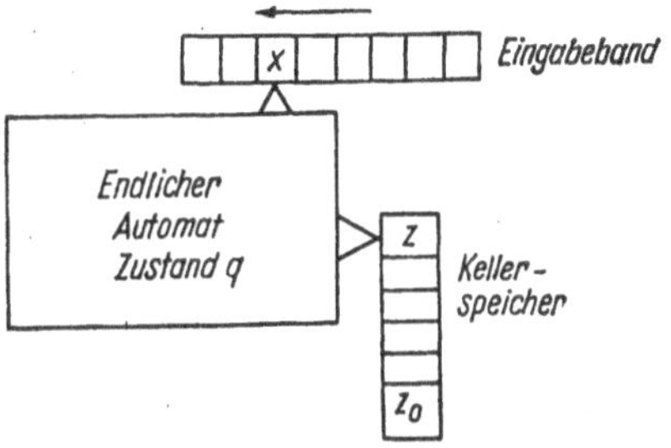


Der Automat kann zum einen das Eingabesignal $x$ betrachten. In diesem Fall wird das Eingabeband um ein Feld weitergerückt, und das Tripel $[q, x, z]$ aus Zustand, Eingabesignal und Inhalt der obersten Kellerspeicherzelle bestimmt die möglichen Folgezustände $q'$ und die möglichen Wörter $\gamma$, durch welche $z$ zu ersetzen ist. Dabei beendet der Automat den Takt, indem die am weitesten rechts stehende (d. h. die oberste) Zelle von $\gamma$ betrachtet wird, falls $\gamma \neq e$ ist. Ist $\gamma = e$, so wird $z$ gelöscht und der gesamte Inhalt des Speichers um eine Zelle nach oben verschoben. Die zweite Möglichkeit besteht darin, daß der Automat zur Bestimmung von $[q', \gamma]$ nur $q$ und $z$ benutzt, in diesem Fall bleibt das Eingabeband unverändert. Die Arbeitsweise ist also nichtdeterministisch.

Der Kellerspeicher ist ein „FILO"-Speicher: Zuerst hinein, zuletzt hinaus („first in, last out").

Der Automat stoppt, wenn der Kellerspeicher geleert ist; daher führen wir ein spezielles Symbol $z_0$ ein, um das Ende des Bandes zu markieren. Wenn der Automat gestartet wird, befindet sich lediglich gerade $z_0$ im Kellerspeicher.

**2.9. Definition.** Ein *Kellerautomat*[1]) ist ein Siebentupel

$$\mathsf{M} = [K, \Sigma, \Gamma, \delta, z_0, q_0, F]$$

mit:

$K, \Sigma, \Gamma$ sind endliche nichtleere Mengen (die *Zustände*, *Eingabesignale* bzw. *Kellerspeichersymbole*),

$z_0 \in \Gamma$ heißt das *Anfangssymbol des Kellerspeichers*,

$q_0 \in K$ heißt der *Anfangszustand*,

$F \subseteq K$ heißt die Menge der ausgezeichneten *Endzustände*, und

$\delta$ ist eine Funktion von $K \times (\Sigma \cup \{e\}) \times \Gamma$ in die Menge der endlichen Teilmengen von $K \times \Gamma^*$.

Es sei ein Kellerautomat $\mathsf{M}$ gegeben. Es sei weiter $\vdash$ die Relation über $K \times \Sigma^* \times \Gamma^*$, die wie folgt definiert ist. Für $p \in K$, $w \in \Sigma^*$, $\alpha \in \Gamma^*$, $z \in \Gamma$, $x \in \Sigma \cup \{e\}$ gilt $[p, x\,w, \alpha\, z] \vdash [q, w, \alpha\,\gamma]$ genau dann, wenn $[q, \gamma] \in \delta(p, x, z)$. Wir betonen, daß $x = e$ sein kann. $\overset{*}{\vdash}$ definieren wir als transitive Hülle von $\vdash$.

[1]) Nichtdeterministische Kellerautomaten spielen eine so wichtige Rolle, daß wir das Attribut weglassen und lediglich ausdrücklich anmerken, wenn der betrachtete Kellerautomat determiniert ist.

Also gilt $[p, w, \alpha] \vdash^* [p, w, \alpha]$, und für alle $\beta \in \Gamma^*$ und $x_i \in \Sigma \cup \{e\}$ $(1 \leq i \leq k)$ gilt $[p, x_1 \ldots x_k w, \alpha] \vdash^* [q, w, \beta]$, wenn Zustände $p = p_1, p_2, \ldots, p_{k+1} = q$ aus $K$ und Wörter $\alpha = \alpha_1, \alpha_2, \ldots, \alpha_{k+1} = \beta$ aus $\Gamma^*$ mit $[p_i, x_i \cdots x_k w, \alpha_i] \vdash [p_{i+1}, x_{i+1} \cdots x_k w, \alpha_{i+1}]$ für $1 \leq i \leq k$ existieren.

**2.10. Definition.** Ein Wort $w \in \Sigma^*$ wird durch den *Kellerautomaten* $\mathsf{M}$ *akzeptiert* genau dann, wenn

$$[q_0, w, z_0] \vdash^* [q, e, \alpha]$$

für ein $q \in F$ und ein $\alpha \in \Gamma^*$ gilt. Die Menge der durch $\mathsf{M}$ akzeptierten Wörter wird durch $T(\mathsf{M})$ bezeichnet.

Es gilt dann folgender Satz, dessen Beweis in [2, Abschnitt 2.5] gegeben ist.

**2.11. Charakterisierungssatz.** Eine Menge $L$ von Wörtern ist genau dann eine kontext-freie Sprache, wenn es einen Kellerautomaten $\mathsf{M}$ mit $L = T(\mathsf{M})$ gibt.

Dieser Satz ist ein wichtiges Hilfsmittel, wenn man zeigen will, daß eine Sprache kontext-frei ist. Leider kann diese Aufgabe unter Umständen sehr schwer sein; es ist zwar meist leicht zu zeigen, daß alle Wörter einer gegebenen Sprache durch einen geeigneten Kellerautomaten akzeptiert werden; aber es ist schwierig zu beweisen, daß der Kellerautomat keine anderen Wörter akzeptiert.

**2.12. Beispiel.** Es sei $\Sigma = \{a, b\}$ und $L$ die Menge der Wörter, die aus gleich vielen Buchstaben $a$ wie $b$ bestehen. Wir betrachten den Kellerautomaten $\mathsf{M}$ mit folgenden Eigenschaften: Wenn $\mathsf{M}$ das Signal $a$ (bzw. $b$) des Eingabewortes und das Kellerspeichersymbol $b$ (bzw. $a$) liest, so wird dieses Symbol gelöscht, andernfalls speichern wir das Eingabesignal. Im ersten Takt wird das gelesene Eingabesignal immer gespeichert. Der Automat befindet sich im Schlußzustand, wenn $z_0$ im obersten Feld des Kellerspeichers steht. Es kann dann bewiesen werden, daß $L = T(\mathsf{M})$ gilt, $L$ also kontext-freie Sprache ist.

Ein *Kellerautomat* ist *determiniert*, wenn als Werte von $\delta$ nur Einermengen auftreten, und wenn ferner gilt: Ist $\delta(q, e, z)$ definiert, so ist $\delta(q, a, z)$ für kein $a \in \Sigma$ definiert. Die durch determinierte Kellerautomaten akzeptierten Mengen werden *determinierte* kontext-freie Sprachen genannt. Die determinierten kontext-freien Sprachen bilden eine echte Unterklasse der Klasse aller kontext-freien Sprachen.

**2.13. Beispiel.** Die Menge der Palindrome[1]) ist eine kontext-freie Sprache, die nicht determiniert ist. Es ist leicht, einen Kellerautomaten zu konstruieren, der genau die Palindrome akzeptiert. Das Wort wird zur Hälfte in den Kellerspeicher geschrieben und dann kontrolliert, während die zweite Hälfte gelesen wird. Die Nichtdeterminiertheit besteht darin zu „raten", wann die Hälfte des Wortes erreicht ist. Darüber hinaus kann man zeigen, daß kein determinierter Kellerautomat genau die Palindrome akzeptieren kann.

Die Beweise der folgenden zwei Sätze findet man in [2, Abschnitt 2.6].

---

1) Es sei $w = a_1 \cdots a_k \in \Sigma^*$. Mit $w^+$ bezeichnen wir das Wort $a_k \cdots a_1$ $(e^+ = e)$. Ein Wort $w$ ist ein Palindrom, wenn $w = w^+$ gilt. — *Anm. d. deutschen Red.*

**2.14. Satz.** Wenn $L$ eine determinierte kontext-freie Sprache ist, so gibt es eine eindeutige Grammatik $G$ mit $L = L(G)$.

Es gibt aber eindeutige Sprachen, die nicht determiniert sind; grob ausgedrückt, eindeutige Sprachen sind solche, für die ein Kellerautomat existiert, der jedes Wort der Sprache auf genau einem Weg akzeptiert.

**2.15. Satz.** Ist $L$ eine determinierte kontext-freie Sprache, so ist $\Sigma^* - L$ ebenfalls determiniert und kontext-frei.

Die Klasse aller kontext-freien Sprachen ist *nicht* abgeschlossen gegenüber Komplementbildung, wie wir weiter unten sehen werden. Sätze über determinierte kontext-freie Sprachen sind nicht leicht zu beweisen; derartige Sprachen sind offenbar in der Programmierung besser zu gebrauchen als allgemeine kontext-freie Sprachen.

## 3. Operationen

Wir gehen nun zu solchen Fragestellungen über wie: Wenn $f$ eine Operation über Sprachen und $L$ kontext-freie Sprache ist, ist dann auch $f(L)$ kontext-frei?

**3.1. Beispiel.** $\{a^n\, b^n\, c^n \mid n \geqq 1\}$ ist keine kontext-freie Sprache. (Zum Beweis siehe [2, S. 84].)

**3.2. Folgerung.** Die Klasse der kontext-freien Sprachen ist gegenüber Durchschnitt nicht abgeschlossen.

Beweis. Die Sprachen $L_1 = \{a^i\, b^j\, c^j \mid i, j \geqq 1\}$ und $L_2 = \{a^i\, b^i\, c^j \mid i, j \geqq 1\}$ sind kontext-frei, aber $L_1 \cap L_2 = \{a^n\, b^n\, c^n \mid n \geqq 1\}$ ist keine kontext-freie Sprache. ▌

**3.3. Satz.** Die Klasse der kontext-freien Sprachen ist gegenüber Vereinigung, Produkt und Hüllenoperation abgeschlossen.

Beweis. Es seien $L_1$ und $L_2$ kontext-freie Sprachen über dem Alphabet $\Sigma$ und $G_1$, $G_2$ Grammatiken für $L_1$, $L_2$ mit disjunkten Mengen von metalinguistischen Variablen:

$$G_1 = [\Sigma^1 \cup \Sigma, \Sigma, P_1, \sigma_1]\,, \qquad G_2 = [\Sigma^2 \cup \Sigma, \Sigma, P_2, \sigma_2]\,.$$

Es ist leicht zu beweisen, daß $G_3$ eine Grammatik für $L_1 \cup L_2$, $G_4$ eine Grammatik für $L_1 \cdot L_2$ und $G_5$ eine Grammatik für $\langle L_1 \rangle$ ist, wobei gilt

$$G_3 = [\Sigma^1 \cup \Sigma^2 \cup \Sigma \cup \{\sigma\}, \Sigma, P_1 \cup P_2 \cup \{\sigma \to \sigma_1, \sigma \to \sigma_2\}, \sigma] \qquad (\sigma \notin \Sigma^1 \cup \Sigma^2 \cup \Sigma)$$

$$G_4 = [\Sigma^1 \cup \Sigma^2 \cup \Sigma \cup \{\sigma\}, \Sigma, P_1 \cup P_2 \cup \{\sigma \to \sigma_1\, \sigma_2\}, \sigma] \qquad (\sigma \notin \Sigma^1 \cup \Sigma^2 \cup \Sigma)\,,$$

$$G_5 = [\Sigma^1 \cup \Sigma \cup \{\sigma\}, P \cup \{\sigma \to e, \sigma \to \sigma\, \sigma_1\}, \sigma] \qquad (\sigma \notin \Sigma^1 \cup \Sigma)\,.$$ ▌

**3.4. Korollar.** Die Klasse der kontext-freien Sprachen ist gegenüber Komplementbildung nicht abgeschlossen.

Beweis. Wäre die Klasse abgeschlossen, so würde aus Theorem 3.3 im Widerspruch zu Satz 3.2 folgen, daß die Klasse auch gegenüber Durchschnitt abgeschlossen wäre. ▌

**3.5. Satz.** Ist $L$ kontext-freie Sprache und $R$ reguläre Menge, so ist auch $L \cap R$ kontext-frei. Ist darüber hinaus $L$ eindeutig, so ist auch $L \cap R$ eindeutig.

Beweis. Siehe [2, S. 88]. ▌

Dieser Satz hat viele Anwendungen in der Theorie der kontext-freien Sprachen.

**3.6. Beispiel.** Es sei $L$ eine kontext-freie Sprache und $L_n$ die Menge aller Wörter von $L$, deren Länge durch $n$ teilbar ist. Dann gilt $L_n = L \cap \langle R_n \rangle$, wobei $R_n$ die Menge aller Wörter der Länge $n$ ist. Folglich ist $L_n$ eine kontext-freie Sprache.

**3.7. Definition.** Ein endlicher *verallgemeinerter sequentieller Automat* (auch *endlicher sequentieller Automat mit asynchroner Ausgabe* genannt) ist ein Sechstupel

$$\mathsf{S} = [K, \Sigma, \Delta, \delta, \lambda, q_0]$$

mit

$K$, $\Sigma$ und $\Delta$ sind endliche nichtleere Mengen (*Zustands-*, *Eingabesignal-* und *Ausgabesignalmenge*),

$q_0 \in K$ heißt der *Anfangszustand*,

$\delta : K \times \Sigma \to \Sigma$ heißt die *Überführungsfunktion*,

$\lambda : K \times \Sigma \to \Delta^*$ heißt die *Ausgabefunktion*.

Wir sehen, daß auf die Eingabe eines Signals als Reaktion an der Ausgabe das leere Wort, ein einzelner Buchstabe oder ein Wort aus $\Delta^*$ erscheinen kann. Ist $\lambda(K \times \Sigma) \subseteq \Delta$, so erhalten wir den bekannten Spezialfall des endlichen Automaten mit synchroner Ausgabe.

Ist $\mathsf{S}$ ein endlicher verallgemeinerter sequentieller Automat und $w \in \Sigma^*$, so setzen wir $\mathsf{S}(w) = \lambda(q_0, w)$.

**3.8. Satz.** Ist $L$ kontext-freie Sprache und $\mathsf{S}$ ein endlicher verallgemeinerter sequentieller Automat, so ist auch $\mathsf{S}(L)$ kontext-freie Sprache.

Beweis. Siehe [2, Abschnitt 3.3]. ▌

**3.9. Beispiel.** Es sei $L$ eine kontext-freie Sprache. Für jedes Wort $a_1 a_2 \cdots a_k$ über $\Sigma$ definierten wir $f(a_1 a_2 \cdots a_k) = a_2 a_4 \cdots$. Offensichtlich ist $f$ eine Abbildung, die durch einen asynchronen Automaten realisiert werden kann, und folglich ist $f(L)$ eine kontext-freie Sprache.

**3.10. Definition.** Es sei ein Alphabet $\Sigma$ gegeben, und für jedes $a \in \Sigma$ sei $\Sigma_a$ eine endliche nichtleere Menge. Eine Abbildung $\tau$, die auf $\Sigma$ definiert ist, mit $\tau(a) \subseteq \Sigma_a^*$ heißt *Substitutionsabbildung*.

Wir erweitern $\tau$ zu einer Abbildung auf $\Sigma^*$ durch

$$\tau(e) = \{e\}, \quad \tau(a_1 \cdots a_k) = \tau(a_1) \cdots \tau(a_k).$$

Ist $L$ eine kontext-freie Sprache und $\tau$ eine beliebige Substitutionsabbildung, so wird $\tau(L)$ im allgemeinen nicht kontext-frei sein. Es sei z. B. $\tau(a)$ eine nicht-kontext-freie Sprache und $L = \{a\}$. Es gilt aber:

**3.11. Satz (Substitutionssatz).** Ist $L$ eine kontext-freie Sprache und $\tau(a)$ für jedes $a \in \Sigma$ kontext-frei, so ist $\tau(L)$ kontext-frei.

Beweis. Der Beweis verläuft ähnlich dem von Satz 3.3 und sei als leichte Übung dem Leser überlassen. ▮

**3.12. Beispiel.** Es sei $X \subseteq \Sigma^*$. Wir definieren $I(X) = \{u \mid u \neq e \wedge \exists w(uw \in X)\}$. Wir zeigen: Ist $L$ kontext-freie Sprache, so auch $I(L)$. Für jedes $a \in \Sigma$ setzen wir $\tau(a) = \{a, ac\}$ mit $c \notin \Sigma$. Dann ist $\tau(L) \cap \Sigma^* c \Sigma^*$ kontext-frei. Es sei $\mathsf{S}$ der endliche verallgemeinerte sequentielle Automat über $\Sigma \cup \{c\}$, der das eingegebene Signal wieder ausgibt bis ein $c$ eingegeben wird, im folgenden wird dann $e$ ausgegeben. Offensichtlich gilt $I(L) = \mathsf{S}(\tau(L) \cap \Sigma^* c \Sigma^*)$, und folglich ist $I(L)$ kontext-frei.

**3.13. Satz.** Es sei ein Alphabet $\Sigma$ gegeben. Dann existiert ein Alphabet $\Sigma'$, eine kontext-freie Sprache $D$ und ein Homomorphismus $h\colon (\Sigma')^* \twoheadrightarrow \Sigma^*$, so daß man für jede kontext-freie Sprache $L \subseteq \Sigma^*$ eine reguläre Menge $R \subseteq (\Sigma')^*$ mit

$$L = h(D \cap R)$$

finden kann.

Beweis. Siehe [2, Abschnitt 3.7]. $D$ wird Dyck-Sprache genannt. ▮

## 4. Entscheidbarkeitsfragen

Wenn zwei kontext-freie Sprachen $L_1$ und $L_2$ gegeben sind, so können wir fragen, ob ein endlicher verallgemeinerter sequentieller Automat existiert, der $L_1$ auf $L_2$ abbildet. Offensichtlich ist die Antwort „nein", wenn $|L_1| < |L_2|$ und „ja", wenn $L_1 = L_2$. Wir können fragen, ob es ein *Entscheidungsverfahren* gibt, das für zwei gegebene Sprachen $L_1$ und $L_2$ *effektiv entscheidet*[1]), ob es einen derartigen Automaten mit $\mathsf{S}(L_1) = L_2$ gibt.

**4.1. Satz.** Jede kontext-freie Sprache ist eine rekursive Menge, d. h., ist eine kontext-freie Grammatik $G$ für $L$ gegeben, so können wir effektiv entscheiden, ob ein Wort $w$ zu $L$ gehört oder nicht.

Beweis. Die Behauptung folgt über Folgerung 1.9 aus Satz 1.5. ▮

**4.2. Satz.** Es seien beliebige kontext-freie Grammatiken $G_1$ und $G_2$ gegeben. Dann sind folgende Probleme unentscheidbar:

(a) $L(G_1) = L(G_2)$,

(b) $L(G_1) \subseteq L(G_2)$,

---

[1]) Für Grundlagen dieser Begriffsbildungen siehe [1, Abschnitte 5.2 und 5.3].

(c) $L(G_1) = \Sigma^*$ ,
(d) $L(G_1) \cap L(G_2) = \emptyset$ ,
(e) es gibt einen endlichen verallgemeinerten sequentiellen Automaten S mit $S(L(G_1)( = L(G_2)$.

Beweis. Siehe [2, Abschnitte 4.1 und 4.2]. ▮

Sind kontext-freie Sprachen $L_1$ und $L_2$ gegeben, so gibt es einen endlichen verallgemeinerten sequentiellen Automaten S mit $S(L_1) \subseteq L_2$ (z. B. bewirkt das ein Automat, der eine konstante Abbildung erzeugt). Es gilt aber (siehe [2, Theorem 4.3.2]):

**4.3. Satz.** Sind $L_1$ und $L_2$ unendliche kontext-freie Sprachen, so ist es unentscheidbar, ob ein endlicher verallgemeinerter sequentiellen Automat S mit $S(L_1) \subseteq L_2$ und $S(L_1)$ unendlich existiert.

**4.4. Satz.** Es ist unentscheidbar, ob eine beliebige kontext-freie Grammatik $G$ mehrdeutig ist.

Beweis. Siehe [2, S. 139]. ▮

GINSBURG und SPANIER haben sich ausführlich mit einer Unterklasse der kontext-freien Sprachen — den *beschränkten kontext-freien Sprachen* — beschäftigt. Diese haben angenehmere Eigenschaften im Hinblick auf Operationen und Entscheidbarkeitsfragen als die Klasse aller kontext-freien Sprachen. Wir verweisen den Leser auf Kapitel 5 von [2], wo diese Sprachen ausführlich behandelt werden.

## Literatur

[1] ARBIB, M. A., Brains, Machines, and Mathematics. McGraw-Hill, New York 1964.
[2] GINSBURG, S., The Mathematical Theory of Context-Free Languages. McGraw-Hill, New York 1966.

# Algebraische, rationale und kontext-freie Potenzreihen in nichtkommutativen Variablen 13

Eliahu Shamir

*Hebräische Universität, Jerusalem, Israel*

## 1. Einführung

Eine kontext-freie Grammatik[1]) mit $n$ Hilfssymbolen $\xi_1, \ldots, \xi_n$ erzeugt $n$ Sprachen $L_1, \ldots, L_n$ über dem terminalen Alphabet $A$; $L_j$ ist dabei bestimmt durch die Wahl von $\xi_j$ als initiales Symbol. Die Generierungsregeln einer solchen Grammatik sind rekursive Regeln zur Erzeugung von Wörtern mit wachsender Länge aus $L_1, \ldots, L_n$. Von einem anderen in Abschnitt 2 erklärten Standpunkt aus gesehen, ist eine derartige Grammatik ein System von $n$ Polynomgleichungen mit der Vereinigungs- und Produktbildung von Wortmengen als Grundoperationen. Das $n$-Tupel $[L_1, \ldots, L_n]$ erfüllt dieses Gleichungssystem. Dieser Standpunkt tritt in der „Backus-Notation" auf, die ursprünglich zur Beschreibung von ALGOL 60 verwendet wurde.

Schützenberger [1, 2] hat bemerkt, daß man viel gewinnt und nichts verliert, wenn man anstelle von Sprachen formale Potenzreihen betrachtet. Dies sind einfach Funktionen von $A^*$ in die Menge $Z$ der ganzen Zahlen. Jede Potenzreihe ist dadurch bestimmt, welche ganzzahligen Koeffizienten sie den Wörtern $u \in A^*$ zuordnet. Die Menge aller Potenzreihen bildet einen Ring[2]), und die Gleichungen der Grammatik werden zu Polynomgleichungen in diesem Ring, die vom $n$-Tupel der Potenzreihen $[f_1, \ldots, f_n]$ erfüllt werden. Die Gleichungen ergeben wieder rekursive Regeln, wobei der Koeffizient $f_j(u)$ von $f_j$ für $u$ als ein Polynom in den „niedrigeren" Koeffizienten $f_k(v)$ von Teilwörtern $v$ von $u$ dargestellt wird. Die vollständige Lösung $[f_1, \ldots, f_n]$ wird durch sukzessive Approximationen konstruiert.

Eine kontext-freie Grammatik kann somit tatsächlich als ein System von algebraischen Gleichungen aufgefaßt werden. Wären die $a \in A$ kommutative (etwa numerische) Variable, so ginge das System in ein gewöhnliches algebraisches System über, das die Funktionen $f_1, \ldots, f_n$ (als Funktionen in den Va-

---

[1]) Zur Bezeichnung und Terminologie vgl. Kapitel 12.

[2]) Wir setzen beim Leser die Kenntnis der Definition und der einfachsten Eigenschaften von Ringen voraus.

riablen $a \in A$) erfüllen, die als algebraisch nachgewiesen werden können. Kontext-freie Systeme sind Spezialfälle in zweierlei Hinsicht: Sie erfüllen eine technische Einschränkung (vgl. (2.1)), die die eindeutige Lösbarkeit sichert. Die zweite Einschränkung ist die, daß die Koeffizienten aller Monome des Systems 0 oder 1 sind. Diese Einschränkung ist wesentlich und bestimmt die kombinatorischen Charakteristika der Theorie der kontext-freien Grammatiken und Sprachen. Die Koeffizienten der Lösungen $f_1, \ldots, f_n$ sind notwendigerweise nicht-negativ. Sie nehmen als Werte nur 0 oder 1 an, wenn die Grammatik eindeutig ist. Auf jeden Fall ist $f_j(u)$ die Anzahl der verschiedenen Ableitungen (oder Stammbäume) von $u$ aus $\xi_j$. Diese Zahl nennen wir den *Grad der Mehrdeutigkeit von $u$ bezüglich $\xi_j$.*

Wir konzentrieren unsere Aufmerksamkeit hier auf algebraische Systeme mit beliebigen Zahlenkoeffizienten. Die Koeffizienten sollen, allgemeiner, einem beliebigen kommutativen Ring mit Einselement angehören. Es ist nützlich, zusammen mit den algebraischen auch die Teilklasse der rationalen Systeme zu betrachten, die aus den finite-state-Grammatiken (d. h. endlichen Automaten) bei Zulassung beliebiger Ringkoeffizienten entstehen.

Es erweist sich als vorteilhaft, ein algebraisches Gleichungssystem als eine Grammatik anzusehen, in der die Regeln gewisse Ringelemente als Gewichte haben. Viele kombinatorische Erörterungen und Konstruktionen, die ursprünglich für kontext-freie Grammatiken gedacht waren, bleiben bei dieser Auffassung erhalten. Die meisten der Ergebnisse von SCHÜTZENBERGER [1, 2] können auf diese Weise gewonnen werden, und die Beweise werden denjenigen Lesern bekannt vorkommen, die mit der Theorie der kontext-freien Grammatiken vertraut sind.

## 2. Algebraische und rationale Potenzreihen

Es sei $A$ eine endliche Zeichenmenge und $A^*$ die von $A$ erzeugte freie Halbgruppe mit dem Einselement $e$ (Kette der Länge Null). $R$ sei ein kommutativer Ring mit dem Einselement 1. Eine eindeutige Abbildung $f$ von $A^*$ in $R$ wird eine Potenzreihe genannt. Sie wird auch als eine formale Summe

$$f = \sum_{x \in A} \langle f, x \rangle \, x \,, \quad \langle f, x \rangle = f(x) \in R$$

geschrieben. Die Menge aller Potenzreihen bildet bei den Operationen

$$\langle f + g, x \rangle = \langle f, x \rangle + \langle g, x \rangle \,,$$

$$\langle f g, x \rangle = \sum_{uv=x} \langle f, u \rangle \langle g, v \rangle$$

einen Ring mit Einselement, den wir mit $R[A]$ bezeichnen.

Der *Träger* von $f$ ist die Menge $\{ x | f(x) \neq 0 \}$. Eine Potenzreihe mit endlichem bzw. einelementigem Träger ist ein *Polynom* bzw. *Monom*. Für eine beliebige Halbgruppe $S$ bilden die Polynome $p = \Sigma\langle p, s\rangle\, s$ einen Ring $R_{\text{pol}}[S]$ mit Einselement (den Halbgruppenring). In dem Fall, daß $S = A^*$ frei über $A$ ist, bezeichnen wir diesen Ring mit $R_{\text{pol}}[A]$. Er ist stets ein Teilring von $R[A]$.

Es sei $X = \{\xi_1, \ldots, \xi_n\}$ eine zu $A$ disjunkte Menge von Zeichen („Variablen"), und es sei $p_j \in R_{\text{pol}}[X \cup A]$. Wir nehmen an, daß

$$\langle p_j, \xi_i\rangle = 0\,, \quad p_j(e) = 0\,, \quad 1 \leqq i, j \leqq n\,, \tag{2.1}$$

ist. Ein *algebraisches System* ist dann ein Gleichungssystem

$$\xi_j = p_j, \quad 1 \leqq j \leqq n \;\; [p_j = p_j(\xi_1, \ldots, \xi_n, a_1, a_2, \ldots), a_i \in A]\,. \tag{2.2}$$

Die Lösung $\xi_1 = f_1, \ldots, \xi_n = f_n$, $f_j \in R[A]$, ist diejenige, die man auf folgende Weise erhält: Es sei $f_1^{(0)} = \cdots = f_n^{(0)} = 0$ und

$$f_j^{(k+1)} = p_j(f_1^{(k)}, \ldots, f_n^{(k)}, a_1, a_2, \ldots)\,, \quad 1 \leqq j \leqq n\,.$$

Es existiert $f_j = \lim\limits_{k\to\infty} f_j^{(k)}$; denn die Koeffizienten von Ketten der Länge $r$ in $f_j^{(k)}$ sind für $k > r$ wegen (2.1) von $k$ unabhängig. $[f_1, \ldots, f_n]$ ist offenbar eine Lösung von (2.2). Darüber hinaus zeigt man leicht, daß dies auch die einzige Lösung mit

$$\langle f_j, e\rangle = 0\,, \quad 1 \leqq j \leqq n\,, \tag{2.3}$$

ist. Eine Komponente der Lösung eines algebraischen Systems nennen wir eine *algebraische Potenzreihe.*

Bemerkung: Man kann Polynomsysteme $q_j = 0$ betrachten, die anstelle von (2.1) die folgende allgemeinere Bedingung erfüllen: Ist $\sum \alpha_{ij}\, \xi_i$ der lineare Teil von $q_j$, so ist die Matrix $(\alpha_{ij})$ in $R$ umkehrbar. Ein solches System erweist sich als äquivalent zu einem, das (2.1) erfüllt. Seine Lösung besteht somit aus algebraischen Potenzreihen.

Ein algebraisches System heißt *rational* (und seine Lösung besteht aus *rationalen* Potenzreihen), wenn alle Monome in $p_j$ die Gestalt $\alpha\, x\, \xi_i$ oder $\alpha\, x$ haben, wobei $x \in A^*$ ist.

Ein algebraisches bzw. rationales System, in dem alle nicht-verschwindenden Koeffizienten Eins sind, ist ein kontext-freies bzw. finite-state-System. Die Komponenten der Lösung sind kontext-freie bzw. finite-state-Potenzreihen. Ihre Träger machen gerade alle kontext-freien bzw. finite-state-Sprachen aus. Derartige Systeme werden gewöhnlich mit Generierungsregeln anstelle der Gleichungen beschrieben. Daher sind, falls $p_j = z_{j1} + \cdots + z_{j\pi(j)}$, $1 \leqq j \leqq n$, ist,

$$\xi_j \to z_{j1}, \ldots, \xi_j \to z_{j\pi(j)}\,, \qquad 1 \leqq j \leqq n\,,$$

die Regeln der Grammatik.

Der Koeffizient $\langle f_j, x\rangle$ in der kontext-freien Potenzreihe $f_j$ ist die Anzahl der verschiedenen Ableitungen von $x$ aus $\xi_j$ in der entsprechenden Grammatik. Dies ist der Grad der Mehrdeutigkeit von $x$ (bezogen auf $\xi_j$ und die gegebene Grammatik).

Es ist nützlich, jedes algebraische System in Form einer Grammatik zu beschreiben. Es sind dann, falls

$$p_j = \alpha_{j1} z_{j1} + \cdots + \alpha_{j\pi(j)} z_{j\pi(j)}, \qquad 1 \leqq j \leqq n,$$

ist,

$$\xi_j \to \alpha_{j1} z_{j1}, \ldots, \xi_j \to \alpha_{j\pi(j)} z_{j\pi(j)}, \qquad 1 \leqq j \leqq n, \tag{2.4}$$

die Regeln des Systems. Der Koeffizient $\alpha_{ij}$ ist das *Gewicht* der entsprechenden Regel. Die (kontext-freie) *Stamm-Grammatik* erhält man, in dem man alle nichtverschwindenden Gewichte zu Eins macht. Ist $\Gamma$ ein Ableitungsbaum von $x$ aus $\xi_j$ in der Stamm-Grammatik, so ist $\omega(\Gamma)$, das Gewicht von $\Gamma$, das Produkt der Gewichte aller Regeln, die in $\Gamma$ vorkommen. (Mehrfache Anwendung wird mehrfach gezählt!) Den folgenden Satz beweist man leicht durch Induktion.

**2.1. Satz.** Es sei $f_1, \ldots, f_n$ die Lösung eines algebraischen Systems $\xi_j = p_j$, $1 \leqq j \leqq n$. $\Gamma_1, \ldots, \Gamma_r$ seien die verschiedenen Ableitungsbäume eines gegebenen $x \in A^*$ aus $\xi_j$ in der Stamm-Grammatik. Dann ist

$$\langle f_j, x\rangle = \sum_{i=1}^{r} \omega(\Gamma_i). \tag{2.5}$$

Diese Summe hat den Wert Null, wenn $x$ nicht aus $\xi_j$ abgeleitet werden kann. (Sind alle Gewichte Eins, d. h., liegt der kontext-freie Fall vor, so gibt (2.5) die Anzahl der verschiedenen Ableitungsbäume an.)

$R_{\text{rat}}[A]$ bezeichne jetzt die Menge aller rationalen Potenzreihen und $R_{\text{alg}}[A]$ die der algebraischen Potenzreihen. Beides sind Teilringe von $R[A]$.

**2.2. Satz (Abgeschlossenheit bezüglich der Kleeneschen Operationen).** Sowohl $R_{\text{rat}}[A]$ als auch $R_{\text{alg}}[A]$ sind Ringe. Sie sind rational abgeschlossen, d. h. abgeschlossen bezüglich der Bildung der Quasi-Inversen $f^* = f + f^2 + f^3 + \cdots$. (Dies ist wegen (2.3) konvergent.) $R_{\text{rat}}[A]$ ist ferner der kleinste rational abgeschlossene Teilring von $R[A]$, der alle $a \in A$ enthält.

**2.3. Satz (Abgeschlossenheit bezüglich Substitution).** Es sei $p_j \in R_{\text{pol}}[\xi_1, \ldots, \xi_n, b_1, b_2, \ldots]$. Das System

$$\xi_j = p_j(\xi_1, \ldots, \xi_n, g_1, g_2, \ldots) \tag{2.6}$$

entstehe durch Ersetzung von $b_1, b_2, \ldots$ durch die algebraischen bzw. rationalen Potenzreihen $g_1, g_2, \ldots \in R[A]$. Die Lösung von (2.6) (wo die rechten Seiten nicht notwendigerweise Polynome über $A$ sind) existiert und ist algebraisch bzw. rational.

Die Beweise können für beide Behauptungen so geführt werden wie diejenigen für die entsprechenden Aussagen bei Grammatiken, die besonders bei den Theoremen 2.2, 3.3 und 3.11 in Kapitel 12 angegeben wurden.

$[f_1, \ldots, f_n]$ sei die Lösung eines algebraischen bzw. rationalen Systems. Durch Hinzunahme weiterer Variablen können wir erreichen, daß $[f_1, \ldots, f_n, f_{n+1}, \ldots, f_r]$ die Lösung eines algebraischen bzw. rationalen Systems ist, bei dem alle Polynome $p_j$ höchstens quadratisch (d. h. vom Grad $\leqq 2$) sind. Dies bewerkstelligt man ganz genau so wie bei Grammatiken: Jede Regel

$$\xi \to b_1 \cdots b_{q+2}, \quad q > 0, \quad b_j \in A \cup X,$$

wird durch die $q + 1$ Regeln

$$\xi \to b_1 \eta_1, \ \eta_2 \to b_2 \eta_2, \ldots, \eta_q \to b_q \eta_{q+1}, \eta_{q+1} \to b_{q+1} b_{q+2},$$

ersetzt, wobei $\eta_1, \ldots, \eta_{q+1}$ neue Variable sind. Bei diesem Prozeß bleibt die Rationalität erhalten. Daher genügt eine rationale Potenzreihe einem System, dessen Regeln die Gestalt

$$\xi_i \to \alpha\, a\, \xi_j \qquad \text{oder} \qquad \xi_i \to \alpha\, a, \qquad a \in A,$$

haben.

Ein derartiges System kann als ein (nicht-deterministischer) Automat mit den Zuständen $\xi_i$ interpretiert werden, wobei $\alpha\, a$ einen Übergang von $\xi_i$ zu $\xi_j$ bewirkt. (Ist $\xi_i \to \alpha\, a$ eine Regel, so ist $\xi_i$ ein Endzustand.) Ebenso wie für deterministische oder stochastische Automaten (d. h. Markow-Prozesse) führt dies ganz leicht zu einer Matrizendarstellung, die von Schützenberger gefunden worden ist:

**2.4. Satz.** Es ist $f \in R_{\text{rat}}[A]$ genau dann, wenn es eine natürliche Zahl $n$ und einen Homomorphismus $\Gamma$ von $A^*$ auf den Ring $R_n$ der Matrizen vom Typ $(n, n)$ über $R$ gibt, so daß

$$\langle f, x \rangle = \Gamma(x)_{1n}. \tag{2.7}$$

($\Gamma(x)_{1n}$ ist dabei das Element mit der Indexkombination $1n$ dieser Matrix.)

Das Hadamard-*Produkt* von $f$ und $g$ aus $R[A]$ wird durch $\langle f \circ g, x \rangle = \langle f, x \rangle \langle g, x \rangle$ erklärt. Es ist offenbar kommutativ, und der Träger von $f \circ g$ ist, falls $R$ nullteilerfrei ist, der Durchschnitt der Träger von $f$ und $g$.

**2.5. Satz.** Ist $f$ eine rationale Potenzreihe und $g$ eine algebraische bzw. rationale Potenzreihe, so ist $f \circ g$ algebraisch bzw. rational.

In dem von Schützenberger gegebenen Beweis wird sein Darstellungssatz verwendet (Satz 2.4). Wir können dagegen den Beweis für den Durchschnitt kontext-freier Sprachen bzw. finite-state-Sprachen (Satz 3.5 in Kapitel 12) wiederholen, indem wir Satz 2.1 und die Bemerkung vor Satz 2.4 verwenden daß ein rationales System als ein Automat mit Koeffizienten aus $R$ angesehen werden kann. Wir werden jetzt einen ähnlichen, aber komplizierteren Beweis dafür angeben, daß algebraische Potenzreihen bei $R$-Transduktionen wieder in algebraische Potenzreihen übergehen.

## 3. Transduktionen und Zuordnungen

Eine $R$ *Transduktion* $\tau$ soll eine Abbildung von $R[A]$ in $R[B]$ sein. Für $x \in A^*$ sollen die Werte $\tau(x)$ dabei in $R_{\text{pol}}[B]$ liegen. Zu jeder derartigen Abbildung, die diese Bedingung erfüllt, gibt es eine eindeutig bestimmte Abbildung von $R[A]$ in $R[B]$, die man durch lineare Fortsetzung erhält. Eine $R$-Transduktion ist eindeutig bestimmt durch ein Quadrupel $T = (W, Q, Q_I, Q_F)$, wobei $Q$ eine endliche Menge ist, $Q_I \subseteqq Q$ und $Q_F \subseteqq Q$ gilt und $W$ eine eindeutige Abbildung von $Q \times A^* \times B^* \times Q$ in $R$ mit endlichem Träger $D$ ist. $W$ ist im wesentlichen ein markierter gerichteter Graph mit $Q$ als Knotenmenge (wobei $Q_I$ die Menge der Anfangsknoten und $Q_F$ die Menge der Endknoten ist) und den möglichen Übergängen $(q, u, v, q') \in D$ von $q$ nach $q'$, wobei diese Übergänge mit Gewichten in $R$ versehen sind, die gerade die Werte von $W$ sind. Eine $R$-Transduktion heißt *eigentlich*, falls $(q, e, v, q') \notin D$ ist. Ein Weg $\varrho$ ist eine Folge aus $D^*$ der Form

$$\varrho = (q_0, u_1, v_1, q_1)(q_1, u_2, v_2, q_2) \cdots (q_{k-1}, u_k, v_k, q_k)\,, \tag{3.1}$$

wobei $q_0 \in Q_I$ und $q_k \in Q_F$ ist. Wir setzen ferner

$$\pi_1(\varrho) = u_1 \ldots u_k\,, \qquad \pi_2(\varrho) = v_1 \ldots v_k \tag{3.2}$$

und

$$\omega(\varrho) = \prod_{j=1}^{k} W(q_{i-1}, u_i, v_i, q_i)$$

und nennen $\omega(\varrho)$ das *Gewicht* von $\varrho$. Es sei $\omega(\varrho) = 0$, falls $\varrho \in D^*$ kein Weg ist. Dann gilt, wie man leicht sieht,

$$\sum \omega(\varrho)\, \varrho \in R_{\text{rat}}[D]\,. \tag{3.3}$$

Für beliebiges $x \in A^*$ definieren wir

$$\langle \tau\, x, y\rangle = \sum \omega(\varrho)\,,$$

wobei über alle $\varrho$ mit $\pi_1(\varrho) = x$ und $\pi_2(\varrho) = y$ zu summieren ist. Bei einer eigentlichen Transduktion ist diese Summe stets endlich, und sie verschwindet für fast alle $y$. $\tau\, x$ ist somit ein Polynom über $B^*$ und kann auf $R[A]$ fortgesetzt werden. Die (absolute) Stammtransduktion einer gewissen $R$-Transduktion erhält man, wenn man alle nicht-verschwindenden Gewichte zu Eins macht. Dies ist im wesentlichen der Begriff, den GINSBURG [3] untersucht hat. Derartige Transduktionen können durch einen verallgemeinerten sequentiellen Automaten (Definition 3.7 in Kapitel 12) erzeugt werden, indem man die Kette mittels eines Durchlaufs von links nach rechts durch einen verallgemeinerten sequentiellen Automaten verändert und das Resultat einer Veränderung durch einen zweiten verallgemeinerten sequentiellen Automaten unterwirft, der diese Kette von rechts nach links bearbeitet. Ist $|\tau|$ diejenige Abbildung, die man ebenso wie $\tau$ erhält mit dem einzigen Unterschied, daß alle nicht-verschwindenden Werte von $W$ zu Eins gemacht werden, so gilt offenbar

$$|\tau|\, x = \sum_y y\, n_y\,, \tag{3.4}$$

wobei $n_y$ die Anzahl aller Wege $\varrho$ mit $\pi_1(\varrho) = x$ und $\pi_2(\varrho) = y$ ist. Für $\tau x$ hat man in (3.4) „die Anzahl der Wege" durch „die mit Gewichten versehene Summe über die entsprechenden Wege" zu ersetzen. Schließlich gilt für $f = \sum \langle f, x \rangle x$

$$\tau f = \sum_y \langle f, x \rangle m_y ,$$

wobei $m_y$ die mit Gewichten versehene Summe über alle Wege $\varrho$ mit $\pi_1(\varrho) = x$ und $\pi_2(\varrho) = y$ ist.

**3.1. Satz.** Ist $f$ eine algebraische (bzw. rationale) Potenzreihe und ist $\tau$ durch eine eigentliche Transduktion definiert, so ist auch $\tau f$ algebraisch (bzw. rational).

Beweis. Erfolgt ähnlich dem im absoluten Fall, für den aufgrund unserer obigen Ausführungen ein Teil bereits aus Satz 3.8 von Kapitel 12 und der Tatsache folgt, daß die Familie der kontext-freien Sprachen bezüglich der Spiegelung von Ketten abgeschlossen ist. Wir ersetzen die gegebene Transduktion zunächst durch eine zu ihr äquivalente, bei der aus $(q, u, v, q') \in D$ folgt, daß $u$ eine Kette der Länge Eins ist. Danach stellen wir fest, deß bei festem $q_0 \in Q_I$, $q_k \in Q_F$

$$f(u_1 \cdots u_k)\,(q_0, u_1, v_1, q_1)\,(q_1, u_2, v_2, q_2) \cdots (q_{k-1}, u_k, v_k, q_k) \tag{3.5}$$

algebraisch (bzw. rational) über $D$ ist; das System, das (3.5) definiert, erhält man leicht aus dem, durch das $f$ definiert ist. Wir bilden das HADAMARD-Produkt von (3.3) und (3.5) und summieren über alle Paare aus $Q_I \times Q_F$. Das Ergebnis ist wieder algebraisch (bzw. rational). Schließlich wenden wir die Substitutionen $(\cdot, u, v, \cdot) \to v$ an (etwa aufgrund von Satz 2.3) und erhalten $\tau f$, was man leicht nachprüft. ∎

Die *inverse* Transduktion $\tau^\wedge$ von $R[B]$ in $R[A]$ erhält man, indem man $W(q, v, u, q') = W(q, u, v, q')$ setzt. Sie ist eigentlich, falls $(q, u, e, q') \notin D$ ist.

Eine *Zuordnung* ist ein Homomorphismus $\nu$ von $A^*$ in $R_{\text{pol}}[B]$, dessen Wert für $a \in A$ weder $e$ noch 0 ist. Durch Fortsetzung auf $R[A]$ erhalten wir eine Transduktion $\nu$, die überdies eine eigentliche Transduktion mit nur einem Zustand ist. Ist $\langle \nu a, e \rangle = 0$, d. h. löscht diese Transduktion niemals, so ist die zu ihr Inverse $\nu^\wedge$ eine eigentliche $R$-Transduktion.

Für $|\nu|$ gilt $|\nu|\, a = v_1 + \cdots + v_k$ mit $v_j \in B^*$. Wir sagen, daß $v_j$ dem Zeichen $a$ *zugeordnet* ist. Ist $|\nu|\, a' = v_1' + \cdots + v_k'$, so gilt $|\nu|\, a\, a' = \sum_{i,j} v_i\, v_j'$. Somit werden $a\, a'$ alle Ketten der Gestalt $v_i\, v_j'$ zugeordnet. So fährt man für längere Ketten fort. Diese Ketten $v_i\, v_j'$ treten in $\nu\, a\, a'$ mit passenden Gewichten auf. Man sieht leicht, daß für $y \in B$

$$|\nu|^\wedge\, y = \sum_x x \cdot (\text{Anzahl des Eintretens von } |\nu|\, x = y) \tag{3.6}$$

oder „die mit Gewicht versehene Anzahl ..." für $\nu$).

Schließlich ist, falls $K \subseteq B^*$ und $k$ die charakteristische Funktion von $K$ ist,

$$\langle \nu^\wedge k, x\rangle = \text{die mit Gewicht versehene Anzahl des Eintretens von } \nu x \in K . \tag{3.7}$$

## 4. Ein Darstellungssatz und einige Folgerungen

Es ist in diesem Zusammenhang natürlich, die Frage zu stellen, ob alle algebraischen Potenzreihen über $R$ durch $R$-Transduktionen aus kontext-freien Potenzreihen erhalten werden können. Die Antwort ist positiv. Alle algebraischen Potenzreihen können tatsächlich durch Transduktionen $\nu^\wedge$ (d. h. Inverse von Zuordnungen) aus einem speziellen Typ von kontext-freien Potenzreihen erhalten werden, nämlich den charakteristischen Funktionen von modifizierten Dyckschen Mengen, die wir jetzt definieren wollen.

Es sei $\Delta$ eine Menge von $2m$ Elementen, von denen je zwei „zusammengehören": $\delta, \bar{\delta}, \delta', \bar{\delta}', \ldots$. $S = S_\Delta$ sei die von $\Delta$ erzeugte Halbgruppe mit den definierenden Relationen $\delta\bar{\delta} = e$ für alle entsprechenden Paare in $\Delta$. (Nimmt man dazu noch die Relationen $\bar{\delta}\delta = e$ auf, so erhält man eine freie Gruppe.) Eine Menge

$$K_\gamma = \{x \in \Delta^* \mid x \text{ repräsentiert } \gamma \text{ in } S_\Delta\}$$

nennen wir eine *modifizierte* Dyck*sche Menge*.

Wir bemerken, daß $K_\gamma$ sich in zweierlei Hinsicht von einer üblichen Dyckschen Menge unterscheidet: Die Dycksche Menge besteht aus allen Elementen $x$, die das Einselement repräsentieren (anstelle von $\gamma$) in der entsprechenden freien Gruppe (anstelle von $S_\Delta$).

**4.1. Satz.** Es sei $\nu'$ ein Halbgruppenhomomorphismus von $A^*$ in den Halbgruppenring $R_{\text{pol}}[S]$ von $S$. Wir setzen voraus, daß zwar $\langle \nu'(a_i), e\rangle = 0$, aber $\nu'(a_i) \neq 0$ ist. $\gamma$ sei ein Element von $S$. Dann ist die durch

$$\langle f, x\rangle = \langle \nu'(x), \gamma\rangle, \quad x \in A^*, \tag{4.1}$$

gegebene Potenzreihe algebraisch (und sogar kontext-frei, wenn die Koeffizienten von $\nu'(a)$ für alle $a \in A$ gleich Eins sind).

Beweis. $\nu'$ ist eindeutig bestimmt durch $\nu'(a)$ für $a \in A$. Jedes $\nu'(a)$ (d. h. jedes Monom) sei in reduzierter Form durch ein Polynom $\nu a$ von $R[\Delta]$ dargestellt. Damit ergibt sich durch Fortsetzung ein Homomorphismus $\nu$ von $A^*$ in $R_{\text{pol}}[\Delta]$ und von $R[A]$ in $R[\Delta]$ ($\nu$ ist die „Hebung" von $\nu'$ von $R[S]$ zu $R[\Delta]$).

Aufgrund unserer Annahmen sind sowohl $\nu$ als auch $\nu^\wedge$ eigentliche $R$-Transduktionen. $\nu$ ist ferner eine Transduktion mit nur einem Zustand. $K_\gamma \subseteq \Delta^*$ sei die Menge aller Ketten, die $\gamma \in S$ repräsentieren, $k_\gamma$ sei die charakteristische Funktion von $K_\gamma$. Es ist bekannt (und leicht zu zeigen), daß $K_\gamma$ eine eindeutige kontext-freie Sprache ist, d. h., $k_\gamma$ ist kontext-frei und damit auch algebraisch. Es gilt nun nach (3.7)

$$\langle f, x\rangle = \langle \nu'(x), \gamma\rangle$$
$$= \text{die mit Gewicht versehene Anzahl des Eintretens von } \nu\, x \in K_\gamma$$
$$= \langle \nu^\wedge\, k_\gamma, x\rangle \ . \qquad (4.2)$$

Nach 3.1 ist $f$ algebraisch und offenbar kontext-frei, wenn $\nu = |\nu|$ ist. ▮

Bemerkung. Der Satz gilt (mit demselben Beweis) auch, wenn $S_\Delta$ durch eine freie Gruppe ersetzt wird.

Unser Hauptergebnis ist eine starke Umkehrung von Satz 4.1. Dazu führen wir eine spezielle Teilmenge $C$ von $S_\Delta$ ein:

$$C = \{\text{alle Elemente der Form } \delta,\ \delta\,\bar{\delta}',\ \delta\,\bar{\delta}'\,\bar{\delta}''\}\ .$$

$T$ sei die Unterhalbgruppe von $S_\Delta$, die durch $C$ erzeugt wird. ($T$ enthält nicht das neutrale Element!) In $C^*$ gibt es eine Äquivalenzrelation $x \equiv y$, die auf $x, y$ genau dann zutrifft, wenn beide dasselbe Element aus $S_\Delta$ repräsentieren. Um die Arithmetik der Kategorien von Bar-Hillel u. a. [5] verwenden zu können, führen wir in $C^*$ eine weitere nicht-symmetrische Halbordnungsrelation „$x$ ist in $y$ überführbar" ein, aus der $x \equiv y$ für den Spezialfall $y = \delta$ folgt. Man verwendet hier bequemerweise die Schreibweisen

$$\delta,\ \delta\backslash\delta',\ \delta\backslash\delta'\backslash\delta'' \qquad \text{für} \qquad \delta,\ \delta\,\bar{\delta}',\ \delta\,\bar{\delta}'\,\bar{\delta}''\ .$$

Wir sagen, daß $x \in C^*$ *direkt in* $y \in C^*$ *überführbar* ist genau dann, wenn $x = u\,\delta\,\delta\backslash\delta'\,v$, $y = u\,\delta'\,v$ oder $x = u\,\delta\,\delta\backslash\delta'\backslash\delta''\,v$, $y = u\,\delta'\backslash\delta''\,v$. Daraus ergibt sich die Relation „*$x$ ist in $y$ überführbar*" durch die Bedingung, daß es eine Folge $z_0, z_1, \ldots, z_r$ mit $x = z_0$, $y = z_r$ gibt, so daß für $0 \leqq i \leqq r-1$ das Element $z_i$ direkt in $z_{i+1}$ überführbar ist.

**4.2. Lemma.** Für $x \in C^*$ gilt $x \equiv \delta$ genau dann, wenn $x$ in $\delta$ überführbar ist.

Beweis. Daraus, daß $x$ in $y$ überführbar ist, folgt sofort $x \equiv y$. Nun sei $y = \delta$ und $x = c_1 \cdots c_m$, $c_k \in C$. Wir verwenden Induktion über $m$. Für $m = 1$ ist $x = \delta$. Ist $m > 1$, so sei $k$ der erste Index mit $c_k = \delta'\backslash\delta''$ oder $c_k = \delta'\backslash\delta''\backslash\delta'''$. Offenbar ist $k > 1$, und es muß $c_{k-1} = \delta'$ sein. Daher ist $x$ direkt überführbar in ein $x'$ mit kleinerer Länge und mit ihm äquivalent. Nun gilt aber $x' \equiv \delta$, und nach Induktionsvoraussetzung ist $x'$ in $\delta$ überführbar; daher ist auch $x$ in $\delta$ überführbar. ▮

Die Menge $C$ mit der Relation der Überführbarkeit wurde von Bar-Hillel u. a. [5] als eingeschränktes Kategoriensystem bezeichnet. Das dort angeführte Hauptergebnis betraf „kategoriale Grammatiken" vom folgenden Typ: Jedem $a \in A$ wird eine endliche Anzahl von „Kategorien" aus $C$ zugeordnet. Dies ist eine Umwandlung $\nu$ mit einem Zustand, wie sie am Ende von Abschnitt 3 behandelt wurden. Durch $\nu$ werden dann jedem $x \in A^*$ gewisse

„Kategorien-Wörter", d. h. Elemente aus $C^*$, zugeordnet. Wenn eine von ihnen in ein spezielles Element $\delta \in C$ überführbar ist, so wird $x$ von der Grammatik akzeptiert. In [5] wurde gezeigt, daß jede kontext-freie Grammatik zu einer kategorialen Grammatik vom eben beschriebenen Typ äquivalent ist und umgekehrt.

Satz 4.3 erweitert dieses Ergebnis auf algebraische Systeme. Wie zu erwarten ist, wird $\nu$ jedem $a \in A$ Kategorien zuordnen, die mit Gewichten versehen sind.

**4.3. Satz.** $\xi_1 = p_1, \ldots, \xi_n = p_n$ sei ein algebraisches System mit der Standard-Lösung $f_1, \ldots, f_n \in R[A]$. Es ist möglich, eine Menge $\Delta$ zu konstruieren, die u. a. $\xi_1, \ldots, \xi_n$ enthält, und einen Homomorphismus $\nu'$ von $A^*$ in $R_{\mathrm{pol}}[S]$ von der Art, die in Satz 4.1 beschrieben wird, so daß

$$\langle f_j, x\rangle = \langle \nu'(x), \xi_j\rangle$$

für $1 \leqq j \leqq n$ ist.

Genauer gesagt, man kann $\nu'(a)$ als endliche Kombination von Elementen aus $C$ (d. h. mit Gewichten versehenen Kategorien) wählen. Ist $\nu$ die „Hebung" von $\nu'$ zu $R_{\mathrm{pol}}[C]$, so können wir eine eineindeutige Korrespondenz (die die Gewichte unverändert läßt) herstellen zwischen Ableitungsbäumen $\Gamma$ von $x$ aus $\xi_j$ und den Kategorien-Wörtern, die $x$ durch $\nu$ zugeordnet und in $\xi_j$ überführbar sind.

Aus dieser letzten Feststellung folgt bereits das ganze Theorem, da nach Satz 2.1 $\langle f_j, x\rangle$ die Summe der Gewichte der Ableitungsbäume von $x$ aus $\xi_j$ ist, während nach (4.2) $\langle \nu'(x), \xi_j\rangle$ die Summe der Gewichte der entsprechenden Kategorien-Wörter ist. Der Beweis dieser Feststellung wird von SHAMIR [6] gegeben.

**4.4. Korollar.** Jede kontext-freie Sprache ist als $|\nu|^{\wedge} K_\gamma$ darstellbar, wobei $|\nu|$ eine Transduktion ohne Löschungen mit einem Zustand ist (die hier auf Mengen anstelle ihrer charakteristischen Funktionen operiert). Darüber hinaus kann $|\nu|\, a$ als Teilmenge von $C$ gewählt werden.

$K_\gamma$ ist hier, wie im Beweis von Satz 4.1, die Menge aller Wörter in $\Delta^*$, die das Element $\gamma \in \Delta$ in dem oben genannten Monoid $S_\Delta$ repräsentieren. Dies ist eine Variante der einseitigen DYCKschen Mengen [3] (bei denen $\gamma$ durch das neutrale Element ersetzt ist).

Eine andere Möglichkeit, dieses Resultat auszudrücken, ist, innerhalb $C^*$ alle diejenigen Wörter zu betrachten, die (als Wörter in $\Delta^*$) $\gamma$ repräsentieren. Nennen wir diese Menge $M$. Man erhält $L$ aus $M$, indem man $A_c \subseteq A$ für jedes $c \in C$ substituiert, wobei

$$A_c = \{a \in A \mid \text{die Kategorie } c \text{ ist } a \text{ zugeordnet}\}\ .$$

Wir sind nun in der Lage, einen einfachen Beweis des Satzes von PARIKH [3, 7] zu geben. $n_a(x)$ bezeichne die Anzahl der Vorkommen von $a$ in $x$. Für $x \in C^*$ ist $[n_c(x)]_{c \in C}$ ein Vektor mit natürlichen Zahlen als Koordinaten, vorausgesetzt, daß $C$ in bestimmter Weise geordnet ist. Dieser Vektor ist das *kommutative Bild* von $x$. Das (kommutative) Bild einer Menge wird als die Menge der Bilder erklärt.

**4.5. Lemma.** $\Delta$ habe $2m$ Elemente. Dann wird das kommutative Bild der eben erklärten Menge charakterisiert durch $m$ lineare Gleichungen für $n_c$, $c \in C$, wobei in diesen Gleichungen als Koeffizienten nur 0, 1 und 2 auftreten. Die Gleichungen, die das kommutative Bild von $L$ charakterisieren, erhält man durch Substitution von $\sum_{a \in A_c} n_a$ für $n_c$.

Dies ist der Satz von PARIKH. Zum Beweis des Lemmas bemerken wir, daß jedes $x \in M$ (als ein Element von $\Delta^*$) zu $K_\gamma$ gehört. Wir schreiben nun $m$ lineare Beziehungen für $n_c$, die zum Ausdruck bringen, daß in $x$
(1) für $\delta \in \Delta$ und $\delta \neq \gamma$ die Anzahl der $\delta$ mit der Anzahl der $\bar{\delta}$ übereinstimmt und (2) die Anzahl der $\gamma$ um Eins größer ist als die Anzahl der $\bar{\gamma}$.
Diese Beziehungen sind notwendig dafür, daß ein Vektor zum Bild von $M$ gehört, aber bei Anwendung von Induktion erweisen sie sich leicht auch als hinreichend. Da jedes $c \in C$ höchstens zwei $\delta$ oder $\bar{\delta}$ enthält, sind die Koeffizienten 0, 1 oder 2. Die letzte Behauptung des Lemmas ist klar. ∎

Wir beschließen diesen Abschnitt mit einem neuen Beweis von Satz 2.5, wobei wir von den Darstellungssätzen als Definitionen der rationalen und algebraischen Potenzreihen ausgehen. In der Tat, sei $\langle f, x\rangle = \mu(x)_{1n}$ wie in (2.7) und $\langle g, x\rangle = \langle \nu'(x), \gamma\rangle$ wie in (4.1). $h = f \circ g$ sei das HADAMARD-Produkt von $f$ und $g$. Wir erweitern die Menge $\Delta$ (vgl. Beginn dieses Abschnitts) um die Symbole $1, 2, \ldots, n, \bar{1}, \bar{2}, \ldots \bar{n}$ und definieren

$$\lambda(a) = \sum_{i,j=1}^{n} \mu(a)_{ij}\, i\, \nu'(a) \bar{j}\,.$$

Wir erreichen damit, daß $\langle \lambda(x), \bar{1}\,\gamma\, n\rangle = f(x) \cdot g(x) = h(x)$ ist; $h(x)$ ist somit wieder algebraisch. In der Tat, sei $x = a_1 \cdots a_r$. Ist $c_1 \cdots c_r$ ein $x$ zugeordnetes Wort von Kategorien, das $\gamma$ ergibt, so (und nur in diesem Fall) ergibt

$$(\bar{1}\, c_1\, i_2)\,(\bar{i}_2\, c_2\, i_3) \cdots (\bar{i}_r\, c_r\, n)$$

gerade $\bar{1}\,\gamma\, n$. Das Gewicht dieses Wortes ist $\omega(c_1 \cdots c_r)\, \mu(a_1)_{1i_2}\, \mu(a_2)_{i_2 i_3} \cdots \mu(a_r)_{i_r n}$. Summiert man über alle $i_2, \ldots, i_r$, so erhält man $\omega(c_1 \ldots c_r)\, \mu(x)_{1n}$. Summiert man über alle $c_1 \cdots c_r$, die $\gamma$ ergeben, so erhält man $\langle \nu'(x), \gamma\rangle\, \mu(x)_{1n}$.

Dieses Ergebnis zeigt in der Tat, daß man an Stelle der Gewichte aus $R$ auch solche aus dem Ring der Matrizen über $R$ verwenden kann. Man erhält dann wieder algebraische Potenzreihen.

Wir haben damit im Prinzip eine recht gute Kenntnis über die Klasse der algebraischen Potenzreihen, vorausgesetzt, daß wir die kontext-freien und die rationalen hinreichend gut kennen. Es ist jedoch noch schwer, nicht-triviale notwendige Bedingungen dafür aufzustellen, daß eine Potenzreihe $f$ algebraisch ist bzw. nachzuweisen, daß eine Potenzreihe $f$ nicht algebraisch ist. (Ein derartiges Beispiel ist die charakteristische Funktion der Menge $\{a^n b^n c^n\}$, die nicht algebraisch über dem Ring der ganzen Zahlen ist.)

In diesem Zusammenhang bemerken wir noch, daß das Resultat über die Eigenschaften des HADAMARD-Produkts (Satz 2.5) ein „kommutatives" Analogon hat. Außerdem ist das HADAMARD-Produkt zweier algebraischer Funktionen wieder algebraisch, falls $R$ ein endlicher Körper ist [8]. Es wäre von Interesse zu wissen, ob dieselbe Aussage für nicht-kommutative Variable gilt. Dies würde die kommutative Version nach sich ziehen, obwohl kein direkter Zusammenhang zwischen den HADAMARD-Produkten in diesen beiden Fällen besteht. Fragen über algebraische und rationale Potenzreihen würden sich gut in die Theorie der endlichen sequentiellen Automaten und der endlichen Halbgruppen einordnen.

## Literatur


[1] CHOMSKY, N., SCHÜTZENBERGER, M. P., The algebraic theory of context-free languages. In „Computer Programming and Formal Systems" (F. BRAFFORT et al., eds.). North-Holland Publ., Amsterdam 1963.

[2] SCHÜTZENBERGER, M. P., On a theorem of R. JUNGEN. Proc. Amer. Math. Soc. 13 (1962), 885–890.

[3] GINSBURG, S. ,The Mathematical Theory of Context-Free Languages. McGraw-Hill, New York 1966.

[4] ELGOT, C. C., MEZEI, J. E., On relations defined by generalized finite automata. IBM J. Res. Develop. (1965), 47–68.

[5] BAR-HILLEL, Y., GAIFMAN, C., SHAMIR, E., On categorial and phrase structure grammars. Bull. Res. Council Israel Sect. F 9 (1960), 1–16.

[6] SHAMIR, E., A representation theorem for algebraic and context-free power series in non-commuting variables. Information and Control 11 (1967), 1–2.

[7] PARIKH, R. J., Language generating devices. Quart. Progr. Rept. 60, Res. Lab. of Electronics, M.I.T., (January 1961), pp. 199–212.

[8] FURSTENBERG, H., Algebraic functions over finite fields. J. Algebra 7 (1967), 271–277.

[9] BAR-HILLEL, Y., PERLES, M., SHAMIR, E., On formal properties of simple phrase structure grammars. Z. Phonetik, Sprachwiss. Kommunikationforsch. 14 (1961), 143–172.

[10] LAMBEK, J., The mathematics of sentence structure. Amer. Math. Monthly 6 (1958), 154–170.

[11] RHODES, J., SHAMIR, E., Complexity of grammars by group theoretic methods. J. Combinatorial Theory (to be published).

[12] SCHÜTZENBERGER, M. P., On the definition of a family of automata. Information and Control 4 (1963), 245–270.

[13] SCHÜTZENBERGER, M. P., Certain elementary families of automata. Symp. on the Mathematical Theory of Automata. Brooklyn Polytechnic Inst., Brooklyn, New York, 1962.

# Anhang

Im vorliegenden Buch konnte nur ein Teil der Untersuchungen, die gegenwärtig in der Automatentheorie, der Theorie der formalen Sprachen und der Halbgruppentheorie im Mittelpunkt des Interesses stehen, dargestellt werden. Außer der Vorlesungsreihe, die in dem vorliegenden Band veröffentlicht ist, wurden auf der Konferenz in Asilomar noch weitere 56 Vorträge gehalten. Ein Teil dieser Vorträge ist bereits veröffentlicht (vgl. nachstehende Angaben). Die übrigen werden in Kürze in den genannten Zeitschriften sowie im „Journal of the Association for Computing Machinery" erscheinen.

*Mathematical System Theory* **1**, No. 3 (1967) *et seq.*

A. R. Bednarek and A. D. Wallace, „A relation-theoretic result with applications in topological algebra".

J. M. Day and A. D. Wallace, „Multiplication induced in the state-space of an act."

R. Graham, „Subsemigroups of 0-simple semigroups."

A. Heller, „Stochastic transformations and automata."

J. Rhodes, „A homomorphism theorem for finite semigroups."

E. Tully, „A class of finite commutative archimedean semigroups."

L. A. M. Verbeek, „Congruence separation."

T. G. Windeknecht, „Mathematical systems theory: causality."

H. P. Zeiger, „Yet another proof of the cascade decomposition theorem for automata."

*Information and Control* **11**, Nos. 1 and 2 (1967)

M. A. Arbib, „Automaton automorphisms."

L. Falb, „Infinite-dimensional filtering."

P. Fischer, „Turing machines with a schedule to keep."

N. Hibbard, „Scan limited automata and context limited grammars."

H. Ibarra, J. Gray, and M. Harrison, „Two-way pushdown automata."

R. McNaughton, „The loop complexity pure group events."

J. MEZEI, ,,Algebraic automata and context-free sets.“
A. PAZ, ,,Minimization theorems and techniques for sequential stochastic machines.“
E. SHAMIR, ,,A representation theorem for algebraic and context-free power series in non-commuting variables.“
R. E. STEARNS, ,,A regularity test for push-down languages.“
J. ULLIAN, ,,Partial algorithm problems for context free languages.“
H. P. ZEIGER, ,,Ho's algorithm, commutative diagrams and the uniqueness of minimal linear systems.“

*Journal of Computer and System Sciences* **1** No. 2 (1967)

Y. GIVE'ON, ,,On some properties of the free monoids with applications to automata theory.“
J. HARTMANIS and A. W. DAVIS, ,,Homomorphic images of linear machines.“
R. LANGER, K. KROHN, and J. RHODES, ,,A theory of finite physics with an application to the analysis of metabolic systems.“
D. S. SCOTT, ,,Some definitional suggestions for automata theory.“
J. D. ULLMAN and J. E. HOPCROFT, ,,Non-erasing stack automata.“

# Namenverzeichnis

# Sachverzeichnis

Kolibri 360 GmbH
Ferdinand-Jühlke-Straße 7
99095 Erfurt, Deutschland
produktsicherheit@kolibri360.de